方法、标准与作业设计

（翻译版·原书第 13 版）

[美]　安德里斯·弗瑞瓦兹（Andris Freivalds）
　　　宾夕法尼亚州立大学
　　　本杰明·尼贝尔（Benjamin Niebel）　　著
　　　宾夕法尼亚州立大学

薛　庆　刘敏霞　潘　丹　蒋晓蓓　译

机 械 工 业 出 版 社

本书系统介绍了操作与过程分析、问题解决方法、决策方法、改善方案实施、动作与时间研究、抽样及其标准化、薪酬制定、培训等实用性非常强的工业工程与现场改善的理论与方法。

本书从合理的工程方法、符合实际的作业标准以及公正的薪金报酬三个方面为制造业和服务业的管理提供了最基本的理论和方法，并辅以应用案例、习题和在线支持，是一本值得推荐的教材。本书实用性强，语言流畅，通俗易懂，适合工程类学科的本科生、研究生以及制造和服务业的工程技术人员与管理者学习和借鉴。

Andris Freivalds，Benjamin Niebel

Niebel's Methods，Standards，& Work Design

978-0-07-337636-3

Copyright © 2022 by McGraw-Hill Education.

All Rights reserved. No part of this publication may be reproduced or transmitted in any form or by any means, electronic or mechanical, including without limitation photocopying, recording, taping, or any database, information or retrieval system, without the prior written permission of the publisher.

This authorized Chinese translation edition is jointly published by McGraw-Hill Education and China Machine Press. This edition is authorized for sale in the Chinese mainland, excluding Hong Kong SAR, Macao SAR and Taiwan.

Translation Copyright © 2022 by McGraw-Hill Education and China Machine Press.

版权所有。未经出版人事先书面许可，对本出版物的任何部分不得以任何方式或途径复制传播，包括但不限于复印、录制、录音，或通过任何数据库、信息或可检索的系统。

本授权中文简体字翻译版由麦格劳－希尔教育出版公司和机械工业出版社合作出版。此版本经授权仅限在中国大陆地区（不包括香港、澳门特别行政区和台湾地区）销售。

翻译版权© 2022 由麦格劳-希尔教育出版公司与机械工业出版社所有。

本书封面贴有 McGraw-Hill Education 公司防伪标签，无标签者不得销售。

北京市版权局著作权合同登记号：01-2015-3978。

图书在版编目（CIP）数据

方法、标准与作业设计：翻译版：原书第 13 版／（美）安德里斯·弗瑞瓦兹（Andris Freivalds），（美）本杰明·尼贝尔（Benjamin Niebel）著；薛庆等译．—北京：机械工业出版社，2022.4

书名原文：Niebel's Methods，Standards，& Work Design

ISBN 978-7-111-48259-8

Ⅰ.①方… Ⅱ.①安…②本…③薛… Ⅲ.①工效学－高等学校－教材 Ⅳ.①TB18

中国版本图书馆 CIP 数据核字（2022）第 017406 号

机械工业出版社（北京市百万庄大街 22 号 邮政编码 100037）
策划编辑：裴 泱 责任编辑：裴 泱 刘 静
责任校对：陈 越 王明欣 封面设计：张 静
责任印制：李 昂
北京圣夫亚美印刷有限公司印刷
2022 年 3 月第 1 版第 1 次印刷
184mm×260mm·32.25 印张·819 千字
标准书号：ISBN 978-7-111-48259-8
定价：149.00 元

电话服务 网络服务
客服电话：010-88361066 机 工 官 网：www.cmpbook.com
010-88379833 机 工 官 博：weibo.com/cmp1952
010-68326294 金 书 网：www.golden-book.com
封底无防伪标均为盗版 机工教育服务网：www.cmpedu.com

前　言

背　景

面临来自世界各地日益激烈的竞争，几乎每个工业、商业和服务组织都在进行自身重组以提高运作效率。组织必须在减员和外包的情况下提高成本削减的强度和质量改善的力度。在企业、行业和政府的任何领域，在没有过剩产能的情况下保持成本效率和产品可靠性是各项活动赖以成功的关键，也是方法工程、公平时间标准和高效作业设计的最终结果。

随着机器和设备的复杂程度和自动化程度（半自动乃至全自动）的提高，从手工和认知两个方面对作业进行研究也变得越来越重要。操作者必须能够感知并且解释大量的信息，做出关键决策，并能够迅速、准确地控制机器。最近几年，就业岗位逐渐从制造业转移到服务业。无论是制造业还是服务业，都越来越少地强调粗重的体力活动，而更多地重视利用计算机和相关的现代化技术实现信息处理和决策制定。对任何工业、商业和服务组织，无论是银行、医院、百货公司、铁路或邮电系统，效率改善和作业设计工具都是生产率改善的关键。而且，在某一产品或服务上的成功通常能够带来新的产品和创新。正是这种成功的积累推动了就业率和经济的增长。

读者应该小心不要被那些最新的、包治缺乏竞争力企业百病的行话所迷惑，因为这些行话往往会毁掉那些好的、正确应用后能够为企业带来持续繁荣的工程和管理程序。现在，我们经常听到企业的管理者大量应用再造和交叉职能小组来削减成本、库存、周期和非增值活动。然而，最近几年的经验表明，仅仅是为了工作自动化而减员的做法并不总是正确的。根据在100多个行业多年的经验，作者强烈建议将好的方法工程、现实的时间标准和良好的作业设计作为制造和商业企业成功的关键。

本书的由来

撰写本书的目的与第12版相同：提供一本实用的、最新的，介绍用于手工作业的测量、分析和设计的工程方法的教科书。本书强调了工效学和作业设计作为方法工程一部分的重要性：不仅是为了提高生产率，还为了在改善工人健康和安全的同时降低企业的成本。很多情况下，工业工程师往往关注如何通过方法变更和作业简化来提高生产率，从而导致操作者工作的过分单调进而增加肌骨损伤的发生概率。尤其是在当今卫生保健成本不断升高的情况下，通过这种方式获得的任何成本削减都会被增高的医疗和员工赔偿成本所抵消。

第13版的新增内容

新增了第16.4节"服务工作的标准"，说明了工作测量在卫生保健和社会服务以及呼叫中心中的应用；增加了10%～15%的例子、计算题和案例研究；为新的工业工程从业人员提供了工作抽样、时间研究、设施布局和各种流程程序图等内容，这些内容可以作为从业的工程师和经理们实用的、最新的参考资料。

本书与其他类似书籍的区别

市场上大部分书籍，或介绍动作和时间研究的传统内容，或介绍人因学，很少有书籍将这两个主题合而为一。在我们所处的这个时代，工业工程师需要同时考虑生产率问题及其对员工健康和安全的影响。市场上类似书籍的撰写格式很少适合课堂教学，为此，本书包括附加的思考题、计算题，以便于教师授课。最后，没有哪本教科书像本书一样提供如此大量的网上学习和教师资源、电子表格、软件工具、最新信息和变化等。

内容的组织与课程的安排

本书内容大体上是按照每周讲授一章内容且为期一个学期的导论性课程而安排的。尽管本书有 18 章，但由于第 1 章内容很少且是介绍性的，第 7 章关于认知作业设计的内容可能与其他人因学的课程内容重复，且第 15 章关于间接人工和费用人工的标准也可以不在导论性课程中讲解，因此实际上一个学期仅需讲解 15 章的内容。下表所列是一个可能的、典型的分章节教学计划：

章	课时	内 容
1	1	迅速讲解生产率和作业设计的重要性以及一些发展史
2	3~6	每个领域（帕累托分析、作业分析/现场指南、流程程序图、人机操作程序图等）讲解几个工具并涉及一些人机交互的定量分析。流水线平衡和 PERT 可能在其他课程中已经讲解
3	4	结合例子讲解操作分析的每一个步骤
4	4	讲解全部内容，但可以略过肌肉生理学和能量消耗部分
5	4	讲解全部内容
6	3~4	讲解照明、噪声、温度主题，其他主题可能在其他课程中已经讲解
7	0~4	讲解的内容取决于教师的兴趣
8	0~5	讲解的内容取决于教师的兴趣
9	3~5	讲解价值工程、成本-效益分析和盈亏平衡分析三种工具，工作分析和评价以及与员工的沟通。余下工具可能在其他课程中已经讲解
10	3	讲解时间研究的基础知识
11	3~5	介绍一种评价方法，介绍宽放方法比较成熟的前半部分理论
12	1~3	根据教师的兴趣讲解标准数据与公式
13	4~7	详细讲解其中的一种预定时间系统
14	2~3	讲解工作抽样
15	0~3	包含间接人工和费用人工标准，是否讲解取决于教师的兴趣
16	2~3	一般介绍和成本分析
17	3~4	讲解日工作量和薪酬计划
18	3~4	讲解学习曲线、激励理论以及与人相处的技巧

推荐的课程安排包括 43 学时，2 个考试期。有些教师可能希望在某些章节花费更多的时间（为此提供了额外的辅助材料，例如，第 4~7 章的作业设计），而在传统的作业测量（第 8~16 章）上少用些时间，或者相反。本书提供了这样的灵活性。同样，如果使用了所

有辅助材料（最多的学时数），则足够课堂教学和实验室教学，就像宾夕法尼亚州立大学所做的那样。这两种课程安排都配有适当的辅助材料，这些材料可以完全在线展示。有关使用在线课程的示例，请访问 www. engr. psu. edu/cde/courses/ie327/index. html。

辅助材料和在线支持

本书继续广泛地应用计算机和因特网来建立标准、概念化各种可能性、估计成本以及传播信息。出版商在 http：//highered. mcgraw-hill/sites/0073376310/上进一步向教师提供各种在线资源，例如新的教师手册。一个用于时间研究、工作抽样、标准时间和成本分析等的软件 Design Tools 4. 1. 1 版也在这个网站上。Design Tools 一个特别的新功能是添加了一个可用在 iPad 和 iPhone 上的时间研究数据收集应用程序 QuickTS。

以上网站还有一个链接可以到达另外一个由作者负责的网站 www2. ie. psu. edu/Freivalds/courses/ie327new/index. html。该网站向教师提供的在线背景资料包括教师指导手册上所列的各种表格，而向学生提供的资源则包括模拟考试题及其答案。关于本书中的错误及更正信息也在该网站上。使用本书以前版本的各类高校、工业企业和劳工组织中的个人所提供的建议对本书的准备工作起到了极大的帮助作用。欢迎读者提出更多的建议。为此，可单击网站上的 OOPS！按钮或发电子邮件到 axf@ psu. edu。

致谢

我要感谢已故的本杰明·尼贝尔给我这个机会为他的这本备受尊重的教科书做贡献。希望我所增加和修改的内容能够达到他的标准并且继续服务于未来的工业工程师。感谢 Jaehyun Cho 先生花费大量的时间在宾夕法尼亚州立大学开发 QuickTS 软件。还要感谢下列审稿人所提出的宝贵建议：

Dennis Field（东肯塔基大学）

Andrew E. Jackson（东卡罗来纳州立大学）

Terri Lynch-Caris（凯特林大学）

Susan Scachitti（普渡大学）

最后，我要对 Dace 的耐心和支持表示感谢。

安德里斯·弗瑞瓦兹

目　　录

第1章

方法、标准与作业设计简介

本章要点

- 生产率的提高推动了美国工业的发展。
- 工人健康和安全与生产率同等重要。
- 方法论研究可以简化作业。
- 作业设计使工作适应于操作者。
- 时间研究用于对作业进行测量并制定相应的标准。

1.1 生产率的重要性

在工业和商业环境中不断发生的特定变化必须兼顾经济性和可操作性。这些变化包括市场和生产商的全球化、服务部门的增加、企业全方位的计算机化，以及互联网的不断扩展应用。商业或企业增加收益的唯一途径是提高生产率。生产率的提高意味着增加单位时间的产出。美国享有世界第一生产率已经很久了。在过去的 100 年里，美国的生产率以每年大约 4% 的速度增长。但是，在过去的 20 年里，美国生产率增长的速度已经被中国以 13.4% 的增长速度所赶超。

提高生产率的基本工具包括方法、作业时间标准研究（通常被称为作业测量）和作业设计。典型的钢铁制造企业的总成本中，12% 为直接劳动力成本，45% 为直接原材料成本，43% 为管理成本。商业或者工业的各个方面——销售、金融、生产、工程、成本、维修和管理——为方法、标准和作业设计提供了坚实的基础。当企业所有部门都能从提高生产率的工具应用中获益时，人们通常只看重产量。例如，在销售中，利用现代信息检索方法通常会得到更可靠的信息，从而以较低的成本获得较高的销售额。

目前，在必要的情况下，大部分美国的商业或者企业都在通过缩小规模来进行结构重组，以便在经历了长期经济衰退、竞争日益激烈的环境中能够更高效地运作。它们正在以比以往更大的力度通过提高生产率来达到降低成本和提高品质的目的。同时，也在对不增加收益的业务成分进行严格检查。

生产领域为学习工程、工业管理、工商管理、工业心理学和劳资关系的学生提供的就业机会包括：①作业测量；②作业方法和设计；③生产工程；④制造分析和控制；⑤设施规划；⑥工资管理；⑦工效学和安全；⑧生产和库存管理；⑨质量控制。然而，这些机会并不局限于制造企业。这些就业机会在类似于百货公司、酒店、教育机构、医院、银行、航空公司、保险行业、军事服务中心、政府机构、退休联合会等其他部门也存在，并且同等重要。目前，在美国，仅有10%的劳动力供职于制造企业。剩余的90%从事服务业或者职员性的工作。随着美国对服务业的日益重视，有关方法、标准和作业设计的技术和哲学必须在服务业中加以应用。因为，只要是需要通过人、原材料和设施的作用以达到特定目的的场合都可以通过方法、标准和作业设计的智能化应用来提高生产率。

一个行业的生产部门是其成功的关键。它负责：原材料的选用和控制；操作顺序、检验和工作方法的确定；工具的订购；时间定额的分配；作业的调度、分配和追踪；保证消费者对按时交付的合格产品满意。

如果把生产部门看成企业的心脏，则方法、标准和作业设计活动就是生产部门的心脏。在这里，人们比在其他任何部门更关注确定一种产品是否可以通过有效的工作站、工具、工人和机器的关系、通过一种更有竞争优势的方式来进行生产。人们创造性地改进现有方法和产品，以确保通过建立公正的劳动标准获得良好的劳资关系。

制造经理的目标是在最少的资本投入和最大的雇员满意度的条件下，以尽可能低的费用按时地生产合格产品。可靠性和质量控制经理的工作重点是维护工程规范并确保预期寿命内产品的质量水平和可靠性，以使用户满意。在兼顾用户需求和通过精心规划可获得的经济优势的基础上，生产控制经理主要负责生产计划的制订和维护。方法、标准和作业设计经理主要考虑在最大化员工满意度和保证工作地安全性的条件下尽可能多地降低生产成本。维护经理主要考虑最小化那些由于不定期的故障和维修而造成的设备停机时间。图1-1说明了方法、标准和作业设计经理与总经理直接领导的部门经理和员工之间的关系。

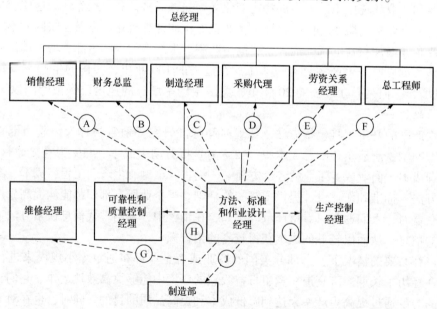

图1-1 方法、标准和作业设计影响企业运作的典型组织结构图

A—成本大体上由制造方法决定 B—时间标准是标准成本的基础 C—直接和间接标准为生产部门的绩效考核提供了基础 D—时间是比较同类设备或供货时共同的分母 E—良好的劳资关系是靠公平的标准和安全的工作环境来维持的 F—方法、作业设计和工艺对产品设计有很强的影响 G—标准是预防性维修的基础 H—标准能强化质量 I—生产调度基于时间标准 J—方法、标准和作业设计是决定如何做以及用多长时间做的基础

1.2　方法和标准的范围

方法研究是指在产品工程部门设计图的基础上设计、创建和选择能够制造某一产品的最好的制造方法、工艺、工具、设备和技能。当最好的方法与可供选择的最好的技能交互时，一种有效率的人机关系就产生了。一旦建立了完整的方法，确定生产产品的标准时间的责任就落入了"方法和标准"的范畴。此外，以下的跟进工作也包括在该范畴：①确保达到预定的标准；②确保员工的产出、技能、责任和经验等得到充分的回应；③确保员工能从其工作中得到满足感。

总的过程包括：定义问题；将工作分解成工序；在适当考虑操作者安全和工作兴趣的基础上分析每个工序，以确定针对相应产量的、最经济的制造工艺；使用适当的时间定额，然后贯彻执行，以确保规定的方法得到实施。图 1-2 阐明了通过方法研究和时间研究来缩短生产时间的机会。

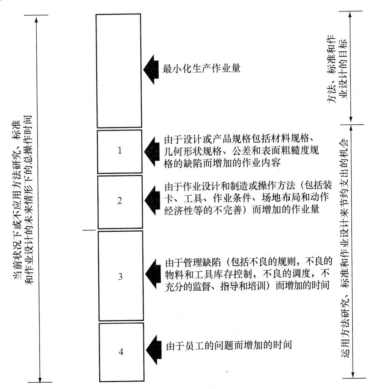

图 1-2　通过方法研究和时间研究来缩短生产时间的机会

1.2.1　方法研究

操作分析、作业设计、工作简化、方法研究和企业重组等术语经常被混淆。在大多数情况下，这些术语是指能够增加单位时间产量或降低单位产品成本的技术，即提高劳动生产率。但是，本书定义的方法研究对产品生命周期中的两个不同时期进行了相应分析。首先，方法研究工程师负责设计和开发各种将用于生产产品的工作中心；其次，这个工程师必须不断地重复研究工作中心，以找出更好地生产该产品和/或提高其质量的方法。

近年来，第二种分析被称为企业重组。在这方面，我们认识到，一个企业若想保持盈利就必须引入变革。因此，在制造领域之外的其他领域引入变革可能是合适的。通常，通过在诸如会计、库存管理、物料需求计划、后勤管理和人力资源管理等领域进行积极变革会提高企业的利润率。信息自动化在上述领域的应用能获得意想不到的回报。在规划阶段，工作方法研究越细致，在产品的生命周期中进行额外方法研究的必要性就越小。

方法研究意味着对技术能力的运用。正是由于方法研究的存在才使得生产率总是能够得到不断提高。由于技术创新而产生的生产率差异如此之大，以至于发达国家与低工资的发展中国家相比总是能保持竞争优势。因此，带来新技术的研究与开发（R&D）对于方法研究来说是相当重要的。据2012年全球创新指数，人均研发投入最高的前10个国家是以色列、芬兰、瑞典、日本、韩国、丹麦、瑞士、德国、美国和奥地利。这些国家的生产率均处于世界领先地位。只要这些国家继续强调研究与开发，基于技术创新的方法研究就有助于提高它们提供高级产品和服务的能力。

方法研究工程师使用一套系统化的过程来建立加工中心、生产产品或提供服务（见图1-3）。这里简要介绍这套系统化的过程，而该过程则概括了全书的思路。系统化过程的每一步都将在后面的章节中进行详细论述。请注意，第6和第7两个步骤严格来说并不是方法研究的一部分，但它们对于建立一个能正常工作的加工中心来说是相当必要的。

（1）项目选择。通常选择的项目是具有高制造成本和低利润的新产品或者现有产品。此外，目前质量难以保证和没有竞争优势的产品也是方法研究要选择的对象（详情请参阅第2章）。

（2）数据收集和表达。收集所有与产品和服务有关的重要数据，包括图样和规范、数量需求、交货要求以及对该产品或服务预期寿命的展望。一旦收集到所有这些重要的信息，就以一定形式将其记录下来以便研究和分析。建立程序图对数据的表达是非常有用的（详情请参阅第2章）。

（3）数据分析。运用操作分析的主要方法决定哪种可供选择的方法将产生最好的产品或者服务。这些主要的操作分析方法包括：操作目的、零件的设计、公差和规格、使用的材料、加工工艺和流程、装备和工具、物料搬运、工厂布局和作业设计（详情请参阅第3章）。

（4）开发理想的方法。在权衡与每个可选方案有关的各种约束条件如生产率、工效学、健康和安全等的基础上，为每个操作、检查和运输选择最好的程序（详情请参阅第3~8章）。

（5）理想方法的表达和实施。为负责开发方法的操作和维护人员详细解释该方法。考虑加工中心的全部细节以确保所开发的方法达到预期的结果（详情请参阅第9章）。

（6）工作评价。对已经采纳的方法进行工作分析，以保证对操作者进行了充分的挑选、培训和奖励（详情请参阅第9章）。

（7）确立时间标准。为已经采纳的方法建立公平合理的标准（详情请参阅第10~15章）。

（8）方法跟进。定期检查已采纳的方法，以便确定是否实现了预期的生产率和质量、成本预测是否正确，以及是否可以实施进一步的改进（详情请参阅第16章）。

总而言之，方法研究是系统对所有直接和间接的操作进行仔细检查，以保证工人的健康和安全，并允许在较少的时间内以更少的单位投入（如获得更高的利润）来完成工作。

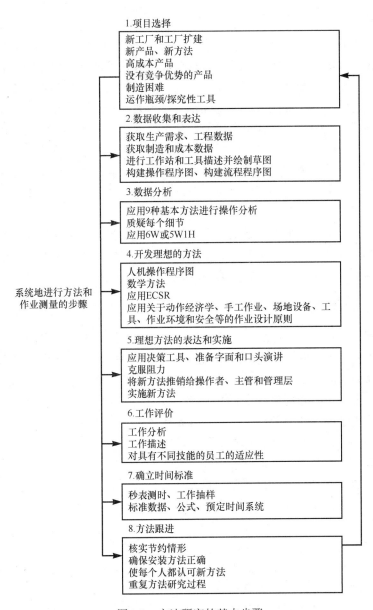

图 1-3　方法研究的基本步骤

1.2.2　作业设计

　　作为开发和维持新方法的一部分，作业设计必须从工效学的角度使得任务和工作站的设计符合操作者的特点。频繁地过度简化工作程序会导致肌肉骨骼失调的职业病的发生。考虑到当前保健费用不断增长的发展趋势，任何生产率的增加和成本的降低带来的利润都会被工人医疗补贴和补偿费用的成本增加所抵消。因此，方法研究工程师把作业设计的原则放到新的工作方法中是有必要的，这样不仅更有效率，而且更能保证操作者的安全，使其不受伤害（见第 4 ~ 8 章）。

1.2.3 标准

时间标准是时间研究和作业测量的最终结果。考虑到工人的疲劳和基本生理需求的情况，基于对规定方法的工作内容的测定，使用时间研究技术确立一项可以完成某项给定任务的时间标准。时间研究分析用以下几种技术确定时间标准：秒表时间研究、计算机数据采集、标准数据、时间预测系统、工作抽样和基于经验数据的时间估计。每种技术都有特定的使用条件。时间研究分析师必须知道何时使用什么技术，并确保使用的这种技术的合理性和正确性。

时间标准的研究结果被用于制定薪酬体系。在很多企业，尤其在小型企业里，薪酬支付是由负责方法和标准工作的同一部门负责的。此外，薪酬支付与工作分析和评价同时进行，以确保这些紧密相关的工作顺利运行。

生产控制、工厂布局、采购、成本计算和控制以及工艺和产品设计等都是与方法和时间标准密切相关的附加领域。为了有效地操作，所有这些领域都依赖于方法和作业部门制定的时间、成本数据和操作程序。这些将在第16章进行简要阐述。

1.2.4 方法、时间标准和作业设计的目标

方法、时间标准和作业设计的主要目标是：①安全地提高生产率和产品的可靠性；②降低单位成本，以便于提供更多的优质产品和服务给更多的顾客。生产率的提高意味着每年将会为更多人提供大量的工作机会。只有通过应用更加智能化的方法、时间标准和作业设计的原理，才能增加生产产品和提供服务的生产者的数量，同时提高所有消费者的潜在购买能力。通过应用这些原理，可以最小化失业人员和社会救济人员的数量，从而减少对非生产商的经济支持成本。要实现主要目标需要做到以下几点：

（1）最小化实施任务所需的时间。

（2）不断改进产品和服务的质量以及可靠性。

（3）通过指定生产产品和提供服务最合适的直接或间接的材料来节省资源并最小化成本。

（4）考虑能源的可用性。

（5）最大化所有员工的安全、健康和福利。

（6）生产的同时增强环境保护意识。

（7）采用人性化的管理制度以确保每个员工对工作的兴趣和满意度。

1.3 发展历史

1.3.1 泰勒的工作

在美国，泰勒（Frederick W. Taylor）通常被认为是现代时间研究的创始人。但在欧洲，时间研究早在泰勒时代之前就已经开展。1760年，法国工程师让-鲁道夫·佩罗内（Jean Rodolphe Perronet）对6号普通销的制造进行了大量的时间研究；60年之后，英国经济学家查尔斯·巴贝奇（Charles W. Babbage）对11号普通销的制造进行了时间研究。

泰勒于 1881 年在美国费城的 Midvale 钢铁公司开始他的时间研究工作。虽然出生在一个富有的家庭，但他蔑视自己的出身并且以一个学徒工的身份开始自己的事业。在工作 12 年之后，他逐步开发出一个基于"任务"的系统。泰勒提议，管理者至少提前一天计划出每位员工的工作；员工应该能够得到详细描述他们所需要做的工作的完整书面指南，并且知道如何去完成任务；每个作业必须有一个标准时间，该时间由专家进行的时间研究确定。在时间测定过程中，泰勒提倡把作业任务分解成力所能及的小单元，称为"元素"。专家单独为每一元素计时并将其汇总，以确定整个作业所需要的时间。

泰勒早期提出他的理论时并不太受欢迎，因为大多数工程师认为他的理论只是一个新的计件系统而不是用于分析工作和改进方法的一种技术。因为很多标准通常或是基于管理者的猜测，或是管理层为维护本部门的业绩而被夸大，所以管理者和员工都对计件系统持怀疑态度。

泰勒在 1903 年 6 月美国机械工程师协会（ASME）在萨拉托加（Saratoga）举行的会议上发表了他著名的文章《车间管理》，其中包括了科学管理的要素：时间研究、全部工具和任务的标准化、建立计划部门、使用计算尺和类似的省时工具、员工操作指南手册、奖优措施、实行工资差额、用于产品分类的记忆系统、路径规划系统和现代化成本系统。泰勒的方法获得了很多工厂经理的好评。截止到 1917 年，在已实施"科学管理"的 113 家工厂中：有 59 家认为它们的实施完全成功，20 家部分成功，34 家实施失败（Thompson，1917）。

1898 年，在 Bethlehem 钢铁公司（他已经辞去在 Midvale 钢铁公司的工作）工作时，泰勒开始进行生铁实验，该实验后来成为最能证明他原理的实例之一。他结合奖金激励措施建立了正确的方法，使得通过斜坡搬运 92lb⊖生铁到货车的工人的生产率从平均 12.5t/天提高到 47~48t/天。这项工作使得工人的收入从 1.15 美元/天提高到 1.85 美元/天。泰勒说，工人生产率的提高"并没有引起工人们的罢工甚至是任何的争吵，而是使工人更加愉快和满意"。

泰勒在 Bethlehem 钢铁公司的另一个著名的研究是铁锹实验。Bethlehem 的铲工每人都有自己的铁锹并用同一把铁锹做所有工作——铲重量大的铁矿石或是重量轻的碎煤。经过大量的研究，泰勒设计出适合不同负荷的铁锹：铲重量大的铁矿石用短柄的，铲重量轻的碎煤使用长柄的。结果生产率得到了提高，且物料搬运成本从 8 美分/t 减少到 3 美分/t。

泰勒另一个著名的贡献是发现工具钢热处理的 Taylor – White 工艺。通过对气硬钢的研究，他开发了一种硬化铬钨钢合金的方法，即通过将其加热到接近熔点从而使其气硬化而不变脆的热处理方法。由此生产的"高速钢"使机器的切割生产率提高了不止一倍，而且目前仍然在全世界范围内广泛使用。之后，他又发明了用于金属切割的泰勒方程式。

他的另一个不如工程贡献那样众所周知的事实是他在 1881 年获得了美国网球双打冠军。他用的是一把自己设计的样子很奇怪的带匙形拍柄的球拍。泰勒于 1915 年死于肺炎，享年 59 岁。若想了解关于这样一个多才多艺的人的更多信息，作者推荐 Kanigel 写的传记（1997）。

20 世纪初，美国正处于一个空前的通货膨胀时期。效率成为关键，多数工业企业都在寻找提升工作效率的方法。铁路业也觉得需要通过大幅提高运费来支撑总成本的提高。当时代表东部商业协会的 Louis Brandeis 认为铁路业不应该也不需要提高运费，而是应该引入新

⊖　1lb = 0.4536kg。

的"管理科学"到铁路业中。Louis Brandeis 声称铁路公司通过引入泰勒提出的技术每天就可以节省 100 万美元。因此，Louis Brandeis 和东部运费案例讨论会（当时只是作为听证会）率先以"科学管理"引入了泰勒的概念。

当时，许多不像泰勒、卡尔·巴思（Carl Barth）、怀特·梅里克（Dwight Merrick）和其他早期开创者那样有资格的人都渴望在这片新领域中青史留名。他们把自己标榜为"效率专家"，并努力在工业领域中实施"科学管理"。但是不久之后，他们受到员工方面对所发生的变化的自然抵触，并且由于他们不具备处理人际关系问题的技能而遇到极大的困难。急于出成果但又缺乏科学的知识，使得他们建立的一些标准难以实现。形势变得很严峻，以至于一部分管理者为了保证正常运作而不得不中断整个效率改善计划。

在其他实例中，工厂经理允许主管建立时间标准，但是其结果很少令人满意。一旦时间标准确立，很多工厂经理又认为采用这种时间标准员工收入太高，很多在当时对削减劳动力成本感兴趣的工厂经理就会毫无顾忌地降低工资等级。结果是员工在拿相同或更少工资的情况下做强度更大的工作，这种情况自然会引起员工更强烈的不满。

尽管泰勒成功地实施了许多"科学管理"，但是员工的不满还是扩散开了。1910 年员工对新的时间研究系统的抵触非常强烈，以至于洲际商务委员会（ICC）在沃特敦兵工厂（Watertown Arsenal）进行了一次关于时间研究的调查。对时间研究评价较低的几份报告使得国会 1913 年在政府拨款法案中添加了一条附加条款：规定所拨款项不得用作薪水付给参与时间研究工作的任何人。这项限制条文适用于那些拿政府资金来支付薪水的国有企业。

直到 1947 年，众议院才通过一项法案，废除了禁止使用秒表和使用时间研究的规定。有趣的是，即使在今天，工会仍然禁止在一些铁路维修设施中使用秒表。值得注意的是，泰勒主义在当今的装配线、以零碎时间计算的律师账单以及病人住院费用的文件中都依然在应用。

1.3.2 动作研究及吉尔布雷斯夫妇（Gilbreth）的研究工作

弗兰克·吉尔布雷斯（Frank Gilbreth）和莉莲·吉尔布雷斯（Lillian Gilbreth）夫妇是现代动作研究技术的创始人。动作研究可以定义为：完成某项操作时身体动作的研究，目的是通过删除不必要的动作，简化必要动作，确定最有利于产生最大效率的动作顺序来改善操作。弗兰克最开始把他的想法和哲学引入到了他所工作的砌砖公司。在通过动作研究改善的已经被实施的操作方法中包括一个他发明的可调脚手架。对操作者进行培训后，可以将砌砖的平均速度提高到每人每小时 350 块。在此之前，一名砌砖工人每人每小时砌砖 120 块就比较令人满意了。

在使工业界认识到详细研究身体动作以提高产量、降低疲劳并指导操作者以最优化的操作方法执行某一操作的重要性方面，吉尔布雷斯夫妇比其他任何人的贡献都大。他们提出了一种通过拍摄进行微动作研究的技术。这种借助图像慢放进行动作研究的技术应用不仅仅局限在工业界。

除此之外，吉尔布雷斯夫妇为研究操作者的运动轨迹，开发了动作循环图解分析方法和动作时间图解分析技术。动作循环图解分析方法是用小电灯泡附在手指/手/要研究的身体某一部位，然后拍摄操作者进行操作的动作。这种方法得到的图片可以永久地记录操作者的动作模式，用于分析如何进行改进。动作时间图解分析技术类似于动作循环图解分析方法，但是它的电路被定期中断，引起灯光闪烁。因此，这种方法得到的图片不显示表明动作模式的实线，而是显示由与所拍摄身体动作速度成比例的空隙间隔开来的虚线。有了动作时间图解就可以计算速度、加速度，并进行身体动作的研究。将图片升级成录像，体育界发现动作时间图解分析技术作为一种训练工具在显示形体和技巧的发展方面有很大用途。

作为一个有意思的旁注，读者可能希望知道弗兰克·吉尔布雷斯在生活中是如何最大限度地追求效率的。他的长子和长女出书讲述了他们的父亲是如何用两只手拿剃刀同时刮脸或者如何使用各种各样的信号集合 12 个孩子的。因此，他们将书命名为《成打买更便宜》（*Cheaper by the Dozen*）（1948）！弗兰克·吉尔布雷斯 56 岁去世后，他的已经获得心理学博士学位的妻子、同时也是他的合作者，独自继续工作简化方面的研究，尤其是针对残疾人方面。吉尔布雷斯夫人于 1972 年去世，享年 93 岁。

1.3.3　早期的其他代表人物

泰勒的同事卡尔·巴思（Carl Barth）设计出了一种生产计算尺，以确定在考虑切割深度、工具尺寸以及工具使用寿命的情况下切削不同硬度的金属时切削速度和进给量之间的最有效组合。他在确定宽放比例方面也很有成就。在调查了一名工人在一天之内能做多少英尺磅$^{\ominus}$的工作基础上，提出了一个规则，用来将工人手臂的一次推（或拉）能搬运的重量换算为工人一天工作量的一定百分比。

哈林顿·埃默森（Harrington Emerson）在 Santa Fe 铁路公司工作时运用了科学的方法，并写下了《提高效率的 12 个原则》一书。在书中，他向管理层讲述了可以提高操作效率的过程，改组了公司，整合了车间流程，建立了成本标准和奖金分配方案，并用 Hollerich 制表机处理财务工作。基于此，为公司每年节省的资金超过 150 万美元。同时，他的方法得到了认可，并被称为效率工程。

1917 年，亨利·劳伦斯·甘特（Henry Laurence Gantt）开发了一种可以测定工作业绩并可直观显示计划进度表的简单图表——甘特图。这一生产控制工具在第一次世界大战期间就被造船企业热情地采用。甘特图第一次使人们能够将项目的实际进展与原始计划进行比较，根据生产能力、延迟和顾客需求调整每日的进度安排。甘特也因发明了一个工资支付系统而闻名，该系统奖励工作绩效超过标准的工人，取消所有由于设备故障而要求工人上交的罚金，并对那些所管理的所有员工的绩效均高于标准的领导给予奖励。甘特强调人际关系，并提出：科学管理远远不是非人性化地去提高劳动者的工作速度。

在第二次世界大战期间，美国总统富兰克林·罗斯福（Franklin D. Roosevelt）通过美国劳工部提倡建立提高产量的标准，这一举措进一步促进了动作和时间研究的发展。该政策阐明：在不增加单位劳动力成本的情况下，产量越高得到的回报越多；激励措施由工人和管理者共同协商制定；运用时间研究或者以前的记录来确定生产标准。

1.3.4　作业设计的出现

作业设计是关于如何设计任务、工作站和工作环境以更好地适应操作者的一门较新的学科。在美国，作业设计通常被称为人因学，而国际上更多叫作工效学（Ergonomics）。工效

　　$\ominus$　英尺符号为 ft，1ft = 0.3048m；磅符号为 lb，1lb = 0.4536kg；英尺磅（ft·lb）是功的单位。

学是由希腊语中的工作（erg）和规律（nomos）演化而来的。

在美国，继泰勒和吉尔布雷斯夫妇的早期工作之后，第一次世界大战期间军人的筛选和训练以及哈佛研究生院在西电公司进行的工业心理学实验（详情请查阅第9章的霍桑研究）对作业设计领域有很重要的贡献。而在欧洲，在第一次世界大战期间和之后，英国工业疲劳协会进行了大量的关于人在各种工作条件下的工作绩效研究。在这之后，英国海军和医学研究委员会又增加了热应激等其他工作条件。

在第二次世界大战期间和之后，军事设备和飞机的复杂性致使美国创办了军事工程心理学实验室，这成为作业设计领域的一次真正发展。由苏联1957年发射人造卫星而引起的空间竞赛反而加速了人因学的发展，尤其是在航空航天和军事领域。从20世纪70年代起，人因学的发展转向了工业领域，甚至近代更是转向了计算机设备、用户友好性的软件和办公环境。促进人因学发展的其他因素还包括产品可靠性和人员伤亡的诉讼案件的增多，甚至一些更不幸的悲剧和大规模的技术灾难，例如美国三里岛核电站泄漏事件和印度博帕尔（Bhopal）的联合碳化物工厂剧毒气体泄漏事件。明显地，计算机和科技的发展将在未来许多年里促使人因专家和工效学专家忙于设计出更好的厂房和产品，用以提高人们的生活水平和工作质量。

1.3.5 组织

自1911年起，人们就有组织地致力于使工业界与泰勒和吉尔布雷斯所开创的新技术保持同步。一些技术机构在使得时间研究、作业设计和方法研究达到目前的水平方面做出了突出的贡献。1915年，为了促进管理科学的发展成立了泰勒学会；而在1917年，由那些对生产方法感兴趣的人成立了工业工程师协会。美国管理协会（AMA）起源于1913年，是由一批经过培训的管理人员在创建全国社团教育联合协会时成立的。美国管理协会的各种分支机构资助效率改善、作业测量、工资激励、工作简化和文书标准等方面的课程和出版物。与美国机械工程师协会（ASME）一样，作为对社会的一种服务，美国管理协会每年给那些为工业管理做出卓越贡献的人颁发甘特纪念奖章。

美国管理进步学会（SAM）于1936年由工业工程师协会和泰勒学会合并形成。这个组织强调时间研究、方法研究和薪酬支付的重要性。在相当长的一段时间里，工业界使用SAM的时间研究评比录像带。SAM每年为那些推动管理学科学发展做出杰出贡献的人颁发泰勒钥匙，为那些在动作研究、技能研究和疲劳研究领域做出显著成就的人颁发吉尔布雷斯奖章。1972年，SAM与AMA合并。

工业工程师学会（IIE）成立于1948年，其宗旨是保持工业工程在专业化水平中的实践，培养工业工程领域的高素质人才，鼓励和帮助工业工程师在感兴趣领域的教育和研究工作，促进工业工程专业人员之间想法和信息的交流（例如，出版《IIE学报》）。通过鉴别成员有没有工业工程实践资格来服务于公共事业，并促进工业工程师的专业注册。IIE的作业科学协会（1994年由作业测量部门和工效学部门合并形成）使其成员在该领域所有方面的知识得到不断更新。作业科学协会每年分别给在作业测量和工效学这两个方面取得成就的人颁发Phil Carroll奖 M. M. Ayoub奖。

作业设计领域的第一个专业组织——工效学研究协会1949年在英国成立。它于1957年创办了第一本专业杂志《工效学》（*Ergonomics*）。美国的专业组织——美国人因工程与工效学协会于 1957 年成立。20 世纪 60 年代，学会迅速发展，其会员数量从 500 人增加到了 3000 人。目前，超过 5000 名会员分布在 20 个不同的技术团体中。他们的主要目标是：①确定和支持人因/工效学作为一个科学学科并在实际应用中促进成员之间的技术信息交流；②对商业、工业和政府部门人员进行人因/工效学的教育和培训；③倡导将人因/工效学作为改善生活质量的一种途径。该协会也发表了名为《人因学》（*Human Factors*）的档案杂志，并每年举办讨论会，便于成员聚集和交流想法。

随着国家级专业协会的增加，一个旨在从国际水平协调工效学活动的综合性组织——国际人机工程联合会于 1959 年成立。目前，该组织包含 47 个独立协会以及来自世界各地的超过 15 000 名会员。

1.3.6　现状

方法、标准和作业设计的实践者已经开始意识到如性别、年龄、健康和福利、体格和体力、智力、训练态度、工作满意度、激励反应等因素与生产率有着直接的关系。此外，现代分析家认为，员工有权反对被当作机器看待。员工不喜欢和畏惧纯粹的科学方法，并且本能地厌恶对他们目前的操作方式进行的任何改变。即使是管理者，也经常由于不愿意改变而放弃有价值的革新方法。

工人开始变得畏惧方法研究和时间研究，因为他们明白方法研究和时间研究会导致生产率的提高。对他们来说，生产率的提高意味着工作量减小，也意味着薪水的减少。但是他们必须接受如下事实：生产率提高后，作为消费者他们自身得益于低成本，而越低的成本越能开拓更广阔的市场，这意味着一年中将有更多的人在更长的劳动时间内做更多的工作。

目前，有些对时间研究的畏惧是由与效率专家不愉快的合作经验造成的。对很多员工来说，动作研究和时间研究与加速生产或者辛劳是相同的，它们使用奖励制度来激励员工提高生产水平，随后将提高了的生产水平作为新的标准，因此迫使员工在保持他们以前收益的情况下付出更多的劳动。过去，目光短浅和无道德原则的经理确实凭借这种方式赚取了更多利润。

即使在今天，仍然有一些协会反对通过测量建立标准，反对通过工作评价开发小时工作量并反对运用工资激励制度。这些协会认为，完成某项任务所需要的时间和员工应得报酬是通过集体讨论来决定的。

当今，方法研究和时间研究实践者必须运用人性化的手段。他们必须精通人类行为学及交际艺术。他们必须是良好的倾听者，尊重他人的想法并为他们着想，特别是在工作台上操作的工人，他们必须给予适当的信任。事实上，他们应该习惯性地给予别人信任，即使值得信任的人仍然存在某些方面的不足。此外，动作研究和时间研究的实践者应该时刻铭记吉尔布雷斯夫妇、泰勒和该领域其他先驱所强调的"质疑"的态度。在开发新的方法以提高生产率、产品质量、交货率和改善员工安全和福利的过程中必须保持"始终有一种更好的方法"的想法。

现在，美国政府已经开始更多地介入方法、标准和作业设计的规范管理。例如，由于军事标准 MIL-STD 1567A（1975 年公布；1983 年和 1987 年两次修订）的确定，军事设备的承包商和转包商在为直接劳动力标准提供证明方面面临越来越大的压力。任何一个拿到金额超过 100 万美元军工项目合同的公司必须使用军事标准 MIL-STD 1567A。该标准要求契约商提供一个作业测量计划和程序，一个用来建立并保持已知精度和可追溯性的工程标准的方案，一个使用直接劳动力标准作为输入而建立预算、估算、规划、绩效评估并为所有这些方案建立详细文档的方案。

类似地，在作业设计领域，美国国会通过了《职业安全与健康法》（OSHAct），并建立了美国国家职业安全与健康研究院（NIOSH）——一个为工人健康和安全建立标准和指南的研究机构，和职业安全与健康管理局（OSHA）——一个维护这些标准的执行机构。由于食品加工工业里重复性动作引起的伤害事故急剧增加，OSHA 于 1990 年建立了《肉类加工厂的工效学项目管理指南》。针对一般工业而开发的相似准则逐步发展为最终的《OSHA 工效学标准》。该标准由克林顿总统于 2001 年签署并成为法律。然而，不久国会就废除了这个标准。

随着有限工作能力的人员数量日益增多，国会于 1990 年通过了《美国残疾人法案》（ADA）。这个法案对拥有 15 个及以上员工的所有雇主在招聘、雇佣、晋升、培训、停工、解雇、允许休假和分配工作等方面产生了很大影响。

尽管作业测量以前主要针对直接劳动力，但现在方法和标准的发展已经逐渐更多地运用于研究间接劳动力。随着美国传统的制造性工作量的减少和服务性工作数量的增加，这个趋势将继续延伸。计算机技术的使用也将越来越广泛，如类似 MOST 的预定时间标准系统。很多公司也已经在使用电子数据收集器收集所需信息的基础上开发了时间研究和工作抽样软件。

表 1-1 回顾了方法、标准和作业设计的发展历程。

表 1-1 方法、标准和作业设计的发展历程

年份	事 件
1760	佩罗内对 6 号普通销进行时间研究
1820	巴贝奇对 11 号普通销进行时间研究
1832	巴贝奇发表《关于机器和制造的经济》
1881	泰勒开始时间研究
1901	甘特开发了任务和红利工资系统
1903	泰勒向 ASME 提交其关于工厂车间管理的文章
1906	泰勒发表《关于金属切削工艺》
1910	美国州际商务委员会开始了一项对时间研究的调查 吉尔布雷斯发表《动作研究》 甘特发表《工作、工资和利益》
1911	泰勒发表《科学管理原理》
1912	美国科学管理促进会成立 埃默森估计如果东部铁路应用科学管理原理，则每天可以节省 100 万美元 埃默森发表《提高效率的 12 个原则》
1913	国会在政府年初预算案中加附文，规定政府拨款的任何部分不得用于支付给任何从事时间研究工作的人 福特在底特律为第一条流水线揭幕
1915	泰勒学会成立取代美国科学管理促进会
1917	吉尔布雷斯夫妇发表《应用动作研究》
1923	美国管理协会成立
1927	埃尔顿·梅奥（Elton Mayo）在西电公司位于伊利诺伊州霍索恩的工厂开始霍桑实验
1933	拉尔夫·M. 巴恩斯（Ralph M. Barnes）从康乃尔大学获得美国第一个工业工程领域的博士学位，基于其博士论文的《动作和时间研究》发表

（续）

年份	事件
1936	美国管理进步学会成立
1945	美国劳工部倡议建立标准以提高军需品的生产率
1947	通过了允许美国陆军部使用时间研究的法案
1948	工业工程师学会在美国俄亥俄州首府哥伦布成立 大野耐一和丰田英二在丰田汽车公司率先提出精益生产的概念
1949	岁初拨款声明中明确规定禁止使用秒表 工效学研究协会（现在的工效学协会）在英国成立
1957	人机工程学会在美国成立 E. J. McCormick 发表《人因工程学》
1959	国际人机工程联合会成立，以协调全球范围内的人因学活动
1970	美国国会通过《职业安全与健康法》，并成立 OSHA
1972	美国管理进步学会与美国管理协会合并
1975	发布 MIL-STD 1567A 和《作业测量》
1981	首次提出《NIOSH 手工搬运指南》
1983	发布修订版 MIL-STD 1567A 和《作业测量》
1986	新版 MIL-STD 1567A 和《作业测量指南附录》定案
1988	发布关于图形显示终端工作站人机工程的《ANSI/HFS 标准 100—1988》
1990	国会通过《美国残疾人法案》（ADA） OSHA 制定了《肉类加工厂的工效学项目管理指南》，并被作为制定 OSHA 工效学标准的模板
1991	修订了《NIOSH 手工搬运指南》
1995	发布了旨在控制与工作有关的积蓄性损伤疾患的《ANSI Z – 365 标准草案》
2001	《OSHA 工效学标准》被签署为法律，但不久后被国会废除
2006	美国人因工程与工效学协会成立 50 周年

本 章 小 结

工业、商业和政府都认为未开发的生产率提升的潜在能力是处理通货膨胀和竞争的最好方法，而提高生产率的关键是继续应用方法、标准和作业设计原理，只有这样才能使员工和机器生产更多产品。美国的员工期望具有谈判的能力以提高工资水平。美国政府保证逐步采纳照顾弱势群体的家长式作风哲学——为穷人提供住房、为老人提供医疗服务、为少数族裔提供工作等。为了能承受日益上升的劳动力成本和政府税款且不倒闭，我们必须从生产要素——劳动者和机器中得到更多的产出。

思 考 题

1. 时间研究的另一个名称是什么？
2. 方法研究的主要目标是什么？
3. 列出方法研究的八个步骤。

4. 何人在何地最早开始时间研究的？

5. 解释泰勒关于科学管理的原理。

6. 动作研究指的是什么？谁是动作研究技术的创始人？

7. 管理层和劳动者对由效率专家确立的生产速度标准持怀疑态度的行为是否可以理解？为什么？

8. 哪些组织推进了泰勒和吉尔布雷斯夫妇的观点？

9. 当提议改变工作方法时，工人典型的心理反应是什么？

10. 解释方法研究和时间研究工作中人性化方法的重要性。

11. 时间研究和方法研究的关系如何？

12. 为什么说作业设计是方法研究的一个重要的组成部分？

13. 哪些重要的事件使人们认识到工效学的必要性？

参 考 文 献

Barnes, Ralph M. *Motion and Time Study: Design and Measurement of Work.* 7th ed. New York: John Wiley & Sons, 1980.

Eastman Kodak Co., Human Factors Section. *Ergonomic Design for People at Work.* New York: Van Nostrand Reinhold, 1983.

Gilbreth, F., and L. Gilbreth. *Cheaper by the Dozen.* New York: T. W. Crowell, 1948.

Gilbreth, L. M. *As I Remember: An Autobiography.* Norcross, GA: Engineering & Management Press, 1988.

Kanigel, R. *One Best Way.* New York: Viking, 1997.

Konz, S., and S. Johnson. *Work Design.* 7th ed. Scottsdale, AZ: Holcomb Hathaway, 2007.

Mundell, Marvin E. *Motion and Time Study: Improving Productivity.* 5th ed. Englewood Cliffs, NJ: Prentice-Hall, 1978.

Nadler, Gerald. "The Role and Scope of Industrial Engineering," In *Handbook of Industrial Engineering,* 2d ed. Ed. Gavriel Salvendy. New York: John Wiley & Sons, 1992.

Niebel, Benjamin W. *A History of Industrial Engineering at Penn State.* University Park, PA: University Press, 1992.

Salvendy, G., ed. *Handbook of Human Factors.* 3d ed. New York: John Wiley & Sons, 2006.

Saunders, Byron W. "The Industrial Engineering Profession." In *Handbook of Industrial Engineering.* Ed. Gavriel Salvendy. New York: John Wiley & Sons, 1982.

Taylor, F. W. *The Principles of Scientific Management.* New York: Harper, 1911.

Thompson, C. Bertrand. *The Taylor System of Scientific Management.* Chicago: A. W. Shaw, 1917.

United Nations Industrial Development Organization. *Industry in the 1980s: Structural Change and Interdependence.* New York: United Nations, 1985.

相 关 网 站

The Ergonomics Society—http://www.ergonomics.org.uk/
Human Factors and Ergonomics Society—http://hfes.org/
Institute of Industrial Engineers—http://www.iienet.org/
International Ergonomics Association—http://www.iea.cc/
OSHA—http://www.osha.gov/

第2章

解决问题的工具

本章要点

- 应用帕累托分析、鱼刺图、甘特图、计划评审技术（PERT）图及工作或工作地分析指南等来选择项目/研究对象。
- 搜集并用操作程序图、流程程序图、线路图、人机操作程序图、联合操作程序图来表示数据。
- 基于同步服务计算、随机服务计算和流水线平衡计算开发人机配合的理想方法。

好的方法研究遵循一个既定的流程，始于项目的选择，终止于项目的完成（见图1-3）。无论是设计一个新的工作中心还是改善已有的操作，用清晰而有逻辑性的方式对问题进行识别是第一步也可能是最关键的一步。正如机械师借助诸如测微计和测径计等工具来提高绩效一样，方法研究工程师同样使用合适的工具，以便能够在较短的时间内更好地完成工作。能够帮助方法研究工程师解决问题的工具有许多，且每种工具都有其特定的适用范围。

有五种工具主要用在方法分析的第一步——项目选择中。帕累托分析和鱼刺图从20世纪60年代（见第18章）早期日本的质量研讨小组发展而来，可以成功地提高制造过程中的质量、降低成本。为了更好地规划和控制复杂的军事项目，甘特图与PERT图于20世纪40年代产生。二者同样非常适用于在工业背景下识别出问题的所在。

项目的选择通常基于对三种因素的考虑：经济因素（很可能最重要）、技术因素和人为因素。经济因素可能会涉及标准尚未实施的新产品或制造成本过高的现有产品。这种情况下面临的问题可能是大量的废料或返工、过多的物料搬运（从成本或者距离角度考虑），或者仅仅是生产薄弱环节。技术因素可能包括需改进的生产工艺、由实施新方法而引发的质量控制问题或者是与竞争性相关的产品性能问题。人为因素可能包括高度重复性的工作、由此引发的肌肉骨骼伤害、高事故率的工作、易引起过度疲劳的工作或工人频繁抱怨的工作。

在分析师的办公室中最常用的是以上四种工具。第五种工具，即工作或工作地分析指南，能够帮助识别特定区域、部门或工作地内存在的问题，并且作为实景排练和现场观察的一部分得到了最充分的发展。这种指南可用来主观地识别可能引起潜在问题的关键员工任务、环境或行政因素，也可以指明进一步进行量化评价的适当工具。使用目前的方法收集大量的定量数据之前，应该首先应用工作或工作地分析指南。

还有五种工具用来记录目前的方法，它们构成了方法分析的第二步骤，即数据的收集和表达。相关的实际信息如产量、交货期、运作时间、设施、机器加工能力、特殊原料及特殊工具等，可能与问题的解决方案有重要的关系，因此需要记录下来（这些数据在方法分析的第三步骤数据分析中同样有用）。

在方法分析的第四步骤，即理想方法的开发中，还有三种工具更多地用来作为定量分析方法。一旦被明晰、精确地表现出来，相关事实将接受严格的检验以便能够确定并实施最实用、经济和有效的方法。所以，这三种工具应与将在第 3 章中讲述的操作分析技术配合使用。需要提醒的是，这三种工具中绝大部分均能够很容易地在操作分析阶段得到运用。

2.1 探究性工具

2.1.1 帕累托分析

问题范围可以通过经济学家维弗雷多·帕累托（Vilfredo Pareto）为诠释财富分配开发的一种方法来确定。在帕累托分析中，所关注的项目按一般指标（如价值或质量等）来确定和衡量并将其按降序排列，可得到一个累计分布。通常，排序后前 20% 的项目能占到总指标的 80% 甚至更多。因此，有时这种方法也称作 20/80 规则。例如，只需库存品目的 20% 就能涵盖总库存的 80%，大约 80% 的事故发生在 20% 的工作中（见图 2-1），工人 20% 的工作量可支付其约 80% 的补贴费用。理论上，方法分析师应将最大的精力集中在产生最多问题的少部分工作上。在许多情况下，可利用对数正态转换将帕累托分布曲线转换成一条直线，并可在这条直线上做进一步的定量分析（Herron，1976）。

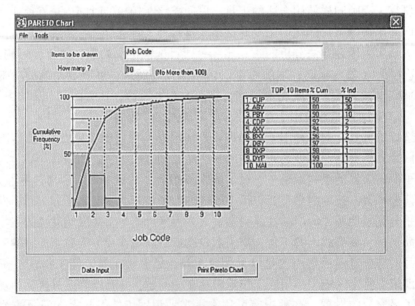

图 2-1　工业事故的帕累托分布图

2.1.2 鱼刺图

鱼刺图，又称鱼骨图，也称因果图，是由石川馨（Ishikawa）于 20 世纪 50 年代早期在川崎钢铁公司开展质量控制项目时研发出来的。该方法首先确定一个典型的消极事件或问题，即效果，并用鱼头来表达。然后，确定造成该问题的起因，即原因，并用连接到鱼头和鱼骨架上的鱼刺来表达。主要起因被进一步划分为五个或六个主要种类——人、设备、方法、材料、环境、管理。每一类主要起因继续被进一步细分成更深层次的起因，直到所有可能的起因都被列出来为止。一幅好的鱼刺图包括许多级别的鱼刺，并能让人们对问题及其起因一目了然，进而根据对整体问题的可能影响严密地分析这些起因。同时也期望这个分析过程能够有助于识别可能的问题解决方案。图 2-2 是一幅用来确定造成从事切割操作的员工抱怨原因的鱼刺图。

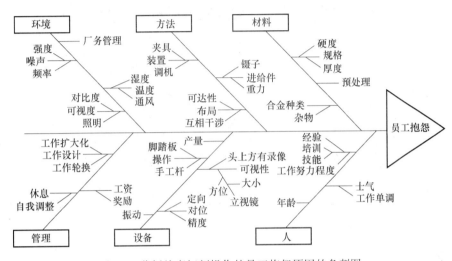

图 2-2　分析从事切割操作的员工抱怨原因的鱼刺图

鱼刺图成功地应用于日本的质量研讨小组，得到了各级员工和管理者的积极参与。然而在美国工业界中，由于员工与管理层之间在寻找理想的方法时的合作不是很有效，因此，鱼刺图的应用可能也不是很成功（Cole，1979）。

2.1.3　甘特图

20 世纪 40 年代，为了更好地管理复杂的防御项目和系统，甘特图可能是第一个出现的项目计划和控制技术。甘特图将不同活动的预期完成时间简略地表示为与横轴上的时间相对应的条形图（见图 2-3a）。而实际的完工时间用加深的颜色在条形中绘制出来。如果从某一给定的日期所对应的横轴位置绘制一条垂直线，就可以很容易地确定项目的哪些活动提前或滞后了。在图 2-3a 中，在 3 月底，实体模型的工作（Construct and evaluate mockup）滞后了。甘特图促使项目计划者提前拟出一份计划，并能提供在任一给定时间项目进展的大致情况。遗憾的是，甘特图并不能完全描述不同项目活动之间的相互关系。要达到这个目的就需要使用诸如 PERT 图等分析能力更强的技术。

甘特图也可用于工厂车间内安排机器活动的顺序。在去除计划将要停工的时间后，基于设备的甘特图就可以描述修理或者维护活动。如图 2-3b 所示，月中时，车床的工作（Lathe work）落后于计划，而压力机工作（Punch press）早于计划进度。

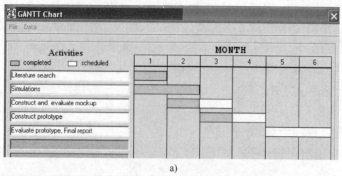

a)

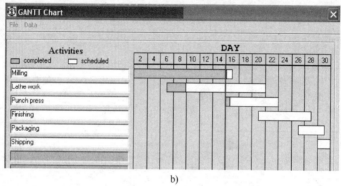

b)

图 2-3 甘特图举例
a）项目甘特图 b）设备或工艺甘特图

2.1.4 计划评审技术图

PERT 表示计划评审技术。计划评审技术图（PERT 图）亦称作网络图或关键路径法，是一种用于项目计划与控制的工具，以图形化的方式描述了达到某些预定目标（通常是项目完成期限）的最优途径。这项技术在美国军事中用于诸如北极星导弹的开发过程以及核潜艇控制系统的操作过程的设计。方法研究分析师通常运用 PERT 图通过降低成本或者提高顾客满意度来改进计划表。

在运用 PERT 图来进行项目规划时，分析师通常会对每一项活动提供两个或三个时间估计值。如果用到三个时间估计值，那么它们是基于下列问题得到的：

（1）在理想的情况下，完成某项活动需要多少时间？（乐观估计）

（2）在平均的情况下，完成这项活动最可能的时间是多长？

（3）在最恶劣的情况下，完成这项活动需要多长时间？（悲观估计）

根据这些估计，分析师就能得到完成这项活动所需时间的概率分布。

在 PERT 图上，事件（用节点表示）是表明某一操作或一组操作的起始和结束时间的时间点。一个部门内的每个操作或一组操作就是一个活动并被称作弧。每条弧上都附有一个数字，表示完成该项活动所需的时间（天、周或月）。不需要时间和成本但却需要保持正确顺序的活动被称作虚拟活动并用虚线表示（图 2-4 中的活动 H）。

虚拟活动通常用于表示优先级或依赖性，在规则下，两个活动不能用同一节点表示，即每个活动都有唯一的节点。

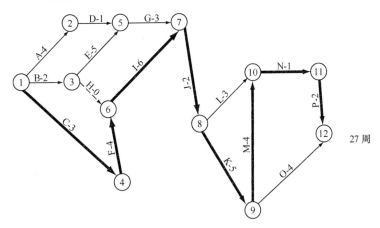

图 2-4　关键路径（图中粗实线）网络图

完成整个项目所需的最短时间对应于从起始节点到结束节点的最长路径。图 2-4 中的关键路径是指完成项目所需的最短时间是从节点 1 到节点 12 的最长路径。尽管任何一个项目都有这样一条路径，然而在有些情况下反映完成项目所需的最短时间的关键路径可能不止一条。

不在关键路径上的活动在时间上有一定的弹性。该时间弹性或自由度也叫作"浮动"，浮动量是从可利用的时间中减去正常时间得到的。即浮动量是非关键活动在不耽误项目完工期的情况下可以延长或滞后的进度。这意味着，若想缩短项目的完成时间，应关注关键路径上的活动而非其他路径。

虽然关键路径可以通过在不断尝试和纠错的过程中找到，但是有一个形式化的过程：使用不同的时间概念唯一地找到关键路径。这个过程包含：①每个活动的最早开始时间（ES），以便维持所有优先关系；②该活动的最早结束时间（EF），即最早开始时间加上该活动的估计时间，或

$$EF_{ij} = ES_{ij} + t_{ij}\,(i \text{ 和 } j \text{ 代表节点}) \tag{2-1}$$

见表 2-1 所列，这些时间通常通过网络的正向传递来确定。请注意：对于具有两个前置活动的活动，最早开始时间计算为之前最早结束时间的最大值。

$$ES_{ij} = \max(EF_{ij}) \tag{2-2}$$

表 2-1　网络表 　　　　　　　　　　　　　　　　　　　　（单位：周）

活　动	节　点	最早开始	最早结束	最晚开始	最晚结束	浮　动　量
A	(1, 2)	0	4	5	9	5
B	(1, 3)	0	2	3	5	3
C	(1, 4)	0	3	0	3	0
D	(2, 5)	4	5	9	10	5
E	(3, 5)	2	7	5	10	3
F	(4, 6)	3	7	3	7	0

（续）

活 动	节 点	最早开始	最早结束	最晚开始	最晚结束	浮 动 量
G	(5，7)	7	10	10	13	3
H(虚拟活动)	(3，6)	2	2	7	7	0
I	(6，7)	7	13	7	13	0
J	(7，8)	13	15	13	15	0
K	(8，9)	15	20	15	20	0
L	(8，10)	15	18	21	24	6
M	(9，10)	20	24	20	24	0
N	(10，11)	24	25	24	25	0
O	(9，12)	20	24	23	27	3
P	(11，12)	25	27	25	27	0

与此类似，最晚开始时间（LS）和最晚结束时间（LF）可以通过网络的反向传递确定。最晚开始时间是活动可以在不延迟项目的情况下开始的最晚时间，可以从项目最晚结束时间中减去活动时间即可得到：

$$LS_{ij} = LF_{ij} - t_{ij} \qquad (2\text{-}3)$$

当两个或多个活动从一个节点发出时，最晚结束时间是发出活动的最晚开始时间的最小值。

$$LF_{ij} = \min(LS_{ij}) \qquad (2\text{-}4)$$

图 2-4 中网络图的网络表见表 2-1。浮动量的形式定义为

$$浮动量 = LS - ES \text{ 或浮动量} = LF - EF \qquad (2\text{-}5)$$

请注意：浮动量等于零的所有活动都定义了关键路径，在本例中，关键路径是 27 周。

有几种方法可以用来缩短一个项目的持续时间，并且可以估计各种替代方案的成本。表 2-2 表明：如果图 2-4 中的项目时间被缩短，那么除了正常时间和成本外，紧急时间和成本也会发生。使用此表和网络图，假设时间和每周的成本之间存在线性关系，可以计算表 2-3 中所列的各种备选方案。

表 2-2　正常和紧急条件下执行各种活动的成本和时间

活动	节点	正 常		紧 急		每周成本（美元）
		时间/周	成本（美元）	时间/周	成本（美元）	
A	(1，2)	4	4000	2	6000	1000
B	(1，3)	2	1200	1	2500	1300
C	(1，4)	3	3600	2	4800	1200
D	(2，5)	1	1000	0.5	1800	1600

（续）

活动	节点	正常		紧　急		每周成本（美元）
		时间/周	成本（美元）	时间/周	成本（美元）	
E	(3, 5)	5	6000	3	8000	1000
F	(4, 6)	4	3200	3	5000	1800
G	(5, 7)	3	3000	2	5000	2000
H	(3, 6)	0	0	0	0	—
I	(6, 7)	6	7200	4	8400	600
J	(7, 8)	2	1600	1	2000	400
K	(8, 9)	5	3000	3	4000	500
L	(8, 10)	3	3000	2	4000	1000
M	(9, 10)	4	1600	3	2000	400
N	(10, 11)	1	700	1	700	—
O	(9, 12)	4	4400	2	6000	800
P	(11, 12)	2	1600	1	2400	800

请注意：在 19 周时，第二条关键路径是通过节点 1、3、5 和 7 确定的。任何进一步的紧急情况都必须考虑这两条路径。

表 2-3　各种备选方案的时间和成本

计划时间/周	最经济备选方案	节省的时间/周	增加总成本（美元）
27	正常工期	0	0
26	把活动 M（或 J）提前 1 周增加成本 400 美元	1	400
25	把活动 J（或 M）提前 1 周增加成本 400 美元	2	800
24	把活动 K 提前 1 周增加成本 500 美元	3	1300
23	把活动 K 再提前 1 周增加成本 500 美元	4	1800
22	把活动 I 提前 1 周增加成本 600 美元	5	2400
21	把活动 I 再提前 1 周增加成本 600 美元	5	3000
20	把活动 P 提前 1 周增加成本 800 美元	7	3800
19	把活动 C 提前 1 周增加成本 1200 美元	8	5000

2.1.5　工作或工作地分析指南

工作/工作地分析指南（见图 2-5）确定了特定区域、部门或工作地内的问题。在收集定量数据之前，分析师首先要亲临现场，观察员工、任务、工作地及周围的工作环境。此外，分析师也鉴别可能会影响员工的行为或绩效的管理因素。所有这些因素提供了对现状的整体看法，并指导分析师运用其他更定量化的工具来搜集和分析数据。图 2-5 的示例给出了运用工作或工作地分析指南来指导一个电视机厂的热端作业。此处主要关注重物的提升、热应力和噪声因素。

工作/工作地分析指南

工作/工作地：热端	分析师：	日期：
描述：将棒插入漏斗		

工人因素

姓名：　　　　　　　　　　年龄：42　　性别：(男) 女　　身高：6ft　　体重：180 lb

积极性：高　中　(低)　　　　　　　工作满意度：高　　中　　(低)

文化程度：初中　(高中)　大学　　　　适合程度：高　　(中)　低

个人安全设施：(护镜)　安全帽　鞋　(耳塞)　其他：手套、套袖

任务因素	参见：
发生了什么？零件如何进出？ 　从传送带到插入机，到热封，到传送带	流程程序图
涉及哪些种类的动作？ 　重复的举起、走动、抓取	录像分析、动作经济学原则
是否有夹具？是否自动化？ 　固定漏斗，基本过程是自动化，而手工操作不是自动化的	
是否使用了工具？ 　否	工具检验检查表
现场布局是否合理？是否有大范围存取？ 　多余的走动和手臂伸缩	工作站评价表
是否有手指或手腕的难做的动作？频率如何？ 　否	CTD风险指数
是否要举起？ 　是，要举起很重的玻璃漏斗	NIOSH提举分析、UM2D模型
工人是否疲劳？是否为体力活？ 　有些　　　　　有些	心率分析、工作-休息宽放时间
是否有一些精细操作？是否需要信息处理？是否做决策？是否要脑力劳动？ 　很少	
每个周期多长？标准时间是多少？ 　约1.5min	时间研究，MTM-2检查表
工作环境因素	工作环境检查表
照明是否充足？是否刺眼？ 　是　　　　　否	IESNA推荐亮度值
噪声水平是否可以接受？ 　否，需要耳塞	OSHA水平
是否有高温环境？ 　是	WDGT
是否有振动？ 　无	ISO标准
管理因素	备注：
是否有工资奖励？ 　无	
是否有工作轮换？是否有工作扩大化？ 　是　　　　　否	
是否提供培训？ 　是	
总的管理策略是什么？ 　—	

图 2-5　电视机厂热端作业的工作/工作地分析

2.2　记录与分析工具

2.2.1　操作程序图

　　操作程序图按时间顺序显示了从原材料就位到成品包装过程中所有的操作、检验、宽放时间及制造过程所使用的原材料。该图描述了所有零部件进入主装配线的情形。如一幅设计

图显示配合、公差及规格等设计细节一样，从操作程序图可以直观地看出制造和商业细节。

绘制操作程序图时使用两个符号：用一个小圆圈表示一项操作；用一个小正方形表示一项检验。一项操作是指对一个正被研究的零件的有意改造或者在真正生产之前对一个零件的研究或规划。一项检验是指对零件的检查，以确定是否达到标准。需要提醒的是，有些分析师更趋向只概述操作并称其结果为工作概要过程图。

在真正绘制一幅操作程序图之前，分析师会用名称"操作程序图"来标识该图，并提供其他相关信息，如零件编号、图号、流程描述、现行或建议的方法、绘制日期以及制图人等。附加信息还可包括诸如图表号码、车间、工厂及部门等。

垂直线表示完成某项工作的总流程，而导入垂直线的水平线则表示购买的原料或者处于加工状态的物料。导入垂直线的零件表示装配，而导出垂直线 的零件则表示拆卸。那些被分解的或者被提取的原料用垂直线右边的水平线表示，而用于装配的原料用垂直线左边的水平线表示。

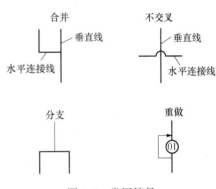

图 2-6 常用符号

一般而言，绘制操作程序图时垂直线与水平线最好不交叉。如果非要交叉，那么就用传统的方法表示尽管交叉但没有接合。也就是说，在水平线上以交叉点为圆心画一个小半圆（见图 2-6）。

每一项操作和检验都被赋予一个基于估计或者实际测量的时间值。图 2-7 是一幅完整的、典型的、表明了电话桌制造流程的操作程序图。

基于估计值或实际测量值的时间值可分配给每个操作和检查。图 2-7 显示了一个典型的完整操作流程图，说明了电话桌的制造过程。

完整的操作程序图有助于分析师将现行方法的所有细节形象化，以便设计出新的和更好的方法。它还有助于分析师了解某个操作的变动可能对其前后操作所造成的影响。不难发现，利用操作分析原则（见第 3 章）结合操作流程图，实现 30% 的时间缩短并不罕见。此外，由于每个步骤都按其正确的时间顺序显示，因此，方法分析师发现这个工具在开发新布局和改进现有布局方面非常有用。

2.2.2 流程程序图

通常，流程程序图包含的细节比操作程序图多得多。因此，流程程序图通常不用于整个装配线的描述，而主要用于描述一个装配产品或系统的每个部分，目的是在某一特定零件或某一系列工作的制造或实施过程中最大限度地实现节约。流程程序图在记录诸如移动距离、延迟和临时存储等非生产的隐性成本方面尤其有用。一旦这些非生产间歇期作为研究重点，分析师便可设法使其最小化，从而减少成本。

除了记录操作和检验，流程程序图还显示了一个物品经过工厂的所有运输、存储和延迟。因此，除了操作程序图中的操作和检验符号外，流程程序图还需要其他几个符号：小箭头表示运输，即表示除了在操作和检验过程中的正常移动之外将一个物体从一个地方运送到另一个地方；大写的字母 D 表示延迟，发生在一个零件不能够立即进入下一个工作站进行加工的情况；一个倒立的等边三角形表示存储，发生在一个零件被滞留和保护以免被非法移动的情形。这5个符号（见图2-8）是一套标准的流程图符号（ASME，1974）。其他一些非标准的符号有时也用来描述办公工作、文书操作或组合操作（见图2-9）。

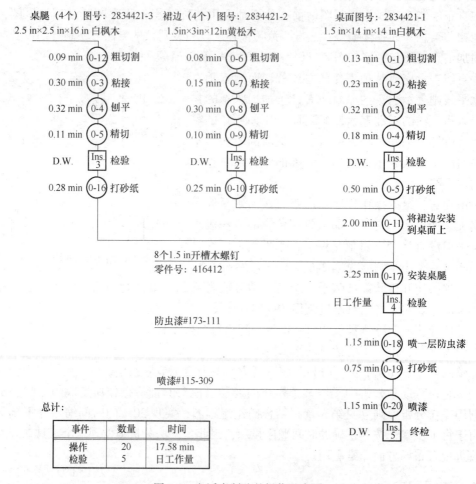

操作程序图
制造2834421型电话桌的现行方法
零件号：2834421　图样号：SK2834421
绘图：B.W.N.　日期：4-12

事件	数量	时间
操作	20	17.58 min
检验	5	日工作量

图2-7　电话桌制造的操作程序图

目前普遍使用的有两种流程程序图：一种是产品或物料型（图2-10所示是直邮广告准备的流程程序图）；另一种是操作者或员工型（图2-11所示是LUX现场检验流程程序图）。产品型流程程序图提供了产品或物料所经历事件的详细资料，操作者型流程程序图则详细说明了员工如何执行一系列的操作。

正如操作程序图一样，流程程序图也用"流程程序图"这个标题和附带的诸如零件编号、图样编号、流程描述、现行或推荐的方法、日期以及制图人的姓名等信息来标识。其他的可以用来完全标识所描述的工作的信息包括工厂、大楼或部门、图表号码、数量及成本等。

对于流程中的每个事件，分析师会对其予以描述、圈出合适的流程程序图符号、标明各流程或延迟的具体时间以及运输的距离。然后，分析师用一条垂直线将前后事件所对应的符号连接起来，并在图右边的栏目中添加注释或者提出可能的改进建议。

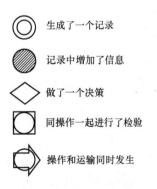

操作 用一个大圆圈表示	钉钉子	混合	钻孔
运输 用箭头表示	用推车运送物料	用传送带运送物料	手工运送物料
存储 用三角形表示	原材料的大量存储	成品在货架上的存储	文件的防护性存档
延迟 用大写字母D表示	等电梯	放在工作台旁小车或地面等待加工的材料	等待存档的文件
检验 用正方形表示	检查物料的质量或数量	读热水器的气压表	检查打印表格获取信息

图 2-8 ASME 的标准流程程序图符号集

⊚ 生成了一个记录

⊘ 记录中增加了信息

◇ 做了一个决策

▢ 同操作一起进行了检验

⇨ 操作和运输同时发生

图 2-9 非标准流程程序图符号

为了确定所移动的距离，分析师不需要用卷尺或 6ft 长的标尺精确测量每一次移动。首先计算物料移动所经过的承重立柱的数目，然后将该数目减 1 再乘以承重立柱的跨度就可以得到足够精确的移动距离。5ft 以下的移动距离通常不予记录，当分析师认为这对所提出方法的总成本有重大影响时就有必要记录下来。

流程程序图   共1页　第1页

地点：Dorben广告代理公司		总计			
活动：直邮广告准备		事件	现行方法	推荐方法	节约
日期：11/1/n		操作	4		
操作员：J.S.　分析师：A.F.		运输	4		
圈出相应的方法和流程图种类		延迟	8		
方法：（现行方法）　推荐方法		检验	0		
流程图种类：工人（物料）设备		存储	2		
备注：		时间/min			
		距离/ft	340		
		成本			

事件描述	符号	时间/min	距离/ft	推荐方法
储藏室	o ⇨ D □ ▽			
到校对室	o ⇨ D □ ▽		100	
到校对架	o ⇨ D □ ▽			
校对4页	o ⇨ D □ ▽			
堆叠	o ⇨ D □ ▽			
到折叠室	o ⇨ D □ ▽		20	
对齐、折叠、压折	o ⇨ D □ ▽			
堆放	o ⇨ D □ ▽			
到订书机	o ⇨ D □ ▽		20	
装订	o ⇨ D □ ▽			
堆放	o ⇨ D □ ▽			
到收发室	o ⇨ D □ ▽		200	
填写地址	o ⇨ D □ ▽			
放入邮包	o ⇨ D □ ▽			
	o ⇨ D □ ▽			
	o ⇨ D □ ▽			
	o ⇨ D □ ▽			
	o ⇨ D □ ▽			
	o ⇨ D □ ▽			

图 2-10　直邮广告准备的流程程序图

    流程程序图中必须包括所有的延迟和存储时间，然而仅仅标明延迟或存储是不够的。一个零件存储或被延迟的时间越长，所累积的成本就越大，顾客等待的交货时间也就越长。因此，了解一个零件在每个延迟和存储上花费多少时间是非常重要的。确定延迟和存储时间最经济的方法是，用粉笔在几个零件上做记号，标明它们被延迟或存储的准确时间，然后定期来检查这个区域，看看这些带记号的零件什么时候被送回生产线。搜集大量此类的例子并记录下相应的时间，再将结果平均后，分析师就可以获得十分精确的时间值。

    如操作程序图一样，流程程序图自身不是目的，而是达到目的的一种手段。该工具有助于消除或减少部件的隐性成本。由于流程程序图已清楚地显示了所有的运输、延迟以及存储，因而它所提供的这些信息有助于减少这些要素的数量及时间。同样，由于流程程序图记录了移动的距离，故该图对如何改善工厂的布局尤其有用。这些技巧将在第 3 章中更详细地阐述。

流程程序图 　　　　　　　　　　　　　　　　　　　　　　　　共1页　第1页

地点：Dorben广告代理公司		总计			
活动：LUX现场检验		事件	现行方法	推荐方法	节约
日期：4-17-97		操作	7		
操作员：T.Smith	分析师：R.Ruhf	运输	6		
圈出相应的方法和流程图种类		延迟	2		
方法：（现行方法）　推荐方法		检验	6		
流程图种类：工人　（物料）　设备		存储	0		
备注：		时间/min	32.60		
		距离/ft	375		
		成本			

事件描述	符号	时间/min	距离/ft	推荐方法
离开推车，走到门前按门铃	○⇨D□▽	1.00	75	提前打电话通知病房以减少等待时间
等待，然后走进病房	○⇨D□▽			
走到氧气罐	○⇨D□▽	0.25	25	
关闭氧气罐	○⇨D□▽	0.35		
检查是否有凹陷、裂缝、碎玻璃或硬件丢失	○⇨D□▽	1.25		可在走回推车的同时完成
用指定的清洁剂和消毒剂清洁装置	○⇨D□▽	2.25		在推车旁完成效率更高
将空罐带回推车旁	○⇨D□▽	1.00	75	
打开推车，将空罐放到固定设施并连接到硬件上	○⇨D□▽	1.75		
打开阀门、添加氧气	○⇨D□▽	0.25		
等待	○⇨D□▽	12.00		添加的同时清洁
检查湿润器的功能	○⇨D□▽	0.5		删除该检查，没必要做两次
检查压力表	○⇨D□▽	0.2		
检查罐的显示器	○⇨D□▽	0.2		
将装满的罐带回病房	○⇨D□▽	1.10	100	
装上罐	○⇨D□▽	1.00		
检查湿润器是否工作正常	○⇨D□▽	0.75		
等待病人移开鼻套管或面罩	○⇨D□▽	2.00		
安装新的鼻套管或面罩	○⇨D□▽	2.50		
调整流量	○⇨D□▽	2.25		
添加一个标有日期的新检查标签	○⇨D□▽	1.00		在添加的同时做
回到推车旁	○⇨D□▽	1.00	100	

图 2-11　LUX 现场检验流程程序图

2.2.3　线路图

虽然流程程序图给出了大部分与制造过程有关的信息，但它并没有图示化地显示出工作流程，而有时这些信息对开发一种新方法很有用。例如，在一次运输距离能够被缩短之前，分析师必须明确或形象地知道在哪里可以腾出空间来增加一台设备，以便缩短运输距离。同样，它有助于可视化潜在的临时和永久存储区、检查站和工作点。

提供这些信息的最佳方法是先绘制一张现有的工厂区域图，然后在绘制的草图上简单地勾勒出原料从一个活动移动到下一个活动的运动路线。在楼层布局和建筑图的基础上显示了流程程序图中所有活动位置的图示是线路图。在绘制线路图时，分析师用流程程序图上相应的符号和数字来标识每一项活动，而流动的方向则用线路上的小箭头来表示。可用不同的颜色来表示两个或两个以上不同部件的加工路线。

图 2-12 是结合流程程序图绘制，用于提高 Springfield 军械库的伽兰德步枪（M1）产量的线路图。该图示与流程程序图的共同使用降低了成本，具体表现为在使用相同数目员工的情况下将产量从班产 500 支步枪枪管增加到 3600 支。图 2-13 所示是改善后的线路图。

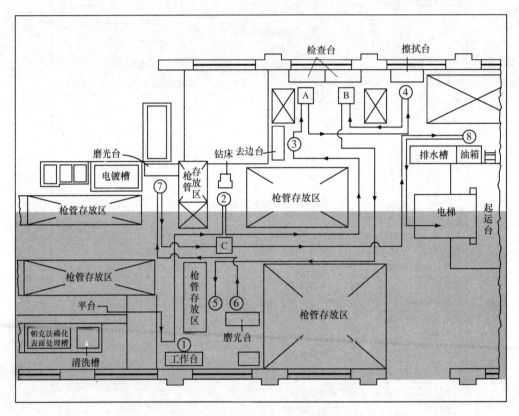

图 2-12　生产伽兰德步枪的原始线路图

（阴影区域表示改进布局［图 2-13］所需的全部占地面积。这意味着可节省 40% 的占地面积）

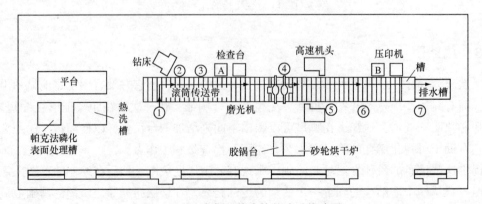

图 2-13　生产伽兰德步枪的改进线路图

　　线路图是流程程序图的一个有益补充，因为它指出了逆流和可能的堵塞区域，从而有助于设计理想的工厂布局。

2.2.4　人机操作程序图

　　人机操作程序图被用来同时研究、分析和改善工作站。该图显示了工人的工作周期与机器的操作周期之间准确的时间对应关系，有助于更为充分地利用工人和机器的时间，并更好地平衡工作周期。

　　许多车床不是全自动（如自动攻丝机）就是半自动的（如转塔车床）。使用这些设备时操作者经常在一个工作周期中有一段空闲时间。如果能将这段空闲时间利用起来，不仅可以增加操作者的收入，还可以提高生产率。

　　单人操作多台机器的做法被称为机器耦合。由于隶属于工会的工人可能会反对这种做法，因此使机器耦合被接受的最好方法就是证明这样做可以增加额外的收入。由于机器耦合提高了操作周期中的劳动强度，所以如果一家公司正在使用激励工资的薪酬制度，就可以适当增加激励工资。当然，运用机器耦合会导致基本工资的增加，因为这时的操作员负有更大的责任，并且投入了更多精力和体力。

　　当绘制人机操程序图时，分析师首先必须以"人机操作程序图"作为该图的标题。其他的辨识信息包括零件编号、图样编号、操作描述、现行或推荐方法、日期及制图人的姓名等。

　　人机操作程序图通常是按比例绘制的，因此，分析师首先必须以英寸⊖为单位建立距离与单位时间的对应关系，以便精确地规划这幅图。需要描绘的操作周期越长，时间间隔的刻度间的距离就越短。一旦确定了精确的距离（in/单位时间），就可以开始绘制人机操作程序图了。图的左边显示的是工人操作时间，右边显示的是一台或多台机器的工作时间和停机时间。一条垂直的实线表示公认的工作时间，而在垂直的工作线上的空白部分则表示工人的空闲时间。同样，在每台机器名称栏对应的一条垂直实线表示机器的操作时间，在该垂直线上的空白部分则表示停机（空闲）时间。在机器栏下的虚线表示装卸工件的时间，在这段时间中机器既不处于闲置状态也不进行生产（见图 2-14）。

　　分析师记录整个操作周期中工人与机器的所有工作和空闲时间。在人机操作程序图的底部显示了工人总工作时间和总空闲时间，也显示了每台机器的总工作时间和总空闲时间。工人的工作时间加上空闲时间必须等于工人所看管的每台机器的生产时间与空闲时间的和。

　　在绘制人机操作程序图之前，有必要精确地考虑各种单元时间，包括可以接受的疲劳宽放、不可避免的延迟以及个人需要的延迟（详见第 11 章），而这些单元时间同时也是标准时间的构成要素。分析师绝对不应该完全依靠秒表测量的数据来绘制人机操作程序图。

　　一幅完整的人机操作程序图可以清楚地显示机器与工人同时空闲的时间及其分布，而这些空闲区间通常是可以通过改进来提高绩效的。尽管如此，分析师还必须比较机器空闲时间的成本和工人空闲时间的成本。只有考虑过总成本后，分析师才可以有把握地推荐一种较好的方法。经济因素的考虑将在下一节介绍。

　　⊖　英寸符号为 in，1in = 2.54cm。

人机操作程序图

内容：在调整仪夹具上铣槽		图号：	807
图样编号：J-1492　零件编号：J1492-1		方法：	改进方法
绘图起点：铣床装载		绘图：	C.A.Anderson
绘图终点：卸下铣好的夹具		日期：	8-27　第 1 张　共 1 张

动作描述	工人	B.&S.卧式铣床 1号机		B.&S.卧式铣床 2号机	
停1号机	0.0004				
退回1号机的物料盘（5in）	0.0010	卸载	0.0024	铣槽	0.0040
松开卡盘，取下工件并放在一边（1号机）	0.0010				
取工件并卡紧（1号机）	0.0018				
开1号机	0.0004	装载	0.0032		
进1号机物料盘并进给	0.0010			空闲	
走到2号机	0.0011				
停2号机	0.0004				
退回2号机的物料盘（5in）	0.0010	铣槽	0.0040	卸载	0.0024
松开卡盘，取下工件并放在一边	0.0010				
取工件并卡紧	0.0018			装载	0.0032
开2号机	0.0004				
进2号机物料盘并进给	0.0010	空闲			
走到1号机	0.0011				

每周期中工人的空闲时间	0.0000	1号机的空闲时间	0.0038
每周期中工人的工作时间	0.0134	1号机的加工时间	0.0096
工人的循环时间	0.0134	1号机的循环周期	0.0134
		2号机的空闲时间	0.0038
		2号机的加工时间	0.0096
		2号机的循环周期	0.0134

图 2-14　铣床操作的人机操作程序图

2.2.5　联合操作程序图

从某种意义上说，联合操作程序图也是人机操作程序图的一种。一幅人机操作程序图有助于确定一个工人可操作的最合理的机器数量。但是，有些非常重要的工艺及设备，则需要几个工人同时有效地操作，此时，不适合一个工人操作几台机器。联合操作程序图显示了每个操作周期中机器的空闲与工作时间及每个工人空闲与工作时间之间的关系，揭示了通过缩短工人与机器的空闲时间提高生产率的可能性。

图 2-15 给出了一个出现了大量空闲时间，每班（8h）空闲 18.4h 的联合操作程序图。该图也表明该公司比实际需要多聘用了 2 个人。重新安排挤压机的操作控制后，公司将工作分配给 4 个人而不是 6 个人来有效地操作该挤压机。图 2-16 所示的联合操作程序图是操作挤压机的更好的方法。运用联合操作程序图可以很简单地实现节约 16h/班。

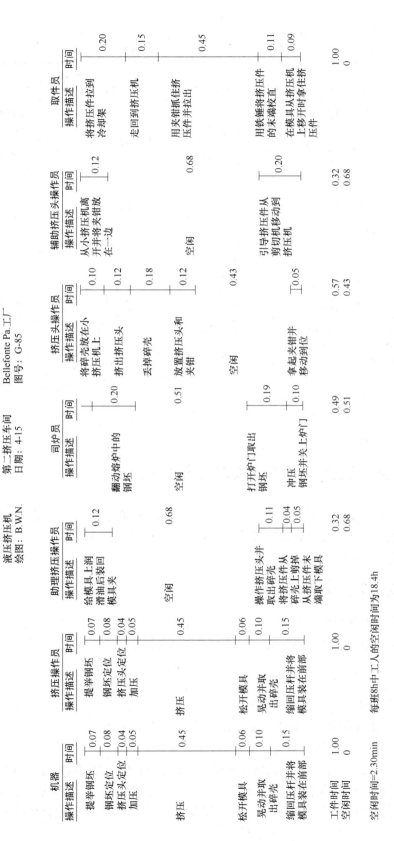

图 2-15　液压挤压机现行的联合操作程序图（时间单位：min）

推荐的联合操作程序图

液压挤压机	第二挤压车间	Bellefonte Pa.工厂
绘图:B.W.N.	日期:4-15	图号:G-85

机器 操作描述	时间	挤压操作员 操作描述	时间	助理挤压操作员 操作描述	时间	挤压头操作员 操作描述	时间	取件员 操作描述	时间
提举钢坯	0.07	提举钢坯	0.07	给模具上润滑油后装回模具夹	0.12	将碎壳放在小挤压机上	0.10	将挤压件拉到冷却架	0.20
钢坯定位	0.08	钢坯定位	0.08		0.05	挤出挤压头	0.12	走回到挤压机	0.15
挤压头定位	0.04	挤压头定位	0.04	翻动熔炉中的钢坯	0.20	丢掉碎壳	0.18		
加压	0.05	加压	0.05						
挤压	0.45	挤压	0.45	返回挤压机空闲	0.05	放置挤压头和夹钳	0.12	用夹钳抓住挤压件并拉出	0.45
					0.09				
				打开炉门取出钢坯	0.19	空闲	0.23		
松开模具	0.06	松开模具	0.06	冲压钢坯并关上炉门	0.10	拿起夹钳并移动到位	0.05		
晃动并取出碎壳	0.10	晃动并取出碎壳	0.10	操作挤压头并取出碎壳	0.11	引导挤压件从剪切机移动到挤压机	0.20	用铁锤将挤压件的末端校直	0.11
缩回压杆并将模具装在前部	0.15	缩回压杆并将模具装在前部	0.15	将挤压件从碎壳上剪掉	0.04			在模具从挤压机上移开时拿住挤压件	0.09
				从端取下模具	0.05				
工作时间	1.00		1.00		1.91		0.77		1.00 min
空闲时间	0		0		0.09		0.23		0 min

图 2-16 液压挤压机改良后的联合操作程序图（时间单位：min）

2.3 工具、操作者与机器间的定量关系

尽管人机操作程序图能显示出可以分配给工人的设备数量，但是通过构造数学模型经常可以更快地计算出人机之间的定量关系。常见的有三种人机关系类型：①同步服务；②随机服务；③同步与随机相结合的服务。

2.3.1 同步服务计算

将多台机器分配给一个操作工人很难实现在整个周期中工人和机器均在有效工作的理想情况，这种理想情况称为同步服务。工人所分配到的机器数可通过下面的公式计算：

$$n = \frac{l+m}{l}$$

式中 n——分配给工人的机器数量；

l——工人在每台机器上装卸工件（服务）的总时间；

m——机器总运行时间（自动进给）。

例如，假设生产某一种产品的总周期为 4 min，该时间的测量是指：从取下前一个成品开始，到机器生产周期结束。工人的服务时间包括卸载成品以及装载原材料，为 1min；机器的自动运转周期为 3min。因此，通过同步服务计算得出的分配给每个工人的机器数量

如下：

$$n = (1\min + 3\min)/1\min = 4$$

在图 2-17 中该人机操作关系被图形化地表示出来，当第 1 台机器被服务后工人就转移到第 2 台机器。当第 4 台机器也被服务后，工人就得回到第 1 台机器，因为此时第 1 台机器的自动运转周期刚好结束。

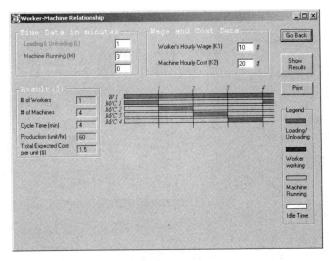

图 2-17　为 1 个工人分配 4 台机器的同步服务情况

如果该例子中机器数量增加至多于 4 台，将产生机器干扰，就会出现以下情形：在一个工作周期中的部分时段 1 台或多台机器处于闲置状态。如果机器的数量减少 4 台以下，则工人在周期中就有一部分空闲时间。在机器数量偏多或偏少的情况下，每个工件的最小总成本通常是用来衡量人机关系是否优化的标准。为了确定最好的人机关系，分析师必须权衡每台闲置机器的成本与工人的小时工资。定量的方法能够用来确定最好的人机关系。具体步骤如下：首先，通过下面的公式确定最小的整数作为理想情形下应该分配给每个工人看管的机器数：

$$n_1 \leqslant \frac{l + m}{l + w}$$

式中　n_1——最小的整数；

　　　w——总工人时间（不是与机器进行交互的时间，一般指工人走到下一台机器所需要的时间）。

工人操作 n_1 台机器的时间周期是 $(l + m)$，这种情况下，工人有一定的空闲时间，但是设备在整个周期中都被占用着。

可用 n_1 来计算总预期成本 TEC：

$$TEC_{n_1} = \frac{K_1(l + m) + n_1 K_2(l + m)}{n_1}$$

$$= \frac{(l + m)(K_1 + n_1 K_2)}{n_1}$$

式中　TEC——1 台机器上生产每单位产品的预期总成本，单位为美元；

K_1——工人的基本工资，单位为美元/单位时间；

K_2——机器每单位时间的成本，单位为美元/单位时间。

计算完上述成本后，就该计算工人操作（$n_1 + 1$）台机器的成本。在这种情况下，由于有部分的机器闲置时间，因此，周期时间就由工人的工作周期时间决定。现在的周期是（$n_1 + 1$）（$l + w$），令 $n_2 = n_1 + 1$，则 n_2 台设备的总预期成本为

$$\text{TEC}_{n_2} = \frac{K_1 n_2 (l + w) + K_2 n_2 n_2 (l + w)}{n_2}$$

$$= (l + w)(K_1 + n_2 K_2)$$

所分配的机器数量取决于 n_1 和 n_2 所对应的单件总预期成本哪个最低。

例 2-1　同步服务

工人花 1min 服务 1 台机器，而要花 0.1min 步行到下 1 台机器。每台机器自动运行 3min，工人每小时收入 10.00 美元，而机器每小时的运转费用为 20.00 美元。1 个工人可以操作多少台机器？

工人可操作的机器数量最佳值为

$$n = \frac{l + m}{l + w} = \frac{1\text{min} + 3\text{min}}{1\text{min} + 0.1\text{min}} = 3.6$$

带小数的结果使我们面临两种选择：为每个工人分配 3 台机器（结果1），在这种情况，工人有部分时间是空闲的；或为每个工人分配 4 台机器（结果 2），在这种情况下，机器就有部分时间是闲置的。应根据两种情形的经济分析来做出最好的选择，即选择单位成本较低的。

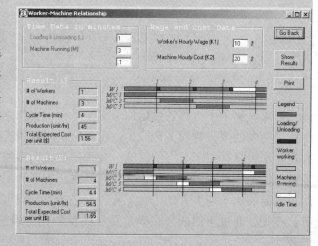

参见右图。 在第一种情况下，用下式得出的单件预期成本（需将小时化为分钟）为

$$\text{TEC}_3 = \frac{(l + m)(K_1 + n_1 K_2)}{n_1} = \frac{(1\text{min} + 3\text{min})(10 \text{ 美元} + 3 \times 20 \text{ 美元})}{3 \times 60\text{min}} = 1.56 \text{ 美元}$$

另外一种方法是计算每小时的生产效率 R：

$$R = \frac{60}{l + m} n_1$$

此时计算生产效率机器为制约因素（即工人有部分空闲），每台机器在为期 1min 的工作周期中（工人服务时间 1min，机器运行时间 3min）生产 1 件产品。3 台机器运行 60min，则生产效率是

$$R = \frac{60}{1 + 3} \times 3 = 45$$

单件预期成本是劳动力成本加上机器费用再除以生产效率：

$$\text{TEC}_3 = \frac{K_1 + n_1 K_2}{R} = \frac{10\ \text{美元} + 3 \times 20\ \text{美元}}{45} = 1.56\ \text{美元}$$

在第二种情况下，用下式计算得出单件预期成本：

$$\text{TEC}_4 = (l+w)(K_1 + n_2 K_2) = \frac{(1\text{min} + 0.1\text{min}) \times (10\ \text{美元} + 4 \times 20\ \text{美元})}{60\text{min}} = 1.65\ \text{美元}$$

另外也可用基于生产效率的方法，此时工人成了制约生产效率的因素（即机器有部分闲置）。由于工人能够在每 1.1min（服务机器 lmin，从一台机器走到另一台机器 0.lmin）的周期中生产 1 单位产品，用这种方法计算生产效率 R：

$$R = \frac{60}{l+w} = \frac{60}{1.1} = 54.5$$

单件预期成本是劳动力成本加上机器费用再除以生产率，则：

$$\text{TEC}_4 = \frac{K_1 + n_2 K_2}{R} = \frac{10\ \text{美元} + 4 \times 20\ \text{美元}}{54.5} = 1.65\ \text{美元}$$

根据最低的成本得出为每个工人分配 3 台机器是最合理的。但是，如果市场需求能提供一个好的产品价格，则可以通过为每个工人分配 4 台机器来实现利润最大化。在该例中我们也可看出，由于步行时间占了 0.1min，因此，生产效率比理想的 60 件/min 下降了（见图 2-17）。

参见下图。若将工人的装卸时间从 1min 减少到 0.9min（一个比较小的量），则每个工人能够同时看管的最优机器数量为

$$n = \frac{l+m}{l+w} = \frac{0.9\text{min} + 3\text{min}}{0.9\text{min} + 0.1\text{min}} = 3.9$$

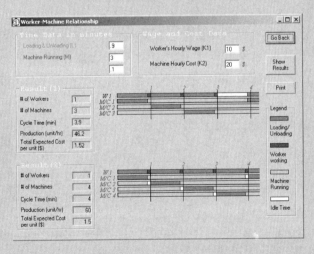

虽然结果仍然是小数，但已经比较接近实际数量 4 台了。此时，若为每个工人仅分配 3 台机器（第一种情况），那么工人在工作周期中将会有更多的空闲时间，即从 0.7min 增加到 0.9min 或接近 25% 的空闲时间。通过下式可得出单件预期成本 TEC_3：

$$\text{TEC}_3 = \frac{(l+m)(K_1 + n_1 K_2)}{n_1} = \frac{(0.9\text{min} + 3\text{min})(10\ \text{美元} + 3 \times 20\ \text{美元})}{3 \times 60\text{min}} = 1.52\ \text{美元}$$

用另一种方法得到生产率 R 为

$$R = \frac{60}{l+m}n_1 = \frac{60}{3.9} \times 3 = 46.2$$

单件预期成本是劳动力成本加上机器费用再除以生产率，即

$$TEC_3 = \frac{K_1 + n_1 K_2}{R} = \frac{10\ 美元 + 3 \times 20\ 美元}{46.2} = 1.52\ 美元$$

若为每个工人分配更接近实际数量的 4 台机器（第二种情况），则成本较高的机器闲置时间将从 0.4min 减少到 0.1min。用下式可得预期成本为

$$TEC_4 = (l+w)(K_1 + n_2 K_2) = \frac{(0.9 + 0.1) \times (10\ 美元 + 4 \times 20\ 美元)}{60} = 1.50\ 美元$$

用另一种方法得到生产率 R 为

$$R = \frac{60}{l+w} = \frac{60}{1.0} = 60$$

单件预期成本是劳动力成本加上机器费用再除以生产率，即

$$TEC_4 = \frac{K_1 + n_2 K_2}{R} = \frac{10\ 美元 + 4 \times 20\ 美元}{60} = 1.50\ 美元$$

基于最低成本及最少空闲时间，为每个工人分配 4 台机器是最合理的。将装卸时间减少 10%（从 1min 减少到 0.9min），可得到如下正向的改善效果：

（1）生产率提高了 10%（从 54.54 件/h 提高到 60 件/h）。

（2）从第一种情况下工人空闲 0.7min（占周期时间的 17.5%）减少到第二种情况下机器空闲 0.1min。

（3）单件成本从 1.56 美元/件下降到 1.50 美元/件，减少了 3.6%。

这说明了缩短装载或调机时间的重要性，此内容将在第 3 章中详细阐述。值得提醒的是，将工人从 1 台机器走到另 1 台机器的步行时间相应缩短（完全消除这个例子中 0.1min 的步行时间）就得到图 2-17 所示的理想情况，其对应的单件成本为 1.50 美元/件。参见下图。

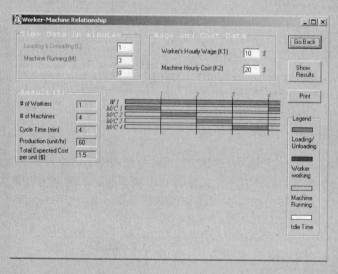

2.3.2 随机服务计算

完全的随机服务发生在不知道什么时候一台设备需要服务或要服务多长时间的情况。平均值通常是已知的或可以确定的，有了这些平均值，就可以应用概率论确定分配给每个工人的机器数量。

假设每台机器在一天的任何时候都可能出现故障，且其概率为 p，而正常运行的概率是 $q = 1 - p$，则二项展开式给出了可能出 0，1，2，3，…，n（n 相对来说都比较小）台机器故障的概率近似值：

$$P(n \text{ 台机器中 } m \text{ 台出现故障}) = \frac{n!}{m! \ (n-m)!} p^m q^{n-m}$$

举例说明：当机器无人看管的平均运行时间为整个周期的 60% 时，让我们确定分配给工人不同数目的转塔车床所对应的最小损失时间比。工人需要关注机器的时间（机器出故障或者需要服务）以不规则的情况间隔地出现，间隔期平均为整个周期的 40%。分析师通过估计得出：分配给每个工人 3 台转塔车床。在这种分配下，n 台机器中 m 台出现故障的概率如下：

出现故障的机器台数 m	概　　率
0	$\frac{3!}{0! \ (3-0)!} \ (0.4^0) \ (0.6^3) \ = 1 \times 1 \times 0.216 = 0.216$
1	$\frac{3!}{1! \ (3-1)!} \ (0.4^1) \ (0.6^2) \ = 3 \times 0.4 \times 0.36 = 0.432$
2	$\frac{3!}{2! \ (3-2)!} \ (0.4^2) \ (0.6^1) \ = 3 \times 0.16 \times 0.6 = 0.288$
3	$\frac{3!}{3! \ (3-3)!} \ (0.4^3) \ (0.6^0) \ = 1 \times 0.064 \times 1 = 0.064$

用此方法可确定机器故障时间所占的比例，因为每个工人看管 3 台机器所损失的时间也就很容易计算得出。在这个例子中，具体计算如下：

出现故障的机器编号	概　　率	每 8h 工作日中机器的损失时间/h
0	0.216	0
1	0.432	0 [*]
2	0.288	$0.288 \times 8 = 2.304$
3	0.064	$2 \times 0.064 \times 8 = 1.024$
	1.000	3.328

[*] 由于一次只有 1 台机器出现故障，因此，工人可以维护这台出故障的机器。

$$\text{机器损失时间所占的比例} = \frac{3.328\text{h}}{24.0\text{h}} \times 100\% = 13.9\%$$

增加或减少所分配的机器数量并经过类似的计算就能够得到产生最短机器故障时间的分配数量值。最令人满意的分配情况一般可使单件产品的总预期成本最小，而对于给定分配数量的单件产品总预期成本可通过下式计算得到：

$$\text{TEC} = \frac{K_1 + n\,K_2}{R}$$

式中 K_1——工人的小时工资；

    K_2——机器每小时成本；

    n——分配给每个工人的机器数量；

    R——生产率，即 n 台机器每小时生产的产品数量。

n 台机器每小时生产的产品数量是根据每件产品所需的平均机器时间、每件产品所需的平均机器服务（装卸料或维修）时间以及每小时中的预期故障或损失时间确定的。

例如，给 1 个工人分配 5 台机器，分析师确定了生产每件产品的机器时间是 0.82h，各工件的机器服务时间是 0.17h 以及每台机器每小时的平均故障时间为 0.11h。因此，每台机器每小时可用来生产产品的时间仅为 0.89h。1 台机器生产 1 个工件所需的平均时间为

$$\frac{0.82\text{h} + 0.17\text{h}}{0.89\text{h}} = 1.11$$

因此，5 台机器每小时将生产 4.5 件产品。假设 1 个工人每小时的生产费为 12 美元，1 台机器每小时的费用为 22 美元，则每件产品的总预期成本为

$$\frac{12\ 美元 + 5 \times 22\ 美元}{4.5} = 27.11\ 美元$$

例 2-2   随机服务

情形 A：1 个操作工人

出故障的机器数目 m	概　　率	每 8h 工作日中机器的损失时间/h
0	$\frac{3!}{0!\ 3!}(0.4)^0(0.6)^3 = 0.216$	0
1	$\frac{3!}{1!\ 2!}(0.4)^1(0.6)^2 = 0.432$	0
2	$\frac{3!}{2!\ 1!}(0.4)^2(0.6)^1 = 0.288$	$0.288 \times 8 = 2.304$
3	$\frac{3!}{3!\ 0!}(0.4)^3(0.6)^0 = 0.064$	$0.064 \times 16 = 1.024$

1 个操作工人被分配去看管 3 台预期故障时间为 40% 的机器。在正常运行情况下，每台机器每小时能生产 60 件产品，而每小时要付给工人 10.00 美元，每小时要支付 60.00 美元机器运行费。则是否值得再雇 1 个操作工人来维持机器的正常运转？

考虑到一个 8h 工作日中共损失 3.328（= 2.304 + 1.024）h 的生产时间，以平均 155.04 件/h 的生产率，每班只能生产 1240.3（= 20.672 × 60）件，则单位成本如下：

$$\text{TEC} = \frac{10\ 美元 + 3 \times 60\ 美元}{155.04\ 件} = 1.23\ 美元/件$$

情形 B：2 个操作工人

出故障的机器数目 m	概　　率	每 8h 工作日中机器的损失时间/h
0	$\dfrac{3!}{0!\ 3!}(0.4)^0(0.6)^3 = 0.216$	0
1	$\dfrac{3!}{1!\ 2!}(0.4)^1(0.6)^2 = 0.432$	0
2	$\dfrac{3!}{2!\ 1!}(0.4)^2(0.6)^1 = 0.288$	0
3	$\dfrac{3!}{3!\ 0!}(0.4)^3(0.6)^0 = 0.064$	$0.064 \times 8 = 0.512$

同情形 A 相比，情形 B 有了较大的改进。由于每 8h 的工作日中仅损失 0.512h 的生产时间，产量也增加到了 1409.28（ = 23.488 × 60）件或平均每小时产量提高到 176.16 件，单位成本为

$$TEC = \frac{2 \times 10\ 美元 + 3 \times 60\ 美元}{176.16\ 件} = 1.14\ 美元/件$$

因此，再雇用 1 个操作工人来维持机器的运行则会更有效率。

需要注意的是：若再雇用第 3 个操作工人来维持 3 台机器的运转并不经济。尽管总产量会增加，但是总成本增加得更多，单位成本为

$$TEC = \frac{3 \times 10\ 美元 + 3 \times 60\ 美元}{180\ 件} = 1.17\ 美元/件$$

2.3.3　复杂的人机关系

同步服务与随机服务的结合可能是最普遍的人机关系。此处，服务的时间相对固定，但是服务机器却是随机的。此外，假设故障间隔期服从某一特定的概率分布。随着机器数量的增加及人机间关系变得更加复杂，机器之间的冲突和随之而来的延迟也相应增多。在实际情况中，机器之间的冲突通常占总工作时间的 10% ~ 30%，最多可达到 50%。人们已经开发了多种方法来应对这种状况。

其中一种方法是基于假设给定了分配给工人的机器数、机器的平均运行时间和平均服务时间，以此来确定工人的预期工作负荷。请注意：用 13.9% 比例的机器冲突和 26.1% 的维护（或称服务）时间百分比（从上一个示例中看管 3 台机器计算得出的），可以得到机器运行时间与服务时间的比值 $X = 0.6/0.261 = 2.3$ 和冲突时间百分比大约为 54%（0.139/0.261）。增加到 6 台机器的话，建议使用图 2-18 所示的经验曲线。

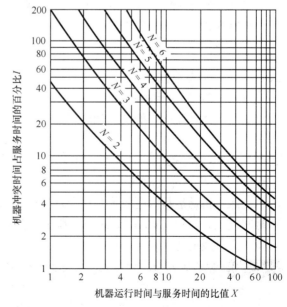

图 2-18　分配给每个工人的机器数量少于或等于 6 台时机器的冲突时间占服务时间的百分比

对于 7 台甚至更多机器数量时，可运用 Wright 公式（Wright，Duvall，and Freeman，1936）：

$$I = 50\left[\sqrt{(1+X-N)^2 + 2N} - (1+X-N)\right]$$

式中　I——冲突，用平均服务时间的一个百分比来表示；

　　　X——机器的平均运行时间与平均服务时间的比值；

　　　N——分配给一个工人的机器数量。

例 2-3 为该公式的应用。

例 2-3　机器冲突时间的计算

在一个棉线生产厂中，一个工人被分配给 60 个锭子。通过秒表测试法得到的生产每锭棉线的平均机器运行时间为 150min。每锭棉线的标准平均服务时间，即通过实践研究获得的时间为 3min。I 的计算如下：

$$\begin{aligned}
I &= 50\left[\sqrt{(1+X-N)^2 + 2N} - (1+X-N)\right] \\
&= 50\left[\sqrt{\left(1 + \frac{150}{3.00} - 60\right)^2 + 120} - \left(1 + \frac{150}{3.00} - 60\right)\right] \\
&= 50\left[\sqrt{(1+50-60)^2 + 120} - (1+50-60)\right] \\
&= 1159
\end{aligned}$$

因此，可以得到：

机器运行时间　　　　　　　　　150min

平均服务时间　　　　　　　　　3.0min

机器冲突时间　　　　　　　　　$11.59 \times 3.0 = 34.8$min

假设故障间隔期服从指数分布，运用排队论，Ashcroft（1950）扩展了上述方法并开发了一系列用来确定机器冲突时间的表格。这些表格提供了计算服务比率 k 所需的机器运行时间和机器冲突时间，其中服务比率 k 定义为

$$k = \frac{l}{m}$$

式中　l——服务时间；

　　　m——机器运行时间。

生产一件产品所需的总周期时间为

$$c = m + l + i$$

式中　c——总周期时间；

　　　i——机器冲突时间。

注意：机器运行时间数值与机器冲突时间数值均为总周期的一个百分比。并且，任何步行时间或工人时间（w）都应该作为服务时间的组成部分。例 2-4 是应用 Ashcroft 方法计算机器冲突时间的实例。

例 2-4　应用 Ashcroft 方法计算机器冲突时间

参考例 2-3 有：

$$K = l/m = 3/150 = 0.02$$

$$N = 60$$

在服务时间服从指数分布，$k=0.02$ 及 $N=60$ 条件下，可以查出机器的冲突时间为周期时间的 16.8%。因此，$i=0.168c$，c 为生产一锭棉线的周期时间，则：

$$c = m + l + i = 150 + 3.00 + 0.168c$$

$$0.832c = 153$$

$$c = 184\text{min}$$

及

$$i = 0.168c = 30.9\text{min}$$

根据 Wright 公式计算的冲突时间（34.8min，例 2-3）与排队论模型计算出的时间非常接近。但是，当 n（每个工人所分配的机器数量）逐渐变小时，这两种方法所得的结果比例差值将组件增加。

2.3.4　流水线平衡计算

确定应分配多少工人到一条生产线与确定应分配多少工人到一个工作地是类似的，联合操作程序图能够解决这两个问题。经常遇到的主要的流水线平衡情况是：由几个工人组成一个工作小组，分别执行一系列连续的操作。在这种情况下，生产率由生产速度最慢的工人决定。如，一条流水线上有 5 个工人在组装粘合橡胶块，之后进入定型工序。具体工作安排可能为：工人 1，0.52min；工人 2，0.48min；工人 3，0.65min；工人 4，0.41min；工人 5，0.55min。整条流水线的节拍由工人 3 决定，这个情况如下所示：

工人	执行操作的标准时间/min	等待最慢工人的时间/min	标准时间/min
1	0.52	0.13	0.65
2	0.48	0.17	0.65
3	0.65	—	0.65
4	0.41	0.24	0.65
5	0.55	0.10	0.65
合计	2.61	—	3.25

这条流水线的效率可通过计算总实际标准时间与总允许标准时间的比值得到：

$$E = \frac{\sum_{1}^{5} \text{SM}}{\sum_{1}^{5} \text{AM}} \times 100\% = \frac{2.61\text{min}}{3.25\text{min}} \times 100\% = 80\%$$

式中　E——效率；

$\quad$ SM——每项操作的标准时间；

$\quad$ AM——每项操作的允许标准时间。

标准时间的详细内容将在第 10 章中详细介绍。

有些分析师更偏向于采用停机时间的百分比（空闲百分比）：

$$空闲百分比 = 100\% - E = 20\%$$

实际情况与此例相似，存在节省大量成本的可能性。如果分析师能让操作工人 3 的操作节省 0.10min，则每周期净节约量不只是 0.10min，而是 0.10×5 或者 0.50min。

只有在极其特殊的情况下一条流水线才能够得到完美的平衡，即小组中每个工人执行操作的标准时间是相同的。但是，"执行一项操作的标准时间"不是一个真正的标准，只是相对于"建立标准时间"的人来说是一个标准。典型的、尽责的工人达到或超过标准时间时不会有太大的困难。基于最慢的工人的产出而计算有等待时间的工人在实际中很少会等待。相反，他们会根据最慢工人所确定的标准来放慢工作节拍。

为了达到要求的生产率所需工人数量为

$$N = R \sum AM = R \frac{\sum SM}{E}$$

式中　N——流水线所需工人数量；

　　　R——期望的生产率。

例如，假设有一个新的产品设计方案并要针对该产品的生产建立一条装配线。这条生产线包括 8 个不同的操作。这条装配线每天必须生产 700 件产品（或 700 件/480min = 1.458 件/min），同时，由于希望将库存最小化，因此，不希望每天生产超过 700 件。依据现有的标准数据，这 8 个操作所对应的标准时间如下：操作 1，1.25min；操作 2，1.38min；操作 3，2.58min；操作 4，3.84min；操作 5，1.27min；操作 6，1.29min；操作 7，2.48min；操作 8，1.28min。为了最经济地设计这条装配线，采用以下方法估计为达到给定的生产效率（理想情形为 100%）所需的工人数量为

$N = 1.458 \times (1.25 + 1.38 + 2.58 + 3.84 + 1.27 + 1.29 + 2.48 + 1.28)/1.00 = 22.4$

采用更实际一点的 95% 的效率，所需操作者的数量为 22.4/0.95 = 23.6

不可能出现 0.6 个操作者，因此，需要尝试用 24 个工人来建立这条装配线。另一种方法是：可以雇用兼职的小时工。

接下来，我们估计 8 个具体操作中每个操作所需的人数。由于每天需生产 700 件产品，则必须在大约每 0.685min（480/700）内生产 1 件。通过将每个操作的标准时间除以生产 1 件产品所允许使用的时间来估算每项操作所需的工人数量，具体计算如下（1.83 = 1.25/0.685）：

操作	单位标准时间/min	允许的单位加工时间/min	工人数(个)
1	1.25	1.83	2
2	1.38	2.02	2
3	2.58	3.77	4
4	3.84	5.62	6
5	1.27	1.86	2
6	1.29	1.88	2
7	2.48	3.62	4
8	1.28	1.87	2
合计	15.37		

为了识别最慢的操作，把 8 个操作中每个操作的标准时间除以估计的工人数量。计算结果如下：

操作 1	1. 25/2 = 0. 625
操作 2	1. 38/2 = 0. 690
操作 3	2. 58/4 = 0. 645
操作 4	3. 84/6 = 0. 640
操作 5	1. 27/2 = 0. 635
操作 6	1. 29/2 = 0. 645
操作 7	2. 48/4 = 0. 620
操作 8	1. 28/2 = 0. 640

从表中可以看出，操作 2 决定了该装配线的产量，在此例中，产量为

$$\frac{2 \times 60\text{min/h}}{1.38\text{min/件}} = 87\ \text{件/h，或者 696 件/天}$$

若此生产率不足，则必须提高操作 2 的生产率，可通过以下途径实现：

(1) 可让执行操作 2 的一个或两个工人加班，可以在这个工作站积累一定量的库存。

(2) 在操作 2 的工作站雇用一个兼职工人。

(3) 重新分配工作，将操作 2 的一部分工作分配给操作 1 或者操作 3（分配给操作 1 更好）。

(4) 改善操作 2 的工艺来缩短操作周期。

在上例中，给定了周期时间和操作时间后，分析师就可以确定每项操作所需的工人数量，以满足预期的生产要求。此外，生产线工作分配问题也可以是在给定期望周期的情况下使得工作站的数量最少，或在给定工作站的数量、确定每个工作站具体工作内容、不违反规定约束条件的情况下使生产周期缩短。

在装配线平衡中，一条重要的原则是共享工作单元。两个或者更多在其工作周期中有空闲时间的操作者可承担另一个工作站的部分工作内容，进而提高整条装配线的效率。例如，图 2-19 给出了包含 6 个工作站的一条装配线。工作站 1 有 3 个工作单元——A、B、C，共

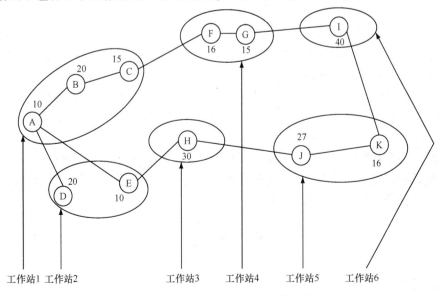

图 2-19 由 6 个工作站组成的装配线

43

计45s。请注意：工作单元 B、D、E 在 A 完成之后才能开始，而 B、D、E 的执行顺序则没有限制。可将工作单元 H 分配在工作站 2 和 4 之间，这样设置的话，装配周期只是延长了1s（从45s到46s），而每装配一件产品则可节省30s。我们应该注意到：共享工作单元可能导致物料搬运量的增加，因为部件可能要被运送到不止一个工作站。此外，共享单元可能会因为增加必要的工具而使得成本增加。

另一种可能改善装配线平衡效果的方法是将工作单元分解。再次参考图 2-19，应该有可能将工作单元 H 分解，而不是将一半工作分配到工作站 2，另一半工作分配到工作站 4。

多数情况下，将一个工作单元分解是不经济的。举一个用电动螺钉机拧紧 8 个螺钉的例子来说明这个观点。一旦操作者将零件定位在卡具上，控制住电动工具并开始工作，更好的操作方法是将 8 个螺钉全部拧紧，而不是只拧紧其中几个，而剩余的再由另一个操作者完成。但是，在工作单元能够被分解的前提下，分解就可能使得工作站得到更好的平衡。

以下这条装配线平衡问题的解决过程基于 Helgeson and Birnie（1961）。该方法做如下假设：

（1）为了保持工作负荷的一致性，操作者不能从一个工作站移动到另一个工作站去帮忙。

（2）划分工作单元需要满足以下条件：再对其进行分解反而会降低操作绩效（一旦确定了工作单元，就需要对每个工作单元进行编码）。

解决该问题的第一步是确定每个工作单元的装配顺序。对工作单元装配顺序的限制越少，经工作分配而达到较好装配线平衡结果的可能性就越大。为了确定工作单元的装配顺序，分析师要明确回答以下问题："在这个工作单元的操作开始之前，有哪些其他工作单元（若有）必须要先完成？"对每个工作单元都明确该问题后，就可以建立所要研究的装配线的优先图（见图 2-20）。功能设计、可用的生产方法及场地空间等均对各工作单元的装配顺序有约束。

装配线工作内容的分配需要考虑的第二个因素是分区限制。一个分区不一定是与系统中其他分区进行物理分离或识别的一部分。可以将某些相似的工作或工作环境或工资费用的工作单元限制在一个给定的分区内，事实表明这种做法是正确的。此外，分区限制也可能有助于从物理上明确某一零部件所处的特定阶段。例如，在执行某些工作单元时将该零件固定在某一特定位置。如将某个零件翻转过来之前，可在某一确定的分区内先执行该零件上的所有工作单元的操作。

明显地，一个系统中分区限制越多，可供研究的工作单元的可能组合就越少。分析师首先需要绘制系统草图，并对各个分区进行编码。在每个分区内显示了可在该分区内执行的工作单元。然后，分析师用下面的公式估计生产率：

$$每日的生产率 = \frac{工作时间}{系统周期}$$

式中 工作时间——单位为天；
　　　系统周期——受限分区或工作站的标准时间，单位为 min。

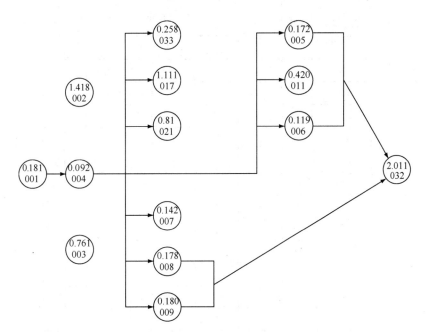

图 2-20 部分完成的装配线优先图

注意：相对于任何其他单元，002 和 003 这两个工作单元可以以任何次序进行；而在 005、006、008 和 009 结束之前，032 不能开始。004 结束之后，033、017、021、005、011、006、007、008 或 009 中的任何一个都可以开始。

考虑如下的装配线，即优先顺序图：

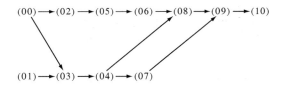

优先图表明了工作单元（00）必须在工作单元（02）、（03）、（05）、（06）、（04）、（07）、（08）、（09）及（10）之前完成；而工作单元（01）必须在工作单元（03）、（04）、（07）、（08）、（09）及（10）之前完成。工作单元（00）和（01）哪个都可以先完成，或者二者同步进行。同样地，工作单元（03）只能在工作单元（00）和（01）完成后才能开始。

为了描述这些关系，建立图 2-21 所示的优先矩阵。其中，数字 1 表示"必须先于"的关系。例如，工作单元（00）必须先于工作单元（02）、（03）、（05）、（06）、（04）、（07）、（08）、（09）及（10）。同样地，工作单元（09）必须先于工作单元（10）。

现在，必须计算出每个工作单元的"位置权重"值。某工作单元的位置权重等于该工作单元自身和那些必须在其后开始的工作单元所对应的工作时间的和。例如，工作单元（00）的位置权重为

$$\sum (00、02、03、04、05、06、07、08、09、10) = 0.46min + 0.25min + 0.22min + 1.10min +$$
$$0.87min + 0.28min + 0.72min + 1.32min + 0.49min + 0.55min = 6.26min$$

将各工作单元的位置权重按照由大到小的顺序排列如下：

估计的各单元工作时间/min	工作单元	工作单元										
		00	01	02	03	04	05	06	07	08	09	10
0.46	00			1	1	1	1	1	1	1	1	1
0.35	01				1	1			1	1	1	1
0.25	02						1	1				
0.22	03					1			1	1		1
1.10	04											
0.87	05							1		1	1	1
0.28	06									1	1	1
0.72	07										1	1
1.32	08										1	1
0.49	09											1
0.55	10											
6.61												

图 2-21 一个装配线平衡问题的优先矩阵

未排序的工作单元	排序后的工作单元	位置权重/min	紧 前 活 动
00	00	6.26	—
01	01	4.75	—
02	03	4.40	(00), (01)
03	04	4.18	(03)
04	02	3.76	(00)
05	05	3.51	(02)
06	06	2.64	(05)
07	08	2.36	(04), (06)
08	07	1.76	(04)
09	09	1.04	(07), (08)
10	10	0.55	(09)

　　然后，需要将工作单元分配到各个工作站，这一过程是基于各工作单元的位置权重（位置权重最高的工作单元最先被分配）以及系统的周期时间来开展的。位置权重最高的工作单元被分配到第一个工作站。该工作站未分配的时间则等于估计的周期时间减去分配的工作单元的时间总和。如果还有足够的未被分配的时间，则分配给下一个位置权重最高的工作单元，其前提条件是在"紧前活动"一栏的工作单元均已经被分配完成。一旦某一工作站的分配时间被用完，分析师就继续对下一个工作站进行处理，该过程持续到所有工作单元都被分配完成为止。

　　例如，假设每450min的轮班所要求的产量为300件，该系统的周期为450min/300件 = 1.50min/件，最终平衡装配线见表2-4。

表 2-4　最终平衡装配线

工作		位置权重/min	紧前活动	单元时间/min	工作站时间/min		备注*
工作站	工作单元				累计	未分配	
1	00	6.26	—	0.46	0.46	1.04	—
1	01	4.75	—	0.35	0.81	0.69	—
1	03	4.40	(00), (01)	0.22	1.03	0.47	—
1	04	4.18	(03)	1.10	(2.13)	—	N. A.
1	02	3.76	(00)	0.25	1.28	0.22	—
1	05	3.51	(02)	0.87	(2.05)	—	N. A.
2	04	4.18	(03)	1.10	1.10	0.40	—
2	05	3.51	(02)	0.87	(1.97)	—	N. A.
3	05	3.51	(02)	0.87	0.87	0.63	—
3	06	2.64	(05)	0.28	1.15	0.35	—
3	08	2.36	(04), (06)	1.32	(2.47)	—	N. A.
4	08	2.36	(04), (06)	1.32	1.32	0.18	—
4	07	1.76	(04)	0.72	(2.04)	—	N. A.
5	07	1.76	(04)	0.72	0.72	0.78	—
5	09	1.04	(07), (08)	0.49	1.21	0.29	—
5	10	0.55	(09)	0.55	(1.76)	—	N. A.
6	10	0.55	(09)	0.55	0.55	0.95	—

* N. A. 表示不可接受。

根据表中所示的分配结果，装配线有 6 个工作站，且系统的周期为 1.32min（由工作站 4 决定），班产量达到 450min/1.32min/件 = 341 件，比每天所要求的 300 件多。

然而，一条装配线由 6 个工作站组成会出现很多空闲时间。每个周期的空闲时间为

$$\sum_1^6 (0.04min + 0.22min + 0.17min + 0 + 0.11min + 0.77min) = 1.31min$$

为了达到更好的平衡效果，可将周期时间降低到 1.50min 以下。这样可能会导致雇用更多的工人及每天将生产更多的产品，而这些多生产的产品还得占用库存。还有另一种可能就是让装配线在更有效的平衡状态下每天工作有限的时间。

各种商业软件包和设计工具包可以自动完成这些计算过程。因此，分析师不必做这些辛苦的计算工作。

本 章 小 结

本章所介绍的各种图表可以用来描述和解决问题。正如做某一具体工作有几种可利用的工具一样，不同图表的设计能够帮助解决工程问题。分析师应该了解每一种程序图的特定功能，并能从中选择出恰当的一种来解决某一特定的问题，改进操作。

帕累托分析与鱼刺图被用来选择一项关键的操作以及确定导致问题的根本原因和影响因素。甘特图和计划评审技术图为项目规划工具，其中甘特图仅提供一个好的项目管理图示方法，而计划评审技术图则量化了不同活动之间的交互关系。工作或工作地分析指南主要用于通过现场勘察，以确定可能导致潜在问题的关键工人、任务、环境及行政因素。操作程序图从总体上很好地阐述了由几个零部件所构成的装配产品制造过程中不同操作与检验之间的关

系。流程程序图提供了用于制造过程分析所需要的更详细的信息，可以用来找出诸如延迟时间、库存成本以及物料搬运成本等隐性或非直接成本。线路图在设计工厂布局方面是流程程序图一个很好的补充。人机操作程序图和联合操作程序图同时显示了机器或设施与工人的配合关系，可以用来分析工人的空闲时间和机器的闲置时间。同步服务计算和随机服务计算以及流水线平衡计算可通过定量方法来改善操作效率。

本章介绍的 13 种工具对方法分析师是十分重要的。图表是有用的描述和沟通工具，可以帮助人们理解一个流程及其相关活动。正确地使用这些工具有助于问题的表达和解决，也有助于解决方案的推动和实施。其中的定量分析方法能够确定工人和机器的优化配置。为解决机器或设备的配置问题，分析师应较好地掌握数学和概率论方面的知识，以便能够建立相应的数学模型并进而求得问题的最优解。因此，这 13 种工具对于将改良方法推荐给管理层、按照制定的方法培训员工以及与工厂的布局图一起提供更详细的相关资料等方面非常有效。

思 考 题

1. 操作程序图显示了什么？
2. 在绘制操作程序图时需要用到哪些符号？
3. 操作程序图是如何表达引入到主要流程中的物料的？
4. 操作程序图与流程程序图有何区别？
5. 绘制流程程序图的主要目的是什么？
6. 绘制流程程序图时需要用到哪些符号？
7. 绘制程序图时为什么有必要通过直接观察而不是从领班处获取信息？
8. 在绘制流程程序图时，可用什么办法估计移动的距离？
9. 在绘制流程程序图时，怎么样确定延迟时间和库存时间？
10. 何时应该使用线路图？
11. 怎么样在线路图上表达出几种不同产品的流程？
12. 在文书工作的研究中有哪两个流程图符号是专用的？
13. 操作程序图、流程程序图及线路图各有何局限性？
14. 阐述计划评审技术图是如何为公司节省资金的。
15. 阐述如何获得与计划评审技术图有关的"乐观"和"悲观"时间。
16. 何时该绘制人机操作程序图？
17. 什么是机器耦合？
18. 工人如何才能从机器耦合中获益？
19. 在工会官员强烈反对机器耦合技术的情况下，谈谈你将如何向他们推销机器耦合的概念。
20. 联合操作程序图与人机操作程序图有何区别？
21. 在一个工艺车间，以下哪种程序图会得到广泛应用：人机操作程序图、联合操作程序图还是线路图？为什么？
22. 同步服务与随机服务有何区别？

计 算 题

1. 根据下列的紧急条件下的活动成本和表 2-2 中所列出的正常条件下的成本，确定完成图 2-4 所描述的项目最少需要多长时间？在得到的最短时间内完成该项目所需的额外成本是多少？

单 元	紧 急 条 件	
	时间/周	成本（美元）
A	2	7000
B	1	2500
C	2	5000
D	0.5	2000
E	4	6000
F	3	5000
G	2	6000
H	0	0
I	4	7600
J	1	2200
K	4	4500
L	2	3200
M	3	3000
N	1	700
O	2	6000
P	1	3000

2. 在 Dorben 公司的自动螺旋机床部门，每个工人看管 5 台机器。对给定任务，每件产品所需的加工时间是 0.164h，机器服务时间为 0.038h。工人每小时的工资为 12.80 美元，机器每小时的成本为 14 美元。计算每生产 1 件产品的预期成本（不包括原料成本）。

3. 在 Dorben 公司，1 个工人被分配去操作几台机器。每台机器在 1 天当中出故障的概率是随机的。一项工作抽样研究表明，机器平均有 60% 的时间不需人照看，且机器的照看时间间隔不规则，平均为 40%。如果机器每小时的成本为 20 美元，工人每小时的费用为 12 美元，则（从经济的角度来看）一个工人需要分配多少台机器才是最适合的？

4. 基于单位产出成本最小化原则，Dorben 公司的分析师希望将一定数最相似的机器分配给每个工人。详细研究这些机器后得出：

装载机器的标准时间 = 0.34min

卸载机器的标准时间 = 0.26min

两台机器之间的步行时间 = 0.06min

工人费用 = 12.00 美元/h

机器成本（包括闲置和运作）= 18.00 美元/h

自动进给时间 = 1.48min

那么应该为每个工人分配多少台机器呢？

5. 一项研究表明：将 3 台半自动化机器作为 1 组分配给 1 个工人，有 80% 的时间是不需要人照看的。3 台机器的照看间隔期不规则，占平均 20% 的时间。那么在每天 8h 中，估计由于缺少 1 名工人而导致的机器损失时间是多少？

6. 根据以下数据，提出你建议的工作分配及工作站数量。

工 作 单 元	估计的单元工作时间/min
0	0.76
1	1.24
2	0.84
3	2.07
4	1.47
5	2.40
6	0.62
7	2.16
8	4.75
9	0.65
10	1.45

每天需要的最小产量为 90 件，分析师建立的优先顺序如下所示：

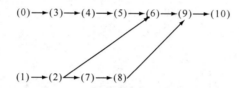

7. 在以下条件下，每个工人应该分配多少台机器才能使成本最低？

（1）每台机器装卸时间为 1.41min。

（2）步行到下台机器时间为 0.08min。

（3）运行时间（自动进给）为 4.34min。

（4）工人费用为 13.20 美元/h。

（5）机器成本为 18.00 美元/h。

8. 当每个工人操作 4 台机器且每台机器有 70% 的时间不需人照看，机器的照看时间间隔分布不规则，但平均为 30%，损失的机器时间会占多大比例？每人看管 4 台机器是使得机器时间损失比例最少的安排吗？

9. 一个由 6 项独立操作构成的装配线，每天 8h 需要生产 250 件产品。测量得到操作时间如下：

（1）7.56min。

（2）4.25min。

（3）12.11min。

（4）1.58min。

（5）3.72min。

（6）8.44min。

在 80% 的效率下，需要多少个工人？每项操作需要使用多少个工人？

10. 一项研究表明了桁架（由 3 个小工件构成的小三角形套在由 3 个大工件构成的大三角形内）的装配步骤如下：

① 叉车从外面的库存区运送尺寸为 2in×4in 的松木（20min）。

② 工人用带锯把木头锯成适当长度的 6 段（10min）。

③ 1 号装配员将 3 条短边装配成一个小三角形（5min）。

④ 2 号装配员将 3 条长边装配成一个大三角形（10min）。

⑤ 3 号装配员从 1 号和 2 号装配员处各得到一个三角形，并把它们固定成一个桁架（20min）。

⑥ 监督人员检查完成的桁架并准备运输（5min）。

（1）画出该操作的流程程序图。

（2）这样的一条未平衡的线性装配线，其空闲时间百分比和产量如何？

（3）用适当的工作站来平衡装配线后，空闲时间占多大的比例？产量有多少？

11. 现有一项操作包括如下的工作单元：

① 工人移开挤压好的工件（0.2min）。

② 工人走到检查区检查缺陷（0.1min）。

③ 工人用锉刀锉毛边（0.2min）。

④ 工人将工件放到传送带上送到别处去做进一步的处理，然后再回到挤压区（0.1min）。

⑤ 工人用压缩空气清洗加压模具（0.3min）。

⑥ 工人往模具里喷润滑剂（0.1min）。

⑦ 工人将金属片放进挤压模具内并按下开始键（0.2min）。

⑧ 自动加压周期为1.2min。

假设工人工资10美元/h，挤压机的成本为15美元/h，找出并画出最低成本所对应的人机操作程序图。产量是多大？单位成本是多少？

12. 以下给出了OSHA所要求记录的（即那些必须被记录在OSHA300日志里并准备接受检查的记录）工伤类型。你能从这些工伤数据中得出什么结论？你会先研究哪种工作？如果你仅有有限的资源，你会把它们用在哪里？

工 作 编 码	工 伤 类 型		
	过度疲劳/扭伤	累计损伤失调	其 他
AM9	1	0	0
BTR	1	2	0
CUE	2	0	1
CUP	4	4	19
DAW	0	0	2
EST	0	0	2
FAO	3	1	1
FAR	3	1	3
FFB	1	0	1
FGL	1	0	1
FPY	1	2	0
FQT	0	0	3
FQ9	2	0	3
GFC	0	0	1
IPM	4	1	16
IPY	1	0	0
IP9	1	0	0
MPL	1	0	0
MST	0	0	0
MXM	1	0	2
MYB	1	1	3
WCU	1	0	1

13. 探索性分析已经证实下列工作隐含着问题。为如下的发动机的拆卸、清洗和除油操作画一张流程程序图（物料型）。

发动机储藏在旧发动机存储室里。当需要时，就由电动升降机将发动机放到单轨车上运送到拆卸舱并卸到发动机支架上。在那里工人拆开发动机，把发动机零件放入除油筐里。筐将被运送到去油机，装入去油机中为零件去除油污，然后再从去油机里取出。接下来这个装有除过油污的发动机零件的筐被运送到清洁区，零件被简单地倾卸在地上晾干。晾了几分钟后，零件被放到清理台上清洁。清洁后的零件被收集在特制托盘上等待运走。零件被放入手推车，运到检查站并从托盘中滑到检验台。

14. 给定如下操作及其单元时间（min）（如 1 号操作 1.5min，2 号操作 3min，3 号操作 1min，4 号操作 2min，5 号操作 4min），平衡生产线以满足生产 30 台/h 的需要。

15. 记录一个模具操作者的活动和操作时间如下：

（1）从模具中移除成型件（0.6min）。

（2）步行 10ft 到工作台（0.2min）。

（3）把小零件装箱并发到传送带上（1.0min）。

（4）走回到模具处（0.2min）。

（5）清除模具上的灰尘（0.4min）。

（6）将油喷入模具，按下开始按钮（0.2min）。

（7）模具自动循环工作（3.0min）。

此过程不断循环。操作者工资为 100 美元/h，模具使用成本为 15 美元/h。可以分配给操作员以最低成本生产部件的最佳机器数量是多少？绘制人机操作程序图。

16. TOYCO 在 20t 重的压力机上生产玩具铲。操作者生产一个铲子的步骤如下：

（1）移除成形铲子并放到传送带上（0.1min）。

（2）清除模具上的碎屑（0.2min）。

（3）给模具喷油（0.1min）。

（4）检查原材料（平板）有无缺陷（0.3min）。

（5）将平板放入压力机（0.1min）。

（6）压力机自动循环工作（1.0min）。

操作者工资为 10 美元/h，压力机成本为 100 美元/h。铲子原材料成本为 1.00 美元，售价为 4.00 美元。以最低的单位成本，分配给一个操作者的最佳压力机数量是多少？画出此种情况下的人机操作程序图。

17. 下图中显示的项目，其活动用箭头表示，每个活动的编号也指代了其正常持续时间（以天为单位）：

（1）确定该项目的关键路径和时间。

（2）假设每个活动（1 和 2 除外）最多可以赶工 2 天，赶工 1 天多加的成本等于活动编号。例如，活动 6 正常需要 6 天，但是如果 5 天完成则多加成本 6 美元，或者 4 天完成则多加成本 12 美元。确定 26 天的最低成本计划。给出赶工的活动和总赶工活动成本。

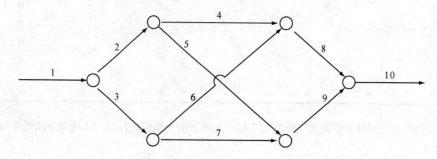

18. ToolCO 生产不同尺寸（1、2、3、4、5）的 Philips（P）、Torx（T）和平头（F）螺钉旋具。工业工程（IE）经理关心高产品缺陷率，但解决所有问题的资源有限。给定以下数据（每 100 件中的缺陷数量），首先要识别出需要解决的产品问题。在这种情况下，应该使用什么程序、工具、图表等？为什么？

尺　　寸	P	T	F
1	2	3	4
2	1	0	1
3	0	1	0
4	0	0	0
5	0	0	0

19. 观察模具操作员的下列活动：
（1）操作员从模具中取出成型件。
（2）走到工作台，把工件放进箱子里，然后把箱子放在托盘上。
（3）返回注塑机。
（4）清除模具中的污垢（用压缩空气）。
（5）将油喷入模具。
（6）按下注塑机上的"开始"按钮并坐下休息。
（7）机器关闭模具，向模具中注入塑料，设定固化时间 2min 后打开模具。
（8）此过程循环往复。
完成模具操作员的操作流程图。此项工作中的主要问题是什么？如何改进？

20. Delpack 为三大汽车制造商（编码为 B1、B2 和 B3）生产 15 种不同的线束。线束也通过其电流消耗（A1、A2、A3、A4 和 A5）进行编码。给出缺陷数据（每 100 件中的缺陷数），指出是否存在问题以及问题源。（A1B1 = 5，A2B2 = 0，A3B3 = 0，A1B2 = 3，A2B3 = 1，A1B3 = 4，A2B1 = 1，A3B2 = 1，A4B3 = 0，A3B1 = 0，A4B2 = 0，A5B3 = 0，A4B1 = 0，A5B1 = 0，A5B2 = 0）。

21. 压力机操作的流程如下：
（1）从压力机中移除已完成的小部件。
（2）感觉部件边缘的粗糙度。
（3）走到工作台获取锉刀。
（4）锉小部件毛边。
（5）用压缩空气吹走锉屑。
（6）回到压力机，把小部件放在传送带上。
（7）获取空白原料板，并把它放在压力机上。
（8）按"开始"按钮，然后坐下来等待 1min 的冲压循环。
（9）重复此循环过程。
此工作中明显的问题是什么？如何改进？

22. 记录压力机操作者的如下活动和时间：从压力机移除成型的小部件（0.1min）；锉小部件毛边（0.4min）；吹走小部件挫屑（0.3min）；把小部件放在传送带上运到下一个工作站（0.1min）；把原材料放进压力机并按下"开始"按钮（0.1min）；自动循环（3.0min）。此过程自身不断循环重复。操作者工资为 10 美元/h，压力机成本为 15 美元/h。以最低成本生产部件的情况下，可以分配给操作者的最佳压力机数量是多少？绘制人机操作程序图。空闲时间比是多少？单位成本是多少？生产率是多少（工件数量/h）？

23. 喷油器大约 20% 的时间会停机（喷油器粘在一起需要时间清洗，这是一个快速的过程）。给一名操作者分配了 3 台相同的喷油器。若运行正常，一台喷油器可以生产 100 件产品/h。操作者工资为 10 美元/h，每台喷油器运行成本为20美元/h。这项操作的单位成本是多少？如果多台喷油器同时停机，为了保持同样的生产率，是否值得雇用另一名操作者协助第一名操作者？这时单位成本是多少？

24. 记录压力机操作者的如下活动和时间：

(1) 从压力机中移除已完成的小部件（0.1min）。

(2) 检查小部件（0.4min）。

(3) 将小部件放在传送带上运送到下一个工作站（0.2min）。

(4) 把原材料放入压力机并按下"开始"按钮（0.1min）。

(5) 压力机自动循环（2.0min）。

此过程自身不断循环往复。操作者工资为10美元/h，压力机运行成本为30美元/h。确保最低单位成本的最佳机器数量是多少？绘制人机操作程序图。空闲时间比例是多少？单位成本是多少？生产率是多少（工件数量/h）？

25. 一台没有好好维护的机器40%的时间会出现故障。给一名操作者分配4台相同的此类机器。若运行正常，一台机器可以生产60件产品/h。操作者工资为10美元/h，每台机器耗能成本为20美元/h。

(1) 在上述条件下，给1名操作者分配4台机器、采取8h轮班制进行生产的实际产量是多少？

(2) 每件产品的单位成本是多少？

(3) 由于闲置时间造成的生产损失太多，管理层正在考虑雇用另一名工人协助第一名操作者共同负责这4台机器。有两种方法或选择：①分配机器1和2给第一个操作者，分配机器3和4给第二个操作者；②两个操作者互相帮助共同负责4台机器。哪种选择/方法更好（如最小单位成本）？

参 考 文 献

Ashcroft, H. "The Productivity of Several Machines under the Care of One Operator." *Journal of the Royal Statistical Society B,* 12, no. 1 (1950), pp. 145–51.

ASME. *ASME Standard—Operation and Flow Process Charts, ANSI Y15.3-1974.* New York: American Society of Mechanical Engineers, 1974.

Cole, R. *Work, Mobility, and Participation: A Comparative Study of American and Japanese Industry.* Berkeley, CA: University of California Press, 1979.

Helgeson, W. B., and D. P. Birnie. "Assembly Line Balancing Using Ranked Positional Weight Technique." *Journal of Industrial Engineering,* 12, no. 6 (1961), pp. 394–98.

Herron, D. "Industrial Engineering Applications of ABC Curves." *AIIE Transactions* 8, no. 2 (June 1976), pp. 210–18.

Wright, W. R., W. G. Duvall, and H. A. Freeman. "Machine Interference." *Mechanical Engineering,* 58, no. 8 (August 1936), pp. 510–14.

可 选 软 件

Design Tools（可以McGraw-Hill text 网站 www.mhhe.com/niebel-freivalds获取）. New York: McGraw-Hill, 2002.

第3章

操作分析

本章要点

- 通过问"什么"使用操作分析手段来改进工作方法。
- 通过问"为什么"来分析操作目的。
- 通过问"怎么样"来分析设计、材料、公差、流程及工具。
- 通过问"谁"来分析操作者与作业设计。
- 通过问"何地"来分析工作布置。
- 通过问"何时"来分析加工工艺。
- 通过取消、合并和重排等方法尽量简化操作。

方法分析师使用操作分析来研究操作的所有生产和非生产要素，以提高单位时间的生产力，并在保持或提高质量的同时降低单位成本。如果使用得当，方法分析将通过简化操作程序和材料处理以及更有效地利用设备来开发更好的工作方法。因此，企业能够增加产量和降低单位成本；确保质量和减少有缺陷的工艺；通过改善工作条件，最大限度地减少操作员疲劳和允许操作员有更高的收入来促提高其积极性。

操作分析法是第三个方法步骤，它使用在分析过程中，并且凝练了各种已提出的分析方法的主要内容。使用第2章中提出的流程图工具来获得和陈述事实之后，紧接着进行操作分析。分析师应该审查这些图表中的每项操作和检验，并应该提出一系列的问题，最重要的是问"为什么"。

1）这项操作为什么是必要的？

2）这项操作为什么以这种方式进行？

3）这些公差为什么如此接近？

4）为什么使用这种材料？

5）为什么将这项工作分配给这类型的操作者？

这一系列的"为什么"的问题会立刻引起其他的问题，包括"怎么样""谁""何地"和"何时"。因此，分析师也许会问：

1）这个操作如何才能做得更好？

2）谁最适合这项操作？

3）这项操作如何完成可以降低成本或者改进质量？

4）这项操作何时完成可以尽量避免物料的搬运？

例如，对图 2-7 所示的操作程序图，分析师会提出表 3-1 所列的问题来决定所提出的工作方法改进的可行性。回答这些问题有助于操作的删减、合并和简化。在获得这些问题答案的同时，分析师会注意到有可能被改善的其他问题。一个想法往往会产生出其他更多的想法，有经验的分析师通常可以提出多个改进方案。分析师必须具有开阔的思路，这样以前的失败就不会影响尝试新想法。这种方法改进的机会通常会伴随着有益的结果出现在每一个工厂。

表 3-1　在电话桌加工中需咨询的问题

问　　题	方 法 改 进
1. 规格为 1.5in×14in 的白枫木能够在无多余面积成本的情况下购买到吗？	放弃不是 14in 整数倍数的长度的材料
2. 所购买的枫木板的周边光滑和平行吗？	去除操作 2：粘接
3. 可以买到符合厚度要求且至少有一面刨平的木板吗？若可以，额外的成本是多少？	去除刨平这一操作
4. 两块木板能放在一起同时锯成 14in 长的木料吗？	节省 0.18min（操作 4 的用时）
5. 在第一个检验站，废弃了多少木板？	如果占比低，可以考虑取消该检验站
6. 工作台面上需要全部磨光吗？	只磨平工作台面的一侧，减少时间（操作 5）
7. 规格为 1.5in×3in 的黄松木能够在无多余面积成本的情况下购买到吗？	放弃不是 12in 整数倍数长度的材料
8. 所购买的黄松木板周边光滑和平行吗？	去除操作 2：粘接
9. 可以买到符合厚度要求且至少有一面刨平的木板吗？若可以，额外成本是多少？	去除刨平这一操作
10. 两块以上的木板能放在一起同时锯成 14in 长的木料吗？	节省 0.1min（操作 9 的用时）
11. 在裙边的第一个检验站，废弃了多少？	若占比低，可以考虑取消该检验站
12. 裙边全部磨光是必需的吗？	减少磨光范围以减少时间（操作 10）
13. 规格为 2.5in×2.5in 的白枫木能够在无多余面积成本的情况下购买到吗？	放弃不是 16in 整数倍数长度的材料
14. 可以使用比 2.5in×2.5in 更小规格的吗？	减少材料成本
15. 所购买的白枫木板周边光滑和平行吗？	去除操作 2：粘接
16. 可以买到符合厚度要求且至少有一面刨平的桌腿木板吗？若可以，额外的成本是多少？	去除刨平这一操作
17. 两块以上的木板能放在一起同时锯成 14in 长的木料吗？	节省操作 5 的用时
18. 在桌腿的第一个检验站，废弃了多少？	若占比低，可以考虑取消该检验站
19. 桌腿全部磨光是必需的吗？	减少磨光范围以减少时间（操作 16）
20. 工作夹具方便把裙边装上吗？	减少安装时间（操作 11）
21. 安装的第一个检验站可以进行抽样检查吗？	减少检验时间
22. 在涂漆后必须进行磨光吗？	取消操作 19

在第 3 章中，对于改进方法要提的问题是围绕九个要点组织起来的：①操作目的；②零件的设计；③公差和规格；④使用的材料；⑤加工工艺和流程；⑥装备和工具；⑦物料搬

运；⑧工厂布局；⑨作业设计（包括第 4～8 章）。请注意：这些信息中的大部分目前都是以一种称为精益制造的再造形式使用的。精益制造起源于丰田汽车公司，作为 1973 年石油禁运后消除浪费的一种手段。它遵循了泰勒科学管理体系的思路，但采用了更广泛的方法，不仅针对制造成本，还针对销售、管理和资本成本。丰田生产系统（TPS）突出强调了七种浪费或废物（Shingo，1981）：①生产过剩；②等待下道工序；③不必要的运输；④处理不当；⑤商品积压⑥不必要的运动；⑦不合格品。利用传统方法解决以上问题的例子如下：①等待和不必要的运输是流程图分析中需要检查和消除的元素；②动作浪费几乎是吉尔布雷斯终生研究的工作，他最终提出了作业设计和动作经济的原则；③生产过剩和库存过剩的浪费是在额外的存储要求和物料搬运要求的基础上，实现物料的存取；④不合格品中的浪费是产生废料或需要返工。

基于七种浪费产生了通过保持一个有序的工作场所和一致的方法来减少浪费和优化生产力的 5S 系统。5S 系统的支柱是：①整理（有用的和没用的）；②按顺序设置（整顿）；③擦拭（清扫）；④标准化（标准）；⑤维持（素养）。"整理"专注于将所有不必要的物品从工作场所移除，只留下最基本的东西。"整顿"即按顺序排列所需项目，以便于查找和使用。一旦杂物被清除，"清扫"确保进一步的清洁和整洁。一旦前三个支柱得到实施，"标准化"就有助于维持秩序，保持文明施工和具体方法的一致性。最后，"素养"定期维护整个 5S 流程。

3.1 操作目的

操作目的是操作分析九个要点中最重要的一个。简化操作的最佳途径是设计出在无额外成本的情况下得到同样或者更好效果的方法。分析师通常使用的一个重要原则是在尝试改进操作之前，首先尝试将它取消或合并。我们的经验表明，在美国工业界，如果对操作的设计与流程进行充分的研究，多达 25% 的操作都可以被取消。这也与消除不适当处理的浪费密切相关。

如今，我们在生产之中做了太多不必要的工作。在许多实例中，任务或者流程不是应该简化或改进，而是应该被彻底取消。取消一个生产活动，会节省实施改进方法的费用，并且由于无须开发、测试及实施改进方法，因此不会中断或延误生产。当一个不必要的任务或活动被取消时，操作者无须接受适应新方法的培训，对改变的抵制也降至最小。至于书面工作，分析师在开发表格传递信息之前，首先应该问"这个表格真的需要吗?"。现代的计算机控制系统应该可以减少各种书面工作的产生。

不必要的操作经常是由于工作启动之初缺乏适当的规划而造成的。一旦建立了一项日常标准，它就很难被改变，即使这种改变会取消一部分多余工作，使工作更加容易进行。在规划新工作时，只要产品存在因缺少某道工序而成为次品的可能性，设计师往往会加上该工序。例如，在钢轴车削生产中，如果出现：选用两次还是三次切削完成 40×10^{-6} in 的精加工问题，设计师一定会选择三次切削，尽管通过采用合适的刀具、进给量与转速等措施可以切削两次就完成。

不必要操作的产生，通常是由于前项操作的不完善引起的。下一项工作必须"修补"前项工作的不完善之处，使之满足要求。比如在一个工厂里，对固定在夹具中的电枢喷漆，由于受到夹具的遮挡，油漆不能喷到电枢底部。因此，我们就必须在喷漆之后对底部进行补喷。针对这样一项工作进行研究，设计一种新型夹具可以一次装夹就完成电枢的全部喷漆工作。另外，比起以前一次只能进行一个电枢的喷漆工作，新型夹具可以同时对 7 个电枢进行喷漆。因此，考虑到一项不必要操作可能因前项操作而引起，分析人员可以取消该项工作（见图 3-1）。

a)   b)

图 3-1 采用新型夹具为电枢喷漆

a）从原来的夹具上取下的电枢（左）和从改进后的夹具上取下的电枢（右）

b）在新型夹具上的电枢底部也可以完全喷上漆

另一个例子是，在大齿轮的加工中，有必要进行手工打磨操作以去除轮齿上的纹路。一项研究表明，一天中的温度变化带来齿轮的收缩与膨胀是造成轮齿表面纹路的原因。公司通过密封单元将加工设备密封和安装空调系统来保持全天温度基本不变，轮齿上的纹路也就随之消失，因此，手工打磨的操作就变成不必要了。

取消一项操作时，分析师应该询问并且回答如下的问题："外包能使这项操作更加经济吗？"例如，外购的滚珠轴承在装配之前必须涂脂包装，而一项对轴承供应商的研究证明，"终生密封"的轴承可以从其他供应商处以更低的价格购得。

本节所给的例子强调了在试图改进操作之前必须明确每项操作的目的。一旦确定了操作的必要性，剩下的操作分析步骤就有助于明确如何进行改进。

3.2 零件的设计

方法工程师常常会有一种惯性思维：他们认为一旦接受一项设计，他们唯一的任务就是设计出它的经济生产方式。尽管在设计中引进一个微小改变也可能很困难，但一个好的方法分析师还是应该评估每个设计改进的可能性。我们可以改变设计，如果这种改变能够为工作带来改进并且是有意义的，那么我们就应该做出这种改变。

为了改进设计，分析师应该时刻牢记以下用于低成本零部件设计的几个要点：

1）简化设计，以减少零件的数目。

2）更好地连接零件，或使加工与装配更加简便，以减少操作次数和生产运输距离。

3）选择更好的原材料。

4）放宽公差，依靠关键操作而不是通过一系列过紧的公差来保证精度。

5）设计要考虑工艺性和装配性。

请注意：前两个将有助于减少处理不当、不必要的运输和过量库存中的浪费。通用电气公司对最低成本设计思想做出了总结，见表 3-2。

表 3-2　最低成本设计方法

铸造件：	成形件：	3. 设计螺栓头代替车削螺纹
1. 消除干砂（烘干砂）模芯 2. 最小化深度以获得更平整的铸造件 3. 在满足厚度要求的情况下，尽量减少重量进行无骤冷方式铸造 4. 选择简单的结构 5. 采用对称的结构以保证均匀收缩 6. 采用圆角过渡，避免尖角 7. 若表面之间相对位置要求精确，则应尽可能使它们属于同一个模型 8. 合理设计分型线以保证零件外观和性能，避免通过研磨手段消除毛刺 9. 采用复合模型代替单一模型 10. 金属模型优于木模型 11. 用永久性铸型代替金属模型	1. 拉伸件代替旋压件、焊接件或锻造件 2. 尽可能采用浅拉深 3. 在拐角处采用过渡圆角 4. 零件折弯代替拉伸 5. 用线或带制造零件以代替钣金冲压	4. 使用滚制螺纹代替切制螺纹
		焊接件：
		1. 装配结构代替铸造或锻压成形 2. 最小化焊接尺寸 3. 采用水平位置的焊接，避免垂直或高空焊接 4. 焊接前消除倒角边 5. 使用气割轮廓代替机械加工轮廓 6. 使用标准矩形板切割，避免产生废料 7. 使用间断焊接代替连续焊接 8. 设计圆弧或直线焊接以便使用自动化焊接机
	装配件：	
	1. 用自攻螺钉代替标准螺钉 2. 用传动销代替标准螺钉 3. 用铆钉代替螺钉 4. 中空铆钉代替实心铆钉 5. 点焊或多点凸焊代替铆接 6. 点焊代替铜焊或锡焊 7. 采用压制件或模制件代替由几个零件组成的装配结构	
注塑件：		**处理和抛光：**
1. 避免零件有凸起 2. 用最少的零件设计注塑模 3. 使用简单的形状 4. 合理设计分模线，避免对飞边进行修理和打磨 5. 使重量降低至最小	**机械加工件：**	1. 尽量减少烘干时间 2. 使用空气干燥代替烘干 3. 使用更少或更薄的涂层 4. 彻底消除处理和磨光
	1. 采用机械加工工艺代替成形工艺 2. 采用自动化或半自动化加工代替手动操作 3. 减少零件肩部数量 4. 尽可能省略精加工 5. 在允许时尽可能采用粗加工 6. 在工厂测量和检验尺寸时采用相同点的尺寸 7. 采用无心研磨代替有心研磨 8. 避免锥形和成形轮廓 9. 允许肩部有圆弧或退刀槽	**装配：**
冲压件：		1. 使装配简单 2. 实行累进装配 3. 消除试装配，保证一次成功 4. 保证组件装配一次成功，避免调整，这要求图样必须正确并标注有适当的公差，零件严格按照图样加工
1. 使用冲压件代替注塑件、铸造件、机加件或装配件 2. 使用嵌套的冲压件节省材料 3. 相互之间需要精确定位的孔应在同一冲模上完成 4. 设计使用卷材 5. 设计时用最少的冲压次数达到最短的剪切长度和最大的冲压强度		
	螺纹车削件：	**通用原则：**
	1. 消除辅助操作 2. 使用冷压毛坯	1. 减少零件数量 2. 减少操作数量 3. 减少制造过程中的移动距离

（资料来源：改编自 *American Machinist* , reference sheets, 12th ed. , New York：McGraw-Hill Publishing Co)

以下方法改进的例子就是在努力改进设计时考虑到了使用更好的原材料和工艺。导管盒原本是用铸铁制造的。设计经过改进后，使用了钢板来制造导管盒，这样它就变得更加结实、灵巧、轻便，并降低了成本。曾经用四步工艺来弯一个零件，使其成为所需的形状（见图 3-2）。这种方法效率低，同时会在弯曲处产生内应力。设计经过细微改进后，即可采用低成本的挤压工艺，再将挤压段切至合适长度。新的工艺取消了三个步骤。

在将导线与接线夹进行装配时，我们可以通过更好的方式来简化设计。原来的装配方法是要将接线夹末端卷起，使其形成槽状。首先在槽中填入焊料，然后在金属导线上涂上焊锡后插入充满焊料的槽中，再进行焊接直到焊料凝固。改进的设计采用电阻焊的方法将接线夹和导线连接在一起，取消了成形与浸渍两项操作。原始的部件被设计成由三个零件构成，需要进行装配。而成本更低的方法是将其设计成一个整件进行加工，从而取消了两个零件和若干操作，如图 3-3 所示。

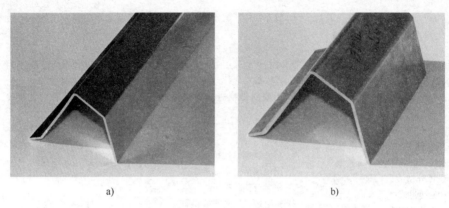

a)   b)

图 3-2　重新设计零件消除 3 个步骤

a）使用四步工艺将毛坯弯成所需形状。此方法效率低且易产生内应力

b）一步挤压成形然后切至合适长度

（经 Alexandria Extrusion 公司授权使用）

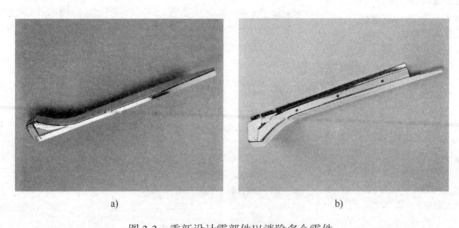

a)   b)

图 3-3　重新设计零部件以消除多个零件

a）原始部件由三个零件组成，必须进行装配（Alexandria Extrusion 公司授权使用）

b）改进后只有一个零件，可作为整件加工（MinisterMachine 公司授权使用）

就像通过更好的产品设计，有机会提高生产率一样，类似的机会也存在于改进在工业或商业运用的表格（无论是硬拷贝表格还是电子表格）的设计中。一个表格，一旦被证明是必要的，就应该对它进行研究，以便改进它的主要内容和信息流方式。以下是进行表格开发的常用原则：

1）表格要设计得尽量简单，保持必要的输入信息量最小。

2）为信息预留足够的空间，并允许采用不同的输入方法，如手写、打字机和文字处理软件等。

3）按照一定的逻辑方式将输入信息排序。

4）表格要标上色码以便于分配和路径规划。

5）将计算机表格的长度限制在一页。

3.3 公差和规格

操作分析的第三个要点涉及与产品质量有关的公差与规格，即它们满足给定需要的能力。尽管在评价设计时一直考虑公差与规格，但通常这还不够。在使用操作分析的其他方法时也应分别对其进行考虑。

在进行产品开发时，设计者往往倾向于制定严格的规格，而不是从必要性的角度考虑。这可能是因为对成本知识的缺乏，以及觉得有必要制定比实际中生产部门生产所需的公差范围更严格的公差和规格。

方法分析师应该对成本的细节有很好的了解并充分意识到不必要的严格公差与/或废品可能对产品价格造成的影响。图 3-4 举例说明了成本与加工公差之间的关系。如果设计者毫无必要地制定严格的公差与规格，管理者就需要对设计者开展关于公差和规格经济性方面的培训。以低成本开发高质量产品是 1986 年田口（Taguchi）提出的质量方法的宗旨。这种方法通过优化产品设计和加工手段，把工程与统计方法结合起来，以便在成本和质量两个方面获得改进。

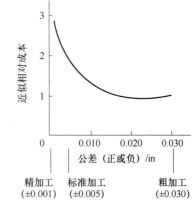

图 3-4 加工成本与公差之间的近似关系

一个厂商的制造图中，要求直流电动机轴里面的轴肩挡圈公差为 0.0005in。原始的标准要求内径为 1.8105 ~ 1.8110in。人们认为如此严格的公差是必要的，因为轴肩挡圈是通过过盈配合而紧固在电动机轴上的。但是研究显示，0.003in 的公差已经足以满足过盈配合的要求。因此马上对图样进行修改，确定内径为 1.809 ~ 1.812in。这个改变意味着可以取消铰孔操作，因为有人质疑严格公差的必要性。

分析师也应当考虑理想的检验程序。检验是对产品数量、质量、尺寸以及性能的验证。这种检验可以由多种技术来完成：现场检验、批量检验或者全检验。现场检验是一种定期的检查，以保证制定的标准得以实现。例如，对压力机的非精密冲裁和冲孔操作进行现场检验，以保证尺寸合格和无毛刺出现。当冲模开始磨损，或者当正在加工的原材料有缺陷时，现场检验会及时发现问题并做出必要的改进，从而避免产生大量的废品。

批量检验是一种抽样方法，它通过对一个样本进行检验来确定生产过程或生产批量的质量。样本的大小取决于允许的废品率以及生产批量大小。全检验就是对所有的产品进行检验，并丢弃废品。然而，经验表明这种检验方式并不能保证产品全部合格。单调筛选工作会引起疲劳，因此降低操作者的注意力。检验员就可能会忽略掉某些废品，或者废弃掉合格品。由于全检验并不能保证产品 100% 合格，更加经济的抽样检验或者现场检验方法是保证产品质量的一种可行方法。

例如，在一个工厂车间里，某个自动抛光操作，正常的废品率为 1%。对每批抛光产品进行全检验，费用会很昂贵。因此管理层决定，考虑到实际情况，1% 的废品率是可以接受的，即使这些有缺陷的材料经过电镀及精加工等操作，在发货前的最终检验也会被废弃。

通过对公差和规格的研究，只要采取合适的行动，公司就可以减少检验费用，使废料最少，减少维修费用，并且保持高质量。此外，该公司正在解决缺陷产品的浪费问题。

3.4 使用的材料

工程师在设计一个新产品时考虑的首要问题就是应该使用哪种材料。由于可供选用的材料种类繁多，因此选择一种合适的材料就会很困难，比较切合实际的方法就是在现有的设计之中采用一种较好和较经济的材料。

方法分析师在某一工艺中应该考虑其直接或间接使用的材料的如下可能性：

(1) 寻找更廉价和更轻的材料。

(2) 寻找更易于加工的材料。

(3) 更经济地使用材料。

(4) 选用可回收的材料。

(5) 更经济地使用耗材和工具。

(6) 标准化材料。

(7) 从价格和供应商库存的角度选择最好的供应商。

3.4.1 寻找更廉价和更轻的材料

在工业界，开发加工与处理材料的新工艺是一个永恒的主题。月刊上总结了每磅钢片、钢棒和钢板的近似成本，铸铁、铸钢、铸铝和铸铜的近似成本，热塑性塑料和热硬化树脂的近似成本，以及其他基本材料的近似成本。这些成本可以作为判断新材料应用的依据。以前在价格上不具有竞争优势的材料在今天可能具有很强的竞争力。

一家公司使用胶木棒来隔离变压器线圈的绕组以便空气在绕组间循环。一项研究表明，采用玻璃管取代胶木棒将降低很多成本。玻璃管价格比较低，且耐高温。因此，可以更好地满足功能要求。此外，中空的管型材料比实心的胶木棒更有利于空气循环。

另一家公司在配电变压器的生产中选用了价格低且满足功能要求的材料。起初，公司使用瓷盘来分离和控制从变压器中出来的引线，后来公司发现绝缘纸板既耐用又能满足功能要求，同时更便宜。如今，多种可供选择的塑料可以提供更便宜的解决方案。

制造商的另一个担忧是产品本身的重量，尤其是当今由于原油价格持续上涨带来的运输成本的增高。找到较轻的材料或减少原材料的用量是首要考虑的问题。一个很好的例子是饮料罐材质的变化（见图3-5）。20世纪70年代早期的所有钢罐重量为1.94oz⊖（见图3-5a）。顶部和底部采用铝制，可以实现约0.25oz的重量减轻（见图3-5b）。使用全铝合金可以将总重量降低到0.6oz，从而显著减轻重量（见图3-5c）。然而，罐壁变得如此薄，以至于罐壁很容易皱折，这个问题通过在罐体中添加棱纹解决了（见图3-5d）。

分析师应该知道像阀、继电器、气缸、变压器、管接头、轴承、耦合器、链条、铰链、五金器具及电动机等通常可以通过比自己生产低的成本外购得到。

⊖ 盎司，既是重量单位又是容量单位。这里是重量单位，1盎司=28.35g。在表示容量时，分两种情况：1英制盎司=28.41mL；1美制盎司=29.57mL。

a)   b)   c)   d)

图 3-5 饮料罐重量的减少

a）1970 年起的所有钢罐　b）1975 年起的顶部和底部采用铝制的钢罐
c）1980 年起的所有铝罐　d）1992 年起的所有带棱纹的铝罐（美国宾夕法尼亚州的 R. Voigt 提供）

3.4.2 寻找更易于加工的材料

有一些原材料通常会比其他材料易于加工。查阅手册中材料的物理特性，分析师很容易辨别出哪种材料更适于加工到成品的工艺过程。例如，可加工性与材料的硬度成反比，材料的硬度与强度有直接关系。

目前最通用的材料是强化复合物。树脂传递模塑法与其他大多数金属成形和塑料成型工艺相比，可以更方便地生产复杂的零件，且具有较高的质量和生产率。因此分析师可以用强化碳纤维和环氧树脂制成的塑料代替金属零件，以获得质量和成本的优势。

3.4.3 更经济地使用材料

如何能更经济地使用材料是值得深入研究的领域。如果废料与真正用于产品的材料之比很高，那么就应该进行检查以提高材料利用率。例如，如果投入到塑料压缩模中的材料已经提前称过，则有可能将精确重量的材料填充到模腔，其余的飞边也可以被去除。

又如，金属板冲压件的生产应使用精心安排的多个模具，以确保最大限度地使用材料。考虑到原材料和标准尺寸模具的一致性，通常可以使用计算机辅助设计（CAD）软件辅助来进行布局，可使生产率超过 95%（即废料少于 5%）。在服装行业的布纹布局和玻璃切割行业中也采用了类似的方法。但是，如果材料不一致，则会出现问题，此时，布局可能仍然需要由操作者手工完成。汽车皮革座椅的生产需要在进入压延机前在鞣制皮革上设置切模，压延机对切模施加压力，以适当的方式切割皮革。操作员需要非常熟练地处理各种大小的皮革，因为上面有污物和刺丝等瑕疵，以便最大限度地利用相当昂贵的皮革（见图 3-6）。

许多世界级制造商认为轻量化设计不仅值得投入，而且绝对必要。例如，1997 年的汽车平均

图 3-6 鞣制皮革进入压延机前的切模布局
（注意模具的精心布局，以最大限度地利用昂贵的皮革）

要减少40%自身的重量才能满足下一代汽车每加仑⊖汽油能行驶80mile⊖的效率等级。要实现此目标，需要设计师和方法分析师共同重新设计汽车的诸多零部件。例如，汽车的保险杠采用不锈钢涂层的高强铝代替镀铬钢，采用塑料件和结构复合材料件代替铁制件。类似的轻量化设计还可以应用到大家熟知的诸多产品中，如洗衣机、摄影机、录像机、手提箱以及电视机等。

目前粉末涂敷技术可以代替许多其他的金属表面处理方法。涂敷粉末是含有色素、填充物和添加剂的有机聚合物（丙烯酸、环氧树脂、聚酯或三者的混合）的微粒。粉末涂敷是在衬底上涂上适量的粉末，然后通过加热使衬底熔成连续膜，进而形成一层具有保护性和装饰性的涂层。根据现行环境保护条例，诸如电镀等传统金属表面处理方法的应用受到限制，粉末涂敷方法更有利于环境保护。该方法也适用于许多其他商品的表面处理，诸如电线棚架、控制柜、拖车钩、水表、扶手、船架、办公室隔墙、雪铲等，不但持久耐用，外表极具吸引力，而且非常经济。

3.4.4　选用可回收的材料

材料通常可以回收利用，而不应当成废料被卖掉。利用边角料制成副产品有时可以节约很多成本。例如，一个不锈钢冷冻橱柜制造厂商在剪切操作中留下了4~8in宽的边角料。通过分析，发现可以利用此边角料制造电灯开关盒盖作为该厂的一个副产品。另一个制造厂商，在回收了有缺陷的粘合橡胶轮中的钢铁后，利用中空的圆柱形橡胶轮来制造保护停泊的汽艇和帆船的缓冲设备。

如果不可能开发出副产品，则应将废料分类以获得最大价值。应使用独立的存储箱保存工具钢、钢、黄铜、铜和铝。应告诉搬运工和清洁工将废料分类处理。例如，对电灯泡来说，黄铜插座应该储存在一个地方，玻璃灯泡打碎并经过处理后，应取下钨丝单独保存，以获得最大的剩余价值。许多公司保留了卸货后的木箱，然后将木板锯到标准的长度，用来制造较小的装货木箱。这样做非常经济，许多大企业和服务维修中心也采用这种方式。

在食品工业中，同样也存在着一些有趣的例子。豆腐加工商在黄豆加工中，用离心方法分离出可食用的蛋白质部分，产生大量的废弃纤维。与其出钱将它们搬走掩埋，不如让本地的农民免费搬走这些纤维做猪食。同样肉类加工商会利用牛的每一个部分：皮、骨头甚至血，除了它"哞哞"的叫声。

3.4.5　更经济地使用耗材和工具

管理部门应该鼓励员工充分利用工厂中的所有备料。一个奶制品设备制造商曾制定了一条规定，如果工人归还的旧焊条头超过2ft，不为其发放新焊条。这样一来，焊条的成本立刻降低了15%以上。钎焊往往是修复昂贵的切削刀具（如拉刀、特殊成形刀具和铣刀）的最经济方法。如果公司有丢弃这类损坏工具的习惯，分析师应对刀具回收计划所能产生的效益进行调查。

分析师应寻找砂轮、金刚砂盘等工具未磨损部分的用途。同样，像手套和抹布等用品不应该因为它们被污染就简单地丢弃。保存变脏的用品，进行清洗后再用，比简单地换用新品

⊖　1加仑=3.785L。加仑符号为gal。

⊖　1mile=1.609km。

更加划算。方法分析师仅仅通过减少浪费（TPS 系统中的一种）的方法就能为公司做出贡献。

3.4.6 标准化材料

方法分析师应时刻注意标准化材料的可能性。他们必须尽可能减小或降低生产和装配过程中所使用材料的规格、形状、等级数量。下面是使用减小规格和降低等级的材料所能产生的典型的经济效益：

- 大批量采购使得单件成本降低。
- 由于需储备的材料减少使得库存降低。
- 存储记录中条目减少。
- 需支付的发票数量减少。
- 材料储存所需空间减少。
- 抽样检验中检验的零件数目减少。
- 所需报价单和订购单减少。

材料标准化像其他方法改进技术一样，是一个连续的过程。它需要设计、生产计划以及采购部门的持续合作。

3.4.7 选择最好的供应商

对于大多数材料、耗材、零件而言，众多的供应商在价格、质量、交货时间以及保有存货意向等方面有所不同。采购部门通常负责确定最好的供应商。但是，去年最好的供应商，在今年不一定最好。方法分析师应鼓励采购部门对高成本的材料、耗材和零件重新招标，以获得更好的价格和质量，同时要求同意保持库存的供应商进一步增加库存。方法分析师通过采购部门长期使用上述方法常常使公司的材料成本降低 10%，库存降低 15%。

日本在制造业中保持成功的最重要原因，也许就是企业联盟。这是通过买卖关系而产生的一种企业合作形式。它好像是一张制造商之间的连锁关系网，通常是在一个大型制造商和它的主要供应商之间形成。因此，在日本像日立、丰田和其他国际竞争对手能够从长期合作的供应商那里购买产品的零配件，而这些供应商能够生产出满足质量要求的零件，同时通过不断改进以便为合作公司提供更好的价格。采购部门常常能与供应商之间建立起一种与制造联盟类似的合作关系。

3.5 加工工艺和流程

由于 21 世纪的制造技术消除了劳动密集型的制造，而加强了资本密集型的生产过程，因此方法工程师应将重点转移到多轴和多功能加工与装配工艺上。现代化设备能够在高精度的刚性和柔性机床上进行高速切削，这是因为采用了先进的控制方法和刀具材料。编程功能可以实现刀具在线检测和补偿，因此，质量控制更加可靠。

方法工程师必须明白制造过程时间可以由三部分组成：库存控制与计划、准备操作及加工操作。此外，从工艺改进的角度不难发现，这些操作只有 30% 是有效的。

为了改进加工工艺，分析师应考虑以下几点：①重排工序；②使手工操作机械化；③应用高效的机械设备；④更有效地操作机械设备；⑤采用近净成形工艺；⑥使用机器人。

3.5.1 重排工序

重排工序常常可以降低成本。例如，电动机接线盒的法兰需在四个角钻四个孔，同时要求基面光滑平整。最初，操作者首先将基面磨光，然后用钻模钻出四个孔。钻孔毛刺需要另一个工序来清理。经过重排工序，先钻孔，然后再磨光基面，这样分析师就取消了去除毛刺的工序，因为磨光基面时已同时将毛刺除掉。

合并工序常会降低成本。例如，某制造商生产风扇电动机支架和风扇接线盒。先将各个零件单独涂漆，然后将其铆在一起。通过先把接线盒和电动机支架铆在一起，然后上漆，分析人员发现可以减少涂漆操作时间。同样地，使用一台可以将工序合并的复杂机床能够减少生产时间并提高生产率（见图3-7）。尽管这台机床可能比较昂贵，但是由于降低了劳动力成本，因此从总体上来看还是节省了很多资金。

 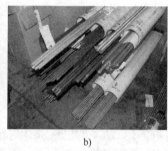 

a)   b)   c)

图 3-7　工序合并

毛坯在 Citizen 数控车床上被切割成一定的尺寸并进行攻螺纹得到成品

a）Citizen 数控机床　b）毛坯　c）成品

（经 Jergens 公司授权使用）

又如，由于铝制气缸盖铸件的市场在增长，铸造厂发现：从钢模铸造工艺改为消失模铸造，可节约成本。消失模铸造是一种熔模铸造工艺，它利用裹有一薄层陶瓷外壳的可消耗泡沫塑料。钢模铸造需要大量的后续机加工操作，相比之下，消失模铸造减少了机加工量，并且消除了熔模铸造中常发生的砂粒处理成本。

然而，在改变任何操作之前，分析师必须要考虑到改变可能对后续操作所带来的负面影响。减少某操作的成本，可能导致其他操作成本的增加。例如，在交流励磁线圈制造中推荐的操作改变导致了更高的成本，因此变得不实用。励磁线圈由重铜带制成，首先重铜带成形，然后利用云母带绝缘。云母带需要手工缠绕在线圈零件上。公司决定在缠绕线圈之前用机器把云母带缠绕在重铜带上。事实证明这种改变不实用，原因是当绕线圈时会使云母带碎裂，致使公司在产品验收前必须进行耗费时间的修复工作。

3.5.2 使手工操作机械化

目前任何方法分析师都应考虑使用专用和自动化设备与工具，尤其当产品产量很大时。最新的工业应用是程序控制、数控（NC）与计算机控制（CNC）机床及其他设备。这可以节省大批的劳动力成本，同时减少在制品库存、因手工操作而造成的零件破损、废品、占地空间及产品生产时间。如图 3-8 所示，手工操作的机床需要两个操作者，而计算机控制机床则只需要一个。用机械手来操作全自动机床，甚至不需要操作者，这样就极大地减少了劳动力成本（虽然初始投资费用会增加）。

a)

b)

c)

d)

图 3-8　机械化手工操作可降低劳动成本

a）普通机床需要两个操作者　b）CNC 机床仅需要一个操作者

c）更先进的数控机床仍需要 1 个操作者，但可执行更多操作

d）机械手操作全自动机床不需要操作者

a）经 Yogi，Inc./CORBIS 授权使用　b）经 Molly O'Bryon Welpott 授权使用

c）和 d）经 Okuma 授权使用

其他自动化设备包括自动攻丝机、多轴钻扩攻丝机、分度台、自动铸造设备（包括自动制砂型、浇注、打型芯、研磨功能）、自动涂漆和电镀修整设备。使用自动装配工具如电动扳手或螺钉旋具、电动锤或者气锤以及机械进料器等常比使用手动工具更经济。

比如，一家生产专业窗户的公司，工人使用手工方法将木条装到套有一层合成橡胶的玻璃板的两边。玻璃板由两块被空气挤压在一起的衬垫定位。操作者拿起一个木条放在窗户玻璃的一端，然后用锤将木条定位在玻璃上面。这个操作非常慢，导致操作者非常疲劳。

此外，由于是将木条定位到玻璃上，容易打碎玻璃，所以废品率也很高。新设计装置采用气动将木条挤压到合成橡胶外罩的玻璃窗上。操作者非常愉快地采用了新设备，因为工作变得更简单，健康问题也解决了，生产率也提高了，同时玻璃破损几乎降为零。

机械化应用不仅体现在加工操作中，而且在文档管理中也得到了应用。例如，条码的应用使操作分析人员受益无穷。条码可以快速准确地输入各种数据，计算机就可以进行处理达到预期目的，比如统计与控制库存、调度或鉴别完成情况以及工人加工在制品的状态。

3.5.3　应用高效的机械设备

如果操作是由机械完成，那么就始终存在利用更高效的机械化手段的可能性。例如在一家公司中，涡轮叶片的根部是通过三个独立的铣削操作加工而成的，因此加工时间长，成本也很高。在引进了表面拉削以后，涡轮叶片的三个表面可同时加工完毕，节省了大量的时间和成本。另一家公司忽略了采用冲压工艺的可能性，冲压是最快的成形和裁剪工艺之一。以前冲压支架在成形后钻四个孔，现在通过设计冲模进行冲孔效率大大提高，所需时间仅为钻孔时间的一小部分。

工作机械化不仅仅应用在手工工作中。例如一家食品公司使用秤检验不同生产线上产品的重量。这种设备需要操作者观察并在表格中记录重量，然后进行若干计算。通过方法研究，引入了一种统计重量的控制系统。在使用这种改进方法后，操作者在数字天平上给产品称重，该数字天平可通过程序控制接受某个重量范围内的产品。产品称重的同时，重量信息传入计算机中进行处理，然后打印出报告。

3.5.4　更有效地操作机械设备

一个好的方法分析师的口号是"一次设计两个"。通常来说，复合冲压比单级冲压更经济。此外，产量足够大时在压铸、成形等类似工艺中采用复合型腔也是可行的。在机械加工中，分析师应确保采用合适的进给速度和转速。他们应该为达到最佳性能而研究切削刀具的磨削情况。他们也应检查刀具安装是否到位以及润滑剂选择是否合理，同时检查机床状态是否良好和被充分保养。许多机床的利用率非常低，因此努力提高机床利用率的企业会获得巨大利益。

3.5.5　采用近净成形工艺

采用近净成形工艺可以最大限度地利用材料，减少废料，避免诸如最终加工和精加工等辅助工艺，且可以在制造中使用更加环保的材料。例如用粉末金属成形工艺代替传统铸造或锻造工艺，提供了一种零件近净成形的加工方法，不但成本低，且有很多功能上的优点。在用粉末金属铸造连杆例子中，根据报告，该方法减少了往复运动量。因此，降低了噪声，避免了振动，同时也显著地节约了成本。

3.5.6　使用机器人

由于成本及生产率的原因，在很多制造领域中使用机器人有很多优势（见图3-9）。装配过程中的工作通常具有很高的直接劳动力成本，在某些情况下，该成本占产品制造总成本的一半。在装配过程中使用现代机器人的主要优势来自于它自身的灵活性。它可以在一个系统上装配多种产品，并且随着零件种类的变化通过重新编程即可处理不同任务。另外，机器人装配在完成预定产量的同时可保证产品质量的一致性。

一台机器人的寿命大约为10年。如果保养好且低负荷工作，它的寿命可达15年。因此，机器人的折旧费相对来说比较低。如果机器人的规格和配置均合适，它可以胜任很多操作。例如，机器人可以为铸造设备和淬火槽上料，为锤锻设备上下料，为玻璃板清洗设备上料，诸如此类。理论上说，具有合适规格和配置的机器人经过编程可以胜任任何工作。

除了生产率的优势，机器人还有利于安全。它们用于工作中心来代替工人，因为工艺本身的特点，工人在工作中心工作是非常危险的。例如，在压铸过程中，熔化的金属注入型腔时，会有高温的金属液滴飞溅，相当危险。压铸是最早应用机器人的领域之一。在一家公司中，一台由Unimation公司开发的五轴机器人用于600t的微处理器控制的压铸机床。在压铸过程中，机器人在冲模打开时移动到指定位置，用手抓紧铸件，然后将它从型腔中移出来，与此同时机器人启动自动模具润滑喷射。机器人通过红外线扫描器检查铸件，然后向压铸机床传递进行下一次压铸的信号。铸件由机器人存放在输出工作站中以进行修整工作。操作者远离压铸机床安全地修整铸件，以便进行后续操作。

汽车制造厂特别注重机器人在焊接操作中的应用。例如，在日产公司，95%的汽车焊接工作是由机器人完成的；而三菱公司的报告中，大约70%的焊接工作是由机器人完成的。在这些企业中，机器人的平均停工率小于1%。

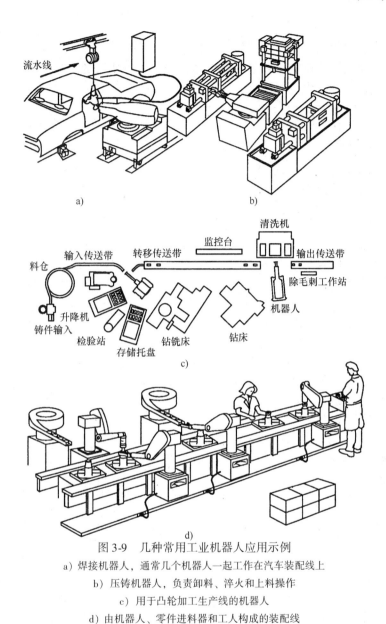

图 3-9 几种常用工业机器人应用示例
a) 焊接机器人，通常几个机器人一起工作在汽车装配线上
b) 压铸机器人，负责卸料、淬火和上料操作
c) 用于凸轮加工生产线的机器人
d) 由机器人、零件进料器和工人构成的装配线

3.6 装备和工具

各式各样夹具、工具和装备的最重要因素之一是经济性。设备使用的最佳数量取决于：①产品数量；②重复性；③劳动力；④交货要求；⑤需要的资本。

计划人员和设备制造者普遍的错误就是把钱花在使用时能节省大量成本但却极少使用的固定设备中。例如，在一项经常性工作中节约 10% 的直接劳动力成本可能会比一项在一年中只进行数次的工作节约 80% ~90% 直接劳动力成本要花费更多的工具费用（这是第 2 章帕累托分析的一个示例）。较低劳动力成本的经济优势是决定加工的控制要素。因此，即使涉及较小数量的夹具和固定设备也是值得的。改进可交换性、提高精确度或者减少劳资纠纷等因素有可能成为精心加工的主要原因（尽管此种情况不会经常发生）。关于固定设备与加工成本之间平衡的例子将在第 9 章的盈亏平衡分析图部分讨论。

一旦需要的工具数量确定（或者工具已经存在，一旦所需的理想数量确定），我们必须对影响最佳方案的具体因素予以评价。这些已在图 3-10 的装备和工具评估表中列举出来了。

夹具	是	否
1. 该夹具能否用于其他优化设计中？	□	□
2. 该夹具是否与其他用来改进的夹具类似？如果类似，如何改进？	□	□
3. 任何库存毛坯均可以用于该夹具的制造吗？	□	□
4. 可以通过用该夹具装夹更多的零件来提高产量吗？	□	□
5. 切屑很容易从夹具中清除吗？	□	□
6. 夹具上的压板在夹紧过程中能防止自身的变形吗？	□	□
7. 装夹过程中需要特别设计的扳手？	□	□
8. 使用该夹具时，需要设计特殊的铣刀、芯轴或轴环吗？	□	□
9. 如果夹具是旋转类型的，设计精确的分度装置了吗？	□	□
10. 该夹具可以用于标准螺旋分度头上吗？	□	□
11. 该夹具可以处理一个以上的工序吗？	□	□
12. 在设计夹具时，把工件尽可能移动到铣床工作台附近了吗？	□	□
13. 在夹具上测量工件了吗？可以使用卡尺吗？	□	□
14. 在加工时，使用支撑销支撑工件了吗？	□	□
15. 在所有的压板下安装弹簧了吗？	□	□
16. 所有的刚性接触点、压板等均硬化处理了吗？	□	□
17. 将设计什么类型的夹具？	□	□
18. 在夹具夹紧工件过程中是否设计使用双线或三线螺纹螺钉以快速拆装零件？	□	□
19. 加工设备能进行夹具的加工吗？	□	□
20. 夹具的腿足够长以保证加工中钻头、铰刀或其导杆离钻床工作台有安全距离？	□	□
21. 夹具由于太重而不便于使用？	□	□
22. 夹具具有存储码和零件代码以便于识别使用吗？	□	□
23. 工件是否装夹可靠而避免发生变形？	□	□
零件	**是**	**否**
1. 零件有前道工序吗？若有，能使用参考点或面进行定位吗？	□	□
2. 零件能快速安装在夹具上吗？	□	□
3. 零件能快速地从夹具上拆卸下来吗？	□	□
4. 零件是否夹紧牢固以便在切削过程中不松动、不回弹、不抖动？	□	□
5. 零件能够在由一套特殊的夹头构成的标准虎钳上装夹而不使用昂贵的夹具吗？	□	□
6. 若零件需要在某个角度进行铣削，能通过使用标准可调整铣削角度来简化夹具吗？	□	□
7. 零件上的把手可以铸造成形吗？	□	□
8. 是否已经在图样上注明或零件上标记它们是属于哪一个夹具的，以便将丢失或误放的零件返还给夹具？	□	□
9. 必要的倒角都做了吗？	□	□
钻头	**是**	**否**
1. 什么在承受钻头产生的冲击力？	□	□
2. 在对工件进行钻孔时，使用任何支撑销或螺钉来支撑工件了吗？	□	□
3. 钻套太长而必须使用加长钻头吗？	□	□
4. 所有压板被适当定位以便于抵抗钻头的压力了吗？	□	□
5. 钻床在进行所有孔的钻或铰时，速度选择合适吗？	□	□
6. 钻床必须有攻螺纹附件吗？	□	□
7. 在同一个夹具上钻、铰几个小孔和唯一一个大孔是不符合实际的，因为小的钻床加工小孔非常快，而加工大孔则需要在大的机床上使用夹具：		
a. 在另一个夹具上打大孔更便宜吗？	□	□
b. 精度是否满足要求？	□	□
其他	**是**	**否**
1. 需要设计量规或增加淬火销以便于操作工人安装铣刀或检查工件吗？	□	□
2. 是否有足够大的空隙让轴环顺利通过工件？	□	□

图 3-10　装备和工具评估表

由于工具必然决定装备与拆卸的时间，因此装备和工具有着相当紧密的联系。当提到装备时间时，常常会包括诸如到岗，得到指令、图样、工具和材料，准备工作站（以便生产按照预定方式启动，包括调整设备，调整停顿时间，设置进给速度、主轴转速和切削深度等），拆卸工装及归还工具等。

装备操作对于生产批量较小的加工车间来说尤其重要。即使这类车间拥有现代化设备并付出很大的努力，但是如果由于计划不准和加工无效而导致准备时间过长，则企业就会难以适应激烈的市场竞争。当准备时间与生产运行时间之比很高时，方法分析师经常可以开发几种改进装备与工具的方法。成组技术就是一个非常好的应用典范。

成组技术的本质就是对企业产品中的不同零件进行分类，使用数字化方法识别形状和工艺相似的零件。属于同一个零件族的零件，如环、套管、圆盘和套环等，可以安排在一条通用的生产线上以相等的时间间隔按照优化工序进行生产。由于特定零件族中的零件大小与形状会有所不同，生产线上多采用通用设备和快速夹紧装置。这种方法也适用于消除过剩库存的浪费和标准化的 5S。

例如，图 3-11 采用成组技术将零件细分为九大类。注意每列零件的相似性。如果对一根轴进行外螺纹加工，并在轴的一端钻孔，那么这根轴零件就属于 206 类。

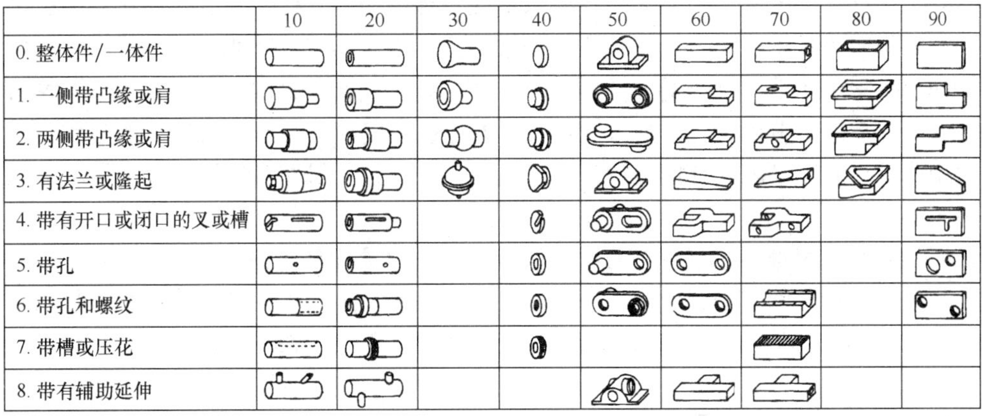

	10	20	30	40	50	60	70	80	90
0. 整体件/一体件									
1. 一侧带凸缘或肩									
2. 两侧带凸缘或肩									
3. 有法兰或隆起									
4. 带有开口或闭口的叉或槽									
5. 带孔									
6. 带孔和螺纹									
7. 带槽或压花									
8. 带有辅助延伸									

图 3-11　成组技术中系统化分组的一部分

3.6.1　减少准备时间

准时制生产（Just-in time，JIT）是近几年非常流行的生产管理技术，它强调通过简化或取消手段将准备时间减至最小。TPS 中的快速换模（Single Minute Exchange of Die，SMED）（Shingo，1981）技术就是一个很好的应用实例。该方法可以消除一大部分准备时间，主要通过材料符合规格、工具锋利以及加工设备可用并运行良好等手段来实现。小批量生产通常被认为更加经济。小批量生产可以降低库存，同时减少搬运成本和由库存而引起的问题，如污染、腐蚀、变质、废弃与偷窃等。分析师必须明白在一定时间内生产相同数量的产品，批量减小将导致总的准备成本的增加。减少准备时间需遵循以下要点：

1) 能够在设备运行时间内完成的工作，应该在那时完成。例如数控设备的预调工作可以在机床加工时进行。

2) 使用最有效的夹具。通常来说，使用凸轮装置、杠杆、楔等快动夹具动作快，而且夹紧力也足够大，通常可以替代螺栓紧固装置。当由于夹紧力的原因必须使用螺栓紧固装置时，可以使用 C 形垫圈或槽形孔，便于螺栓和螺母保存在机器工作台上而重用，以此减少下道工作的准备时间。

3）取消机器工作台的调整。通过重新设计零件夹具和使用预调装置可以省去调整垫块和滑块与工作台的相对位置的操作。

4）使用模板或量块以快速调整机床停工时间。

申请工具与材料、准备工作站、清扫工作站及归还工具等时间通常会含在准备时间里。这些时间往往难以控制，并且工作效率低。有效的生产控制通常可以减少这些时间。调度部门负责监管在正确的时间提供工具、量规、作业指导书与材料，以及在工作完成后归还工具，以此避免工人离开工作区域。这样操作者只需进行机器装卸操作。提供图样、作业指导书和工具等常规工作由熟悉这类工作的人员完成。因此，大量申请工作可以并行进行，准备时间也可降至最低。成组技术在此具有很大优势。

可以提供备用的切削刀具，而避免操作者自己磨刀。当操作者拿到新刀具时，可将钝的刀具交给工具库管理员更换。刀具刃磨操作变成了一个独立的工作，刀具更容易达到标准化。

为了最小化停机时间，每个操作者应该有固定量的工作储备。操作者每时每刻都应该了解下一项工作任务是什么。使操作者、监督员和管理者明确工作量的方法是在每台生产设备上挂一个木板，木板上有 3 个曲别针或口袋来接收工作单。第一个曲别针夹持所有已经安排好的工作单，第二个曲别针夹持正在执行的工作单，最后一个曲别针夹持已经完成的工作单。在发工作单时，调度员将它们放在待加工盒中，同时调度员将所有完成的工作单从加工完毕盒中取出，转交到调度部门进行记录。这个系统保证了操作者连续工作，而不必到监督员那里了解下一步的工作安排。

编制记录是很困难的，对于重复性工作编制准备记录可以节省很多准备时间。编制准备记录最简单也最有效的方法就是当准备完成时对其拍照。这些照片可以装订在一起和生产工艺卡片一同归档，或是塑封以后在工具返还仓库之前和工具附在一起。

3.6.2　充分利用机器的生产能力

对许多工作进行仔细检查后，发现可以充分利用机器生产能力的可能性。例如，曲柄连杆的铣削准备工作被改进后可以实现五把刀具同时铣削六个表面。老式准备方式需要三个步骤，进行三次不同夹具的安装。新式准备不但减少了加工总时间，而且提高了六个加工面的精度。

分析师应考虑在一个零件正在进行加工时，装夹另一个零件。很多铣床存在这样的操作机会，它在正向行程中是逆铣，而在返程中是顺铣。当操作者在机床工作台一端安装夹具，而类似的夹具正夹持零件在机床上加工。当机床工作台返回时，操作者将先加工的零件卸下，并装上夹具，此时机床正在加工另外一个夹具上的零件。

由于能源成本日益增长，使用最经济的设备来进行工作就变得非常重要。多年前，能源成本在总成本中无关紧要到几乎没有人关注充分利用机器生产能力。事实上，数以千计的操作，只有一小部分机器生产能力得以有效利用，因此造成了电力的浪费。在当今的金属工业中，能源成本占总成本的比例已经高于 2.5%，并有迹象表明这个比例在 10 年后至少增加 50%。所以通过精心计划，充分利用机器生产能力来工作，将可能节约许多工厂能源成本的 50%。特别地，对许多电动机来说，如果将电动机负荷率由 25% 增加到 50%，工作效率将提高 11%。

3.6.3　引入更高效的加工方法

像新的加工技术不断发展一样，新的高效加工方法也应予以考虑。切削刀具的涂层大大提高了耐磨和抗破损能力。例如，钛合金涂层刀具与具有相同抗破损能力的无涂层硬质合金刀具相比，速度可以提高50% ~ 100%。涂层刀具由于表面更坚硬，因此更加耐磨，对基材有很好的附着力，同时与大部分工件材料的摩擦系数小，并且具有化学惰性及耐高温。

在许多情况下，硬质合金刀具比高速钢刀具更经济。例如，某公司通过改变镁铸件的铣削工艺，节约了60%的成本。最初，底部加工使用高速钢铣刀通过两道工序完成。后来公司使用安装在一个专用刀杆上的三刃硬质合金铣刀来进行加工。因此，进给速度和主轴转速均得以提高，同时表面精度也没有受到影响。

通过改变刀具的几何形状也可以节约成本。每一次准备都有不同的要求，因此，可以通过设计一个工程应用系统满足要求，此系统可以根据切屑控制、切削力、刀刃强度来优化进给范围。例如，设计单边低切削力的几何形状可以很好地控制切屑，同时降低切削力。此例通过增大刀面角降低切屑的厚度比，同时也降低了切削力和切削温度。

在使用高效加工方法时，分析师应开发新的装夹工具方法。工件必须装夹，以便快速定位和拆下（见图3-12）。虽然零件还是手动安装，但生产率和均衡性将会提高。

图 3-12　更有效的装夹和加工
（经 Jergens 公司授权使用）

3.7　物料搬运

物料搬运包括移动、时间、地点、数量和空间约束。第一，物料搬运必须保证零件、原材料、在制品、成品以及辅料等定期从一个位置搬运到另一个位置。第二，由于每项操作都会在特定的时间需要材料和辅料，因此物料搬运应保证不能因为材料的提前或推迟到达而影响生产加工或客户。第三，物料搬运必须确保材料被送到正确的地点。第四，物料搬运必须确保材料以正确的数量完好地运送到每个地点。第五，物料搬运必须要考虑临时的与固定的存储空间。

美国物料搬运研究所的一项研究表明，产品总成本的30% ~ 85%是由物料搬运引起的。按常理来说，零件最好的处理方式就是几乎不用手动处理。无论搬运距离远近，都应该对它进行仔细的研究。为了减少物料搬运的时间，应注意以下要点：①减少取料时间；②使用机械化（或自动化）的设备；③更好地利用现有的搬运设备；④更小心地搬运物料；⑤在库存和相关的应用中使用条码技术。

上述要点的典型应用是仓库的改进，以前的存储中心已经变成了自动配送中心。现在，自动化仓库使用计算机以及数据处理的信息流来控制物料的搬运。此类自动化仓库将接收、运输、存储、检索以及库存控制等功能集成在一起。

3.7.1　减少取料时间

人们通常认为物料搬运只是运输的问题，而忽略了对工作站布置的考虑，而这恰恰是同等重要的。虽然常常被忽略，但工作站布置甚至比运输具有更大的节约成本的机会。减少装卸时间可以减轻疲劳，同时降低工位旁的代价昂贵的手工处理。这样就便于操作者更安全、更快速、更轻松地工作。

比如，消除地面摆放凌乱的现象。经过工作站加工的材料可直接堆放在托盘或滑道上，这样就可以大幅度削减最终的运输时间（即进行装卸时物料搬运设备闲置的时间）。有些传送带或机械手爪可以直接把材料送至工作站，以此来减少或消除取料的时间。工厂通过安装重力传送带和自动卸料装置来减少工作站上物料搬运时间。图 3-13 是典型物料搬运设备。

图 3-13　目前工业界使用的典型物料搬运设备
（来源：美国物料搬运研究所）

研究不同物料搬运与存储设备接口，可开发出更有效的组合方案。例如，图 3-14 是根据指令取货的物料系统布置图，说明了材料如何通过载人升降车（图左侧）或人工（图右侧）从仓库或中间库移出。一辆升降车可以给托盘架补充货物。在所需的物品从流动货架中移出后，它们由传送带送到指定地点进行包装操作。

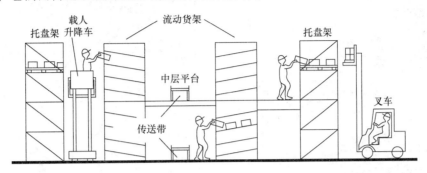

图 3-14　有效仓库操作示意图

3.7.2　使用机械化的设备

使用机械化方式处理物料，通常会降低劳动力成本，减少材料破损，提高安全性，减轻疲劳，以及增加产量。然而，必须注意选择合适的设备和方法。设备标准化非常重要，因为它可以简化对操作者的培训，提高设备互换性，并需要较少的零件修复。

下面是非常典型的通过物料搬运设备机械化节省资金的实例。在 IBM 的 360 项目开始时，如果要制造一个面板，操作者必须去仓库，根据插头清单为特定面板选择合适的电路板，然后回到工作台再按照插头清单将电路板插入面板中。改进后的方法采用两台自动化立式存储机。每台机器有十个货架，每个货架又有四个抽屉（见图 3-15）。货架在一个类似于费里斯转轮的系统中运转。该系统有 20 个停止位置，它会选择最接近的路线（向前或向后）以便在最短时间内打开合适的抽屉。操作者在座位上拨到正确的停止位，拉开抽屉露出所需的电路板，取出合适的电路板，然后将其插入面板。改进的方法节省了约 50% 的存储空间，改进了工作站布置，并通过减少操作者的处理、决策和降低疲劳充分减少了组装错误。

通常来说，自动导引车（AGV）可以取代驾驶人。AGV 在许多领域都得到了成功的应用，例如邮递行业。AGV 一般不用编程，通过磁或光引导它们在既定路线上行驶。它们在预定的周期内可以在特定位置上暂停，留有足够的时间供操作者进行装卸工作。通过按下"保持"按钮，接着在装卸操作结束时按下"开始"按钮，操作者可以延长 AGV 停止时间。AGV 也可以通过编程沿着多个路径到达任何位置。它们配备有传感与控制仪器，以防与其他车辆相撞。当使用此引导设备进行物料搬运时，物料搬运成本几乎与距离无关。

机械化在人工搬运物料中非常有用，比如码垛。在一般品牌的升降台中就有很多种可以减少操作者的举升操作。有些升降台安装了弹簧，根据弹簧刚度进行设定，当在升降台上面的托盘中放盒子时，它会自动调整到操作者工作的最佳高度（参考第 4 章中关于确定最佳提举高度的讨论）。有些升降台是气动的（图 3-16），可以容易地通过控制杆来调节，这样就可以取消举升操作，材料也可以从一个表面滑到另一个表面。有些通过倾斜表面使物品滑入零件柜，而有些通过旋转方式进行码垛。一般来说，根据美国 NIOSH 提举准则（见第 4 章），升降台大概是一种最便宜的工程调整方法。

图 3-15　用于计算机面板装配的垂直
　　　　　存储机的工作区域

图 3-16　用于减少人工起重的气压升降台
（经 Bishamon 授权使用）

例 3-1　**计算叉车在安全工作情况下的最大净负载**

扭矩 T_r 等于叉车负载 L 与前轮轴心至负载中心距离 B 之积（见图 3-17），即

$$L = T_r / B$$

图中，$B = C + D$，$D = A/2$。

如果从前轮轴心到叉车前端距离 C 为 18in，并且货盘长度 A 为 60in，那么一辆扭矩为 200 000 lbf·in 的叉车可以处理的最大毛重量为

$$L = 200\ 000\text{lbf} \cdot \text{in} / (18\text{in} + 60\text{in}/2) = 4167\ \text{lbf}$$

通过设计货盘的大小来充分利用设备，公司可以从物料搬运设备中得到更多的回报。

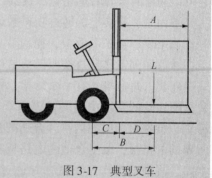

图 3-17　典型叉车

3.7.3　更好地利用现有的搬运设备

为了确保能从物料搬运设备中得到更多的回报，设备必须被有效地使用。因此，方法和设备都应该具有充分的灵活性，以在各种工况下完成不同的搬运任务。无论临时还是永久性的存储，用托盘比不用托盘可以更快、更多地装运材料，且可节省 65% 的劳动力成本。有时通过设计特殊的货架，材料可以以一个更大或更方便的单位进行搬运。在这种情况下，为了便于处理和在最终的检验中计数，分割间、吊钩、销以及支撑工件的支架等的数量应该设计为 10 的倍数。如果已有的物料搬运设备只在部分时间内得到使用，那么我们就应该考虑在其他时间使用它的可能性。通过对生产设备进行重新布置或者利用物料搬运设备完成不同工作，公司可以更有效地利用设备。

3.7.4　更小心地搬运物料

工业调查指出，大约有 40% 的工伤是在物料搬运操作中发生的。在这些工伤中有 25% 是由升降和移动物料造成的。通过训练更加小心地搬运物料和尽可能使用机械装置搬运物料，操作者可以减少疲劳和避免安全事故的发生。有记录表明安全的工程同时也是高效的工厂。电力传输点上的安全保护装置、安全操作规程、好的照明条件及优质的工厂管理水平对保证物料搬运设备安全来说是非常必要的。工人在安装和操作所有物料搬运设备时应遵循现有的安全规章制度。

更好的搬运方法可以减少产品损坏。如果因工作站之间物料搬运导致废品太多，则应该仔细调查一下。通常配备专门设计的货架和料盒来保存加工完成的零件，可以将废品数量降至最低。例如，某航天发动机零件制造厂某零件的外螺纹经常损坏，这些零件每道工序完成后均放在一个金属盒中。当使用两轮手推车将堆满零件的金属盒送到下一个工作站时，盒内的零件会互相碰撞，并且撞击金属盒的侧壁使其严重受损。有人调查了不合格品的原因，建议制造带有单独隔室的木架来支撑机械加工零件。这样可以防止零件相互碰撞或撞击金属盒侧壁，从而显著减少损坏零件的数量。

同样的方法也适用于服务行业和医疗保健行业，不仅从"产品"的角度来看，也要从材料处理者的角度来考虑。服务行业和医疗保健行业中多数情况下产品是人。例如，照顾住院病人和经常使用个人护理设施是造成护士下背部和肩部受伤的主要因素。传统上，相对静止的病人从床上移动到轮椅上，或者使用步行带从轮椅上移动到床上（见图 3-18a）。然而，这些动作需要相当大的强度，并产生非常大的下背部压力（见第 4.4 节）。像威廉姆森转向架这样的辅助装置，只需要护士用较少的力量，对下背部产生的压力也就小得多（见图 3-18b）。然而，患者需要借助腿部力量的某些支撑来保持体重。最后，霍耶式升降机所需的强度甚至更低，但在小空间内使用则显得昂贵且笨重（见图 3-18c）。

a)　　　　　　　　　　　　b)　　　　　　　　　　　　c)

图 3-18　使用三种不同辅助设备护理病患

a）传统的步行带需要相当大的力量和产生非常大的下背部压力

b）威廉姆森转向架所需的力量要少得多，对下背部的压力也要少得多

c）霍耶式升降机所需的力量甚至更低，但在小空间的使用则显得昂贵且笨重

3.7.5　在库存和相关的应用中使用条码技术

大部分技术人员多少已熟悉条码和条码扫描。条码缩短了杂货店和百货商店的排队等待时间。黑白相间的条码表示了货物与制造商的唯一识别码。当通用产品代码（Universal Product Code，UPC）被收银台上的读卡机扫描时，解码后的数据被发送到一台实时记录劳动生产率、库存状态以及销售额的计算机中。是否要在库存和相关的应用中使用条码技术取决于以下五个因素：

（1）精确性。条码的特色是在每340万字符中有不足1个错误字符发生。相比之下，键盘录入数据时误差为2%～5%。

（2）绩效。一台条码扫描器输入数据的速度是键盘的三至四倍。

（3）可接受性。大部分员工都愿意使用扫描器。毫无疑问，与键盘相比，大家更喜欢用扫描器来输入数据。

（4）成本低。由于条码是印在包装和容器上的，因此附加成本非常低。

（5）便携性。一个操作者可以携带一台条码扫描器走到工厂的任何区域，确定库存和订单的情况。

条码技术对接收、仓储、工作追踪、劳动报表、工具库控制、货运、不合格报告、质量保证、零件跟踪、生产控制及进度安排等工作均有用。例如，典型的储存柜标签能够提供如下信息：零件描述、规格、数量、部门代码、存储代号、基本库存水平及订货地点。通过使用扫描棒来收集库存盘点信息可以节省大量时间。

Accu-Sort 系统公司曾报道过条码的一些实际应用，包括自动控制输送系统、配送、为物料搬运人员提供取料的简明指示以及自动检验被处理材料的正确性等。如果条码技术与可编程控制器及自动包装设备集成在一起使用，可在线实时确认集装箱包装内容，避免昂贵的产品被召回。

3.7.6　总结：物料搬运

分析人员始终致力于寻找在确保安全的情况下避免低效物料搬运的方法。为了帮助方法分析师解决此问题，美国物料搬运研究所（1998）提出了物料搬运的十大原则：

（1）规划原则。所有的物料搬运都应在开始时进行周密的规划，包括需求分析、性能目标和功能说明等。

（2）标准化原则。物料搬运方法、设备、控制和软件应该在达到性能目标和不影响柔性、模块化和产量的前提下进行标准化。

（3）工作原则。物料搬运工作应该在不影响生产率或操作服务水平的情况下降至最低。

（4）人因原则。在设计物料搬运任务与设备时，应该考虑人的能力和局限性，以确保安全有效的操作。

（5）单位负荷原则。单位负荷应该适当地进行量化和配置，以保证在供给链的每个环节都能完成物流与库存目标。

（6）空间利用原则。所有可用空间必须得到有效利用。

（7）系统原则。物料的搬运与储存活动应充分结合，从而形成一个集成操作系统，其功能包括接收、检验、存储、生产、装配、包装、分组、订单选择、装货、运输以及回收处理等。

（8）自动化原则。物料搬运操作应该在可行情况下进行机械化或（及）自动化，以改进操作效率，提高快速反应能力，增加一致性和可预见性，减少操作成本，消除重复或潜在不安全的体力劳动。

（9）环境原则。环境影响和能源消耗是在设计或选择设备与物料搬运系统时所要考虑的原则。

（10）生命周期成本原则。一项全面的经济分析应该包括所有物料搬运设备和系统的全生命周期。

再次重申，最重要的一个原则是物料搬运越少越好。

3.8　工厂布局

有效工厂布局的首要目标是以最低成本和预期质量开发一个生产系统以实现预定数量的产品制造。物理布局是生产系统的一个重要组成部分，它包括工艺卡片、库存控制、物料搬运、调度、路行规划以及配送。所有这些内容都要集成在一起以实现既定目标。虽然对现有布局的改进会非常困难，而且成本也很高，但是分析师应该以批判的眼光评价每项布置的所有细节。不好的工厂布局会使得成本较高。遗憾的是，这些成本绝大部分是隐性的，轻易难以发现。由于瓶颈造成的长途搬运、反复、延迟以及工作中断等引发的间接劳动成本是高成本布局的落后工厂的典型特点。

3.8.1　布局类型

存在一种最优布局类型吗？答案是否定的。一种特定的布局在某种情况下可能是最优的，但在另外一种情况下也许就不是了。通常来说，所有的工厂布局都是一种或两种基本布局的组合，这两种基本布局是：产品或直线布局；工艺或功能布局。在直线布局中，机床按照工序之间的物流最小原则对所有产品种类进行布置。在采用此类布局的工厂中，经常可以发现：在铣床和转塔车床之间布置了平面磨床，紧接着又布置了装配操作台和电镀槽。此类布局在大规模生产中非常普遍，因为它的物料搬运成本比工艺布局的成本要低。

产品布局有一些明显的劣势。由于在一块相对较小的区域中有许多不同的工种存在，因此，员工的不满意度会逐渐增长，尤其是当不同的工种薪水等级不同的时候。因为不同的设备聚集在一起，操作者的培训就非常麻烦，尤其是当有经验的员工不能在临近区域培训新员工的时候。因为要管理各式各样的设备与工作，所以很难找到能胜任的管理者。由于像空气、水、汽油、润滑油及电等服务设备需要两套，因此，这种布局需要较大的初始投资。产品布局另一个劣势是布置混乱、无序。在这种布局条件下，通常很难提升工厂的管理水平。通常来说，如果产品的需求量很大，那么它的缺点就会被优点掩盖了。

工艺布局是将相似的设备组织在一起。这样所有的转塔车床将会集中在一个区域、部门或一间厂房中。铣床、钻床、冲床等也成组地布置在各自区域。这种布局往往显得整洁和有序，也便于提升工厂的管理水平。工艺布局的另一个优点是容易培训新员工。周围是有经验的员工操作相似的设备，新员工有很多学习机会。由于工作要求不是很高，因此，寻找能胜任工作的管理者的问题也得以缓解。因为管理者仅需要熟悉通用的一类设备，他们不必像产品布局管理人员一样需要有广泛的知识背景。如果相似产品的产量有限，且工艺相近或有些特殊要求，则工艺布局的类型更加令人满意。

工艺布局缺点是搬运距离较长，且由于工件需要在不同种类机床上完成各道工序，因此，工件在不同设备之间存在多次往返。例如，某工件的工艺卡片上的工序安排如下：钻孔、铣削、铰孔和磨削，物料从一个部门到另一个部门的运输成本极高。工艺布局的另一个主要缺点是由于需要在部门之间传递指令和控制生产而产生了大量的文书工作。

3.8.2 从至表

在设计新布局或修改旧布局前，分析师必须收集可能影响布局的各种因素。从至表有助于对部门、服务区及设备等和布局相关的问题进行诊断。从至表是一个表示两个设备之间每周期物料搬运量的矩阵。搬运量的单位可根据分析师的需要而定，可以是磅、吨、处理频率等。图3-19是一个非常基本的从至表，分析师可以从中推断出所有设备之间物料的搬运情况：由于在4号W.&S.转塔车床和2号卧式铣床之间搬运物料量（200）太多，因此，应该将它们放在一起。

从 \ 至	4号W.&S.转塔车床	钻床	双轴钻床	2号卧式铣床	3号立式铣床	100t压力机	2号无心磨床	3号螺纹磨床
4号W.&S.转塔车床		20	45	80	32	4	6	2
钻床			6	8	4	22	2	3
双轴钻床				22	14	18	4	4
2号卧式铣床	120				10	5	4	2
3号立式铣床						6	3	1
100t压力机		60	12	2			0	1
2号无心磨床		15						15
3号螺纹磨床				15	8			

图3-19　从至表：解决工艺布局中物料搬运和工厂布局问题的有效工具，表中列出了不同设备的搬运数量（给定时间内）或体积（即每次吨数）

3.8.3 Muther 系统布局规划法

Muther 在1973年研究开发的工厂布局的系统方法被称为系统布局规划（SLP）法。SLP的目标是采用简单的六步法，将两个关系紧密的部门安排在一起：

（1）绘制关系图。第一步确定不同区域之间的联系并将其以一种称为关系图（见图3-20）的特殊形式表示出来。关系图表示了不同活动、区域、部门、房间等之间的所有希望或需要的相关程度，可以由从至表中的定量物流信息（如物流量、时间、成本、路径等）来确定，或根据功能交互或主观信息来定性确定。例如，虽然涂漆可能是精加工与最终检验和包装之间的一道工序，但是由于有毒材料及危险或易燃等原因，可能需要涂漆区与其他区域完全隔离。使用元音字母定义了数值 4 ~ -1 之间的关系等级，见表 3-3。

表 3-3　SLP 关系等级表

关　　系	符　　号	数　　值	图　　示	颜　　色
绝对重要	A	4	≡	红
特别重要	E	3	≡	黄
重要	I	2	──	绿
一般	O	1	─	蓝
不重要	U	0		
不希望	X	-1	〜〜〜	褐

（2）确定空间需求。第二步根据区域面积确定空间需求。区域面积可根据生产需要来计算，根据现有区域外推，为未来的扩展做规划，或根据法定标准，如 ADA 标准或建筑标准来制定。除了面积外，区域性质和形状或必须设置的位置也是非常重要的。

（3）活动相互关系图解。第三步，将各种活动以直观形式表示。分析师从绝对重要关系（A）开始，使用四条短平行线连接两个区域，然后使用三条平行线（长约 A 连接线的两倍）连接 E 区域。分析师继续连接 I、O 区域，在尽量避免连线交叉和混乱的情况下，逐渐增加连线长度。对于"不希望"有关系的两个区域，应尽可能把它们分开，并在它们之间画一条波浪线（一些分析师也可能会用数值 -2 表示"绝对不希望"的关系，使用双波浪线连接）。

（4）空间关系布局。第四步采用空间表示法根据相对尺寸按比例绘制面积。在分析人员对此布局满意时，再将其变为平面布局图。此工作并不简单，分析师需要使用模板。此外，根据物料搬运需要（如发货或接收部门应该在外面）、存储方便（可能因为类似存取方便的原因而放在外面）、个人需要（附近有自助餐厅或休息室）、建筑需要（起重机操作方便需要在较高、较开阔的空间进行，叉车操作需要在地面进行）及利用率等，分析师需要对布局进行修改。

（5）备选方案评价。在诸多可能的布局方案中，往往存在类似的可能性。此时需要分析师进行评价并确定最佳方案。第一，分析师需要确定重要的因素，如未来扩展能力、灵活性、完善系数、物料处理效率、安全性、管理方便性、外观与美观性等。第二，通过权重 0 ~ 10 确定这些因素的相对重要程度。最后，根据每个因素的满意度来综合评价各备选方案。Muther（1973）提出了使用数值 4 ~ -1 对每个因素的满意进行评价：4 表示几乎完美；3 表示特别好；2 表示重要；1 表示一般；0 表示不重要；-1 则表示不能接受。计算各方案中每个因素的权重与相应评价的乘积，累计各方案乘积的结果，数值最大的就是最佳方案。

（6）选择布局并实施。这是实施新方案的最后一个步骤。

例 3-2　Dorben 咨询公司使用 SLP 方法进行工厂布局

Dorben 咨询公司要规划一个新办公场所。新办公场所包括七个活动区：M. Dorben 办公室、工程办公室（里面有 2 个工程师）、秘书室、接待室、档案室、复印室及储藏室。这些活动关系由 M. Dorben 主观评价后统计在图 3-20 中。图中注明了每个房间的面积，从小至 20ft^2 的复印室，到大至 125 ft^2 的 M. Dorben 办公室。例如，M. Dorben 和秘书的关系被确定为绝对重要（A），而工程办公室与休息室的关系确定为不需要（X），这样工程师的工作就不会被来访者打断。

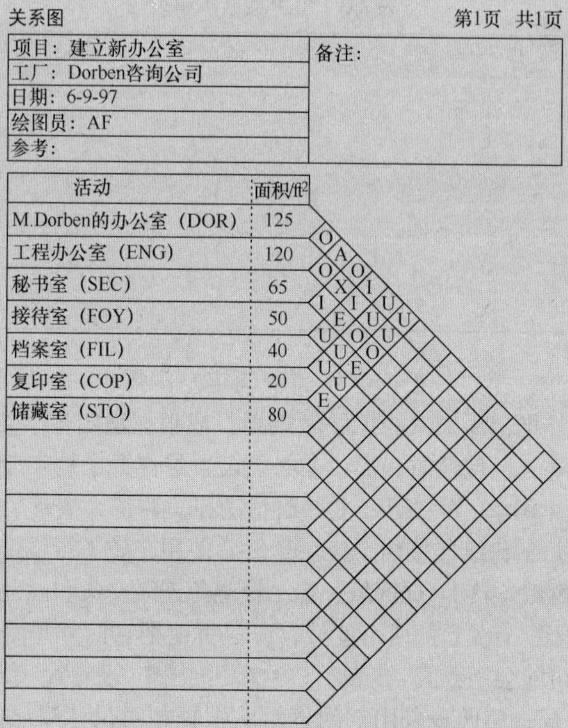

关系图		第1页 共1页
项目：建立新办公室	备注：	
工厂：Dorben咨询公司		
日期：6-9-97		
绘图员：AF		
参考：		

活动	面积/ft²
M.Dorben的办公室（DOR）	125
工程办公室（ENG）	120
秘书室（SEC）	65
接待室（FOY）	50
档案室（FIL）	40
复印室（COP）	20
储藏室（STO）	80

图 3-20　Dorben 咨询公司的关系图

首先建立活动关系图，如图 3-21 所示。根据面积的比例生成空间关系，如图 3-22 所示。最后确定最终的平面布局图，如图 3-23 所示。

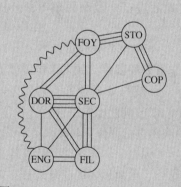

图 3-21　Dorben 咨询公司活动关系图

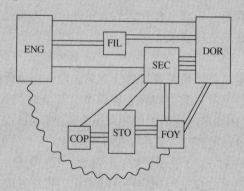

图 3-22　Dorben 咨询公司空间关系图

由于 Dorben 办公室与工程办公室大小基本相同，因此它们可以很容易地进行互换，这样就产生了两种布局备选方案。根据个人间隔需要（这对 Dorben 来说非常重要，权重为 8）、供给调配、来访者接待及灵活性等因素进行评价，结果如图 3-24 所示。两种布局之间最大的区别就是工程办公室与接待室的接近程度。方案 B 是 68 分，方案 A 是 60 分，相比之下，B 方案较优。

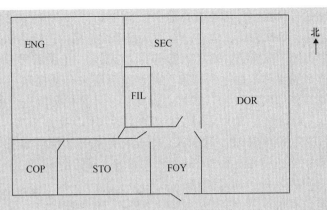

图 3-23 Dorben 咨询公司平面布局图

方案评价							第1页 共1页
工厂：Dorben咨询公司	可选方案	**A**	**B**	**C**	**D**	**E**	
项目：新建办公室		Dorben办公室朝西	Dorben办公室朝东				
日期：6-9-97							
Analyst: AF							
考虑因素	权重	评级和加权评级					备注
		A	**B**	**C**	**D**	**E**	
员工间的间隔	8	1　8	3　24				
供应调配	4	3　12	3　12				
来访者接待	4	4　16	4　16				
灵活性	8	3　24	2　16				
合计		60	68				
备注：Dorben办公室朝东而工程师的办公室朝西的设计（方案B）可避免来访者对工程师的干扰。							

图 3-24 Dorben 咨询公司布局方案评价

3.8.4 计算机辅助布局

商品化的软件可以帮助分析人员快速地开发实用布局方案以降低成本。CRAFT 是一个应用广泛的计算机辅助布局软件。活动中心是一个部门或部门内部的工作中心。任何活动中心都可以被当成固定的，可以冻结，也允许在易于移动的范围内进行移动。例如，电梯、休息室和楼梯等活动中心经常被冻结。输入信息包括固定活动中心的编号和位置、物料搬运成本、交互中心关系及布局块图。通过利用启发式调整算法来自动提问："如果调换活动中心，那么物料搬运成本将如何改变?"，在答案保存后，计算机会以迭代的方式运行，直至获得一个较好的方案。CRAFT 以距离部门中心的直角距离作为距离矩阵。

另一个常用的软件是 CORELAP。其输入信息是部门编号、部门面积、部门关系及这些关系的权重。CORELAP 通过使用矩形面积进行布局求解，目标是将等级高的部门安排在一起。

ALDEP 是另一个可用软件，通过随机选择一个部门并将它定位到假设的布局中，然后扫描关系图，只有紧密度高的部门才引入到当前布局中。此过程不断执行，直到程序将所有部门定位好为止。ALDEP 会计算该布局的分数，重复执行此过程到指定次数为止。该系统也能够提供多个平面布局。

上述所有工厂布局软件最初都是为大型计算机开发的。随着个人计算机的出现，上述算法已被移植到个人计算机中，同时还出现了其他算法。例如，SPIRAL 通过对邻近区域的正关系进行加强和对负关系进行削弱来优化邻接关系。这实质是一种量化的 Muther 方法，由 Goetschalckx（1992）进行了更详细的描述。例如，根据 Dorben 咨询公司的实例数据，产生了一个稍微不同的布局方案，如图 3-25 所示。

请注意，为了减小各房间中心之间的距离，上述大多数算法均有一种产生细长房间的可能性。这个问题在 CRAFT 和 ALDEP 等软件中尤其严重。SPIRAL 通过加上一个形状补偿来尝试改变这个结果。同时，在许多软件（即一些改进软件，例如基于初始布局的 CRAFT）中，往往得到的是局部最小值，但不是最优布局方案。这个问题可以通过选择不同的初始布局来解决。还有一个构造程序上的小问题：SPIRAL 会生成一个全新的方案。一套功能更强大且更实用的软件 Factory-FLOW 是以现有 AutoCAD 平面规划图作为输入，然后创建一个更详细的适合建筑规划的布局方案。

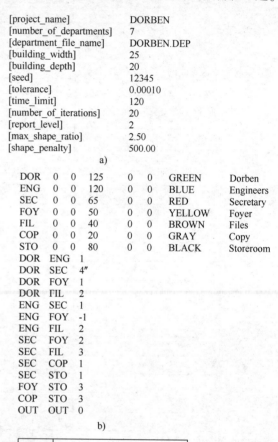

图 3-25　SPIRAL 输入文件
a）DORBEN. DAT　b）DORBEN. DEP
c）Dorben 咨询公司布局结果

3.9 作业设计

由于法规（即 OSHA）和对健康的关注（即增加了医疗和工人补偿费用），工作设计技术将安排在独立的章节进行详细论述。第 4 章论述手工作业和动作经济原则，第 5 章论述作业场所和工具设计的人因方法，第 6 章概括作业和环境条件，第 7 章论述关于显示信息输入、信息处理和计算机交互的认知工作，第 8 章论述工作场所与系统安全。

本 章 小 结

操作分析的九个要点是对工艺程序图和流程程序图所提供信息进行分析的一套系统化方法。这些要点不仅适用于新工作的规划，还适用于改进现有的工作。当采用操作分析的方法增加产量和改进质量时，同时将生产改进的效益分配给工人，帮助开发出更好的作业环境和方法。最终，工人可以在工厂里做更多的工作，可以更好地工作，同时也可以享受生活。

相关问题的检查表是记忆和使用九种操作分析方法的系统化方法，如图 3-26 所示。该图给出了如何使用检查表，以降低电热毯的控制旋钮轴的成本。经过重新设计此轴，可以采用压铸工艺经济地生产。与机械加工件相比，将生产成本由 68.75 美元/千件降低到 17.19 美元/千件。此检查表还可作为对工厂班长和主管进行方法培训的大纲。恰当地使用一些启发式提问可以帮助工厂管理者形成建设性的想法和协助其进行操作分析。

日期 __9/15__ 部门 __11__ 图样 __18－4612__ 附件 __2__
铸型 _____ 模具 _____ 式样 _____ 项目 __2__
模式 _____ 检查规格 __C__ L. 规格 _____ 附件 _____
零件描述：电热毯控制旋钮轴
工序：车削、车凹槽、钻孔、攻螺纹、滚花、车螺纹、切断 操作者：Blazer

说明	详细分析
1. 工序目的 按照图样要求在自动攻丝机上加工 3/8in 的 S. A. E. 1112 杆	有更好的方法达到目的吗？ 有，压铸
2. 零件全部工序 序号 描述 　　　　工作站 　　部门 （1）车削、车凹槽、打孔、攻螺纹、B. &S. 机床　　11 滚花、车螺纹、切断 （2）去毛刺 　　　　　工作台　　12 （3）1% 抽检 　　　　工作台　　18	被分析的工序能取消吗？ 否 能与其他的合并吗？ 否 能在另一个工序间歇时间完成吗？ 是，通过机床耦合 工序的顺序是最好的吗？ 是 工序能在另一个部门完成以节约成本或省去搬运吗？ 外购可能节约成本
3. 检查要求 a. 前道工序要求 b. 本道工序要求。S. Q. C. 可能会减少检查的数量 c. 后道工序要求	公差、加工余量、精加工和其他要求是必要的吗？ 成本高吗？ 能达到要求吗？
4. 材料 锌基压铸金属是比较便宜的 切削液和其他辅助材料	考虑规格、适合性、平直度和条件状况 有更便宜的替代材料吗？
5. 材料搬运 a. 四轮货车送到车床旁 b. 两轮手推车运走 c. 工作站手动搬运	使用起重机、重力运输机、平板车或专业货车吗？ 根据移动距离考虑设备布局 可能利用重力运到毛刺工作站

图 3-26 电热毯控制旋钮轴加工工序分析检查表

6. 准备（必要时使用简图辅助说明） 对本项工作满意 工具设备 现在： 建议： 重新设计采用锌基压铸件代替 S. A. E. 1112 螺纹车削件	图样和工具能保证安全吗？ 准备工作能够改进吗？ 试验件 机床调整 工具： 合适吗？ 提供了吗：棘轮工具、电动工具、辅助工具、虎钳、专用压板、复合和组合夹具

分析表单

方法工程委员会
101 号表格

7. 考虑下面的可能性 （1）安装重力运送滑道 （2）使用下降式运送 （3）如果多于一个操作者进行同样工作，比较各自的工作方法 （4）为操作者提供合适的椅子 （5）采用工件自动拆卸器或快速压板以改进夹具 （6）使用脚操作机械装置 （7）采用双手操作 （8）把工具和工件放在正常的工作区域内 （9）修改布局以消除物料反向流动，允许一机多用 （10）对其他工作进行改进	推荐活动： 为滚磨抛光做准备
8. 工作状况 一般满意 其他状况	灯光：合适 热：合适 通风情况：好 自动饮水机：正常 洗手间：正常 安全设施：正常 零件设计：合理 文秘工作情况（填写时间卡片等）：正常 延期概率：正常 加工数量：正常
9. 方法（必要时配备辅助简图或工艺流程图） a. 动作分析研究前 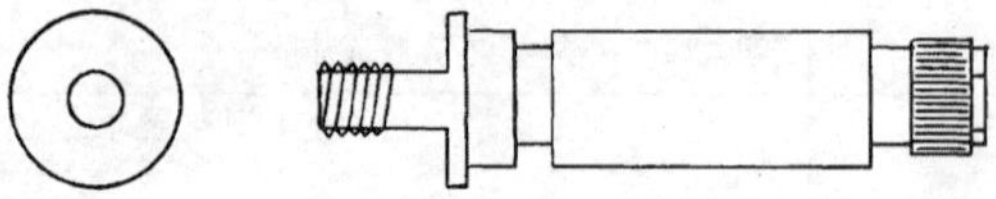 **螺纹车削件** b. 动作分析研究后 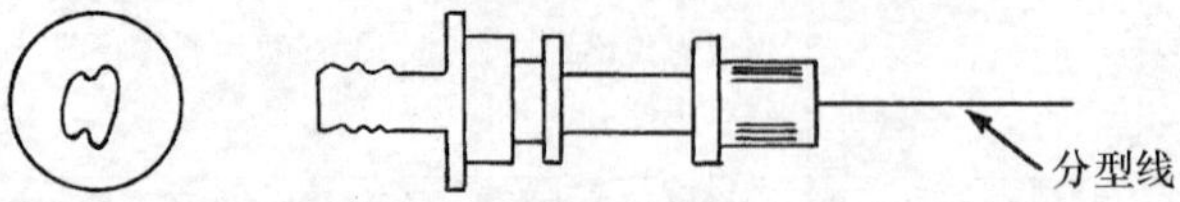 分型线 压铸件。零件左侧只有一半有螺纹，同样右侧的滚花也只占一半，便于开模	工作区域安排： 工具、原材料、备品的安放 工作姿态 方法满足动作经济原则吗？ 是否使用最低运动等级？ 见辅助报告《压铸控制轴》 日期
观察者：R. Guild	批准人：R. Hussey

图 3-26 电热毯控制旋钮轴加工工序分析检查表（续）

思 考 题

1. 说明如何将设计简化方法应用到加工工艺中。

2. 操作分析与方法工程的关系怎样？

3. 工厂中不必要的操作是如何产生的？

4. 分析对比操作分析方法和精益制造方法的区别。

5. 七种浪费是什么？

6. 5S 分别是什么？

7. 什么是"紧"公差？

8. 为什么公差和规格有时候需要"严格"？

9. 什么是抽样检验？

10. 在什么时候严格的质量控制是不必要的？

11. 在努力降低材料成本时，我们应该考虑哪六个要点？

12. 人员与设备状况的改变如何影响外购零件成本？

13. 解释重排工序如何节约成本。

14. 常用的最快的成形和精加工工艺是什么？

15. 分析人员应该如何研究准备工作和工具来开发更好的方法？

16. 举出应用条码改进生产率的例子。

17. 工厂布局常用哪两种类型？请对它们予以详细说明。

18. 检验所提出布局的最好方法是什么？

19. 在对特定工作站完成的工作进行研究时，分析人员应该提问哪些问题？

20. 解释使用检查表有哪些好处。

21. 在使用 AGV 时，为什么成本的改变几乎与距离无关？

22. 机床加工范围取决于哪些因素？

23. 生产计划与控制如何影响准备时间？

24. 如何才能最好地搬运物料？

25. Muther 的 SLP 方法与从至表之间的关系如何？

26. 为什么从至表在工艺布局中比在产品布局中有更好的应用？

27. 成组技术有哪些基本目的？

28. 说明焊条的节约能够降低 20% 的材料成本的原因。

29. 举出近年来几种汽车零件的材料从金属变为塑料的实例。

30. 液压升降台有哪些应用？

31. 滑道和托盘有什么不同？

计 算 题

1. 图 3-4 中轴精加工公差由 0.004in 变为 0.008in 时，节省了多少成本？

2. Dorben 公司正在设计一种铸铁零件，已知强度 T 是碳含量 C 的函数，为 $T = 2C^2 + 3C/4 - C^3 + k$。为了使强度最大，碳含量应该为多少？

3. 为了使给定的零件具有可互换性，必须将外径公差从 ±0.010in 减到 ±0.005in，同时车削成本增加了 50%。车削成本占总成本的 20%。如果此零件具有互换性，它的产量将会增加 30%。产量增加将使生产成本降低为原来的 90%。方法工程师是否应该进行这种公差的改变？请说明理由。

4. Dorben 集团的套件有 5 个房间，面积与相互关系如图 3-27 所示。运用 Muther 的 SLP 方法求解得到优化布局。

活动	面积/ft²
A	160
B	160
C	240
D	160
E	80

图 3-27　第 4 题的关系图

5. 根据下面从至表中的每个区域的理想面积（ft²）和每小时区域间的物流单位数，应用 SLP 方法求解优化的布局。请注意：应根据给定物流信息设计作业单位相互关系图（＊表示不需要的关系）。

面积/ft²	区域	A	B	C	D	E
150	A	—	1	20	8	1
50	B	0	—	30	0	8
90	C	20	5	—	40	20
90	D	0	1	2	—	＊
40	E	0	0	11	0	—

6. 利用 Muther 的 SLP 方法和下图所示的数据，为一个小型机械车间开发出最佳的布局方案，以便在下图所示的建筑外墙内进行布局规划。R. M. 机床、锯床、车床、钻床、磨床和质检站所占面积分别为 1000ft²、500ft²、500ft²、500ft²、500ft²、1000ft²。给出 SLP 中所有步骤，并在空楼层平面图中绘制最终的布局图。

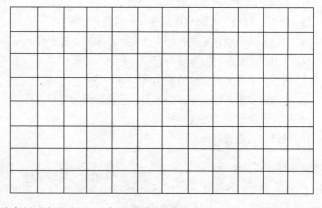

7. （1）使用以下操作和时间对工作站布局进行规划，以实现最有效的生产线平衡和减少空闲时间的目标。管理层希望每小时生产 120 台。操作①：0.3min，操作②：0.4min，操作③：0.3min，操作④：0.6min，操作⑤：0.4min。不平衡的生产线空闲时间百分比是多少？平衡的生产线空闲时间百分比是多少？不平衡生产线上的生产率是多少？如果公司在重新设计的生产线上减少一名工人，那么生产线、产量和闲置时间会发生什么变化（定量描述）？

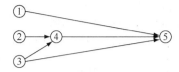

（2）如果装配线改成下面的操作流程，（1）中的解决方案将如何改变？

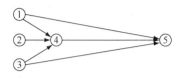

8. 使用 SLP 方法和下面显示的小型机器车间的流程数据，制定最佳的布局方案，以便在下图所示的建筑外墙内进行布局规划。在空的楼层平面图中绘制最终布局图（保持每个房间的面积不变，形状可以改变）。布局的相邻值是多少？最大可能的相邻值是多少？

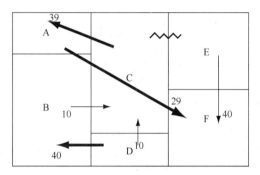

参 考 文 献

Bralla, James G. *Handbook of Product Design for Manufacturing.* New York: McGraw-Hill, 1986.

Buffa, Elwood S. *Modern Production Operations Management.* 6th ed. New York: John Wiley & Sons, 1980.

Chang, Tien-Chien, Richard A. Wysk, and Wang Hsu-Pin. *Computer Aided Manufacturing.* Englewood Cliffs, NJ: Prentice-Hall, 1991.

Drury, Colin G. "Inspection Performance." In *Handbook of Industrial Engineering,* 2d ed. Ed. Gavriel Salvendy. New York: John Wiley & Sons, 1992.

Francis, Richard L., and John A. White. *Facility Layout and Location: An Analytical Approach.* Englewood Cliffs, NJ: Prentice-Hall, 1974.

Goetschalckx, M. "An Interactive Layout Heuristic Based on Hexagonal Adjacency Graphs." *European Journal of Operations Research,* 63, no. 2 (December 1992), pp. 304–321.

Konz, Stephan. *Facility Design.* New York: John Wiley & Sons, 1985.

Material Handling Institute. *The Ten Principles of Material Handling.* Charlotte, NC, 1998.

Muther, R. *Systematic Layout Planning,* 2d ed. New York: Van Nostrand Reinhold, 1973.

Niebel, Benjamin W., and C. Richard Liu. "Designing for Manufacturing." In *Handbook of Industrial Engineering,* 2d ed. Ed. Gavriel Salvendy. New York: John Wiley & Sons, 1992.

Nof, Shimon Y. "Industrial Robotics." In *Handbook of Industrial Engineering,* 2d ed. Ed. Gavriel Salvendy. New York: John Wiley & Sons, 1992.

Shingo, S. *Study of Toyota Production System.* Tokyo, Japan: Japan Management Assoc. (1981), pp. 167–182.

Sims, Ralph E. "Material Handling Systems." In *Handbook of Industrial Engineering,* 2d ed. Ed. Gavriel Salvendy. New York: John Wiley & Sons, 1992.

Spur, Gunter. "Numerical Control Machines." In *Handbook of Industrial Engineering,* 2d ed. Ed. Gavriel Salvendy. New York: John Wiley & Sons, 1992.

Taguchi, Genichi. *Introduction to Quality Engineering.* Tokyo, Japan: Asian Productivity Organization, 1986.

Wemmerlov, Urban, and Nancy Lea Hyer. "Group Technology." In *Handbook of Industrial Engineering,* 2d ed. Ed. Gavriel Salvendy. New York: John Wiley & Sons, 1992.

Wick, Charles, and Raymond F. Veilleux. *Quality Control and Assembly, 4.* Detroit, MI: Society of Manufacturing Engineers, 1987.

可 选 软 件

ALDEP, IBM Corporation, program order no. 360D-15.0.004.

CORRELAP, Engineering Management Associates, Boston, MA.

CRAFT, IBM share library No. SDA 3391.

Design Tools, 可以 McGraw-Hill text 网站 www.mhhe.com/niebel-freivalds获取. New York: McGraw-Hill, 2002.

FactoryFLOW, Siemens PLM Software, 5800 Granite Parkway, Suite 600, Plano, TX 75024, USA; http://www.plm.automation.siemens.com/

SPIRAL, *User's Manual,* 4031 Bradbury Dr., Marietta, GA, 30062, 1994.

可选录像带/DVD

Design for Manufacture and Assembly. DV05PUB2. Dearborn, MI: Society of Manufacturing Engineers, 2005.

Flexible Material Handling. DV03PUB104. Dearborn, MI: Society of Manufacturing Engineers, 2003.

Flexible Small Lot Production for Just-In-Time. DV03PUB107. Dearborn, MI: Society of Manufacturing Engineers, 2003.

Introduction to Lean Manufacturing. DV03PUB46. Dearborn, MI: Society of Manufacturing Engineers, 2003.

Quick Changeover for Lean Manufacturing. DV03PUB33. Dearborn, MI: Society of Manufacturing Engineers, 2003.

第4章

手工作业设计

本章要点

- 针对人的能力及其极限进行作业设计。
- 对于操作类作业：
  用动态的动作取代静态的持有。
  使所需力量低于极限力量的15%。
  避免动作超过极限范围。
  使用最小肌肉以获得所需的工作速度和精度。
  使用最大的肌肉来完成体力劳动。
- 对于举重物和其他重体力作业：
  使工作负荷低于最大工作能力的1/3。
  最小化水平运载距离。
  避免扭转。
  使用频率高、时间短的工作/休息周期。

吉尔布雷斯夫妇通过动作研究和动作经济原则提出了手工作业设计，后来由人因学专家为军事应用而进行了科学的发展。动作经济原则通常包括三大类：①与身体有关的原则；②与作业场所布置有关的原则；③与工具设备有关的原则。更重要的是，尽管这些原则是根据经验发展而来的，但实际上是以已建立的人体解剖学、生物机械学和生理学原理为基础的。它们构成了人因工程学和作业设计的科学基础。因此，为了更好地理解动作经济原则，而不仅仅是作为一些记忆规则来接受，需要介绍一些相关的理论背景。此外，传统的动作经济原则已得到相应的扩展，目前又称为作业设计的原则与准则。本章将阐述与身体有关的原则，以及与身体活动有关的作业设计准则。第5章阐述与工作场所、设施和工具设计有关的原则。第6章阐述工作环境的设计准则。第7章讲述认知工作的设计，虽然从传统意义上来说它不属于方法研究，但是也已成为工作设计中越来越重要的组成部分。

4.1 肌骨系统

人体之所以能产生运动，是由于体内有复杂的肌肉和骨骼系统，称为肌骨系统。肌肉连接在关节两侧的骨头上（见图4-1），其中起到运动驱动作用的肌肉称为主动肌，而其他抵抗主动肌和阻碍运动的肌肉则称为拮抗肌。对于肘弯曲，由于内关节角度减小，二头肌或肱桡肌形成主动肌，而三头肌形成拮抗肌。相反，当肘伸展时，内关节角增大，三头肌形成主动肌，而二头肌形成拮抗肌。

在人体内有三种类型的肌肉：附着在骨头上的骨骼肌或横纹肌、心脏内的心肌及组成内部器官和血管壁的平滑肌。此处只讨论与运动有关的骨骼肌（人体内大约有 500 块骨骼肌）。

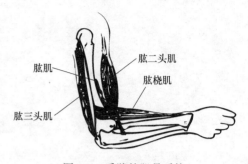

图 4-1　手臂的肌骨系统

每块肌肉是由许多直径约 0.004in、长度 0.2 ~ 5.5in 的肌纤维组成的，具体取决于肌肉的大小。这些肌纤维通常由肌肉两端的结缔组织捆绑成束，并使肌肉和肌纤维稳固地粘附在骨头上（见图 4-2）。氧和营养物质通过毛细血管输送到肌纤维束，来自脊髓和大脑的电脉冲也经由微小的神经末梢传送给肌纤维束。

每个肌纤维还可以更进一步地细分成更小的肌原纤维，直到最后的提供收缩机制的蛋白质丝。这些蛋白质丝可以分为两类：一种是有分子头的粗长蛋白质丝，称为肌球蛋白；一种是有球状蛋白质的细长丝，称为肌动蛋白。这两类长丝相互交错，使其外观呈横纹状，如图 4-2 所示。这使得在肌丝发生滑动时，肌肉块可以自然收缩，而肌丝的相对滑动是由肌球蛋白和肌动蛋白球之间的分子键的形成、断裂和重组引起的。这个肌丝滑动理论解释了肌肉的长度是怎么样从完全收缩时的静息长度（约为正常运动范围中点处的中间放松长度）的 50% 变到完全伸长时的静息长度的 180% 的（见图 4-3）。

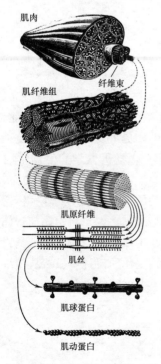

图 4-2　肌肉的结构

（资料来源：Gray's Anatomy, 1973，

由 W. B. Saunders Co., London 授权使用）

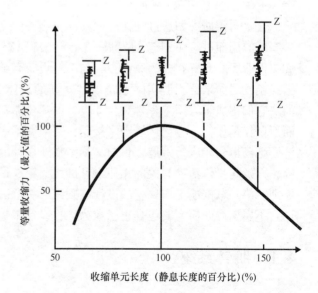

图 4-3　骨骼肌的力量和长度的关系图

Z 表示肌丝

（资料来源：Winter, 1979, p. 114，经

John Wiley & Sons, Inc. 授权使用）

4.2 作业设计的原则：人体能力和动作经济

4.2.1 在适中的运动范围内获得最大的肌力

从图 4-3 中显示的肌肉收缩倒 U 形特性图，可以得到人体能力的第一个原则。在静止状态时，粗长丝和细长丝能形成最佳的结合。在伸长状态下，粗长丝和细长丝之间存在最小的重叠或结合，以获得相当小的肌力（接近零）。与此类似，在完全收缩状态下，由于细长丝间的相互干扰，阻碍了粗长丝和细长丝之间的最佳结合，并降低了肌力。这种肌肉特性又常称为力与长度关系特性。因此，当完成一项任务需要很大的肌力时，就应该在最佳位置处完成。例如，在腕部运动的中间或伸直位置处会提供最大的握力。对于曲肘来说，肘弯曲稍微超过 90°的时候力量最大。对于脚踏弯曲（如踩踏板），最佳状态也是出现在弯曲角度稍微超过 90°的时候。确定运动的适中范围的经验是：考虑这样的一种身体姿态，设想宇航员在完全失重的情况下，其关节周围的主动肌和拮抗肌几乎全部松懈，而四肢则达到了一个中间状态（见图 4-4）。

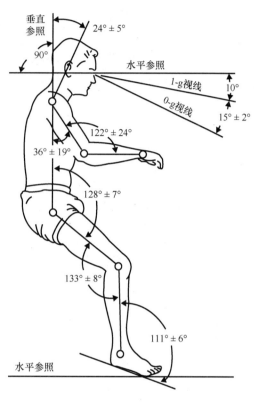

图 4-4 失重状态下假设的人体典型放松状态
（资料来源：Thornton，1978，图 16）

4.2.2 在尽量慢的运动状态下获得最大的肌力

人体能力的第二个原则是基于肌丝滑动理论和肌肉收缩的另一个特性。分子之间的分子键形成、断裂和重组发生得越快，其分子结合效果越差，产生的肌力越小。这是一个明显的非线性关系（见图 4-5），在外观没有明显收缩的情况下产生最大的肌力（如零速度或无动作的收缩），而在肌肉收缩的速度最大时产生最小的肌力，只够移动那部分身体的质量。这种肌肉特性又被称为肌力与速度关系特性，在重体力劳动中尤为重要。

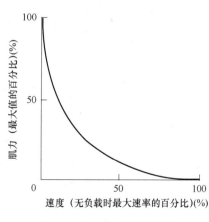

图 4-5 肌力与速度关系图

4.2.3　尽可能地运用动量帮助工人，如果动量阻碍运动的进行，则将其最小化

在原则二和原则三之间有一个折中。运动速度越快，动量越大，产生的冲击力也越大。由于重力作用，向下运动比向上运动更有效。为了充分利用动量，工作站应该允许操作者在伸手取零部件或工具准备下一工作循环时把完成件送到交货区。

4.2.4　设计作业以使得人体力量最优

人体力量取决于三个主要的工作因素：①力量的类型；②参与运动的肌肉和关节；③姿势。根据测量用力的方法可以定义三类肌肉用力。肌肉运动依靠动力强度带动肢体运动，往往称之为等张收缩，因为所提升的负荷和身体部位在名义上将给肌肉一个恒定的外力（而肌肉产生的内力随有效力矩臂长短不同而发生变化）。由于在收缩过程中涉及很多变量，因此，要获得一个可测量的力必须限定其中一些变量。动力强度的测量通常使用等速（等动力）测力计，例如 Cybex 或 Mini – Gym 测力计（Freivalds and Fotouhi，1987）。当人体运动受限制时，将产生等长收缩力或静力。如图 4-5 所示，静力比动力要大，因为滑动相对慢的肌肉纤维的粘合更有效。表 4-1 中列举了各种姿势产生的有代表性的肌肉静力，图 4-6 显现

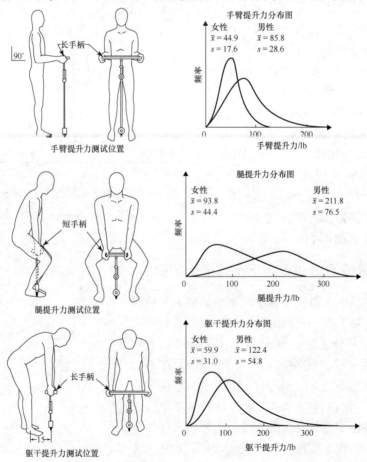

图 4-6　443 名男性和 108 名女性静力测试位置和结果

（资料来源：Chaffin et al.，1977）

出 551 名处于不同姿势的工人的典型提升力。

表 4-1　A. 工厂中手工作业的 25 名男工和 22 名女工的静态肌肉强度的力矩（lbf・ft）资料

肌肉功能	关节角度	男性（百分位）			女性（百分位）		
		5	50	95	5	50	95
肘弯曲	侧面向内弯曲90°	31	57	82	12	30	41
肘伸展	侧面向内弯曲70°	23	34	49	7	20	28
内肱骨绕肩旋转	竖直外展与肩成90°	21	38	61	7	15	24
侧肱骨绕肩旋转	竖直侧弯与肩成5°	17	24	38	10	14	21
肩部水平弯曲	竖直外展与肩成90°	32	68	89	9	30	44
肩部水平伸展	外展与竖直成90°	32	49	76	14	24	42
肩部垂直内收	外展与竖直成90°	26	49	85	10	22	40
肩部垂直外展	外展与竖直成90°	32	52	75	11	27	42
踝伸展（足底弯曲）	向内与胫骨成90°	51	93	175	29	60	97
膝伸展	坐姿向内与大腿成120°	62	124	235	38	78	162
膝弯曲	坐姿向内与大腿成135°	43	74	116	16	46	77
髋部伸展	坐姿向内与躯干成100°	69	140	309	28	72	133
髋部弯曲	坐姿向内与躯干成110°	87	137	252	42	93	131
躯干伸展	坐姿向内与大腿成100°	121	173	371	52	136	257
躯干弯曲	坐姿向内与大腿成100°	66	106	159	36	55	119
躯干侧弯曲	坐直	70	117	193	37	69	120

B. 工厂中手工作业的 25 名男工和 22 名女工的静态肌肉强度的力矩（N・m）资料

肌肉功能	关节角度	男性（百分位）			女性（百分位）		
		5	50	95	5	50	95
肘弯曲	侧面向内弯曲90°	42	77	111	16	41	55
肘伸展	侧面向内弯曲70°	31	46	67	9	27	39
内肱骨绕肩旋转	竖直外展与肩成90°	28	52	83	9	21	33
侧肱骨绕肩旋转	竖直侧弯与肩成5°	23	33	51	13	19	28
肩部水平弯曲	竖直外展与肩成90°	44	92	119	12	40	60
肩部水平伸展	外展与竖直成90°	43	67	103	19	33	57
肩部垂直内收	外展与竖直成90°	35	67	115	13	30	54
肩部垂直外展	外展与竖直成90°	43	71	101	15	37	57
踝伸展（足底弯曲）	向内与胫骨成90°	69	126	237	31	81	131
膝伸展	坐姿向内与大腿成120°	84	168	318	52	106	219
膝弯曲	坐姿向内与大腿成135°	58	100	157	22	62	104
髋部伸展	坐姿向内与躯干成100°	94	190	419	38	97	180
髋部弯曲	坐姿向内与躯干成110°	118	185	342	57	126	177
躯干伸展	坐姿向内与大腿成100°	164	234	503	71	184	348
躯干弯曲	坐姿向内与大腿成100°	89	143	216	49	75	161
躯干侧弯曲	坐直	95	159	261	50	94	162

例 4-1 肘部弯曲扭矩

　　当肘部弯曲成 90° 时上肢自由运动状态如图 4-7 所示。肘部自由运动时涉及 3 块肌肉：肱二头肌、肱桡肌和肱肌（见图 4-1）。但是，肱二头肌是主要的屈肌，就本例而言，它是唯一的被挤压的肌肉。它也可以被认为是一种结合了所有三种肌肉特征的等效肌肉（请注意，由于一种称为静态不确定性的情况，不可能独立地解决所有三块肌肉的问题）。等效肌肉在肘关节旋转点前方插入约 2in。男性小臂的平均重量约为 3lb，该重量可看成是作用于小臂重心，即距离肘部前方约 4in（0.33ft）的地方的力。假设，在距离肘部 11in（0.92ft）的地方给手部施加一个未知负荷 L，则其可承受的最大负荷由最大可弯曲扭矩决定，对于第 50 百分位男性，该扭矩为 57 lbf·ft（见表 4-1）。在图 4-7 所示的静态平衡位置，57 lbf·ft 逆时针扭矩是由两个顺时针扭矩平衡的，一个用于小臂重量，另一个用于负荷：

$$57 = 0.33 \times 3 + 0.92L$$

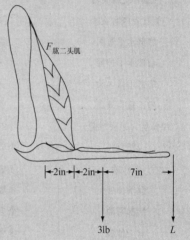

$F_{肱二头肌}$

图 4-7　肘部弯曲成 90° 时上肢
自由运动状态图

　　求解该等式得出 $L = 60.88$lb。因此，平均男性可以通过弯曲肘部提升的最大负荷约为 61lb。

　　有兴趣的话去计算等效肌肉必须施加多少力来提升这个负荷。最大可承受扭矩是由一个未知的肌肉力量 $F_{肱二头肌}$ 通过一个 2in（0.167ft）的力矩臂作用而产生的。

$$57 = 0.167 \, F_{肱二头肌}$$

则 $F_{肱二头肌} = \dfrac{57}{0.167} = 341.3$，这意味着肌肉所施加的

力必须接近提升负荷的 5.6 倍（341.3/60.88）。由此可以得出结论，人体不是为了力量，而是为了运动的范围而构造的。

　　大部分作业涉及运动，因此，完全等长收缩力的情况相当少。大部分情况下，运动范围受到限制。动态收缩不是真正的等动力收缩，而是一系列准静态的收缩。因此，动态收缩力依赖于大多数作业和条件，关于动态收缩力方面的研究资料很少。

　　最后，第三种肌力是精神生理肌力，定义为长时间需要力的情况下的肌力。静力并不代表可以连续反复工作超过 8h。通常，最大可接受负荷（在给定时间内，调整负荷或作用力并进行反复操作直至可接受的情况下确定）比一次静力低 40%～50%。关于不同频率和姿势的精神生理肌力的大量数据表格详见文献（Snook and Ciriello，1991）。表 4-2、表 4-3 和表 4-4 对这些数据进行了汇总。

表 4-2　男性和女性举起有把手的小盒子（14in 宽）可以承受的平均最大重量

任务	每 0.5min 举 1 次				每 1min 举 1 次				每 30min 举 1 次			
	男性		女性		男性		女性		男性		女性	
	lbf	kgf	lbf	kgf	lbf	kgf	lbf	kgf	lbf	kgf	lbf	kgf
从地面到膝部	42	19	26	12	66	30	31	14	84	38	37	17
从膝部到肩部	42	19	20	9	55	25	29	13	64	29	33	15
肩部到手臂伸直	37	17	18	8	51	23	24	11	59	27	29	13

注：往下放时将相应的数值增加 6%。对于没有把手的盒子，重量将减少 15%。增加盒子的尺寸（远离身体）到 30in，重量减少 16%。

（资料来源：Snook and Ciriello，1991）

表 4-3　平均男性和女性在腰部高度可以承受的推力（I 表示开始，S 表示持续）

所拉距离 /ft	1 次/min								1 次/30min							
	男性				女性				男性				女性			
	I		S		I		S		I		S		I		S	
	lbf	kgf	lbf	kgf	lbf	kgf	lbf	kgf	lbf	kgf	lbf	kgf	lbf	kgf	lbf	kgf
150	51	23	26	12	40	18	22	10	66	30	42	19	51	23	26	12
50	77	35	42	19	44	20	29	13	84	38	51	23	53	24	33	15
7	95	43	62	28	55	25	40	18	99	45	75	34	66	30	46	21

注：在肩部或膝部的高度时，推力将减少11%。

（资料来源：Snook and Ciriello，1991）

表 4-4　平均男性和女性在腰部高度可以承受的拉力（I 表示开始，S 表示持续）

所拉距离 /ft	1 次/min								1 次/30min							
	男性				女性				男性				女性			
	I		S		I		S		I		S		I		S	
	lbf	kgf	lbf	kgf	lbf	kgf	lbf	kgf	lbf	kgf	lbf	kgf	lbf	kgf	lbf	kgf
150	37	17	26	12	40	18	24	11	48	22	42	19	48	22	26	12
50	57	26	42	19	42	19	26	12	62	28	51	23	51	23	33	15
7	68	31	57	26	55	25	35	16	73	33	70	32	66	30	44	20

注：在膝部高度时，拉力将增加75%。在肩部高度时，拉力将减少15%。

（资料来源：Snook and Ciriello，1991）

4.2.5　使用大肌肉完成体力作业

肌力与肌肉的大小成正比，肌肉的大小用横截面面积来表示（通常对男女均规定为 87 lbf/in^2（60 N/cm^2））（Ikai and Fukunaga，1968）。例如，在提升重物时应该使用腿和躯干肌肉，而不是相对较弱的臂部肌肉。姿势因素尽管受到肌肉力矩或力臂的几何变化而模糊不清，但可以肯定姿势因素与肌纤维的静息长度（正如动作经济第一原则所述，可以粗略地认为是大多数关节运动的中部范围）有关。

4.2.6　保持在最大用力的 15% 以下

肌肉疲劳是一个相当重要的准则，但在为操作人员设计作业时却很少用到。人体和肌肉组织主要依赖于两类能量来源，即有氧活动和无氧活动（详见后面手工作业部分内容）。由于在缺氧的情况下，新陈代谢只提供短时间的能源，因此，通过外部血液流动输送给肌纤维的氧对决定肌肉收缩能待续多长时间至关重要。但是，肌纤维收缩得越紧，相互交错的小动脉和毛细血管被压缩得越厉害，血流和供氧就越受到限制，从而肌肉越容易疲劳，其结果如图4-8所示的耐疲劳曲线。它们之间是非线性的关系，从最大收缩状态下极短的大约6s的忍耐时间（在该点肌力迅

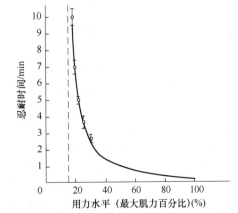

图 4-8　静态肌肉忍耐时间与用力水平关系图

（图中所示为 ±σ 的范围）

（资料来源：Chaffin and Andersson，1991，经 Wiley &. Sons 出版公司授权使用）

速下降）至近似最大收缩状态15%时的无限长忍耐时间，此关系可表示为

$$T = \frac{1.2}{(f - 0.15)^{0.618}} - 1.21$$

式中 T——忍耐时间，单位为min；

   f——所需要的力，由最大力的百分比表示。

例如，一名工人保持用力为最大力的50%时大约只能持续1min：

$$T = 1.2/(0.5 - 0.15)^{0.618} - 1.21 = 1.09$$

图4-8中，不确定的渐近线是由于早期的研究人员没有到达肌肉完全疲劳就停止了实验。随后的研究人员建议把可接受的静力水平从15%降低到10%以下，甚至5%（Jonsson，1978）。从静力持有到恢复体力所需的休息将会被表示为宽放值，其大小取决于所用的力和持续的时间（详情参阅第11章）。

4.2.7 使用周期短、频率高、间歇性的工作 – 休息循环方式

无论是反复的静收缩（例如屈肘持负荷），还是一系列的运动工作单元（例如臂或腿的摇动），工作和恢复是以短周期、高频率的循环方式呈现的。这主要是由于初期恢复较快，随着工作时间的延长恢复期逐渐延长。因此，大部分的收益是在前面比较短的时间内获得的。如果施加的力是一系列反复的收缩，而不是一直持续的静收缩，则可达到更大的力（见图4-9）。但是，如果人的肌肉（或全身）过度疲劳，那么体能的完全恢复将需要很长的一段时间（可能是好几个小时）。

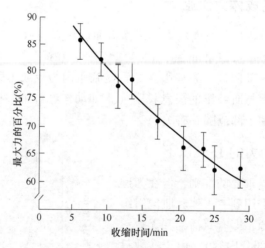

图4-9 在稳态有节奏收缩的情况下可维持的最大等长收缩力的百分比
图中的圆点表示手指、手、手臂和腿肌力的平均值，垂直线表示 $\pm\sigma$ 的误差范围
（资料来源：Åstrand and Rodahl，1986）

4.2.8 作业设计应适用于大多数的工人

如图4-6所示，在标准、健康的成年人中，对于某一确定的肌肉群，其肌力的范围相当大，最强壮的比最弱的肌力要大5~8倍。这么大的肌力差距是由影响力量性能的个人因素引起的：性别、年龄、左右手习惯、适应性以及训练。性别因素是对肌力差别影响最大的因

素，女性的平均肌力是一般男性平均肌力的 35% ~ 85%，平均差距有 66%（见图 4-10）。这种差距在肌力上升到峰值时最大，而在肌力下降到末端时最小。但是，这种差距主要是体型（即整个肌肉体系），而不仅仅是性别的差异造成的，因为平均而言女性的体型比男性小而且重量轻。此外，在较大的给定肌力范围内，可以发现有很多女性比部分男性要强壮。

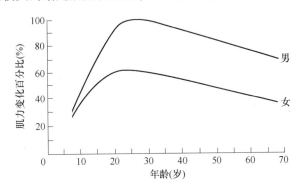

图 4-10　男性和女性的年龄对最大等长收缩力的影响
（资料来源：Åstrand and Rodahl，1986）

就年龄而言，肌力在 25 岁左右达到顶峰，随后以 20% ~ 25% 的速度直线下降，直到 65 岁左右，见图 4-10。下降的原因是由于肌肉块和肌纤维的减少。但是，现在还不清楚这种减少的原因是由于生理上的衰老还是由于活动水平的减少而引起的。在文献（Åstrand and Rodahl，1986）中明确指出，一个人通过体能训练项目，在头几个星期内可提高 30% 的力量，至多可以提高 100%。对于左右手习惯来说，占次要作用的手通常为占主要作用的手的力量的 90%，但这个影响对于左撇子不太明显，可能是由于他们经常被迫使用右手以适应这个以右手为主的世界（Miller and Freivalds，1987）。无论如何，设计工具和机器时，应使其可方便地用任何一只手进行操作，以避免使任何个人处于操作不利的状态。

4.2.9　使用小肌力完成精确运动或精细的运动控制

肌肉收缩是由大脑和脊髓的神经支配产生的，大脑和脊髓共同构成中枢神经系统。一个典型的运动神经元，或者由中枢神经系统通向肌肉的神经细胞，可以支配或者连接数百条肌纤维。每个神经元中肌纤维的神经分布率的范围小到少于 10 根（眼睛部分），大到超过 1000 根（大的腓肠肌），即使在同一块肌肉上也有相当大的差别。这种功能排列称为运动单元，其对运动控制有着重要的意义。一旦神经元受到刺激，电势同时转移到所有受该神经元支配的肌纤维，运动单元则成为具有收缩性或可控制运动的单元。此外，当需要较大的肌力时，中枢神经系统趋向通过增加尺寸选择性地补充运动单元（见图 4-11）。最初被补充的运动单元尺寸小，所含的肌纤维少因而产生的力量较小。尽管尺寸小张力低，但是从一个到两个甚至更多的被补充的运动单元所产生的力量是递增的，并且可以产生更加精确的运动控制。运动补充快结束时，整体的肌力相当高，已补充的运动单元的力量变得很大，但对精度或控制不敏感。肌肉的这种性质有时被称为大小原则。

肌肉的电活动性可用肌电图（EMG）表示，肌电图是一种测量局部肌肉活动的有效方法。肌肉的这种活动是通过将记录电极放于选定肌肉的皮肤表面上来测定的，然后对信号进行幅值和频率的修改与处理。对幅值分析来说，信号通常经过（电阻－电容电路）整流和平滑后，与施加的肌力呈线性关系（Bouisset，1973）。频率方法通过信号数字化和快速傅里叶变换分析产生信号频谱。一旦肌肉开始疲劳，肌肉活动会从高频率（＞60Hz）转变成较低的频率（＜60Hz）（Chaffin，1969）。此外，对于给定的施力水平而言，EMG 的幅值随着疲劳而增加。

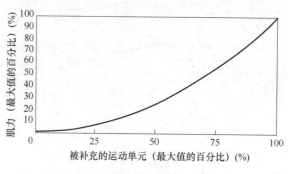

图 4-11　肌肉补充表现出大小原则

4.2.10　不要在重体力劳动之后立即做精确运动或精细控制工作

这是人体能力原则的推论。在正常的运动中会连续使用小的运动单元，尽管小的运动单元比大的运动单元具有更好的耐疲劳性，但是它们仍要经历疲劳的过程。违反此原则的典型实例是：操作人员在轮班之前为工作站准备原材料或者在值班期间补充存货。举起笨重的零件箱需要补充小的运动单元，同时也需要较大的运动单元，以便产生必需的肌力。在搬运和补充存货的过程中，一些运动单元将会疲劳，因而必须补充其他的运动单元以代替疲劳的运动单元。当操作人员填满了零件箱，并返回进行更精确的装配工作时，包括比较小的精密运动单元在内的一些运动单元，将不再可用。用于代替疲劳运动单元的较大的运动单元会提供较大的力，但是运动控制精度却较差。虽然几分钟之后，原来那些运动单元将恢复功能并可重新使用，但装配工作的速度和质量却已受到影响。一种解决办法是使用低技能工人有规律地补充零件箱。

4.2.11　运用曲线运动以提高速度

通过脊髓反射，主动肌和拮抗肌的交叉神经支配总是发生，这减少了肌肉间任何不必要的冲突，同时避免了付出过多能量。通常来说，在短时间（少于200ms）的随意运动中，主动肌被激发，而拮抗肌被抑制（称为互相抑制）以减少起反作用的肌肉收缩。另外，对精确运动来说，需要同时使用两种肌肉以便实现反馈控制，但是却增加了运动的时间。这有时被称为速度与精度的平衡。

4.2.12　双手同时开始和结束动作

当右手在身体右侧正常区域工作时，左手也在身体左侧正常区域工作，平衡感会使操作人员有节奏地工作，以获得最大的生产率。在惯用右手的人群中，左手可以与右手一样有用，同时也应该得到使用。惯用右手的拳击手学习使用左手像使用右手一样进行有效的攻击。速记打字员两只手要同等熟练。在大量的实例中，工作站能被设计成"同时用两只手操作"。使用双夹具来夹紧两个工件，双手能同时工作，以反向完成对称运动。这个原则的一个推论是除了休息时间，两只手不应该同时闲置（这个原则是弗兰克·吉尔布雷斯在同时用两只手刮脸时得出的）。

4.2.13 以身体为中心轴对称并同步地移动双手

双手以对称的方式运动是很自然的。针对使用双手操作的工作站，如果操作人员违背了对称性，会使得操作者的动作缓慢而笨拙。相信大家都很熟悉用左手拍胃同时用右手摸头有一定的难度。另一个比较容易说明非对称性操作难度的例子是：用左手画圆圈的同时用右手画方块。图 4-12 说明了一个理想的工作站应该允许操作者以一系列远离和朝向身体重心、同步地、对称的动作来完成两个产品的装配。

图 4-12 允许双手以身体为中心同时对称操作的理想工作站
(经通用电气公司授权使用)

4.2.14 利用身体运动的自然节律

刺激或抑制肌肉的脊髓反射会引起身体有节奏的运动。这种运动可以看作二阶质量 – 弹簧 – 阻尼系统，身体相当于重量，肌肉具有内在的阻力和阻尼。系统的自然频率完全取决于这三个参数，肢体重量的影响最大。这个自然频率对任务的平稳和自动完成很重要。Drillis (1963) 研究了多种非常普遍的手工作业，并提出了最适宜的工作节奏，具体如下：

锉金属：60 ~ 78 次/min；

凿：60 次/min；

手摇曲柄：35r/min；

腿踏曲柄：60 ~ 72r/min；

铲：14 ~ 17 次/min。

4.2.15 使用连续的曲线运动

由于身体各部分之间的连接（类似于销连接），人体进行曲线动作（以关节为轴转动）

是很容易的。直线动作在运动方向上存在突然和急剧的变化，因此，需要花费较多的时间，精度也不高。这个规律通过一个例子来证明更容易理解：用任何一只手做矩形轨迹的运动，然后做大小相当的圆形轨迹的运动。从中可以明显看到进行90°方向变化时消耗了大部分的时间。为了转向，手必须先减速，再改变方向，再加速，接着进行另一方向变化的减速。连续的曲线动作不需要减速，因此能更好地通过同样的距离。图4-13的例子很好地解释了这一规律。该例是一个人用右手在同一水平面从中心向八个不同方向的定点运动。从左下向右上运动（以肘为轴的运动）所需的时间要比从右下向左上的与其垂直的运动（连同笨拙的肩部和大臂的直线运动）时间少20%。

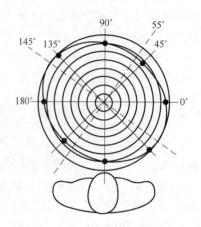

图 4-13　以肘为轴的小臂运动最佳
（资料来源：Sanders and McCormick，1993，经 McGraw－Hill 出版公司授权使用）

4.2.16　使用人体可行的最低级别的动作

在方法研究中，理解动作的分类对恰当地使用动作经济这一基本原则起着主要的作用。其分类如下：

1. 第一级动作——手指动作

这是五种运动类型中最快的，这已经是公认的，因为这些动作通过移动一个或多个手指来完成，而手臂的其他部分保持不动。典型的手指动作有：把螺母拧入螺栓，按下打字机键盘，或抓取一个小的零件。使用不同的手指完成动作在时间上通常是有明显差别的。多数情况下，食指比其他手指快得多。由于重复的手指运动会导致累积损伤失调（见第5章），应通过使用杆式开关来代替触发开关的方式以降低手指用力。

2. 第二级动作——手指和手腕动作

小臂和大臂均保持不动，仅手指和手腕动。在多数情况下，手指和手腕动作会比纯手指动作消耗更多的时间。典型的手指和手腕动作应用有：将零件定位到夹具上或两个零件的配合装配。

3. 第三级动作（也称小臂动作）**——手指、手腕和小臂动作**

动作限制在肘部以下，肘部以上不动。由于小臂的肌肉比较强壮，不容易产生疲劳，所以在设计工作站时，应尽量使用第三级动作，不用第四级动作来完成传输动作。但是，重复地使用手臂伸缩会引起肌肉酸痛，这种现象可以通过设计工作站确保肘部在保持90°状态下工作来得到缓解。

4. 第四级动作（也称肩部动作）**——手指、手腕、小臂和大臂动作**

这类动作的使用比其他动作更加广泛。对于某一给定距离的第四类动作所需时间比前三级动作都要长。第四级动作用于只有伸手臂才能完成零部件传递的工作情况。为减少肩部运动的静态负荷，必须设计工具以确保完成工作时不必抬高肘部。

5. 第五级动作——包括身体运动，如躯干运动，这是最耗时的，一般应避免

第一级动作最省力，耗时也最少，而第五级动作则被认为是最不经济的。因此，经常使用最低级可行的动作来完成恰当的工作，这就要求必须对工具和材料的位置进行慎重考虑，便于应用理想的动作模式。

　　在文献（Langolf et al.，1976）中，通过实验对动作等级进行了研究，对一系列往返目标之间的定位移动（又称为 Fitts 定位敲击任务（Fitts，1954））进行了讨论（见第 7 章）。移动时间随着任务难度的增大而增加（见图 4-14），同时也随着动作等级的提高而增加。即手臂运动直线斜率（105ms/bit）比腕运动直线斜率（45ms/bit）大，而腕运动直线斜率又比手指运动直线斜率（26ms/bit）大。这是由于中枢神经系统要处理额外的关节、运动单元和感受体的神经传递活动而导致时间增加了。

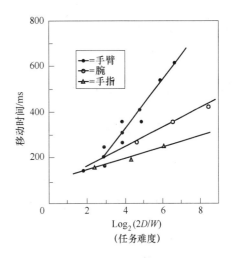

图 4-14　动作等级

（资料来源：Langolf et al.，1976，经 McGravo-Hill 公司允许转载）

4.2.17　双手和双脚同时开始工作

　　工作周期中的大部分活动是由手来完成的，因此，用脚完成工作以减少手的操作是非常经济的，但前提是只有手被工作占用的情况下才可以用脚。手比脚更灵活，所以，如果放着手不用，而用脚来代替手工作是非常不明智的。脚踏板装置可以用于夹住、释放或者运送零件，从而让手去做其他有用的工作，从而缩短周期（见图 4-15）。手动时，脚不应该动，因为同时协调手和脚的动作比较困难。但可以用脚产生压力来工作，例如脚踏板。这时操作者应保持坐姿，因为如果站着使用脚踏板将意味着用另一只脚来承受整个身体的重量，这是相当不方便的。

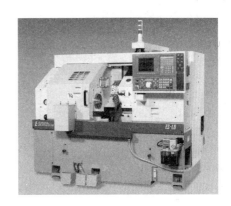

图 4-15　用脚操作的机床

（经 Okuma 授权使用）

4.2.18　使眼睛注视的时间最短

　　大多数工作都免不了眼睛的注视或移动，但是对操作者尊重的话就应该优化操作者注视目标的位置。正常视线大约在水平线下 15°左右（见图 5-5），主要视野约在以视线为中线的 ±15°锥角范围内，此时不需要转头，眼睛的疲劳度也最低。

4.2.19　小结

　　人体能力和动作经济原则是以人体生理学基本理论为基础的，它在以操作人员为对象的方法分析中非常有用。但分析人员不必成为人类解剖学和生理学方面的专家，只要善于运用这些原理即可。实际上，对于大部分作业分析目的而言，使用动作经济原则检查表已经足够，该表以问卷的形式归纳了大部分动作经济原则（见图 4-16）。

子操作	是	否
1. 能消除子操作吗？	☐	☐
a. 是必要的吗？	☐	☐
b. 可以通过改变工作顺序实现吗？	☐	☐
c. 可以通过工具或设备的变更实现吗？	☐	☐
d. 可以通过工作场所的布置来实现吗？	☐	☐
e. 可以通过工具合并来实现吗？	☐	☐
f. 可以通过材料变更来实现吗？	☐	☐
g. 可以通过产品的改变来实现吗？	☐	☐
h. 可以通过在夹具上使用快速压板来实现吗？	☐	☐
2. 子操作能变得更容易吗？	☐	☐
a. 使用更好的工具？	☐	☐
b. 改变杠杆机构？	☐	☐
c. 改变工具或控制的位置？	☐	☐
d. 使用更好的材料存储箱？	☐	☐
e. 利用惯性？	☐	☐
f. 减少视觉需求？	☐	☐
g. 改善工作台的高度？	☐	☐

搬运	是	否
1. 搬运能消除吗？	☐	☐
a. 必要吗？	☐	☐
b. 改变工作顺序？	☐	☐
c. 合并工具？	☐	☐
d. 更换工具或设备？	☐	☐
e. 使用重力落料？	☐	☐
2. 搬运能变得更容易吗？	☐	☐
a. 改变布局，缩短距离？	☐	☐
b. 改变搬运方向？	☐	☐
c. 使用能够完成工作的合适肌群：		
手指？	☐	☐
手腕？	☐	☐
小臂？	☐	☐
大臂？		
躯干？	☐	☐
d. 平滑而非折线移动？	☐	☐

夹持	是	否
1. 能够消除夹持吗（夹持操作极易疲劳）？	☐	☐
a. 必要吗？	☐	☐
b. 通过使用夹持工具或夹具能实现吗？	☐	☐
2. 能使夹持更容易吗？	☐	☐
a. 通过缩短夹持时间可以吗？	☐	☐
b. 通过使用更强壮的肌群，比如腿部肌群来操作脚踏夹具可以吗？	☐	☐

图 4-16　动作经济分析检查表

延误	是	否
延误可以消除或缩短吗？	☐	☐
a. 因为不必要吗？	☐	☐
b. 能通过改变身体工作部位来实现吗？	☐	☐
c. 能通过平衡身体工作部位来实现吗？	☐	☐
d. 能通过同时进行两个项目来实现吗？	☐	☐
e. 能通过改变工作，让每只手完成相同但不同步的操作来实现吗？	☐	☐

周期	是	否
能够重新安排周期，以保证在设备运行时进行更多的手工作业吗？	☐	☐
a. 能通过自动进给实现吗？	☐	☐
b. 能通过自动上料实现吗？	☐	☐
c. 能通过改变人和机器的工作相位关系来实现吗？	☐	☐
d. 能通过在切削完成或工具与材料出现问题时自动断电来实现吗？	☐	☐

机器加工时间	是	否
能缩短机加工时间吗？	☐	☐
a. 能通过使用更好的工具来实现吗？	☐	☐
b. 能通过工具合并来实现吗？	☐	☐
c. 能通过提高转速或进给量来实现吗？		

图 4-16　动作经济分析检查表（续）

4.3　动作研究

动作研究主要是对工作时人体部位动作进行分析研究。其目的是消除或减少效率低的动作，推动和加速高效的动作。运用动作研究以及动作经济原则来重新设计作业，以提高生产效率。吉尔布雷斯夫妇开创了手上动作研究的先河并且开发了至今仍被认为是最基础的动作经济原则。同时开发了详细的高速摄影分析法，称为微动作研究法，这种技术已经被证实在高重复性的手工操作中有非常大的价值。动作研究在广义上包括两种研究方法：简单的目视动作研究和采用较昂贵设备的动作研究。传统上采用的是动作图片胶卷相机，但现在使用的是专门的录像机，因为它有易倒带和重播的功能、四磁头盒式录像机（VCR）的定格功能，同时可以避免冲洗胶卷。由于微动作研究的费用很高，一般只用于高重复性的主要工作。

两种不同的研究方法可以对比如下：一种是通过放大镜对零件进行观察，另一种是通过显微镜对零件进行观察。显微镜能揭示更多的细节，所以通常只用于最高效的工作上。传统上，微动作研究是以同步动作（simo）图来记录的，而动作研究是以双手操作图来记录的。现在基本上不用真正的同步动作图，但这个术语有时会用在双手操作图上。

4.3.1　基本动作

动作研究的成果之一是，吉尔布雷斯夫妇认为所有的工作，无论是生产性的，还是非生产性的，都是通过组合使用 17 种基本动作来完成的，吉尔布雷斯夫妇称之为动素（therblig，像是 Gilbreth 的倒写）。这些动素有些是有效的，有些是无效的。有效的动素直接促进工作的进程。虽然可以减少这些基本动素，但通常无法彻底消除。无效的动素无法促进工作的进行，应该通过运用动作经济原则来消除它们。表 4-5 列出了这 17 种动素的符号和定义。

表 4-5　吉尔布雷斯夫妇研究的动素

有效动素		
（直接影响工作进程，可以缩短，但难以消除）		
动素	代号	说　明
伸手	RE	空手移动接近或离开目的物的动作；时间取决于移动距离，常在放开之后和握取之前
移动	M	夹持物体移动；时间与距离、重量和移动类型有关，常在握取之后、放开或定位之前
握取	G	用手抓住物体；开始于手指与物体接触，结束于完全控制物体；与握取的类型有关，常在伸手之后、移动之前
放开	RL	放开被控制物体，这是时间最短的动素
预置	PP	为便于下一个动作实施，预先调整物体位置；常在移动过程中发生，如改变笔的握持以便于写字
使用	U	按照目的操作工具；因为加快了工作进程，非常易于鉴别
装配	A	将配件组合；通常在定位或移动之后、放开之前
拆卸	DA	与装配相反，分开配件；通常在握取之后、移动或放开之前
无效动素		
（不能推动工作进程，应尽可能消除）		
动素	代号	说　明
寻找	S	用眼或手搜索物体；开始于眼睛移动，直到找到物体
选择	SE	从几个物体中选择一个，后面常跟着寻找动作
定位	P	在工作中将物体定位，通常前面是移动，后面是放开（与预置相反）
检查	I	使用标准进行比较，通常使用眼睛，也可以使用其他器官
思考	PL	停止下来决定下一个动作；常在动作之前犹豫一下
不可避免的延迟	UD	动作的本质导致操作者不可控制，比如伸出右手去拿较远的物体时左手处于等待状态
可避免的延迟	AD	操作者可独立控制的闲暇时间，比如咳嗽等
为缓解疲劳的休息	R	不是每个周期但会定期出现，取决于劳动强度
夹持	H	当另一只手进行有效工作时，一只手必须支撑物体

4.3.2　双手操作图

双手操作图有时也称操作者操作图，是动作研究的一个工具。双手操作图显示的是左右手所做的全部动作和相互间的动作延迟，以及由手完成的任务间的关系。通过双手操作图的动作分析，可以鉴定出无效率的动作模式，以及观察出违反动作经济原则的动作模式。这种图可以帮助改进工作方法，使双手操作达到平衡，并减少或消除无效率的动作。其结果是使工作循环更加平稳和具有节奏，并使动作延迟和操作人员的疲劳最小。

通常，分析人员在图的上方标上"双手操作图"，添加所有必需的信息，包括零件号、图号、操作说明、现行或改进的方法、日期和制图人员的姓名。在这些信息的下面，分析人员还要按适当比例画上工作区的草图。勾画的草图有助于展示研究方法。图 4-17 显示了一个典型的双手操作图——电缆夹装配的操作图，并给出每个动素所需的时间（用秒表测得）。

在识别所有的操作，绘制出工作区草图以及标出尺寸关系后，分析者开始按比例绘制双手操作图。例如，在图 4-17 中，第一个元素"取 U 形螺栓"的时间为 1.00min，用一个大的或五个小的垂直空间来表示。在"符号"栏下写有 RE（即伸手），表明一个有效的动作已经完成。注意：这个动作还包含了"推取"（G）的动素，在大多数情况下，不可能单独对这两个动素进行计时测量。接下来是"装 U 形螺栓"，继续使用左手。通常，在检查另一只手之前，完整地绘制一只手的活动图就不那么容易混淆了。

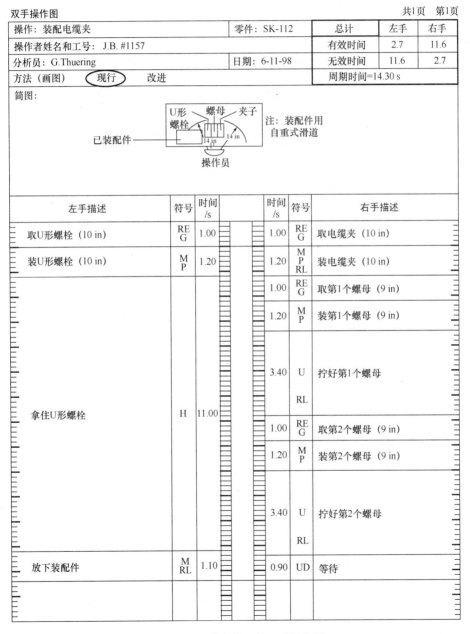

图 4-17 电缆夹装配的双手操作图

在左右手的活动都被制成图之后，分析人员还要在图的下方写总结，注明工作完成的周期、每个周期的分段以及每一段消耗的时间。当采用一种既定方法完成双手操作图时，分析人员就能确定可以进行哪些改进了。在这一点上，动作经济原则中的几条重要推论都可以采用，包括：

（1）建立动素的最佳顺序。

（2）研究完成某动素所需时间内的真实变化，并确定原因。

（3）检查并分析动作中的停顿，确定其原因并消除。

（4）致力于在最短时间内完成工作或部分工作，并将其作为目标。研究与这些最短时间的差距，并确定其原因。

在实例中，"延迟"和"夹持"是进行改进的主要方面。例如，在图 4-17 中，左手几乎在整个周期都只是作为一个夹具。从这点，我们可以设想开发一个夹具来夹紧 U 形螺栓。更进一步，当夹具固定 U 形螺栓时，可以使左右手分别完全用于装配电缆夹。通过对图的进一步研究，可以采用自动释放和重力滑道，来消除最后一个动作"放下装配件"。使用动素分析检查表（见图 4-18）也可以帮助分析。

伸手和移动	是	否
1. 这两个动素可以消除任一个吗？	☐	☐
2. 缩短距离有优势吗？	☐	☐
3. 使用最好的工具了吗？如传送带、钳子和镊子等。	☐	☐
4. 使用身体正确的部位了吗？如手指、手腕、小臂和肩部等？	☐	☐
5. 能使用自重式滑道吗？	☐	☐
6. 通过机械化和脚踏装置能帮助传送吗？	☐	☐
7. 使用大型传送设备能减少传送时间吗？	☐	☐
8. 由于传送材料的性质或后续工序的精密定位要求，传送时间增加了吗？	☐	☐
9. 可以消除方向的突变吗？	☐	☐
握取	**是**	**否**
1. 建议操作者一次抓取多个零件或物体吗？	☐	☐
2. 接触式抓取能代替提取吗？	☐	☐
3. 物体能自己滑动而免去搬运吗？	☐	☐
4. 在零件盒前面有一个凸缘以便抓取小零件吗？	☐	☐
5. 零件或工具为了便于抓取进行预置了吗？	☐	☐
6. 使用真空、电磁、橡皮指套或其他装置有突出的优点吗？	☐	☐
7. 使用传送带了吗？	☐	☐
8. 设计专用夹具以便拆卸零件时方便抓取吗？	☐	☐
9. 前道工序的操作者对工作或工具的预置能方便下道工序操作者抓取吗？	☐	☐
10. 工具能够预置在摇臂上吗？	☐	☐
11. 工作台表面覆盖有海绵层，以便于手指方便地抓取小零件吗？	☐	☐
放开	**是**	**否**
1. 在传送中能放开吗？	☐	☐
2. 能使用机械式工件拆卸器吗？	☐	☐
3. 装零件的料盒尺寸及其设计是否恰当？	☐	☐
4. 在放开动素结束时，手处于下一个动素最有利的位置了吗？	☐	☐
5. 能同时放开多个零件吗？	☐	☐

图 4-18　动素分析检查表

预置	是	否
1. 工作站的夹具能把工具正确定位，并在竖直方向操作吗？	☐	☐
2. 工具能悬挂吗？	☐	☐
3. 使用导向装置了吗？	☐	☐
4. 使用料仓供料了吗？	☐	☐
5. 使用堆垛设备了吗？	☐	☐
6. 使用旋转夹具了吗？	☐	☐

使用	是	否
1. 使用夹具了吗？	☐	☐
2. 使用机械化或自动化装置了吗？	☐	☐
3. 多单元装配是否可行？	☐	☐
4. 使用更有效的工具了吗？	☐	☐
5. 使用停止块了吗？	☐	☐
6. 机床运行时采用最佳的进给量和转速了吗？	☐	☐
7. 使用电动工具了吗？	☐	☐

寻找	是	否
1. 物品被适当标识了吗？	☐	☐
2. 采用标签和颜色了吗？	☐	☐
3. 使用透明盒子了吗？	☐	☐
4. 采用最好的布局以避免寻找吗？	☐	☐
5. 采用合适的照明了吗？	☐	☐
6. 工具和零件被预置了吗？	☐	☐

选择	是	否
1. 通用件可以互换吗？	☐	☐
2. 工具能标准化吗？	☐	☐
3. 零件和材料存在于同一个料箱吗？	☐	☐
4. 零件能在料架或料盘上进行预置吗？	☐	☐

定位	是	否
1. 使用诸如导向装置、漏斗、套管、停止块、摇臂、定位销、凹槽、键、导杆或倒角了吗？	☐	☐
2. 公差能更换吗？	☐	☐
3. 采用沉头孔了吗？	☐	☐
4. 使用模板了吗？	☐	☐
5. 毛刺引起定位问题了吗？	☐	☐
6. 指定物品作为导杆了吗？	☐	☐

检查	是	否
1. 可以取消检查或将其与其他工序或动作合并吗？	☐	☐
2. 采用复合量具或实验了吗？	☐	☐
3. 通过增加亮度能减少检查时间吗？	☐	☐
4. 检查对象与人眼保持正确的距离了吗？	☐	☐
5. 使用 X 光射线方便检查了吗？	☐	☐
6. 应用电子眼了吗？	☐	☐
7. 批量适合使用自动化电子检查吗？	☐	☐
8. 放大镜方便检查小零件吗？	☐	☐
9. 采用最好的检查方法了吗？	☐	☐
10. 考虑使用偏振光、量块、声音测试、性能测试等手段了吗？	☐	☐

图 4-18 动素分析检查表（续）

休息	是	否
1. 使用最合适的肌肉等级了吗？	□	□
2. 温度、湿度、通风、噪声、灯光和其他工作条件满意吗？	□	□
3. 工作台的高度合适吗？	□	□
4. 在完成工作的过程中，坐立能交替进行吗？	□	□
5. 操作者有一个合适高度的舒服的椅子吗？	□	□
6. 对于重负荷来说，使用机械辅助装置了吗？	□	□
7. 操作者意识到自己每日的平均能量需求了吗？	□	□
夹持	是	否
1. 使用诸如虎钳、销、吊钩、齿条、夹子或真空装置等机械夹具了吗？	□	□
2. 使用摩擦装置了吗？	□	□
3. 使用磁力装置了吗？	□	□
4. 采用双夹具了吗？	□	□

图 4-18　动素分析检查表（续）

4.4　手工作业和设计指南

在现代工业环境里，虽然自动化已经大大地降低了对人力的需求，但肌力在很多职业中仍然发挥重要的作用，特别是那些涉及手工物料搬运（MMH）或手工作业的工作。在这些活动中，由于移动重物而产生的用力过度会引起肌肉与骨骼系统的过度使用，从而导致大约1/3 的职业病。下背部疼痛就占了职业病的1/4 左右，同时占了工人每年补偿金的1/4（美国国家安全委员会，2003）。背部损伤的危害性很大，因为背痛经常引起持久性的机能紊乱，使工人倍感不适以及工作能力受到限制，同时也会造成雇主巨大的开支（平均每个涉及手术的病案的直接开销超过 60 000 美元）。

4.4.1　能量消耗和作业负荷准则

肌肉收缩需要能量。一种叫 ATP（三磷酸腺苷）的分子是直接的能量来源，实际上ATP 是与蛋白质进行交叉反应，以使 ATP 上含有高能量的磷酸键断裂，进而释放出能量。这种能量是非常少的（持续时间只有短短的几秒钟），因而 ATP 必须马上从一种叫作 CP（磷酸肌酸）的分子中得到补充。CP 的能量也是有限的（持续时间不到一分钟）（见图 4-19），因而必须从我们日常吃的基本食物的新陈代谢中得到补充，这些食物有碳水化合物（糖类）、脂肪以及蛋白质。新陈代谢的方式有两种：有氧新陈代谢（有氧参加反应）和无氧新陈代谢（反应中无氧参加）。在有氧新陈代谢中，反应的效率较高，每分子葡萄糖（碳水化合物的基本单位）可以产生 38 分子三磷酸腺苷，但反应的速度相对比较慢。无氧新陈代谢反应的效率较低，每分子葡萄糖才产生 2 分子 ATP，但反应进行得很快。此外，葡萄糖分子只是部分地分解成为两个乳酸盐分子，并存在于体液之中，形成乳酸，这与疲劳有直接的关系。因此，在繁重工作的最初几分钟，ATP 和 CP 能量很快消耗完毕，必须进行无氧新陈代谢来补充 ATP 的量。最终，当操作者到达稳定状态时，有氧新陈代谢足以提供人体消耗的能量，此时，无氧新陈代谢慢慢减少。通过预热和缓慢开始工作，操作者可以使无氧新陈代谢和产生的乳酸量最小，从而使得疲劳程度最小。整个有氧新陈代谢的延迟叫缺氧，必须通过降温来补偿欠缺的氧，通常来说，补偿的量比欠缺的量要多得多。

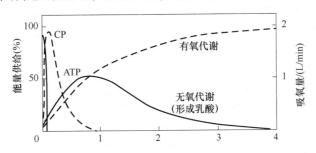

图 4-19　中等重体力劳动开始几分钟内的能量供给情况

高能量含磷贮能元（ATP 和 CP）提供了工作开始几秒内的大部分能量。随着工作时间的延长，无氧代谢
提供越来越少的能量，而有氧新陈代谢则占据主要地位

（资料来源：Jones, Morgan – Campbell, Edwards, and Robertson, 1975）

　　假设大多数能量是由有氧新陈代谢产生的，可以通过测量操作者所消耗的氧气量来估计完成一项任务所消耗的能量。吸入空气的量由流量计来测量，并假定其中 21% 是氧气。但是，吸入的氧气并不是全部用到，因此，必须对呼出的气体中氧气量进行测量。通常来说，吸入气体和呼出气体的量是相等的。因此，只需要使用测氧计测定呼出气体中氧气的含量。一个转化因子是：通常一个食谱中包含有 4.9kcal（19.6Btu）的能量，相当于新陈代谢中消耗每升氧气所产生的能量。

$$E = 4.9 \ \dot{V} (0.21 - E_{O_2})$$

式中　E——能量消耗，单位为 kcal/min；

　　　$\dot{V}$——吸入空气体积，单位为 L/min；

　　　E_{O_2}——呼出气体中氧气含量（约 17%）。

　　完成作业消耗的能量随作业类型、工作中保持的姿势及装载运输方式的不同而有所变化。通过收集几百种不同类型的作业所需能量消耗的数据，得出最常见的类型，如图 4-20 所示。或者，也可以使用 Garg（1978）的代谢预测模型估算能量消耗值。对于手工搬运来说，物体以什么样的方式进行运输是很重要的，运输物体越靠近身体重心（最大的肌肉组织），为保持平衡所消耗的能量越低。例如，用躯干的肌肉承受背包的负荷所消耗的能量比把相同负荷分成两份放在两个手提箱、用两只手分别来提，所消耗的能量小得多。尽管两种情况都处于平衡状态，但在第二种情况中，负荷离身体的重心比较远，且作用在较小的手臂肌肉上。姿势同样起着很重要的作用，有物体支撑的姿势所消耗的能量最少。因此，弯曲躯干而没有手臂支撑的姿势所消耗的能量比单纯站立所消耗的能量多出 20%。

　　Bink 在 1962 年提出了 8 小时工作日制的合理能量消耗极限是 5.33kcal/min（21.3Btu/min）。这个数值相当于美国男性平均最大能源消耗的 1/3（对于女性来说，应该是 1/3 × 12kcal/min = 4kcal/min（15.9Btu/min））。若总的工作量太大（超过了推荐的极限），由有氧新陈代谢来提供的能量已经无法满足能量的需求，需要依赖大量的无氧新陈代谢来补充能源，从而引起人体的疲劳和乳酸的产生。因此，需要大量的休息时间才能从疲劳中得到恢复和循环利用乳酸。Murrell 于 1965 年提出了一条休息分配准则：

$$R = \frac{W - 5.33}{W - 1.33}$$

式中　　R——所需要的休息时间，按总时间的百分比计算；

　　　　W——工作期间平均能量消耗，单位为 kcal/min。

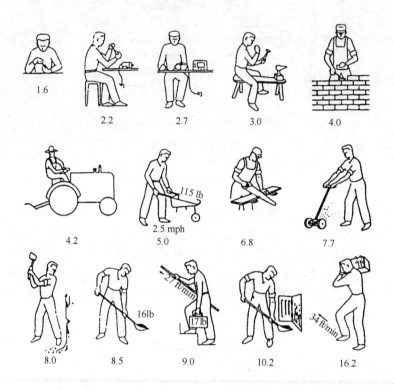

图 4-20　各种人类活动中的能量消耗（单位：kcal/min）

（资料来源：Passmore and Durnin, 1955, 改编自 Gordon, 1957）

在休息期间，人体消耗的能量值是 1.33kcal/min（5.3Btu/min）。考虑一项比较费力的任务：把煤铲入料斗中所消耗的能量是 9.33kcal/min（37.0Btu/min）。把 $W = 9.33$ 代入计算式中，得到 $R = 0.5$。此结果说明：为了从疲劳中恢复，所需要的时间相当于 8h 工作时间的一半，即 4h 的休息时间。

休息时间的分配方式也是相当重要的。让操作者在每分钟消耗 9.33kcal 的条件下工作 4h，使得他们疲劳过度，然后休息 4h，这种工作方式没有效果。通常，工作的持续时间应该由疲劳的情况来决定。当操作者进行繁重的工作时，血液流动很慢，加速了无氧新陈代谢的进行。另外，恢复过程呈指数变化，越到后来效果越不明显。因此，重体力劳动一小段时间工作（约 0.5~1min）穿插短暂的休息效果较好。在 0.5~1min 的时间里，直接的能量来源 ATP 和 CP 很快消耗完毕，但是又能很快地得到补充。而在较长的工作时间里产生的乳酸很难被移除。1~3s 短暂的间歇时间可以用来疏通被堵塞的血管，也可以当作有效的休息时间，在这期间工人可以换另一只手干活以减轻肌肉的疲劳。此外，最好是由工人根据需要自行决定休息时间（自我控制），而不是机械性地规定休息时间（机械式控制）。总之，极力推荐使用频率高、周期短的工作休息循环方式。

4.4.2　心率准则

令人遗憾的是在制造业工作环境下，测量氧气的消耗量和计算能量消耗所花的费用大而且又麻烦。测量的设备价值几千美元，而且还会干扰工人工作。一个可以间接测能量消耗的方法是测定心跳的频率（心率）。心脏将携带氧气的血液运输到运动着的肌肉中，消耗的能源需求越多，心跳的频率越高（见图 4-21）。这种测心率的仪器造价不高（可视的读数器价格低于 100 美元，可以连接到计算机的仪器的成本为几百美元），而且干扰相对较低（运动员通常戴在身上以测试体能）。另外，分析人员必须仔细分析，因为心率的测试最适用于动态劳动，这其中涉及在较高的肌力级别（最大肌力的 40%）上使用大的肌肉，并随着个体的适应水平和年龄的不同有较大的变化范围。另外，心率可能受其他刺激条件的影响，包括环境的温度和湿度、情绪的状况以及精神的压力。限定这些外在的影响因素就可以对人员的工作量做更好的估计。但如果测试的目的是测得工作中工人的全部压力，就不必考虑这些因素。

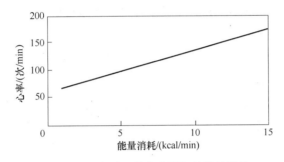

图 4-21　心率随工作负荷增加呈线性增长

德国科学研究人员提出了一种解释心率的方法论（Grandjean，1988）。工作期间的平均心率与休息期间的心率相比，（公认是）每分钟增加了 40 次。增加的次数与工作能量消耗成比例。在动态工作中，能量消耗的增加与所引起的心跳次数增加的关系（即图 4-21 中的斜率）是每多消耗 1kcal/min 的能量心跳增加 10 次/min。因此，能量消耗为 5.33kcal/min 的工作量（休息时消耗的能量是 1.33kcal/min，在此之上增加 4kcal/min 的能量消耗）引起心跳增加的次数是 40 次/min，这是可接受的工作负荷极限。这个值也与 Brouha（1967）提出的心率恢复指数相一致。

平均心率是在工作停止之后的休息期间，分两个时间段进行测量的（见图 4-22）：①在工作停止后的 0.5 ~ 1min 之间；②在工作停止后的 2.5 ~ 3min 之间。心率恢复的可接受范围（或者工作量的可接受范围），第一次的示值不超过 110 次/min，并且两个示值的相差至少要超过 20 次。假定通常休息期间的心率是 72 次/min，加上允许范围内的心跳增加次数 40 次/min，得到工作时的心跳次数是 112 次/min，这个数值与 Brouha 的第一个准则相符合。

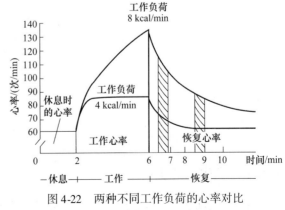

图 4-22　两种不同工作负荷的心率对比

8kcal/min 的工作负荷导致心率蠕变。

两个被标记的时间段是 Brouha 测量心率的时间段

作为心率的最后记录，观察工作期间的心跳过程是相当重要的。工作稳定状态时的心跳加速（见图 4-22）叫心率蠕变，表明产生的肌肉疲劳增加了，或是休息期间没有得到足够的恢复（Brouha，1967）。这种疲劳通常是由工作负荷造成的，也可能是由于外界温度高或精神的压力，以及从事的大量静态工作（不是动态工作）。无论如何，心率蠕变可以通过增加休息时间来避免。

4.4.3 对施力进行主观评定

一种估计工作量和操作者承受压力的更简单的方法是对施力进行主观评定。这种方法可以取代生理测定所需的昂贵的和相对复杂的测试设备，以简单的口述进行等级评定。Borg（Borg and Linderholm，1967）发明了一种常用的评定等级以对全身动态工作的施力进行主观评定，即 Borg 施力评价等级（RPE）。建立这种评级，第 6~20 级直接与心跳的次数（以每 10 次为一个单位）挂钩，以期得出劳动程度的等级（见表 4-6）。等级的文字描述可以帮助操作者更好地完成等级测定任务。因此，根据先前的心率准则，为保证心跳恢复到可接受的范围内，Borg 分级应该限制在 11 级以下。

注意：主观等级会受先前的经验和个人用力等级的影响。因此，应该小心使用这种等级，且应该按照个人的最大用力等级规格化。

表 4-6　Borg RPE 评比等级及其文字描述

评 比 等 级	文 字 描 述
6	完全不用力
7	极其轻微
8	
9	很轻微
10	
11	轻
12	
13	有些用力
14	
15	用力
16	
17	很用力
18	
19	极其用力
20	用最大力

4.4.4 下背部压力

成年人的脊骨或脊柱是由 25 块骨头（脊椎）组成的，呈 S 形，分成 4 大块，包括：颈部上的 7 块颈椎骨；上背部的 12 块胸椎骨；腰部的 5 块腰椎骨；骨盆区域内的骶椎骨（见

图 4-23）。椎骨的形状大致呈圆柱形，与后部呈放射形的骨突连接，骨突连接背部肌肉，即竖脊肌。在每块椎骨的中间有一开口，容纳并保护从大脑直通到脊柱末端的脊髓（见图 4-24）。在沿着脊髓的不同位置上，神经根从脊髓分离，穿过脊椎骨，到四肢、心脏、内脏器官以及身体的其他部位。

脊椎骨被椎骨间的软组织——椎间盘隔开。这些软组织起到关节的作用，可以使脊柱进行较大范围的活动，而大部分的躯干弯曲发生在最低的两块椎间盘上，一块是在腰椎骨的末端与骶骨连接的地方（称之为 L_5/S_1 椎间盘，椎骨编号由上往下），在这块椎间盘的上方是另一块椎间盘 L_4/L_5。椎间盘在椎骨之间起到弹性垫的作用，使脊柱可以呈 S 形，并且在人体步行、跑和跳动时起到避免振动冲击、保护头和大脑的作用。椎间盘结构是以髓核为中心，由洋葱状的纤维层包围组成，通过软骨终板将骨头隔开。在髓核和软组织之间存在大量的液体流动，流动的量由椎间盘承受的压

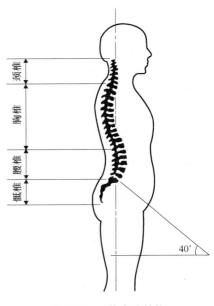

图 4-23　人体脊柱结构
（资料来源：Rowe, 1983）

力大小决定。所以，脊柱的长度（测定总身高的变化）在工作后可能会有 0.5 ~ 1in（1.3 ~ 2.5cm）的变化，这有时也作为一种测定方法来测量工人承受的工作量（有趣的是，太空中的宇航员在失重后，身高可能增加 2in）。

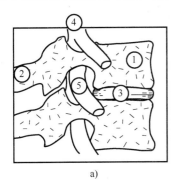
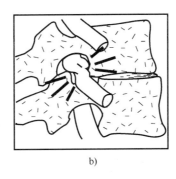
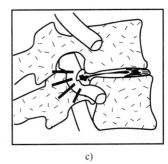

a)　　　　　　　　　　　　　b)　　　　　　　　　　　　　c)

图 4-24　椎骨结构与椎间盘退化过程
a）正常状态：①椎骨；②棘突，类似肌肉附着点；③椎间盘；④脊髓；⑤神经根
b）椎间盘空间缩小，使得神经根被挤压
c）椎间盘突出，使得髓核挤出，并撞击神经根
（资料来源：Rowe, 1983）

遗憾的是由于人体衰老和重体力劳动的综合作用（难以断定这些因素各自的影响），这些椎间盘随着时间推移而逐渐变弱。由于被包围着的纤维可能逐渐被磨损，或软骨端受微小骨折，释放出一种胶状物体，降低了内部压力并使中心干涸。于是，椎间盘的内部空间缩减，使得两边的椎骨慢慢靠近，甚至接触到一起，从而引起刺激和疼痛。更严重的是，如果碰撞到神经根，将会引起疼痛和屈伸不利。由于椎间盘上的纤维失去完整性，一旦椎骨移

动，就会导致椎间盘的受力不均匀，引起更大的疼痛。比这还要严重的情况称为椎间盘突出。这种情况下，纤维套管实际已经破裂，从而导致大量的髓核被挤出，使得两端的椎骨对神经根产生更严重的撞击（见图4-24c）。

引起下背痛的原因并不容易找出。像大多数的职业病一样，必须综合考虑工作和个人的因素。而后者包括遗传的因素，主要是较弱的结缔组织、椎间盘、韧带以及个人的生活方式状况，例如吸烟和肥胖症，而这些是工业工程师无法控制的。唯一能做的是改变工作的因素。尽管流行病数据容易受幸存者群体效应或个人补偿机理的影响，但统计显示，重体力工作会引起下背疼痛。重体力工作不仅仅是频繁地承受重的负荷，还包括躯干长时间保持向前弯曲的姿势。长时间保持不动，甚至保持坐的姿势，或整个身体处于振动状态都是引起下背痛的因素。因此，科学家将椎间盘高压的形成与最终的椎间盘故障联系起来，运用生物力学计算或估计来自腹内的椎间盘压力，或者对椎间盘内压力直接进行测量，但实际上这两种方法都不适于工业用途。

一种不成熟但却很有效的分析方法（见图4-25）是，建立L_5/S_1椎间盘（大多数躯干弯曲和椎间盘突出发生的位置）的自由体图，并为其组件建立杠杆模型，用椎间盘的中心作为支点。负荷通过力臂（由手心到椎间盘中心的距离决定）施加一个顺时针的力矩，而竖脊肌产生一个向下的作用力，通过一个很小的力臂（大约为2in，即5cm）建立一个刚够保持平衡的逆时针力矩。因此，两个力矩必须相等，这样就可以算出竖脊肌的内部作用力：

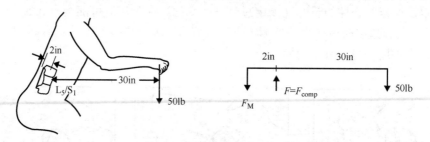

图4-25　背部一阶杠杆压力模型

$$2\,F_M = 30 \times 50$$

式中　F_M——肌肉作用力。

因此，$F_M = 1500\text{lbf}/2 = 750\text{lbf}$（340kgf）。作用在椎间盘上的总压力（$F_{comp}$）为

$$F_{comp} = F_M + 50\text{lbf} = 800\text{lbf}$$

椎间盘的压力为800lbf（362.9kgf），这是个相当大的负荷，足以使某些人受到损伤。

注意，这种简单的分析方法忽略了椎间盘的偏置、身体各部分的重量、竖脊肌的多作用点及其他因素，也低估了作用在腰部极高的压力。图4-26中显示了各种不同负荷和水平距离的更精确的值。考虑到导致椎间盘疾病的个体力量的差异，Waters（Waters, Putz-Anderson & Garg, 1994）建议将770lbf（350kgf）的压力认定为危险临界值。

通过建立生物力学模型手工计算压力的方法相当费时，从而促进了各种计算机生物力学模型的发展。其中最著名的是三维静态力预测模型。

注意，虽然腰椎间盘突出可能是最严重的腰部损伤，但也存在其他一些问题，例如韧带、肌肉和肌腱的软组织损伤。这些问题往往更普遍，其结果都能引起手工作业操作者的背痛。而这种疼痛虽然让人不适，但可以通过几天适度的休息得到恢复。医生通常建议，通过适度的日常活动来加速恢复，而不是靠传统的卧床休息方式。此外，研究人员也正在将软组织元件加入更复杂的背部模型中。

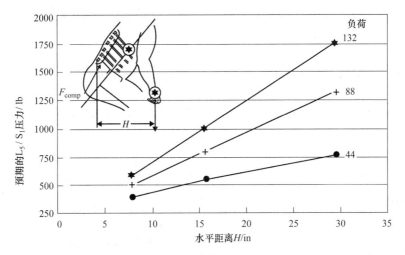

图 4-26　负荷和重心与 L_5/S_1 椎间盘之间的距离对于作用在 L_5/S_1 椎间盘上压力的影响

（资料来源：改编自 NIOSH，1981，图 3.4 和图 3.5）

4.4.5　NIOSH 提举准则

意识到与工作有关的背部损伤问题正在日益增多，为了控制这种趋势，NIOSH 发布了被称为 NIOSH 的提举准则（Waters et al.，1994）。尽管这些只是准则，OSHA 却以此为基础，通过通用责任条款发布了此项准则。

关键输出是推荐的负重限制（RWL），它是在最优重量的概念基础上得出的，最优重量可以通过调整与作业有关的各种因素得到。RWL 意味着大多数操作者都可以承受的负荷：

（1）按照 RWL 的准则，大部分年轻健康的操作者的 L_5/S_1 椎间盘可以承受 770lbf（350kgf）的压力。

（2）超过 75% 的女性和 99% 的男性有足够的力量提举 RWL 所提出的负荷。

（3）最大能量消耗，即 4.7kcal/min，不超过推荐的能量消耗极限。

一旦超过 RWL，肌骨系统损伤事故及其严重程度会大大提高。RWL 是基于最佳姿势所能搬运的最大负荷提出的。当姿势偏离最佳状态时，各种作业因素以乘数的形式调整，以减少所承受的负荷。

$$RWL = LC \times HM \times VM \times DM \times AM \times FM \times CM$$

式中　LC——负荷常数 $= 51lbf$；

　　　HM——水平因子 $= 10/H$；

　　　VM——垂直因子 $= 1 - 0.0075 |V - 30|$；

　　　DM——距离因子 $= 0.82 + 1.8/D$；

　　　AM——不对称因子 $= 1 - 0.0032A$；

　　　FM——表 4-7 的频率因子；

CM——表4-8 的耦合因子；

H——负荷中心到踝关节中心点的水平距离，$10\text{in} \leq H \leq 25\text{in}$；

V——负荷中心的垂直距离，$0 \leq V \leq 70\text{in}$；

D——提升物体的起始点和目的地的垂直移动距离，$10\text{in} \leq D \leq 70\text{in}$；

A——手和脚的不对称角度，$0 \leq A \leq 135°$。

简化公式：

$$\text{RWL} = 51 \times (10/H)(1 - 0.0075 \times |V - 30|)(0.82 + 1.8/D)(1 - 0.0032A) \times \text{FM} \times \text{CM}$$

式中 RWL 单位为 lbf。

注意，这些因子的取值范围是从最小值 0（极端姿势）到最大值（最佳姿势/状态）。表4-7 为三种不同工作时间的频率因子，其范围从 $0.2 \sim 15$ 次/min。工作时间分成三种类型：

(1) 短持续时间。即一小时或一小时内的工作时间，且休息时间约是工作时间的 1.2 倍（因此，即使一项周期为 3h 的工作，只要每工作 1h 就休息 1.2h，也认为是短持续时间的工作）。

(2) 中等持续时间。工作时间在 $1 \sim 2h$ 之间，休息时间至少为工作时间的 0.3 倍。

(3) 长持续时间。工作时间为 $2 \sim 8h$。

表4-7 频率因子（FM）表

提举频率 F /（次/min）	工作持续时间					
	≤1h		>1h 但是 ≤2h		>2h 但是 ≤8h	
	V<30in	V≥30in	V<30in	V≥30in	V<30in	V≥30in
≤0.2	1.00	1.00	0.95	0.95	0.85	0.85
0.5	0.97	0.97	0.92	0.92	0.81	0.81
1	0.94	0.94	0.88	0.88	0.75	0.75
2	0.91	0.91	0.84	0.84	0.65	0.65
3	0.88	0.88	0.79	0.79	0.55	0.55
4	0.84	0.84	0.72	0.72	0.45	0.45
5	0.80	0.80	0.60	0.60	0.35	0.35
6	0.75	0.75	0.50	0.50	0.27	0.27
7	0.70	0.70	0.42	0.42	0.22	0.22
8	0.60	0.60	0.35	0.35	0.18	0.18
9	0.52	0.52	0.30	0.30	0.00	0.15
10	0.45	0.45	0.26	0.26	0.00	0.13
11	0.41	0.41	0.00	0.23	0.00	0.00
12	0.37	0.37	0.00	0.21	0.00	0.00
13	0.00	0.34	0.00	0.00	0.00	0.00
14	0.00	0.31	0.00	0.00	0.00	0.00
15	0.00	0.28	0.00	0.00	0.00	0.00
>15	0.00	0.00	0.00	0.00	0.00	0.00

耦合因子（见表4-8）取决于手与物体接触的情况。总的来说，接触好或者便于抓物体，可以降低所需的最大握紧力，提高可以承受的重量。相反，如果接触不好，所需的握紧力就会提高，同时也降低了所能够承受的重量。修订后的 NIOSH 提举准则将耦合因子分为三个等级：好、中等和差。

表 4-8　耦合因子

耦合类型	耦合因子	
	$V < 30\,in$	$V \geqslant 30\,in$
好	1.00	1.00
中等	0.95	1.00
差	0.90	0.90

要想得到好的耦合因子，必须对容器进行优化设计，如在容器上安装专门设计的把手或扣手。一只理想的容器要有平滑且防滑的纹理，水平方向的尺寸为 16in 以上，高度为 12in 以上。理想的手柄是圆柱形的，具有平滑但不滑手的表面，直径为 0.75 ~ 1.5in，长度为 4.5in 以上，间隙为 2in。对于容器中没有松散件或不规则物体的情况，一个理想的耦合因子包括具有舒适的抓紧方式，便于手舒服地抓紧物体且不需要较大的腕关节偏移（通常在用力抓紧小件时会出现腕关节偏移）。

中等耦合因子是由于接触方式不够完美产生的，其原因是容器把手或扣手设计不够理想。对于设计理想但没有把手或扣手的容器，如果手一直不能完全抓住物体，而是仅手指弯曲到 90°，这时就会产生中等的耦合因子，这种现象通常出现在工业包装箱中。

差的耦合因子是没有把手或者扣手，且设计欠优化的容器，或者笨重而难以搬运的松散件造成的。如果有粗糙或者容易脱手的表面、有锋利的边缘，或者重心不对称，或者装的东西不稳定，或者需要戴手套进行搬运，这些情况都会导致较差的耦合因子。图 4-27 中的决策树有助于完成对耦合因子的分类。

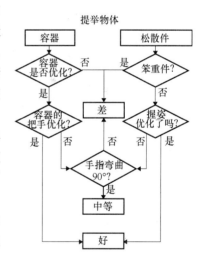

图 4-27　耦合质量决策树

每个因子在较容易的工作重新设计中都可以作为简单的设计工具。例如，如果 HM = 0.4，则由于水平距离大使得 60% 的潜在提举能力损失掉了。因此，水平距离应尽可能缩短。

NIOSH 也提出了提举指数（LI），以对提举既定重物的危险级别进行简单估计，数值超过 1 被认为是危险的。此外，LI 在以人因方式重新设计工作顺序中很有用。

$$LI = \frac{负荷}{RWL}$$

为了控制危险，NIOSH 推荐用工程控制、物理变更或工作任务和场所再设计等方法来代替工人的专业化挑选和培训的行政控制方法。大多数常规的改变包括：避免位置过高或过低，使用电梯或者倾斜的工作台，使用手柄或者专门的货箱搬运重物，并通过减小工作面积和使装载货物地点靠近生产地点的方法来缩短运输的水平距离。

4.4.6　多任务提举准则

工作中含有大量提举任务与只有一个提举任务相比，身体新陈代谢的负荷增加了。RWL 的降低和 LI 的提高正好反映了这种现象，而且有一个专门的程序可以处理这种情况。

这个概念叫作复合提举指数（CLI），表示工作的整体需求。CLI 等于最大的单个任务提举指数（STLI），并随着每项任务的增加而增加。多任务的操作程序如下：

（1）计算每项任务的单任务 RWL（STRWL）。

（2）设定 FM = 1，计算频率独立的每项任务的 RWL（FIRWL）。

（3）将负荷除以 STRWL 以得到单一任务的 LI（STLI）。

（4）将负荷除以 FIRWL 以得到频率独立的 LI（FILI）。

（5）根据身体压力（即每个任务的 STLI）递减的方式，将任务排序，计算整个工作的 CLI。CLI 的公式是

$$CLI = STLI_1 + \sum \Delta LI$$

式中 $\sum \Delta LI = FILI_2 \times (1/FM_{1,2} - 1/FM_1) + FILI_3 \times (1/FM_{1,2,3} - 1/FM_{1,2}) + \cdots$

对表 4-9 的三个提举任务的工作进行分析，所得的多提举任务分析如下：

（1）将具有最大提举指数的任务叫作新任务 1（旧任务 2），其 STLI = 1.6。

（2）新任务 1 和新任务 2 的频率和是 1 + 2 = 3。

（3）新任务 1 和新任务 2 以及新任务 3 的频率和是 1 + 2 + 4 = 7。

（4）从表 4-7 中可以看到，新的频率因子是 $FM_1 = 0.94$，$FM_{1,2} = 0.88$，$FM_{1,2,3} = 0.70$。

（5）因此，复合提举指数是 CLI = 1.6 + 1.0 × (1/0.88 − 1/0.94) + 0.67 × (1/0.7 − 1/0.88) = 1.6 + 0.07 + 0.2 = 1.87。

表 4-9　三个任务的提举工作特性样例

任务序号	1	2	3
负荷重量 L	20	30	10
任务频率 F	2	1	4
FIRWL	20	20	15
FM	0.91	0.94	0.84
STRWL	18.2	18.8	12.6
FILI	1.0	1.5	0.67
STLI	1.1	1.6	0.8
新任务序号	2	1	3

例 4-2　把箱子搬进车厢的 NIOSH 分析

在汽车设计变化之前，将物体放进车厢时通常的动作是身体向前倾斜并伸长手臂（见图 4-28）。假定搬运者将 30lbf 重的箱体从地上搬到车厢内。为了省力，搬运者只是弯着腰（成 90°）从距离很近（H 大约为 10in）的水平地面上（$V = 0$）抬起物体。移动的垂直距离是目的地（假设车厢底部离地面的距离是 25in）与物体原地的垂直位置 V 的差值，得出 $D = 25in$。假设这只是一次性搬运，可得 FM = 1。此外，假设箱体的体积非常小，且很紧凑，但没有手柄。因此，是中等的耦合因子，CM = 0.95。得出关于起点的下列计算：

$$RWL_{ORG} = 51 \times (10/10) \times (1 - 0.0075 \times |0 - 30|) \times (0.82 + 1.8/25) \times$$
$$(1 - 0.0032 \times 90) \times 1 \times 0.95$$
$$= 51 \times 1 \times 0.775 \times 0.892 \times 0.712 \times 1 \times 0.95$$
$$= 23.8$$

假设由于有保险杠或是因为车厢的边缘太高，使得物体离车厢更远（$H = 25in$），搬运者不需要弯腰，移动的距离保持不变，也是中等的耦合因子，则关于目的地的计算如下：

$$RWL_{DEST} = 51 \times (10/25) \times (1 - 0.0075 \times |25 - 30|) \times (0.82 + 1.8/25) \times$$
$$(1 - 0.0032 \times 0) \times 1 \times 0.95$$
$$= 51 \times 0.4 \times 0.963 \times 0.892 \times 1 \times 1 \times 0.95$$
$$= 16.6$$

且
$$LI = 30/16.6 = 1.8$$

因此，以最坏的情况来看，抬起 16.6lbf 重的物体对于大部分人来说是安全的负荷，而 30lbf 的箱体则会对身体造成损伤，因为这相当于可接受负荷的 2 倍左右。引起搬运者提举能力降低的主要因素是目的地的水平位移，这主要是车厢的不合理设计。把水平距离减少到 10in，可以将 H 因子提高到 10/10 = 1，且将 RWL 提高到 41.5lbf。对于大部分新款式的车来说，这个问题已经由汽车制造商解决了。通过重新设计车厢的结构，以使得当物体提举到下边缘时，所需的水平提力最小，而且可以很容易地将物体推到里面。

但是，现在的物体的初始位置是受限的，这可以通过移动脚和消除身体的扭曲来改善，将 RWL 增加到 33.4lb。请注意，操作者将重物从地面搬到车厢边缘后再将其放到车厢中最好分成两步去做。关于这个问题新车型也做了改进，因为车厢边缘的挡板高度降低了，也就减少了操作者举起重物的距离。

图 4-28　向行李舱放物体姿势实例

使用 NIOSH 多任务工作分析表（见图 4-29）使这个过程变得相当容易。但是，一旦任务的数量超过 3 或 4，手工计算 CLI 数值非常费时。现在很多软件程序和网站致力于帮助用户解决这个问题。当然，最好的解决办法总的来说是避免手工搬运物料，而使用机械辅助设备或全自动物料搬运系统（详情请参阅第 3 章）。

多任务工作分析表

部门 _____   工作描述

工作名称 _____   _____

分析员 _____   _____

日期 _____   _____

第1步：测量和记录任务的变量数据

任务编号	物体重量/lb		手的位置/in				垂直距离 /in	不对称度(°)		频率/ (次/min)	时间/h	耦合
			初始位置		目的地			初始位置	目的地			
	平均	最大	H	V	H	V	D	A	A	F		C

第2步：计算每个任务的乘子和FIRWL、STRWL、FILI和STLI

任务编号		LC×HM×VM×DM×AM×CM	FIRWL×FM	STRWL	FILI= L/FIRWL	STLI= L/STRWL	新的任务编号	F
	51							
	51							
	51							
	51							
	51							

第3步：计算重新编号任务的CLI

CLI=	$STLI_1$	+	$\Delta FILI_2$	+	$\Delta FILI_3$	+	$\Delta FILI_4$	+	$\Delta FILI_5$	
			$FILI_2(1/FM_{1,2}$ $-1/FM_1)$		$FILI_3(1/FM_{1,2,3}$ $-1/FM_{1,2})$		$FILI_4(1/FM_{1,2,3,4}$ $-1/FM_{1,2,3})$		$FILI_5(1/FM_{1,2,3,4,5}$ $-1/FM_{1,2,3,4})$	
CLI=										

图 4-29　多任务工作分析表

4.4.7　通用指南：手工提举操作

尽管没有一项最优的提举技术适合所有人或任务的状况，但是有几个准则基本上普遍适用（见图4-30）。第一，通过估计重物的大小和形状，确定是否需要辅助设备，并确定现场哪些状况会干扰提举。第二，确定最好的提举方法。通常来说，蹲着提，使后背较直，而考虑到腰部压力，膝盖弯曲时提重物则是最安全的。但是，庞大的重物可能会碰着膝盖，而蹲着提时则可能需要先弯腰再伸展后背。第三，双脚需要左右或前后分开，以保持较好的平衡稳定姿势。第四，确保手可以抓牢重物。后两项对避免出现突然的扭转和急推动作（这两种动作对腰部的损害很大）起很大的作用。第五，把重物尽量地靠近身体，以使重物产生的水平力臂和作用在腰部的力矩最小。

避免扭转和急推作用是相当重要的。扭转使椎间盘产生不对称定位，导致椎间盘受到的压力增大，而急推时会使后背受到附加的加速力。有意识地减少操作者工作时的扭转动作，实际上需增大起点到终点的移动距离。这使得操作者必须多做一个步骤，转动整个身体以取代扭转箱体的动作。搬运不对称的物体或者单手搬运物体会使椎间盘产生不对称定位，因此必须尽可能避免这种情况。

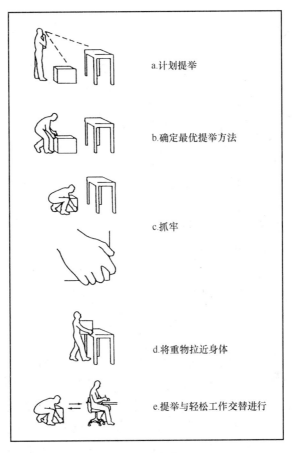

图 4-30 安全提举过程

（资料来源：S. H. Rodgers, Ph. D. P. O. Box 23446, Rochester, NY 14692）

一般姿势评价和任务评价检查表（见图 4-31）有利于使分析人员记住理想作业设计的基本原则。

一般姿势评价	是	否
1. 关节能处于中性位置（基本是直的，肘弯曲 90°）吗？	☐	☐
2. 物体或负荷接近身体吗？	☐	☐
3. 可以避免向前弯曲姿势吗？	☐	☐
4. 可以避免身体的扭转吗？	☐	☐
5. 可以避免猛拉或突然移动吗？	☐	☐
6. 可以避免静态姿势，即姿势有变化吗？	☐	☐
7. 可以避免过度的伸手动作吗？	☐	☐
8. 手是在身前操作吗？	☐	☐

图 4-31 一般姿势评价和任务评价检查表

任务评价	是	否
1. 可以避免静态肌肉用力过度吗？	☐	☐
a. 重复性静态用力小于最大强度的15%吗？	☐	☐
b. 静态用力的持续时间仅限于几秒吗？	☐	☐
2. 手指操作仅用于不用力的精密操作吗？	☐	☐
3. 大肌群的用力抓取是用于费力的任务吗？	☐	☐
4. 使用动量来协助操作者了吗？	☐	☐
5. 曲线运动是绕着最低等级的关节进行的吗？	☐	☐
6. 材料与工具放置在正常工作区域了吗？	☐	☐
7. 使用重力式漏斗或下落式滑道了吗？	☐	☐
8. 所有的任务是在肩部以下和肘部以上位置完成的吗？	☐	☐
9. 膝部弯曲时的提举是缓慢完成的吗？	☐	☐
10. 超过50lbf的负荷是在机械装置辅助下完成的吗？	☐	☐
11. 工作量足够低以保证心率稳定在110次/min以下了吗？	☐	☐
12. 提供频繁的短期休息了吗？		

图4-31　一般姿势评价和任务评价检查表（续）

4.4.8　背带

关于背带需要注意：尽管在很多操作者身上和一些公司的描述中都有，但是背带并不是万能的，使用时必须加以注意。背带起源于早期对举重的研究，出现在需要承受极端的负重时，背带可以减少15%~30%的下背部压力，这个数据是由背部肌电图计算出来的（Morris et al.，1961）。不过，研究对象是受过训练的举重员，被举的重量较大，而且是在矢状面上。而制造工人所承受的负重要小得多，产生的影响也小。而在扭转时，由于肌肉呈弯曲状态，其产生的影响相对更小。也有一些数据是关于传说中的"超人"效应的——用背带的工人比不用背带的工人承受的负荷要多——还有一些工人由于腹部受压，血压有10~15mmHg的升高，因而会危害冠状动脉。

最后，一项关于航空公司行李搬运工（Ridell et al.，1992）的纵向研究表明：使用背带的工人和没有使用背带的"对照组"工人之间背部受伤没有显著差异。令人吃惊的是，一小组工人由于某些原因（觉得使用背带不舒服或很热），而放弃使用背带，对这些人的研究发现：他们的受伤率明显更高。这可能归因于腹肌萎缩，因为腹肌应该发挥内部背带的作用，但由于外部作用力减少了，使腹肌的作用减弱了。一个有效的方法是建议操作者通过腹部锻炼（经过改良的仰卧起坐）、正规练习以及减轻体重来增强腹肌。背带必须在经过适当的培训和控制之后才能使用。

本 章 小 结

第4章介绍了一些关于人体肌肉与骨骼和生理系统的理论概念，并以此为手段提出了一个总的框架以更好地理解动作经济原则和作业设计。提出这些原则作为一系列的规则，运用在手工装配作业的再设计（这是动作研究的一部分）中，希望在对人体功能更好地理解的情况下，分析师会意识到这些规则的重要性。这其中的一些概念会在第 5 章中进行详细说明，以讨论工作场所、工具和设备的设计。

思　考　题

1. 在肌肉中发现了哪些组成结构？这些组成结构对肌肉的性能起什么作用？
2. 用肌丝滑动理论解释静态和动态肌肉性能。
3. 描述各种类型的肌纤维以及每一种肌纤维对肌肉性能的影响。
4. 为何活跃运动单元数量的变化没有引起相应的肌肉性能的影响？
5. EMG 可以用来测量什么？如何解释 EMG？
6. 为什么工作站设计者尽量使操作者完成工作时不必抬高肘？
7. 对于一个在计算机前工作的操作者来说，你认为什么样的距离比较合适？
8. 定义并举例说明 17 个动素。
9. 怎么才能把"寻找"这个基本的动作从工作循环中消除？
10. 哪个基本动作通常在"伸手"动作之前？
11. 影响"移动"这个基本动作时间的三个变量是什么？
12. 分析人员如何确定操作者何时执行"检查"动作？
13. 解释可避免的延迟和不可避免的延迟的不同点。
14. 在 17 种基本动作中，哪一项被认为是比较有效的，而且通常认为是工作循环中不可缺少的？
15. 为什么必须为工作站的所有工具和原料设定固定的位置？
16. 动作的五种类型中哪一种是制造工人最常使用的？
17. 为什么只有当双手忙于工作时，才需要脚来工作？
18. 在动作研究中，为什么同时对两只手进行分析是不明智的？
19. 什么工作因素使 Fitts 作业的难度指数提高了？
20. 在提举过程中，什么因素影响对后背的压力？
21. 什么因素影响静态肌力的测定？
22. 精神生理肌力、动力和静力有何不同？
23. 可以采用什么方法估计出完成工作所需的能量？
24. 什么因素会改变既定工作的能量消耗？
25. 性别和年龄的不同如何引起作业能力的差异？
26. 限制全身手工作业的持久性的因素是什么？

计　算　题

1. 50% 的女性伸直手臂能承受的最大负荷是多少？（使用表 5-1 估算人体测量数据）。
2. 在包装部门，传送带末端与托盘之间站着一个工人。传送带的表面距离地面有 40in，而托盘的顶端距离地面有 6in。当箱子移动到传送带的末端时，工人转 90° 拿起箱子，然后以相反的方向转过 180° 把箱子放在托盘上，每个箱子边长为 12in，重 25lbf。假设工人每分钟搬运 5 个箱子，移动的水平距离为 12in，实行 8h 工作制。运用 NIOSH 提举准则，计算 RWL 和 LI。对任务进行重新设计，以做出改善。RWL 和 LI 的值是多少？
3. 对于计算题 2 来说，运用密歇根州大学的三维静态力预测模型，计算影响工作绩效的下背部压力的大小。

4. 一个处于 95 分位的男子伸手呈 90°提 20lbf 的重物。肩膀承受的扭力是多少？

5. 工人以每分钟消耗 8kcal 能量的速率铲沙时，他需要多少休息时间（8h 工作制）？这些休息时间应该怎么分配？

6. 美国军队现存的一个问题是直升机飞行员的颈部疲劳和肩部疲劳。为了执行夜间飞行任务，飞行员必须佩戴夜视镜（挂在安全帽上）。但是这种夜视镜非常重，会对头部产生一个向下的很大的扭力。为抵抗这个扭力，很容易导致颈上肌肉疲劳。为了减轻这个问题，很多飞行员在安全帽的后面附加一定数量的铅块。找出适当铅块的重量以尽可能平衡头部和最小化颈部疲劳。假定：①夜视镜的中心是在颈轴的轴心前面 8in 的位置；②夜视镜重 2lbf；③任意的、最大的颈扭力为 480lbf；④铅块的中心是在颈轴的轴心后面 5in 的位置；⑤无附带物的安全帽的重量是 4lbf；⑥安全帽的中心是在颈轴的轴心前面 0.5in 的位置。

7. 从事托盘装运的工人经常抱怨身体疲劳和缺乏休息。测得他们的心率为 130 次/min，并且随着工作的进行缓慢地增加。当他们坐下休息 1min 后，心率降到 125 次/min，而 3min 后，心率则降到 120 次/min。从以上这些数据，你可以得出什么结论？

8. Dorben 公司的联合工会记录了关于员工对最终的检查站不满的情况，在该检查站中，操作者只需拿起重 20lbf 的装配工件，检查装配工件的每一边，如果满意，则放回传送带，以送到包装部门进行包装。平均每个操作者每分钟检查 5 个组件，所消耗的能量为 6kcal/min。在检查时，传送带的表面距离地面 40in，装配工件距离检查者大约 20in。以 NIOSH 提举准则和新陈代谢的能量消耗因素为基准，来评估工作绩效，说明工作的强度是否超过了允许的限度。如果超过了，计算操作者在没有超过允许的标准时，每分钟能检测多少工件？

9. 一名能力相对较弱的工人（其休息期间的心率为 80 次/min）从事托盘装运箱子工作。在早晨休息时，一位工业工程师迅速测量工人心率，并发现最高可达 110 次/min，停止工作 1min 后，心率为 105 次/min，而停止工作 3min 后，心率为 95 次/min。从这位工人的情况看，你能得出关于工人工作量的什么结论？

10. 站着的检查员从距离地面 50in、水平距离为 20in 的输送机上取下 25lb 的铸件。然后，他将铸件放在比传送带低 20in 的工作区域，并靠近机身（最小水平距离）进行检查。他向右旋转 90°，把好的工件以最小水平距离将其放在另一个距离地面 30in 的输送机上。他向左旋转 90°，把不好的工件以最小水平距离放在离地面 30in 的第三个传送带上。根据 NIOSH 的指导方针，每班 8h，他每分钟能检查多少铸件是可以接受的？以最低的成本（即没有昂贵的机器人或自动化）来加倍生产，仍需保持在可接受的水平以内，重新设计工作。

11. 考虑一名工人站在地面上，将蔬菜板条箱（10in 高，10in 深，30lb）从地面提升到货车的平板上，另一名工人将移动箱子并将其正确放置在货车上。假设从地面拿起的用力是很合理的，但 20in 的水平搬运距离是很不理想的。根据 NIOSH 指南，8h 轮班的地面工人每分钟可以装载多少板条箱？以保持每分钟 10 个板条箱的预期配额，并控制在可接受的水平内，重新设计工作。背带是可以接受的控制措施吗？解释其原因。

12. P&S 已经为其肥皂盒码垛操作配备了升降台。所选弹簧以保持 30in 的恒定垂直高度随着每排负荷而压缩。传送带的高度也被提升到 30in 高。此外，每个肥皂盒（12in×12in×24in，重量 20lb）平放，避免水平延伸到第二排（每层只有两排，每排都可以从旋转的、4ft×4ft 的托盘的每一侧够到）。输送机以 10 箱/min 的速度运行 7h12min（午餐和休息时间为 48min）。依据 NIOSH 提举指南来评估重新设计的工作场所是否可接受。假设操作者腹厚为 5in。如果仍然不能接受，重新设计工作（成本低于 5000 美元），以满足需求量。

参 考 文 献

Åstrand, P. O., and K. Rodahl. *Textbook of Work Physiology.* 3d ed. New York: McGraw-Hill, 1986.

Bink, B. "The Physical Working Capacity in Relation to Working Time and Age." *Ergonomics,* 5, no.1 (January 1962), pp. 25–28.

Borg, G., and H. Linderholm. "Perceived Exertion and Pulse Rate During Graded Exercise in Various Age Groups." *Acta Medica Scandinavica,* Suppl. 472 (1967), pp. 194–206.

Bouisset, S. "EMG and Muscle Force in Normal Motor Activities." In *New Developments in EMG and Clinical Neurophysiology.* Ed. J. E. Desmedt. Basel, Switzerland: S. Karger, 1973.

Brouha, L. *Physiology in Industry.* New York: Pergamon Press, 1967.

Chaffin, D. B. "Electromyography—A Method of Measuring Local Muscle Fatigue." *The Journal of Methods-Time Measurement,* 14 (1969), pp. 29–36.

Chaffin, D. B., and G. B. J. Anderson. *Occupational Biomechanics.* New York: John Wiley & Sons, 1991.

Chaffin, D. B., G. D. Herrin, W. M. Keyserling, and J. A. Foulke. *Preemployment Strength Testing.* NIOSH Publication 77-163. Cincinnati, OH: National Institute for Occupational Safety and Health, 1977.

Drillis, R. "Folk Norms and Biomechanics." *Human Factors,* 5 (October 1963), pp. 427–441.

Dul, J., and B. Weerdmeester. *Ergonomics for Beginners.* London: Taylor & Francis, 1993.

Eastman Kodak Co., Human Factors Section. *Ergonomic Design for People at Work.* New York: Van Nostrand Reinhold, 1983.

Fitts, P. "The Information Capacity of the Human Motor System in Controlling the Amplitude of Movement." *Journal of Experimental Psychology,* 47, no. 6 (June 1954), pp. 381–391.

Freivalds, A., and D. M. Fotouhi. "Comparison of Dynamic Strength as Measured by the Cybex and Mini-Gym Isokinetic Dynamometers." *International Journal of Industrial Ergonomics,* 1, no. 3 (May 1987), pp. 189–208.

Garg, A. "Prediction of Metabolic Rates for Manual Materials Handling Jobs," *American Industrial Hygiene Association Journal*, 39 (1978), pp. 661–674.

Gordon, E. "The Use of Energy Costs in Regulating Physical Activity in Chronic Disease." *A.M.A. Archives of Industrial Health,* 16 (1957), pp. 437–441.

Grandjean, E. *Fitting the Task to the Man.* New York: Taylor & Francis, 1988.

Gray, H. *Gray's Anatomy.* 35th ed. Eds. R. Warrick and P. Williams. Philadelphia: W.B. Saunders, 1973.

Ikai, M., and T. Fukunaga. "Calculation of Muscle Strength per Unit Cross-Sectional Area of Human Muscle by Means of Ultrasonic Measurement." *Internationale Zeitschrift für angewandte Physiologie einschließlich Arbeitsphysiologie,* 26 (1968), pp. 26–32.

Jones, N., Morgan-Campbell, E., Edwards, R., and Robertson, D. Clinical Exercise Testing, Philadelphia: W.B. Saunders, 1975.

Jonsson, B. "Kinesiology." In *Contemporary Clinical Neurophysiology (EEG Sup. 34).* New York: Elsevier-North-Holland, 1978.

Langolf, G., D. G. Chaffin, and J. A. Foulke. "An Investigation of Fitt's Law Using a Wide Range of Movement Amplitudes." *Journal of Motor Behavior,* 8, no. 2 (June 1976), pp. 113–128.

Miller, G. D., and A. Freivalds. "Gender and Handedness in Grip Strength—A Double Whammy for Females." *Proceedings of the Human Factors Society,* 31 (1987), pp. 906–910.

Morris, J. M., D. B. Lucas, and B. Bressler. "Role of the Trunk in Stability of the Spine." *Journal of Bone and Joint Surgery,* 43-A, no. 3 (April 1961), pp. 327–351.

Mundel, M. E., and D. L. Danner. *Motion and Time Study.* 7th ed. Englewood Cliffs, NJ: Prentice-Hall, 1994.

Murrell, K. F. H. *Human Performance in Industry.* New York: Reinhold Publishing, 1965.

National Safety Council. *Accident Facts.* Chicago: National Safety Council, 2003.

NIOSH (National Institute for Occupational Safety and Health), A Work Practices Guide for Manual Lifting, TR# 81-122, U.S. Dept. of Health and Human Services, Cincinnatti, 1981.

Passmore, R., and J. Durnin. "Human Energy Expenditure." *Physiological Reviews,* 35 (1955), pp. 801–875.

Ridell, C. R., J. J. Congleton, R. D. Huchingson, and J. T. Montgomery. "An Evaluation of a Weightlifting Belt and Back Injury Prevention Training Class for Airline Baggage Handlers." *Applied Ergonomics,* 23, no. 5 (October 1992), pp. 319–329.

Rodgers, S. H. *Working with Backache.* Fairport, NY: Perinton Press, 1983.

Rowe, M. L. *Backache at Work.* Fairport, NY: Perinton Press, 1983.

Sanders, M. S., and E. J. McCormick. *Human Factors in Engineering and Design.* New York: McGraw-Hill, 1993.

Schmidtke, H. and Stier, F. "Der Aufbau komplexer Bewegungsablaufe aus Elementarbewegungen". Forsch. des Landes Nordrhein-Westfalen, 822 (1960), pp. 13–32.

Snook, S. H., and V. M. Ciriello. "The Design of Manual Handling Tasks: Revised Tables of Maximum Acceptable Weights and Forces." *Ergonomics,* 34, no. 9 (September 1991), pp. 1197–1213.

Thornton, W. "Anthropometric Changes in Weightlessness." In *Anthropometric Source Book,* 1, ed. Anthropology Research Project, Webb Associates. NASA RP1024. Houston, TX: National Aeronautics and Space Administration, 1978.

Waters, T. R., V. Putz-Anderson, and A. Garg. *Revised NIOSH Lifting Equation,* Pub. No. 94-110, Cincinnati, OH: National Institute for Occupational Safety and Health, 1994.

Winter, D. A. *Biomechanics of Human Movement.* New York: John Wiley & Sons, 1979.

可 选 软 件

3D Static Strength Prediction Program. University of Michigan Software, 475 E. Jefferson, Room 2354, Ann Arbor, MI 48109. (http://www.umichergo.org)

Design Tools (可从McGraw-Hill 网站 www.mhhe.com/neibelfreivalds获取), New York: McGraw-Hill, 2002.

Energy Expenditure Prediction Program. University of Michigan Software, 475 E. Jefferson, Room 2354, Ann Arbor, MI 48109. (http://www.umichergo.org)

Ergointelligence (Manual Material Handling). Nexgen Ergonomics, 3400 de Maisonneuve Blvd. West, Suite 1430, Montreal, Quebec, Canada H3Z 3B8. (http://www.nexgenergo.com/)

ErgoTRACK (NIOSH Lifting Equation). ErgoTrack.com, P.O. Box 787, Carrboro, NC 27510.

相 关 网 站

NIOSH Homepage: http://www.cdc.gov/niosh/homepage.html
NIOSH Lifting Guidelines: http://www.cdc.gov/niosh/94-110.html
NIOSH Lifting Calculator: http://www.industrialhygiene.com/calc/lift.html
NIOSH Lifting Calculator: http://tis.eh.doe.gov/others/ergoeaser/download.html

第 5 章

工作场所、设施和工具设计

本章要点

- 为操作者设计舒适的工作场所。
- 为操作者提供良好的适应性。
- 保持中位姿态（关节处于中间位置）。
- 将重复性降到最低。
- 需要施力时使用力握持。
- 不需施力和做精细动作时捏持。

工效学是为操作者设计合适的工作场所、工具、设施和工作环境的学科。本章不是去重点讲述生理学、人体能力和极限的基本原理，而是介绍作业设计的基本原则以及便于运用这些设计原则的适用清单。对于每项设计原则，就它的起因或与人的关系进行了简单说明。这种方法将更好地协助方法分析师设计工作场所、设施和工具，最终同时实现两个目标：①提高产量和工作效率；②减少对操作者的损害。

5.1 人体测量学与设计

通过考虑人体结构尺寸来设计工作场所，以适应多数的操作者。这种测量人体的科学称为人体测量学，通常使用多种类似卡钳的器械来测量人体的结构尺寸，例如身高和小臂的长度等。然而事实上，人机工程学者或工程师很少自己采集数据，因为大量的数据已被收集并且制成了表格可供使用。近1000种不同的身体维度，近100种主要军人类型，可在人体测量资料《人体测量源表》（Webb Associates，1978）中找到。最近，CAESAR（美国和欧洲民间的人体外形测量学资源）计划通过三维身体扫描收集了5000名平民的100多个维度的人体数据。表5-1总结了适用于美国男性和女性工作场所设计所需特殊姿势的有用尺寸。许多人体测量数据都包含在数字化人体模型中，如COMBIMAN、Jack、MannequinPro和Safe-Works，这些模型作为计算机辅助设计过程的一部分，很容易进行尺寸和运动范围或能见度限制的调整。

表 5-1　部分美国成年人的身体尺寸和重量

身体尺寸	性别	尺寸/in			尺寸/cm		
		第 5 百分位	第 50 百分位	第 95 百分位	第 5 百分位	第 50 百分位	第 95 百分位
1. 身高（高度）	男	63.7	68.3	72.6	161.8	173.6	184.4
	女	58.9	63.2	67.4	149.5	160.5	171.3
2. 眼高	男	59.5	63.9	68.0	151.1	162.4	172.7
	女	54.4	58.6	62.7	138.3	148.9	159.3
3. 肩高	男	52.1	56.2	60.0	132.3	142.8	152.4
	女	47.7	51.6	55.9	121.1	131.1	141.9
4. 肘高	男	39.4	43.3	46.9	100.0	109.9	119.0
	女	36.9	39.8	42.8	93.6	101.2	108.8
5. 指节高	男	27.5	29.7	31.7	69.8	75.4	80.4
	女	25.3	27.6	29.9	64.3	70.2	75.9
6. 坐姿高度	男	33.1	35.7	38.1	84.2	90.6	96.7
	女	30.9	33.5	35.7	78.6	85.0	90.7
7. 坐姿眼高	男	28.6	30.9	33.2	72.6	78.6	84.4
	女	26.6	28.9	30.9	67.5	73.3	78.5
8. 坐姿肘高	男	7.5	9.6	11.6	19.0	24.3	29.4
	女	7.1	9.2	11.1	18.1	23.3	28.1
9. 坐姿大腿净高	男	4.5	5.7	7.0	11.4	14.4	17.7
	女	4.2	5.4	6.9	10.6	13.7	17.5
10. 坐姿膝高	男	19.4	21.4	23.3	49.3	54.3	59.3
	女	17.8	19.6	21.5	45.2	49.8	54.5
11. 坐姿臀膝距离	男	21.3	23.4	25.3	54.0	59.4	64.2
	女	20.4	22.4	24.6	51.8	56.9	62.5
12. 坐姿腿弯部高	男	15.4	17.4	19.2	39.2	44.2	48.8
	女	14.0	15.7	17.4	35.5	39.8	44.3
13. 胸部厚度	男	8.4	9.5	10.9	21.4	24.2	27.6
	女	8.4	9.5	11.7	21.4	24.2	29.7
14. 两肘间宽度	男	13.8	16.4	19.9	35.0	41.7	50.6
	女	12.4	15.1	19.3	31.5	38.4	49.1
15. 坐姿臀部宽度	男	12.1	13.9	16.0	30.8	35.4	40.6
	女	12.3	14.3	17.2	31.2	36.4	43.7
X. 体重	男	123.6lb	162.8lb	213.6lb	56.2kg	74.0kg	97.1kg
	女	101.6lb	134.4lb	197.8lb	46.2kg	61.1kg	89.9kg

（资料来源：Kroemer，1989）

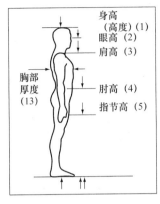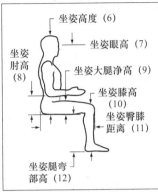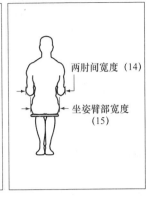

例 5-1　概率分布和百分位数

第 k 百分位将群体或样本的全部测量值分为两部分，有 $k\%$ 的测量值等于或小于它，有 $(100-k)\%$ 的测量值大于它。美国成年男性身高的直方图呈现出钟形的曲线，称为正态分布，其中间值为 68.3in（见图 5-1），这也是第 50 百分位所对应的数值。即：有一半的男性低于 68.3in，另一半超过 68.3in。第 5 百分位对应的男性只有 63.7in 高，而第 95 百分位的男性身高为 72.6in。证明如下：

在统计学中，对近似钟形曲线通常进行正态变换：

$$z = \frac{x - \mu}{\sigma}$$

式中　μ——均值；

σ——标准差（测量误差）。

从而形成标准的正态分布（也称为 Z 分布，见图 5-2）。

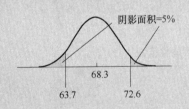
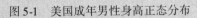

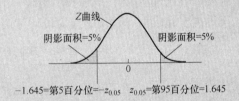

图 5-1　美国成年男性身高正态分布　　　　图 5-2　男性体重的标准正态分布

任何近似钟形的人口分布一经规范化处理后，将会有相同的统计学性质。这使得任意百分位数的值利用 k 和 z 值很容易计算。某些 k 和 z 值如下所示：

第 k 百分位	10 或 90	5 或 95	2.5 或 97.5	1 或 99
z 值	±1.28	±1.645	±1.96	±2.33

第 k 百分位 $= \mu \pm z\sigma$

假定美国的平均男性身高为 68.3in，标准差为 2.71in（Webb Associates，1978），第 95 百分位的男性身高计算如下：

$$68.3\mathrm{in} + 1.645 \times 2.71\mathrm{in} = 72.76\mathrm{in}$$

而第 5 百分位的男性身高计算如下：

$$68.3\mathrm{in} - 1.645 \times 2.71\mathrm{in} = 63.84\mathrm{in}$$

注意：计算值 72.76in 和 63.84in 并不精确等于实际值 72.6in 和 63.7in。这是由于美国男性身高的分布并不是完全的正态分布。

5.1.1 极端设计

面向大多数人的设计可根据设计问题的类型采用三种不同的特定设计原理进行。极端设计是指：一个特定的设计特征就是一个限制因素，取决于群体某变量的最大值或最小值。例如，间隙设计、门口或储油罐的入口尺寸设计应考虑到最大个体，如第 95 百分位的男性的身高和肩宽。这样，95% 的男性及几乎所有女性都可以通过。显然，对门口来说，空间大小不会产生过多的额外费用，其设计应满足绝大部分个体。相对来说，在军用飞机或潜水艇中扩大空间则是非常昂贵的，因此，这些部位空间的设计仅适应一定（较小）范围的个体。像制动踏板或控制旋钮之类的可达范围设计应适合最少数的个体范围，即根据第 5% 分位的女性腿或手臂长度来设计，从而 95% 的女性和几乎所有男性有较大的可达空间，能够操纵制动踏板或控制旋钮。

5.1.2 适应性设计

适应性设计最常用于可调节的仪器或设备，以适应大范围的个体。一般的椅子、工作台、书桌、汽车座椅、转向管柱和刀架等装置通常经过调整就可以适应范围从第 5 百分位的女性到第 95 百分位的男性的操作者群体。显然，适应性设计是首选的设计方法，但是这种设计会提高实施成本（建议的座椅设计可调整范围见表 5-2）。

表 5-2　建议的座椅设计可调整范围

座椅参数	设计值/in（cm） （已标注单位的除外）	说　明
A——座位高度	16 ~ 20.5（40 ~ 52）	太高——压迫大腿；太低——椎间盘压力增高
B——座位深度	15 ~ 17（38 ~ 43）	太深——刺痛腿弯边缘，建议采用瀑布式外形
C——座位宽度	≥18.2（≥46.2）	建议体重重的人用较宽的座椅
D——椅面角度	− 10° ~ 10°	椅面前倾要求织物的摩擦系数较大
E——椅背与椅面夹角	>90°	105° 更好，但要求对工作台进行相应的修改
F——椅背宽度	>12（>30.5）	在腰部位置测量
G——腰部支撑	6 ~ 9（15 ~ 23）	从椅面到腰部支撑中心的垂直高度
H——脚凳高度	1 ~ 9（2.5 ~ 23）	
I——脚凳深度	12（30.5）	
J——脚凳距离	16.5（42）	
K——腿部净空	26（66）	
L——工作面高度	~ 32（~ 81）	依据肘息位高度确定
M——工作面厚度	<2（<5）	最大值
N——大腿净空	>8（>20）	最小值

（资料来源：A ~ G 的数据来自 ANSI（1988）；H ~ M 的数据来自伊士曼柯达（Eastman Kodak）（1983））

5.1.3　平均值设计

平均值设计是最便宜却不是首选的方法。虽然不存在完全符合所有平均尺寸的人，但是在某些情形下对所有特征进行适应性设计也是不切实际或非常昂贵的。例如，多数工业机床因太大、太重而很难为操作者调整高度。以第 50 百分位的手肘高度来为男女组合群体（大约是男性和女性的第 50 百分位的平均值）进行操作高度的设计，意味着多数个体将不会感觉极不方便。然而，非常高的男性或相当矮的女性会感到某些姿势不舒服。

5.1.4　实际问题

最后，工业设计人员也应该考虑设计工作的法律约束。根据 1990 年美国 ADA 的条文，设计时必须尽力满足各种能力的个体需求。美国司法部在 1991 年已经颁布了《特别可达性指南》，其内容涉及停车场、建筑物入口通道、装配区、走廊、坡道、电梯、门、饮水器，以及洗手间、餐馆或自助餐厅的设备、警报装置和电话等。

如果可行并且成本合适，就可建立所设计仪器或设备的全尺寸实物模型，并让使用者对其进行评估，这种做法是相当有效的。人体测量通常是在标准姿势下进行的。在现实生活中，当人们处于懒散或放松的姿势时，就会改变这些有效尺寸和最终的设计。有许多问题是在生产中发现的，并造成了很高的成本浪费，这往往是由于缺乏对实物模型的评估而造成的。例 5-2 中，要求最终的设计适用于超过 95% 的人群，这样会导致上升高度大于实际所需的尺寸。真正的设计应该使用男女组合群体的身体尺寸，但是这种数据很难得到。虽然可以通过统计技术创建这些数据，但对于大多数的工业应用来说，一般的设计方法就足够了。

例 5-2　大型培训场所的座位设计

下面的例子将说明针对典型设计问题的详细设计过程。设计安排一个工业培训场所的座位，以使大多数受训人员能够方便地看到教师和屏幕（见图 5-3）。

（1）确定对该设计重要的身体尺寸——坐高、坐姿的视线高度（眼高）。

（2）定义所应用的群体——美国成年男性和女性。

（3）选择一个设计原则和所适用群体百分比——极端设计并满足 95% 的群体。设计要点是使第 5 百分位的女性坐在第 95 百分位的男性后面时，视线无遮挡。

（4）从表 5-1 中查找合适的人体测量值。第 5 百分位的女性坐姿视线高度是 26.6in，而第 95 百分位的男性坐高是 38.1in。这样，要使矮小女性的视线越过前面高大的男性，相邻两排的高度差需达到 11.5in，这是一个非常大的上升高度，会引起很陡的坡度。因此，常用的做法是把座位错开，以使坐在后面的观众的视线越过坐在前两排的观众头顶，从而可把座位上升的高度减少一半。

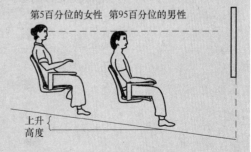

图 5-3　大型培训场所座位设计

133

（5）考虑误差并测试。许多人体测量的结果都是基于人体本身获得的。因此，考虑到穿厚衣服、戴帽子或穿鞋子所引起的误差是必要的。例如，如果所有的受训人员戴上安全帽，则上升高度可能需要增加 2~3in。在培训场所，考虑不戴帽子的情况更加实际。

5.2 作业设计原则：作业空间

5.2.1 以肘部的高度来确定工作面高度

工作面的高度（不管工人坐着还是站着）应该由操作者感到舒适的工作姿势来确定。这通常是指上臂自然地悬垂，肘弯曲成 90°，使小臂与地面平行（见图5-4）。此时肘部的高度就是正确操作高度或工作面的高度。如果工作面太高，上臂外伸会导致肩膀疲劳。如果工作面过低，脖子或背部向前弯曲会导致背部疲劳。

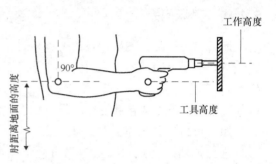

图 5-4　确定正确工作面高度的图示

（资料来源：Putz – Anderson，1988）

5.2.2 根据所执行的任务调整工作面高度

针对第 5.2.1 小节的原理可做一些修改。对于包括提升较重零件的粗装配，将工作面的高度降低 8in 更有利于用更为强壮的躯干肌（见图5-5）。对于涉及精细操作的精装配，需将工作面的高度升高 8in，这样有利于采用接近 15° 的最佳视线观察细节（根据第 4 章的原理）。另一种也许更有效的修正方法是把工作面倾斜大约 15°，这样对于上述两种情况都能

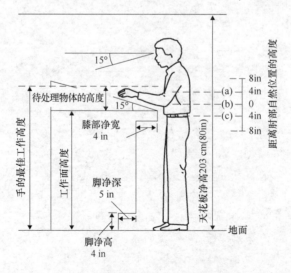

图 5-5　推荐的站立式工作面尺寸

（a）适用于精细工作（需要设置一个扶手），（b）适用于轻型装配，（c）适用于笨重的工作

够满足要求，但圆形零件则可能会滚落工作面。

这些设计原理同样适用于坐姿工作站。大部分像书写或轻型装配类的工作，最好在手肘支撑的高度进行。如果工作要求有良好的感知能力，有必要将工件抬高更接近眼睛。坐姿工作站应该配备可调节的椅子（见图 5-6）和脚凳。理想情况是：操作者两脚着地，舒适地就座，工作面位于合适的手肘高度以适应操作工作。因此，工作站也必须具有可调节性。对于矮的操作者，当调整椅子高度后其双脚仍不能够到地面时，应该用脚凳来支撑双脚。

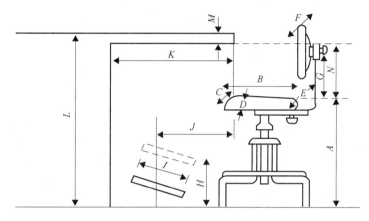

图 5-6　可调节的椅子（具体尺寸见表 5-2）

5.2.3　为坐姿操作者提供舒适的椅子

从减少脚部压力及全身能量消耗的角度来看，坐姿是重要的。由于舒适程度因人而异，定义一个好座位的严格标准有点困难。此外，能够使多种可能的坐姿舒适的椅子很少（见图 5-7）。几个普遍原理对所有的座位设计师有效。竖直站立时，脊骨的腰椎部分（背部的小部分，约在腰带的高度）自然向内弯曲，称作脊柱前弯。可是当坐下时，骨盆向后旋转使脊柱前弯曲线变平，并增加了作用于脊柱椎间盘上的压力（见图 5-8）。因此，在椅背上用外凸的形式提供腰部支撑是非常重要的。也可以在腰带的高度放置一个简单的腰垫。

防止脊柱前弯曲线变平的另一个方法是借助于前倾的座位（图 5-7 中的跪姿），通过保持躯干与大腿成一个大的角度来减小骨盆的旋转。其理论依据是：这是宇航员在太空的失重环境

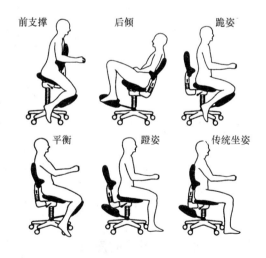

图 5-7　六种基本坐姿

（资料来源：Serber，1990，经美国人因工程与工效学协会授权使用，版权所有）

中所保持的体形（见图 4-4），此类座位的缺点是会对膝盖增加额外的压力。但如果在这种向前倾斜的椅子上装上前鞍（使其成鞍形座椅）可能会更好一些，因为座椅在起到支撑后背作用的同时消除了对膝盖支撑的要求（见图 5-9）。

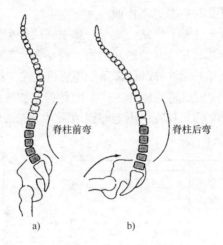

图 5-8　站和坐时的脊柱状态

a）站姿，腰椎部位是前弯的　b）坐姿，腰椎部位是后弯的。带阴影部分为脊柱的腰椎部分

（资料来源：Grandjean，1998，图 47）

图 5-9　鞍形座椅

（资料来源：这个版本的诺丁汉椅子叫作 Checkmate，是由奥斯蒙德集团（Osmond Group）的

Nigel Corlett 制作的。有关诺丁汉椅子的更多详细信息，请访问 nottingham

chair. com；有关 Checkmate 椅的信息，请访问 ergonomics. co. uk 并搜索 Checkmate Chair）

5.2.4　提供可调节的座位

还有一个要考虑的情况是降低椎间盘的压力，因为当躯干向前倾斜时压力会明显增大。由垂直改为倾斜的靠背也对降低椎间盘压力有奇效（Andersson et al.，1974）。但是这种做法会带来新的问题。因为随着倾斜角度的增大，俯视并进行生产性操作就会变得更困难。

另外一个要考虑的因素是需要为特定的座椅参数提供易调性，座位高度是最关键的，而理想的高度是由操作者腿弯部的高度确定的（见表5-1）。如果座椅太高，会压迫大腿下侧；若座椅太低，会使膝盖抬高至不舒适的高度，并降低躯干角度，同时增加椎间盘的压力。

表 5-2 针对座椅高度和其他座椅参数（见图 5-6）给出了一些具体建议。

此外，推荐安装扶手以减轻肩部的受力，为矮小的操作者安装臂架和脚凳。座椅的轮子能帮助移动和进出工作站，但是也有需要固定座椅的情形。一般而言，座椅应有特定的外形，安装衬垫，并且用透气的织物覆盖以防潮。太柔软的垫子会限制身体的姿势，也可能影响腿部的血液循环。图 5-10 展示的是整体最适宜的工作姿势和工作站布置。

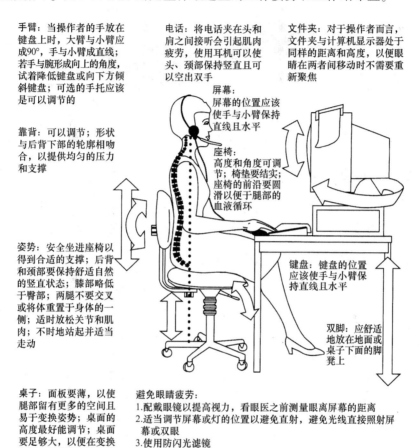

手臂： 当操作者的手放在键盘上时，大臂与小臂应成90°，手与小臂成直线；若手与腕形成向上的角度，试着降低键盘或向下方倾斜键盘；可选的手托应该是可以调节的

靠背： 可以调节；形状与后背下部的轮廓相吻合，以提供均匀的压力和支撑

姿势： 安全坐进座椅以得到合适的支撑；后背和颈部要保持舒适自然的竖直状态；膝部略低于臀部；两腿不要交叉或将体重置于身体的一侧；适时放松关节和肌肉；不时地站起并适当走动

电话： 将电话夹在头和肩之间接听会引起肌肉疲劳，使用耳机可以使头、颈部保持竖直且可以空出双手

屏幕： 屏幕的位置应该使手与小臂保持直线且水平

座椅： 高度和角度可调节；椅垫要结实；座椅的前沿要圆滑以便于腿部的血液循环

键盘： 键盘的位置应该使手与小臂保持直线且水平

文件夹： 对于操作者而言，文件夹与计算机显示器处于同样的距离和高度，以便眼睛在两者间移动时不需要重新聚焦

双脚： 应舒适地放在地面或桌子下面的脚凳上

桌子： 面板要薄，以使腿部留有更多的空间且易于变换姿势；桌面的高度最好能调节；桌面要足够大，以便在变换屏幕、键盘和鼠标的位置时仍然有空间摆放书、文件、电话等

避免眼睛疲劳：
1.配戴眼镜以提高视力，看眼医之前测量眼离屏幕的距离
2.适当调节屏幕或灯的位置以避免直射，避免光线直接照射屏幕或双眼
3.使用防闪光滤镜
4.不时地遥看远方以放松双眼

图 5-10 可适当调整的工作站

5.2.5 提倡变换姿势

工作站的高度应具有可调节性，这样无论是站姿或是坐姿都能有效地工作。人体的构造并不适应长时间的坐姿。椎骨间的椎间盘没有单独的血液供应，因此，它们依赖于运动所引起的压力变化吸收营养和排除废物。固定姿势也会减少流到肌肉的血液，从而引起肌肉疲劳或抽筋。一种折中的办法是提供一只坐/站两用的凳子，操作者就能容易地调整姿势。这种凳子的两个关键特征是高度可调、具有大的支撑底座以使凳子不会翻倒。最好足够大，以便双脚能得到支撑并保持平衡（见图 5-11）。

图 5-11　工业用坐/站两用凳
（经位于美国俄亥俄州 Waterville 的 Biofit 公司授权使用）

5.2.6　为站姿操作者提供抗疲劳垫子

站立在水泥地面上时间过长容易引起疲劳，应该为操作者提供有弹性的抗疲劳垫子。这种垫子使得腿部小块肌肉收缩，促进血液流动并防止血液积蓄在足部下端。

5.2.7　将所有工具和材料放置在正常的工作范围内

每个动作都和距离有关：距离越大，肌肉用力和控制的强度就越大，持续时间也越长。因此，将距离最小化是重要的。右手在水平面的正常工作范围包括小臂绕着肘部做弧形摆动时所围成的范围（见图 5-12）。这个范围是手可以不费劲地完成动作的最为方便的区域。同样可以得到左手的正常操作范围。除了在水平面内运动之外，手臂的正常活动范围也可以是在立面内的。相对于右手的高度而言，右手的立面正常活动范围是指大臂以肩为轴沿立面挥动所形成的弧形区域，如图 5-13 所示。

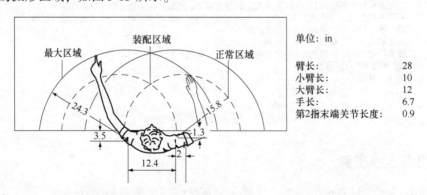

图 5-12　在水平面板上女性的正常和最大工作范围（对男性，相应指数乘以 1.09）

5.2.8　固定所有工具和材料的位置，尽量使工作顺序最佳

开车的人都知道踩制动踏板所需的时间很短。原因显而易见：制动踏板位于固定的位置，不需要人花时间思考在哪儿。身体本能的反应就是使驾驶人向他所知道的踏板范围踩

去。如果制动踏板的位置不固定，那么驾驶人就需要花费相当多的时间去制动。同样，在工作站中，将所有工具和材料的位置固定好，就可以消除或者至少使工作所需的寻找和选择工具的短暂犹豫时间减到最小。图 5-14 所示为一具体示例。

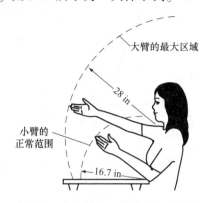

图 5-13　在垂直台面上女性的正常和最大工作范围（对男性，相应指数乘以 1.09）

图 5-14　利用工具平衡器来为工具提供固定的位置

（经 Packers Kromer 授权使用）

5.2.9　使用重力式料斗和下落式输送装置以减少伸手和移动时间

完成"伸手"和"移动"这两个运输的动素所消耗的时间，与完成这些动素时手所移动的距离成正比。利用重力式料斗，元件可以连续不断地被送达工作区域，这样就避免了长距离取料（见图 5-15）。同理，自流式卸料槽使得成品部件可以在正常范围内处理，不再需要移动较长的距离。有时喷射装置也能自动地移动成品。自流式卸料槽使工作台整洁成为可能，因为成品被运离了工作区域，而不是在它周围堆积起来。料斗悬于工作台表面下（这样手能在下面滑动）也能使该项工作所需时间减少约 10% ~ 15%。

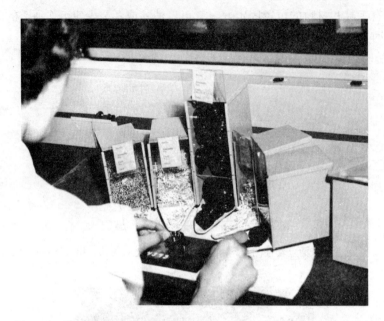

图 5-15　利用重力式料斗和带式输送机以减少伸手和移动时间的工作站

输送机带着其他零件经过该工作站。操作者正在从平台下方给输送机上料，
只需将已装配的部件投放到进料器的输送带上

（经 Alden Systems 公司授权使用）

5.2.10　优化工具、操控机构和其他元件的布局以使动作减少

优化布局依赖于很多特性，既有人体的因素（力量大小、延伸范围及感官）又有任务的因素（负荷大小、重复性及方向性）。显然，不是所有因素都能够优化的。设计者必须制定优先级并对工作场所布局方案进行权衡。然而，还是应当遵循某些基本原则。首先，运用重要性和使用频率的原则，设计者必须整体考虑元件之间的位置关系。由总体目标或目的所决定的最重要的或使用频率最高的组件，应当放置在最方便的位置。例如，紧急停机按钮应当位于易见、易接触到或方便的位置。同样地，常用的启动按钮或常使用的紧固装置，应当让操作者容易碰到。

一旦确定了一组装配中使用频率最高的零件的总体位置，就必须考虑功能性和使用顺序的原则。功能性是指把类似功能的元件归为一组（例如，所有紧固件位于一个区域，所有垫圈和橡胶元件位于另一个区域）。由于许多产品都是按照严格的顺序装配的，周而复始，因此，把这些元件或组件按装配顺序摆放是非常重要的，因为这对消除无效动作有巨大影响。设计者也应当考虑 Muther 的系统布局规划（参阅第 3 章）或其他类型的相邻布局图技术，以在一个工作面上设计出可量化的或可对比的多种布局。元素间的关系可根据流程上一点到另一点的原始数据进行修改，而且该关系应当包括视觉联系（眼球运动）、听觉联系（语音交流或信号）及触觉和操纵动作。

这些工作站的作业设计原则总结于工作站评价清单中（见图 5-16）。分析师也许会发现该清单有助于评价既有的工作站或新建的工作站。

坐姿工作站	是	否
1. 根据以下特性判断椅子的易调整性：	☐	☐
a. 座位高度可以从 15in 调整到 22in 吗？	☐	☐
b. 座位宽度的最小值是 18in 吗？	☐	☐
c. 座位深度是 15～16in 吗？	☐	☐
d. 座椅可与水平面倾斜 ±10° 吗？	☐	☐
e. 提供带有腰垫的靠背了吗？	☐	☐
f. 靠背的最小尺寸是 8in × 12in 吗？	☐	☐
g. 靠背可升高 7～10in 吗？	☐	☐
h. 靠背从座位前面可移动 12～17in 吗？	☐	☐
i. 座椅有 5 个支撑腿吗？	☐	☐
j. 是否为便于完成移动任务而配有椅轮脚并可转动？	☐	☐
k. 椅面覆盖物是透气的吗？	☐	☐
l. 提供脚凳（大、稳固且高度和斜度可调整）吗？	☐	☐
2. 座椅已经得到适当的调整了吗？	☐	☐
a. 座位高度是否调整到双脚平放地面时的膝盖弯高度？	☐	☐
b. 躯干和大腿的角度大约成 90° 吗？	☐	☐
c. 背部支撑的腰部范围是在腰背部（腰带线）吗？	☐	☐
d. 有足够的伸腿空间（到工作站的后面）吗？	☐	☐
3. 工作面是可调整的吗？	☐	☐
a. 工作面大约位于肘息位的高度吗？	☐	☐
b. 工作面可降低 2～4in 用于重型装配吗？	☐	☐
c. 工作面可升高 2～4in（或倾斜）用于精细装配或视力要求高的任务吗??	☐	☐
d. 有足够的大腿空间（即从工作面底部算起）吗？	☐	☐
4. 可以采用站姿或方便行走吗？	☐	☐

计算机工作站	是	否
1. 椅子是不是最先调整的，其次是键盘和鼠标，最后是显示器？	☐	☐
2. 键盘尽量放低了吗（不碰到腿部）？	☐	☐
a. 是否让肩部放松，上臂舒适地下垂，小臂低于水平面（肘角度大于 90°）？	☐	☐
b. 是否安装了键盘搁板（低于标准 28in 高的书写面）？	☐	☐
c. 键盘是否向下倾斜以保持中位的腕部姿态？	☐	☐
d. 鼠标是否位于键盘旁边，并与其同高？	☐	☐
e. 提供双扶手（至少有 5in 的可调高度）了吗？	☐	☐
f. 如果没有扶手，有腕部支架吗？	☐	☐
3. 显示器和眼睛的距离有 16～30in（大概一臂长）吗？	☐	☐
a. 屏幕上部是稍低于视线高度吗？	☐	☐
b. 屏幕的底部与水平视线大约成向下 30° 角吗？	☐	☐
c. 显示器是否位于与窗户成 90° 的位置，以达到最不刺眼？	☐	☐
d. 窗户是否可挂窗帘或遮光物来降低强烈的日光？	☐	☐
e. 显示器是否倾斜以减少顶灯的反射？	☐	☐
f. 若仍然刺眼，使用防闪光滤镜了吗？	☐	☐
g. 主要的视觉任务（显示器或文档）是直接位于前方吗？	☐	☐

站姿工作站	是	否
1. 工作面可调整吗？	☐	☐
a. 工作面大概位于肘息位的高度吗？	☐	☐
b. 工作面是否可降低 4～8in 以便于重型装配？	☐	☐
c. 工作面是否可升高 4～8in 以利于精细装配或视力要求高的任务？	☐	☐
2. 有足够的伸腿空间吗？	☐	☐
3. 是否提供了坐/站两用的凳子（高度可调）？	☐	☐
4. 方便采用坐姿吗？		

图 5-16　工作站评价清单

5.3 作业设计原则：机器和设备

5.3.1 将两种或多种工具组合，或对来自两个进给装置的材料同时切削，以尽可能地进行多重切削

为最有效生产制定的先进生产规划应包括：用组合工具进行多重切削和用不同的工具进行同时切削。当然，生产零件数量及零件加工工艺决定了组合切削的可能性，例如车床四方刀架和转塔刀架二者的组合切削。

5.3.2 用夹具取代手作为夹持装置

如果在零件加工期间一只手被用作夹持零件，那么这只手就无法再进行其他工作。而夹具经过设计总能合适地夹持机件，从而腾出手去做更有用的工作。夹具不仅可以节省加工零件的时间，而且有可能得到更高的质量，这是因为它可以更准确和更牢固地夹紧机件。脚动装置常常使得双手腾出以完成生产性的工作。

下面举一个例子来分析说明使用夹具代替双手完成夹持机件的原理。一家专门生产窗户的公司需要去除 Lexan（碳酸酯的商标名）板双面四周的 0.75in 宽的包装纸。操作员会拿起一块 Lexan 板放到工作台上；然后拿起铅笔和直角尺在 Lexan 板的 4 个角做标记；接着将铅笔和直尺放到一边，拿起模板并放在铅笔标记处；最后，剥去 Lexan 板外围的包装纸。用 MTM-1 记录的标准操作时间是 1.063min/块。

为了固定 3 块 Lexan 板同时撕掉每块板四周 0.75in 宽的包装纸，发明了一种简单的木制夹具。使用时，工人拿起 3 块 Lexan 板，并把它们放入夹具（见图 5-17），撕掉包装纸，将 3 块板旋转 180° 再撕掉剩下两条边的包装纸。这种改进方法的标准时间缩短至 0.46min/块，也就是每块板的直接劳动时间节省了 0.603min。

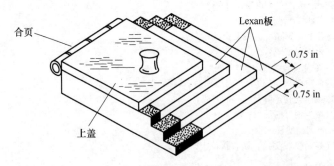

图 5-17　用于剥离 Lexan 板周边 0.75in 宽包装纸的固定装置

5.3.3 控制装置应放置在操作者易接触和方便施力的地方

大部分机床和其他装置的机械性能都很好，但仍不能有效地操作，这是因为设备的设计者忽略了各种人性因素。手轮、曲柄和控制杆的尺寸大小和安装的位置应有利于操作者最有效地操作，最大限度地降低疲劳。经常使用的控制装置的高度应位于肘和肩膀之间。坐姿操

作者可对位于肘高度的拉杆施加最大的力，站姿操作者的施力高度与肩膀同高。手轮和曲柄的直径取决于需用的转矩和其安装位置。手柄的最大直径取决于所施的力量。例如，对于 10 ~ 15lbf 的作用力，直径应该不小于 0.25in，大些更好；对于 15 ~ 25lbf 的力，直径一定要大于 0.5in；而对于 25lbf 以上的力，直径不应小于 0.75in。但是直径不应超过 1.5in，把手长度至少应为 4in，以适应手的宽度。

曲柄和手轮半径的设计准则是：轻负荷，半径为 3 ~ 5in；中等至重负荷，半径为 4 ~ 7in；超重负荷，半径大于 8in，但不要超过 20in。旋钮的直径为 0.5 ~ 2in 就会令人满意。旋钮的直径应当随所需转矩的增大而增大。

5.3.4　使用形状、纹理和尺寸编码以便于控制

形状编码是用二维或三维的几何图形，通过触觉和视觉进行辨识，特别适用于光线不足的情况，或者需要附加的或双保险的识别情形，这将有助于将误差降到最小。形状编码可以有相当多的易辨别的形状。图 5-18 列出了一些特别有用且不容易混淆的常见形状。多重旋转旋钮用于调节范围超过 1 周的连续控制情形，部分旋转的旋钮用于调节范围不到 1 周的连续控制情形，而带凹槽定位的旋钮用于离散的设置调节。除了形状，表面纹理也能为触觉辨识提供额外线索。最具代表性的三种纹理很少被混淆：光滑、有凹槽以及带凸边的纹理。但是，随着形状和纹理数目的增加，如果操作者必须在非视觉的情况下识别控制器，则辨识就显得艰难和缓慢。如果操作者必须戴手套，那么形状编码只能合乎视觉辨识的需要，或者只有 2 ~ 4 种可用作触觉辨识。

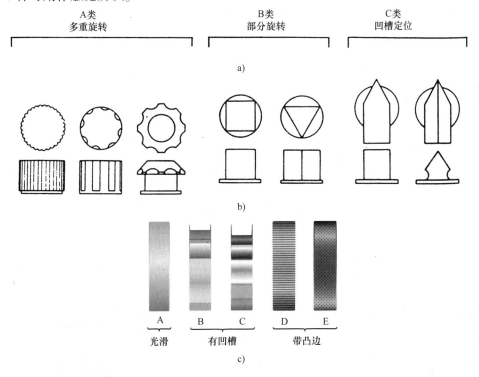

图 5-18　三种触觉不易混淆的把手设计实例

a）旋转类型　b）把手形状　c）把手纹理

尺寸编码与形状编码类似，既可以用触觉也可以用视觉区分操作机构。尺寸编码主要用于操作者看不见控制器的场合。当使用形状编码时，尺寸编码可充当备用码，因为控制器既可以用触觉也可以用视觉进行辨识。一般而言，尺寸种类应限于三四种，并且控制器之间至少有 0.5in 的尺寸区别。需要做某种特殊动作（比如，挂倒档）的操作编码特别适用于一些危急且不应无意间被激活的操作机构。

5.3.5 使用合适的控制器

在工作任务中，工人们频繁地使用各种类型和设计的控制器。对操作性能影响较大的三个参数是：控制器的大小、操作响应率和使用中的操作阻力。控制器太大或太小都不会被有效地触发。表 5-3、表 5-4 和表 5-5 提供了关于设计各种不同类型控制器的有用信息。

表 5-3　控制器尺寸规范

控　制　器	操作部位	尺寸类型	尺　寸	
			最小值/mm	最大值/mm
按钮	指尖	直径	13	*
	拇指/手掌	直径	19	*
	脚	直径	8	*
拨动开关		顶部直径	3	25
		杠杆臂长	13	50
旋转式选择器		长度	25	*
		宽度	*	25
		深度	16	*
连续调节钮	手指/拇指	深度	13	25
		直径	10	100
	手/手掌	深度	19	*
		直径	38	75
曲柄	用于速度	半径	13	113
	用于力量	半径	13	500
手轮		直径	175	525
		轮缘厚度	19	50
拇指轮		直径	38	*
		宽度	*	*
		表面突起高度	3	*
杠杆手柄	手指	直径	13	75
	手	直径	38	75
曲柄把手		握持面	75	*
踏板		长度	88	#
		宽度	25	#
阀杆		直径	每1in 阀的尺寸对应 75in	

* 表示不受操作者的动作限制。
\# 表示取决于可用的空间。

表 5-4　控制器位移规范

控 制 器	工 作 条 件		位　移	
			最小值/mm	最大值/mm
按钮	拇指/指尖操作		3	25
	脚正常位		13	—
	猛踩		25	—
	仅仅踝弯曲		—	63
	腿部移动		—	100
拨动开关	相邻位置间		30°	—
	总位移		—	120
旋转式选择器	相邻凹槽间	可见	15°	25
		不可见	30°	100
	便于操作		—	40°
	当要求特殊的工程状况时		—	90°
连续调节钮	根据要得到的控制显示比确定（控制器移动/显示移动）			
曲柄	根据要得到的控制显示比确定			
手轮	根据要得到的控制/显示比 90°～120°确定#			
拇指轮	根据位置的数量确定			
杠杆手柄	前后运动		*	350
	横向运动		*	950
踏板	正常位		13	—
	猛踩		25	—
	踝弯曲（抬高）		—	63
	腿部移动			175

＊表示尚未制定。

#表示假设最优控制显示比是不受限制的。

表 5-5　控制器阻力规范

控 制 器	工 作 条 件	阻　力	
		最小值/kg	最大值/kg
按钮	指尖	0.17	1.14
	脚：正常地脱离控制器	1.82	9.10
	搁置在控制器上	4.55	9.10
拨动开关	手指操作	0.17	1.14
旋转式选择器	扭矩	1 cm·kg	7 cm·kg
连续调节钮	扭矩：指尖直径 <1in	*	0.3 cm·kg
	指尖直径 >1in	*	0.4 cm·kg
曲柄	快速稳定地旋转：半径 <3in	0.91	2.28
	半径 5～8in	2.28	4.55
	精细设置	1.14	3.64

（续）

控 制 器	工 作 条 件		阻 力	
			最小值/kg	最大值/kg
手轮†	精确操作：半径小于3in		*	*
	半径5~8in		1.14	3.64
	轮缘阻力：单手		2.28	13.64
	双手		2.28	22.73
拇指轮	扭矩		1 cm·kg	3 cm·kg
	手指握持		0.34	1.14
杠杆手柄	手握持：单手		0.91	—
	双手		1.82	—
	前－后：沿中间面：			
	单手：沿座位参考点向前10in		—	13.64
	沿座位参考点向前16~24in		—	22.73
	双手：沿座位参考点向前10~19in		—	45
	侧面：			
	单手：沿座位参考点向前10~19in		—	9.09
	双手：沿座位参考点向前10~19in		—	22.73
踏板	脚：正常脱离操控机构		1.82	—
	搁置在控制器上		4.55	—
	仅仅踝弯曲		—	4.55
	腿移动		—	80

* 表示尚未制定。

† 表示阀杆/轮：25±扭矩/阀的尺寸（8倍扭矩/手柄直径）。

操作响应率（C/R）是控制器中的位移量与响应的位移之比（见图5-19）。C/R的值小，表示灵敏度高，类似测微计的粗调情形。C/R的值大，意味着灵敏度低，类似测微

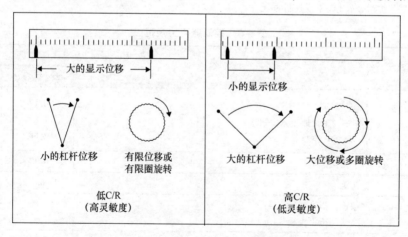

图5-19　高灵敏度和低灵敏度控制器的一般图示——杠杆和旋转式控制器的操作响应率（C/R）
C/R是操作与显示之间连接的函数

计的微调情形。整个控制器的移动取决于接近目标位置的初级行程时间和精确到达准确目标位置的二级调节时间的组合。使该总移动时间最小的最优 C/R 值取决于控制器类型和工作条件（见图 5-20）。还需注意行程范围的影响——超过短距离而未达到长距离的倾向。

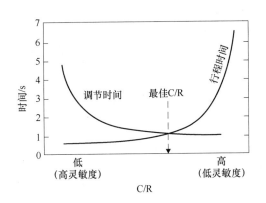

图 5-20　C/R 与运动时间（行程时间和调节时间）之间的关系

特定的 C/R 在其所处的原始情景之外是无意义的，因而在此略去。但是这些数据非常典型地描述了
这种比例关系的特性，尤其是对旋钮控制器来说。

（资料来源：Jenkins and Conner，1949）

操作阻力在为操作者提供反馈信息方面很重要。理想状态下，它可以分为两种类型：无任何阻力的纯位移和无任何位移的纯阻力。前者优点是疲劳程度低，后者是一个停机装置，即当撤销作用力时机构回零。实际中的控制器通常是弹簧负荷式，综合了两者的特点，不完善的控制器通常是因为大的初始静摩擦力、过度的黏滞阻尼和死区（即控制器的动作无响应区）。这三者对跟踪操作和使用性能均有所削弱。但有时也会有意地使用前两者，以防止无意中激活控制器（Sanders and McCormick，1993）。

5.3.6　确保控制器和显示器间的正确兼容性

兼容性是指控制器和显示器之间的关系与人们的预期相一致。基本的原则包括：可供性（引起预期行为的感知特性）、映像性和反馈性（以便让操作者知道该功能已完成）。例如，良好的可供性就好比一扇门，提供拉开门的手柄或推开门的推板。设计精良的火炉反映了空间映像。移动的兼容性是由直接的驱动行为提供的，如从左到右增大的刻度读数，以及增加设定值的顺时针方向运动。对于圆形显示器，最好的兼容性由固定的表盘和移动的指针来呈现（第7.4节）。对于垂直或水平的显示器，Warrick 原则提供了最好的兼容性，即指针尖尽可能接近显示区并且与控制器沿着同一方向移动（见图 5-19）。控制器与显示器不在同一平面的情况：顺时针方向表示增加及右手螺旋法则（显示器按右手法则的运动方向增加）是最兼容的。直接驱动的控制杆，最好操作运动向上、结果也向上（Sanders and McCormick，1993）。

机器评价清单（见图 5-21）概述了机器和设备的作业设计原则。这些原则有助于分析师评价和设计机器或设备。

机器的工作效率和安全性　　　　　　　　　　　　　　　　　　　　是　否

1. 多重或同时切割是可能的吗？　　　　　　　　　　　　　　　　□　□
2. 手柄、手轮和操纵杆处在易操作的位置吗？　　　　　　　　　　□　□
3. 手柄、手轮和操纵杆的设计能充分利用机械装置吗？　　　　　　□　□
　　a. 旋钮直径至少为 0.5～2in，大转矩使用大直径了吗？　　　　□　□
　　b. 针对轻载，曲柄和手轮的直径至少是 3～5in 吗？　　　　　　□　□
　　c. 针对重载，曲柄和手轮的直径大于 8in 吗？　　　　　　　　□　□
4. 是否用夹具而避免了手持操作？　　　　　　　　　　　　　　　□　□
5. 有无保护或互锁装置以防止无意识激活？　　　　　　　　　　　□　□

普通控制器的设计　　　　　　　　　　　　　　　　　　　　　　是　否

1. 是否不同的颜色用于不同的控制器？　　　　　　　　　　　　　□　□
2. 控制器上有清晰的标识吗？　　　　　　　　　　　　　　　　　□　□
3. 是否采用形状和纹理编码作为触觉辨识？　　　　　　　　　　　□　□
　　a. 所用的不同编码不多于七种吗？　　　　　　　　　　　　　□　□
4. 是否采用尺寸编码作为触觉辨识？　　　　　　　　　　　　　　□　□
　　a. 所用的不同编码不多于三种吗？　　　　　　　　　　　　　□　□
　　b. 尺寸差别大于 5in 吗？　　　　　　　　　　　　　　　　　□　□

紧急控制器的设计　　　　　　　　　　　　　　　　　　　　　　是　否

1. 是否设计了启动控制器以防止意外激活？　　　　　　　　　　　□　□
2. 激活控制器需要一步还是两步？　　　　　　　　　　　　　　　□　□
3. 启动按钮被做成凹槽式的了吗？　　　　　　　　　　　　　　　□　□
4. 激活控制按钮是否为绿色？　　　　　　　　　　　　　　　　　□　□
5. 频繁激活的控制器是否有安全按钮？　　　　　　　　　　　　　□　□
6. 紧急控制器是否可以快速激活？　　　　　　　　　　　　　　　□　□
7. 停止按钮是凸起的吗？　　　　　　　　　　　　　　　　　　　□　□
8. 紧急控制器尺寸大且便于激活吗？　　　　　　　　　　　　　　□　□
9. 紧急控制器是否在伸手可达的位置？　　　　　　　　　　　　　□　□
10. 紧急控制器是否醒目且为红色？　　　　　　　　　　　　　　□　□
11. 紧急控制器的位置远离其他常用的控制器吗？　　　　　　　　□　□

控制器布置　　　　　　　　　　　　　　　　　　　　　　　　　是　否

1. 主要控制器位于操作者前面手肘高度的位置吗？　　　　　　　　□　□
　　a. 为了辨识主要控制器，是否采用了频率使用原则和重要性原则？　□　□
2. 次要控制器位于主要控制器旁，并仍在伸手可达的范围内吗？　　□　□
3. 操作控制器时无须扭转身体吗？　　　　　　　　　　　　　　　□　□
4. 是否遵照操作顺序安排了控制器？　　　　　　　　　　　　　　□　□
5. 相互关联的控制器被安排在一起了吗？　　　　　　　　　　　　□　□
6. 手动控制器之间至少相距 2in 吗？　　　　　　　　　　　　　　□　□
7. 是否采用了 3 个或更少的脚踏板？　　　　　　　　　　　　　　□　□
8. 脚踏板是否安置在地板高度以避免抬腿？　　　　　　　　　　　□　□
9. 是否为长时间的脚踏板操作提供了坐/站两用凳子？　　　　　　□　□

图 5-21　机器评价清单

显示器设计	是	否
1. 显示器位于视觉的视锥范围（水平向下 30°）吗？	☐	☐
2. 是否采用了指示灯以引起操作者的注意？	☐	☐
3. 将声音信号用于紧急警告了吗？	☐	☐
4. 是否采用了动态指针指示运行趋势？	☐	☐
5. 是否提供了计数器以进行准确读数？	☐	☐
6. 显示器是否安排在一起，以便强调不正常的显示？	☐	☐
7. 相互关联的显示器被安排在一起了吗？	☐	☐
控制与显示的一致性	是	否
1. 使用可供性（引起预期行为的感知特性）了吗？	☐	☐
2. 是否用反馈来显示动作的完成情况？	☐	☐
3. 控制器与显示器有直接驱动关系吗？	☐	☐
4. 显示读数是从左至右递增的吗？	☐	☐
5. 顺时针方向移动表示增加设置值吗？	☐	☐
6. 顺时针方向移动是关闭阀门吗？	☐	☐
7. 对于杆式操纵控制器，向上或向后动作会引起向上的运动吗？	☐	☐
8. 对于离开平面的控制器，是否应用了右手定则？	☐	☐
标记设计	是	否
1. 用语是否清楚简练？	☐	☐
2. 字母所对的圆心角至少为 12 角分的视觉夹角吗？	☐	☐
3. 深色字体是否用在白色背景上？	☐	☐
4. 仅有几个字时采用大写字母吗？	☐	☐
5. 只有在易于理解的场合才使用符号（最好简单一些）吗？		

图 5-21　机器评价清单（续）

5.4　累积损伤失调

虽然不全归因于不合适的作业设计，但是与职业有关的肌肉骨骼失调症如美国制造业中的累积损伤失调（CTD）引起的费用还是相当高的。来自美国国家安全委员会（2003）的资料认为在国家基础工业（肉类加工业、家禽加工业、自动装配和服装加工业）中，15%～20% 的工人有患 CTD 的潜在危险，而 61% 的职业病是与重复性动作有关联的。其中最严重的工业是制造业，而最严重的职业是屠宰业，据称每 10 万名工人中有 222 例。鉴于如此高的比例以及平均的医疗费用达 3 万美元/例，NIOSH 和 OSHA 致力于降低这种与职业有关的肌肉骨骼失调症的发生率，并将其定为工作的重点。

CTD（有时称为重复性动作损伤或与职业有关的肌肉骨骼失调）是由于使用不良设计或过度使用手工工具和其他设备，造成重复性肌肉小损伤，逐步发展成肌肉骨骼系统的损伤。由于这种肌肉损伤发作缓慢，症状相对较轻，因此经常被人们所忽略，直到这种症状成为慢性的并有更严重的损伤发生时才会引起注意。这些问题是多种症状的集合，包括重复性动作紊乱、腕管综合征、腱炎、神经节炎、腱鞘炎和黏液囊炎，这些术语有时是同义词。

四个与职业相关的主要因素导致了 CTD：①过度用力；②笨拙或过度的关节运动；③高

度的重复性；④工作持续时间长。与 CTD 关联的最普遍的症状有：疼痛、关节活动受限及软组织肿大。在早期阶段，也许很少有症状。但是，一旦影响到神经系统，感觉反应和运动神经的控制力就会削弱。如果拖延不予治疗，CTD 可能会导致永久的疾病。

　　人的手是由骨骼、动脉、神经、韧带和肌腱构成的复杂组织。手指是由小臂的腕伸肌和腕屈肌控制的。这些肌肉由肌腱连接到手指，肌腱穿过由腕部手背一侧骨骼和另一侧横向的腕骨韧带所形成的骨沟。各种动脉和神经也穿过此骨沟，称为腕管（见图 5-22）。腕骨连接着小臂的两条长骨，即尺骨和桡骨。桡骨连接到腕的拇指的一侧，而尺骨连接到腕的小指一侧。腕关节可以在两个互相垂直的平面上活动（见图 5-23）。一个平面允许弯曲和延伸，另一个平面允许尺骨和桡骨的偏移。同样，旋转小臂能够使手掌向下或反掌（手掌向上）。

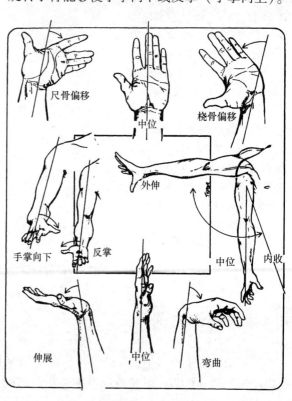

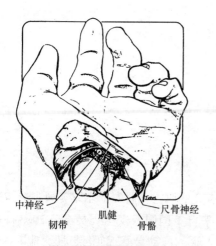

图 5-22　腕管的示意图
（资料来源：Putz – Anderson，1988）

图 5-23　手和臂的姿势
（资料来源：Putz – Anderson，1988）

　　腱鞘炎是 CTD 中较常见到的一种症状，它是由过度使用或不正常使用设计不当的工具所引起的腱鞘发炎。如果炎症蔓延到腱，就成为腱炎。常见于实习生手腕反转时尺骨发生较大偏离的情况。重复性的动作和碰撞冲击会进一步加重症状。腕管综合征是指由腕部正中神经受损引起的手的病症。腕关节在压力作用下经受重复性的弯曲和伸展会导致腱鞘炎。鞘能感觉到增强的摩擦力，分泌出更多的滑液以润滑腱鞘并促进肌腱运动，从而导致滑液在腕管中聚集，增加压力，进而压迫中神经。症状包括 $3\frac{1}{2}$ 手指部分神经功能损伤或丧失，表现出麻木、刺麻、疼痛及缺少灵活性。再次表明工具的适当设计对于避免这些极端的手腕姿势是非常重要的。过度的腕桡骨的偏离会产生桡骨头与肱骨临近部分之间的压力，导致肘部发炎（网球肘），即腱炎的一种。与此类似，同时进行手腕扩展，并伴随着整个手掌向下运动，同样会对肘部产生压力。

扳机状指是腱炎的一种，产生于食指末端的指骨在邻近的指骨收缩之前，必须弯曲和收缩克服阻力的工作情形中。过多的等长肌肉收缩力压迫骨槽，或由于炎症肌腱肿大。当肌腱在腱鞘中滑动时，它会痉挛或伴随着"咔嚓"声断裂。白手指的症状源于动力工具的过分振动，促使手指中的细动脉收缩。最终缺乏血液流动表现出皮肤发白，同时损害运动神经。长时间处于低温环境中也可能导致类似的症状，称为 Raynaud 综合征。对这类症状的详细描述及其他 CDT 可参见 Putz–Anderson（1988）的文献。

并非所有出现的症状都是外伤。短时间的疲劳和不适有时是由锤击时不当的手柄和工作姿势，以及在用螺钉旋具工作的过程中不适当的工具形状和工作高度引起的。通常，工具手柄设计不合理会引起施加更大的握紧力及腕骨的过度偏离，从而加重疲劳（Freivalds，1996）。

为了评估一个工厂中 CTD 症状的程度，方法分析师或工效学者通常先从调查工人的健康状况和工作时的不舒适程度着手。常用的一种工具是人体不适图（见图 5-24）。

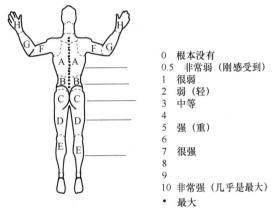

图 5-24　人体不适图

（资料来源：Corlett and Bishop, 1976）

更定量的方法是异常 CTD 风险分析程序，它把三种主要病因的风险值合计为一个风险分值（见图 5-25；Seth et al.，1999）。其中，频率因子由损害手腕的动作次数确定，然后用阈值 10 000 作为刻度；姿势因子取决于上肢动作与中位姿势偏离的程度；力量因子取决于完成任务所需的最大肌肉用力的相对百分数，然后以 15% 为一个刻度（允许的最大等长收缩）（见第 4 章）。最后的杂项因子合并了可能造成 CTD 的多种状况，如振动和温度。经过适当的加权合并，得到最终的 CTD 风险指数。对于相对安全的工作环境，该指数应该小于 1（与 NIOSH 的提举准则类似，见第 4 章）。

图 5-25 分析了由高度重复性的切断操作所引起的 CTD。1.55 的频率因子和 2.00 的力量因子都超过了 1.00 的安全阈值，导致了 1.34 的总体风险值，该值也超过了 1.0。因此，最节约成本的方法是通过消除或合并多余的动作（不完全可行）来降低频率，及通过改变所用的抓握方式减少分力。

CTD风险指数

工作名称：切断	VCR编号：2331	日期：1-26-
工作描述：切断镍铁片	部门：镍铁	分析员：AF

周期时间（单位：s；从录像中得到）			① 5
周期/天=$\dfrac{(480-午餐-休息)\times60}{周期时间}=\dfrac{(480-30-20)\times60}{5}$		②a 5160	③ 取②a或②b 中的大数5160
零件数/天（若已知）	—	②b —	
手部动作数/周期			④ 3
手部动作数/天（③×④）			⑤ 15 480
		频率因子（⑤除以10 000）=1.55	

（请在相应位置划圈）	分值			
	0	1	2	3
工作姿势	⊙坐姿	站立		
手的姿势1：捏持	否	⊙是		
手的姿势2：侧握	⊙否	是		
手的姿势3：掌握	⊙否	是		
手的姿势4：手压	⊙否	是		
手的姿势5：用力握持	是	⊙否		
伸手的姿势	水平	⊙上/下		
手偏移1：弯曲	⊙否	是		
手偏移2：伸展	否	⊙是		
手偏移3：桡骨偏移	⊙否	是		
手偏移4：尺骨偏移	⊙否	是		
前臂旋转	⊙中位	内/外		
肘角度	=90°	⊙≠90°		
臂部外伸	0	⊙<45°	<90°	>90°
臂部弯曲	0	<90°	⊙<180°	>180°
背部角度	0	⊙<45°	<90°	>90°
平衡	⊙是	否		
总分			⑥ 8	
（⑥除以10）姿势因子= ⊙0.80				

作用在工件上的握力或捏力	⑦ 30	⑨ ⑦除以⑧
最大握力或捏力	⑧ 100	0.30
力量因子（⑨除以0.15）=2.00		

（请在相应位置划圈）	分值			
	0	1	2	3
锐边	⊙否	是		
手套	⊙否	是		
振动	⊙否	是		
动作种类	动态	⊙间歇	静态	
温度	⊙温和	寒冷		
总计				⑩ 1
（⑩除以3）杂项因子=0.33				

CTD风险指数=0.3×（频率因子+姿势因子+力量因子）+0.1×杂项因子
CTD风险指数=0.3×(1.55+⊙0.80+2.00)+0.1×0.33=⊙1.34

图5-25　CTD 风险指数

CTD 指数在鉴定有伤害性的工作方面已经被证明是相当成功的，不过它更适用于相对情况下，而不是绝对情况。例如，对排序的危险工作进行分级。请注意：CTD 风险指数既可用作鉴别不当工作姿势的有用清单，也可用作为重新设计确定关键条件的设计工具。

5.5　作业设计原则：工具

5.5.1　需要使用大力气的工作选择力握持，精细工作选择捏持

手的抓握动作可定义为两种极端的抓握姿势（力握持和捏持）之间的各种抓握。力握持的工具手柄是圆柱形的，其轴线与小臂近似垂直，力握持是通过部分弯曲的手指和手掌实现的，拇指稍微与中指重叠，施加反力（见图5-26）。力的作用线会随着下面几种情况而变化：①作用力与小臂平行，比如在锯的过程中；②作用力与小臂呈一个角度，比如在锤打的过程中；③绕小臂中心轴的旋转力作用产生对小臂的扭矩，比如在使用螺钉旋具的过程中。顾名思义，力握持适用于施力或握住重物的场合。可是，手指偏离圆柱形握持的程度越大，所产生的作用力越小而所能提供的精确度越高。例如，在用小锤子钉大头钉时，大拇指会从四指方向偏离到与手柄方向一致。如果食指也偏离到工具轴线，就像手持小刀进行精细切割，这时就变成了捏持，即刀片被捏在大拇指和食指之间。这种握持方式有时也称为内侧精密握持（Konz and Johnson, 2000）。钩握可用于抓牢箱子或手柄，是一种不完全的力握持，因为拇指的反力无法施加，从而显著地减少了可用的握力。

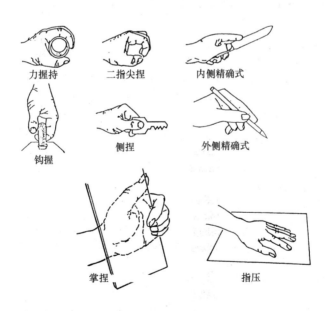

图 5-26　抓握类型

捏持用于调控或精密场合。捏持时，物体被捏在一个或多个手指的指尖与对面的大拇指之间（有时也不用拇指）。拇指和其余四指的相对位置确定了能够施加多大的力，并且提供了为保证所需精度接受反馈的表面。捏持有四种基本类型和多种变化姿势（见图5-26）。①侧捏式：拇指与食指面相对；②二指或三指尖（或指肚）捏式：拇指的指尖（或指肚）与其余一根或多根手指的指尖（或指肚）相对（对于较小的圆柱形物体，这三个手指的作

用像卡盘一样，产生卡捏）；③掌捏式：除了拇指以外的手指与手掌相对，就像风窗玻璃的搬运情形；④指压式：手指压在物体的表面，如制衣工人将衣料推进缝纫机的情形。一种特殊的捏持是外侧精确式捏持，又称笔捏持，它是侧捏式和二指尖捏式的组合，从而握住书写工具（Konz and Johnson，2000）。

完整的握持分级和命名可在 Kroemer（1986）的文献中查明。请注意：与力握持相比，各种捏持姿势力度明显下降（见表5-6），捏持绝不可以用大力。

表 5-6　不同抓握类型的相对力量

抓 握 类 型	男性		女性		相对于力握持的百分数（%）
	lbf	kgf	lbf	kgf	
力握持	89.9	40.9	51.2	23.3	100
指尖捏	14.6	6.6	10.1	4.6	17.5
指肚捏	13.7	6.2	9.7	4.4	16.6
侧捏	24.5	11.1	17.1	7.8	29.5

（资料来源：An et al.，1986）

5.5.2　避免肌肉承受长时间的静负荷

如果在使用工具时胳膊必须抬高或必须把持工具较长时间，肩膀、胳膊和手的肌肉会处于静态受载状态，从而引起疲劳、工作能力下降和酸痛。如果工作必须用握枪式工具在水平工作面上进行，肩膀需要外伸，相应地肘部也需抬高。直列式或直式工具减少了抬高胳膊的需要，而且允许中位的腕部姿势。双臂伸展的长时间工作会导致小臂酸痛，比如在需用体力完成的装配任务中。重新调整工作台以便保持双肘处于90°就可以消除大部分的问题（见图5-4）。同样，连续地握住激活开关也会造成手指的疲劳并且降低手指的灵活性。

5.5.3　用肘弯曲进行扭转动作

当手肘伸展时，手臂上的肌肉和腱伸展开来，所能提供的力量较小。而当手肘弯曲呈90°或小于90°时，肱二头肌处于力学性能的有利状态，有助于小臂的转动。

5.5.4　保持直腕

当腕关节偏离中位时，会出现握力降低。从腕关节处于中位开始，手掌向下降低握力12%，弯曲/伸展下降25%，而桡骨/尺骨偏移降低15%（见图5-27）。笨拙的手姿势会引起手腕酸痛、失去握力，如果持续时间过长，甚至会引起腕管综合征。要避免这类问题，应对工作场所或工具进行重新设计，以适合直腕姿势，如降低工作面和容器的边缘，使夹具向使用者倾斜。同样，工具的把手应体现抓握轴线的影响，即与水平方向呈约78°，而且应当使最终的工具轴线与食指位于同一直线，如弯嘴钳的手柄和手枪式握把的刮刀（见图5-28）。

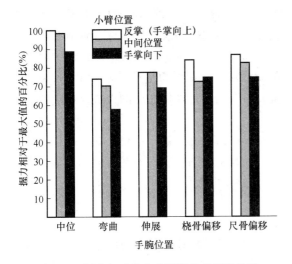

图 5-27 握力与手腕和小臂姿势的函数关系

（资料来源：Terrell and Purswell，1976，表 1）

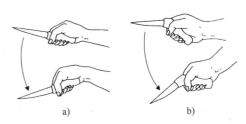

图 5-28 传统的直列式刀
和改进的手枪式握把

（资料来源：Putz－Anderson，1988）

5.5.5 避免组织受压

通常，在手工工具的操作过程中，手用的力可能会很大。这样的动作会将相当大的压力集中于手掌或手指，从而导致局部缺血，即流向组织的血液受阻，导致手指麻木和刺痛。因此，手柄的接触面积应该设计得大一些，以使作用力分散在较大的范围上（见图 5-29），或者使它朝向不敏感的部位，如大拇指与食指之间的组织。同样，应该避免在工具手柄上开指槽或凹窝，因为手的大小差异很大，这类指槽仅适用于少数人。

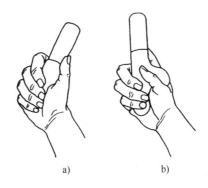

图 5-29 手柄设计

a）传统手柄 b）改进的手柄

此处展示的是一种传统的刮漆刀，a）压迫尺骨动脉，改进的手柄 b）靠在拇指与
食指间的坚韧组织上，防止压迫手的重要部位。注意：该手柄延伸超过了手掌心

（资料来源：Tichauer，1967）

5.5.6 设计左右手都能用，且适合多数人的工具

双手的交替操作可减少局部肌肉的疲劳。然而多数情形下这是不可能的，因为工具只能

一侧的手适用。此外，如果工具是为操作者惯用的手而设计的，即90%的人惯用右手，那么就无法照顾到其余10%的人。一些典型的例子表明，左撇子的人无法使用惯用右手的人的工具，比如仅在左侧有把手的机械钻、圆锯以及仅单侧平齐的锯齿刀。一般来说，惯用右手的男性左手较右手力量小12%，而惯用右手的女性左手较右手力量小7%。但令人惊讶的是，左撇子男性和女性的双手几乎有相等的力量。一个结论是惯用左手的人被迫适应惯用右手的人的世界（Miller and Freivalds，1987）。

女性握力通常是男性握力的50%~67%（Pheasant and Scriven，1983），如：一般的男性可以施加大约110lbf的力，而一般的女性能施加大约60lbf的力。女性有两方面的劣势：平均握力较低和抓握范围较小。最佳的解决方案是提供多种尺寸的工具。

5.5.7 避免重复性的手指动作

如果食指进行过量的扣扳机操作，扳机状指的症状就会出现。触发力应尽量小些，最好控制在2lbf以下（Eastman Kodak，1983），减少食指的负荷。两指或者三指的控制器更好；指簧片机构（见图5-30）或加力握杆甚至更好，因为这样可以运用更多和更有力的手指。表5-7中列出了手指弯曲力的绝对数值以及对于抓握的贡献率。

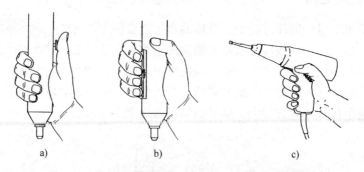

图 5-30　手柄设计拇指操作和指簧片操作的气动工具

a）拇指开关　b）凹进指簧片开关　c）三指扳机动力工具

拇指操作 a）导致拇指的过分延伸。指簧片操作 b）和 c）使得四指分担负荷，同时拇指握住并引导工具

对于一个双柄的工具，负载弹簧的复原可以节省用手指回复工具到初始位置的工作量。此外，必须减少大量的重复动作。尽管重复性动作的临界水平还是未知的，NIOSH（1989）发现，每天动作超过10 000次的工人出现肌腱紊乱的比率较高。

表 5-7　最大的静态手指弯曲力

手指	最大力		相对（拇指）力量的百分数（%）	对抓握的贡献率（%）
	lb	kg		
拇指	16	7.3	100	—
食指	13	5.9	81	29
中指	14	6.4	88	31
无名指	11	5.0	69	24
小指	7	3.2	44	16

（资料来源：Hertzberg，1973）

5.5.8　使用最有力的手指工作：中指和大拇指

虽然食指通常是动作最快的手指，但它不是最有力的手指（见表 5-7）。负荷相对较重时，一般使用中指更有效，或者中指和食指并用。

5.5.9　设计直径为 1.5in 的握持手柄

握持的圆柱状物体应该环绕该物体的整个圆周，使手指与拇指恰好碰触。对于大多数人来说，手柄的直径应该约为 1.5in，从而达到最小的 EMG 活动量，握持耐力也不易减退，同时获得最大推力。一般来说，直径范围的上限值适合产生最大的转矩，而下限值适合要求灵敏性和速度的场合。用于精细抓握的手柄直径应当约为 0.5in（Freivalds，1996）。

5.5.10　设计手柄长度至少为 4in

无论是把手还是扣手，应该有足够的空间放置四指。横过掌骨的手宽度范围是从第 5 百分位女性对应的 2.8in 到第 95 百分位的男性对应的 3.8in（Garrett，1971）。因而，4in 或许是一个合理的最小值，而 5in 可能会更舒适。如果把手被包裹或需戴手套，则建议采用更大的把手。对于外侧精确式抓握，工具的杆必须足够长以便得到食指或拇指根部的支撑。对于内侧精确式抓握，工具长度应当至手掌，但不要太长以碰到手腕（Konz and Johnson，2000）。

5.5.11　为双柄工具设计 3in 的握持范围

握力和其在手指屈肌腱上产生的应力随被抓物体的尺寸而变化。在一手柄成内张角的测力计上，最大握力在 3~3.2in 处达到（Chaffin and Andersson，1991）。偏离这个最佳值，握力相应减少（见图 5-31），其定义是：

握力百分比 $= 100 - 0.28S - 65.8S^2$

式中　S——给定的握持范围减去最佳握持范围（女性 3in，男性 3.2in）。

对平行手柄的测力计，该最佳范围减少到 1.8~2in（Pheasant and Scriven，1983）。由于个体力量能力的巨大差异，以及适应多数就业人口（即第 5 百分位的女性）的需要，最大的握力要求限制在 20lbf 以下。研究发现捏力也有类似影响（见图 5-32）。但是，整个捏力的力量水平小得多（大约为力握持的 20%），并且最佳的捏持范围（针对四指肚捏式）为 0.5~2in，并随范围变大出现急剧下降（Heffernan and Freivalds，2000）。

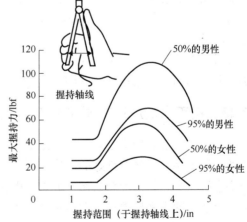

图 5-31　各人口群体分布的握力与把手间距的函数关系

（资料来源：Greenberg and Chaffin，1976）

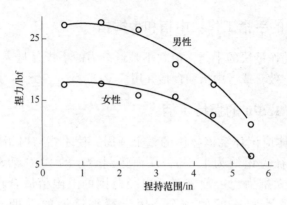

图 5-32　指肚捏力与不同把手间距的关系

（资料来源：Heffernan and Freivalds，2000）

5.5.12　设计适当形状的手柄

就握持而言，设计最大的接触面就使手的单位压力最小化了。圆形截面的工具通常被认为会提供最大的转矩，然而，形状可以根据工作的类型以及所涉及的动作而变化（Cochran and Riley，1986）。例如，最大的拉力和最佳推力实际上是由三角形截面获得的。而对于旋转型的操作，三角形是最慢的。折中的方法似乎是宽高比从 1∶1.25 改为 1∶1.5 的矩形形状（4 个角倒圆）。矩形截面的另一个优点是，当工具放置在桌面时不会滚动。除钩握外，手柄也不应当是完全的圆柱形。螺钉旋具之类的工具，手柄的末端应该倒圆，以防止作用于手掌的压力过大。像铁锤之类的工具，手柄的末端可有一些修平的曲线。

为了避免圆形的、圆柱状的手柄，Bullinger 和 Solf（1979）提出了一种大胆的设计方案，即六角形的截面，其外形像两个截顶锥在最大端连接。这种形状在精密握持以及力握持场合都最佳地吻合了手掌和大拇指的轮廓，并且与更为传统的手柄相比能生成最大的转矩。类似的双截顶锥形状也用在锉柄的改进上。这表明经大幅度倒圆的正方形截面显著地优于更为传统的形状。

最后一点关于形状的说明：T 形手柄比直式螺钉旋具的手柄产生更大的转矩（达到 50% 以上）。T 形手柄的倾斜使得手腕保持平直，从而产生更大的转矩（Saran，1973）。

5.5.13　把手表面应该有压缩性和绝缘性

选择木材做工具把手已有几个世纪了。木材易于得到且便于加工，具有良好的抗振性、阻热性和绝缘性，并具有良好的摩擦力性质，即使在潮湿的情况下也是如此。但是由于木制的把手会折断，且易被油脂沾污，近来已由塑料甚至金属代替。但是，金属应该覆以橡胶或皮革，以减少冲击和导电性，并增加摩擦力（Fraser，1980）。这种压缩性材料也可以减振并使压力分布更合理，从而减轻疲劳和手部压痛（Fellows and Freivalds，1991）。但把手材料不应太软，否则像金属碎片之类的锐利物体就全嵌入把手，使得它难以使用。把手的表面积应该尽可能大，以确保压力分布在尽可能大的范围。局部压力过大会引起疼痛，妨碍工作。

工具表面的摩擦特性随手施加的压力、表面的光滑性和疏松程度及表面污垢的类型而变化（Bobjer et al.，1993）。汗湿能增大摩擦系数，而油脂会减小摩擦系数。在潮湿的情况下胶带和软皮革能提供较大的摩擦力。表面图案的类型（根据凹凸区域的比例定义）呈现了一些有趣的特征。当手干净或者有汗时，最大的摩擦力是由高的凸凹比例（达到最大的手与表面的接触面积）获得的；当手不干净时，最大的摩擦力是由低的比例（达到排除污物的最大能力）获得的。

5.5.14   工具的重量应低于5lb

手工工具的重量将决定它可被握持和使用的时间，以及它能被操作的精细程度。在肘关节处于90°、单手握持工具过长时间的情况下，Greenberg 和 Chaffin（1976）建议工具的重量不应超过5lb。此外，工具应做很好的平衡处理，即工具的重心应尽可能接近手的重心（除非这种工具是用于传递力量，像铁锤）。这种情形下，手或臂的肌肉不需抵抗任何由不平衡的工具所引起的扭矩。减撞击及减振重型工具应该安装在伸缩臂或工具平衡器上，以节省操作者的力气。对于精细操作，不建议使用重量超过1lb 的工具，除非使用平衡补偿系统。

5.5.15   审慎地使用手套

手套通常配合手动工具使用，以提高安全性和舒适性。安全手套很少是松大的，但是在低于冰点的气候手套可能很重，而且会干扰手抓的能力。若戴毛制或皮革手套，会使手的厚度增加0.2in，宽度（到大拇指）增加0.3in，而较重的连指手套会分别增加1in 和 1.6in（Damon 等，1966）。更重要的是手套使握力减小10%～20%（Hertzberg，1973），降低转矩的产生并缩短手工的灵巧作业时间。与不戴手套的性能相比，氯丁橡胶手套使手工作业的灵巧性降低12.5%，绒布手套降低36%，皮革手套降低45%，聚氯乙烯手套降低64%（Weidman，1970）。因此，选择戴手套前必须在提高安全性和降低灵巧性之间权衡。

5.5.16   使用动力型工具，如螺母或螺钉动力工具替代手工工具

使用动力型工具工作不仅较手工工具快，而且可以大大减轻工人疲劳。使用动力型工具可达到更高的产品品质一致性。例如，动力型螺母工具能够始终如一地对螺母施加以标定的预紧力，而由于操作疲劳，手动螺母工具无法保持恒定的驱动力。

但是也需要做出权衡。手工动力工具产生振动，会导致白手指综合征，这是由血管收缩导致流到手和手指的血液不足引起的。其结果是感官反馈丧失和灵巧性降低，而且这种情形会引发腕管综合征，特别是在那种用较大力和反复施力的工作场合。一般要避免16～130Hz（见图6-19）的振动频率临界范围，或者稍大范围的（更安全）2～200Hz（Lundstrom 和 Johansson，1986）。通过减小驱动力、用专门设计的减振把手（Andersson，1990）或吸振手套，以及减少偏心与轴的失衡，就可以使振动的影响减至最小。

5.5.17   正确运用动力工具的构造和定位特点

在使用机械钻或其他动力工具时，操作者的主要职责就是把持、稳定工具并监控工具对准工件，而由工具完成主要的工作任务。尽管操作者会不时地移动或定位工具，但是操作者主要负责有效地抓住和把持工具。手钻由钻头、钻体和把手组成，理论上这三部分成一条直线。该作用线是伸开食指的延伸方向。也就是说，理想的钻，其钻头是偏离钻体的中心轴的。

　　把手的构造也很重要，可供选择的有手枪式握把和直列式或直角式把手。根据以往经验，直列式和直角式把手最适合在水平面上做向下紧固操作。手枪式握把主要适合在垂直面上做紧固操作，其目的是获得直背的站立姿态，上臂悬垂而手腕伸直（见图5-33）。对于手枪式握把，手柄与水平面约成78°夹角（Fraser，1980）。

　　另一个重要的因素是重心。如果重心位于工具太靠前的部位，会产生转矩，则必须用手和小臂的肌肉力量来克服。因此，除了必须握持、定位和向工件推进电钻外，还需额外的肌肉力量。主把手应直接安装在重心之下，从而钻体凸出于把手的后方及前方。对于重型的电钻，可能需要一个辅助的支撑把手，可装在侧边或最好在工具下面，这样支撑手臂就能收回靠住身体而不用伸在外面。

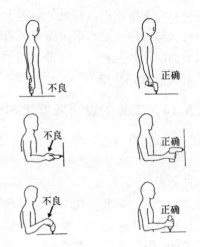

图5-33　工作场所中动力工具的正确方位
（资料来源：Armstrong，1983）

5.5.18　选择具有适当特性的动力工具

　　用于上紧螺母的上螺母器之类的动力工具可从市场上买到，有各种各样的把手结构、轴径、转速、重量、停止机构及转矩输出量可供选择。转矩是经过一系列机构由电动机传送到主轴的，这样一旦螺母或其他紧固件被上紧，动力（通常是压缩空气）就可以迅速被切断。最简便和最廉价的机构是在操作者控制之下直接驱动的，但是由于螺母上紧后松开扳机的时间过长，直接驱动就对手臂产生一个很大的反转矩。机械摩擦离合器可以使主轴滑脱，消减一些反转矩。消减反转矩的一种更好的机械装置是气流式开关，它可以在螺母上紧时自动地感知切断气源的时机。一种静态的快速机构是自动机械离合器式开关。最新的装置包括液压脉冲系统，其中来自电动机的旋转能量被传递至含有油垫（过滤掉高频率的脉冲和噪声）的脉冲部件，以及一种类似的电脉冲系统。这两种系统都能在很大程度上减少反转矩（Freivalds and Eklund，1993）。

　　传递到螺母的转矩变化取决于以下几个条件：工具的特性、操作者、接合处的特性，例如紧固件与被连接材料（从具有弹性的软材料，如覆盖件，到有两个硬表面的硬材料，如曲轴上的带轮）的组合；气源的稳定性。使用者所经受的转矩（反转矩）取决于这些因素与转矩停止系统。总之，使用低于普通转速水平的电动工具，或者低功率的气动工具，会产生更大的反转矩和更高级别的压力。脉冲式的工具产生最小的反转矩，或许是短脉冲切碎了"反转矩"。其他潜在问题包括来自气动装置高达95dBA的噪声，超过132dBV的振动级，以及从排气装置发出的灰尘或油烟（Freivalds and Eklund，1993）。

5.5.19　针对动力工具采用反作用杆和工具平衡器

　　如果使用直列式工具向下动作时扭矩超过53in·lbf（6N·m），或在水平方向使用手枪握把式工具时扭矩超过106in·lbf（12N·m），以及使用直角式工具向下或向上动作时扭矩超过444in·lbf（50N·m），就应加装反扭矩杆（Mital and Kilbom，1992）。

工具评估清单中总结了这类信息（见图 5-34）。如果工具不符合这些建议及预期的特征，就应当重新设计或替换。

基本原则	是	否
1. 工具是否有效地实现了预期的功能？	☐	☐
2. 工具与操作者的个头和力量匹配吗？	☐	☐
3. 工具的使用不会引起过度疲劳吧？	☐	☐
4. 工具是否提供传感反馈？	☐	☐
5. 工具的投资和维护成本合理吗？	☐	☐

解剖学的考虑	是	否
1. 如果需要用力，该工具能否用力握持（即握手的方式）？	☐	☐
2. 不用肩部外伸也能使用工具吗？	☐	☐
3. 当肘部的角度为 90°时（即小臂水平），该工具能被操作吗？	☐	☐
4. 该工具能以直腕状态使用吗？	☐	☐
5. 工具的手柄有大的接触面来分散力量吗？	☐	☐
6. 对于第 5 百分位的女性，是否可以很舒适地使用该工具？	☐	☐
7. 左右手都能使用该工具吗？	☐	☐

把手和手柄	是	否
1. 用作施力的工具的手柄直径是 1.5~2in 吗？	☐	☐
把手能够以拇指和其他四指稍微重叠的方式被握持吗？	☐	☐
2. 对于精细的任务，工具手柄的直径是否为 5/16~5/8in？	☐	☐
3. 手柄的截面是圆形吗？	☐	☐
4. 手柄长度至少是 4in（如果戴手套至少是 5in）吗？	☐	☐
5. 手柄表面纹理精细并有轻微的可压缩性吗？	☐	☐
6. 手柄是绝缘的并且不易弄脏吗？	☐	☐
7. 用作施力的工具有成 78°角的手枪式握把吗？	☐	☐
8. 双柄的工具能以小于 20lbf 的握持力操作吗？	☐	☐
9. 工具柄的间距是 2.75~3.25in 吗？	☐	☐

动力工具的考虑事项	是	否
1. 扳机的激活力小于 1lbf 吗？	☐	☐
2. 对于重复使用的情况，有指簧片式的扳机吗？	☐	☐
3. 每一工作班次的触发动作少于 10 000 次？	☐	☐
4. 是否用反作用杆解决扭矩过大的问题：	☐	☐
a. 对于直列式工具为 50in·lbf。	☐	☐
b. 对于手枪握把式工具为 100in·lbf。	☐	☐
c. 对于直角式工具为 400in·lbf。	☐	☐
5. 工具全天使用产生的噪声小于 85dB 吗？	☐	☐
6. 工具产生振动吗？	☐	☐
振动频率是否超出 2~200Hz 的范围？	☐	☐

其他事项及总则	是	否
1. 用作一般用途的工具重量少于 5lb 吗？	☐	☐
2. 对于精细工作任务，工具重量少于 1lb 吗？	☐	☐
3. 需长时间使用的工具是否可以暂停？	☐	☐
4. 工具平衡（即中心在握把的轴线上）吗？	☐	☐
5. 不戴手套可以使用该工具吗？	☐	☐
6. 为了限制阻塞和防止夹紧，该工具有止动功能吗？	☐	☐
7. 工具有光滑且倒圆的边缘吗？		

图 5-34　工具评估清单

本 章 小 结

工作站上的生产率及操作者的舒适度很大程度上受到多重因素的影响。合理的工效学技术既可用于操作的设备又可用于工作区域周边环境。就设备及工作站环境而言，应当提供适当柔性以适应雇员的身高、可达范围、力量和反应速度等。32in 高的工作台可能刚好适合身高 75in 的工人，但是对于身高 66in 的雇员的确是太高了。要适应全体工人的情况，可调整高度的工作站和椅子应是理想的，调整范围是中值加减两倍标准差。所提供的可适合全范围劳动力的柔性工作中心越好，生产率的结果就越令人满意，工人的满意程度就越高。

正如工人的身高和体型存在巨大差异一样，视觉能力、听力、触觉及手的灵活性存在同样的或更大的差异。因此，绝大多数的工作站还可以进行改进。实施工效学与方法工程将会带来更有效和更有竞争力的工作环境，从而提高工人舒适度、产品质量、企业劳动力周转率及组织的声誉。

思 考 题

1. 对 90% 的成年人来说推荐的座椅宽度是多少？
2. 对比分析三种设计策略的异同。
3. 如何确定工作面的合适高度？
4. 一把符合人体工程学的椅子最关键的特点是什么？其中，哪些参数应是可调的？
5. 鞍形座椅的设计原则是什么？
6. 什么是脊柱前弯？它与腰椎垫有什么关系？
7. 抗疲劳垫的原理是什么？
8. 在工作面上恰当地布置箱子、零件和工具的原则是什么？
9. 夹具在工作场所设计中为什么如此重要？请列出尽可能多的原因。
10. 在设计控制器和显示器时 Warrick 原则指的是什么？
11. 最佳视线是什么？
12. 列出在仪表盘上布置元件的三个原则。
13. 什么是行程范围的影响？
14. 列出有效的控制 – 显示兼容性的三个原则。
15. 操作编码指的是什么？
16. 触觉控制的主要缺陷是什么？
17. 什么是没有系统响应的控制运动？
18. 如果 C/R 从 1.0 增加到 4.0，那么行程时间、调节时间和总时间会发生什么变化？
19. 导致 CTD 的三个最重要的任务因子是什么？
20. 导致白手指的最重要因素是什么？
21. 什么是扳机状指？
22. 描述腕管综合征的发病过程。
23. 使用设计中的所有原则来设计符合人体工程学的把手。
24. 电动工具设计中的关键问题是什么？

计 算 题

1. 由于挑战者号的悲剧，美国航空航天局（NASA）决定让航天飞机的每个宇航员具有个人逃生能力（即发射舱）。因为空间极其珍贵，适当的人体测量设计是至关重要的。同时，由于预算的限制，该设计是不可调整的，即同一设计必须适合所有现在和将来的宇航员，包括男性和女性。针对发射舱的特征，请指出用于设计的人体特征、所用的设计原则及用于结构的实际数值（以 in 为单位）。

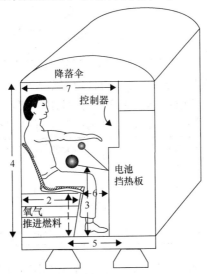

发射舱特征	人体特征	设计原则	实际数值
1. 座椅高度			
2. 座椅深度			
3. 操纵杆高度			
4. 发射舱高度			
5. 足区域深度			
6. 腿区域深度			
7. 驾驶舱深度			
8. 发射舱宽度			
9. 重量界限			

2. 要求为 NASA 的发射逃生设计一个控制/显示面板。逃生初始，为了减缓和抵御地球的重力场需要使用推进器。降落伞只能在给定的、狭窄海拔范围内释放。请安排七个控制/显示功能，要求使用与下面操控面板同样大小的拨盘，并解释你的布局的合理性。

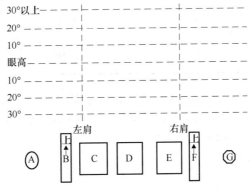

控制/显示	观察时间百分比（%）	重要度	用时
A. 发射释放	1	危急	1
B. 推进器油位	20	非常重要	10
C. 风速指示器	15	重要	5
D. 氧气压力	1	不重要	2
E. 电力水平	2	重要	3
F. 高度指示器	60	危急	50
G. 降落伞释放	1	危急	1

3. Dorben 铸造厂使用一个带磁性吸盘的桥式起重机将废铁装入高炉。起重机的操作者使用多种操作杆对起重机和其磁性吸盘的三个自由度进行操控。使用一个控制器以激活/解除吸盘的磁引力。操作者在作业上方且大多数时间是俯视的。操作者经常抱怨背痛。市场上买得到的各种操作杆的数据如下：

操 作 杆	操纵距离/in	起重机行程/ft	到达目标时间/s
A	20	20	1.2
B	20	10	2.2
C	20	80	1.8
D	20	40	1.2

（1）为起重机操作者设计一个合适的操作系统。简述所需控制器的个数，它们的位置（尤其是与操作者视线有关的位置）、运动方向和反馈类型。

（2）列出这些控制器适合的 C/R。

（3）在设计这些控制器的过程中还有哪些因素可能是重要的?

4. 下表是关于两种不同 C/R 设置的数据。基于这些数据，两种设置的最佳 C/R 是什么？你认为哪个设置更好？

设 置	C/R	行程时间/s	调节时间/s
A	1	0.1	5
	5	1	2
	10	5	0.5
	20	10	0.1
B	2	1	6
	10	3	5
	15	5	4
	20	10	3

5. 在一个小的制造车间，下图所示的烙铁用来在大的垂直面板上进行焊接。过去的一年里，除了许多操作者的抱怨外，还有几例有关这项工作的肌骨损伤报告。总的来说，它具有下列问题：

a. 在使用烙铁时很难看见它的作用点。

b. 操作者在把持工具时过于用力。

c. 电源线很容易缠在一起。

d. 操作者抱怨手腕疼。

请重新设计烙铁以解决上述问题，并指出该设计中所包含的人机工程或其他专业特征。

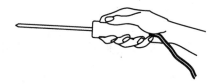

6. 用 CTD 风险指数，计算下列工作中右手损伤的潜在危险：

a. 模锻挤压——假定为 30% MVC⊖ 的握力。

b. 模锻端部连接——假定为 15% MVC 的握力。

c. 手电筒装配——假定为 15% MVC 的握力。

d. 联合装配——假定为 15% MVC 的握力。

e. 病床护栏的装配——假定为 30% MVC 的握力。

f. 缝纫（服装）——假定为 30% MVC 的握力。

g. 缝标签（服装）——假定为 15% MVC 的握力。

h. 裁剪和粗缝（服装）——假定为 30% MVC 的握力。

7. 下图所示的工人正在用电动驱动器将 4 个螺钉拧入面板中。他的生产配额是每 8h 生产 2300 块电池板。在这项工作中发现了哪些具体的人体工程学问题？对于每个问题：

a. 指定一项人机工程学改进，以纠正问题。

b. 提供具体的作业设计原则，以支持这种方法的变更。

8. 下图所示为工人正在使用 10lb 的气动螺母扳手拧紧拖拉机驾驶室中的螺母。她的工作可能导致哪些健康和安全问题？评估该工作和工作站，指出好的和坏的作业设计特征。如果设计良好，说明作业设计的原则，以证明其使用的合理性；如果设计不好，请使用作业设计原则重新设计来进行改进。尽可能彻底，提出尽可能多的设计特征。

⊖ MVC 为 Maximal Voluntary Contraction 的简写，译为最大随意收缩。

9. 下图所示为工人正在打磨由于冲出 HP 打印机的金属框架而产生的锋利金属边缘。打印机重 15lb，她的工作标准时间是 0.2min。

　　a. 她的工作可能导致哪些常见的健康和安全问题？

　　b. 导致这种健康问题的四个基本工作因素是什么？

　　c. 哪些方法的改变不仅会改善健康和安全，还会提高生产力？提供具体的作业设计原则，说明为什么这种改变是合适的。

参 考 文 献

An, K., L. Askew, and E. Chao. "Biomechanics and Functional Assessment of Upper Extremities." In *Trends in Ergonomics/Human Factors III.* Ed. W. Karwowski. Amsterdam: Elsevier, 1986, pp. 573–580.

Andersson, E. R. "Design and Testing of a Vibration Attenuating Handle." *International Journal of Industrial Ergonomics,* 6, no. 2 (September 1990), pp. 119–125.

Andersson, G. B. J., R. Örtengren, A. Nachemson, and G. Elfström. "Lumbar Disc Pressure and Myoelectric Back Muscle Activity During Sitting. I, Studies on an Experimental Chair." *Scandinavian Journal of Rehabilitation Medicine,* 6 (1974), pp. 104–114.

ANSI (American National Standards Institute). ANSI Standard for Human Factors Engineering of Visual Display Terminal Workstations. ANSI/HFS 100-1988. Santa Monica, CA: Human Factors Society, 1988.

Armstrong, T. J. *Ergonomics Guide to Carpal Tunnel Syndrome.* Fairfax, VA: American Industrial Hygiene Association, 1983.

Bobjer, O., S. E. Johansson, and S. Piguet. "Friction between Hand and Handle. Effects of Oil and Lard on Textured and Non-textured Surfaces; Perception of Discomfort." *Applied Ergonomics,* 24, no. 3 (June 1993), pp. 190–202.

Borg, G. "Psychophysical Scaling with Applications in Physical Work and the Perception of Exertion." *Scandinavian Journal of Work Environment and Health,* 16, Supplement 1 (1990), pp. 55–58.

Bradley, J. V. "Tactual Coding of Cylindrical Knobs." *Human Factors*, 9, no. 5 (1967), pp. 483–496.

Bullinger, H. J., and J. J. Solf. *Ergononomische Arbeitsmittel-gestaltung, II - Handgeführte Werkzeuge - Fallstudien.* Dortmund, Germany: Bundesanstalt für Arbeitsschutz und Unfallforschung, 1979.

Chaffin, D. B., and G. Andersson. *Occupational Biomechanics.* New York: John Wiley & Sons, 1991, pp. 355–368.

Cochran, D. J., and M. W. Riley. "An Evaluation of Knife Handle Guarding." *Human Factors,* 28, no. 3 (June 1986), pp. 295–301.

Corlett, E. N., and R. A. Bishop. "A Technique for Assessing Postural Discomfort." *Ergonomics,* 19, no. 2 (March 1976), pp. 175–182.

Damon, A., H. W. Stoudt, and R. A. McFarland. *The Human Body in Equipment Design.* Cambridge, MA: Harvard University Press, 1966.

Eastman Kodak Co. *Ergonomic Design for People at Work.* Belmont, CA: Lifetime Learning Pub., 1983.

Fellows, G. L., and A. Freivalds. "Ergonomics Evaluation of a Foam Rubber Grip for Tool Handles." *Applied Ergonomics,* 22, no. 4 (August 1991), pp. 225–230.

Fraser, T. M. *Ergonomic Principles in the Design of Hand Tools.* Geneva, Switzerland: International Labor Office, 1980.

Freivalds, A. "Tool Evaluation and Design." In *Occupational Ergonomics.* Eds. A. Bhattacharya and J. D. McGlothlin. New York: Marcel Dekker, 1996, pp. 303–327.

Freivalds, A., and J. Eklund. "Reaction Torques and Operator Stress While Using Powered Nutrunners." *Applied Ergonomics,* 24, no. 3 (June 1993), pp. 158–164.

Garrett, J. "The Adult Human Hand: Some Anthropometric and Biomechanical Considerations." *Human Factors,* 13, no. 2 (April 1971), pp. 117–131.

Grandjean, E. *Fitting the Task to the Man* (4th ed.). London: Taylor & Francis, 1998.

Greenberg, L., and D. B. Chaffin. *Workers and Their Tools.* Midland, MI: Pendell Press, 1976.

Heffernan, C., and A. Freivalds. "Optimum Pinch Grips in the Handling of Dies." *Applied Ergonomics,* 31 (2000), pp. 409–414.

Hertzberg, H. "Engineering Anthropometry." In *Human Engineering Guide to Equipment Design.* Eds. H. Van Cott and R. Kincaid. Washington, DC: U.S. Government Printing Office, 1973, pp. 467–584.

Hunt, D. P. *The Coding of Aircraft Controls* (Tech. Rept. 53–221). U. S. Air Force, Wright Air Development Center, 1953.

Jenkins, W., and Conner, M. B. "Some Design Factors in Making Settings on a Linear Scale." *Journal of Applied Psychology,* 33 (1949), pp. 395–409.

Konz, S., and S. Johnson. *Work Design,* 5th ed. Scottsdale, AZ: Holcomb Hathaway Publishers, 2000.

Kroemer, K. H. E. "Coupling the Hand with the Handle: An Improved Notation of Touch, Grip and Grasp." *Human Factors,* 28, no. 3 (June 1986), pp. 337–339.

Kroemer, K. "Engineering Anthropometry." *Ergonomics,* 32, no. 7 (1989), pp. 767–784.

Lundstrom, R., and R. S. Johansson. "Acute Impairment of the Sensitivity of Skin Mechanoreceptive Units Caused by Vibration Exposure of the Hand." *Ergonomics,* 29, no. 5 (May 1986), pp. 687–698.

Miller, G., and A. Freivalds. "Gender and Handedness in Grip Strength." *Proceedings of the Human Factors Society 31st Annual Meeting.* Santa Monica, CA, 1987, pp. 906–909.

Mital, A., and Å. Kilbom. "Design, Selection and Use of Hand Tools to Alleviate Trauma of the Upper Extremities." *International Journal of Industrial Ergonomics,* 10, no. 1 (January 1992), pp. 1–21.

National Safety Council. *Accident Facts.* Chicago: National Safety Council, 2003.

NIOSH, *Health Hazard Evaluation-Eagle Convex Glass, Co.* HETA-89-137-2005. Cincinnati, OH: National Institute for Occupational Safety and Health, 1989.

Pheasant, S. T., and S. J. Scriven. "Sex Differences in Strength, Some Implications for the Design of Handtools." In *Proceedings of the Ergonomics Society.* Ed. K. Coombes. London: Taylor & Francis, 1983, pp. 9–13.

Putz-Anderson, V. *Cumulative Trauma Disorders.* London: Taylor & Francis, 1988.

Sanders, M. S., and E. J. McCormick. *Human Factors in Engineering and Design.* New York: McGraw-Hill, 1993.

Saran, C. "Biomechanical Evaluation of T-handles for a Pronation Supination Task." *Journal of Occupational Medicine,* 15, no. 9 (September 1973), pp. 712–716.

Serber, H. "New Developments in the Science of Seating." *Human Factors Bulletin,* 33, no. 2 (February 1990), pp. 1–3.

Seth, V., R. Weston, and A. Freivalds. "Development of a Cumulative Trauma Disorder Risk Assessment Model." *International Journal of Industrial Ergonomics,* 23, no. 4 (March 1999), pp. 281–291.

Terrell, R., and J. Purswell. "The Influence of Forearm and Wrist Orientation on Static Grip Strength as a Design Criterion for Hand Tools." *Proceedings of the Human Factors Society 20th Annual Meeting.* Santa Monica, CA, 1976, pp. 28–32.

Tichauer, E. "Ergonomics: The State of the Art." *American Industrial Hygiene Association Journal,* 28 (1967), pp. 105–116.

U.S. Department of Justice. *Americans with Disabilities Act Handbook.* EEOC-BK-19. Washington, DC: U.S. Government Printing Office, 1991.

Webb Associates. *Anthropometric Source Book.* II, Pub. 1024. Washington, DC: National Aeronautics and Space Administration, 1978.

Weidman, B. *Effect of Safety Gloves on Simulated Work Tasks.* AD 738981. Springfield, VA: National Technical Information Service, 1970.

可 选 软 件

COMBIMAN, *User's Guide for COMBIMAN, CSERIAC.* Dayton, OH: Wright-Patterson AFB. (http://dtica.dtic.mil/hsi/srch/hsi5.html)

Design Tools (可从McGraw-Hill text网站 www.mhhe.com/niebel-freivalds获取). New York: McGraw-Hill, 2002.

Ergointelligence (Upper Extremity Analysis). 3400 de Maisonneuve Blvd. West, Suite 1430, Montreal, Quebec, Canada H3Z 3B8.

FactoryFLOW, Siemens PLM Software, 5800 Granite Parkway, Suite 600, Plano, TX 75024, USA. (http://www.plm.automation.siemens.com/)

Job Evaluator ToolBox™. ErgoWeb, Inc., P.O. Box 1089, 93 Main St., Midway, UT 84032.

ManneQuinPRO. Nexgen Ergonomics, 3400 de Maisonneuve Blvd. West, Suite 1430, Montreal, Quebec, Canada H3Z 3B8. (http://www.nexgenergo.com/)

Multimedia Video Task Analysis. Nexgen Ergonomics, 3400 de Maisonneuve Blvd. West, Suite 1430, Montreal, Quebec, Canada H3Z 3B8.

相 关 网 站

CTD News— http://ctdnews.com/
ErgoWeb—http://www.ergoweb.com/
Examples of bad ergonomic design—http://www.baddesigns.com/
CAESAR—http://store.sae.org/caesar

第6章

工作环境设计

本章要点

- 基于避免眩光的普通照明与作业照明供给。
- 声源的噪声控制。
- 基于辐射屏蔽与通风的热应力控制。
- 热区域整体空气流动与局部通风条件改善。
- 工具手柄与座椅的减振优化。
- 轮班工作条件下快速、按照顺序的轮班方式的应用。

　　方法分析人员应为操作者提供良好、安全、舒适的工作环境。经验表明，工作环境优良的工厂相较环境低劣的工厂产量更大，投资于工作环境的改善将带来经济回报的显著提高。理想的工作环境在增加产量以外还能够提高安全程度，减少缺勤、怠工以及人员流动，达到激励员工并改善其公共关系的效果。工作环境的可接受水平和对问题区域的建议控制措施将在本章进行详述。

6.1 照明

6.1.1 原理

　　电磁波涵盖了从波长较长的无线电波到高能短波长的 γ 射线，而可见光只是电磁波谱中极狭窄的一部分（见图 6-1）。光线经人眼捕捉后（见图 6-2）由大脑处理形成图像。这是一个非常复杂的过程，光线进入人眼内虹膜中心的瞳孔，经过角膜和晶状体聚焦在眼球后面的视网膜上。视网膜由视杆细胞、视锥细胞等组成，前者在弱光下起作用（特别是在夜间），能够获取黑白景象，视敏度差；后者在强光下起作用，能够辨别颜色，视敏度较好。视锥细胞集中在视网膜的中央凹，视杆细胞则遍布在视网膜上。视神经收集来自光感受器（视杆细胞和视锥细胞）的电信号并将其传递给大脑，最后由大脑对外部照明环境信息进行处理

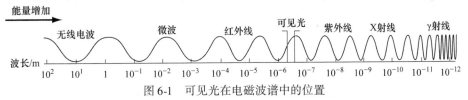

图 6-1　可见光在电磁波谱中的位置

与解读。

照明相关基本理论适用于一定光照强度的点光源条件，以坎德拉（cd）来测度（见图6-3）。光线从光源发出并沿球面向外发射，设点光源光照强度为 1 cd 或 12.57 lm（按球面积公式 $4\pi r^2$ 计算）。光线照射到某一表面，或球体的一部分，可定义照明度或照度，单位为英尺烛光（fc）。照度与光源到该照射表面的距离 d 的平方 d^2 成反比：

$$照度 = 光照强度/d^2$$

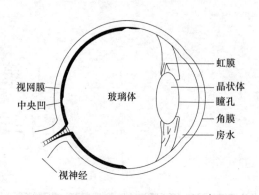

图6-2　人眼结构

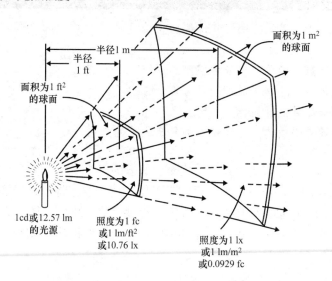

图6-3　遵循平方反比定律的点光源照度分布

（资料来源：通用电气公司，1965，p. 5）

一部分光线被物体吸收，一部分则被反射（对于半透明或透明材料，部分光线则被透射），反射光线使人"看见"物体并感知光亮。反射光亮度的单位为英尺朗伯（fL），它是由反射表面的特性决定的，称为反射率。

$$反射光亮度 = 照度 \times 反射率$$

反射率是一个没有单位的比值，范围在 0 ~ 100% 之间。高质量白纸的反射率约为 90%，报纸和混凝土的反射率约为 55%，纸板约为 30%，而不光滑的黑色涂料其反射率大概在 5% 左右。各种颜色的涂料及木料的反射率见表6-1。

表6-1　典型涂料及木料的反射率

颜色或材料	反射率（%）	颜色或材料	反射率（%）
白色	85	中蓝色	35
乳白色	75	深灰色	30
浅灰色	75	深红色	13

（续）

颜色或材料	反射率（%）	颜色或材料	反射率（%）
浅黄色	75	深棕色	10
浅米色	70	深蓝色	8
浅绿色	65	深绿色	7
浅蓝色	55	枫木	42
中黄色	65	椴木	34
中米色	63	胡桃木	16
中灰色	55	红木	12
中绿色	52		

6.1.2　可见度

物体能够被看清的程度即为可见度。影响可见度的三个重要因素为视角、对比度以及最重要的因素——照度。视角是指目标物相对于眼睛的角度，对比度是指可视目标与背景之间的亮度差。较小目标的视角通常采用角分（1°的1/60）来定义：

$$视角（角分）= 3438h/d$$

式中　h——目标的高度或关键细部（如印刷字体的笔画宽度）；

　　　d——目标到眼睛的距离（单位同 h）。

对比度的定义方式有多种，最典型的是

$$对比度 = (L_{max} - L_{min})/L_{max}$$

式中　L——亮度。

对比度与目标和背景之间亮度差的最大值和最小值有关，对比度无单位。

影响可见度的其他非关键性因素有曝光时间、目标的运动状态、作业人员年龄、作业位置、人员培训情况等，在此不做详细介绍。

Blackwell（1959）在一系列实验中量化了这三个关键因素之间的关系，推动了北美照明工程协会（IESNA，1995）照明标准的发展。尽管今天 Blackwell 曲线（见图 6-4）本身并不常用，但它显示了目标尺寸、照度（在该情况下，测量目标反射的亮度作为照度，单位为 fL）和目标与背景间的对比度之间的关系。因此，尽管增大照度是提高工作可见度最简单的方法，但也可以通过增强对比度或增大目标尺寸来提高工作可见度。

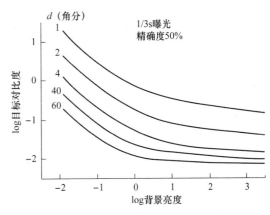

图 6-4　直径为 d 的圆盘的平滑阈值对比曲线

（资料来源：Blackwell，1959）

6.1.3　照度

认识到将点光源理论扩展到实际光源（可能是除点光源以外的任何光源）的复杂性，以及 Blackwell（1959）的实验设定的一些不确定性和约束条件，IESNA 采用了一项简单得多的方法来测定最低照明水平（IESNA，1995）。第一步，确定将被执行的作业的一般类型，并将其归入表 6-2 列示的九种类型中的一类。IESNA（1995）给出了这一方法更详细的作业清单。注意类别 A、B 和 C 不包括特殊的视觉作业。对每一类作业，给出了一系列照度（低、中、高），基于三种作业和工人特性计算权重系数（-1,0,1），见表 6-3，选出合适的照度值。之后，将这些权重求和得出总权重系数。注意，因为类别 A、B 和 C 中不包含视觉作业，这些类别不考虑速度/精确度特性，并且全部使用房间内表面代替作业背景。如果两或三项权重系数的总和是 -2 或 -3，则使用三种照明中的低照明，如果权重系数的和是 -1、0 或 1，使用中等照明，如果权重系数的和是 2 或 3，使用高照明。

表 6-2　内部照明设计的推荐照度水平

类别	照度范围/fc	作业类型	参考范围
A	2 ~ 3 ~ 5	黑暗环境中的公共区域	遍布房间或区域的普通照明
B	5 ~ 7.5 ~ 10	用于短暂访问的简单定位	
C	10 ~ 15 ~ 20	仅偶尔执行视觉作业的工作空间	
D	20 ~ 30 ~ 50	执行高对比度或大尺寸的视觉作业，例如阅读印刷材料、打印原件、墨水笔迹和静电复印件，粗糙的工作台和机器作业，普通检查，粗装配	作业照明
E	50 ~ 75 ~ 100	执行中对比度或小尺寸的视觉作业，例如阅读中等硬度铅笔的笔迹、印刷或复印不良的材料，中等工作台和机器作业，困难的检查，中等装配	
F	100 ~ 150 ~ 200	执行低对比度或很小尺寸的视觉作业，例如阅读劣质纸张上的硬铅笔笔迹和极不清晰的复印材料、高难度的检查、困难的装配	
G	200 ~ 300 ~ 500	长时间执行低对比度和很小尺寸的视觉作业，例如精细装配、非常困难的检查、精细工作台和机器作业、极其精细的装配	普通照明和补充局部照明相结合的作业照明
H	500 ~ 750 ~ 1000	执行极长时间、大强度的视觉作业，例如最困难的检查、极其精细的工作台和机器作业、极其精细的装配	
I	1000 ~ 1500 ~ 2000	执行极端低对比度和小尺寸的极特殊的视觉作业，例如外科手术	

（资料来源：IESNA，1995）

表 6-3　表 6-2 中各类作业选择具体照度水平需要考虑的权重系数

作业与工人特性	权重		
	-1	0	1
年龄（岁）	<40	40 ~ 55	>55
作业/表面背景的反射率	>70%	30% ~ 70%	<30%
速度和精确度（仅针对 D - I 类）	不重要	重要	关键

（资料来源：IESNA，1995）

在实际操作中，通常采用曝光表（类似于能在照相机中找到的那种，但使用不同的单位）对照度进行测量，而使用光度计（通常是和曝光表分开的附件）测量亮度。通常利用目标表面亮度和放置在目标表面相同位置的反射率已知的标准表面（例如柯达中性测试卡，其反射率 =0.9）的亮度之间的比值计算反射率。目标的反射率为

$$反射率 = 0.9 \times L_{目标}/L_{标准}$$

6.1.4　光源与分布

在确定研究区域的照明要求后，分析员可选择合适的人造光源。与人造照明设备相关的两个重要参数是效率［单位能量输出光，常用单位为流明每瓦（lm/W）］和显色性。效率是特别重要的，因为它与成本相关，高效的光源可以降低能耗。显色性与人感知到的被观察物体的颜色和标准光源照明下人感知到的同一物体的颜色的接近程度有关。更高效的光源（高压和低压钠灯）仅表现出一般至较差的显色性，因此可能不适用于某些注重颜色辨别的检验操作。表 6-4 给出了主要人造光源类型的效率和显色性信息。常用的工业光源，即照明设备，如图 6-5 所示。

表 6-4　人造光源

类型	效率 （lm/W）	显色性	注　　释
白炽灯	17 ~ 23	良好	常用的光源，但效率最低。灯具成本低。灯具寿命一般短于 1 年
荧光灯	50 ~ 80	一般至良好	效率和显色性随灯具类型的变化相当大：冷白、暖白、华丽冷白。新式节能灯具和镇流器可能能够显著降低能源成本。灯具寿命一般为 5 ~ 8 年
汞灯	50 ~ 55	很差至一般	灯具寿命很长（9 ~ 12 年），但效率随着时间大幅度下降
金属卤化物灯	80 ~ 90	一般至适中	显色性足够应对多种应用。灯具寿命一般为 1 ~ 3 年
高压钠灯	85 ~ 125	一般	非常高效的光源。在平均每天使用 12h 的情况下灯具寿命为 3 ~ 6 年
低压钠灯	100 ~ 180	较差	最高效的光源。在平均每天使用 12h 的情况下灯具寿命为 4 ~ 5 年。主要用于道路和仓储照明

（资料来源：伊士曼柯达公司人因部（Human Factors Section））

注：已给出六种常用光源（第 1 列）的效率（第 2 列，单位为流明每瓦（lm/W），并给出了显色性（第 3 列）。灯具寿命和其他特点在第 4 列中给出。显色性是颜色在这些人造光源下和在标准光源下的显示接近程度的测度。更高的效率意味着更好的节能性。

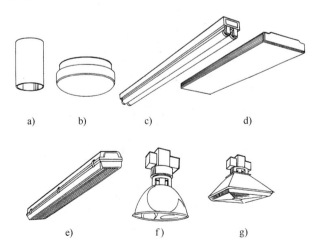

图 6-5　工业顶置式照明设备

a）和 c）为射灯　b）和 d）为漫射灯　e）为防潮灯　f）为高顶棚灯　g）为低顶棚灯

（资料来源：IESNA，1995）

考虑各种年龄段的工人在一个反射率为 35% 的昏暗的金属工作站内执行一项重要、中等难度的装配作业。合适的权重为年龄 = 1，反射率 = 0，精确度 = 0。总权重为 1，意味着采用类别 E 的中间值，所需照度为 75 fc。

普通照明设备根据水平面上和水平面下射出的总光输出的百分比进行分类，如图 6-6 所示。间接照明设备照亮顶棚，光向下反射。因此，顶棚应当是房间中最明亮的表面，如图 6-7 所示，反射率超过 80%。房间的其他区域，从顶棚向下直到地板，应反射越来越低的百分比的光，地板应反射不超过 20% ~ 40% 的光，以避免眩光。为避免亮度过高，照明设备应在顶棚上均匀分布。

直接光源使顶棚表面变得不重要，而在工作表面和地板上布置了更多的光源。直接 – 间接光源是两者的结合。光源分布是很重要的，IESNA（1995）建议视觉区域中任何相邻区域亮度的比率不得超过 3 : 1，目的是避免刺眼和适应问题。

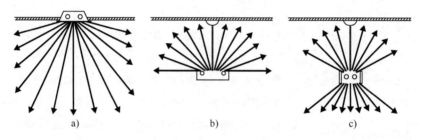

图 6-6　普通照明设备按照水平面上和水平面下射出的总光的百分比进行分类

三种类型分别是 a）直接照明设备　b）间接照明设备和　c）直接 – 间接照明设备

（资料来源：IESNA，1995）

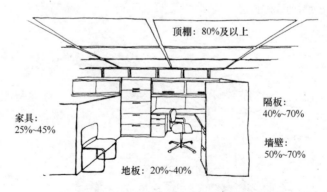

图 6-7　办公室房间和家具表面的推荐反射率

（资料来源：IESNA，1995）

6.1.5　眩光

眩光是指视野中过度明亮。过度的光被分散到眼角膜、晶状体，甚至矫正镜片中（Freivalds、Harpster 和 Heckman，1983）。由于可见度降低，眼睛需要额外的时间来适应从明到暗的情况。同时，不幸的是，眼睛倾向于被最明亮的光源直接吸引，即趋光性。眩光可能是直接地由光源直接照进视野造成，或间接地由视野中物体表面的反射光造成。直接的眩光可通过采用更多的低强度照明设备、在照明设备上使用挡板或漫射器、使作业表面与光源垂直和增强整体背景照明以降低对比度来改善。

除直接眩光的推荐改善措施外，反射眩光还可通过使用粗糙表面和调整作业表面或工件方向来改善。也可以使用偏振滤光器，作为操作员佩戴的镜片的一部分。一个特殊的问题是移动的零部件或机械的反光造成的频闪效应。此时避免光亮如镜的抛光表面是很重要的。例如，计算机显示器像镜面一样的玻璃屏幕是办公区的一个问题。重新布置显示器或使用屏幕滤光器会有所帮助。通常，大多数工作都需要补充作业照明，可基于作业性质采用多种形式进行补充（见图 6-8）。

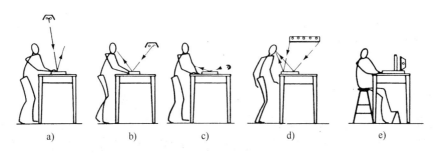

图 6-8　补充照明装置布置举例

a）避免光幕反射和反射眩光的灯具布置；反射光与视角不重合

b）反射光与视角重合　c）使用低角度（擦边）光强调表面的不规则

d）大面积表面光源使图案反射入眼睛　e）漫射光源发出的透射光

（资料来源：IESNA，1995）

6.1.6　颜色

颜色和质地都会对人类产生心理影响。例如，黄色是黄油公认的颜色，因此人造黄油必须被制成黄色以引起食欲。另一个例子是牛排。在电子烤架上烤制了 45 s 的牛排并不吸引顾客，因为此时的牛排缺乏烤焦至褐色的"刺激食欲"的外表。必须设计一个烤焦牛排的特殊附加装置。第三个例子是，美国中西部一间装有空调的车间里的员工抱怨说他们感到寒冷，尽管温度保持在 72 ℉ ⊖。当车间的白色墙壁被重新粉刷成暖珊瑚色后，抱怨停止了。

颜色最重要的用途可能是通过增强视觉舒适性来改善工作环境。分析员使用颜色来弱化强烈对比、增大反射率、强调障碍物以及将注意力吸引到工作环境的特性上来。

销售同样受到颜色的影响和制约。人们能够通过包装、商标、信笺抬头、货车和建筑上使用的颜色式样一眼认出一家公司的产品。一些研究表明，颜色偏好受国籍、地域和气候的影响。从前只使用一种颜色的产品，通过提供适应消费者差异化需求的多种颜色的版本，其销量会增长。表 6-5 举例说明了主要颜色的情绪效果和心理学意义。

⊖　华氏度，华氏度与摄氏度的关系为华氏度 = 1.8 × 摄氏度 + 32。

表 6-5　主要颜色的情绪效果和心理学意义

颜 色	特 征
黄色	在几乎所有照明条件下都是可见度最高的颜色。倾向于使人获得一种新鲜和干燥的感觉。它能提供财富和荣耀的感觉，然而也能使人想到懦弱和疾病
橙色	倾向于结合黄色的高可见度和红色活力和强烈的特性，是光谱中最能吸引注意力的颜色。它给人一种温暖的感觉，常常具有刺激性和使人兴奋的效果
红色	是一种兼具高可见度、强度和活力的颜色。在生理上是与血相关的颜色，暗示着热量、刺激和行动
蓝色	可见度低，倾向于使人想到体贴和从容。给人安慰，尽管也会带来沮丧的情绪
绿色	可见度低，给人放松、冷静和稳定的感觉
紫色和紫罗兰色	可见度低。与疼痛、激情、苦难、英勇等有关，倾向于带来脆弱、柔弱、迟钝的感觉

6.2　噪声

6.2.1　原理

根据分析人员的观点，噪声是指任何不想要的声音。声波源于物体的振动，这些物体依次通过传输介质（空气、水等）发出连续的压缩波和膨胀波。因此，声音不仅能在空气和液体中传播，也能在固体中传播，例如机床结构。我们已知声波在空气中的传播速度约为 340m/s。在黏弹性材料，如铅和油灰中，声音的能量会由于黏性摩擦力迅速消散。

声音可由决定其音调和音质的频率，以及决定其强度的振幅共同确定。人耳听得见的频率范围约为 20 ~ 20 000Hz。声音传播的基本公式为

$$c = f\lambda$$

式中　c——声速；

　　　f——频率；

　　　λ——波长。

注意当波长增大时，频率减小。

人耳（见图 6-9）通过一个复杂的过程捕获声压波。外耳通过漏斗形将压力波收入鼓

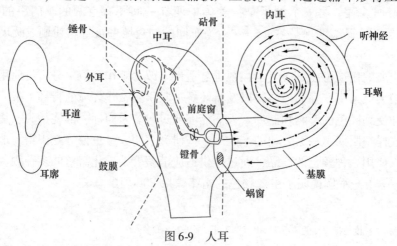

图 6-9　人耳

膜，鼓膜开始振动。鼓膜上附有 3 块小骨头（锤骨、砧骨和镫骨），它们将振动传至耳蜗的前庭窗。耳蜗是一个盘成螺旋形充满液体的结构，被基膜纵向分开，基膜包含带有神经末梢的毛发细胞。由小骨头传来的振动使液体形成波浪运动，然后造成毛发细胞振动，激活这些神经末梢，将脉冲通过听神经传至大脑进行进一步加工。注意一系列的能量转换：最初的空气压力波转换为机械波，之后转换为液压波，再回到机械波，最后变为电脉冲。

6.2.2 测量

由于人类在日常环境中遇到的声音强度的范围非常大，选择分贝（dB）作为量度。事实上，分贝是实际的声音强度与一个年轻人所能听到的最小声音强度（阈限）比的对数。因此，以分贝为单位的声压水平（级）L 为

$$L = 20 \log_{10}(P_{rms}/P_{ref})$$

式中　P_{rms}——均方根声压，单位为微巴（μbar）；

P_{ref}——一个年轻人在频率为 1000Hz 时所能听到的最小声压（0.0002μbar）。

由于声压级为对数值，同一地点两种或多种声源共存的效应需要求对数和，如下式所示：

$$L_{TOT} = 10 \log_{10}(10^{L_1/10} + 10^{L_2/10} + \cdots)$$

式中　L_{TOT}——总噪声；

L_1、L_2——2 个噪声源。

图 6-10 中使用的 A 计权声压级是最广泛公认的对环境噪声的测量方法。A 计权认为无论是从心理学还是生理学的观点上看，低频率（50~500 Hz）声音的骚扰性和危害性远远低于临界频率范围 1000~4000Hz 的声音。频率高于 10 000Hz 时，听力敏锐度（以及噪声的影响程度）再次下降，如图 6-11 所示。在声级计中设置合适的电子网络来削弱低频和高频噪声，使声级计可以以 dBA 为单位直接显示数据，以符合噪声对普通人耳造成的影响。

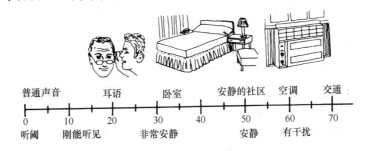

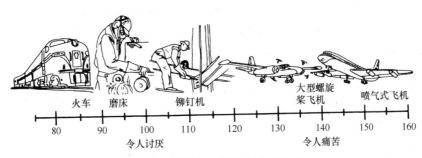

图 6-10　典型声音的分贝值（dBA）

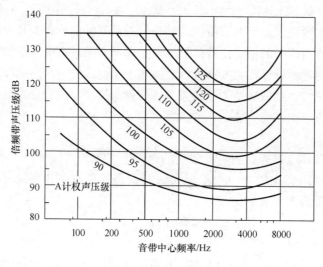

图 6-11　等效声压级曲线

6.2.3　听力损伤

当频率范围接近 2400～4800 Hz 时，耳朵受损造成神经性耳聋的概率增加。听力损伤是内耳受体减少，导致声波无法进一步向大脑传播造成的。同时，当暴露时间增加，特别是涉及高强度噪声时，将最终造成听觉损伤。神经性耳聋最常见的原因是职业过度噪声暴露。对噪声诱发耳聋的敏感性有很大的个体差异。

一般而言，噪声可分为宽频带噪声和有意义的噪声。宽频带噪声由频率覆盖了大部分声谱的噪声组成。这一类噪声既可能是连续性的，也可能是间歇性的。有意义的噪声代表分散注意力的信息，会影响工人的效率。从长期来看，宽频带噪声可能导致听觉下降，在日常作业中可能导致工人效率下降和无效交流。

连续性的宽频带噪声是诸如纺织工业和自动攻螺纹车间这类工业的典型噪声。在这类环境中，噪声水平在整个工作日中都不会显著变化。间歇性的宽频带噪声是冲锻厂和木材厂的特征。当人暴露在超过听力损伤等级的噪声下时，最初的影响可能是暂时性的听力损伤，能在离开工作环境后的几小时内完全恢复。如果在连续较长一段时间内重复暴露，将造成不可逆的听觉损伤。过度噪声的影响程度取决于耳朵在工作期间内承受的总能量。因此，在工作班次中减少过度噪声暴露时间可以降低永久性听力损害的概率。

宽频带噪声和有意义的噪声都被证明有显著的分心和干扰性，会导致生产率下降和工人疲劳加重。然而，美国联邦制定的法规主要考虑了职业噪声暴露造成永久性听力损伤的可能性。表 6-6 给出了 OSHA（1997）对可允许噪声暴露的限制。

当使用倍频带分析（声压级计的一种特殊滤波器附件，能将噪声按频率分解）来确定噪声级时，等效 A 计权声压级可按如下方式确定：在图 6-11 中绘出倍频带声压级，注意 A 计权声压级对应穿透声压级曲线的最高点。得出的 dBA 值可用于进一步的计算。

6.2.4　噪声剂量

OSHA 使用噪声剂量的概念，暴露在任何超过 80 dBA 的声压级下将造成听者承受局部剂量。如果总的日暴露由几个不同声压级的局部暴露构成，那么这几个局部暴露相加得到一个总暴露。

$$D = 100 \times (C_1/T_1 + C_2/T_2 + \cdots + C_n/T_n) \leqslant 100$$

式中　D = 噪声剂量；

　　　C = 某一噪声级下的暴露时间；

　　　T = 某一噪声级的允许暴露时间（见表 6-6）。

总暴露不能超过 100。

表 6-6　允许的噪声暴露

每日持续时间/h	声压级（dBA）
8	90
6	92
4	95
3	97
2	100
1.5	102
1	105
0.5	110
0.25 或更短	115

注：若日均噪声暴露由两个或以上不同等级的噪声暴露时段组成，应考虑它们的综合影响力而不是每个时段的单独影响力。如果这些分数的总和 $C_1/T_1 + C_2/T_2 + \cdots + C_n/T_n$ 超过 1，那么就应当认为混合暴露超过了限制值。C_n 表示某一噪声级下的总暴露时间，T_n 表示工作日中允许的总暴露时间。冲击或撞击噪声暴露的声压级峰值不应超过 140 dB。

例 6-2　OSHA 噪声剂量计算

一名工人在 95 dBA 的噪声中暴露了 3 h，在 90 dBA 的噪声中暴露了 5 h。尽管每个局部剂量分别是被允许的，但总剂量是不被允许的：

$$D = 100 \times \left(\frac{3h}{4h} + \frac{5h}{8h} \right) = 137.5 > 100$$

因此，90 dBA 是 8h 工作日可允许的最高噪声级，任何高于 90 dBA 的噪声都需要降噪。所有噪声级在 80 ~ 130dBA 之间的噪声都必须计入噪声剂量计算（尽管声级连续超过 115dBA 根本不被允许）。表 6-6 只给出了某些关键暴露时间，但下式可用于中间噪声级暴露时间的计算：

$$T = 8/2^{(L-90)/5}$$

式中　L = 噪声级，单位为 dBA；

噪声剂量也可换算为 8 h 时间加权平均声级（TWA），这是假设一名工人在 8 h 工作日内持续暴露在同一声级下，能产生给定噪声剂量的声级。TWA 计算公式如下：

$$TWA = 16.61 \times \log_{10}\left(\frac{D}{100} \right) + 90$$

由此，在上一个例子中，例 6-2 的 TWA 值为

$$TWA = 16.61 \times \log_{10}\left(\frac{137.5}{100}\right) + 90 = 92.3(\text{dB})$$

目前，OSHA 还要求对所有职业性噪声暴露的 TWA 等于或超过 85 dB 的雇员进行强制性的听力保护程序，包括暴露监测、听力测试和培训。尽管低于 85 dB 的噪声级可能不会造成听力损伤，但它们会造成分心和干扰，导致工作绩效变差。例如，典型的办公室噪声尽管不大，却能造成注意力难以集中，在设计和其他创造性工作中导致生产率下降。同时，电话和面对面交流的有效性会因为低于 85dB 的噪声造成的分心而大大下降。

6.2.5 绩效影响

一般而言，绩效下降最容易发生在对感知、信息处理和短时记忆能力有较高需求的作业中。令人惊奇的是，噪声可能没有影响，甚至可能在简单的例行任务中提升绩效。没有了噪声，人的注意力反而因为厌倦而涣散。

例 6-3 附加暴露的 OSHA 噪声剂量计算

一名工人在 80 dBA 的噪声中暴露了 1 h，在 90 dBA 的噪声中暴露了 4 h，且在 96 dBA 的噪声中暴露了 3 h。这名工人在第一种噪声中的允许暴露时间为 32 h，第二种为 8h，在第三种噪声中的允许暴露时间为

$$T = 8/2^{(96-90)/5} = 3.48(\text{h})$$

总噪声剂量为

$$D = 100 \times (1h/32h + 4h/8h + 3h/3.48h) = 139.3$$

因此，对这名工人而言，这 8 h 的噪声暴露剂量超出了 OSHA 的要求，或必须降低噪声，或必须为工人提供休息宽放时间（见第 11 章），以遵守 OSHA 的要求。

烦恼是更复杂的且涉及多种情绪因素。声学因素，如强度、频率、持续时间、声级波动及声谱组成，同非声学因素，如过去的噪声经验、工作、个人、噪声出现的可预测性、日期和年份，以及场所类型一样，扮演着重要的角色。大约有 12 种不同的方法用于评估烦恼（Sanders and McCormick，1993）。然而，这些方法中的大多数适用于噪声范围在 60 ~ 70dBA 的社区型问题，远低于能合理应用于工业情况的噪声级。

6.2.6 噪声控制

管理部门可通过三种方式控制噪声级。最佳且常常是最难的方法是从声源处降低噪声级。然而，重新设计诸如空气锤、蒸汽锻压机、夹板锤和木工刨床等设备将会非常困难。因此，只有将噪声级降低至可容忍的范围内，才能保持设备效率。然而，在某些例子中，可用操作时更安静的设备来代替那些高噪声级的设备。例如，可用液压铆接机代替风动铆接机，用电动设备代替蒸汽驱动设备，以及用弹性体内衬滚筒代替无内衬滚筒。可通过使用橡胶减振座及校准和维护设备从声源处对低频噪声进行有效控制。

如果噪声不能从声源处进行控制，那么分析员应研究如何隔离发出噪声的设备，即通过将设备的全部或实际产生噪声的部分罩在绝缘外壳中来控制机器发出的噪声。这一方法常用

于配备自动进给装置的双轴压力机。通过隔离噪声源和设备的其余部分以阻止共鸣效应，通常可减弱周围环境的噪声。可通过将设备装配在滑移弹性体上，削弱噪声的振动来实现。

在隔声设备不会妨碍操作和可接近性的情况下，以下步骤能保证绝大多数符合要求的隔声设计：

1）清晰地确定隔声套的设计目标和声学性能要求。

2）测量被隔声设备距离主要机器表面 3 ft 处的倍频带噪声级。

3）确定每层隔声套的声谱衰减，即步骤 1）确定的设计标准和步骤 2）确定的噪声级之间的差值。

4）从表 6-7 中选择材料，这些材料常用于相对小的隔声套，且能提供所需的保护。所有这些材料（除了铅）在被使用时应附加黏弹性阻尼材料，能提供额外的 3 ~ 5 dB 的噪声衰减。

表 6-7　通常用作隔声套的单层材料的倍频带噪声削弱量　（单位：dB）

倍频带中心频率	125Hz	250Hz	500Hz	1000Hz	2000Hz	4000Hz
16 – 规格钢	15	23	31	31	35	41
7 mm 钢	25	38	41	45	41	48
7 mm 胶合板　0.32kg/0.1m²	11	15	20	24	29	30
3/4 in 胶合板　0.9kg/0.1m²	19	24	27	30	33	35
14 mm 石膏板　1kg/0.1m²	14	20	30	35	38	37
7 mm 玻璃纤维　0.23kg/0.1m²	5	15	23	24	32	33
0.2 mm 铅板　0.45kg/0.1m²	19	19	24	28	33	38
0.4 mm 铅板　0.9kg/0.1m²	23	24	29	33	40	43

图 6-12 举例说明了使用各种声学处理手段和隔声套通常能达到的降噪量。

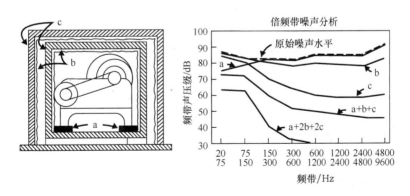

图 6-12　一些噪声控制措施的可能效果图

图中的曲线表示下列措施预期的可能噪声削弱量（较之原始噪声水平）：a 表示隔振层；b 表示吸声材料制成的隔声套；c 表示刚性、封闭的隔声套；a + b + c 表示隔声套和隔振层的简单结合；a + 2b + 2c 表示双层隔声套加隔振层

（资料来源：Peterson and Gross, 1978）

注意在工作环境中有些噪声是令人满意（可取）的。例如，工厂多年来使用背景音乐来改善工作环境，特别是在语音交流并不重要的场合。大多数生产工人和非一线工人（维

修工、搬运工、接收员等）在工作时享受听音乐。但是首先应就播放的音乐类型与雇员进行商议。

第三种噪声级控制方法是听力保护，尽管在大多数案例中 OSHA 只接受其作为暂时的解决方案。个人听力保护设备包括各种类型的耳塞，有些能削弱所有频率的噪声，高至 110 dB 及以上的声压级。也可使用耳套，能将 600Hz 以上的噪声削弱至 125dB，将低于 600Hz 的噪声削弱至 115dB。标示在包装上的噪声降低等级（NRR）能定量测量耳塞的效果。使用者的等价噪声暴露等于 TWA + 7 – NRR（NIOSH，1998）。一般而言，嵌入式（如可膨胀泡沫）装置可提供比外罩式装置更好的保护。

嵌入式装置和外罩式装置相结合可产生高达 30 的 NRR 值。注意这是理想条件下得到的实验室测量值。通常在实际环境中，由于头发、胡须、眼镜和不正确的佩戴，NRR 值将大大降低，可能降低 10（Sanders and McCormick，1993）。

6.3　温度

绝大多数工人曾经暴露于过热的工作环境中。在很多情况下，特殊工业的需求创造了人工热气候。矿工由于矿井深度增加带来的温度上升和通风的缺乏而忍受着过热的工作环境。纺织工人忍受着织布所需的炎热、潮湿的环境。制钢、制碳、制铝工人忍受着平炉和耐火窑炉的强辐射负载。这些状况，只是他们一天工作的部分写照，可能已超过了自然气候条件下所能找到的最极端的气候压力。

6.3.1　原理

通常用由壳（对应于皮肤、表皮组织和四肢）和核（对应于躯干和头部的深层组织）组成的圆柱体来模拟人类。核温度在正常值 98.6℉ 左右的一个很小的范围内变化。当温度在 100 ~ 102℉ 时，生理机能急剧下降。当温度高于 105℉（40.6℃）时，发汗机制将失效，导致核温度迅速升高，最终死亡。相比之下，身体的壳组织能承受更大范围的温度变化，而不造成严重的效能下降，还能作为缓冲区保护核温度。如果穿着了衣物，可作为第二层壳进一步隔绝核温度。

身体和所处环境之间的热交换可用如下热平衡方程来表示：

$$S = M \pm C \pm R - E$$

式中　M——新陈代谢产生的热量；

　　　C——由于对流得到（或失去）的热量；

　　　R——由于辐射得到（或失去）的热量；

　　　E——汗液蒸发失去的热量；

　　　S——身体的热量储存（或流失）。

要想达到热中性，S 必须为 0。如果全身的各种热交换之和导致热量增加，增加的热量将被身体组织储存起来，导致核温度上升，带来潜在的热应力问题。

8 h 静坐或轻微劳动的热舒适区已确定为 66 ~ 79℉，相对湿度为 20% ~ 80%，如图 6-13 所示。当然，劳动强度、衣物和辐射热负荷均会影响舒适区内个体的舒适感。

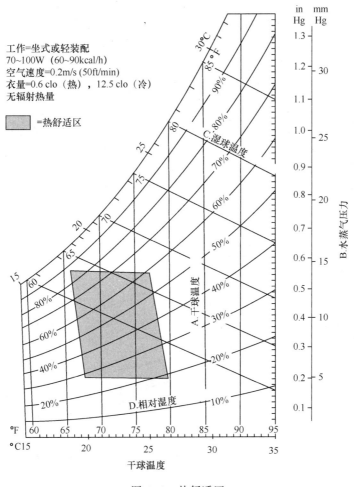

图 6-13　热舒适区
(经伊士曼柯达公司授权使用)

6.3.2　热应力：WBGT

已做过很多尝试来将这些热交换的生理学临床表现与环境测量值综合成一个指标。这些尝试集中于设计人体模拟工具，或构建基于理论和经验数据的公式和模型，来估算环境应力或其导致的生理紧张。最简单形式的指标由主导因子（如干球温度）构成，被温带地区的大多数人使用。

现代工业中最常用的指标基于湿球黑球温度（WBGT）和代谢负荷建立了热暴露极限和工作/休息周期（Yaglou and Minard，1957）。ACGIH（1985）、NIOSH（1986）和 ASHRAE（1991）推荐的标准略有不同。在有太阳能的室外，WBGT 的计算公式为

$$WBGT = 0.7NWB + 0.2GT + 0.1DB$$

在室内或无太阳能的室外，WBGT 的计算公式为

$$WBGT = 0.7NWB + 0.3GT$$

式中　NWB——自然湿球温度（自然空气流动下使用湿芯温度计测量蒸汽冷却）；

　　　　GT——黑球温度（使用6in直径黑铜球中的温度计测量辐射负荷）；

　　　　DB——干球温度（基本周围环境温度，温度计需屏蔽辐射）。

　　注意 NWB 与心理测量学的湿球不同，心理测量学的湿球使用最大的空气速度，并结合 DB 共同确定相对湿度和热舒适区。

　　当 WBGT 测量完成后（市场上能买到的仪器可提供瞬间的加权读数），综合利用工人们的新陈代谢负荷共同确定未适应环境的工人和已适应环境的工人在给定条件下能被允许工作的时间（见图6-14）。这些限制基于由热平衡方程计算出的人体核温度上升约 1.8℉。NIOSH（1986）确定1.8℉的升温为人体热存储量的可接受最高极限值。合适的休息时间是假设在相同条件下进行的。显然，如果工人们在更舒适的区域休息，将需要更短的休息时间。

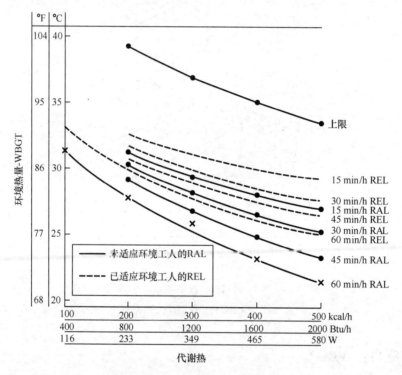

图6-14　基于新陈代谢热量（1 h 时间加权平均值）、环境适应程度
和工作/休息周期的推荐热应力水平

图4-21 中新陈代谢热量的粗略近似值为 $W = (HR - 50) \times 6$。温度极限值为 1 h 时间加权的平均 WBGT。

RAL 为未适应环境工人的推荐警戒极限值。REL 为已适应环境工人的推荐暴露极限值

（资料来源：NIOSH，1986，图1 和图2）

6.3.3　控制方法

　　实施工程控制（即改造环境）或行政管理控制能够降低热应力。可直接根据热平衡方程来改造环境。如果新陈代谢负荷是热存储量的主要贡献，则应通过机械化操作来减小工作负荷。缓慢地工作也能减小工作负荷，但将造成生产率降低的负面影响。可通过从热源处控制热量，如使设备热绝缘、排出热水、在蒸汽可能泄露处保持接头密封，以及使用局部排气

通风设备驱散热工艺排出的热空气，以降低辐射负荷。还可利用反射材料薄板，如覆有铝或箔的石膏板、金属链帘、金属丝网筛和钢化玻璃（如果必须保证可见性）屏蔽辐射，在辐射接触到操作者之前对其进行拦截。反射服、防护服甚至是长袖服装也有助于降低辐射负荷。

例 6-4　WBGT 和热应力水平的计算

假设一名未适应环境的工人在 WBGT = 77℉ 的热负荷下用货盘运输垫木，消耗能量 400 kcal/h。这名工人能够持续工作 45min，之后需要休息。此时，这名工人必须在同样的环境中休息至少 15min，或在热应力更低的环境中休息更短的时间。

只要干球温度低于皮肤温度（在这类环境中皮肤温度一般在 95℉ 左右），可通过通风促进空气流动，增加操作者的对流热损失。裸露皮肤的对流更有效，然而赤裸的皮肤同时也会吸收更多的热辐射。因此，需要在对流和辐射间进行权衡。通过再次增强通风和使用除湿机或空调系统降低周围环境的水蒸气压力，可提高操作者的蒸发热流失。不幸的是，后一种方法尽管创造了一种非常令人愉悦的环境，但造价高昂且常常对生产设备不实用。

行政管理措施，尽管没那么有效，包括修改工作时间表以降低新陈代谢负荷、使用如图 6-14 所示的工作/休息时间表、使工人们适应环境（大约需要 2 周，且在相似一段时间之后效果会消失）、使工人轮流进出热环境和使用降温背心。最便宜的背心有很多个口袋，其中放置着包裹着冰块的小塑料包。

6.3.4　冷应力

最常用的冷应力指数是风冷指数，将辐射和对流的热量流失的比率描述为周围环境温度和风速的函数。风冷指数通常不直接使用，而是转换为等价风冷温度，即在无风条件下，能产生和实际空气温度及风速（见表 6-8）相结合产生的风冷指数相同风冷指数的周围环境温度。在温度如此低的条件下，操作者要保持热平衡，身体活动（产生热量）和防护衣物提供的热阻值之间必须存在紧密的关联（见图 6-15）。图中，clo 代表人坐在相对湿度 50%、空气流速 20 ft/min、干球温度 70℉ 的环境中保持舒适所需的热阻值。轻薄的商务套装约等价于 1 clo 的热阻值。

表 6-8　无风条件下寒冷环境的等价风冷温度

风速（mile/h）	温度计实际读数（℉）							
	40	**30**	**20**	**10**	**0**	**−10**	**−20**	**−30**
5	36	25	13	1	−11	−22	−34	−46
10	34	21	9	−4	−16	−28	−41	−53
15	32	19	6	−7	−19	−32	−45	−58
20	30	17	4	−9	−22	−35	−48	−61
30	28	15	1	−12	−26	−39	−53	−67
40	27	13	−1	−15	−29	−43	−57	−71

低危险：	危险增加：	高危险：
暴露的干肉 5h 内不会冻住	30min 内出现冻伤	5min 内出现冻伤

（资料来源：美国国家天气服务处）

户外环境对产业工人产生的最关键影响可能是手部血管舒张、血流量减少造成的触觉敏感性和手的灵巧度的下降。当手部皮肤温度从 65℉ 下降到 45℉ 时，手的灵活性可能降低 50%（Lockhart、Kiess, and Clegg, 1975）。辅助热源、暖手宝和手套是这一问题的潜在解决方案。不幸的是，正如第 5 章指出的那样，手套会减弱手的灵活性并降低抓握力量。既能保护双手又能最低限度影响绩效的妥协方法可能是佩戴无指手套（Riley and Cochran, 1984）。

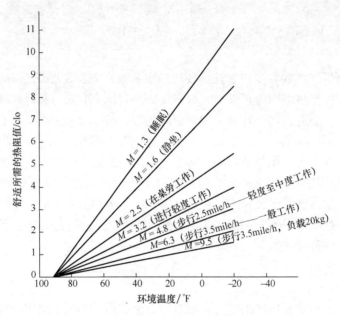

图 6-15　第 50 百分位男性在不同环境温度下所需要的总热阻值预测
（M = 产生的热量，单位为 kcal/min）
（资料来源：Belding and Hatch, 1955）

6.4　通风

如果一个房间内有人、机器或生产活动，房间内的空气将因为气味和热量的释放、水蒸气的形成，以及二氧化碳和有毒蒸汽的生成而变质。必须通过通风来稀释这些污染物，排出不新鲜的空气，提供新鲜空气。可通过以下三种方法来实现：整体通风、局部通风或定点通风。整体通风，也称置换通风，是指达到 8~12 ft 的水平，且置换设备、灯具和工人产生的暖空气。图 6-16 给出了基于人均房间体积的推荐新鲜空气需求量的指导方针（Yaglou、Riley, and Coggins, 1936）。近似的规则为每人每小时需要 300 ft³ 的新鲜空气。

对只有少量工作区的建筑物进行整栋建筑

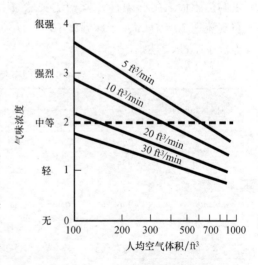

图 6-16　久坐工人在给定可用房间空气体积下的通风需求量（流速为人均值）
（资料来源：Yaglou, Riley, and Coggins, 1936）

物的通风是不切实际的。在这种情况下，可提供较低等级的局部通风，或在诸如通风控制展位、起重机驾驶室等封闭空间内提供通风。注意随着距风扇距离的增大，气流速度急剧下降（见图 6-17），且气流的方向性非常重要。表 6-9 详细说明了工人可接受的气流速度（ASHRAE，1991）。近似的规则为，在距离风扇 30 倍风扇直径的地方，气流速度降低至小于其迎面风速的 10%（Konz and Johnson，2000）。最后，在有局部热源，如耐火窑炉的区域内，使用直接、高速的气流对工人进行定点冷却，可提升对流和蒸发冷却值。

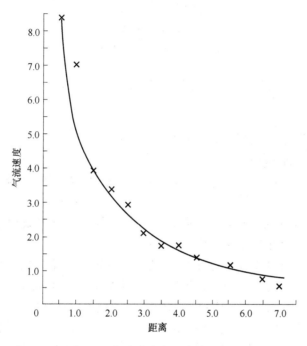

图 6-17　气流速度与风扇放置距离

（资料来源：Konz and Johnson，2000）

表 6-9　工人可接受的气流速度

暴 露 类 型	风速/（ft/min）
连续：	
空调房间	50～75
固定的工作站、整体通风或定点冷却：	
坐姿	75～125
站姿	100～200
间歇的、定点冷却或休息站：	
低热负荷和活动	1000～2000
中热负荷和活动	2000～3000
高热负荷和活动	3000～4000

（资料来源：ASHRAE，1991）

6.5 振动

振动可对人的绩效产生不利影响。高振幅、低频率的振动尤其会对人体组织器官造成不良影响。振动的参数为频率、振幅、速度、加速度和加加速度。对于正弦曲线振动，振幅和其时间的导数为

$$振幅\ s = 距离静止位置的最大位移$$

$$最大速度\frac{\mathrm{d}s}{\mathrm{d}t} = 2\pi sf$$

$$最大加速度\frac{\mathrm{d}^2 s}{\mathrm{d}t^2} = 4\pi^2 sf^2$$

$$最大加加速度\frac{\mathrm{d}^3 s}{\mathrm{d}t^3} = 8\pi^3 sf^3$$

式中 f——频率。

振幅和最大加速度是用来描述振动强度的主要参数。

有以下三种振动暴露类型：

（1）人体表面的全部或主要部分受到影响的情况，例如，高强度响声在空气或水中激起的振动。

（2）振动通过支撑区域传至人体的情况，例如，驾驶货车时振动通过臀部传至人体，或站在铸造厂落砂设备旁时振动通过脚传至人体。

（3）振动施加于局部身体区域的情况，例如，持有和操作电动工具时，振动施加于手。

可以用质量块、弹簧和阻尼器来模拟所有的机械系统，三者相结合组成的系统存在固有频率。振动越接近这一频率，对系统的影响越大。事实上，如果强迫振动引起了该系统更大振幅的振动，则该系统发生了共振，将产生剧烈的效果。例如，大风造成华盛顿塔科马海峡大桥振荡并最终倒塌，士兵在经过桥梁时要踏碎步。对于坐着的人来说，其身体不同部位的共振频率见表6-10。

表 6-10 身体不同部位的共振频率

频率/Hz	受到影响的身体部位
3~4	颈椎
4	腰椎（叉车和货车操作者的关键部位）
5	肩胛带
20~30	头肩之间
>30	手指、手和胳膊（电动工具操作者的关键部位）
60~90	眼球（飞行员和宇航员的关键部位）

另一方面，人体或任何系统内的振动均趋向于衰减。因此，处于站姿时，腿部肌肉严重地抑制振动，尤其是频率在35Hz以上的振动。通过手指传来的振荡，其振幅将在手部衰减50%，在肘部衰减66%，在肩部衰减90%。

人对振动的容忍度随着暴露时间的延长而下降。因此，当暴露时间缩短时，可容忍的加

速度水平提高。美国政府工业卫生学家联合会（ACGIH, 2003）提出了全身振动的极限，美国国家标准学会（ANSI, 1986）提出了用于交通运输和工业的手部振动极限。标准根据加速度、频率和持续时间详细规定了极限值（见图 6-18 和图 6-19），图中曲线表示极限临界值。

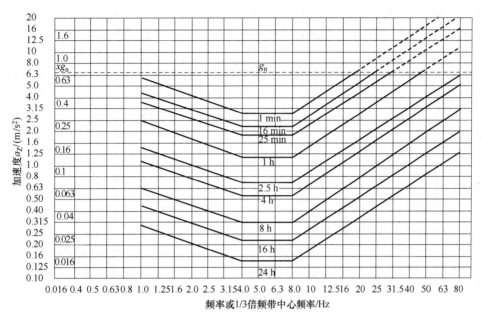

图 6-18　ACGIH（2003）规定的垂直加速度临界水平（TLV）

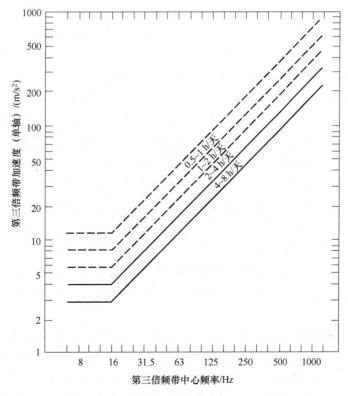

图 6-19　用于手传输振动评估的振动暴露区域（摘自 ANSI3. 34—1986）

低频率（0.2～0.7Hz）、高振幅的振动是造成海上和空中旅行中晕动病的主要原因。当暴露在1～250Hz范围内的振动中时，工人会更快地感受到疲劳。振动疲劳的早期症状为头痛、视力问题、无食欲以及无兴趣。之后的问题包括运动控制障碍、椎间盘退行性变化、骨萎缩和关节炎。在这个范围内感受到的振动常常是货车运输业所特有的。普通道路、标准速度下很多橡胶轮胎货车的纵向振动的频率范围为3～7Hz，恰好在人体躯干的共振临界频率范围内。

频率为40～300Hz的电动工具易于引起血液流动不畅并影响神经，导致白手指综合征。这一问题在寒冷环境中更加严重，而另一个附加的问题是低温诱发的血液流动不畅，或雷诺氏综合征。使用更好的隔离工具，将可拆卸手柄换成特殊的吸振手柄，戴手套，特别是填充了吸振胶体的手套，将有助于减少这些问题。

管理部门可通过几种方法保护员工免遭振动的影响。通过调整所用动力设备的速度、进给或运动，适当地保养设备，平衡和/或更换磨损部件，可减少动力设备产生的振动。分析人员可将设备安装在减振机座（弹簧、剪切式弹性体、压缩垫）上或调整工人身体的位置，以减轻干扰的振动力。还可通过交替地分配工作来减少工人暴露在振动中的时间。最后，还可采用支撑物对人体起到缓冲作用，从而抑制更高振幅的振动。可使用包含液压减振器、线圈或叶片弹簧、橡胶剪切式配件或扭力杆的座椅悬架系统。在站立操作中，柔软、有弹性的脚垫已被证明是有所帮助的。

6.6 辐射

尽管所有类型的电离辐射都能损伤组织，但 β 和 α 辐射很容易屏蔽，因此现在大部分注意力都投给了 γ 射线、X 射线和中子辐射。高能电子束在真空设备中撞击金属可产生非常具有穿透性的 X 射线，可能需要比电子束本身更多的屏蔽。

吸收剂量是指电离辐射传递给指定材料块的能量值。吸收剂量的单位为 rad，1 rad = 0.01 J/kg = 100 erg/g。剂量当量是一种修正不同类型电离辐射对人类产生的生物学影响的差异的方法。剂量当量的单位为 rem，1 rem 产生的生物学影响与 1 rad 吸收剂量的 X 或 γ 射线的生物学影响在本质上是相同的。伦琴（R）是暴露的单位，用于测量 X 或 γ 射线在空气中产生的电离量。位于暴露值为 1 R 的某点的组织接收到的吸收剂量约等于 1 rad。

在短时间内整个身体受到 100 rad 及以上的超大剂量电离辐射将导致辐射病。大约 400 rad 的全身吸收剂量将导致大约一半的成年人死亡。在更长的时间段内受到小剂量的辐射将增大患多种癌症和其他疾病的概率。等价于 1 rem 的辐射剂量导致的致命癌症总风险约为 10^{-4}，即接受了等价于 1 rem 的辐射剂量的人，死于辐射引起的癌症的概率约为万分之一。这一风险也可以表述为，在受到等价于 1 rem 的辐射剂量的 10 000 人当中，预计有 1 人将患致命癌症。

在出于防辐射保护而控制进入的区域工作的人员，其极限等价辐射剂量一般为 5 rem/年。在不受控制的区域，这一极限值通常是相同的。在这些限制范围内，工作应该对相关人员的健康没有显著影响。所有人都暴露在来源于人体自然产生的放射性同位素、宇宙辐射及地球和建筑物材料发出的辐射中。从自然环境来源获得的辐射等价剂量约为 0.1 rem/年。

6.7 轮班工作与工作时间

6.7.1 轮班工作

轮班工作是指在日间工作时间以外的其他时间还要工作。轮班工作正在成为一个日益严重的工业问题。传统上，警察、消防员和医务人员或化学或制药产业的从业人员，由于其服务及工作性质的特殊性，必须采用轮班制。然而，近来制造业出于经济学的考虑，即更加昂贵的自动化机械的资本化或回收，也增长了对轮班工作的需要。类似，准时制生产和季节性产品需求（如减少库存空间）也需要安排更多的轮班工作。

轮班工作的问题在于生物周期节律的压力，即人类（以及其他生物体）身体机能在约24 h 内的变化。周期的长度从 22 h 至 25 h 不等，但通过各种计时器，如每日的明暗变化、社会交往、工作和时钟时间，同步保持在 24 h 的周期内。最显著的周期变化发生在睡眠、核温度、心率、血压和工作绩效，如关键追踪能力（见图 6-20）上。一般来说，身体机能和绩效会在醒来之后开始提升，在中午时达到峰值，之后稳定下降，在午夜达到最低点。正午之后也可能出现下跌，通常称为午餐后低落。因此，被要求值夜班的人将表现出明显的绩效下降，例如，货车驾驶人会趴在方向盘上打瞌睡，汽油检测员误读仪表读数（Grandjean，1988）。

可以假定，夜班工人将由于工作模式的改变而适应夜间工作。不幸的是，其他社会互动仍然扮演着非常重要的角色，生物钟节奏从未真正改变（像一个人长时间到地球的另一端旅行那样的改变），而是被摧毁，一些研究人员认为这是更糟糕的情况。因此，夜班工人也承受着健康问题，例如食欲不振、消化不良、溃疡和发病率上升。随着工人年龄的增长，问题将更加严重。

组织轮班工作有许多种方式。通常三班倒的系统包括：早班（E），从上午 8 点到下午 4 点；中班（L），从下午 4 点到晚上 12 点（午夜）；夜班（N），从晚上 12 点到次日早上 8 点。在最简单的情况下，由于短期增长的生产需求，一家公司可能会从仅有早班转变为同时包含早班和中班。通常由于工龄的原因，年长的、正式的员工要求上早班，而新员工上中班。以周为单位进行两班的轮换不会造成严重的

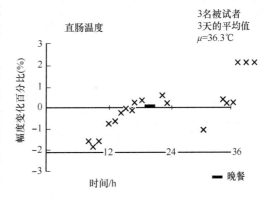

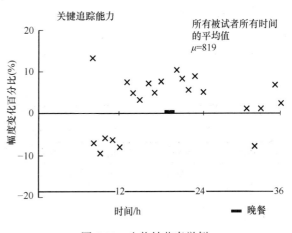

图 6-20　生物钟节奏举例

（资料来源：Freivalds、Chaffin, and Langolf, 1983）

生理问题，因为睡眠模式不会被打乱。然而，社交模式将被严重破坏。

　　发展到第三种夜班就变得更有问题了。由于即使经历了几周的过程，调整至新的生物钟节奏也是非常困难的，大多数研究者提倡快速轮班，每隔两至三天轮班一次。这就尽可能地保证了睡眠质量，并且不致长期破坏家庭生活和社会交往。美国常见的周轮班可能是最坏的情况，因为工人们从来不曾真正适应任何一种班。

　　表6-11给出了一种用于5天生产系统（如周末休息）的快速轮转的轮班系统。然而，在许多公司中，夜班主要是维护班，生产量受限制。在这种情况下，不需要完整的工作组，仅在早班和中班间进行轮换，同时设置一个人数少、固定的夜班班组，主要是自愿、能更好地适应夜班的员工，可能会更简单一些。

　　持续的昼夜不间断操作需要一个快速换班的7天轮班系统。欧洲常用的两种计划是2－2－2系统，任何一种班不超过2天（见表6-12）和2－2－3系统，任何一种班不超过3天（见表6-13）。每种系统各有其优缺点。2－2－2系统每8周只提供一次空闲的周末。2－2－3系统每4周提供一次3天的空闲周末，但要求工人们连续工作7天，是不吸引人的。两种系统均存在的一个基本问题是，对于8h班制，每周总共有42h用于工作。需要替换为员工更多、工作时间更短的轮班系统（Eastman Kodak，1986）。

表 6-11　8h 轮班制（周末休息）

周数	星期一	星期二	星期三	星期四	星期五	星期六	星期日
1	早	早	中	中	中	—	—
2	夜	夜	早	早	早	—	—
3	中	中	夜	夜	夜	—	—

表 6-12　2－2－2 轮班制（连续 8 h）

周数	星期一	星期二	星期三	星期四	星期五	星期六	星期日
1	早	早	中	中	夜	夜	—
2	—	早	早	中	中	夜	夜
3	—	—	早	早	中	中	夜
4	夜	—	—	早	早	中	中
5	夜	夜	—	—	早	早	中
6	中	夜	夜	—	—	早	早
7	中	中	夜	夜	—	—	早
8	早	中	中	夜	夜	—	—

表 6-13　2－2－3 轮班制（连续 8h）

周数	星期一	星期二	星期三	星期四	星期五	星期六	星期日
1	早	早	中	中	夜	夜	夜
2	—	—	早	早	中	中	中
3	夜	夜	—	—	早	早	早
4	中	中	夜	夜	—	—	—

另一种可行的方法是安排 12 h 轮班制。在这些系统下，工人们要么上 12h 白（D）班，要么上 12h 夜（N）班，时间表为固定的 3 天上班，3 天休息（见表 6-14），或更复杂的 2 到 3 天上班或下班，隔周的周末休息（见表 6-15）。这种方法有以下几个优点：工作日之间有更长的休息时间，至少一半的休息日在周末。当然，这种方法明显的缺点是不得不延长工作时间，或实际上经常加班（见下一节）。

表 6-14　12 h 轮班制（3 天上班，3 天休息）

周数	星期一	星期二	星期三	星期四	星期五	星期六	星期日
1	白班	白班	白班	—	—	—	夜班
2	夜班	夜班	—	—	—	白班	白班
3	白班	—	—	—	夜班	夜班	夜班
4	—	—	—	白班	白班	白班	—
5	—	—	夜班	夜班	夜班	—	
6		白班	白班	白班	—		

表 6-15　12 h 轮班制（隔周周末休息）

周数	星期一	星期二	星期三	星期四	星期五	星期六	星期日
1	白班	—	—	夜班	夜班	—	—
2	—	白班	白班	—	—	夜班	夜班
3	夜班	—	—	白班	白班	—	—
4	—	夜班	夜班	—	—	白班	白班

更复杂的系统包括减少每周的工作时间（40h 及以下）。详细介绍见 Eastman Kodak（1986）和 Schwarzenau et al（1986）的文献。

总之，轮班工作关系到确切的健康和事故风险。然而，如果出于生产过程的考虑轮班工作不可避免，应考虑如下建议：

（1）50 岁以上的员工不得轮班。

（2）快速换班，而不是每周或每月轮换。

（3）时间表尽可能少安排连续的夜班（三个及以下）。

（4）尽可能按顺序换班（如：早班 – 中班 – 夜班，或白班 – 夜班）。

（5）将连续上班的总次数限制在 7 次以内。

（6）安排一些空闲的周末，包含至少两个连续的整天休息。

（7）在夜班之后安排休息日。

（8）使全体员工的工作表保持简单、可预测和公平。

6.7.2　加班

很多研究表明，改变工作日或工作周的长度对工作产出有直接影响。不幸的是，这一结果通常并不与预期成正比。注意在图 6-21 中，理论每日绩效是线性的（线 1），但在实际条件下是 S 形的曲线（曲线 2）。初始设置或筹备期的生产率低下（A 区），之后逐渐活跃，进入更加陡峭的部分，超过理论生产率（B 区），当一班趋于结束时逐渐趋平。在 8 h 的班次中，低于理论生产率的 A 区和超出理论生产率的 B 区面积相等，而当班次超过 8 h 且为繁重的体力劳动时（曲线 3），低于标准生产率的区域大于超出标准生产率的区域，特别是增加了最后几个小时低于标准绩效的区域（C 区）（Lehmann，1953）。

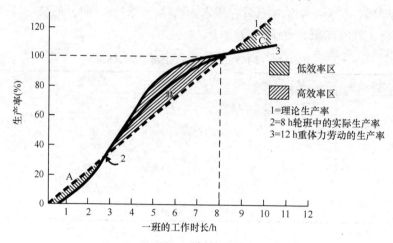

图 6-21　生产率与工作时间的关系

（资料来源：Lehmann，1953）

　　英国一项早期的调查结果（Grandjean，1988）显示，缩短工作时间可提高每小时产出，并缩短休息间歇。在达到稳定状态之前，工作绩效的改变至少需要几天时间（有时会更长）。相反，延长工作时间，即安排加班，将导致生产率下降，有时会下降到尽管总工作时间延长了，总产出实际上却下降了（见图 6-21 的曲线 3）。因此，任何预期通过延长工作时间带来的收益，通常被下降的生产率所抵消。这一影响取决于体力劳动负荷的水平：劳动越剧烈，生产率下降越多，因为工人们将用更多的休息来调整自己的工作节奏。

　　更新的数据（Eastman Kodak，1986）表明，工作时间每增加 25%，产量预期增长约 10%。这证明为加班支付 1.5 倍的工资是不合理的。这一讨论假定已实施了日薪标准（见第 17 章）。可在整个加班时间内采用一种激励机制，使生产率的下降没有那么大。类似地，如果工作绩效主要取决于机器设备，则生产率与机器速率有关。然而，操作者可能达到无法接受的疲劳程度，并且可能需要额外的休息和适当的宽放（见第 11 章）。加班的第二个影响在于过度或连续地加班导致事故率增大，病假增多（Grandjean，1988）。

　　不建议经常安排加班。然而，为了维持生产或缓解暂时的劳动力短缺，加班在短期内可能是必需的。在这样的情况下，应遵循如下指导方针：

　　（1）重体力劳动工作应避免加班。

　　（2）重新评估机器工作的节奏以达到适当的休息时间，或降低生产率。

　　（3）对于连续或长时间的加班，应在几个工人之间轮换，并检查轮班系统。

　　（4）当在将一系列工作日每天延长 1 h 或 2 h，和将工作周延长一天之间进行选择时，大多数工人会选择前者，以避免失去一天与家人共度的周末（Eastman Kodak，1986）。

6.7.3　压缩工作周

　　压缩工作周意味着 40 h 的工作将在少于 5 天的时间内完成。通常有几种形式：4 天每天工作 10 h；3 天每天工作 12 h，或 4 天每天工作 9 h，周五工作 4 h。从管理的角度来看，这一概念有如下优势：减少旷工，相对减少花费在咖啡或午餐上的时间，和减少启动和关机的时间（相对于操作时间来说）。例如，热处理、锻造和熔化设备需要大量的时间在生产开始前使设备和材料达到所需的温度，达到 8 h 工作日的 15% 或更多。如果改为 10 h 工作日，操作能获得额外 2 h 的生产时间，而无须额外的准备时间。此时，延长工作时间的经济节约很显著。工人们也能获得更长的休闲时间、减少通勤时间（相对于工作时间来说），并降低通勤成本。

然而，基于对加班的讨论，工作周压缩本质上等于连续加班。尽管总工作时间减少了，但每天的工作时间延长了。因此，加班的很多缺点同样适用于压缩工作周（Eastman Kodak，1986）。针对 10 h 工作日，4 天工作周的其他反对意见来源于管理部门成员，他们声称他们被强制留在工作岗位上不止 4 天每天 10 h，还要在第 5 天至少工作 8 h。

6.7.4 弹性工作制

随着越来越多的女性，特别是有学龄儿童的母亲、单亲父母、老年工人，以及双职工家庭的工人成为劳动人口，以及对通勤成本和时间及生活质量的关注度的提升，可选择性的工作时间表是必需的。这样的时间表是弹性的，在管理人员设置的限定范围内，工作开始和结束的时间是由工人确定的。目前，针对这一特性有各种各样的计划。有些要求员工每天至少工作 8 h，另一些规定了一周或一个月内的指定工作时间，还有一些要求全体员工在轮班的中间 4 h 或 5 h 必须坐班。

这些计划对员工和管理都有很多好处。一方面，员工可以在最有益于他们生理节奏的早晨或晚上的时间段工作，可以更好地处理家庭需要或紧急情况，并能在不需要专门休假的情况下，在工作时间内处理个人事务。迟到和病假的减少有利于管理。就连周边的社区也能从交通拥堵的减少及娱乐和服务设施的更好利用中获益。另一方面，由于劳动力调度和协调方面的问题，弹性工作时间在制造业、机器调节和连续操作上的作用可能有限。然而，在使用工作小组（见第 18 章）的情况下，弹性工作时间仍然是可能的（Eastman Kodak，1986）。

对带孩子的单亲父母或希望增加退休收入的退休工人来说，兼职工作和工作分担制尤其有用。这两个群体都能为公司提供相当可观的才能和服务，却可能受限于执行传统的 8 h 轮班制的情况。尽管在福利或其他固定员工成本方面可能存在问题，但这些问题可能通过按比例分配或其他创造性的方法来解决。

本 章 小 结

适宜的工作环境不仅从提高生产率和改善工人身体健康和安全的角度来看是重要的，还能提升工人的生产积极性，从而减少工人旷工和劳动失误。尽管这些因素有很多可能看起来只是好的工作环境带来的边际效应，且有些难以理解，但可控的科学研究已经证明了改善照明、降低噪声和热应力，以及更好地通风的积极影响。

可见度直接取决于所提供的照度，但也受目标被观察的视角和目标与背景之间的对比度的影响。因此，可通过多种方法对作业可见度进行改进，而并不总是依赖于增加光源。

噪声暴露的增加尽管不会直接影响生产率，但会造成听力损伤，而且肯定是令人厌烦的。噪声（和振动）的控制在源头上是最简单的，而通常在距声源越远的地方成本越高。尽管听力保护似乎是最简单的方法，但它需要以持续激励和强制执行为代价。

类似地，气候对生产率的影响是完全可变的，依赖于个人的积极性。舒适的气候是空气交换量和交换速率、温度和湿度的函数。对炎热的地区来说，通过充足的通风来排除污染物和促进汗液蒸发是最容易的控制气候的方法（空调更有效，但成本更高）。对于寒冷的气候，充足的衣物是主要的控制方法。轮班制应采用短、迅速、按顺序换班的时间表，并限制加班时间。

为帮助分析人员利用本章中讨论的各种因素，将其总结于如图 6-22 所示的工作环境检查表中。

照明	是	否
1. 按照 IESNA 的推荐，照明对作业来说足够吗？	☐	☐
为增大照度，是否提供了更多的灯具，而不是增加现有灯具的功率？	☐	☐
2. 是否既有一般照明，又有辅助照明？	☐	☐
3. 工作场所和灯具的安排能避免眩光吗？	☐	☐
a. 直接照明的放置有没有避开视野范围？	☐	☐
b. 灯具有挡板或散射器吗？	☐	☐
c. 工作表面是否垂直于灯具？	☐	☐
d. 工作表面是暗淡的或哑光的吗？	☐	☐
4. 如有必要，计算机显示器是否可用屏幕滤光器？	☐	☐

热状况 – 热	是	否
1. 工人是否处于热舒适区内？	☐	☐
如果不在热舒适区内，是否已测量工作环境的 WBGT？	☐	☐
2. 热状况是否符合 ASHRAE 的指导方针？	☐	☐
如果不符合指导方针，是否提供了足够的恢复时间？	☐	☐
3. 是否设置了控制潜在热应力情况的规程？	☐	☐
a. 是否从源头上控制了热量疏散？	☐	☐
b. 是否设置了辐射防护？	☐	☐
c. 是否提供了通风设备？	☐	☐
d. 空气有没有除湿？	☐	☐
e. 是否提供了空调？	☐	☐

热状况 – 冷	是	否
1. 工人们是否穿了足够应对等价风冷温度的衣物？	☐	☐
2. 是否提供了辅助加热器？	☐	☐
3. 是否提供了手套？	☐	☐

通风	是	否
1. 通风水平是否符合指导方针？	☐	☐
是否提供了每人每小时 300 ft³ 的最小空气量？	☐	☐
2. 如果需要的话，是否为工人们提供了局部风扇？	☐	☐
这些风扇是否在 30 倍风扇直径的距离内？	☐	☐
3. 是否对局部热源提供了定点冷却？	☐	☐

图 6-22　工作环境检查表

噪声		是	否
1. 噪声水平是否低于 90 dBA？		☐	☐
如果噪声水平超过了 90 dBA，是否有足够的休息，使 8 h 剂量小于100？		☐	☐
2. 是否设置了噪声控制措施？		☐	☐
a. 是否通过更好地维护保养、使用消声器和橡胶减振座，从源头上控制了噪声？		☐	☐
b. 是否隔离了噪声声源？		☐	☐
c. 是否采用了隔声措施？		☐	☐
d. 作为最后的手段，耳塞（或耳套）是否正确使用了？		☐	☐

振动		是	否
1. 振动水平是否符合 ANSI 标准？		☐	☐
2. 如果存在振动，能够消除振动源吗？		☐	☐
3. 车辆是否安装了减振座椅？		☐	☐
4. 电动工具是否加装了吸振手柄？		☐	☐
5. 是否为站立的操作者提供了有弹性、抗疲劳的垫子？		☐	☐

图 6-22　工作环境检查表（续）

思 考 题

1. 哪些因素会影响圆满完成一项作业所需的光照量？
2. 请解释低压钠灯的显色效果。
3. 对比度和可见度之间有什么关系？
4. 你会为公司洗手间距地板 30 in 的位置推荐多大的英尺烛光照度？
5. 请解释颜色如何影响销售。
6. 什么颜色的可见度最高？
7. 在黏弹性材料中，声能是如何消散的？
8. 频率为 2000 Hz 的波，其波长约为多少米？
9. 用于磨碎高碳钢的研磨机的声音大约为多少分贝？
10. 简述宽频带噪声和有意义的噪声之间的区别。
11. 你是否支持在工作站播放背景音乐？你预期达到什么样的效果？
12. 根据现有的 OSHA 规定，每天可允许在 100 dBA 的噪声水平下连续工作多少小时？
13. 从振动暴露的角度定义的三种振动类型是什么？
14. 通过哪些方法可保护工人免遭振动的影响？
15. 环境温度的含义是什么？
16. 请解释热舒适区的含义。
17. 分析员能够允许的体温最大增值是多少？
18. 如何估算工人暴露在特定热环境中的极限时间长度？
19. 什么是 WBGT？
20. 干球温度 80℉、湿球温度 70℉和黑球温度 100℉情况下的 WBGT 是多少？
21. 安全工程师最关注哪种类型的辐射？
22. 辐射吸收剂量的含义是什么？吸收剂量的单位是什么？

23. rem 的含义是什么？

24. 你将采用哪些步骤，将以下装配部门的光照量提升约 15%？该部门目前使用荧光灯，墙壁和顶棚被漆成中绿色，装配工作台是深褐色的。

25. 在新产品展示中，你将采用哪种颜色组合来吸引注意力？

26. 什么情况下你会建议公司购买镀铝衣物？

27. 电子束加工是否可能造成健康危害？激光束加工呢？请给出解释。

28. 请解释办公室工作中低于 85 dBA 的噪声的影响。

29. 哪些环境因素会影响热应力？这些因素如何测量？

30. 如何确定一份工作是否使工人处于过度的热负荷中？

计 算 题

1. 基于工作站和直接环境的颜色组合，工作区域的反射率为 60%，装配工作的观察作业可能被归类为困难。你推荐什么样的照明？

2. 86 dB 和 96 dB 的两种噪声的合成噪声级是多少？

3. Dorben 公司的一名工业工程师设计了一个工作站。由于需要装配的组件尺寸太小，视觉作业很困难。需要的亮度为 100 fL，工作站被漆成反射率为 50% 的中绿色。为提供所需的亮度，工作站需要多大的照度？如果用乳白色油漆重新粉刷工作站，估算所需的照度。

4. Dorben 公司的一名工业工程师（IE）被指派去改变印刷部门的工作方法，以满足 OSHA 关于可允许噪声暴露的标准。IE 发现时间加权的平均噪声级为 100 dBA。这一部门的 20 名操作者都佩戴着 Dorben 提供的 NRR 值为 20 dB 的耳塞。噪声得到了怎样的改善？你认为这个部门现在符合规定吗？请给出解释。

5. 在 Dorben 公司进行全天研究，发现了如下的噪声源：0.5 h，100 dBA；1 h，低于 80 dBA；3.5 h，90 dBA；3 h，92 dBA。这家公司是否符合规定？暴露剂量为多少？TWA 噪声级是多少？

6. 假设在问题 5 中，最后一种噪声来自印刷室，目前有 5 台印刷机在运行。假设 Dorben 公司可以去掉一些印刷机，并将生产转移到剩余的印刷机上，那么 Dorben 应去掉几台印刷机，以避免工人的暴露剂量超过 100？

7. 距离 2 cd 的光源 6 in 的表面的照度是多少？

8. 反射率为 50%，照度为 4 fc 的表面的亮度是多少？

9. 白纸（反射率 = 90%）黑字（反射率 = 10%）创造的对比度是多少？

10. 80 dB 的噪声比 60 dB 的噪声响多少？

11. 若噪声的强度加倍，其分贝值提高了多少？

12. 一名管理人员坐在桌前，被上方 3 ft 处的 180 cd 的光源照明。她使用绿色墨水（反射率 = 30%）在黄色笔记本（反射率 = 60%）上书写。笔记本的照度是多少？照度足够吗？如果不够，还需要多大的照度？书写作业的对比度是多少？笔记本的亮度是多少？

13. 面积为 1000 ft²，顶棚高 12 ft 的教室推荐采用多大的通风？假设班级人数可能达到 40 人。

14. John Smith 承受了 8 h 噪声剂量为 120 的噪声，已知在 1 号房间度过了 4h，噪声级为 92 dBA，在 2 号房间内度过了另外 4h，承受的噪声级未知。请问 2 号房间的噪声级是多少？若要 John Smith 所处的环境符合 OSHA 的要求，则 2 号房间的噪声级应为多少？已知 2 号房间有两台完全相同的机器，为达到 OSHA 的要求，这些机器中有几台必须被移走？

15. 一名学生正在为 IE 327 考试而学习。一盏小灯（10 cd 或 25 lm）被放置在教科书上方约 24 in 处，学生的双眼距教科书约 20 in。教科书书页的反射率为 80%。10 pt 的字体高 3/16 in。阅读文本的视角是多少？假设学生视力正常（20/20），能看清吗？照明充分吗？该项任务所需的最小照明量是多少？

16. 美国佛罗里达州的一名田间工人正把一箱箱橙子装进货车。天气非常炎热和潮湿，湿球温度为

82 ℉，黑球温度为 87 ℉，干球温度为 82 ℉。据估算，每次举起 30 lb 的箱子需要 0.67 kcal 的能量。该工人预计每分钟装载 10 箱。WBGT 为多少？相对湿度是多少？工作量可接受吗？请重新设计作业（保持标准箱的尺寸/负载相同），使工作可接受，且工人的生产率最高。

17. 如下环境状况是在一个夹板装载工地测量的。评价这一环境条件，并计算工人可安全完成作业的时间。假设箱子装载需要约 5kcal/min 的能量。照度 = 20 fc，噪声水平 = 92 dBA，空气温度 = 90 ℉，湿球温度 = 80 ℉，黑球温度 = 90 ℉。

参 考 文 献

ACGIH. *TLVs and BEIs*. Cincinnati, OH: American Conference of Government Industrial Hygienists, 2003.

ANSI. *American National Standard Guide for the Measurement and Evaluation of Human Exposure to Vibration Transmitted to the Hand, S.3.34.* New York: Acoustical Society of America, 1986.

ASHRAE. *Handbook, Heating, Ventilation and Air Conditioning Applications.* Chapter 25. Atlanta, GA: American Society of Heating, Refrigeration and Air Conditioning Engineers, 1991.

Belding, H. S., and T. F. Hatch. "Index for Evaluating Heat Stress in Terms of Physiological Strains." *Heating, Piping and Air Conditioning*, 27 (August 1955), pp. 129–136.

Blackwell, H. R. "Development and Use of a Quantitative Method for Specification of Interior Illumination Levels on the Basis of Performance Data." *Illuminating Engineer*, 54 (June 1959), pp. 317–353.

Eastman Kodak Co. *Ergonomic Design for People at Work*, vol. 1. New York: Van Nostrand Reinhold, 1983.

Eastman Kodak Co. *Ergonomic Design for People at Work*, vol. 2. New York: Van Nostrand Reinhold, 1986.

Freivalds, A., D. B. Chaffin, and G. D. Langolf. "Quantification of Human Performance Circadian Rhythms." *Journal of the American Industrial Hygiene Association*, 44, no. 9 (September 1983), pp. 643–648.

Freivalds, A., J. L. Harpster, and L. S. Heckman. "Glare and Night Vision Impairment in Corrective Lens Wearers," *Proceedings of the Human Factor Society*, (27th Annual Meeting, 1983), pp. 324–328.

General Electric Company. *Light Measurement and Control* (TP-118). Nela Park, Cleveland, OH: Large Lamp Department, G.E., March 1965.

Grandjean, E. *Fitting the Task to the Man.* 4th ed. London: Taylor & Francis, 1988.

IESNA. *Lighting Handbook*, 8th ed. Ed. M. S. Rea. New York: Illuminating Engineering Society of North America, 1995, pp. 459–478.

Kamon, E., W. L. Kenney, N. S. Deno, K. J. Soto, and A. J. Carpenter. "Readdressing Personal Cooling with Ice." *Journal of the American Industrial Hygiene Association*, 47, no. 5 (May 1986), pp. 293–298.

Konz, S., and S. Johnson. *Work Design*, 5th ed. Scottsdale, AZ: Holcomb Hathaway Publishers, 2000.

Lehmann, G. *Praktische Arbeitsphysiologie*. Stuttgart: G. Thieme, 1953.

Lockhart, J. M., H. O. Kiess, and T. J. Clegg. "Effect of Rate and Level of Lowered Finger-Surface Temperature on Manual Performance." *Journal of Applied Psychology*, 60, no. 1 (February 1975), pp. 106–113.

NIOSH. *Criteria for a Recommended Standard . . . Occupational Exposure to Hot Environments, Revised Criteria.* Washington, DC: National Institute for Occupational Safety and Health, Superintendent of Documents, 1986.

NIOSH. *Occupational Noise Exposure, Revised Criteria 1998*. DHHS Publication No. 98-126. Cincinnati, OH: National Institute for Occupational Safety and Health, 1998.

OSHA. *Code of Federal Regulations—Labor. (29 CFR 1910)*. Washington, DC: Office of the Federal Register, 1997.

OSHA. *Ergonomics Program Management Guidelines for Meatpacking Plants*. OSHA 3123. Washington, DC: The Bureau of National Affairs, Inc., 1990.

Peterson, A., and E. Gross, Jr. *Handbook of Noise Measurement*, 8th ed. New Concord, MA: General Radio Co., 1978.

Riley, M. W., and D. J. Cochran. "Partial Gloves and Reduced Temperature." In *Proceedings of the Human Factors Society 28th Annual Meeting*. Santa Monica, CA: Human Factors and Ergonomics Society, 1984, pp. 179–182.

Sanders, M. S., and E. J. McCormick. *Human Factors in Engineering and Design*, 7th ed. New York: McGraw-Hill, 1993.

Schwarzenau, P., P. Knauth, E. Kiessvetter, W. Brockmann, and J. Rutenfranz. "Algorithms for the Computerized Construction of Shift Systems Which Meet Ergonomic Criteria." *Applied Ergonomics*, 17, no. 3 (September 1986), pp. 169–176.

Yaglou, C. P., and D. Minard. "Control of Heat Casualties at Military Training Centers." *AMA Archives of Industrial Health*, 16 (1957), pp. 302–316.

Yaglou, C. P., E. C. Riley, and D. I. Coggins. "Ventilation Requirements." *American Society of Heating, Refrigeration and Air Conditioning Engineers Transactions*, 42 (1936), pp. 133–158.

可 选 软 件

DesignTools (可从McGraw-Hill text 网站 www.mhhe.com/niebel- freivalds获取).
New York: McGraw-Hill, 2002.

相 关 网 站

American Society for Safety Engineers—http://www.ASSE.org/
CalOSHA Standard—http://www.ergoweb.com/Pub/Info/Std/calstd.html
National Safety Council—http://www.nsc.org/
NIOSH homepage—http://www.cdc.gov/niosh/homepage.html
OSHA homepage—http://www.osha.gov/
OSHA Proposed Ergonomics Standard—http://www.osha-slc.gov/FedReg_osha_data/FED20001114.html

第7章

认知作业设计

本章要点

- 最小化信息工作量。
- 绝对判断限制在 7±2 项以内。
- 在噪声区域里对长的、复杂的消息使用视觉表示。
- 对警告消息和短的、简单的消息使用听觉表示。
- 在视觉表示中使用颜色、符号和字母数字。
- 使用颜色和闪光来引起关注。

从传统上看，认知作业设计不算是方法工程的一部分。但是随着职业和工作环境的不断变化，不仅仅需要对工作的操作部分进行研究，而且对工作的认知方面的研究也变得日益重要。机器和设备已经变得越来越复杂以及越来越半自动化，有些还已全自动化。操作人员必须能够认识和理解大量的信息，做出关键决策并且能快速精确地控制这些机器。此外，工作重心也逐渐从制造向服务转移。总的体力活动显然会进一步减少而更多地强调信息处理和决策，尤其是通过计算机和相关的现代技术。因此，本章解释了信息理论，介绍了人类作为信息处理者的基本概念模型，以及关于如何最好、最大效率地编码和显示信息的细节，特别是通过听觉和视觉显示的方式。同时，本章最后一部分概括了人机交互方面的软件以及硬件方面的内容。

7.1 信息理论

信息，从词的日常用法来说，是指已接收的关于特定事实的知识。从技术方面理解，信息可以减少相关事实的不确定性。例如，当汽车发动时发动机（油）灯亮基本上不能提供什么信息，因为这是所预期应该发生的。而当你开车在路上行驶的时候灯突然亮了，则表明发动机可能有问题，因为这不是预期的并且是一个不太可能发生的事件。因此，在事件发生的可能性和其传达的信息之间存在着一定的关系，可以通过信息的数学定义来量化。需要注意的是，这个概念是与信息的重要性无关的，如发动机的状态比前风窗玻璃清洗液是否用完来说要重要得多。

信息理论用 bit（位）来表示在两种平等的、相似的可替代方法之间做出选择时需要的信息量。bit 来自于词组 "binary digit" 的词首和词尾，这个词语用在计算机和通信理论中用

来表示芯片的开/关状态或者是古老的计算机内存中的小片铁磁内核的极化位置的极化/反转。数学上的表达是

$$H = \log_2 n$$

式中　　H——信息量；

　　　　n——平等的相似的替代方法的数目。

当只有两种替代方法的时候，例如芯片的开关状态或者均质硬币的投掷，只需 1 bit 就可以表示该信息。当有 10 种平等相似替代方法的时候，例如从 0 ~ 9 的数字，3. 322 bit 的信息被传达（$\log_2 10 = 3.322$）。计算的时候可以使用简便方法：

$$\log_2 n = 1.4427 \times \ln n$$

当各种替代方法不是平等相似的时候，传达的信息通过下式决定：

$$H = \sum p_i \log_2 (1/p_i)$$

式中　　p_i——第 i 个事件的发生概率。

举例来说，考虑一个非均质的硬币，使得其抛掷之后正面出现的概率是 90% ，背面出现的概率是 10% 。则抛掷硬币所传达的信息量为

$$H = 0.9 \times \log_2 (1/0.9) + 0.1 \times \log_2 (1/0.1)$$
$$= 0.9 \times 0.152 \text{bit} + 0.1 \times 3.32 \text{bit} = 0.469 \text{bit}$$

我们可以看到，非均质的硬币所传达的信息量（0. 469bit）小于均质硬币所传达的信息量（1. 0bit）。信息量的最大值通常是在概率相等的时候达到，因为替代方法之间变得越相似，信息量传达就越少。从而产生了冗余的概念，以及因为事件发生概率不相等导致所传达的信息从可能的最大值减少的概念。冗余量可以用以下的公式表达：

$$\text{冗余百分比} = (1 - H/H_{\max}) \times 100\%$$

而对于非均质硬币的情况，冗余量可以表示为

$$\text{冗余百分比} = (1 - 0.469 \text{bit}/1 \text{bit}) \times 100\% = 53.1\%$$

下面是一个和英语的使用相关的有趣的例子。在英语字母表里面有 26 个字母（从 A ~ Z），随机抽取字母的理论信息容量是 4. 7 bit（$\log_2 26 = 4.7$）。显然，将字母组合成为单词包含了相当多的信息。然而，因为事件发生概率的不均等造成的实际表示的信息量却有相当大的减少。例如字母 s、t 和 e 相比于 q、x 和 z 来说就常见得多。据估计，英语中的冗余量总计为 68% （Sanders and McCormick, 1993）。然而，冗余对于设计显示和给用户表示信息来说，具有某些重要的优点，这些我们稍后讨论。

最后的一个相关概念是带宽或者信道容量，即给定带宽的最大信息处理速度。人类在言语交流的时候，运动神经处理的任务带宽可以低至 6 ~ 7bit/s，或者高达 50bit/s。对于耳朵的纯粹的感观存储（也即信息没有达到决策阶段），带宽接近 10 000bit/s（Sanders and Mc-Cormick, 1993）。后面的这个值比当时大脑处理的实际信息量要高得多，因为我们接到的大部分信息在到达大脑之前都已经被过滤掉了。

7.2　人的信息处理模型

大量的模型已经被提出用于解释人是如何处理信息的。其中大部分模型由代表不同处理阶段的黑盒（因为信息的相对不完整）组成。图 7-1 代表这样的一个通用模型，由四个主要

的阶段或组件构成：感知、决策和反应选择、反应执行、记忆。注意力资源分布在各个不同阶段。决策组件和工作记忆以及长期记忆结合在一起就可以认为是中心处理单元，而短时感官存储则是一个瞬时记忆器，定位在输入阶段（Wickens，Gordon，and Liu，1997）。

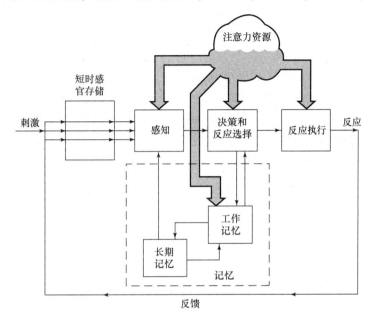

图 7-1　人类信息处理模型

（资料来源：Sanders 和 McCormick，1993，经 McGraw – Hill 出版公司授权使用）

7.2.1　感知和信号检测理论

感知是通过对输入的刺激信息和储存的知识进行比较，而对信息进行分类。最基本的感知形式是简单的检测，即确定刺激是不是实际发生了。当人们被要求指出刺激的类型或者其所属的刺激级别，然后进入要使用以前的经验和学过的联想来辨认和识别的领域的时候，情况就变得更加复杂。随之发生的长期记忆和感知编码的连接我们在图 7-1 中可以看到。后面的这个更加复杂的感知可以通过特征分析来解释，将对象分解成为可构建的几何形状或者单词和字符串组成的文本；也可以通过自上而下或者自下而上的处理来减少进入中心处理的信息量。自上而下的处理是通过高层概念处理低层概念特征的概念驱动处理；而自下而上则是数据驱动，由感官特征来引导。

感知编码的检测部分可以通过非常简单的任务甚至通过信号检测理论（SDT）来量化。SDT 的基本概念是在任何情况下观察者需要透过混淆的噪声识别一个信号（即是否出现或者消失）。例如一个电子操作的质检员必须从用于组装印制电路板的好的电容器中识别和去除有缺陷的芯片电容器，有缺陷的芯片电容器就是信号，可以通过对电容器额外的焊接以短路来识别这个电容器。在这种情况下，好的电容器被视为噪声。注意我们可以很容易将决策过程反过来，将好电容器视为信号，有缺陷的视为噪声，这主要取决于两者的相对比例。

观察者必须识别信号是否已经出现，并且仅仅有两种可能的状态（存在或者不存在），此时总共存在四种可能的输出：

(1) 击中——当信号出现时，认为有一个信号。

(2) 正确拒绝——当没有信号出现时，认为没有信号。

(3) 误报——当没有信号出现时，误认为有一个信号。

(4) 漏报——当有信号出现时，误认为没有信号。

和大多数工业进程的情况一样，信号和噪声都会随时间而变化。例如，焊接机器需要预热，一开始将一大滴焊接剂滴在电容器上，否则很容易会有未确定原因造成的"随机"偏差。因此，信号和噪声形成了焊接数量由低到高的变化分布，通常我们通过重叠正态分布来建模（见图 7-2）。注意到分布有重叠，因为电容器体上额外的焊接会造成其短路，从而产生有缺陷的产品（在这里算是信号）。然而如果有额外的焊接但是主要是在导线上面，则不会引起短路，电容器仍是好的（在这里算是噪声）。在体积不断缩小的电子产品中，芯片电容器的体积甚至小于针头，视觉检测它们并不是一件简单的工作。

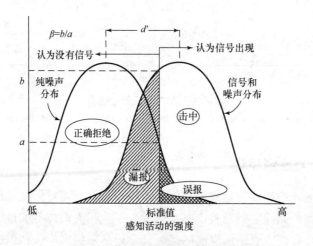

图 7-2 信号检测理论的概念解释

（资料来源：Sanders and McCormick，1993，经 McGraw – Hill 出版公司授权使用）

质检员在检测电容器时需要确定焊接量是过多还是不足，从而决定是否选用该电容器。质检员或者通过观察，或者通过足够的经验，在心中已经有了评判标准，即图 7-2 中的垂直线，称作反应标准。如果检测到的焊接量达到较高水平的感官刺激级别，且超过标准，则质检员可以认为是一个信号。如果检测出的焊接量不大，则接收到的是较小的感官刺激级别，位于标准以下，从而质检员可以认为没有信号。

与反应标准相关的是数量 β。在数字上，β 代表的是在图 7-2 中给定的标准值两曲线（信噪）高度的比值。如果标准值往左移，则 β 随着击中率的增加而减少，同时相对的误报也随之增加。这种行为从质检员的角度上来说称作冒险，如果标准值落在两个曲线相交的点上，β 值为 1.0。如果标准值往右移，β 随着击中率和误报的减少而增加。这种行为在质检员的角度上来说称作保守。

反应标准（以及 β）很容易因为视觉观察者的情绪或者疲劳而改变。星期五下午下班前这段时间出现标准的右移以及漏报率戏剧性的增长都是可以预期的。同时我们注意到，击中率会有一个相对的下降，因为两种概率之和为 1。相似地，正确拒绝和误报概率也可以相加到一起且和为 1。反应标准的变更称作反应偏差，可以随着先验知识或者在预期之内变更，如果已经知道焊接机器出现故障，则质检员很可能会将标准值左移，增加击中的数量。标准值也可以因这四个输出的成本或者利润而变化。如果一批特殊的电容器被送往 NASA 用于宇宙飞船，则出错的成本就是相当高的，质检员需要将标准值设置得非常低从而产生很多击中，但是会产生很多误报造成成本增加（如合格品流失）。如果这些电容器被用于廉价的手机样品，则质检员可能设置一个非常高的标准值，可能会使很多有缺陷的电容器漏报而通过检查。

信号检测理论中另一个很重要的概念是感官系统的敏感度或者解析度。在信号检测理论中，敏感度通过两个分布的分离来衡量，显示在图 7-2 中，标号为 d'。分离度越大、观察者的敏感度就越大，并且正确反应（更多的击中和更多的正确拒绝）越多以及犯的错误（误报和漏报）越少。通常对于观察者来说，敏感度可以通过更多的培养和警觉性（例如通过更多频繁的休息暂停）、通过工作站更好的照明以及信号出现率的减少（需要权衡同时造成的生产力的降低）来改善。其他提高敏感度方法是提供缺陷部位的视觉模板，提供缺陷部位的更多的表达或者线索，以及提供关于结果的知识。注意，采用激励措施有助于提高命中率。然而这主要因为反应偏差的漂移（并不是敏感度的增加），相应伴随着误报率的增长。类似地，通过引入"错误信号"来提高警觉性，也会更容易改变反应偏差。更多与信号检测理论相关的信息可以参考 Green 和 Swets（1988）的文献。

> **例 7-1**　信号检测理论在镜片视觉检查的一个应用
>
> 信号检测理论在镜片视觉检查的一个良好应用可参见 Drury 和 Addison（1973）的文献。检查分两个阶段：①100% 的一般检查，其中每个镜片被接受或拒绝；②特别检查员抽样检查并向总检查员提供反馈。考虑到检查物品的质量，一部分是正品，其余的是次品，普通检查员只能做出两个决定：接受或拒绝。正确的回应将是接受好的（击中）和拒绝坏的（正确拒绝）。然而，一些好的可能会被拒绝（未命中），一些不好的可能被接受（误报）。考虑四种不同情况的不同条件。
>
> 情况 1——保守的检查员，一个保守的检查员将标准值设定在右边很远的地方（见图 7-3a）。在这种情况下，击中的概率低（例如，0.30）。误报的概率甚至更低（例如，0.05）。β 通过标准值直线与信号曲线与噪声曲线交点的纵坐标的比值确定。标准正态曲线的纵坐标值为
>
> $$y = \frac{e^{-z^2/2}}{\sqrt{2\pi}}$$
>
> 对于信号曲线，概率值为 0.30 产生的 z 值是 0.524，纵坐标值是 0.348。对于噪声曲线，概率值为 0.05 产生的 z 值是 1.645，纵坐标值是 0.103。β 值于是成为 3.38（0.348/0.103）。注意到击中概率和漏报概率之和等于 1.0（例如 0.3 + 0.7 = 1.0）。同样，误报和正确拒绝的概率之和也等于 1.0。

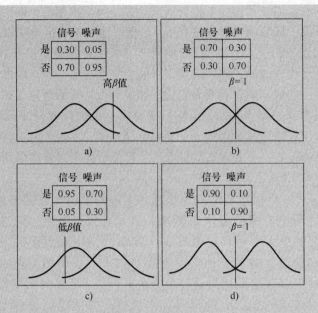

图 7-3　信号检测理论在镜片检查中的应用

a) 保守的检查员　b) 折中的检查员　c) 冒险的检查员　d) 敏感度的提高

情况 2——折中的检查员。如果检查员是折中的——既不保守也不冒险——则击中概率大致等于正确拒绝的概率（见图 7-3b）。曲线对称相交，导致相同的纵坐标值和 β 值为 1.0。

情况 3——冒险的检查员。冒险的检查员（见图 7-3c）将标准值设置在左边很远的地方，增大了击中概率（例如 0.95），同时也增大了误报的概率（例如 0.70）。在这种情况下，对于信号曲线，概率为 0.95 的 z 值为 -1.645，纵坐标值为 0.103。对于噪声曲线，概率为 0.70，z 值为 -0.524，纵坐标值为 0.348。β 值变成了 0.296（即 0.103/0.348）。

情况 4——敏感度的提高。敏感度可以通过信号曲线和噪声曲线在横坐标相同时的 z 值之间的差来计算（见图 7-3d）：

$$d' = z(误报) - z(击中)$$

使用情况 1 中的标准：

$$d' = 1.645 - 0.524 = 1.121$$

同样，使用情况 3 中的标准：

$$d' = -0.524 - (-1.645) = 1.121$$

如果信号可以更好地从噪声中分离出来，击中的概率会增加（例如增到 0.90），而误报的概率仍旧非常低（例如 0.10）。此时击中概率是 0.90，对应的 z 值为 -1.283，纵坐标值为 0.175。误报的概率是 0.10，对应的 z 值是 1.283，纵坐标值是 0.175。敏感度变成了：

$$d' = 1.283 - (-1.283) = 2.566$$

随着敏感度的增加，识别缺陷的效率会提高。有时，击中率是相对误报率来描点，从而产生一个接收操作者特征曲线，曲线与 45°斜线的离差表示敏感度。

在 Drury 和 Addison（1973）文献的案例学习中，镜片检查员通过计算出的 d' 来搜集每周的数据。检查标准的改变给折中的检查员提供了更加快速的反馈，导致 d' 从平均值 2.5 增加到了平均值 3.16，在 10 个星期的进程实现了 26% 的敏感度增长（见图 7-4）。这代表了信噪比（也即 β）增长了 60%，以及漏报率下降了 50%。

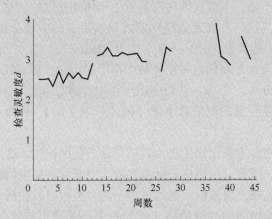

图 7-4　镜片检查中随着时间的推移灵敏度的变化
（资料来源：Drury and Addison，1973）

7.2.2　记忆

刺激一旦被有感知地编码了，则进入人类记忆系统的三大部分之一的工作记忆阶段，其他两个是感官存储和长期记忆。每个感官通道是一个暂时的存储机构，可以延长刺激直到其被正确地编码。这些存储是非常短暂的，大概在刺激消失之前的 1s 或者 2s，这取决于感官通道。这些都是自动化完成的，其维护并不需要太多的关注。基本上不能维护这些存储或者增加时间周期的长度。注意到图 7-1，虽然可能有大量的刺激，多到进入感官存储时可以通过几百万个信息位来表示，但是实际上只有很小一部分信息被编码然后转送到工作记忆单元。

相对于长期记忆，工作记忆是一种暂时性的信息存储方法，或者为了做出反应而被处理的时候保持信息处于激活状态的方法，因此有时又被称为短期记忆。查询电话号码并且在拨号之前记住这个号码，以及从一个列表中找到一个处理代码并且将其输入机器的控制台，这些都是工作记忆的例子。工作记忆在信息量以及信息可维持的时间长度上都存在局限性。

工作记忆的容量上限约为 7 ± 2 项，有时为了纪念定义这个法则的心理学家 Miller（Miller，1956）而称作 Miller 法则。例如 11 位数字 12125551212，记住它不是不可能但会非常困难。记忆可以通过分块记忆，或者将相同的项分类的方法来改善。先前的数字可以适当地分成更加容易记住的分块：$1 - 212 - 555 - 1212$。类似地，复述或者心里面重复这个数字从而将附加的注意力资源转移到工作记忆也可以改善记忆。

工作记忆衰减得也很快，即使复述或者连续在被积极维护的项目中循环。工作记忆中的项目越多，其循环的时间也越长，并且一个或者多个项目丢失的可能性越大。据估计，三个项目记忆的半衰期为 7s。我们可以很容易通过随机的三个数字（如 5、3、6）的演示来证明。复述 7s 之后再往回数，绝大部分人都会忘记至少一个数字。

以下是一些将需要使用工作记忆的任务产生的错误降到最少的建议（Wickens，Gordon，and Liu，1997）：

（1）将记忆负载最小化，不仅仅体现在容量上还体现在维护回忆的时间花费上。

（2）利用分块，尤其是以有意义的序列形式和数字上的字母的使用（例如在免费电话号码上使用单词和词首来代替数字：1 – 800 – CTD – HELP）。

（3）分块规模不要太大，在任何一个分块中都不要超过三或者四项。

（4）将数字和字母分离（例如：分块应该包含相似的实体）。

（5）使发音相似的项导致的混淆最小化（例如：与字母 J、F 和 R 相比，字母 D、P 和 T 很容易被混淆）。

如果以后还需要使用，工作记忆信息可以被传递至长期记忆。这些信息可以是关于语义记忆的一般知识的信息，或者是以事件记忆形式表示的某人一生中的特殊事件的信息。这种传递必须以顺序的方式完成，以便以后能通过学习的过程很容易找回。这个找回信息的过程是弱连接，可以通过记忆回溯的频繁激活（例如一个每天使用的社保卡或者电话号码）和先验知识的联想来促进。利用用户的期望和固定模式，这些联想应该是具体的而不是抽象的，对用户来说是有意义的。例如从 John Brown 的名字可以联想到一个棕色的房子的画面。

如果没有清晰或者组织好的联想，传递过程可以通过记忆术（一种取词首的缩写方式）或者惯用短语（其字母代表了一系列项目）这样的人工方式完成。例如电阻色标的颜色编码（黑 black，棕 brown，红 red，橙 orange，黄 yellow，绿 green，蓝 blue，紫 violet，灰 gray，白 white）可以通过每个词的首字母形成的语句来记忆："big brown rabbits often yield great big vocal groans when gingerly slapped（当轻轻拍打大灰兔的时候，它经常发出大声的呻吟）。"对于复杂的步骤采取步骤标准化或者使用记忆帮助（标号或笔记）也可以帮助在长期记忆上减少负载。遗憾的是长期记忆在最初的几天以最快的衰退速度呈指数状态衰减。正因为如此，培训程序的有效性不能在程序之后马上被评价。

7.2.3 决策和反应选择

决策是信息处理真正的核心，是人们评价不同的选择之后选择一个最合适的反应。这是一个相对长期的过程，应该像在选择-反应时间里一样将其与短期处理区分开来。遗憾的是人们并不是完美的决策者，经常不会基于客观的数字或者确实的信息做出合理的决定。在经典的决策理论里的合理方法是将每个产品的输出乘以预期概率再求和，从里面计算预期的值

$$E = \sum p_i v_i$$

式中　　E——期望值；

　　　　p_i——第 i 个输出的概率；

　　　　v_i——第 i 个输出的值。

然而，人们通常使用各种启发来做出决策，在这种情况下，各种偏差会影响到他们寻找信息、赋值输出和做出总体决策的方式。这样的偏差源自以下方面（Wickens，Gordon，and Liu，1997）：

（1）提示或者信息有限。

（2）早期提示被赋予不适当的权重。

（3）晚期提示被疏忽。

（4）越突出的提示赋予的权重越大。

（5）无视真实的权重而给每个信息赋予相同的权重。

（6）生成的假设太少。

（7）一旦假设被选定，稍后的提示则被忽略。

（8）只用已确认信息去检验选定的假设。

（9）只有少量的反应被选中。

（10）潜在的损失被赋予了比可比的潜在收获更大的权重。

通过理解这些偏差，工业工程师可能会更好地表达信息，更好地提出全部过程来改变决策的质量和将错误最少化。

此外，当前的决策理论是围绕情境感知的，是从周围环境接收到的全部提示的评价。它需要将提示或者信息集成使之进入心理表达，其范围从简单的概况到复杂的心理模型。为了改善情境感知，操作者需要通过培训去认识和考虑合适的提示，从而检查和提示一致的情境，并且分析和解决任何提示中的或者情境中的冲突。决策辅助，例如简单的决策表（在第 9 章讨论）或者更加复杂的专家系统可以帮助决策进程。关键线索的显示、不合需要线索的过滤、空间技术的使用和显示集成都可以改进这个过程。其中的某些内容会在之后的介绍显示模式的章节部分讨论。

先前讨论的决策和反应选择的速度以及难度会被很多因素影响。定量该过程的一种尝试通常是通过一个选择-反应时间的试验来实现，在此操作者会对几个刺激产生反应并产生几个合适的反应（见图 7-5a）。这个可以被认为是简单决策并且基于人类的信息处理系统，反应时间应该随着对应的不同刺激数目的增加而增加，两者关系并不是线性的（见图 7-5b），但是当决策复杂度是通过以 bit 为单位传达的信息量来定量的话，曲线会变成线性，被称作 Hick-Hyman 法则（Hick，1952；Hyman，1953；见图 7-5c）：

$$RT = a + bH$$

式中　RT——反应时间，单位为 s；

　　　H——信息量，单位为 bits；

　　　a——截距；

　　　b——斜率，有时被认为是信息处理速率。

注意到，当只有一个选择的时候（例如当灯亮的时候按下按钮），H 等于 0，反应时间此时等于截距，这就是简单反应时间。反应时间随着刺激类型的不同（听觉反应时间相比视觉反应时间大约要快 40ms）、刺激强度的不同以及信息准备程度的不同而变化。

总的选择反应时间同样也受很多因素的影响而产生相应的变化。刺激和反应之间的兼容性越强，反应就越快。实践次数越多，反应越快。然而操作者尝试去反应得越快，错误就越多。同样，如果需要非常高的精确度（例如飞行交通控制），反应时间通常会更慢。这个相辅相成的关系称作速度 – 精度平衡。

以另一种冗余形式使用多个维度，同样可以减少决策中的反应时间，或者反过来说，如果有冲突信息，反应时间会被拖长。一个经典的案例就是 Stroop Color – Word Task（Stroop，1935），其主题是需要尽快地阅读一系列用色彩表示的单词。在控制冗余的情况中，让红墨

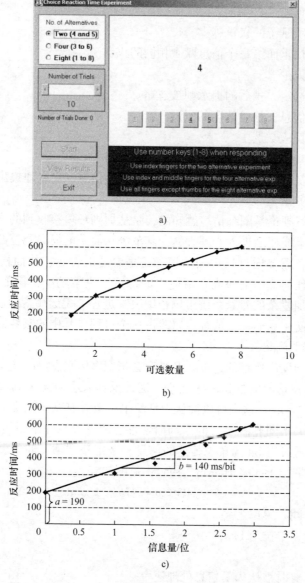

图 7-5　Hick – Hyman 法则在选择 – 反应时间试验的显示

a) 用 DesignTools 软件进行的试验　b) 初始数据　c) 用位表示的信息

水拼写出"red"，会产生一个快速的反应。在冲突情况中，红墨水拼写的"blue"，会因为语义和视觉的冲突而延长反应时间。

例 7-2　在配线任务中的人类信息处理过程

　　在工业任务中量化信息处理量的一个很好的案例由 Bishu 和 Drury（1988）提出。在一个模拟的配线任务中，操作者将触控笔移动到合适的控制面板的接线端或者位置上，该面板包括 4 个不同的电镀版面，每个版面有 8 个可能的组件。每个组件被分成了 128 个接线端，分成 8 列 16 行。最复杂的任务包括：所有 4 个版面（包含信息 $\log_2 4 = 2\text{bit}$），所有的 8 个组件（3 bit）, 8 列（3 bit）和 16 行（4 bit）, 总的复杂度是 12bit（2bit + 3bit + 3bit + 4bit）。在这个控制面板中, 可以通过减少版面、组件、列和行的数目来降低复杂度。一个低复杂度的任务仅仅包括 2 个版面（1bit）、4 个组件（2bit）, 4 列（2bit）和 8 行（3bit）, 总的复杂度是 8bit（1bit + 2bit + 2bit + 3bit）。其他中等复杂度任务同样可以这样产生。

　　最后的结果显示了信息处理（模拟的配线或者定位）时间和输入的信息复杂度之间的线性关系（见图 7-6）。使用 Hick – Hyman 法则, 这个关系可以表示成为

$$IP = -2.328 + 0.7325H$$

式中　IP——信息处理时间, 单位为 s;

　　　H——信息量, 单位为 bit。

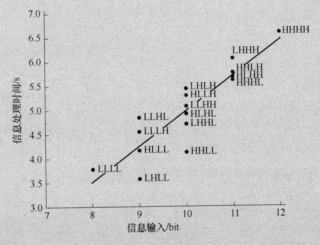

图 7-6　Hicky – Hyman 法则在配线任务中的应用

（资料来源: *Applied Ergonomics*, Vol. 19, Bishu and Drury, Information Processing in Assembly Tasks – A Case Study, pp. 90 – 98, 经 Elsevier Science 授权使用）

　　因此, 当完成这个任务的相对选择的数目增加时, 也增加了操作者的中央处理单元的信息负载以及任务完成的时间。注意到, 在这个相对真实的复杂任务中, 相对于简单反应时间, 截距不可能永远都是正值。

例 7-3　Fitts 法则和移动的信息处理

　　信息理论被 Fitts（1954）应用在人的移动建模中, 他发明了预测移动时间的难度指数。在一系列的定位运动中, 难度指数是一段移动距离和目标大小的函数。

$$ID = \log_2(2D/W)$$

式中　ID——难度指数, 单位为 bit;

　　　D——目标中心之间的距离;

　　　W——目标宽度。

　　移动时间也要遵循 Hick – Hyman 法则, 现在称作 Fitts 法则:

$$MT = a + bID$$

式中　MT——移动时间，单位为 s；

　　　a——截距；

　　　b——斜率。

作为 Fitts 法则的一个成功应用，Langolf、Chaffin 和 Foulke（1976）通过不同范围的距离之间的四肢的移动来建模人类的移动，包括只能通过显微镜的辅助才能看到的非常微小的目标。结果（见图 4-14）是对于手臂来说生成的斜率是 105 ms/bit，对于手腕来说生成的斜率是 45 ms/bit，对于手指来说是 26 ms/bit。斜率的倒数通过信息理论来解释是运动神经系统的带宽。在这种情况下，手指的带宽是 38 bit/s，手腕是 23 bit/s，手臂是 10 bit/s。信息处理率的递减被解释成是额外的关节、肌肉和运动神经单元所增加的处理而产生的结果。有趣的是，这些结果和吉尔布雷斯的移动分类是等同的（见第 4 章）。

7.2.4　反应执行

反应执行主要取决于人的移动。关于肌骨系统、运动神经控制和手动工作的内容可以在第 4 章找到更多细节。注意到 Fitts 定位敲击任务（见图 7-7）就是一个 Hick – Hyman 法则的关于移动的简单延伸，同样也是速度 – 精度平衡的关于目标大小和移动时间的一个例子。机械设备运行控制相关反应的应用已在第 5 章进行过讨论。

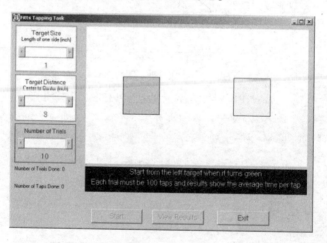

图 7-7　用 DesignTools 实现的 Fitts 分接任务

7.2.5　注意力资源

注意力资源，或者更简单地说注意力，是指专注于特定的任务或者处理阶段时的认知容量。这个量可以产生不同的变化，从需要低关注度的常规熟练装配任务，到需要高关注度的空中交通控制工作。此外，这个认知容量可以以一个非常定向的方式应用，就像人的信息处理系统的一个特殊部分的聚光灯，术语称作专注。或者可以对很多部分甚至所有信息处理系统使用一个更加扩散性的方式，术语称作分割注意力。工作记忆专注的例子可能发生在操作人员将加锁过程编码输入计算机控制的机器工具时试图记住该编码时。专注可以通过减少信息的竞争资源或者人的信息处理系统的需求的数目，或者通过以越分离越好的原则分离这些资源来改进。

而一个将传送带上的苹果进行分类的检查员，其注意力将分散在苹果瑕疵和大小的视觉感知上。决策从苹果瑕疵和大小的自然状态而得到，根据记忆和训练中储存的图像，对瑕疵的性质和苹果的大小进行决策；取出损坏的苹果，把好的苹果按大小分拣到合适的箱子里。这种同时处理不同任务的情况也称作多任务或者时间共享。因为我们的注意力资源相对来说有限，不同任务之间的时间共享相比单任务来说很可能会产生一个或者多个这些任务的性能方面的降低。在这种情况下，改变任务的性能非常困难，但是前面所探讨的有关专注的对策在此也同样适用。任务的数量和难度需要被最小化。任务应该按照图 7-1 中的处理阶段的需求而尽可能地区别开。但是在完成一项纯手工流水线任务时可以进行口头指示，而一个给乐器调音的音乐家却很难聆听口头建议。一种在解释多任务的时间共享性方面非常成功的方法是 Wickens（1984）的多资源模型。

多资源模型的扩展与人的精神工作量或者人的信息需求是相关的。一种模型使用的是必用资源和可用资源的比值，此时时间是必用资源的一个更重要的参数。在上面提到过的例子中，简单的流水线可能会耗损时间，但对感知资源却不做特别的要求。但在空中交通控制中，在峰值时刻可能会非常需要感知资源。对这些加在操作者身上的需求很难进行实际的量化。以下是一些可用的方法：

（1）首要任务衡量法。该方法测量任务处理必需的时间与总可用时间的比值或者单位时间内所完成的项目数量。该方法存在的问题是一些任务相比于其他任务能够更好地进行时间共享。

（2）次要任务衡量法。该方法利用备用容量的概念，也即如果不是被直接用于首要任务，则会被次要任务（选择反应时间）使用，这可以被控制而且更加容易衡量。这种方法存在的问题是次要任务通常像是人工的和插入的，并且很难确认操作者如何将这两个任务的性能排优先级。

（3）生理（例如心率变化、眼球移动、瞳孔直径和脑电图）衡量法。这些指标被认为是对精神工作量所强加的压力的反应；它们通常不干扰首要任务的性能，然而需要用设备来衡量它们。

（4）主观衡量法。主观类指标被认为是在一个简单的全面评估（或者几个比例的加权平均）中聚合了精神工作量的所有方面。但主观报告并不总是准确地反映真实性能，而且动机会强烈地影响到评估结果。

对精神工作量以及不同衡量方法的优缺点的更加细节化的讨论，可参见相关文献（Wickens，1984；Eggemeier，1988；Sanders and Mccormick，1993）。

最后的一个注意力资源的例子是关于操作者（例如视觉检查员）的注意力保持和在延长的时间段里保持警惕的能力，称作持续关注或者警戒。需要注意的是如何将警戒的消耗最小化，一般在持续 30min 后就会开始减弱并且随着时间的增加而减至 50%（Giambra and Quilter，1987，见图 7-8）。然而能够适用于工业任务的好对策非常少。基本的方法是尝试去保持高级的激励，然后使其遵循 Yerkes 和 Dodson（1908）的倒 U 形曲线（见图 7-9）来维持绩效。可以通过提供更加频繁的休息、提供任务的变化、给操作者更多的关于检测效果的反馈以及使用合适的激励（内部的（例如咖啡因）或者外部的（例如音乐或者白噪声），甚至通过错误信号的引导）来达到这个目的。然而检测规范的变化也会增加误报率（见第

7.2.1 小节）和相应的成本。突出信号的关键特点会对检测效果有帮助，例如将信号变得更亮、更大或者通过特殊照明获得更高的对比度。为凸显缺陷部分和其余部分之间的差异而作为特殊模式的叠加也可能有用。最后，选择眼睛定位更快和范围视觉能力更强的检查员同样会帮助提高检测的效果（Drury，1982）。

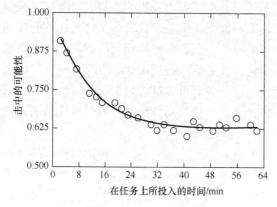

图 7-8　警戒性随时间的推移而减弱

（资料来源：Giambra 和 Quilter，1987. 经 *Human Factors*，

Vol. 29，No. 6，1987. 授权使用，

版权归美国人因工程与工效学协会所有）

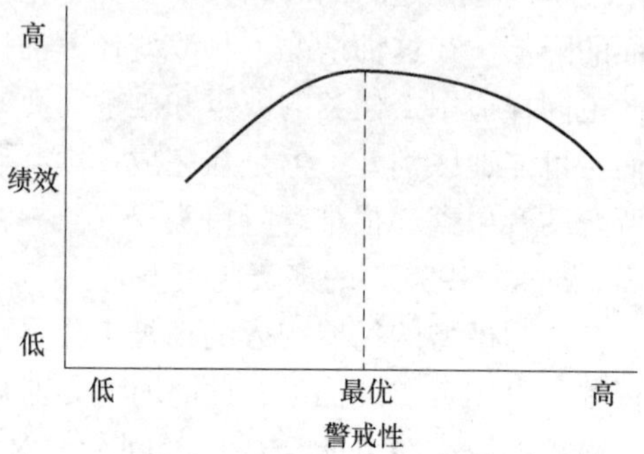

图 7-9　Yerkes – Dodson 法则表明了绩效与
员工警戒性之间的倒 U 形关系

　　为了帮助工业工程师评估和重新设计认知任务，在人的信息处理系统中的上述细节已经被总结在认知作业评估清单中（见图 7-10）。

感知因素	是	否
1. 关键信号是否被强化了？	☐	☐
2. 是否应用了叠加、特殊式样或引导光线等措施来突出缺陷产品？	☐	☐
3. 是否同时应用了自下向上和自上而下两种信息处理方法？	☐	☐
a. 是否应用了高级别的概念来处理低级别的特征？	☐	☐
b. 是否应用了数据驱动的信息来识别感觉特征？	☐	☐
4. 是否通过更好的培训来提高员工对检测信号的敏感度？	☐	☐
5. 是否使用了刺激来改变反应偏差和提高击中率？	☐	☐
记忆因素	**是**	**否**
1. 短期记忆是否限定在 7±2 项？	☐	☐
2. 是否使用了分段记忆来减少记忆负荷？	☐	☐
3. 是否使用了复述来加强回忆？	☐	☐
4. 在字符串或字符段中是否将数字和字母分开了？	☐	☐
5. 发音相似的项是否分开了？	☐	☐
6. 记忆术和联想记忆是否被用来强化长期记忆？	☐	☐
决策和反应选择	**是**	**否**
1. 是否检验了足够多的假设？	☐	☐
2. 是否使用了足够多的提示？	☐	☐
3. 后来的提示是否被赋予了与早期提示相同的权重？	☐	☐

图 7-10　认知作业评估清单

决策和反应选择	是	否
4. 是否过滤了不合适的提示？	☐	☐
5. 是否应用了决策辅助工具来协助决策的制定过程？	☐	☐
6. 是否对足够多的反应进行了评价？	☐	☐
7. 是否对可能的损失和收益进行了恰当的权衡？	☐	☐
8. 是否考虑了速度与精度之间的平衡？	☐	☐
9. 刺激和反应是否协调一致？	☐	☐
注意力资源	**是**	**否**
1. 任务是否多样化？	☐	☐
2. 绩效评价的结果是否反馈给了操作者？	☐	☐
3. 操作者是否有内在的激励（如咖啡因）？	☐	☐
4. 操作者是否有外在的激励（如音乐、刺激等）？	☐	☐
5. 是否有休息时间？	☐	☐

图 7-10 认知作业评估清单（续）

7.3 信息编码：一般设计原则

正如在第 4 章中提到的一样，正是因为机器提供更大的动力、精度和复杂性，因此很多工业运作或者操作会通过机器来完成。然而为了保证这些机器按照需求规格来令人满意地完成任务，还是需要人的监督。操作者会收到大量的输入信息（例如压强、速度、温度等），这些信息需要通过一种既可以很容易地解释又不会引起错误的方式来表示。因此有大量设计的原则来帮助工业工程师给操作者提供合适的信息。

7.3.1 需要表达的信息类型

需要表达的信息是静态的还是动态的，取决于其是否随着时间而变化。前者包括任何不变的打印文本（甚至是计算机屏幕上的滚动文本）、点、图表、标号或者图解。后者是指任何频繁更新的信息如压强、速度、温度或者状态。任何一种都可以被归类为：

1）定量的——代表特定的数值（如 50°F，60r/min）。

2）定性的——代表一般的值或者趋势（如上、下、冷、热）。

3）状态的——反映数目一定状态中的其中一个（例如开/关，停止/警告/开始）。

4）警告的——指示紧急情况或者不安全的状态（如火警）。

5）字母数字混合编制的——使用字母和数字（如符号、标志）。

6）表达性的——使用图片、符号和颜色来编码信息（例如对删除的文件使用"废纸篓"）。

7）时间周期性的——使用脉冲信号，其持续时间和信号间隔都是变化的（例如莫尔斯电码或者闪光灯）。

注意一个信息显示中可能会同时包括几种不同的信息类型。例如，停止标志是使用字母和一个八角形和红色的静态警告来表示的。

7.3.2　显示模式

与五种不同的感觉（视觉、听觉、触觉、味觉、嗅觉）相对应的是五种不同的被操作者感知的信息的显示形式。然而视觉和听觉是接收信息时最常使用的感觉，通常的选择局限于这两种感觉。究竟选择哪个是由很多因素决定的，每种感觉都有一定的优点同时也有一定的缺点。详细的比较见表7-1，可以帮助工业工程师根据特定的环境选择合适的形式。

表7-1　何时使用视觉或听觉表示形式

使用视觉表示形式	使用听觉表示形式
信息长且复杂	信息简短且简单
信息与空间位置有关	信息与随时间而发生的事件有关
信息随后还会被引用	信息是稍纵即逝的
不需立即被处理 不能使用听觉表示形式（有噪声干扰）或听觉表示形式 无法完整表达所要表达的含义 操作者是位置固定的	需要立刻行动 不能使用视觉模式或视觉表示形式无法完整表达所要表达的含义 操作者一直在移动

（资料来源：改编自 Deatherage，1972）

触摸或者触觉刺激主要在控制设计方面非常有用，在第5章已有详细讨论。味觉只能在非常有限的环境范围内使用，主要用于使药物留下一个"难吃"的味道以及防止孩子们意外吞食。同样气味也是在矿井的通风系统中用来警告矿工紧急情况，或者用在天然气中以警告房主有天然气泄漏。

7.3.3　选择合适的维度

信息可以通过多种维度来编码，要为给定的状况选择一个合适的维度。例如如果需要用到灯，则可以选择亮度、色彩和脉冲的频率作为信息编码的维度。类似地，如果需要用到声音，可以选择如响度、音调和转调作为维度。

7.3.4　限制绝对判断

在一个特定维度的两个刺激之间做出区分的任务取决于相对判断（如果两个刺激可以直接比较）和绝对判断（如果没有直接的比较关系）。在后一种情形中，操作者必须利用工作记忆来完成比较。正如之前讨论的一样，根据 Miller 法则，工作记忆的容量限制在 7 ± 2 个项目以内。因此，一个人根据绝对判断能够识别 5~9 个项目。研究表明这对于多种维度来说都适用：5 个纯音调等级，5 个响度等级，7 个物体大小等级，5 个亮度等级以及最多 12 个色彩等级。而基于相对判断个体通过两两相互比较能够识别高达 300 000 种不同的色彩。如果使用的是多维（如亮度和色彩），则范围可以得到某种程度的提高，但是始终少于可以通过两种编码维度（Sanders and McCormick，1993）的组合（直接产品）来预期的程度。

7.3.5　增加编码的可分辨性

当选择一个编码规范时，考虑到相对判断，显然需要在两种编码或者刺激被区分之前，两者之间有某种最小的区别。这个区别称作刚刚能够看出来的差异（JND，初感差异），并且发现其随着刺激水平变化。例如（见图 7-11），如果一个个体被赋予 10oz 重量的刺激，则 JND 约为 0.2oz。如果重量增至 20oz，则 JND 增至 0.4oz，以此类推。这种关系叫作 Weber 法则，可以表示为

$$k = JND/S$$

式中　k——Weber 分子或斜率；

　　　S——标准刺激。

这个法则的应用在工业环境中相当显著。考虑一个三段调光灯（100W－200W－300W），亮度从 100W 变到 200W 非常引人注意，但是从 200W 变到 300W 却显得没有前者变化大。因此要想让人们注意到高亮度信号发生的变化，那么这个变化需要相当大。虽然 Weber 法则的公式适用于相对阈值，但是 Fechner（1860）将其扩展深入，用来研究用于衡量大范围的感官经验从而形成心理学科的基础的心理刻度。

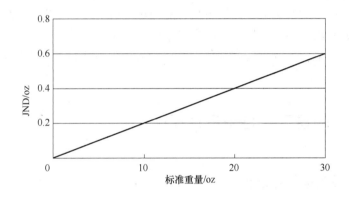

图 7-11　表明 JND 与刺激水平（在该图中为标准重量）间关系的 Weber 法则

7.3.6　编码规范的兼容性

兼容性是指和人的预期一致的刺激和反应之间的关系，从而使得错误减少和反应时间更快。兼容性可以发生在不同的级别：概念上的、位移上的、空间上的和形式上的。概念兼容是指代码对于个体来说在使用的时候其意义如何。红色几乎是全球通用的用于危险或者停止的代码。图示也非常有用，例如门上的一个女性符号表示这是女厕所。位移兼容表明了控制和显示的位移之间的关系，已经在第 5.3 节中讨论。空间兼容代表的是控制和显示的物理位置安排。经典的例子是 Chapanis 和 Lindenbaum（1959）的灶台上旋钮的完美安排（见图 7-12）。形式兼容是指对信号和反应都使用相同的刺激形式。例如口头任务（响应口头命令）最好通过听觉信号和言语响应。空间任务（如移动光标到一个目标上）最好使用视觉显示和手动响应。

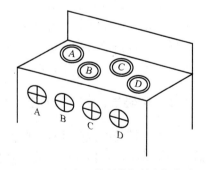

图 7-12　灶台上控制旋钮的空间相容

7.3.7　应对重大情况的冗余

当几个维度以冗余方式组合，刺激或者代码会更加可能被正确地解释并且发生错误的可能性越小。停止标志是一个有三种冗余代码的很好的例子：单词"停止"；全球通用红色；唯一的（在交通标志中）八边形。注意，这些维度都是在视觉特征中。与使用两个属于同一特征的不同维度相比，使用两个特征就会缩短反应时间。因此对于车间因为火警而紧急撤退的情况，使用听觉信号（警报器）和视觉信号（红色的闪灯）会比使用任何单独的特征更加有效。在本章之前讨论过的权衡，其实是潜在可用代码的数目的削减以及可以表达的信息量的削减。

7.3.8　一致性维护

已经被不同的人在不同的状况下开发完成之后，维护编码系统的一致性就变得很重要。否则尤其是在面临压力的情况下，操作者很可能会对之前的习惯产生本能的反应从而发生错误。因此，当新的警报需加入工厂已有的警报系统时，应该沿用已有系统的相关规范，即使旧系统的设计并不是最完美的。例如黄色，经常意味着小心继续，应该对所有的显示都表示相同的意思。

7.4　视觉信息的显示：特殊设计原则

7.4.1　刻度盘固定指针移动的设计

有两种主要的模拟显示设计方法：刻度固定指针移动和指针固定刻度移动（见图 7-13）。第一个设计更受欢迎，因为其遵守了所有主要的兼容性原则（正如在第 5 章讨论的一样）：其值在该刻度上从左到右的增加以及指针顺时针方向（或者从左到右的）移动表明了正在增值。对于指针固定刻度移动，肯定会违背两个兼容性原则中的一个。注意，显示器本身可以是圆形的、半圆形的、垂直的、水平的或者开窗形的。指针固定刻度移动的唯一优点是适用于比例非常大的情形，此时不能全部在固定刻度上显示。在这种情况下，窗口显示的仅仅是一部分，而在窗口的后面可容纳下非常大的比例。注意刻度固定指针移动设计既可以显示非常精细的数量信息，也可以表示读数的一般趋势。同样的显示也可以通过计算机图形或者电子方式来产生，而不需要传统的机械天平。

7.4.2　精确度的数字表达

当需要精确的数值并且这些值相对来说是静态的（至少时间足够长以便能读取到），则需要一个数字显示器或者计数器（见图 7-13）。然而一旦显示在快速改变，就很难使用计数器了。计数器对于识别发展趋势来说也并不好。因此数字计数器作为汽车里程表的一个"高技术"特色来说从来都不算是成功的。表 7-2 中更详细地比较了使用移动指针、移动刻度和计数器的优缺点。

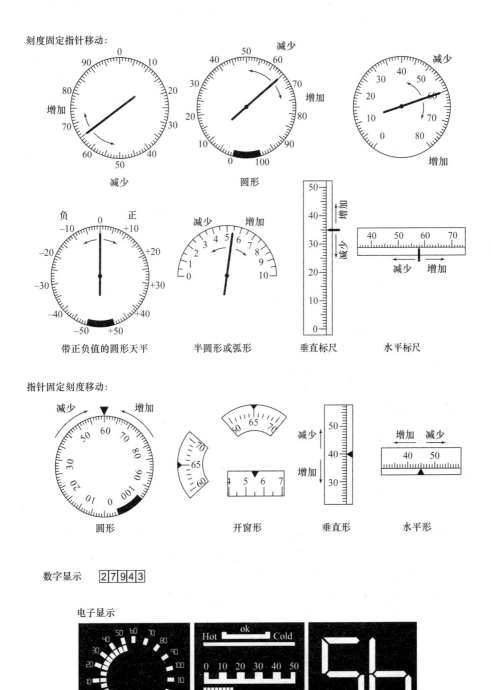

图 7-13　表示定量信息的各种显示类型

表 7-2　指针、刻度和计数器的比较

类　型	提供的服务			
	定量读数	定性读数	设　置	跟　踪
指针	一般	好（很容易识别变化）	好（很容易发现调节钮和指针间的关系）	好（指针的位置能够很容易地控制和监视）
刻度	一般	差（可能难以识别方向和大小）	一般（识别调节钮与移动间的关系可能很困难）	一般（可能与手工控制的移动相混淆）
计数器	好（读数最快且错误最少）	差（位置的变化不一定表示数量的变化）	好（是监视数字设置的精确方法）	差（不容易监控）

7.4.3　显示基本特征

　　图 7-14 表明一些在天平设计中使用的基本特征。这个刻度通过有序的数字来标记，在 0、10、20 等处做主标记，在每个单元内有副标记。在 5、15、25 等处的明确标记可以帮助更好地读数。以 5 作为间隔的级数没有这么好，但是仍然满足要求。指针的尖头刚好触到刻度但是没有重叠。同样，指针应该接近天平的表面以便防止视差和错误读数。

7.4.4　刻度盘面板的模式

　　例如，一个刻度盘面板用来表示一系列发电站的控制室中的压强线或者压强阀的状态。在这种情况下，操作者主要是监督者，

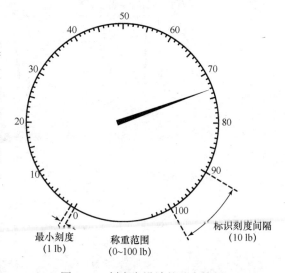

图 7-14　刻度盘设计的基本特征

执行检查读数以确定读数（以及系统的状态）是否正常。虽然实际的刻度盘会显示具体的数值，但是操作者主要是确定是否有刻度盘处于指示正常范围外的情形。因此主要的设计是将正常的状态与刻度盘的指针排在相同的方向，这样任何改变或者不正常的读数会从其他读数中突显出来。这个模式可以通过在刻度盘之间加上延长线的方法来强调（见图 7-15）。

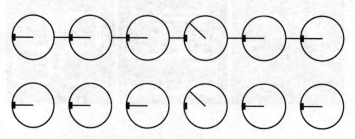

图 7-15　为检查读数而设计的刻度盘布置模式

7.4.5　工人信息负载最小化

人在读取显示信息时发生的错误随着每单位面积信息量的增加而增多，因此一定要根据 Miller 法则来限制刻度盘提供的信息量。合适的信息编码会改善信息的可读性并减少错误。通常，颜色、符号或者几何图形以及字母数字混合编制是最好的编码方式。这并不需要太多的空间，并且信息很容易识别。

7.4.6　使用指示灯以引起工人的注意

指示灯或者警告灯在吸引操作者对潜在危险的注意方面尤其有效。在使用它们时应该加入几个基本的要求。应该给操作者指示什么是错的以及该采取什么行动。在较差的背景和弱的对比条件下，红色（通常代表严重的情况）、绿色和黄色（次严重的情况下）相对白色来说具有优势。一个好的规则是使指示灯的大小（至少 1°的视角）和亮度是其他面板指示器的两倍，以及不要将其放在超过操作者视角 30°的地方。闪光频率在每秒 1～10 下的闪光灯，尤其会吸引注意。一旦操作者采取了行动，闪光应该停止，但是灯会继续亮着直到不利的情况彻底得到解决。在表 7-3 中给出了关于指示灯编码的更多细节。

表 7-3　推荐的指示灯编码方法

直径/mm	状态	颜　色			
		红色	黄色	绿色	白色
12.5	稳定	失败、停止或故障	延迟、检验	电路充电完毕、前进、准备就绪、生产中	可用、就位、正常
≥25	稳定	系统或子系统处于停止状态	小心	系统或子系统处于运行状态	
≥25	闪烁	紧急状态			

7.4.7　用大小合适的字母数字混编字符做刻度盘上的标识

为了用字母、数字、字符最有效地进行编码需要考虑第 6 章推荐的照明级别以及下面的关于字符高度、笔画宽度、宽高比以及字体方面的信息。基于 20 in 的视觉距离，字母或者数字高度应该至少是 0.13 in，笔画宽度至少是 0.02 in，而笔画的宽高比应该是 1：6。这产生了一个首选的 ANSI/HFS100（1988）推荐的 22 角分或者点阵大小为 10，正如报纸上的一样（一个点等于 1/72 in 或者 0.035cm）的视觉角度。对于距离不是 20 in 的情形，其值可以等比例求出（例如对于 40 in 的距离，相关的大小应该加倍）。

以上建议的是白底黑字，对于照明很好的区域（例如通常在窗边或者光线好的工作区域）来说是首选的格式。黑底白字更加适合作为暗色区域（例如夜间条件），并且由于白色字母的扩大效应，其笔画宽度更窄（宽高比为 1：8 至 1：10）。字体指的是字的风格，如罗马字体有衬线或者是在笔画末端的特殊修饰，又如哥特式字体，没有衬线。通常，大小写字母的混合更加易于长期的阅读。然而对于特殊的强调和引起关注的地方，例如在标志中，粗体或者宽高比约为 3：5 的大写字母是非常适用的（Sanders and McCormick，1993）。

7.5 听觉信息的显示：特殊设计原则

7.5.1 警告的听觉信号

如之前讨论的一样，在听觉系统中有一些特殊的性质以保证使用听觉信号来发出警告。对听觉信号的简单反应时间比视觉信号（例如发布起跑命令的发令枪）来说要快得多。听觉信号相比视觉信号来说能将更高的关注需求加在工人身上。正因为听力是全方位的以及声波能穿越障碍物（某种程度上取决于材料的厚度和性质），听觉信号在工人在非固定位置工作并且走动的时候尤其有用。

7.5.2 两阶段听觉信号

因为听觉系统被限制为短而简单的消息，所以当复杂信息需要被表示的时候应该考虑两阶段信号。第一阶段应该是要求关注信号以吸引注意，第二阶段则是用于表示更精确的信息。

7.5.3 人的能力和限制

因为人的听觉在大约在 1000Hz 时最敏感，所以使用听觉信号的频率通常在 500 ~ 3000Hz。增加信号的强度能够达到两个目的：①会增加信号的要求关注质量并减少反应时间；②能够将信号和背景噪声更好地区分。另一方面，应该避免超级别（例如在 100dB 之上），因为这可能会引起震惊，还可能破坏听觉。若可能，则应尽量避免不变信号的使用从而避免对信号的适应。因此，在频率为 1 ~ 3 Hz 内对信号进行调制（也即将信号按照正常的周期开启或者关闭），可以增加对信号的关注。

7.5.4 环境因素

因为声波可以被工作环境分散或者削弱，因此将环境因素考虑进来很重要。当需要长距离（超过 1000ft）传输信号的时候使用信号频率在 1000Hz 以下，因为更高的频率更容易被吸收或者分散。当信号需要绕过障碍物或者穿过隔离物的时候使用频率应低于 500Hz。信号的频率越低，声波越容易在固体中传播，同时被吸收得更少。

7.5.5 将信号从噪声中分离

听觉信号应该尽量从其他声音中分离出来，看看是有用的听觉信号还是不需要的噪声。这意味着所需的信号应该在频率、强度和调制上尽量和其他信号有所不同。如果可能的话，警告应该放在一个独立的通信频道来增加可分离感并且增强警告的关注质量。

以上的设计显示原则，包括听觉的和视觉的，在图 7-16 中的检查表里做了一个总结。如果购买的设备的刻度盘或者其他显示器没有和这些设计指导相对应，则操作者可能会出现错误并且存在潜在损失。如果可能的话，这些问题就应该被纠正或者显示器需要被替换。

一般原则	是	否
1. 绝对判断的数目是否限定在 7 ± 2 项?	☐	☐
2. 信息编码水平间的差异是否大于初感差异?	☐	☐
3. 信息编码方法是否与人的预期相匹配?	☐	☐
4. 信息编码方法与已有的编码方法是否一致?	☐	☐
5. 对关键情况是否使用了信息冗余?	☐	☐

信息的视觉显示	是	否
1. 信息是否长且复杂?	☐	☐
2. 信息是否与空间信息相关?	☐	☐
3. 该信息在之后是否会被引用?	☐	☐
4. 听觉是否过载或有噪声干扰?	☐	☐
5. 操作者是否处于固定位置?	☐	☐
6. 为了一般目的和趋势, 是否使用了刻度固定指针移动的显示方式?	☐	☐
a. 刻度从左到右是否增加?	☐	☐
b. 指针顺时针转动是否与数值增加相对应?	☐	☐
c. 刻度盘上是否有 0、10、20 等主要刻度标识?	☐	☐
d. 刻度盘上是否有 5、15、25 等主要标识和处于各刻度单元的次要标识?	☐	☐
e. 指针是否有一个尖头正好与最小刻度相匹配?	☐	☐
f. 指针是否靠近刻度盘的表面以避免视觉误差?	☐	☐
7. 对于一个很大的刻度范围, 是否提供了开窗形的数字显示?	☐	☐
8. 为了精确读数, 是否使用了数字计数器?	☐	☐
9. 为检查所有刻度盘上的读数, 是否将所有刻度盘的指针进行了对齐且使用了特定的模式?	☐	☐
10. 为了引起注意, 是否使用了指示灯?	☐	☐
a. 指示灯是否闪烁 (1 ~ 10 次/s)?	☐	☐
b. 指示灯是否够大 (1°视角) 且明亮?	☐	☐
c. 在恰当的措施被采取之前指示灯是否一直亮着 (1 ~ 10 次/s)	☐	☐
11. 使用的字母和数字格式合适吗?	☐	☐
a. 至少 20in 内有一个 10 号字吗?	☐	☐
b. 在良好的照明条件下, 使用的是浅底黑字吗?	☐	☐
c. 在光线暗的区域, 使用的是黑底白字吗?	☐	☐
d. 字母的大小写都用到了吗?	☐	☐
e. 使用首字母大写或粗体以示强调了吗?	☐	☐

听觉显示	是	否
1. 信息是否简短且简单?	☐	☐
2. 信息是否与时间序列事件有关?	☐	☐
3. 信息是否为警告或需要马上采取行动?	☐	☐
4. 视觉是否可能过载?	☐	☐
5. 操作者是否在移动?	☐	☐
6. 是否使用了两阶段信号?	☐	☐
7. 信号的频率范围是否为 500 ~ 3000Hz?	☐	☐
8. 信号的声级是否高于背景噪声?	☐	☐
9. 信号是否被调制 (1~3 Hz) 以引起注意?	☐	☐
10. 若信号需要传播且越过 1000ft 的障碍物, 其频率是否低于 500Hz?	☐	☐
11. 若是警告信号, 则该信号是否采用了独立的渠道来传递?	☐	☐

图 7-16 显示设计检查表

7.6 人机交互：硬件方面的考虑

7.6.1 键盘

现在使用的标准计算机键盘是基于 1878 年 C. L. Sholes 申请的专利打字机的按键布局。根据第三行左边的前 6 个键的顺序，称作 QWERTY 键盘，其特性是将最常用的英文字母的其中几个放在最弱的手指负责的区域。一个潜在的解释是使最常用的键相互分离以防止在快速连续的点击过程中产生拥挤。其他更科学的按字母使用频率安排按键布局的方法都已经被开发出来了，其中以 1936 年的 Dvorak 键盘最著名。然而科学研究表明 Dvorak 布局最多只能在 QWERTY 的基础上改进 5%，这表明，若考虑到转换键盘的使用或重新培训成千上万的操作者以适应新的键盘，则这个改进幅度可能并不算大。

在某些特殊的环境中例如速记和邮件分类，chord 键盘可能会更加合适。在标准键盘中单个的字符按顺序输入，然而 chord 键盘却需要同时按下两个或多个键来代表一个字符。基本的权衡是在这样的按键方式下，需要更少的键，并且相比之下，可以输入更多（估计 50% ~ 100%）信息。该键盘也有独特的优点：尺寸小和单手操作，允许另一只手执行其他任务。然而对于一般的用途，标准键盘已经足够并且不需要额外专门训练。

许多键盘有一个独立的数字键区。早期在电话上的研究表明用户更加中意数字从左到右然后从上到下地递增排列，这就产生了电话的标准布局。另一个可选的布局是为计算器开发的，在此数字从下到上增加。大多数研究表明，相比于计算器布局电话的数字布局使人们的使用速度有了很小却又显著的提升，并且更加精确。遗憾的是对于 ANSI/HFS 100 标准（美国人因工程与工效学协会，1988）来说这个差距的大小还是不足以使他们偏向任何一方，而且可能会引起最坏的情况，使得操作者必须在办公环境中轮流使用两种布局（也即计算机键盘旁边放着电话）。

对于任何键盘来说按键应该相对大一点，相邻按键中心之间的水平间距应为 0.71 ~ 0.75 in，垂直间距为 0.71 ~ 0.82 in。现在随着个人计算机的小型化，小键已经变得更加流行，而这却成为大手指的人们的难言之隐，从而引起了一定程度速度的减慢和错误的增加。按键之间的空隙应该在 0.08 ~ 0.16 in，其按键力的大小应该不超过 0.33 1bf（1.5 N）。按键应该同时伴有触觉或者听觉反馈。传统上提倡有一个轻微的向上的倾斜度（0° ~ 15°），然而更加现代的研究表明一个轻微的向下的 10° 的倾斜度实际上可能会更加合适更加有利于手腕姿势。与经常使用单片键盘相比，使用分离的键盘也被证明可以减少尺骨的移位。正如在第 5 章中提到的那样，扶手提供给肩膀/手臂支持并且减少肩膀肌肉的活动，推荐在更加常见的手腕停靠的地方使用，这些地方实际上可能会增加腕骨的压力并且增加操作者的不适感。

7.6.2 指向设备

数据输入的主要设备是键盘。然而随着图形用户界面普及率的进一步提高以及取决于所进行的工作，操作者可能实际上花去不到一半时间来使用键盘，尤其是对于窗口和基于菜单的系统，需要某些类型的光标定位或者定点设备多过键盘。很多种设备已经被开发和测试。触摸屏是在显示屏上覆盖了触觉敏感层，或者是当手指在屏幕上划过的时候来感知屏幕表面红外光束的中断。这个方法对于用户简单直接地在屏幕触摸目标来说是非常自然的。然而，手指可能会使目标模糊，并且即使目标非常大，但其精确性却非常低。光笔是一个通过电缆来和计算机连接的特殊输入工具，用来感知屏幕上特定位置的电子扫描光束。利用光笔，用户有和触摸屏相似的自然的点击反应，而且更加准确。

数字写字板是放在桌面上的平板，也是连接在计算机上的。光笔的移动被写字板感知，此时可以是绝对的（写字板就是屏幕），或者是相对的（仅仅在写字板上的直接移动才能被显示）。更加复杂的是写字板大小和精确度之间的权衡以及最合理的控制-反应率。用户也需要抬头看看屏幕以获得反馈。位移和力量操纵杆（现在称作跟踪杆或者跟踪点）都可以用于控制光标并且要在控制系统的类型、显示的类型、控制-反应率和跟踪性能方面有值得考虑的研究背景。鼠标是一种手控设备，底部有一个滚动球来控制位置并且有一个或者多个按钮来完成其他输入。鼠标是相对位置设备并且需要键盘边的一个干净的空间以便于操作。跟踪球是一个不需鼠标垫的颠倒的鼠标，它是在工作空间受限时的一种选择。最近触摸垫，一种集成到键盘上的电子写字板，变得很受欢迎，尤其对于笔记本计算机来说。

大量的研究对比了这些指向设备，清楚表明了速度与精度权衡，最快的设备（触摸屏和光笔）是非常不准确的。键盘光标键非常慢甚至不可接受。触摸垫相对操纵杆说快一点，但却不是那么受用户的欢迎。鼠标和跟踪球一般说来在速度和精度上的优点都比较相似，并且解释了为何鼠标如此普及。然而现在用户的趋势是使用两到三倍力来握鼠标（使用比所需的最小的力大一倍或者两倍的力），这有导致受伤的潜在风险。拖曳锁定键的使用，和在跟踪球里发现的类似，可能会减小这个风险。关于更加详细的光标定位设备的总结，请参阅相关文献（如：Greenstein and Arnaut，1988；Sanders and McCormick1993）。

7.6.3　显示屏

显示屏的中心应该位于正常水平视线以下 15° 左右的位置。对于 15 in 的显示屏，通常建议 16 in 的观看距离，边界仅稍稍超出推荐的主视觉场的 ±15° 圆锥体。这意味着在这个最佳的圆锥体里面，不需要头部的移动并且使得眼部疲劳最小化。因此屏幕的顶部不应该超出眼睛对应的水平面。

然而 16 in 的观看距离可能并不是最理想的。一个更舒适的观看距离是通过包含字符的大小和个人保持聚焦以及调整眼部的能力的函数来计算的。平均静止聚焦（在黑暗环境或者在没有刺激的情况下通过激光视力计测得）大约为 24 in。这意味着在距离大于或者小于 24 in 的时候眼睛可能会承受更大的压力，因为此后会在刺激的"拉力"和眼睛自身性能之间的折中作用下而回复到个人的静止位置。然而，个人的静止聚焦距离会有很大的变化。因此，面对计算机屏幕时间过长的办公室人员可能会希望测量一下静止聚焦距离。如不能够将显示屏放在合适距离的位置（例如距离过长或者过短），则他们可以戴上特殊的"计算机观看"视镜（Harpster et al.，1989）。

倾斜式的显示器更合适，应该被放在相对垂直的地方使得视线和显示表面的法线之间形成相对较小的角度，但是一定要小于 40°。应该避免将显示屏向上倾斜，因为高处的灯光产生的镜面反应导致的眩目和可视度的减少的可能性会增加。如果需要的话，显示屏应该有最小的闪烁、均匀亮度和眩光控制（偏振滤光片或者微孔滤光片）。更多关于计算机工作站的硬件和设备需求的细节可以在 ANSI/HFS 100 标准上找到（美国人因工程与工效学协会，

1988）。

7.6.4　笔记本计算机

笔记本计算机正在变得越来越流行，到 2000 年大约占美国个人计算机市场的 34%。它们相比台式计算机的主要优点是体积（和重量）的减少和便于携带。然而由于体积更小，它们有明显的缺点：小按键和键盘，键盘与显示屏连在一起，以及光标定位外设的缺乏。屏幕放置缺乏灵活性引起了过多的颈部弯曲（远远超过了推荐的 15°），增加了肩部弯曲并且使得肘部的弯曲度超过 90°，和台式计算机相比这会增加不适感。加一个外部的键盘并且升高笔记本计算机或者增加一个外部的显示器可以帮助缓解这种状况。

更小的笔记本计算机已经被开发出来，称作个人数字助理（PDA）。但是由于其太新而不能对其有性能方面的科学评估。由于其是超小型的，因此提供了更多的便携性和机动性，但是其更大的缺点是数据的输入较为困难。当通过触摸屏输入文本的时候发现其在速度和精度方面的降低。替代的输入方法如手写或者声音输入会更好。

7.7　人机交互：软件方面的考虑

普通的工业或者方法工程师不会自己去开发程序，绝大多数可能是使用多种现存的软件。因此人们应该注意现在软件的特征或者标准，以达到最佳的人机交互状态并且将设计而引发的错误降至最低。

最近的交互式计算机软件利用的是图形用户界面（GUI），通过四个主要的元素来标识：窗口、图标、菜单和指针（有时全称为 WIMP）。窗口是屏幕的区域，凭其本身的权限作为独立的屏幕来工作。它通常包括文本或者图片，并且可以被移动或者放大缩小。一次可以在屏幕上显示多个窗口，允许用户在不同的人或者信息源之间来回切换。这就引起了窗口相互重叠以及重要信息模糊的潜在问题。结果是需要一个布局方针来指明窗口是平铺还是层叠还是图中图（PIP）。通常窗口有个特征可以增加其用途，例如滚动条允许用户将窗口内容上下左右移动。这使得窗口可以作为一个加载在更大的世界上的真实窗口来工作，在此新的信息可以通过操作滚动条进入视线。通常在窗口的顶部有标题栏使得用户可以识别窗口，并且在窗口的右上角有最小化、最大化、关闭按钮。

图标是窗口或者界面内其他实体的微缩显示。使用图标使得很多窗口可以在屏幕上同时可用，以便用指针（通常是鼠标）在图标上单击之后扩展成为一个大小合适的窗口。图标可以节省屏幕空间并且作为包括对话框的提示信息。其他用图标表示的有用的实体包括用来存放删除文件的回收站、应用程序或者用户可用文件。图标可以采用多种形式：使得用户可以很容易解释它们，可以是其象征的物体的真实展现，或者高度程式化，但也要和实体适当相关（也即兼容性）。

指针是 WIMP 的一个很重要的因素，因为选择合适的图标需要快速有效的方法来直接操作。当前鼠标是最常见的定点设备，虽然操纵杆和跟踪球也可以算是有用的备选设备。触摸屏，将手指作为指针，也可以作为快速的备选设备甚至是在紧急情况冗余的备选/安全方案。不同形状的光标经常用于区别不同的指针模式，例如简单指示是箭头、画线时是十字交叉线、填充轮廓图形的时候是画笔。指示光标是基本的图标或图像，因此应该有表示活动指示位置的热点。对于箭头，其顶端就显然是热点。然而应避免采用矫揉造作的图像（例如狗和猫），因为其没有明显的热点。

菜单代表的是一个用户可使用的操作、服务或者信息的有序列表。这意味着菜单中的命令使用的名字应该有意义并且能提供信息。定点设备用于指示所需的选项，这些可能的或者合理的选项被高亮表示，不可能或者不合理的操作则被暗化。选择经常需要用户的一个附加动作，通常是单击鼠标键或者用手指或者指针触碰屏幕。当可能的菜单的数目增加超过了合理的限制（通常是 7 ~ 10 个），则这些项需要分组或以下拉菜单的形式表示。为了方便找到需要的项，按功能或相似性分组很重要。在一个给定的窗口或者菜单里，各命令应该按照重要性和使用频率来排序。相反的操作如保存和删除，应该明显地加以分离以便防止错选。

其他的类似菜单的特征包括：①按钮，即显示屏上的一个独立的图中图，用户可以选择其来调用特殊活动；②工具条，即按钮或者图标的集合；③弹出或对话框，用来提供重要信息以吸引用户注意可能的错误、问题或者紧急情况。

其他屏幕设计的原则包括：使用简单有序；显示效果清楚、不混乱；类似功能或信息的位置在各屏幕间应该保持一致。对眼睛跟踪的研究表明，用户的眼睛通常先移到物体的左上方然后顺时针方向快速地移动。因此，一个明显的起点应该被定位于屏幕的左上角，允许标准的从左到右从上到下的阅读方式。显示界面的构成应平衡、整齐、顺畅、按比例和有顺序，从而在视觉上令人愉悦。密度和分组同样也是显示界面重要的特色。

大写字母和混合字体的适当使用也很重要，其中插入必要的特殊符号。任何文本都应该简洁明了，选取人们熟悉的词和用最少的行动术语。简单的行动术语表达应用在肯定模式语句中相比在否定语句或者标准的军事行话中更加有效。色彩非常适合用于吸引注意力，但是应该要保守地使用并且不要超过八种颜色。不要忘记有很多人患有色彩视觉方面的疾病。

用户应该总是感觉一切都在控制下并且有能力退出屏幕或者模块并且撤销之前的操作。对任何动作都应该有反馈，任何长的操作流程都应该有指示文件或说明。毕竟，在任何显示中的主要考虑应该是简单，设计越简单用户反应就越快。更多关于软件界面设计的信息可以在相关文献（Mayhew，1992；Galtitz，1993；Dix et al.，1998）中找到。为方便软件的购买者和用户，以上的所需特征都已经被总结在图形用户界面特征清单（见图 7-17）中。

窗口的特征	是	否
1. 软件是否使用了窗口？	□	□
2. 是否有窗口排列的原则如平铺、层叠或图中图？	□	□
3. 是否有滚动条以方便浏览窗口中的内容？	□	□
4. 是否有特定含义的窗口标题以标识窗口？	□	□
5. 窗口中是否有最大化、最小化和关闭按钮？	□	□
图标的特征	是	否
1. 是否为最小化后的、经常使用的窗口提供了图标？	□	□
2. 图标是否容易理解或是否反映了给定特征的真实情形？	□	□

图 7-17　图形用户界面特征清单

指针的特征　　　　　　　　　　　　　　　　　　　　　　　　　　　是　　否

1. 是否提供了指针，例如鼠标、控制杆和触摸屏以移动图标？　　　　　　□　　□
2. 是否有明显的激活区域或热点以使指针或游标很容易识别？　　　　　　□　　□

菜单的特征　　　　　　　　　　　　　　　　　　　　　　　　　　　是　　否

1. 是否提供了标题描述明确的菜单列表？　　　　　　　　　　　　　　　□　　□
2. 菜单选项是否根据功能进行了分组？　　　　　　　　　　　　　　　　□　　□
3. 菜单选项是否限定在 7～10 个的合理范围？　　　　　　　　　　　　　□　　□
4. 是否为特定的常用活动提供了按钮？　　　　　　　　　　　　　　　　□　　□
5. 是否使用了汇集一组按钮或图标的工具条？　　　　　　　　　　　　　□　　□
6. 是否使用了对话框以提醒用户可能的问题？　　　　　　　　　　　　　□　　□

其他可用性方面的考虑　　　　　　　　　　　　　　　　　　　　　　是　　否

1. 屏幕的设计是否简单、有序且不拥挤？　　　　　　　　　　　　　　　□　　□
2. 屏幕与屏幕之间相似功能的布局是否协调一致？　　　　　　　　　　　□　　□
3. 屏幕的活动起点是否在左上角？　　　　　　　　　　　　　　　　　　□　　□
4. 屏幕活动是否从左至右且自上而下？　　　　　　　　　　　　　　　　□　　□
5. 使用的文字是否简捷、准确且使用了大小写字体？　　　　　　　　　　□　　□
6. 是否谨慎地使用了最多不超过八种颜色以引起注意？　　　　　　　　　□　　□
7. 用户是否可以控制已有屏幕且可以取消操作？是否为操作提供了反馈？　□　　□

图 7-17　图形用户界面特征清单（续）

本 章 小 结

　　本章介绍了人作为信息处理器的概念模型以及这个系统的容量和限制。给出了正确设计认知工作的特殊细节，使得人在接收听觉和视觉信息、存储在不同记忆中的信息以及被最后的决策和反应选择所处理的部分信息负载不会过重。同样，由于计算机是和信息处理紧密相关的常用工具，因此也讨论了关于计算机工作站的问题和设计特点。手动的工作活动、工作场所和工具、工作环境等内容已经在第 4，5 和 6 章探讨过，认知元素是关于工作中的操作员的最后因素，讨论了这些因素后，分析人员就做好了实施新方法的准备。

思 考 题

　　1. 如何量化一个任务的信息量？

　　2. 什么是冗余？请举一个每天都在发生的冗余的例子。

　　3. 解释人的信息处理模型的四个阶段。

　　4. 信息处理阶段可以采用哪些举措来防止操作者的信息过载？

　　5. 信号检测理论所解释的四个可能输出是什么？

　　6. 请举例说明信号检测理论如何应用在一个任务上。标准值的改变会对任务的绩效产生什么影响？

　　7. 信号检测系统的敏感性是什么意思？在检查任务中什么技术可以用于增加敏感度？

　　8. 什么技术可以用于改进记忆？

　　9. 会对人的决策产生负面影响的偏差有哪些？

　　10. 什么是兼容性？请举两个每天都发生的兼容性的例子。

11. 请比较和对照不同的注意力。

12. 什么是注意力中的倒 U 形曲线？

13. 听觉显示在什么情况下使用最佳？

14. 绝对判断和相对判断之间的差别是什么？对绝对判断有什么限制？

15. 什么是初感差异？它如何与刺激的等级关联？

16. 重大情况为何要利用冗余？

17. 为何刻度固定指针移动的显示是首选的？

18. 在控制室里对刻度盘集中使用模式的目的是什么？

19. 在视觉显示中使用什么关键特色来增加关注？

20. 在听觉显示中使用什么关键特色来增加关注？

21. 在各种定点设备之间的权衡是什么？

22. 一个好的图形用户界面的主要组件是什么？

计 算 题

1. a. 在一个有 8 个信号灯的集合中，如果每个信号灯都有相同的出现概率，则其信息量是多少？

b. 灯出现的概率如下，计算这个结构中的信息量和冗余。

刺激	1	2	3	4	5	6	7	8
概率	0.08	0.25	0.12	0.08	0.08	0.05	0.12	0.22

2. 某州立大学使用"三数字"邮件站对校园里的邮件进行编码分类。将邮件分类的初始步骤是根据第一个数字（有 10 种可能）来分类，表示一般的校园区域。这一步是通过按下对应的数字按键来完成的，这样相应的邮件就落到了对应的邮件柜中。通常一个邮件分类者可以每分钟分类 60 封信件并且包括认知处理在内只要 0.3s 的时间来按下键。

a. 假设邮件是在校园区域内平均分布的，则邮件分类员的带宽是多少？

b. 不久分类员注意到校园邮件服从下列分布，如果邮件分类员使用这个信息，则分类员每分钟可能应该处理多少封邮件？

区　　域	分布（%）	区　　域	分布（%）
0	25	2	25
1	15	3～9	5

3. Bob 和 Bill 是天气预报员。Bob 是一个有经验的预报员，而 Bill 则刚刚从学校毕业。以下是两个预报员预测未来的 24h 之内是否有降雨的记录（预测的次数）。

a. 应该雇用哪个预报员？为什么？

b. 谁是更加保守的预报员？为什么？

c. 一个保守的预报员相对一个激进的预报员来说对不同的地理区域有何裨益？

Bob 说	真实结果	
	有　降　雨	无　降　雨
有降雨	268	56
无降雨	320	5318

Bill 说	真实结果	
	有　降　雨	无　降　雨
有降雨	100	138
无降雨	21	349

4. Dorben 电子公司是一家电阻制造商，在潜在质量控制检查员被雇用之前要对其进行筛选。Dorben 已经开发了以下雇用前的测试方法。给每个应聘者同样的 1000 个电阻，其中 500 个是次品。两个应聘者的结果如下：①500 个好的电阻中，应聘者 1 发现 100 个次品，而在 500 个坏电阻中，应聘者 1 发现了 200 个次品；②在 500 个好的电阻中，应聘者 2 发现了 50 个次品，而在 500 个坏电阻中，应聘者 2 发现了 300 个次品。

a. 将一个次品电阻挑选出来视为击中。请填写下表。

	应聘者 1	应聘者 2
击中率		
误报率		
漏报率		
正确拒绝率		
d'		

b. 假如 Dorden 非常强调质量控制（也即无论如何都不希望卖出一个次品），哪个应聘者会更好完成这个目标？为什么？

c. 假设 Dorden 希望雇用的是最有效率的检查员（也即是最正确的），那这个公司应该聘请哪个应聘者？

5. 以下的绩效数据是在两个检查员（JRS 和 ABD）从生产线上移除次品的相似状况下搜集起来的。两个检查员的相对绩效评论如下，哪个能更好地找到次品？如果销售次品的成本很高的话，应该雇用哪个？哪个检查员的总工作做得更好？（提示，考虑 d'）

		情况 1	情况 2			情况 1	情况 2
JRS	击中率	0.81	0.41	ABD	击中率	0.84	0.55
	误报率	0.21	0.15		误报率	0.44	0.31

6. 以下的反应-时间数据是通过 Farmer Brown 和儿子 Big John 在使用右脚操作拖拉机来控制离合器踏板、制动踏板和加速踏板的时候获得的。脚一般放在休息的位置。以下表示的是踏板的位置和大小以及从休息位置来激活一定的控制的反应时间样本。

a. 每个踏板的难度指数是多少？

b. 将反应时间描点作图。应该使用什么法则来解释反应时间和激活一定的控制的难度之间的关系？

c. 什么是 Farmer Brown 的简单反应时间？

d. Big John 的"带宽"是多少？

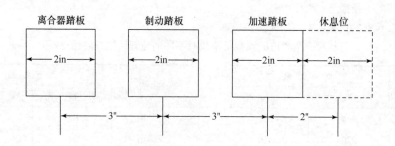

	加速踏板	制动踏板	离合器踏板
Farmer Brown	300ms	432ms	510ms
Big John	270ms	428ms	480ms

e. 哪个是更好的拖拉机操作者？为什么？

7. 忽略数字0，则哪个键盘在使用一个手指输入数字时是最快的？假设中心位置是数字5。（提示：计算复杂度系数）

8. 钢琴家必须经常快速连续地点击琴键。以下的图显示了通常的钢琴键。

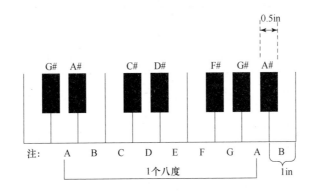

a. 比较点击 C、C#、F、和 F#的难度指数，假设是从 A 键开始并且间距是按键中心之间的距离。

b. 如果从 A 键开始，则要花 200ms 来点击 C 键，花 500ms 来点击 F 键，则普通钢琴家的带宽是多少？

9. 以下显示的有数字和指示箭头的按钮是在冰箱上用来控制温度的。在顺时针方向还是在逆时针方向调整旋钮会使冰箱制冷？为什么？如何改善控制来避免混淆？

10. 以下显示的刻度盘代表的是一个压力计，可操作范围是50psi。操作者读数必须精确到1psi。评价该刻度盘，说明其设计不足之处。然后按照推荐的设计经验来重新设计刻度盘。

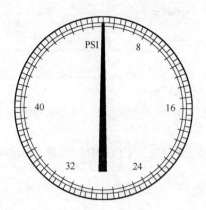

11. 以下表示的刻度盘用来衡量重量，最大可能的重量是 2lb，并且刻度读数精确到 0.1lb。评价该刻度盘，说明其设计不足之处，然后按照推荐的设计经验来重新设计刻度盘。

12. 为一个公共礼堂设计一个出口（EXIT）标志。解释设计这个标志需要考虑的人因学原则。

13. 由于 West Virginia 的 New River Valley 的洪水，你被雇用去设计一个预警系统，当河水的水位迅速变高时，该系统开始工作。假设如下：

a. 预警信息要快，保证居民有充足的时间离开房子赶往高地。

b. 居民一直在房屋内或者其他建筑中，尤其是当洪水在夜晚发生时。

c. 许多居民是听力不足的老年人。

那么你会采用何种感觉刺激形式？蕴藏在设计中的人因工程学原理是什么？提出一个最终的解决方案。

14. 美国空军尝试雇用最好的游戏玩家去操纵一个捕食者（无人机）控制系统，他们在决定是雇用 John Doe 专业军士还是 S. Joe Brown 中士，他们在一个模拟的按键任务（按 Start 键之后尽可能快地去按 A 键或 B 键）的表现如下：

应聘者	按键 A/ms	按键 B/ms
John Doe 专业军士	450	800
Joe Brown 中士	500	950

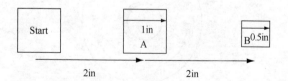

a. 按 A 键和 B 键的信息量是多少？

b. 每个人的反应时间和带宽是多少？谁将是该系统的最佳控制者？

15. JB 是 ACME 电气产品公司的检查员，她是一个好的检查员吗？定量地解释你的判断，她的 d' 是多少？

JB 说	产品	
	好	坏
好	20	1
坏	30	19

参 考 文 献

ANSI (American National Standards Institute). *ANSI Standard for Human Factors Engineering of Visual Display Terminal Workstations*. ANSI/HFS 100-1988. Santa Monica, CA: Human Factors Society, 1988.

Bishu, R. R., and C. G. Drury. "Information Processing in Assembly Tasks—A Case Study." *Applied Ergonomics*, 19 (1988), pp. 90–98.

Chapanis, A., and L. Lindenbaum. "A Reaction Time Study of Four Control-Display Linkages." *Human Factors*, 1 (1959), pp. 1–7.

Deatherage, B. H. "Auditory and Other Sensory Forms of Information Presentation." In H. P. Van Cott and R. Kinkade (Eds.), *Human Engineering Guide to Equipment Design*. Washington, DC: Government Printing Office, 1972.

Dix, A., J. Finlay, G. Abowd, and R. Beale. *Human-Computer Interaction*. 2d ed. London: Prentice-Hall, 1998.

Drury, C. "Improving Inspection Performance." In *Handbook of Industrial Engineering*. Ed. G. Salvendy. New York: John Wiley & Sons, 1982.

Drury, C. G., and J. L. Addison. "An Industrial Study on the Effects of Feedback and Fault Density on Inspection Performance." *Ergonomics*, 16 (1973), pp. 159–169.

Eggemeier, F. T. "Properties of Workload Assessment Techniques." In *Human Mental Workload*. Eds. P. Hancock and N. Meshkati. Amsterdam: North-Holland, 1988.

Fechner, G. *Elements of Psychophysics*. New York: Holt, Rinehart and Winston, 1860.

Fitts, P. "The Information Capacity of the Human Motor System in Controlling the Amplitude of Movement." *Journal of Experimental Psychology*, 47 (1954), pp. 381–391.

Galitz, W. O. *User-Interface Screen Design*. New York: John Wiley & Sons, 1993.

Giambra, L., and R. Quilter. "A Two-Term Exponential Description of the Time Course of Sustained Attention." *Human Factors*, 29 (1987), pp. 635–644.

Green, D., and J. Swets. *Signal Detection Theory and Psychophysics*. Los Altos, CA: Peninsula Publishing, 1988.

Greenstein, J. S., and L. Y. Arnaut. "Input Devices." In *Handbook of Human-Computer Interaction*. Ed. M. Helander. Amsterdam: Elsevier/North-Holland, 1988.

Harpster, J .L., A. Freivalds, G. Shulman, and H. Leibowitz. "Visual Performance on CRT Screens and Hard-Copy Displays." *Human Factors*, 31 (1989), pp. 247–257.

Helander, J. G., T. K. Landauer, and P. V. Prabhu, (Eds.). *Handbook of Human-Computer Interaction,* 2d ed. Amsterdam: Elsevier, 1997.

Hick, W. E. "On the Rate of Gain of Information." *Quarterly Journal of Experimental Psychology*, 4 (1952), pp. 11–26.

Human Factors Society. *American National Standard for Human Factors Engineering of Visual Display Terminal Workstations, ANSI/HFS 100-1988*. Santa Monica, CA: Human Factors Society, 1988.

Hyman, R. "Stimulus Information as a Determinant of Reaction Time." *Journal of Experimental Psychology*, 45 (1953), pp. 423–432.

Langolf, G., D. Chaffin, and J. Foulke. "An Investigation of Fitts' Law Using a Wide Range of Movement Amplitudes." *Journal of Motor Behavior*, 8, no. 2 (June 1976), pp. 113–128.

Mayhew, D. J. *Principles and Guidelines in Software User Interface Design*. Englewood Cliffs, NJ: Prentice-Hall, 1992.

Miller, G. "The Magical Number Seven, Plus or Minus Two: Some Limits on Our Capacity for Processing Information." *Psychological Review*, 63 (1956), pp. 81–97.

Sanders, M. S., and E. J. McCormick. *Human Factors in Engineering and Design*. 7th ed. New York: McGraw-Hill, 1993.

Stroop, J. R. "Studies of Interference in Serial Verbal Reactions." *Journal of Experimental Psychology*, 18 (1935), pp. 643–662.

Wickens, C. *Engineering Psychology and Human Performance*. Columbus, OH: Merrill, 1984.

Wickens, C. D. "Processing Resources in Attention." In *Varieties of Attention*. Eds. R. Parasuraman and R. Davies. New York: Academic Press, 1984.

Wickens, C. D., S. E. Gordon, and Y. Liu. *An Introduction to Human Factors Engineering*. New York: Longman, 1997.

Yerkes, R. M., and J. D. Dodson. "The Relation of Strength of Stimulus to Rapidity of Habit Formation." *Journal of Comparative Neurological Psychology*, 18 (1908), pp. 459–482.

可 选 软 件

DesignTools (可从 McGraw-Hill text 网站 www.mhhe.com/niebels-freivalds 获取). New York: McGraw-Hill, 2002.

相 关 网 站

Examples of bad ergonomic design—http://www.baddesigns.com/

| 第 8 章 |

工作场所与系统安全

本章要点

- 事故源于多因素引发的事件序列。
- 运用工作安全分析检查事故。
- 运用故障树分析法细化事故序列或系统故障。
- 通过备用措施提高系统可靠性及组件可靠性。
- 运用成本效益分析法权衡各纠正措施。
- 熟悉 OSHA 安全要求。
- 通过以下方法控制危害：

  如可能，完全消除。

  限制量级。

  运用隔离、屏蔽、连锁控制等方法。

  设计故障安全装置和系统。

  通过提高可靠性、安全因素与监控来减少故障。

工作场所安全是第 7 章提到的为操作者提供良好、安全、舒适工作环境的一个延伸概念。其首要目标不是通过更高效的工作条件去提高产量或提升员工士气，而是有针对性地减少可能导致伤亡或财产损失的事故数量。一般来说，雇主首要考虑的是遵守现行国家和地区的安全规章制度，并避免监管者（如 OSHA）进行安全检查后可能收到的传票、罚款或其他处罚。然而，近来施行安全措施的更大动力来源于逐渐增长的医疗费用。因此，为降低综合成本应执行全面安全计划。本章将对 OSHA 安全法律法规与工伤赔偿相关要点进行介绍，并阐释事故预防和危害控制的一般理论。但本章对消除具体危害不做详述，此类具体问题诸多经典教材已有说明（Asfahl，2004；Banerjee，2003；Goetsch，2005；Hammer and Price，2001；National Safety Council，2000），同时，这些专著均对安全管理组织与相应规程的设置与维护进行了介绍。

8.1 事故致因基本原理

事故预防是一种以减少或避免事故发生为目的，对人员、物料、工具与设备、工作场所进行控制的短期战术性手段，它有别于针对上述活动而开展的规划、教育、培训等相对较长期的战略性安全管理方法。较理想的事故预防过程（见图 8-1）应是十分有序的，这与第 2 章中介绍的工程项目的方法类似。

事故预防过程的第一步是要对问题进行清晰和逻辑化的辨识。一旦问题明确，安全工程师则需进行数据采集与分析工作以便理解事故的成因并识别可能的纠正措施去预防此类问题的发生，如不能完全对其进行预防，至少应降低事故的影响或严重程度。多数情况下，问题的解决方案会有多种，安全工程师需选择其中一种执行，并进行监控以确保其真实有效。如无效，工程师应再次重复上述过程并尝试另一

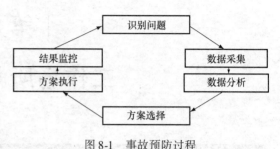

图 8-1　事故预防过程

（资料来源：Heinrich，Petersen，and Roos，1980）

可能更好的方案，有效形成监控反馈的闭合回路并保证事故预防的持续改进过程。

8.1.1　多米诺骨牌理论

在问题的辨识中，充分理解事故致因理论与事故发生发展的序列步骤是十分重要的。多米诺骨牌理论由 Heinrich、Petersen 和 Roos（1980）在 20 世纪 20 年代的一系列定理的基础上提出并将其完善发展（见图 8-2）：

（1）工伤（损失或损害）源于事故，而事故则与某种能量源或能量的释放密切相关。

（2）事故的直接致因有：

1）人的不安全行为。

2）不良环境。

（3）产生直接致因的更基本原因有：

1）个人因素导致的不安全行为，例如知识、技能的欠缺或只是无动因、不细心等。

2）职业因素导致的不良环境，例如不完备的作业标准、磨损、自然环境或缺乏维护引发的恶劣工作条件等。

（4）过程控制或合理管理的全面缺乏也是事故的基本致因。

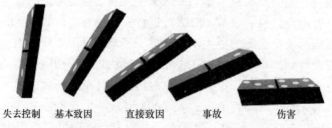

失去控制　　基本致因　　　直接致因　　　事故　　　伤害

图 8-2　多米诺骨牌理论的事故序列

（资料来源：Heinrich，Petersen，and Roos，1980）

序列中第一块骨牌的本质是未能切实执行或缺乏安全计划，其中应包括事故致因要素的正确识别和作业活动的准确测度，并建立相应标准，对作业人员的工作表现进行评测，进而纠正其作业活动。

Heinrich、Petersen 和 Roos（1980）进一步假设，伤害是此前发生一系列事件的自然后

果，类似多米诺骨牌倒下的连锁反应。那么如何采取积极主动的预防措施？可以简单地移出一个前面的骨牌，从而防止其余骨牌的倒下并阻断伤害前的序列。这几位学者还强调，要尽可能地尝试移除上游序列中的骨牌（事件），即越早地采取纠偏手段越能够更好地从事故发生根源的角度去解决问题。如果只在防止伤害方面投入努力，类似财产损失或人身伤亡事故仍有可能在未来发生。

Heinrich、Petersen 和 Roos（1980）此后不断完善多米诺骨牌理论，同时也强调多重致因的概念，即每一个事故或伤害的背后可能有许多因素、原因和条件，它们以随机的方式组合，这样就很难识别主要的致因是哪种因素或条件。因此，与其试图找出一个主要原因，不如尽量识别并控制尽可能多的原因，以便在控制或预防事故序列方面取得最大的总体效果。他们提出 88% 的事故与人的各种不安全行为有关，例如①玩闹；②设备操作不当；③醉酒或药物影响；④故意否定安全装置；⑤清洁或移除固件前不停机等。10% 的事故则是由于不安全环境引起的（其余 2% 的事故致因为一些无法预防的事件）：①防护装置不足；②工具或设备的缺陷；③机械与工作场所设计不良；④照明不足；⑤通风不足等。

图 8-3 揭示了在多米诺骨牌序列中采取的各种纠正措施的效果，以及由一台磨床的火花点燃某溶剂产生的烟雾并引起爆炸和火灾，从而导致操作者烧伤的多事故致因情景。在这一事故中，操作者烧伤定义为伤害，导致受伤的事故则是爆炸和火灾。如果让操作者穿上防火服则可阻断该事故序列的发生，但如果事故仍不可避免，则可降低伤害的严重程度。显然，这不是最好的控制方法，因为火灾还会发生并产生财产损失等其他后果。向前来到前一个多米诺骨牌，起火是由磨床的火花点燃磨削区的挥发性气体引起的。在这个阶段可以通过使用火花消除器或通过更好的通风来降低烟雾的浓度来终止序列。如火花消除器未能清除所有火花，以及在限电条件下通风设备停止或低速运行的情况下，这仍然是一个高风险的控制措施。再向前移动，更基本的原因可能包括两种不同的因素（注意多重因果关系）：①有挥发性溶剂；②砂轮在加工过程中产生火花的事实。如使用不易挥发的溶剂，或者安装一种由其他材料制成的硬度较低的砂轮，则不易产生火花，则事故序列可以在此终止。同样，这些可能不是最有效的控制措施，因为在极热的天气条件下，即使较稳定的溶剂也有可能蒸发，而火花也有可能在加工硬度较高的工件时产生。此外，它们还可能产生其他负面影响，例如硬

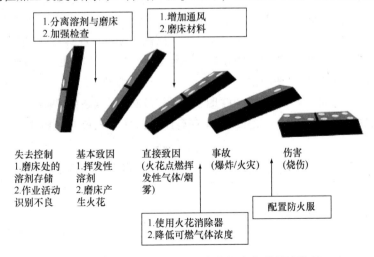

图 8-3　磨床火花引发火灾事故的多米诺骨牌序列

度较低的砂轮对加工具有粗糙边缘的工件的效果较差。对于最后一个多米诺骨牌，缺乏控制可能有很多因素：作业活动识别不良，允许在磨削区使用溶剂，在工作区域储存溶剂，安全检查欠缺，操作者的安全意识不强，等等。在这个阶段，简单地分离危险元素，即从磨削区中除去溶剂是最简单、最经济、最有效的解决方案。

虽然严格来说，Heinrich、Petersen 和 Roos（1980）的事故比三角形（Accident - ratio Triangle）为分析主要伤害确立了依据，但它并不是一个事故致因模型，它强调了对事故进程序列进行倒推的必要性。对于每一个在三角形顶端的主要伤害，在其下方，极有可能有至少 29 次的次要伤害，300 次无伤害事故，并以成百上千难以预估次数的不安全行为作为事故三角形的底部。因此，与其被动地只聚焦于主要伤害或者次要伤害，对于安全工程师来说更有意义的是前瞻性地、追本溯源地分析那些无伤害事故以及导致事故的不安全行为，为减少潜在的伤害和财产损失创造良机，并形成一套更为有效的总损失控制程序。这个事故比三角形在 1985 年由 Bird 和 Germain 进行了修正，包括财产损失及三角形数据的修正（见图 8-4），但基本原理保持不变。

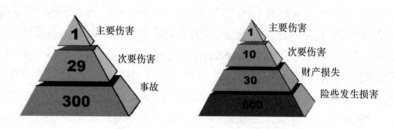

图 8-4　Heinrich 事故比三角形和 Bird and Germain（1985）事故比三角形
(资料来源：Heinrich, Petersen, and Roos, 1980)

8.1.2　基于行为的安全模型

很多事故致因模型都侧重于人的行为方面。这是建立在早期 Hill（1949）的危机研究基础上的，随后 Holmes 和 Rahe（1967）对危机进行了量化或采用情境因子对生活变化单元（Life Change Unit，LCU）进行分析（见表 8-1）。该理论的基本前提是情境因子能够反映人们应对工作（或日常生活）中的压力的水平，体现当压力增加时更容易遭受意外的情况。研究结果发现，LCU 在 150～199 的个人，37% 在两年内曾患病；当 LCU 增加到 200～299 时，51% 的人曾患病；而当 LCU 超过 300 时，患病人数比例则达到 79%。该理论可有助于清楚地解释个人易发事故/意外的原因，并让存有压力的作业人员避免困难或危险的任务。

表 8-1　LCU 量表

排　序	生活事件	平　均　值
1	配偶死亡	100
2	离婚	73
3	夫妻分居	65
4	坐牢	63

（续）

排　　序	生 活 事 件	平　均　值
5	亲密家庭成员过世	63
6	个人受伤或患病	53
7	结婚	50
8	被解雇	47
9	复婚	45
10	退休	45
11	家庭成员健康变化	44
12	妊娠	40
13	性功能障碍	39
14	增加新的家庭成员	39
15	业务调整	39
16	经济状况的变化	38
17	好友过世	37
18	改行	36
19	夫妻争吵加剧	35
20	中等负债	31
21	丧失抵押品赎回权或未能按期还贷	30
22	工作职责的变化	29
23	子女离家	29
24	姻亲纠纷	29
25	个人取得显著成就	28
26	配偶参加或停止工作	26
27	入学或毕业	26
28	生活条件变化	25
29	个人习惯的改变	24
30	与上级有矛盾	23
31	工作时间、条件的变化	20
32	迁居	20
33	转学	20
34	消遣娱乐的变化	19
35	宗教活动的变化	19
36	社会活动的变化	18
37	少量负债	17
38	睡眠习惯的改变	16
39	生活在一起的家庭人数变化	15
40	饮食习惯的变化	15
41	休假	13
42	圣诞节	12
43	小的违法行为	11

（资料来源：Heinrich、Petersen，and Roos，1980）

Heinrich、Petersen 和 Roos（1980）提出了另一种基于行为的事故致因模型，动机-报酬-满意度模型（Motivation-Reward-Satisfaction Model）。它扩展了 Skinner（1947）提出的对符合组织目标的行为进行正强化的理论。在安全方面，作业人员绩效取决于该人员的工作动机以及其完成工作的能力。如图 8-5 所示，在主要的正反馈循环中，作业人员更好的工作表现将得到更多的报酬，更多的作业人员满意就能更好地激发作业人员的工作动机。这种积极的反馈，不仅可以应用于安全绩效分析，也可用于提高生产率（第 17 章讨论的薪酬激励系统的基础）。

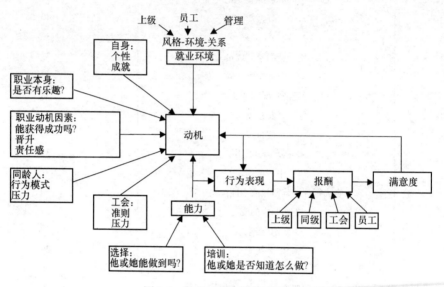

图 8-5　动机-报酬-满意度模型

（资料来源：Heinrich，Petersen，and Roos，1980）

当前在基于行为的安全培训中普遍灵活应用的则是 ABC 模型。该模型的核心是作业人员行为（B 部分），或者是在事故序列中作业人员参与的部分。C 部分则是作业人员的行为后果，或该行为之后导致潜在事故或伤害的事件。A 部分则是前因（有时称作催化剂）或在行为发生前的某些事件。模型的应用类似一种反作用的过程，安全工程师试图纠正不良后果，并确定哪些行为和前因将导致这些后果。例如，有这样一种行为，一名操作员试图跨过一条传送带进而走捷径。前因是操作员为了避免午餐时间的拥堵想在第一时间到达餐厅，这样的后果通常是积极的，操作员可能有更多的时间用餐，但这一特例也存在负面问题，那就是操作员有可能绊倒在传送带上。那么，改变这种行为的方法可以是警示跨越传送带的危险以及对此违规行为进行处罚。然而这种被动的方法将主要依靠强制执行的方式，即改变前因来促使安全行为的产生，但是多数情况下这种强制性的方法并不能使操作员一直保持安全正确的行为，尤其是在该方法是在被动触发执行的情况下。更好的方法是以正面的后果为引导来运用动机-报酬-满意度模型。比如通过错开午休时间使得所有员工都能享受一个轻松、从容的午休。同样重要的是要认识到，最有效的前因与最有效且正面即时的后果密切相关。

一般来说，基于行为的方法作为一种事故预防手段是非常普遍和有效的，尤其是考虑到大多数（最多88%）的事故是由部分作业人员的不安全操作和行为引发的。但是这种方法单纯只关注人的因素，而忽略了物理性危险。因此，还应建立确保工作场所安全的机制和程序。最后，应注意的是这些程序不应偏离促进安全水平提高这一根本目的。

例如，某制造企业实施了一项面向生产工人安全激励的加强方案：如某一部门的所有员工实现特定安全目标，例如一个月内无伤害记录，那么企业将向该部门员工提供一次免费午餐。如果这一记录延长到六个月，将为员工安排当地受欢迎餐馆的一次牛排晚宴；如果无伤害记录时长达到一年，则员工能收到200美元的礼券。当然，如果产生伤害记录，则必须从头开始。但是，也可能会出现这样的情况，一旦获利高涨，工友或同事将极力鼓励受伤害的员工不向工厂的医护人员汇报，而这将与初始的安全目标相违背。

8.2 事故预防过程

8.2.1 识别问题

在识别问题的过程中，很多定量探索工具（如帕累托分析、鱼骨图、甘特图、工作现场分析指南）同样可用于事故预防过程的第一步。另一个工具是卡方分析，可以有效识别是否一个部门比另一部门存在更高风险。这种分析法是基于比较理论频数和实际频数的吻合程度或拟合优度问题。在实际应用中，它可用于分析伤害数（或事故数、金额等）的观测值与期望值的差异：

$$\chi^2 = \sum_i^m (E_i - O_i)^2 / E_i$$

式中　E_i——区域 i 的期望值，$E_i = H_i O_\mathrm{T} / H_\mathrm{T}$；

　　　O_i——区域 i 的观测值；

　　　O_T——观测值的和；

　　　H_i——区域 i 的工作小时数；

　　　H_T——总工作时长；

　　　m——区域数。

如果得出的 χ^2 大于 $\chi^2_{\alpha, m-1}$（χ^2 临界值误差水平为 α，自由度 $m-1$），那么，伤害的期望值和观测值之间存在显著差异。例 8-1 是卡方分析在安全方面的应用，更多详细的统计步骤可参见 Devore（2003）。

> **例 8-1　伤害数据的卡方分析**
>
> 　　Dorben 公司有三个主要生产部门：加工、装配和包装运输。公司关注在加工过程中的高伤害率，并想了解这是否与其他部门有很大的偏差。基于暴露在危险环境的时长比较了 2006 年的伤害人数（见表 8-2）与期望人数的卡方分析是研究该类问题的合适方法。
>
> 　　加工过程中的期望伤害数可据此得出：
>
> $$E_i = H_i O_\mathrm{T} / H_\mathrm{T} = 900\,000 \times 36\ \text{人} / 2\,900\,000 = 11.2\ \text{人}$$

表 8-2　伤害人数的观测值和期望值

部　　门	伤害人数（人）	暴露时长/h	期望人数（人）
加工	22	900 000	11.2
装配	10	1 400 000	17.4
包装运输	4	600 000	7.4
总计	36	2 900 000	36

同样可得出其他部门的期望伤害人数值。注意，期望伤害总人数与观测伤害总人数为 36 人。

$$\chi^2 = \sum_i^m \frac{(E_i - O_i)^2}{E_i} = \frac{(11.2 - 22)^2}{11.2} + \frac{(7.4 - 4)^2}{7.4} + \frac{(17.4 - 10)^2}{17.4} = 15.1$$

根据公式计算得出 15.1 大于 $\chi^2_{0.05,\,3-1}$。因此，考虑到暴露时长（工时）这一参数，至少有一个部门的伤害人数显著偏离期望值。加工部门的实际伤害人数为 22 人，而期望值为 11.2 人，需要进一步研究以找到伤害人数增多的致因。同样，包装运输部门伤害人数较低，可作为最佳安全实践进行分析。

8.2.2　数据采集与分析——作业安全分析

事故预防过程的第二步和第三步就是数据采集与分析。该阶段最常用、最基本的工具就是作业安全分析（Job Safety Analysis，JSA），又称作作业危险分析或方法安全分析。在 JSA 中，安全工程师将作业分解为按一定顺序排列的步骤，仔细检查每个步骤并分析它们的潜在危险或造成事故发生的可能性，然后确定提高该步骤安全性的方式方法。安全工程师应用 JSA 时，应注意以下四要素：

（1）作业人员：操作员、主管或其他可能与某步骤相关的个人。

（2）方法：在特定过程中应用的作业程序。

（3）机器：使用的设备和工具。

（4）材料：过程中使用或装配的原材料、零件、部件、紧固件等。

因此，以给作业人员提供更好的培训或安全防护设备为目标的任何改进可以是新的方法、更安全的设备和工具、不同的或更好的材料和组件等。

以加工一个较大的联轴器（40lb）的过程（见图 8-6）为例说明 JSA 的应用（见图 8-7）。这个过程包括：①从货箱中取出未完成的工件；②将其放置在夹具上；③用扳手拧紧夹具；④吹除加工碎屑（松开夹具并移出联轴器的步骤分别与步骤③和②相反）；⑤用磨床加工粗糙边缘；⑥将成品进行包装。潜在的危险和每个步骤中的相应控制方法标示在图 8-7 中。常见的问题有从货箱或包装箱取放联轴器时的挤压受力，可倾斜箱体以便取放。另一个问题是屈曲肩臂来放置和从夹具中移出联轴器，以及拧紧或松开夹具时的大扭矩。这些可以通过降低夹具位置以及靠近夹具站立使肘部弯曲接近最优角度 90° 来缓解。个人防护设备如防尘口罩、胶手套等能够有助于防止灰尘以及手部振动。

JSA 为方法工程提供了非常实用的功能，是一种简单、快速、客观地映射相关细节的方

图 8-6　联轴器加工步骤

（经 Andris Freivalds 授权使用）

法。JSA 能够对现有的和提出的方法进行比较，分析在安全和生产方面的影响，是生产管理中提高安全性的一种有益应用。

作业安全分析 编号_____

作业描述：联轴器加工　　　　　　　　　　　　　　　制作：

部门：加工　　　　　　　　　　　　　　　　　　　　检验：

地点：—　　　　　　　　　　　　　　　　　　　　　时间：—

关键作业步骤：	潜在健康问题与伤害风险：	安全动作、服装及设备：
1）从货箱中取出未完成的工件	挤压受力	倾斜货箱
2）将其放置在夹具上	肩臂屈曲以及由负载产生的扭矩	降低夹具高度、缩短作业距离
3）用扳手拧紧夹具	肩臂屈曲并用力	降低夹具高度
4）通过压缩空气吹除加工碎屑	不间断的灰尘等	佩戴防尘口罩
用扳手松开夹具	肩臂屈曲并用力	降低夹具高度
将联轴器移出夹具	肩臂屈曲以及由负载产生的扭矩	降低夹具高度、缩短作业距离
5）用磨床加工粗糙边缘	振动	佩戴胶手套
6）将成品进行包装	挤压受力	倾斜货箱

JHA 编号：

页：

图 8-7　作业安全分析

8.2.3 方案选择——风险分析与决策

一旦 JSA 已完成并且提出了很多解决方案，安全工程师需要运用多类决策工具并从中选择一种方案执行，这也是事故预防过程的第四个步骤，即解决方案选择（见图 8-1）。这些工具大部分都适用于选定提高生产率的新方法，在第 9 章中将对其进行介绍。然而，风险分析作为其中一种工具则更适用于安全性的研究，它能够计算事故或伤害的潜在风险并基于不断的改进完善以降低风险。Heinrich、Petersen 和 Roos（1980）的研究基于这样的前提：伤害或财产损失的风险并不能完全消除，只能降低。此外，任何改进应考虑最大化效益。

根据风险分析的方法（Heinrich, Petersen, and Roos, 1980），在危险事件发生的可能性或概率增加、更加频繁地暴露于危险环境、危险事件的可能后果加剧的情况下，危险潜在损失将会增加。表 8-3 给出了这三方面因素的危险性分值。需要注意的是危险性分值的给定比较主观，因此总风险值的结果也相对主观。然而，在实际应用时也不应完全否定该方法，它仍可用于不同安全特征或控制方案的比选。

例如，假设一事件发生的可能性是很不可能但可以设想的情况，其分值是 0.5 分，暴露于危险环境的频繁程度为每周一次或偶然暴露，分值为 3，事故产生的后果是非常严重，分值为 15。因此可得出作业危险性分值为 22.5（=0.5×3×15），其对应的情况为风险较低，需要注意但无须过度关注，见表 8-4。又如，通过连接线来连接图 8-8 的两部分也可以得到同样的分析结果。图 8-9 比较了上述风险事件两种不同补救措施的成本效益。补救措施 A 能够降低 75% 的风险，但所需成本为 50 000 美元；而补救措施 B 只减少 50% 的风险，但成本仅为 500 美元。在成本效益方面，措施 A 的优点存疑，而且可能难以获得财政支持，而措施 B 则相对合理，因为其成本较低。

表 8-3 风险分析各因素分值

事故或危险事件发生的可能性	分值	暴露于危险环境的频繁程度	分值
完全会被预料到	10	连续暴露	10
相当可能	6	频繁暴露（每日）	6
可能，但不经常	3	偶尔暴露（每周一次）	3
可能性小，完全意外	1	不经常暴露（每月一次）	2
很不可能，但可以设想	0.5	很少暴露（每年几次）	1
不可能	0.1	极少暴露	0.5
危险事件的可能后果			分值
大灾难（许多人死亡，经济损失 $\geq 1 \times 10^8$ 美元）			100
灾难（数人死亡，经济损失 $\geq 1 \times 10^7$ 美元）			40
非常严重（1 人死亡，经济损失 $\geq 1 \times 10^6$ 美元）			15
严重（重伤，经济损失 $\geq 1 \times 10^5$ 美元）			7
重大（致残，经济损失 $\geq 1 \times 10^4$ 美元）			3
引人注意（需要救护，经济损失 $\geq 1 \times 10^3$ 美元）			1

（资料来源：Heinrich、Petersen, and Roos, 1980）

表 8-4　风险等级划分与成本效益

危险性程度	分　值
极其危险，不能继续作业	400
高度危险，需要立即整改	200 ~ 400
显著危险，需要整改	70 ~ 200
可能危险，需要注意	20 ~ 70
稍有危险，可以接受	< 20

（资料来源：Heinrich，Petersen，and Roos，1980）

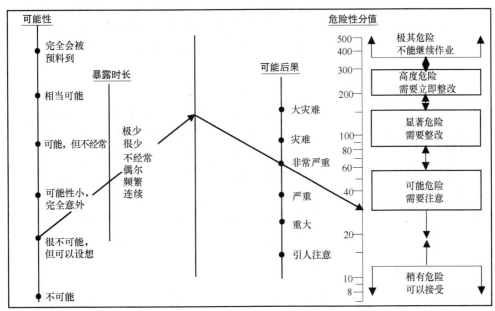

图 8-8　风险分析计算

（资料来源：Heinrich、Petersen，and Roos，1980）

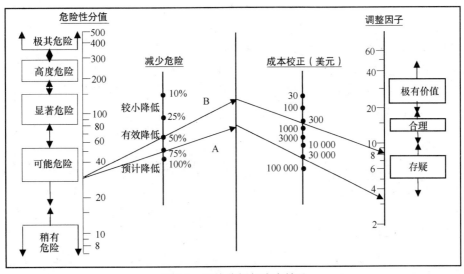

图 8-9　风险分析与成本效益

（资料来源：Heinrich、Petersen，and Roos，1980）

在选择了适当的成本效益的补救办法之后，在事故预防过程的第五个步骤中实施应用。这应该发生在以下几个层次上。安全工程师与技术人员将安装适当的安全装置或设备。但是，如希望完全成功实施补救措施，则个体经营者与监管人员也应当认可接受这一新的方法。如果他们没有按照正确的程序使用新设备，任何潜在的安全效益都可能丢失。另外，这也提供了一个机会来讨论 3E 策略（Engineering, Education, and Enforcement）：工程技术、教育和强制。最好的补救措施无疑是工程技术的再设计，这将严格确保安全性，并且不需要严格依赖作业人员的依从性。第二个最好的补救措施是教育，但是，这依赖于作业人员对相关规定的遵守，在遇到作业人员不执行正确操作程序的情况下，该措施不一定能成功。在作业人员不遵守规定、需要严格检查，以及在批评处分等负强化作用下不满情绪加重时，应强制执行严格的规章制度以及使用个人防护装备，而这也是最后的补救手段。

8.2.4 跟踪监测与事故统计

事故预防过程的第六步也是最后一步，即进行跟踪监测并评价新方法的有效性，即图 8-1 的结果监控，它提供了事故预防过程中的反馈，并在安全形势得不到改善的情况下重启事故预防的步骤使之实现闭环管理。通常情况下，数据资料为监测任何变化提供了一个坚实基准，如保险费用、医疗费用、伤亡数或事故数等。当然，这些数据应与作业人员暴露于危险环境的时间相对应，需对其进行标准化处理以适用于不同场所及行业之间的比较。此外，OSHA 建议每 100 名全职员工年工伤率（Incidence Rate，IR）作为指标：

$$IR = 200\ 000 \times I/H$$

式中　I——在一个给定时间段内的工伤数；

　　　H——该给定时间段内的工时数。

工伤应是符合 OSHA 相应记录的，不仅仅是简单的急救伤害。然而有研究表明轻微损伤和严重损伤有相当大的相似之处（Laughery and Vaubel，1993）。同理可计算伤害严重率（Severity Rate，SR）来跟踪损失的工作时间，SR 与损失天数（Lost - time，LT）有关：

$$SR = 200\ 000 \times LT/H$$

除了简单记录和监测工伤率逐月变化外，安全工程师还应运用统计控制图原理来寻找长期趋势。基于数据的正态分布，控制图（见图 8-10）由下控制线（Lower Control Limit，LCL）和上控制线（Upper Control Limit，UCL）进行控制，它们分别定义为

$$LCL = \bar{x} - ns$$
$$UCL = \bar{x} + ns$$

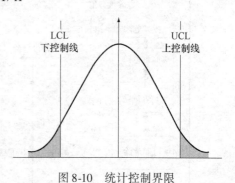

图 8-10　统计控制界限

（资料来源：Heinrich，Petersen，and Roos，1980）

式中　$\bar{x}$——样本平均值；

　　　s——样本标准差；

　　　n——控制界限。

例如，对于我们期望 $1 - \alpha$ 的数据落在上下控制线之间的情况，n 就是标准正态变量 $z_{\alpha/2}$。对于 $\alpha = 0.05$，n 则为 1.96。然而在多数情况下，需要更高的控制水平，例如 $n = 3$ 甚至 $n = 6$（摩托罗拉的 6σ 控制水平）。为了跟踪事故或伤害情况，控制图侧旋，并在图中绘

制月数据（见图8-11）。显然，相对于上控制线，在应用中较少关注下控制线（除了表扬和调查最佳实践的情况）。如果连续几个月超过上控制线，这应是一个危险信号，或提醒安全工程师存在问题并应努力找出原因。除了危险信号以外，细心的安全工程师应该注意到几个月前开始的上升趋势，并应更早地启动控制方案。可以使用多月的移动线性回归对这一趋势进行分析。

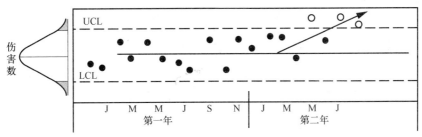

图 8-11　控制图危险信号

（资料来源：Heinrich、Petersen, and Roos, 1980）

8.3　概率分析方法

之前讨论过的事故致因模型，特别是多米诺骨牌理论，隐含着一种非常确定的反应，但事实远非如此。在某一特定时刻，不佩戴防护镜操作磨床或在无支撑的矿道中行走并不会自动引发事故或伤亡，但是，存在事故发生的可能性，并且这种可能性可由概率来定义。

概率基于布尔逻辑与代数，任何被定义为二元分布的事件，在一给定时刻，它的状态只有两种，即该事件发生（为真，T）或者不发生（为假，F）。三种逻辑运算符定义了事件之间的关系：

（1）AND（与），两个事件的交集，用符号∩或·（点有时省略）表示。

（2）OR（或），两个事件的并集，用符号∪或+表示。

（3）NOT（非），事件取反，用符号 – 表示。

使用这些逻辑运算符定义事件 X 和事件 Y 之间的相互关系，遵循特定的规则，即真值表（见表8-5）。两个以上事件之间的相互关系将更为复杂，因此需要运用一种有序的运算方法来对最终事故或伤亡的总概率进行计算。运算的优先顺序如下：（ ）、 –、 ·、 +。此外，某些成组事件会重复出现，因此，如果认识到此类规律，可以将规则进行简化以加快计算过程。表8-6给出了最常见的简化规则。

表 8-5　布尔真值表

X	Y	$X \cdot Y$	$X+Y$	– （NOT）	
				X	$\bar{X}$
T	T	T	T	T	F
T	F	F	T	F	T
F	T	F	T		
F	F	F	F		

表 8-6　布尔代数简化

公理	
$XX = X$	$X\bar{X} = 0$
$X + X = X$	$X + \bar{X} = 1$
$XT = X$	$XF = 0$

分配律	
$XY + XZ = X(Y + Z)$	$(X + Y)(X + Z) = X + YZ$
$XY + X\bar{Y} = X$	$X + Y\bar{X} = X + Y$
$X + XY = X$	$X(X + Y) = X$
$X(\bar{X} + Y) = XY$	$(X + Y)(X + \bar{Y}) = X$

一个事件的概率 $P(X)$ 定义为在所有发生的事件中事件 X 出现的比例：

$$P(X) = X \text{ 出现的次数/总数}$$

$P(X)$ 介于 0 和 1 之间。任意两个事件 X 与 Y 的和事件 $X \cup Y$，其概率为

$$P(X + Y) = P(X) + P(Y) - P(XY)$$

如两事件互斥，则

$$P(X + Y) = P(X) + P(Y)$$

如果事件 X 和事件 Y 相互独立，且 $X \cap Y = 0$，则两事件互斥。因此 X 和 $\bar{X}$ 必然是互斥的。对于两个以上事件的组合，常用根据反向思维的替代公式进行计算：

$$P(X + Y + Z) = 1 - [1 - P(X)][1 - P(Y)][1 - P(Z)]$$

如两事件相互独立，则积事件概率定义为

$$P(XY) = P(X)P(Y) \tag{8-1}$$

如两事件不相互独立，则积事件概率定义为

$$P(XY) = P(X)P(Y/X) = P(Y)P(X/Y) \tag{8-2}$$

两事件相互独立意味着 X 事件是否发生对于事件 Y 发生的概率没有影响。

如果一个事件的发生不影响另一个事件的发生，则将两个事件定义为独立的。从数学上讲，式（8-1）和式（8-2）相符，两边同时去掉 $P(X)$ 得到：

$$P(Y) = P(Y/X) \tag{8-3}$$

对式（8-2）的重排也得到一个常用的表达式，称为贝叶斯规则：

$$P(Y/X) = P(Y)P(X/Y)/P(X)$$

注意，两个事件不可能既相互排斥又相互独立，因为相互排斥必然意味着相互不独立。例 8-2 演示了这些不同的计算以及独立和非独立事件。关于基本概率的更多细节可以在 Brown（1976）的文献中找到。

8.4　可靠性

可靠性这个术语定义了一个系统成功的概率，它必须依赖于其组件的可靠性或成功。系统可以是具有物理组件的物理产品，也可以是具有一系列步骤或子操作的操作过程，这些步骤或子操作必须正确完成，才能使过程成功。这些组件或步骤可以使用两种不同的基本关系组合在一起：串联和并联。在一个串联安排中（图 8-12a），每个组件必须成功才能使整个

系统 T 成功。这可以表示为所有组件的交集

$$T = A \cap B \cap C = ABC$$

例8-2　**独立事件和非独立事件**

考虑表8-7a 中 X 为真（或1）的出现次数。这决定了 X 的概率：

$$P(X) = 7/10 = 0.7$$

注意，$\bar{X}$ 的概率是出现错误（或0）的次数，占总出现次数的比例：

$$P(\bar{X}) = 3/10 = 0.3$$

也可以从下式中得出 $\bar{X}$

$$P(\bar{X}) = 1 - P(X) = 1 - 0.7 = 0.3$$

类似地，Y 的概率是

$$P(Y) = 4/10 = 0.4$$

$X \cap Y$ 的概率是 X 和 X 在总出现次数中同时为真的次数：

$$P(XY) = 3/10 = 0.3$$

表 8-7　独立事件或不独立事件

(a) X 和 Y 不是独立的				(b) X 和 Y 是独立的			
Y	X			Y	X		
	0	1	总数		0	1	总数
0	2	4	6	0	2	3	5
1	1	3	4	1	4	6	10
总数	3	7	10	总数	6	9	15

假设 Y 已经发生（或为真），X 的条件概率定义为 $Y = 1$ 时 X 出现的次数：

$$P(X/Y) = 3/4 = 0.75$$

同样，

$$P(Y/X) = 3/7 = 0.43$$

注意贝叶斯规则：

$$P(Y/X) = P(Y)P(X/Y)/P(X) = 0.4 \times 0.75/0.7 = 0.43 = P(Y/X)$$

最后，要使两个事件独立，式（8-3）必须为真。但对于表8-7a，我们发现 $P(Y) = 0.4$，$P(Y/X) = 0.43$。因此，事件 X 和事件 Y 不是独立的。然而在表8-7b中，我们发现

$$P(X) = 9/15 = 0.6$$

$$P(X/Y) = 6/10 = 0.6$$

因为两个表达式相等，所以事件 X 和 Y 是独立的。$P(Y)$ 和 $P(Y/X)$ 也相等：

$$P(Y) = 10/15 = 0.67$$

$$P(Y/X) = 6/9 = 0.67$$

如果相互独立（在大多数情况下），产生的概率是

$$P(T) = P(A)P(B)P(C)$$

如果不是独立的，则

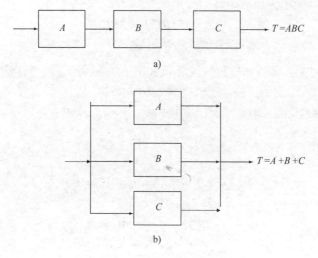

$$T = ABC$$

a)

$$T = A + B + C$$

b)

图 8-12　串联与并联系统组件

a) 串联系统　b) 并联系统

$$P(T) = P(A)P(B/A)P(C/AB)$$

　　在并联情况中（见图 8-12b），如果任何一个组件成功，则整个系统将成功。这可以表示为组件的并集

$$T = A \cup B \cup C = A + B + C$$

如果相互排斥（通常），结果是

$$P(T) = 1 - [1 - P(A)][1 - P(B)][1 - P(C)]$$

　　两个例子（例 8-3 和例 8-4）展示了系统概率的计算。

例 8-3　两级放大器的可靠性

　　考虑两个带有备份组件的两级放大器样机。样机 1（见图 8-13）为整个放大器提供了备份，样机 2 为每个阶段提供了备份。哪个的可靠性更好？假设所有组件都是独立的，但可靠性相同，为 0.9。最好的方法是编写系统成功的所有可能路径。对于样机 1，有两种可能的路径，AB 或 CD

$$T = AB + CD$$

　　用概率表示，这个表达式变成：

$$P(T) = P(AB) + P(CD) - P(AB)P(CD)$$

　　其中

$$P(AB) = P(A)P(B) = 0.9 \times 0.9 = 0.81 = P(CD)$$

　　整个系统的可靠性则为

$$P(T) = 0.81 + 0.81 - 0.81 \times 0.81 = 0.964$$

　　对于样机 2，有四种可能的路径：AB、AD、CB 或 CD：

$$T = AB + AD + CB + CD$$

　　可简化为

$$T = (A + C)(B + D)$$

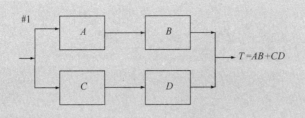

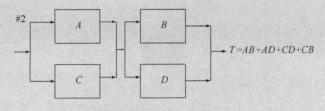

图 8-13 两级放大器的两个样机

[注意，复杂的概率表达式必须被简化，否则可能会计算错误。以下两个基本的分配律构成所有简化规则的基础：

$$(X+Y)(X+Z) = X+YZ$$
$$XY+XZ = X(Y+Z)$$

见表 8-6。]

现在用值替换变量就会得到结果：

$$P(A+C) = P(A) + P(C) - P(A)P(C) = 0.9 + 0.9 - 0.9 \times 0.9 = 0.99$$

整个系统的可靠性为

$$P(T) = 0.99 \times 0.99 = 0.9801$$

因此，样机 2 是较好的放大器，具有较高的系统可靠性。

例 8-4　四发动机飞机的可靠性

假设一架飞机有四个独立但相同的发动机（见图 8-14）。显然飞机可以在以下情况下飞行：四个发动机都工作；三个发动机都工作；两个发动机都工作，但这两个发动机必须分处飞机的两侧，也就是说，在一侧工作的两个发动机会使飞机失去平衡而坠毁。如果每个发动机的可靠性都是 0.9，那么飞机的整体可靠性是多少？

写出所有可能的场景，会得到以下表达式：

四发动机 $\Rightarrow ABCD$

三发动机 $\Rightarrow ABC + ABD + BCD + ACD$

二发动机 $\Rightarrow AC + AD + BC + BD$

$T = ABCD + ABC + ABD + BCD + ACD + AC + AD + BC + BD$

表达式必须简化。请注意，三发动机组合与两发动机组合大致是冗余的：

$$AC + ABC = AC(1+B) = AC$$

同样，四发动机组合对于任何两发动机组合都是冗余的，从而得到系统可靠性的最终表达式：

$$T = AC + AD + BC + BD$$

这个表达式进一步简化为

$$T = (A + B)(C + D)$$

每个括号中表达式的概率是

$$P(A + B) = P(A) + P(B) - P(A)P(B) = 0.9 + 0.9 - 0.9 \times 0.9 = 0.99$$

系统的总概率变成：$P(T) = 0.99 \times 0.99 = 0.9801$

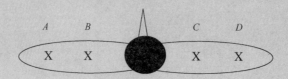

$T = ABCD + ABC + ABD + BCD + ACD + AC + AD + BC + BD$

图 8-14　四发动机飞机的可靠性

例 8-2 和例 8-3 指出了增加系统可靠性的基本原则之一——通过并联地向原始组件添加组件来增加冗余，以便两个或多个组件或操作提供相同的功能。注意，如果需要两个或多个操作或组件来防止事故，那么这些元素是串联的，不提供冗余。系统可靠性也可以通过增加单个部件的可靠性来提高。如果例 8-3 中的每个发动机的可靠性增加到 0.99，则系统的总可靠性将增加到 0.9998，而不是原来的 0.9801。但是，需要注意的是，增加单个组件的可靠性或增加并联组件的数量必然会增加系统的成本。在某种程度上，增加的成本可能不值得整体系统可靠性的边际增加。这个决策点可能会有很大的不同，这取决于利益系统是一个简单的消费品还是商业航空公司。

随着系统可靠性的布尔表达式变得越来越复杂，简化过程也相应地变得越来越复杂和烦琐，使用卡诺图将为这个问题提供一个明确的解决办法。为了表示所有可能事件的空间表示，开发了布尔代数映射。每个事件表示网格状矩阵中的行或列。简单地说，对于两个事件，矩阵是 2×2 的形式，一个事件 Y 的两种情况（真或假）都表示为行，而另一个事件 X 的两个条件都表示为列（见图 8-15a）。然后将表达式 $X + Y$ 表示为矩阵的三个单元格（见图 8-15b），将表达式 XY 表示为矩阵的一个单元格（见图 8-15c），$\overline{X}$ 表示为 0 下的竖直列

$\diagdown$ X ／ Y	$0(\overline{X})$	$1(X)$
$0(\overline{Y})$	X 与 Y 均不出现	X 出现 Y 不出现
$1(Y)$	Y 出现 X 不出现	X 与 Y 均出现

a)

$\diagdown$ X ／ Y	0	1
0		X
1	Y	XY

b)

$\diagdown$ X ／ Y	0	1
0		
1		XY

c)

$\diagdown$ X ／ Y	0	1
0		
1		

d)

图 8-15　基本卡诺图

a）基本时间映射　b）$Y + X = T$　c）$XY = T$　d）$X = \overline{T}$

（见图 8-15d）。对于更多事件，矩阵会增大。例如，对于 4 个变量，矩阵将有 16 个单元格，对于 6 个变量，矩阵将有 36 个单元格。大于 6 个变量，处理矩阵将变得困难，最好使用计算机。而且，对于更复杂的表达式，表达式必须写成乘积的简单和的形式。

然后在矩阵上适当地标记每一项或乘积。毫无疑问，会有重叠的区域，或者标记多次的单元格。然后，将不重叠的各组单元格用简化的表达式表示，每个表达式可表现这些单元格的独特特征。如果划分正确，则各个组是相互独立的，将每个组的概率直接相加即可。请注意，最好是确定最大的可能区域，以便后续需要的计算更少。这些区域将由一定数量的单元格组成，这些单元格由 2 的幂决定，即 1、2、4、8 等。这一点可以通过例 8-5 得到最好的证明，例 8-5 是对例 8-4 使用了卡诺图。更多关于卡诺图的细节可以在 Brown（1976）的文献中找到。

例 8-5　使用卡诺图的四发动机飞机的可靠性

考虑例 8-4 中的同一架飞机，具有四个独立但相同的发动机和事件表达式：

$$T = ABCD_1 + ABC_2 + ABD_3 + CDB_4 + CDA_5 + AD_6 + BC_7 + AC_8 + BD_9$$

每个事件的组合可以在卡诺图（见图 8-16a）上用适当的数字表示出来。许多事件或

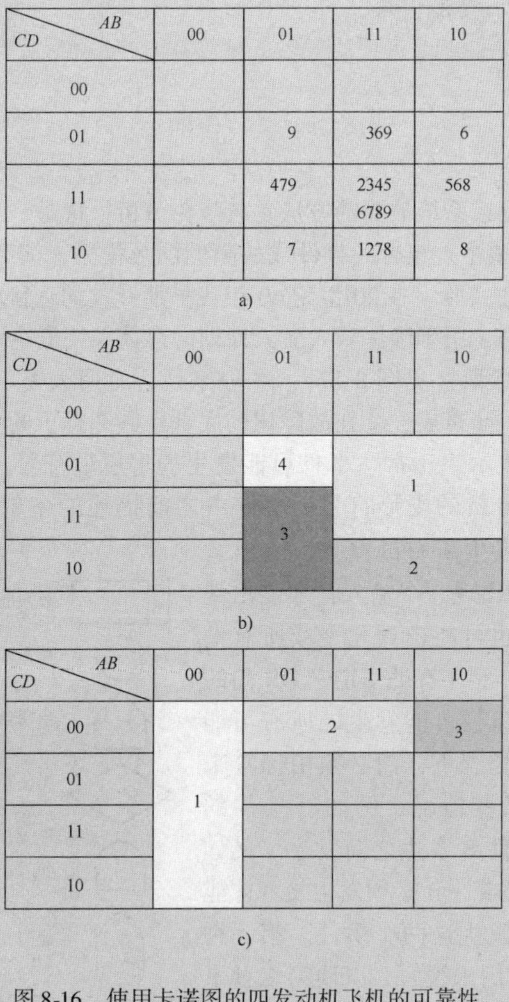

CD＼AB	00	01	11	10
00				
01		9	369	6
11		479	2345 6789	568
10		7	1278	8

a)

CD＼AB	00	01	11	10
00				
01			4	1
11			3	
10				2

b)

CD＼AB	00	01	11	10
00			2	3
01		1		
11				
10				

c)

图 8-16　使用卡诺图的四发动机飞机的可靠性

区域是重叠的，重叠区域的概率不需重复计算。图 8-16b 中显示了四个这样的不重叠区域，尽管可能还有许多其他可能的不重叠区域组合。在这种情况下，选择最大可能的区域组合：1 个四单元格、2 个两单元格和 1 个剩余单元格。结果表达式为

$$T = AD_1 + AC\overline{D}_2 + \overline{A}BC_3 + \overline{A}\,\overline{B}\,CD_4$$

值为

$$P(T) = 0.9 \times 0.9 + 0.9 \times 0.9 \times 0.1 + 0.1 \times 0.9 \times 0.9 + 0.1 \times 0.9 \times 0.1 \times 0.9 = 0.9801$$

显然，这 9 个单元格可以单独识别和计算，但这需要更多的努力。如前所述，较大的区域将以 2 的幂为特征，即 1、2、4、8 等。为了进一步简化计算，还可以使用反向逻辑来定义未标记的区域。然后从 1 中减去这个值，得到感兴趣的事件的真实概率（见图 8-16c）。

$$T = \overline{AB}_1 + B\,\overline{CD}_2 + A\,\overline{BCD}_3$$

则

$$P(T) = 1 - P(\overline{T}) = 1 - 0.1 \times 0.1 - 0.9 \times 0.1 \times 0.1 - 0.9 \times 0.1 \times 0.1 \times 0.1 = 0.9801$$

直接法计算结果与间接法相同。

8.5 故障树分析

另一种检查事故序列或系统故障的方法是故障树分析。这是一个概率演绎过程，它使用并联（并行）和串联（顺序）组合的事件或故障的图形模型，演绎整体不期望的事件（如事故）的发生。它是贝尔实验室在 20 世纪 60 年代早期开发的，目的是协助美国空军检查导弹故障，后来被美国 NASA 用于确保载人航天计划的总体系统安全。这些事件可以是不同类型的，并由不同的符号标识（见图 8-17）。一般来说，有两大类：①由矩形标识的故障事件，从顶部事件开始进一步扩展；②在故障树的底部由圆圈标识的基本事件，不能进一步展开。形式上，也可以有表示"正常"事件可能发生的房屋形符号，以及表示不重要事件或数据不足以进行进一步分析的菱形符号。事件由之前描述的布尔逻辑门连接（符号参见图 8-17）。AND 门要求发生所有的输入，输出才会发生。OR 门要求至少出现一个输入，才能出现输出。显然，这意味着也可能出现几个或所有输入，但只需要一个输入。它还有助于定义 OR 门的输入事件，以涵盖输出事件可能发生的所有可能方式。也有可能在某些情况下，门必须由标签来修改，这些标签指示某些情况。例如有条件的 AND：事件 A 必须在事件 B 发生之前发生。又如排他性的 OR：事件 A 或事件 B 必须发生之一才能发生输出，但不能同时发生这两个事件。第一种情况可以通过定义 AND 门来缓解，以便第二种事件以第一种事件为条件，第三种事件以前两种事

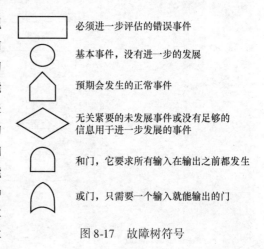

必须进一步评估的错误事件

基本事件，没有进一步的发展

预期会发生的正常事件

无关紧要的未发展事件或没有足够的信息用于进一步发展的事件

和门，它要求所有输入在输出之前都发生

或门，只需要一个输入就能输出的门

图 8-17 故障树符号

件为条件。第二种情况是互斥事件的特殊情况，必须按这种情况处理。

例8-6 火灾故障树分析

Dorben 公司的磨削车间发生了几起规模相对较小的火灾，很快就被扑灭。然而，该公司担心火灾可能失控，烧毁整个工厂。分析问题的一种方法是使用故障树，以重大火灾作为主事件。有三项要求（实际上是四项，但普遍存在的氧气忽略不考虑）：①概率为0.8 的可燃物；②点火源；③火灾失控的概率为 0.1。可能有几个点火源：①操作者不顾禁止吸烟的标志吸烟；②砂轮上的火花；③磨床短路。该公司估计这些事件的概率分别为 0.01、0.05 和 0.02。第一组中的所有事件都是必需的，因此用一个 AND 门连接。请注意，第二个事件以第一个事件为条件，第三个事件以前两个事件为条件。对于点火源集，任何一个输入都足以使点火发生，因此事件用 OR 门连接。完整的故障树如图 8-18a 所示。

另一种方法是绘制事件序列，类似于产品组件或系统操作，如图 8-18b 所示。这三个主要事件——可燃物、点火源、失控——是串联绘制的，因为必须经过这三个串联事件的路径才能使工厂烧毁。点火源可以认为是并联的，因为路径通过其中任何一个都能点火。

最终主事件或系统成功的表达式（在本例中，烧毁的工厂实际上不应该被认为是成功的，但这是系统的通用术语）是

$$T = ABC$$

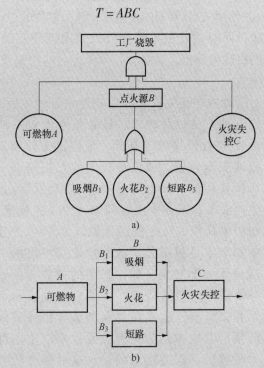

图 8-18 磨削车间火灾的故障树和起火的组件处理方法

其中 $B = B_1 + B_2 + B_3$，概率计算为

$$P(B) = 1 - [1 - P(B_1)][1 - P(B_2)][1 - P(B_3)] = 1 - (1 - 0.01) \times (1 - 0.05) \times (1 - 0.02) = 0.0783$$

$$P(T) = P(A)P(B)P(C) = 0.8 \times 0.0783 \times 0.1 = 0.0063$$

因此，工厂被烧毁的可能性约为 0.6%。

尽管这种可能性相对较低，但公司仍希望降低这种可能性。火花是磨削过程中很自然的一部分，而短路是不可预测的。因此，这两种方法都不是采取控制措施的可能途径。两个更合理的办法是执行禁烟令，同时对违规者严厉惩罚立即解雇。然而，即使吸烟的概率降至零，最终的总体概率仍然是 0.0055，只有 12% 的下降。这可能不值得用严厉的惩罚来激怒工人。相反，从磨削区域去除不必要的可燃物，例如油布等，将其概率从 0.8 降到 0.1。它不会完全减少到零，因为仍然可能有用于工件的木质装运纸箱。在这种情况下，最终的总体概率为 0.000 78，这几乎是减少了 10 倍，而且可能更划算。

故障树的开发从识别所有被认为对正常操作不利的事件开始。这些事件必须根据相似的原因划分为相互排斥的组，每个组有一个主事件。例如，在磨削作业中，可能会出现几个相互排斥的故障事件，导致不同的主事件或事故，如：碎片进入眼睛，磨床火花导致起火，操作者在推工件时失去对工件的控制，磨床刮伤了操作者的手指等。然后，通过 AND 和 OR 门的组合，建立各种因果事件与主事件之间的关系，一直到找出基本事件为止。然后将概率分配给每个基本事件，并使用 AND 和 OR 表达式计算主事件的总体概率。在最后的步骤中，尝试了适当的控制方法，同时估计概率的降低以及由此导致的最终主事件的概率降低。例8-6显示了一个简单的故障树分析。显然，必须考虑这些控制或修改的成本，下面将进行讨论。

正如前面提到的，故障树在研究安全问题和理解各种原因对主事件的相对影响方面非常有用。但是，要使这种方法最终有效，还必须考虑对系统或工作地点进行控制或修改的成本，这为成本-效益分析提供了基础。成本部分较容易理解，它仅仅是用来改造旧机器、购买新机器或安全装置，或以更安全的方法培训工人的资金，不管这种方法是一次性的还是按比例使用的。效益部分较难理解，因为它可能体现在典型地降低了事故成本或损失的生产成本，或在一段时间内减少了工伤和医疗费用的费用。试想，5 年期间由 200t 压力机引发伤情的医疗费用（见表 8-8）。严重程度的等级是基于工人的赔偿类别的，而成本和概率是根据公司的医疗记录得出的。严重程度可从相对较小的皮肤撕裂伤到永久性身体局部残疾，如一只手的截肢，再到重大碾压伤甚至死亡造成的永久性完全残疾。使用压力机造成的伤害的总预期成本可以通过每个伤害严重程度的相对预期成本的总和来计算，这些相对预期成本由伤害成本和每种伤害概率的乘积得到的。由此产生的预期总成本约为 1 万美元，乘以主事件发生的概率，可得到与使用压力机相关的成本临界值。需要注意的是，这种临界状态通常表示为给定的时间（如 200 000 工时）或一定的生产量。成本-效益分析的效益部分（降低主事件的概率或降低任何伤害的严重性和由此造成的成本）会是临界值的减少量。例 8-7 说明了如何使用成本-效益分析来找到对咖啡机的适当重新设计，以防止手指受伤。关于故障树和成本-效益分析的更多细节可以在 Bahr（1997）、Brown（1976）、Cox（1998）和 Ericson（2005）的文献中找到。

表 8-8 压力机受伤事故的预期成本

严重程度	成本（美元）	概率	预期成本（美元）
急救	100	0.515	51.50
短期伤残	1000	0.450	450.00
永久性局部残疾	50 000	0.040	2000.00
永久性完全残疾	500 000	0.015	7500.00
			10 001.50

例 8-7 咖啡机手指划伤的故障树及成本效益分析

随着特种咖啡的普及，许多消费者购买了咖啡机，磨碎咖啡豆，制成更新鲜的咖啡。结果，由于不小心启动了咖啡机，而手指还在机体里，导致转子叶片将手指划伤。在图 8-19 的故障树中显示了可能导致此类事故和伤害的因素，并估计了每个事件的概率。假设有一个简单的咖啡机，通过开关开启咖啡机一侧的转子。从主事件向下分析，转子必须在运动，手指必须在转子的路径上，这是 AND 门。手指停留在转子的路径上的原因，可能是要除去咖啡粉，也可能是要清洗容器，可以是多种多样的，对于这个例子没有进一步的延伸。为了使转子处于运动状态，必须连接电源，并闭合电路，也是 AND 门。电路闭合有正常或非正常两种情况，表示为一个 OR 门。注意，对于这两种情况，都有一个假设，即手指在容器中，在转子的路径中。闭合还可能存在开关在错误的闭合位置或开关安装错误这两种失误的可能性（OR 门）。非正常闭合可能是由各种情况造成的——电线破损、接线错误、导电碎片或电路潮湿有水汽——存在其中一种情况就会导致电路短路或闭合，从而指示有一个 OR 门。计算概率如下：

$$P(C_1) = 1 - (1-0.001) \times (1-0.01) \times (1-0.001) \times (1-0.01) = 0.022$$

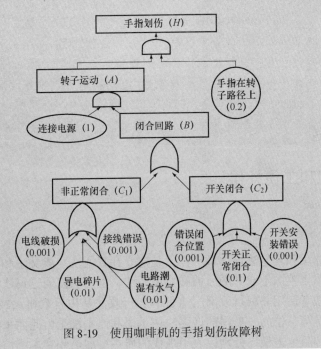

图 8-19 使用咖啡机的手指划伤故障树

$$P(C_2) = 1 - (1 - 0.001) \times (1 - 0.1) \times (1 - 0.001) = 0.102$$

$$B = C_1 + C_2$$

$$P(B) = 0.022 + 0.102 - 0.022 \times 0.102 = 0.122$$

$$P(A) = P(B) \times 1 = 0.122$$

$$P(H) = P(A) \times 0.2 = 0.122 \times 0.2 = 0.024$$

假设手指划伤需要的费用为200美元，从简单的撕裂伤到完全截肢（类似于表8-8），则咖啡机手指划伤的临界C值为

$$C = P(H) \times 200\ \text{美元} = 0.024 \times 200\ \text{美元} = 4.80\ \text{美元}$$

为了减少手指受伤的可能性，将研究替代设计和安全措施。在大多数咖啡机上发现的一个明显的重新设计是咖啡机盖上的联锁开关（联锁在第8.8节中有更详细的讨论）。基本前提是手指不能在碗里或手指在碗里时不能开启咖啡机。这将把"开关正常闭合"的概率从0.1降低到0。但其他失效模式仍有可能发生，主事件的概率不会完全达到0；相反，它减少到0.0048，新的临界值为0.96美元。

临界值从4.80美元到0.96美元的减少使我们得到了3.84美元的效益。然而，在咖啡机盖上插入一个开关与在咖啡机一侧插入一个简单开关相比，每台咖啡机的相关成本增加了大约1美元。因此，成本-效益比（C/B）为

$$C/B = 1.00\ \text{美元}/3.84\ \text{美元} = 0.26$$

另一种成本更小的方法是在咖啡机的侧面贴一个警告贴，上面写着"在取咖啡或清洗碗之前，务必先切断电源"，每个警告贴仅需0.10美元。"连接电源"事件发生的概率将会降低，可能会降到0.3，但不会降到0，因为消费者很可能忘记或忽略这个警告。主事件的结果概率降至0.0072，临界值降至1.44美元。新的收益为3.36美元，产生的成本-效益比为

$$C/B = 0.10\ \text{美元}/3.36\ \text{美元} = 0.03$$

从表面上看，这种方法似乎效益要高得多。然而，"连接电源"的可能性可能被大大低估了，因为大多数消费者在手指进入机体之前都会忘记拔掉电源。因此，这不是首选的解决办法。请注意，如果每台咖啡机再增加1.00美元成本用于额外的质量控制，以便在启动前确认所有的布线和开关错误，将每种可能性降低到0，由此产生的成本-效益比为1.25，远远大于在盖子中安装联锁开关。

8.6 安全法规和工伤补偿

8.6.1 基础和术语

在美国，安全立法和其他法律体系一样，是建立在普通法、成文法和行政法相结合的基础上的。普通法起源于英国不成文的习惯和典型用法，但由法院通过司法裁决加以调整和解释。成文法是由立法者制定并由行政部门执行的。行政法是由行政机关或政府机关制定的。然而，因为普通法是第一位的，美国的许多法律术语和原则都是由此而来的。因此，古代法律中的主人、仆人和陌生人最终分别代表了现代的雇主、雇员和客人或访客。责任是对损伤

或损害提供赔偿的义务，严格责任是一种更高层次的责任，原告无须证明过失或过错。原告是在法庭上提起诉讼的人，通常是受了伤害的人。被告是为诉讼辩护的实体，通常是雇主或产品制造商。过失是指在预防伤害方面没有采取合理的注意措施。更严重的过失包括重大过失和当然过失。重大过失是指没有采取任何注意措施而造成的，当然过失不需要证据。由此产生的对原告的任何赔偿分为两类：①补偿性损害赔偿，即医疗费、工资损失和原告的其他直接损失赔偿；②惩罚性损害赔偿，以额外的金钱专门惩罚被告。

根据英国普通法体系，以及后来的成文法，雇主确实有一些法律义务，如提供安全的工作场所，保护雇员不受伤害，以及赔偿因不履行这些义务可能造成的伤害和损害。这些义务也适用于顾客和一般公众，例如工作场所的来访者。然而，在实践中，这些法律义务并不重要，因为举证责任落在了雇员身上，要他在法庭上证明雇主的疏忽是造成他或她受伤的唯一原因。有几个因素使得雇员很难证明自己的观点。首先，"亲密原则"要求双方当事人之间以合同的形式建立直接关系。因此，任何与雇主没有直接合同的雇员都不太可能在法庭上取得成功。其次，有一个"风险概念"的假设，即一个工人知道工作的危害，但仍在那里工作，他就要承担风险。即使不是由于自己的过错造成的伤害，他也不能得到赔偿。再次，可能是因为同事的过失或自己也有一部分责任导致雇员告雇主受阻。最后，人们总是担心失去工作，这通常限制了对雇主的法律行动。此外，任何法律诉讼都耗时多年，延误了医疗费用所需的赔偿，导致赔偿前后不一致且相对不足，其中大部分钱都交给了相关律师。因此，人们要求通过工伤补偿立法来纠正这些不公平现象，并迫使雇主采取纠正措施来保护雇员。

8.6.2 工人补偿

在美国，第一部工人赔偿法于 1908 年针对联邦雇员颁布，并最终在全国施行。所有这些都是按照不加过失地补偿工人医疗费用和工资损失的一般原则运作的。通常情况下，他们会设定特定条件甚至职业的薪酬数额，各州的情况可能有所不同。大约 80% 的美国劳动力都有保险，但也有一些明显的例外：独立的农业工人、家政工人、一些慈善组织、铁路和海运工人以及较小的独立承包商。为了确保雇主破产时工人的福利不会终止，公司必须购买保险，可以通过为此目的设立的国家基金，也可以通过私人保险公司的竞争性基金。在某些情况下，财务安全的大型公司或实体可以自我保险。

工人要求赔偿的主要条件有三：

(1) 受伤一定是意外事故造成的。

(2) 这种伤害一定是由于工作造成的。

(3) 伤害一定是在工作过程中造成的。

未被考虑的意外事故包括醉酒、自伤或激烈争吵造成的事故。此外，任何正常情况下可能发生的事情，如心脏病发作，都不包括在内，除非工作压力太大，导致心脏病发作。因受雇而引致的受伤，适用于主管指派的工作或该雇员通常期望的工作。一个典型的例外是从事"政府工作"或者公司设备用于个人用途。工伤适用于正常工作时间，不适用于上下班途中时间（除公司提供交通工具外）。

工伤补偿一般可分为四类残疾：①临时性部分残疾；②临时性全部残疾；③永久性部分残疾；④永久性全部残疾。临时性部分残疾是指工人受轻伤，预期可完全康复的残疾。工人仍然可以完成大部分工作，但可能会损失一些时间和/或工资。临时性完全残疾是指工人在有限的时间内不能从事任何工作，但预计会完全康复的残疾。这类案件占工伤赔偿案件的绝大部分。永久性部分残疾是指工人受伤后不能完全康复，但仍能从事一些工作的残疾。该类别占工人补偿费用的大多数，并被进一步细分为计划性和非计划性工伤。计划性工伤按照规定在一定的时间内获得一定的赔偿金，例如表8-9。请注意，州与州之间、联邦与州之间可能会有相当大的支付差异，如联邦和宾夕法尼亚之间。非计划性工伤的性质不太明确，比如毁容，按比例赔偿计划外伤害。永久性全部残疾是非常严重的，它们将阻止雇员从事正常工作。同样，构成全部残疾的因素可能也有很大的差别，但在许多国家，这是由于双眼失明或丧失双臂或双腿。在大约一半的州，赔偿金是根据残疾或受伤工人的生命周期计算的。而另一半的时间则以500周为限。补偿是工资的一定比例，大多数是2/3。在工人死亡的情况下，养恤金支付给尚存的配偶终身或直至再婚，支付给子女直至18岁或至最长付款期（例如500周）。

可能还有其他一些重要的条件取决于具体情况。在某些情况下，公司可能会要求受伤的工人去看公司的医生，并从事适当的轻型工作。如果工人拒绝，工人的补偿福利将被终止。然而，在大多数情况下，工伤赔偿案件会得到迅速而友好的解决，而且工人会得到妥善安置。在某些情况下，可以对案件提出异议，由雇员和雇主直接解决或通过工人补偿法律制度解决。从工人的立场来看，这通常是一种合算的交易——她或他接受一笔有保证的较小数额的补偿，而不是以过失起诉雇主而结果不确定。然而，工人不会放弃起诉第三方的权利，比如有缺陷的设备或工具的制造商、有缺陷的建筑的建筑师或承包商，甚至是鉴定建筑或机器安全的检验机构。

表8-9　永久性部分残疾的赔偿时间表　　　　　　　　　　　　　　　　（时间：周）

截肢或100%丧失能力	联　　邦	宾夕法尼亚
臂	312	410
腿	288	410
手	244	325
脚	205	250
眼睛	160	275
拇指	75	100
食指（小指）	46（15）	50（28）
大脚趾（其他脚趾）	38（16）	40（16）
单（双）耳	52（200）	60（260）

从公司的角度来看，尽量减少工人的赔偿成本是很重要的。这可以通过各种方法来实现。

（1）实施安全计划，以减少工作场所的危害，并对操作人员进行适当的培训。

（2）实施适当的医疗管理计划几乎同样重要。为了正确判别和分配工人从事轻型工作，可以请若干医务人员来参观工厂并使其充分了解不同的工作。让受伤的员工尽快重返工作岗位也是非常重要的，即使只是从事一项轻型工作。

（3）根据每个员工所从事的工作对其进行分类，错误分类将导致保费的增加。例如，一名办公室职员被错误分类为磨床操作员。

（4）进行全面的工资审核。工伤工人的加班费高于其他工人。因此，与 10 美元/h 的加班费相比，20 美元/h 的双倍加班费会大大增加公司的成本。

（5）比较自我保险和各种团体保险项目的最低成本，并使用免赔额。

（6）经常检查 mod 比率。这是雇主实际损失与预期损失之比，平均为 1.00。通过实施一个良好的安全计划，减少事故、伤害以及工人的赔偿要求，mod 比率将显著下降。mod 比率为 0.85 意味着保费可以节省 15%。通过适当的管理可以控制工人的赔偿成本。

8.7　职业安全与健康管理

8.7.1　关于《职业安全与健康法案》

美国国会于 1970 年通过了《职业安全与健康法案》，"尽可能确保全国每一个职业人员工作环境的安全与健康，以保护我们的人力资源。"根据该法案，职业安全与健康管理局（OSHA）成立。

1）鼓励雇主和雇员减少工作场所的危害，实施新的或改进现有的安全和健康计划。

2）为雇主和雇员建立"独立但相互关联的责任和权利"，以实现更好的安全和健康条件。

3）建立报告和记录系统，以监测与工作有关的伤害和疾病。

4）制定强制性的工作安全和健康标准，并有效实施。

5）负责国家职业安全卫生规划的编制、分析、评价和批准工作。

由于该法案对工作场所的设计产生了极为重要的影响，因此方法分析人员应充分了解该法案的细节。该法案的一般条款规定，每位雇主必须提供不存在因任何原因导致或可能导致人员死亡或严重人身伤害危险的工作场所。此外，该法案声明，雇主有责任熟悉适用于其企业的标准，并确保员工拥有并使用个人防护装置和设备，以确保安全。

OSHA 标准分为四类：一般工业、海事、建筑和农业。所有的 OSHA 标准都发布在《联邦公报》（大多数公共图书馆都有）上，独立成册（OSHA，1997），也发布在网站（http：//www. osha. gov/）上。OSHA 可根据自己的需要，或根据美国卫生和社会服务部（HHS）、NIOSH、州和地方政府、ASME 等国家认可的标准制定机构，以及雇主或劳工代表提出的申请启动标准制定程序。在这些组织中，NIOSH 非常积极地为标准提出建议。它对各种安全和健康问题进行研究，并为职业安全与卫生管理提供了大量的技术援助。特别重要的是 NIOSH 对有毒物质的调查，以及对工作场所这些物质使用标准的制定。

OSHA 还为所有 50 个州的雇主提供免费现场咨询服务。这项服务可按要求提供，并且优先考虑较小的企业，因为这些企业一般无法设立独立的咨询部门。这些咨询服务帮助雇主识别危险条件并确定纠正措施。在 OSHA 的网页（http：//www. osha. gov/dcsp/smallbusiness/consult_directory. html）上可以找到这些咨询服务的清单。

该法案还要求拥有 11 名或 11 名以上雇员的雇主在 OSHA300 号表格中保存职业伤害和职业病记录。职业伤害是指因工伤事故或者在工作环境中接触单一事故而造成的伤口、骨折、扭伤、截肢等伤害。职业病是指因接触与职业有关的环境因素而造成的职业伤害以外的其他非正常情况或者疾病。职业病包括急性和慢性疾病，可以由吸入、吸收、摄入或者直接接触有毒、有害物质引起。具体来说，如果结果是死亡、一个或多个工作日不能工作、行动受限或无法完成曾经完成的工作、失去知觉、转移到其他工作岗位或急救以外的医疗，必须记录这些情况。

8.7.2 工作场所检查

为了执行其标准，OSHA 有权进行工作场所的检查。因此，该法案所涵盖的所有组织都要接受 OSHA 相关人员的检查。该法案规定，"在向主管业主、经营者或代理人出示适当证件后"，OSHA 相关检查人员有权立即进入任何工厂或工作场所，检查工厂或工作场所的所有相关条件、设备和材料，并向雇主、经营者或雇员提出问题。

除少数例外情况外，OSHA 的检查是在没有事先通知的情况下进行的。事实上，如在 OSHA 检查前通知雇主，最高可被罚款 1000 美元及/或监禁六个月。OSHA 可向雇主发出检查通知书的特殊情况包括：

1）紧急危险的情况存在，需要尽快纠正。

2）检查需要特别准备，或者必须在正常工作时间之后进行。

3）事先通知确保雇主及雇员代表或其他人员会出席。

4）OSHA 相关主管人员认为事先通知会有利于更彻底或更有效的检查。

经检查，发现有迫在眉睫的危险情况时，检查人员要求用人单位主动减轻危险，并将有危险的员工排除在危险之外。此外还必须发布危险通知。在 OSHA 检查人员离开工作场所之前，将危险告知所有可能受影响的员工。

检查时，要求雇主选择一名雇主代表陪同检查人员进行检查。被授权的雇员代表也有机会参加公开会议，并在检查期间陪同 OSHA 检查员。在有工会的工厂，工会通常指定雇员代表陪同检查。在任何情况下雇员代表都不能由雇主来选择。本法案不要求每次检查都有雇员代表；但是，在没有授权的雇员代表的情况下，检查人员必须就工作场所的安全和健康问题与数量合理的雇员进行沟通。

检查结束后，检查人员与雇主或者雇主代表召开总结会议。随后，检查人员向 OSHA 相关部门报告调查结果，OSHA 地方主管人员确定将发出何种传票（如果有的话），或者将提出何种惩罚（如果有的话）。

8.7.3 传票

传票即通知雇主和雇员涉嫌违反的条例和标准，以及责令改正的时间。雇主将通过挂号信的方式收到关于拟议处罚的传票和通知。雇主必须在发生违规行为的地点或附近张贴一份传票复印件，为期三天，或直至违规通知解除，以时间长者为准。

在总结会议结束后，检查人员有权向用人单位发出传票。在这种情况下，检查人员必须首先与其地方主管讨论每一个违规行为，并且必须得到批准才能发出传票。

列举六种违规行为和可能施加的惩罚如下：

1）违规行为较轻的情况（无惩罚）。这类违法行为与安全或健康没有直接关系，例如卫生间数量。

2）不严重的违规行为。这类违规行为直接关系到工作安全和健康，但可能不会造成死亡或严重的人身伤害。每违反一项规定，可酌情处以最高 7000 美元的罚款。对于不严重的违规行为的处罚可以根据雇主的诚信（表明努力遵守行为）、之前的违规历史和业务规模适当调整。

3）严重的违规行为。这是一种有很大可能造成死亡或严重损害的违规行为，且雇主知道或应该知道其危险性。每违反一项规定，最高可判罚款 7000 美元。

4）有意的违规行为。这是雇主故意违规的行为。雇主要么知道其行为构成违规，要么知道存在危险状况，但没有做出任何合理补救予以消除。对于此类有意违规行为，最高可处以 7 万美元的罚款。如雇主因故意违反规定而导致雇员死亡，最高可判处监禁六个月。如发生第二次则加倍处罚。

5）重复违规行为。这是指针对企业曾违反任何标准、规定、规则或命令的行为，在接受再一次检查的过程中，再次违反了上述规定。如果在重新检查时发现违反了先前提到的标准、条例、规则或命令，但涉及另一项设备和/或设施或另一工作地点，也要视为重复违规。每违规一次，最高可被罚款 7 万美元。如刑事诉讼被裁定有罪，最高刑罚为监禁六个月及罚款 25 万美元（个人）或 50 万美元（企业）。

6）极度危险的情况。在这种情况下，可以明确地意识到存在可能导致死亡或严重人身伤害的危险，并且危险在强制解除之前随时都有可能发生。一旦发生这类情况，可能会导致企业部分或完全停工。

其他可能被发传票和处罚的违规行为如下：

1）伪造记录、报告或申请书，一经定罪，可处罚款 1 美万元及监禁六个月。
2）违反相关（档案）记录要求，最高可处罚款 7000 美元。
3）如超过规定的日期不消除或纠正违规行为，则每天将处以高达 7000 美元的罚款。
4）攻击、干扰或抵抗检查人员执行工作的，最高可处罚款 5000 美元及监禁三年。

8.7.4　OSHA 工效学方案

1990 年，在肉类加工业中发现的与工作相关的肌肉骨骼疾病的高发病率和严重程度促使 OSHA 制定了用于保护肉类包装者免受这些危害的人类工效学方案（OSHA，1990）。这些方案的发布和传播是帮助肉类加工业实施包括工效学在内的全面安全和健康计划的第一步。虽然这些方案最初的目的是提供指导或建议，但最终发展成了新的全行业的工效学标准。这些方案旨在提供信息，使雇主能够确定是否存在工效学问题，查明这些问题的特性和位置，并采取措施减少或消除这些问题。

肉类加工工业的工效学方案分为五个部分：①管理承诺和员工参与；②工作场所分析；③危险预防和控制；④医疗管理；⑤培训和教育。还提供了为肉类加工业量身定做的详细实例。

承诺和参与是任何健康安全和健康计划的基本要素。管理层的承诺在提供解决问题的动力和必要资源方面尤其重要。同样，员工的参与对于维护和继续改善方案是必要的。一个有效的方案应该有一个合作团队并以一位高层管理人员作为团队领导，使用以下原则：

1）工作安全、健康和工效学方案应以书面的形式明确说明方案目标以及达到该目标的目的，并得到最高管理层的认可和提倡。

2）关注员工的健康和安全，强调消除工效学的危害。

3）制定与生产同样重要的健康和安全政策。

4）把工效学方案的职责分配给合适的管理人员、主管和员工。

5）具有确保这些管理人员、主管和员工履行上述职责的程序。

6）对工效学方案进行定期评审和评估。这可能包括伤害数据的趋势分析、员工调查、工作场所"前后"的对比评估、工作改进日志等。

员工可以通过以下方式参与：

1）对管理人员提出申诉或建议，无须担心报复。

2）建立一种程序，用于及时准确地记录与工作有关的肌肉骨骼疾病的最初迹象，以便能够及时地实施控制和治疗。

3）成立工效学委员会，负责接收、分析和纠正工效学方案。

4）组建具有识别和分析工效学问题必要技能的团队。

一个有效的工效学方案包括四方面主要的内容：工作地分析、危害控制、医疗管理、培训和教育。

1）工作地分析确定现有的危险和条件，以及可能产生这种危险的操作和工作场所。分析包括对损伤和疾病记录的详细跟踪和统计分析，以确定与工作有关的肌肉骨骼疾病的发展模式。实施分析程序的第一步是使用卡方分析和发病率跟踪对医疗记录、保险记录和 OSHA 300 表格进行审查和分析。接下来，可以进行基线筛选调查，以确定哪些工作会使员工面临患上与工作相关的肌肉骨骼疾病的风险。本调查通常采用问卷的方式，利用第 5 章的身体不适图，识别工作过程、工作场所或工作方法中潜在的工效学风险因素，以及个体工人潜在的肌肉骨骼问题的位置和严重程度。然后，使用前面章节介绍的作业设计清单和分析工具，对工厂进行实地分析，并对关键工作进行录像和分析。最后，与任何方法方案一样，应定期进行评审。这些工作将可能发现之前遗漏的风险因素或设计缺陷。应定期计算和检查伤害和疾病趋势，作为对工效学方案有效性的定量检查。

2）危害控制包括工程控制，实际操作的控制，个人防护装置以及管理控制，这些内容贯穿整本书。在可行的情况下，工程控制是 OSHA 首选的控制方法。

3）适当的医疗管理，包括早期识别体征和有效治疗症状，对于降低与工作相关的肌肉骨骼疾病的风险是必要的。具有相关经验的医护人员应监督该方案，定期、系统地对工作场所进行检测，时刻了解工作情况，确定潜在的轻型工作，并与员工保持密切联系。医护人员可根据上述信息提出建议，安排已康复的工人从事对原本损伤的肌肉骨骼组织工效学作用最小的工作。

4）卫生保健人员应对所有员工（包括主管）进行培训和教育，内容包括不同类型的肌肉骨骼疾病、预防手段、原因、早期症状和治疗。这些培训将有助于在症状恶化之前尽早检测与工作有关的肌肉骨骼疾病。应鼓励员工及时报告肌肉骨骼疾病的早期体征和症状，以便及时治疗。书面形式的健康监测、评估和治疗将有助于程序的正规化。

培训和教育是工效学方案的关键组成部分，尤其是对那些有可能产生健康问题的员工。培训使管理者、主管和员工了解与他们的工作有关的工效学问题，以及这些问题预防、控制和治疗的结果。

① 与工作相关的肌肉骨骼失调风险因素、症状和危害的一般培训应每年提供给那些有

潜在风险的员工。

② 新员工入职前，应接受工具、刀具、防护装置、安全以及适当提举等问题的专门培训。

③ 主管人员应接受培训，以识别与工作有关的肌肉骨骼失调和危险工作行为的早期迹象。

④ 应对管理人员进行培训，使他们了解自己的健康和安全责任。

⑤ 通过工作场所的重新设计，对工程师进行预防和纠正工效学危害的培训。

作为人类工效学标准的前身，通用工业指南的初稿于 1990 年发布，最终版于 1992 年年初签署。它所包含的信息与肉类加工业指南中的信息基本相同。然而，工业界有相当多的负面反应，随着共和党在 1992 年控制了国会，人类工效学标准实际上被暂时搁置。

8.8 危害控制

本节介绍控制危害的基本原则。危害是有可能造成人身伤亡或财产损失的根源或状态；危险是特定危害事件发生的可能性或其潜在的后果。因此，脚手架上未受保护的工人暴露于危害之中，有严重受伤的危险。如果给工人配备了安全带，虽仍然有危害，但危险已经大大减少。

危害一般可分为以下几种：①由于高压、辐射或腐蚀性化学物质等固有特性造成的；②由于操作者（或其他人）或机器（或其他设备）的潜在故障造成的；③由于环境力，例如风能、腐蚀等造成的。通常的做法是先尽量消除风险和防止事故，如不成功，降低危害程度，若事故仍然发生，将潜在的伤害或损失最小化。消除危害可以通过良好的设计和适当的程序来实现，例如使用不可燃的材料和溶剂，设备边缘设计为圆角，自动隔离伤害（例如危险环境中不安排人工操作，在铁路和公路交叉口修建立交桥等）。

如果危害不能完全消除，那么次一级的方法是尽量把危害程度控制在一定范围内。例如，在潮湿的环境中使用电钻可能会引发触电事故，使用无线电钻可以降低严重伤害的强度，但仍可能发生触电事故。当然，使用无线电钻会导致扭矩的减少和钻孔效率的降低。使用气钻可完全消除触电危险，但如无压缩空气则使用将受到限制。最安全的解决方案是使用机械手动钻，不会因供能问题而产生危险。然而，该工具的有效性将大大降低，并可能导致肌肉骨骼疲劳。限制危害程度的另一个例子是在校车上使用限速器来限制车辆的最高车速。

如果由于机电设备或电动工具的固有特性，危害程度不能被限制，则下一种方法是使用隔离、围栏和联锁装置，以尽量减少动力装置与人类操作者之间的接触。隔离和围栏在两者之间形成一定距离或生理上的阻隔。在工厂外放置发电机或压缩机将限制操作者和电力系统等能源供给之间正常的日常接触。只有维修工人才会不定期地接触到。固定的机器保护装置或轮式装置的保护罩就是很好的例子。第三种方法是联锁装置，它是一种更复杂的方法或设备，可以防止矛盾事件在错误的时间发生。其最基本的用途是锁定（如 OSHA 1910.147，锁定/标记）一个危险的区域，以防止未经授权的人进入这一领域，或锁定开关在供能状态，以便它不能被意外关闭。更典型的有效联锁方法是一种确保给定事件不会与另一个事件同时发生的机制。前面提到的咖啡机盖上的联锁开关（例 8-7）就是一个很好的例子，可以防止在开启的同时使用者的手指还在碗中。

另一种方法是使用故障安全设计。设计系统在发生故障的情况下达到最低的供能水平。可以通过简单的被动元器件来实现，例如熔丝和断路器，当遇到高电流水平时，它们会物理地断开电路并立即将电流降至零。这也可以通过设计阀门来实现，这些阀门要么在开启位置失效，以保持流体流动（即阀盘被流体强迫离开阀座），要么在关闭位置失效以阻止流体流动（即阀盘被流体强迫进入阀座）。此外，割草机或摩托艇的停机控制也是此类操作设计的例子。前者操作者按住杠杆以保持叶片转动；如果操作者绊倒并失去对杠杆的控制，则叶片通过松开离合器或切断发动机停止。后者则是把发动机钥匙用连接带系到操作者的手腕上，如果操作者被抛出摩托艇，钥匙就被拔出，发动机停止。

还有一种危害控制方法是将故障最小化。即使在故障安全模式下，这种方法也不允许系统完全失效，而是降低了系统故障的概率。可以通过增加安全系数、更密切地监视系统参数、定期更换关键部件或为这些部件提供冗余来实现。安全系数定义为极限应力与许用应力之比，应明显高于1。考虑到材料的强度有很大的差异（例如，在建筑中使用木材）以及一些环境应力的变化（例如，北部地区的雪），适当地增加安全系数以考虑这些差异对减少建筑物的倒塌是有意义的。对关键温度和压力进行检测，并通过适当的调整或补偿有助于防止系统达到临界水平。汽车轮胎磨损标志就是一种常用的参数监测方法。另一个例子是 OSHA 要求在危险区域工作时需施行伙伴（备份）系统。在磨损标志暴露之前定期更换轮胎，就是定期更换零部件的一个例子。再如使用更多的木材（设置其距离为 12in 而不是 16in）则是设置系统冗余的一个例子。

最后，如果系统最终仍出现故障，相关组织必须提供个人防护设备、逃生救生设备和救援设备，以尽量减少造成的伤害和损失。消防服装、头盔、安全鞋、耳塞等，都是常见的个人防护装备，以尽量减少伤害。自救人员在矿井的固定位置储存氧气，可以在矿井发生甲烷泄漏或火灾时提供额外的氧气，也可以在救援人员到达之前争取额外的时间。同样，与依赖当地消防部门相比，大型组织或企业也通过使用自己的消防设备来提高救援效率。

8.9 常规事务

与建筑物有关的一般安全考虑因素包括足够的地板承重能力。这一点在储存区尤为重要，因为承重过大可能会导致严重的事故。承重过大的危险迹象包括墙壁或顶棚上的裂缝、过度振动和结构件的位移。

走廊、楼梯和其他通道应定期检查，以确保它们没有障碍物、平整、不被油渍或其他可能导致滑倒的物质覆盖。应重视旧建筑物中楼梯的检查，因为它们是引起大量工时损失事故的原因。楼梯的坡度应为 28°～35°，踏面宽度为 11～12in，上升高度为 6.5～7.5in。所有楼梯应配备扶手，应至少有 10 fc（100 lx）的照明，并涂以浅色漆。

通道的标志应清晰、连续，转弯处应设圆角或斜线。如果通道用于车辆通行，则宽度应大于车辆宽度最大值两倍再加 3ft。如通道为单向，则宽度为车辆宽度最大值的两倍。一般来说，通道应至少有 10 fc（100 lx）的照明，并通过颜色标识各类危险情况（见表 8-10）。更多关于通道、楼梯及其细节可以在 OSHA 1910.21～1910.24 中找到。

表 8-10　色彩使用推荐

颜色	用　途	举　例
红色	消防设备、危险情况、停止信号	火警报警箱、灭火器及消防软管位置、洒水管道、易燃物安全罐、危险标志、紧急停车按钮
橙色	机器的危险部件、其他危险	内部可移动的防护装置，安全启动按钮，移动设备外露部分边缘
黄色	指示警告、物理危害	建筑及物料搬运设备，角落标记，平台的边缘，低洼处，楼梯踏板，凸出物。黑色条纹或格纹可以与黄色搭配使用
绿色	安全	急救设备、防毒面具、消防喷淋头
蓝色	禁止启动或使用设备	在机器、电气控制装置、油箱和锅炉阀门的开启处悬挂的警告标志
紫色	辐射危害	存放放射性物质或放射源的容器
黑白色	交通及清洁标志	通道的位置标志，方向标志，紧急设备周围的地面区域标志

目前的大多数机床已进行较为满意的防护以减少工人在操作机器时受伤的可能性，但一些老旧设备则不然。在此情况下，应立即采取行动，确保提供防护方案，并确保其可行性和常规使用。另一种方法是提供双按钮操作，如图 8-20 所示。请注意，两个手动按钮间距合理，因此当按下按钮时，操作者的手处于安全位置。这些按钮不应要求高强度的力进行控制，否则将会造成重复运动损伤。事实上，新的按钮可以通过皮肤电容激活，而不是依靠机械压力。一个更好的选择可以是使该过程自动化，使操作者完全从夹持点的位置释放出来或使用机器人机械手代替操作者。有关机器防护的进一步详情，请参阅 OSHA 1910. 211 ~ 1901. 222《机器及机器防护》（*Machinery and Machine Guarding*）。

图 8-20　双按钮按下的操作
©Morton Beebe／CORBIS

在工具室和工具库中建立质量控制和维修保养体系，确保只有工作状态良好的可靠工具才能发放给操作者。不应向操作者发放的不安全工具包括绝缘不良的电动工具、没有接地插头或接地线的电动工具、磨得不好的工具、头部呈蘑菇状的锤子、有裂缝的砂轮、没有防护的砂轮以及手柄裂开或开口的工具。

也有潜在的危险材料和危险化学品需要考虑，这些材料会引起各种健康和/或安全问题，通常可分为三类：腐蚀性物质、有毒物质和易燃物质。腐蚀性物质包括各种酸等，它们能在接触人体时灼伤和破坏人体组织。腐蚀性物质的化学作用可以通过直接接触皮肤或使人通过吸入烟雾或蒸汽发生。为避免使用腐蚀性物料所带来的潜在危险，可考虑采取以下措施：

1）确保材料处理方法的绝对可靠。

2）特别在初始交付过程中，避免任何溢出或飞溅。

3）确保接触腐蚀性材料的操作人员使用了正确设计的个人防护装备和废物处理程序。

4）确保药房或急救区备有所需的紧急物品，包括淋浴设施及洗眼水。

有毒或刺激性物质包括气体、液体或固体，它们通过摄入、通过皮肤吸收或吸入而毒害身体或扰乱正常过程。使用以下方法控制有毒物质：

1）将作业流程与工人完全隔离。

2）提供足够的排气通风。

3）为工人提供可靠的个人防护装备。

4）尽可能使用无毒或无刺激性的材料。

有关有毒物质的详情，请参阅 OSHA 1910.1000 ~ 1910.1200《有毒及有害物质》（*Toxic and Hazardous Substances*）。

此外，根据 OSHA 的规定，必须确定每种化合物的组成，确定其危害，并制定适当的控制措施来保护工人。这些信息必须清楚地呈现，并有清晰的标签和材料安全数据表（MSDS）。关于这一过程的进一步信息（称为 HAZCOM）可在 OSHA 1910.1200《化学品危害性交流标准》（*Hazard Communications*）中找到。

易燃材料和强氧化剂具有火灾和爆炸危险。易燃材料在通风不良导致缓慢氧化过程中的热量积累时，会发生自燃。为防止此类火灾，易燃材料必须储存在通风、凉爽、干燥的地方。少量应存放在有盖的金属容器中。一些可燃粉尘，如锯末，通常不被认为是爆炸性的。然而，当这些粉尘处于足以点燃的良好状态时，就会发生爆炸。应提供足够的通风排气系统和严格受控的控制制造过程来避免危险的发生，以使粉尘和有毒有害气体的释放最小化。有毒有害气体可由液体或固体吸收、吸附、冷凝，以及催化燃烧焚烧等方法除去。在吸收过程中，有毒有害气体在吸收塔（例如泡罩塔、填料塔、喷淋塔）的收集液中散布。有毒有害气体的吸附可使用多种固体吸附剂，例如木炭，对某些物质如苯、四氯化碳、氯仿、一氧化二氮和乙醛具有吸附作用。有关易燃材料的详细信息，请参阅 OSHA 1910.106《可燃易燃液体》（*Flammable and Combustible Liquids*）。

在易燃材料着火的情况下，对其引发火灾的抑制是基于相对简单的火灾三角原理（尽管实际实施并不简单）。火的形成有三个必要的组成部分，或称三角形的边：氧（或化学反应中的氧化剂），燃料（或化学反应中的还原剂），以及热量或点火。移除任意一条边都可抑制火焰（或使三角形坍塌）。往房屋建筑的火上喷水可以使火冷却（散热），也可以稀释氧气；在火上使用泡沫（或用毯子覆盖）可从火中除去氧气；移开火中的木料可以去除燃料。在实际中，可在工厂里设置固定的灭火系统，比如洒水器和便携式灭火器。以上设备按类型和大小分为四种基本类型：A 类为普通可燃物灭火设备，可用水或泡沫灭火；B 类为易燃液体灭火设备，一般使用泡沫灭火；C 类为电气灭火设备，使用非导电泡沫灭火；D 类为可氧化金属灭火设备。有关防火防灾的进一步资料，请参阅 OSHA 1910.155 ~ 1910 – 165《消防》（*Fire Protection*）。

本 章 小 结

本章涵盖了安全的基础知识，包括：从事故致因的各种理论入手解析事故预防过程；阐述了概率在系统可靠性、风险管理和故障树分析中的应用；通过使用成本-效益分析和其他工具方法进行决策；介绍了用于监控安全项目成功与否的各种统计工具，基本的风险控制方法，以及与工业生产相关的美联邦安全法规。本章只介绍了危害控制的基本知识。关于特定工作场所危害的具体细节可以在许多传统的安全类文献中找到，如 Asfahl（2004）、Banerjee（2003）、Goetsch（2005）、Hammer and Price（2001）、National Safety Council（2000）和

Spellman（2005）的文献。然而，对于工业工程师而言，应掌握充足的信息来启动安全计划，为员工提供安全的工作环境。

思 考 题

1. 事故预防与安全管理有何不同？
2. 预防事故的步骤有哪些？
3. 描述骨牌理论中的"多米诺骨牌"，并阐述其要点。
4. 多重致因如何影响事故预防？
5. 比较 LCU、动机-报酬-满意度以及 ABC 模型。这些模型的共同点是什么？
6. 解释卡方分析在事故预防中的意义。
7. 事故预防中风险分析的目的是什么？
8. 什么是危险信号？
9. 讨论独立事件和互斥事件之间的区别。
10. 怎样才能提高系统的可靠性？
11. 比较 AND 门与 OR 门。
12. 什么是临界值？它在成本-效益分析中扮演什么角色？
13. 比较普通法和成文法。
14. 责任和严格责任的区别是什么？
15. 过失、重大过失和当然过失有何区别？
16. 补偿性损害赔偿与惩罚性损害赔偿有何区别？
17. 在工伤补偿前，雇主采用哪三项普通法条件，取消受伤工人领取补偿的资格？
18. 获得工伤补偿的三个主要条件是什么？
19. 比较工伤补偿制度下的四类残疾。
20. 计划性工伤和非计划性工伤有什么不同？
21. 什么是第三方诉讼？
22. 企业有哪些方法可以降低员工的薪酬成本？
23. 为什么 OSHA 的一般条款如此重要？
24. OSHA 可发出何种类型的传票？
25. OSHA 提出的工效学方案的内容是什么？
26. 危害和危险的区别是什么？
27. 危害控制的一般方法是什么？
28. 解释为什么自动停机控制开关是故障安全设计的一个好例子。举一个可能用到它的例子。
29. 什么是安全系数？
30. 什么是火灾三角？解释其原理如何在灭火器中使用。

计 算 题

1. 下表为伤害数据：
a. 各部门的发病率和严重程度如何？
b. 哪个部门的受伤人员明显多于其他部门？
c. 哪个部门的伤害严重程度明显高于其他部门？

作为一名安全专家，你会先处理哪个部门的问题？为什么？

部　门	伤害起数（起）	损失天数/天	工作时间/h
铸造	13	3	450 000
开浇道	2	0	100 000
切断	5	1	200 000
磨削	6	3	600 000
包装	1	3	500 000

2. 一位工程师在调试一台正在运行的大型蒸汽机的变速箱时，将扳手掉在了其中。结果，蒸汽机严重损坏。幸运的是，这位工程师只因弹射出的金属碎片而受到轻微划伤。工程师推测金属手柄扳手是因他手上有油而滑出的。

a. 使用多米诺骨牌理论和多重致因理论来检验这个事故场景。

b. 使用作业安全分析提出可以防止伤害和损失的控制措施（并指明每种方法的相对有效性）。你的最终建议是什么？

3. 给定 $P(A) = 0.6$，$P(B) = 0.7$，$P(C) = 0.8$，$P(D) = 0.9$，$P(E) = 0.1$，A、B、C、D、E 均为独立事件，求 $P(T)$。

a. $T = AB + AC + DE$

b. $T = A + ABC + DE$

c. $T = ABD + BC + E$

d. $T = A + B + CDE$

e. $T = ABC + BCD + CDE$

4. 使用故障树对楼梯进行成本-效益分析。假设在过去的一年中，有三起事故是由路滑引起的，五起事故是由栏杆不牢固引起的，三起事故是由于某人疏忽将工具或其他障碍物留在台阶上造成的。每起事故造成的平均费用为 200 美元（急救费用、损失时间等合计）。假设你被分配了 1000 美元来改善楼梯的安全性（尽管你不需要花光所有的钱）。可以采用以下三种备选办法：

a. 铺设新的路面，将减少 70% 的由路滑引起的事故，成本为 800 美元。

b. 换上新的栏杆，这将减少 50% 的由栏杆不牢固引起的事故（考虑到不是所有的行人都使用栏杆），成本为 1000 美元。

c. 设置标志：并对相关人员进行教育，估计可减少 20% 的由栏杆和障碍物引发的事故（人们容易忘记），但成本仅为 100 美元。

（计算基本事件概率，假设楼梯每小时使用 5 次，每天使用 8h，每周使用 5 天，每年使用 50 周）

a. 绘制故障树。

b. 评估所有备选方案（或组合），以确定 1000 美元的最佳分配。

5. 在油漆车间对部件进行油漆及烘干作业。在油漆车间引起火灾并造成重大损失需要三个要素：燃料、点火源和氧气。氧气总是存在于大气中，因此其概率为 1.0；着火可能是由于静电引起的火花（概率为 0.01），也可能是由于烘干机构过热引起的（0.05）；燃料来自三种挥发性蒸汽：干燥过程中的油漆蒸汽（0.9）、用于稀释油漆的油漆稀释剂蒸汽（0.9）和用于清理设备的溶剂蒸汽（0.3）。火灾造成的财产损失可能高达 10 万美元。为尽量减少发生重大火灾的可能性，有三个可供选择的解决方案：

a. 花 50 美元把清理作业转移到另一个房间，这样可以将油漆区有溶剂蒸汽的可能性降低到 0。

b. 花 3000 美元购买一个新的通风系统，它能将三种燃料中产生每一种蒸汽的可能性降低到 0.2。

c. 花 1 万美元购买一种新型的油漆喷涂系统，它不会释放挥发性气体，将油漆和油漆稀释剂挥发的可能性降低到 0。

a. 绘制故障树并推荐效益大的解决方案。

b. 考虑多米诺骨牌理论在这个场景中的应用。以正确的顺序命名每个多米诺骨牌，并提供适用于此场景的其他两个可能的解决方案。

6. a. 根据布尔表达式 $T = AB + CDE + F$ 绘制故障树。

b. T 的严重程度是每起事故损失 100 个工作日。基本事件的概率为 $P(A) = 0.02$，$P(B) = 0.03$，$P(C) = 0.01$，$P(D) = 0.05$，$P(E) = 0.04$，$P(F) = 0.05$。给定的主事件 T 的预期损失是多少？

c. 从成本-效益的角度比较两种备选方案。你推荐以下哪一种？

i. 花 100 美元将 C 和 D 的概率减到 0.005。

ii. 花 200 美元将 F 的概率降低到 0.01。

7. 计算系统可靠性。假设各事件独立。

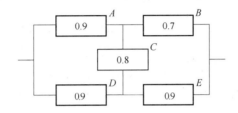

8. 一架早期的螺旋桨飞机有三个发动机，一个在中间，左、右机翼上各有一个。在这种配置下，飞机可以使用任意两个发动机，也可以只使用中间一个发动机。假设每个发动机的可靠性为 0.9，那么整架飞机的可靠性是多少？

9. NASA 使用 4 台完全相同的机载计算机（即 3 台是多余的）来控制航天器。如果 1 台计算机的可靠性是 0.9，那么整个系统的可靠性是多少？

10. 选择 OSHA 1910 标准之一。然后查看 OSHA 审查委员会关于这一标准的判决。这些案件之间有什么相似之处吗？谁是典型的赢家？法院是否修正过 OSHA 的传票和（或）罚款金额？

11. 核电站使用四条冷却管道将热量从核心反应堆中带走。管道 A_1 和管道 A_2 冷却反应堆芯顶部和底部，管道 B_1 和管道 B_2 冷却反应堆芯燃料区的上半部和下半部。如果任何一条 B 管道正在工作（即 A 管道和另一条 B 管道都可以关闭），或者如果两条 A 管道都在工作（即两条 B 管道可以关闭），反应堆就不会过热。如果每条管道的可靠性为 0.9，那么整个系统的可靠性是多少？

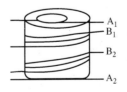

12. 美国钢铁公司使用焦炭和铁在密闭炉中炼钢。铁的还原和焦炭的氧化产生各种气体（包括 CO），这些气体通过烟道排入大气。1 月 2 日，一名工人在炉区因 CO 中毒致死。一名安全检查员后来还原出以下事实：①设施陈旧，烟道上有许多小裂缝；②公司在圣诞期间采取了一项削减成本的措施，关闭了工厂所有通风设备；③几台 CO 监测仪被发现电池没电；④违反了公司政策，该工人没有佩戴适当的防毒面具。分析此场景并建立故障树。假设不戴防毒面具的概率为 0.1，电池没电、通风设备关闭、烟道泄漏的概率分别为 0.01。计算主事件的概率。

参 考 文 献

Asfahl, C. R. *Industrial Safety and Health Management.* New York: Prentice-Hall, 2004.

Bahr, N. J. *System Safety Engineering and Risk Assessment: A Practical Approach.* London: Taylor & Francis, 1997.

Banerjee, S. *Industrial Hazards and Plant Safety.* London: Taylor & Francis, 2003.

Bird, F., and G. Germain. *Practical Loss Control Leadership.* Loganville, GA: International Loss Control Institute, 1985.

Brown, D. B. *Systems Analysis and Design for Safety.* New York: Prentice-Hall, 1976.

Cox, S. *Safety, Reliability and Risk Management: An Integrated Approach.* Butterworth Heinemann, 1998.

Devore, J. L. *Probability and Statistics for Engineering and the Sciences.* 6th ed. New York: Duxbury Press, 2003.

Ericson, C. A. *Hazard Analysis Techniques for System Safety.* New York: Wiley-Interscience, 2005.

Goetsch, D. L. *Occupational Safety and Health for Technologists, Engineers, and Managers.* 5th ed. Upper Saddle River, NJ: Pearson Prentice Hall, 2005.

Hammer, W., and D. Price. *Occupational Safety Management and Engineering.* 5th ed. New York: Prentice-Hall, 2001.

Heinrich, H. W., D. Petersen, and N. Roos. *Industrial Accident Prevention.* 5th ed. New York: McGraw-Hill, 1980.

Holmes, T. H., and R. H. Rahe. "The Social Readjustment Rating Scale." *Journal of Psychosomatic Research*, 11 (1967), pp. 213–218.

Laughery, K., and K. Vaubel. "Major and Minor Injuries at Work: Are the Circumstances Similar or Different?" *International Journal of Industrial Ergonomics*, 12 (1993), pp. 273–279.

National Safety Council. *Accident Prevention Manual for Industrial Operations.* 12th ed. Chicago: National Safety Council, 2000.

OSHA. *Code of Federal Regulations—Labor.* 29 CFR 1910. Washington, DC: Office of the Federal Register, 1997.

OSHA. *Ergonomics Program Management Guidelines for Meatpacking Plants.* OSHA 3123. Washington, DC: Bureau of National Affairs, 1990.

Skinner, B. F. "Superstition' in the Pigeon." *Journal of Experimental Psychology*, 38 (1947), pp. 168–172.

Spellman, F. R. *Safety Engineering: Principles and Practices.* Lanham, MD: Government Institutes, 2005.

相 关 网 站

NIOSH homepage—http://www.cdc.gov/niosh/
OSHA consultants—http://www.osha.gov/dcsp/smallbusiness/consult_directory.html
OSHA homepage—http://www.oshrc.gov
OSH Review Commission homepage—http://www.oshrc.gov

| 第 9 章 |

推荐方法的实施

本章要点

- 通过价值工程、成本-效益分析、盈亏平衡分析以及经济分析等方法，在可供选择方法中进行选择。
- 通常人们都不喜欢变化，因此需大力推广新的方法。
- 通过可靠的工作绩效评价，建立合理的基准工资。
- 合理安排能力全面的员工。

陈述并实施建议的方案，是制造产品或履行服务的工作中心系统化开发的第五个步骤。首先，分析师须选择将引入何种方法。可供选择的方法多种多样，有的效果较好，有的则成本较高。本章介绍了多种决策工具，以帮助分析师做出最合适的选择。显然"最合适的"概念包含诸多因素，这里所介绍的工具正是帮助分析师正确地权衡这些因素。

接下来是方法的推广阶段，该阶段或许是整个方法引入程序中最重要的。其重要性不在其他任何前述步骤之下，方法如果推广得不好将肯定不被采用。无论一套方案数据收集得多么全面彻底，方法多么精巧细致，如果不能得到实践机会，其价值只能是零。

很多人都非常讨厌别人企图影响自己思想的行为。所以当面对一个新的思想或观念时，人们的本能反应是对其筑起高高的防卫墙并抵制任何改变。我们希望保持自己的个性和神圣的自尊，人都有足够的自信，认为自己的思想或方法比其他人更好。因此，即使某种方法能为我们带来某种优势，产生抵制性反应也实属正常。如果这种方法确实有效，抵制倾向将更强，因为他们会想怎么不是我先想到这个方法的呢?

在提出参考方法时，应涵盖决策过程并强调该决策所能带来的成本节省，该决策将决定最后的设计布局。分析师在报告中，应该突出物料（直接和间接）和劳动（直接及间接）方面的节省。陈述报告的第二个重要方面是强调改进的方法所带来的质量和稳定性方面改善的可能性，第三个重要方面则涉及投资回报问题。没有合理的成本回收则该项目无法进行。

一旦引入的方法得到合理陈述及推广，那么该方法将被实施。实施过程也如陈述过程一样需要具有推广的技能。在推广阶段，分析师须不停地向同级的工程师、技师、下属员工、上级领导以及工人和工人代表反复地推销。

9.1 决策工具

9.1.1 决策表

决策表是一种结构化方法，它将决策中的主观因素提取出来，即决定待选的几种方法中哪个是应该执行的。决策表基本组成方式为"条件－行动"模式的陈述，这类似计算机编程中的"如果－那么"模式。若存在合适的条件或复合条件，则应采取相应的行动。因此，决策表能清楚地描述多准则、多变量的复杂决策系统。

决策表也叫危险活动表，常用于指定风险条件下的安全计划排程（Gausch，1972），可详细列出具体的各项行动。风险水平用两个变量来识别：频率和严重性，前者是指隔多久事故出现一次，后者是指损失的严重程度。频率可通过极少、少、可能、极有可能来加以区别，而严重性可通过可忽略的、不重要的、危急的和灾难性的来区分。这样便可得到一个危险活动表，见表9-1。

表 9-1 危险活动表

频 率	严 重 性			
	可 忽 略 的	不 重 要 的	危 急 的	灾 难 性 的
极少				
少				
可能				
极有可能				（＊）
行动				
可不予理睬				
长期研究				
改正（1年）				
改正（90天）				
改正（30天）				
停工				

（资料来源：Heinrich、Peterson and Roos，1980）

我们来看一下表9-1中右边带有＊号的一列。从这里，分析师可以做出决策，该工作条件应该迅速通过停止作业而被消除，因其极有可能导致人员严重伤害或死亡的灾难性后果。显然，这是一个可以通过简单想象得到的比较简单的例子。然而，若某例子的两个变量，每一个都有20种状态，则将有400种条件出现，那将很难记得住。总之，决策表强调的是通过利用更好的决策分析技术来做出较优决策，而不强调时间的压力，也就是说，行动计划是提前就制订好的，而不是当实际问题出现的时候才制订即时性的方案，那样将可能导致较大误差。

9.1.2 价值工程

评价事物的一个简单方法，是应用数学组成的一个盈亏矩阵，通常称作价值工程

（Gausch，1974）。对于期望的效益，不同的解决方案将可能有不同的得分。为每种效益设定权值（0~10 为合理范围），然后为每种解决方案所能实现的效益好坏程度分配数值（0~4，4 为最大值），将分配值与权值相乘，再将所得结果全部求和就得到最后的分值，具有最高净值的一种方案应为最适合的解决方案。

必须注意，不同公司/公司内不同部门甚至同一部门的不同时段，效益项将会有不同的权值。同时还应注意的是，Muther 提出的系统布局规划法（第 3.8 节）中所用的评价步骤正是价值工程的表现形式之一。

9.1.3　成本 – 效益分析

成本 – 效益分析是一种数值量化程度更高的事物选择评价方法。该方法有以下五个步骤：

（1）确定更好的设计能为公司带来哪些改善，如生产率增加、质量提高、伤害减少等。

（2）用货币单位将这些改善（效益）进行量化。

（3）确定实施变革必须付出的成本。

（4）将各待选方案成本除以效益，获得比率。

（5）比率最小的一个方案便是应该选择的方案。

第（2）步的评定和量化或许是最难的一步，有时候甚至无法进行效益的量化，有时候该值会是一个百分数、伤害程度或其他可能值。例 9-1 能帮助理解该三种决策工具。另外一些涉及不太可明确量化的效益（如健康和安全问题）的成本 – 效益分析实例，Brown 曾经有所论述（1976）。

例 9-1　切割操作

Dorben 公司是一家生产简单小巧刀片的公司，这种刀片生产之后通常会插入一个塑料的把手里面。在生产这种刀片的过程中，有一个通过脚踩踏板加压在小不锈钢条上进行切割的操作。该操作中，工人用钳子从零件箱中钳下一块橡皮尖并将刀片插入其中以起保护作用。加压之后，截下来的刀片被放在一个托盘中以备后续的装入把手的组装程序（这是有效基本动作研究的很好例子）。刀片很小，需要用到立体镜来辅助操作。操作员经常感到手腕、颈部、背部和踝关节疼痛，也常为此而抱怨。可能的改善方法有如下几条：①用一个脚踏开关代替机械踏板以减轻脚踝疲劳；②适当调整立体镜的位置以减少颈部疲劳；③实施可视化系统代替抬头观察的程序；④使用重力进料箱以改善生产率；⑤用真空测头取代钳子，从而提高生产率并消除潜在须手部紧握可能导致的 CTD。

表 9-2 所示为基于 MTM-2 分析和基于 CTD 风险指数（见图 5-25）伤害减少的情况，而假设的生产率改善状况。

表 9-2　切割操作各种方法的变更对生产率、可能的伤害和成本的影响

作业设计和方法变更	生产率变化（%）	CTD 变化（%）	成本（美元）
A. 脚踏电动开关	0	−1 *	175
B. 调整立体镜	0	−2	10
C. 可视化系统	+1 * *	−2	2000
D. 重力进料箱	+7	−10	40
E. 真空测头	+1 * *	−40	100

* 当前的 CTD 风险指数没有讨论更低的伤害底线，但有理由相信电动开关需要的较低压力可以产生有利的影响。

* * 不能从 MTM-2 中量化，但可以预期会有积极影响。

　　公司政策授权，若条件①+②或①+③得以满足，方法改进工程师无须再获得其他更大的授权即可继续其所致力的方法推广活动：①成本低于200美元（即很少）；②生产率提高幅度超过5%；③伤害风险减少超过33%。该情形见表9-3。

表9-3　切割操作的决策表

方法变更	条件				行　动
	1	2	3	策　略	
A. 电动开关					—
B. 调整立体镜					—
C. 可视化系统					—
D. 重力进料箱					继续
E. 真空测头					继续

　　根据价值工程理论，公司利益的三方面因素生产率提高、伤害率下降及成本降低可以分别赋以6、4、8的权重（见表9-4）。每种方法对每个因素的贡献值在0~4的区间取值。以此获得的结果为28、36、18、58和42，并可见利用重力进料箱的改善措施获得58的高分，为最佳解决方式。

表9-4　切割操作的价值工程分析：评价候选方案

工厂：Dorben 公司		A		B		C		D		E	
项目：切断操作	候选方案	电动开关		调整立体镜		可视化系统		重力进料箱		真空测头	
日期：6-12-97											
分析师：AF											
评价和权重评估											备注
考虑因素	权重	A		B		C		D		E	
生产率的提高	6	0	0	0	0	1	6	3	18	1	6
伤害率的下降	4	1	4	1	4	1	4	2	8	3	12
成本的降低	8	3	24	4	32	1	8	4	32	3	24
总计		28		36		18		58		42	

注：重力进料箱是最合理的方法改善措施。

　　就成本-效益分析方法而言，其预期效益可用生产率的提高和伤害率的降低来量化。设某公司年生产率每提高1%带来645美元的收益，同样，因CTD减少从而减少的工伤赔偿和医疗成本也可看作公司的利润。若公司平均每5年有一起导致手术的CTD事故，并设一起事故花费30 000美元，那么每年预期花费为6000美元，因此，风险每降低1%，相当于该公司每年增加60美元的收入。表9-5显示了两者的量化情况。

表 9-5　切割操作的成本 – 效益分析

方法变更	生产率（美元）	伤害率（美元）	总计（美元）	成本（美元）	成本-效益比
A. 电动开关	0	60	60	175	2.92
B. 调整立体镜	0	120	120	10	0.08
C. 可视化系统	645	120	765	2000	2.61
D. 重力进料箱	4515	600	5115	40	0.01
E. 真空测头	645	2400	3045	100	0.03
方法 B、D、E 改进	5160	3120	8280	150	0.02

从表 9-5 可见，任何一个比率小于 1 的方法（B、D、E）所获的收益相对于其实施需投入的成本都要大；方法 D 是最具有成本效益的方法，有趣的是，若将 B、D、E 组合起来考虑，将是一个非常值得参考的能极大减少成本的方法。

9.1.4　盈亏平衡分析图

盈亏平衡分析图（或平衡图）非常适合于可供选择的实施方法为二选一的情况。一种情况是使用低固定成本但高变动成本的通用装备，另一种是使用高固定成本而低变动成本的专用装备。在某一产量，两种情况交叉，达到一个平衡。而这通常与计划者普遍容易犯的错误息息相关。大量的资金被套牢在各种夹具上面，这些设施一旦用起来将带来很大的成本节省，但问题是它们不经常被使用。例如，在常设岗位上节省 10% 的直接人工成本，可能比在生产计划中每年只工作几次的非常规岗位上节省 80% ~ 90% 的工具成本更合理（这是第 2.1 节帕累托分析的一个很好的例子）。

低人工成本的经济优势是工艺装备的决定性因素。因此，这时的夹具是值得考虑的，即使只有较少数量能够用到。另外的一些因素，如提高了的可交换性、增加了的精确性和减少人员冲突等有时也会成为精心规划加工设施时的主导因素，尽管这种情况很少出现。

例 9-2　夹具和工艺装备成本的盈亏平衡分析

机加工部门的产品工程师为车间某一机加工设计了两套不同的工艺装备方案。目前正在使用的方案和改进方案的相关数据见表 9-6。从产量的角度看，哪一种方案将更经济呢？基本工资为 9.60 美元/h。估计年产量为 10 000 件。夹具视作资本并在五年内计算折旧。长远来看，方案 2 所示的分析结果单位总成本为 0.077 美元，为最经济的解决方案。

表 9-6　夹具和工艺装备成本

方法	标准时间 /（min/件）	夹具成本（美元）	工艺装备成本（美元）	平均工艺装备寿命/件	单位直接劳动力成本（美元）	单位夹具成本（美元）	单位工艺装备成本（美元）	单位总成本（美元）
现行方法	0.856	无	6	10000	0.137	无	0.0006	0.1376
方案 1	0.606	300	20	20000	0.097	0.006	0.0010	0.104
方案 2	0.363	600	35	5000	0.058	0.012	0.0070	0.077

盈亏平衡分析图（见图9-1）帮助分析师决定哪一个才是给定数量要求下最佳的配置方案。目前正使用的方法在年产量7576件时达到盈亏平衡。

$$(0.137 + 0.0006)x + 0 = (0.097 + 0.001)x + 300$$
$$x = 300 / (0.1376 - 0.098) = 7576$$

方案1为年产量在7576和9090之间时的最佳方案。

$$(0.097 + 0.001)x + 300 = (0.058 + 0.007)x + 600$$
$$x = 300 / (0.098 - 0.065) = 9090$$

且方案2是年产量为9090以上的最佳方案。注意方案2的应用，该方案的夹具成本被预先考虑，而工艺装备成本被视为消耗性材料。

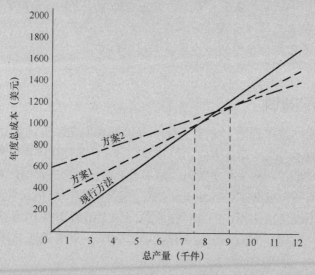

图9-1　夹具和工艺装备成本的盈亏平衡分析

例9-3　两种候选方案的盈亏平衡分析

当产量不够时，过多考虑多种建议方案是不切实际的，尽管相比目前的方法，新方法能带来实质性节约。例如，完成一个铰孔操作。该工作的任务约为100 000件/年。时间测定部门所测定的时间标准为8.33 h/千件，且固定钻孔成本为2000美元，由于7.2美元/h的基本劳动力成本仍然适用，所以每千件的费用为60美元。

现在，假定方法分析师提出拉削的新办法，因为这样能获得5 h/千件的速度。这样将使每千件的加工时间节省3.33 h，共节省333 h。以7.2美元劳动成本计算，意味着节省了2397.60美元。然而，推行这种新方法却是不实际的，因为拉削工具就将花费2800美元。因而这种变革是不合理的，除非其节省的劳动力成本能够抵消2800美元的工具成本开支。

因为拉削方法每千件的劳动力成本节省为3.33 × 7.20美元，那么只有该工序的订单能达到116 783件时，采用拉削方法才是合理的。

$$\frac{2800 \text{美元} \times 1000 \text{件}}{7.20 \text{美元/h} \times 3.33 \text{h}} = 116\ 783 \text{件}$$

然而，如果最初使用的是拉削方法而非铰孔方法，那么保证盈亏平衡的产量应该是

$$\frac{2800\ 美元 - 2000\ 美元}{7.20\ 元/h \times 3.33h/千件} = 33\ 367\ 件$$

当需求量为 100 000 件时，使用拉削方法将节省劳动力成本为 3.33h/千件 × 7.20 元/h ×（100 000 件 − 33 367 件）= 1596.80 美元。若在计划阶段使用动作分析，该成本节约将能实现。图 9-2 利用盈亏平衡分析图方法阐明了这些关系。

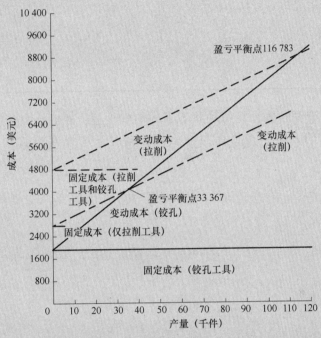

图 9-2　两种候选方案的固定成本和变动成本分析（盈亏平衡图）

9.1.5　多准则决策

在处理有多个准则且准则间通常相互矛盾的决策问题时，可通过一种新型方法，即多准则决策方法（MCDM）予以解决。该方法由 Saaty（1980）提出。例如，设分析师需要在四种方案（a_1，a_2，a_3，a_4）中进行选择，四种方案对应于产品或市场的四种可能状态（S_1，S_2，S_3，S_4）。又设分析师估计的四种方案获得的相应结果如下所示。

供选择方案	产品或市场的状态				
	S_1	S_2	S_3	S_4	总计
a_1	0.30	0.15	0.10	0.06	0.61
a_2	0.10	0.14	0.18	0.20	0.62
a_3	0.05	0.12	0.20	0.25	0.62
a_4	0.01	0.12	0.35	0.25	0.73
总计	0.46	0.53	0.83	0.76	

若结果表示的是利润或回报，而且出现的状态是 S_2，则分析师肯定会选择方案 a_1，若结果所示为废物或其他应最小化的因素，那么应选择 a_3 方案（尽管 a_4 也有同样的结果 0.12，分析师仍然会选择 a_3 方案，因为选择 a_3 方案比 a_4 方案的结果变动性要低）。很少会出现在不确定状态下做决策的情况。通常，预测未来的产品或市场状态时会有一定的风险。假定分析师能够估计未来四种市场状态出现的概率值，如下所示：

S_1	0.10
S_2	0.70
S_3	0.15
S_4	0.05
	1.00

一个合理的决策策略将计算每种状态下的期望收益，然后在目标为最大化的情况下选择最大值所对应的方案而在目标为最小化的情况下选择期望收益为最小值的方案。这里有

$$E(a_i) = \frac{\sum_{j=1}^{n} P_j C_{ij}}{n}$$

$$E(a_1) = 0.153$$

$$E(a_2) = 0.145$$

$$E(a_3) = 0.132$$

$$E(a_4) = 0.150$$

因而，方案 1 将被选择用来最大化期望的结果。

另一不同决策策略则是考虑出现概率最大的市场状态。从给定的数据来看，该市场状态应为 S_2，其概率值为 0.70。那么，基于此最大可能未来状态的方案选择应为 a_1，其收益回报为 0.15。

第三种决策策略为基于期望水平的战略。给定一个值用来表示期望水平，用 A 来表示，然后对每一个 a_j，判定每个方案的结果值 C_{ij} 大于或等于 A 的概率。选择具有最大概率值 $P(C_{ij} \geq A)$ 的方案。

例如，我们给定 A 值为 0.10，则有如下式子：

$$C_{ij} \geq 0.10$$

$$a_1 = 0.95$$

$$a_2 = 1.00$$

$$a_3 = 0.90$$

$$a_4 = 0.90$$

由于方案 a_2 具有最大的概率 $P(C_{ij} \geq A)$，因此应该推荐该方案。

分析师可能不能为每种市场状态赋以确定的概率值因此而认为每种状态都具有同等的概

率。在这样的情况下而采取的决策策略是基于"不充分理由原则",即没有足够理由证明任何一种状态出现概率要大于其他状态,对此,我们用下述公式计算期望值

$$E(a) = \frac{\sum_{j=1}^{n} P_j C_{ij}}{n}$$

在上述例子中,将得到:

$$E(a_1) = 0.153$$
$$E(a_2) = 0.155$$
$$E(a_3) = 0.155$$
$$E(a_4) = 0.183$$

基于此选择,将建议采用方案 4。

在不确定状态下,分析师可能采用的第二种决策策略是基于悲观准则策略。人悲观时总想到最坏的结果。因此,在处理最大化问题时,将会选择每一方案可能得到的最小值,分析师对这些值进行比较,然后选择具有最大最小值的一个方案,在上述例子中,

方　案	最小值 C_{ij}	方　案	最小值 C_{ij}
a_1	0.06	a_3	0.05
a_2	0.10	a_4	0.01

此处,将推荐采用方案 a_2,因为其最小值 0.10 相对于其他方案是最大的。投机准则是不确定状态下分析师可选择的第三种策略。该准则基于乐观判断。乐观的人总喜欢想到最好的结果,而不管选择什么样的方案。因此,在一个最大化的问题中,分析师将选择每个方案的最大值,然后选择当中具有最大值的方案。因而,

方　案	最大值 C_{ij}	方　案	最大值 C_{ij}
a_1	0.30	a_3	0.25
a_2	0.20	a_4	0.35

此处,推荐采用方案 a_4,因为其具有最大值 0.35。

大多数决策者既不是乐观型也非悲观型,相反,他们会建立一个乐观系数 X,$0 \le X \le 1$,则得到一个 Q_i 值,用来选择方案,其中,

$$Q_i = X(\max C_{ij}) + (1 - X)(\min C_{ij})$$

当处理的是最大化问题时,推荐采用的方案是具有最大 Q_i 值的,处理最小化问题时则选择具有最小 Q_i 值的。

最后一个不确定状态下的决策方法是最小化最大后悔值法。该准则涉及一个后悔值矩阵。对每一方案,基于其可能的市场状态,分析师计算出后悔值,该值为实际收入和决策者能够预见到的市场状态下获得的收入间的差值。

要建立后悔值矩阵,分析师需为每一市场状态选择最大值 C_{ij},然后减去每一候选方案相应每种状态下的 C_{ij} 值,在上述例子中,后悔值矩阵为

方　案	状　态			
	S_1	S_2	S_3	S_4
a_1	0	0	0.25	0.19
a_2	0.20	0.01	0.17	0.05
a_3	0.25	0.03	0.15	0
a_4	0.29	0.03	0	0

分析师会先挑出每种方案后悔值最大的状态，然而再在其中选择后悔值最小的方案作为所选方案。

候选方案	最小值 r_{ij}	候选方案	最小值 r_{ij}
a_1	0.25	a_3	0.25
a_2	0.20	a_4	0.29

基于该准则，方案 2 将是所选方案，其最小后悔值为 0.20。

这些决策方法在手工进行物料搬运过程（见第 4 章）时使用非常普遍，物料搬运问题通常是工人安全和生产率的权衡。例如，越是注重工人安全问题，工人的负载量越少，相应施加给工人下背部的生物力学负荷越小，装载的效率就越低。要获得期望的生产率水平，减少负载量就要求增加搬运频率，相应的将增加生理上的需求。对新陈代谢的评价告诉我们，低频率举起重负荷要好于高频率地举起较轻物品。但从生物力学机制来看，应该减少负重，而不需考虑频率因素，因此这就导致了一个矛盾出现。Jung 和 Freivalds（1991）利用 MCDM 的方法对任务的问题进行了研究，结论为频率范围每分钟在 1 ~ 12 次（见图 9-3）。对频率不高的任务而言（≤7 次/min）生物力学负荷是主导因素，对频率较高频率的任务而言（≥7 次/min），生理负荷是主导因素。但在大约 7 次/min 的水平，两种压力在确定工人负载压力时作用相同，因而，依赖于每种方案及方案的具体相关利益属性，可以获得不同的解决方案。分析师应熟悉这些决策策略并应选择对组织最适合的策略。

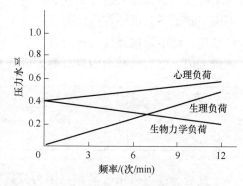

图 9-3　冲突调节指南中的不可接受压力水平
（资料来源：Jung and Freivalds，1991）

9.1.6　经济决策工具

在决定是否对某提议的方法进行投资时，三种常用的评价技术是：①销售回报率法；②投资回报率法；③折现现金流法。

销售回报率法涉及计算：①通过使用该方法而产生的平均年利润；②基于悲观估计的产品周期下，年销售额或产品的价值增加值。但是，尽管该比率提供了评价方法有效性和因此而做的销售努力方面所需的信息，它并没有考虑启动该方法时需的原始资本。

投资回报率法计算以下两个值的比：①基于悲观估计的产品周期下，使用该方法产生的年平均利润；②原始投资。当两种建议的方法所产生的销售额和利润相同时，管理者应偏向于较少使用投资资本的一种。投资回报率的倒数也叫投资回收期。该法给出了实现全部资本回收所需要的年数。

折现现金流法计算以下两个值的比：①现金流基于期望回报率的现值；②原始投资。该方法计算了流入流出公司的现金流的价值以及货币的时间价值。货币的时间价值非常重要，因为算上利息，今天挣得的 1 美元比今后任何一天的 1 美元都要值钱。例如，按照 15% 的复利计算，今天的 1 美元，相当于 5 年后的 2.011 美元，换种说法，5 年后赚的 1 美元相当于现在的 50 美分。利息可看成是生产性投资资本获得的回报。

时间价值相关计算公式如下：

一次支付：		
—终值系数	（已知 P 求 F）	$F = P(1+i)^n$
—现值系数	（已知 F 求 P）	$P = F(1+i)^{-n}$
等值连续支付：		
—偿债基金系数	（已知 F 求 R）	$R = \dfrac{Fi}{(i+1)^n - 1}$
—资金回收系数	（已知 P 求 R）	$R = \dfrac{Pi(i+1)^n}{(i+1)^n - 1}$
—年金终值系数	（已知 R 求 F）	$F = \dfrac{R[(i+1)^n - 1]}{i}$
—年金现值系数	（已知 R 求 P）	$P = \dfrac{R[(i+1)^n - 1]}{i(i+1)^n}$

式中 i——特定时期的利息率；

n——利息周期数；

P——现时的资金和，即现值；

F——n 个周期之后资金将来值的和，即终值；

R——在 n 个连续周期末每个周期末发生的现金流。

假定的回报率 I 是现金流计算的基础，基于该回报率，用新方法计算的随原始投资而得的现金流都将调整或估算为现值。悲观估计产品周期情形下的总的估计现金流以留存现金的形式作为利润或损失入账。最后，将该总额与原始投资做比较。

对产品需求做 10 年期估计将严重偏离现实，因而，机会元素被引入，且成功的概率将随投资回收期的延长而减少。任何一个研究的有效性都正比于输入数据的可靠性。可通过持续的跟进来确定假设的有效性。如果原始数据被证明是无效的，则分析师应该毫不犹豫地改变决策。合理有效的财务分析应该是用来简化决策的流程，而非取代好的商业决策。

例 9-4   推荐方案的经济学分析

我们可用一个实例来阐明评价推荐方案潜力时的三种方法的应用。

推荐方案的投资预算：10 000 美元

期望投资回报率：10%

夹具、固定设备及其他工具的残值：500 美元

推荐方案下的产品生命周期设为：10 年

现金流现值：

$$3000 \text{ 美元} \times 0.9091 = 2727 \text{ 美元}$$
$$3800 \text{ 美元} \times 0.5645 = 2145 \text{ 美元}$$
$$3800 \text{ 美元} \times 0.8264 = 3140 \text{ 美元}$$
$$3000 \text{ 美元} \times 0.5132 = 1540 \text{ 美元}$$
$$4600 \text{ 美元} \times 0.7513 = 3456 \text{ 美元}$$
$$2200 \text{ 美元} \times 0.4665 = 1026 \text{ 美元}$$
$$5400 \text{ 美元} \times 0.6830 = 3688 \text{ 美元}$$
$$1400 \text{ 美元} \times 0.4241 = 594 \text{ 美元}$$
$$4600 \text{ 美元} \times 0.6209 = 2856 \text{ 美元}$$
$$500 \text{ 美元} \times 0.3855 = \underline{193 \text{ 美元}}$$

现值合计：　　　　21 365 美元

工具的残值：

$$500 \text{ 美元} \times 0.3855 = 193 \text{ 美元}$$

期望毛收益及工具残值的现值总和为 21558 美元。则现值与原始投资比率为

$$21\,558 \text{ 美元} / 10\,000 \text{ 美元} = 2.16$$

这种方案的三种经济学评估结果都是令人满意的。61% 的销售利润率及 32.3% 资本回报率非常有吸引力。10 000 美元的资本回收期为 3.09 年（见表 9-7），且现金流分析显示 4 年内全部原始资本将回笼并有 10% 的利润。在预期的 10 年生命周期间，赚取的总利润为 11 566 美元。

表 9-7　推荐方案的三种经济学评价结果比较

年　　度	销售额的增加（美元）	生产成本（美元）	毛收益（美元）
1	5000	2000	3000
2	6000	2200	3800
3	7000	2400	4600
4	8000	2600	5400
5	7000	2400	4600
6	6000	2200	3800
7	5000	2000	3000
8	4000	1800	2200
9	3000	1600	1400
10	2000	1500	500
总计	53 000	20 700	32 300
平均	5300	2070	3230
销售回报率 = 3230 美元/5300 美元 = 61%		投资回报率 = 3230 美元/10 000 美元 = 32.3% 投资回收期 = 1/0.323 = 3.09 年	

9.2　方法实施

推荐的方法经核准之后，下一步便是去实施。在实施期间，分析师应始终参与工作以确

保所有开展的活动与预定计划保持一致，分析师必须查证正在建设的工作站的装备是计划所配置的、工作条件是方法所规定的、工具配备也是方法所推荐的且所有工作都在让人满意地进行中。一个机械师在不考虑后果的情况下，可能会做出轻微的改变或修正。最终有可能导致提出的方法达不到预期效果。分析师必须不断地向操作员、主管、生产准备人员等企业员工推销其新方法，这样一来，实施工作结束时，员工将更加认同这种新的工作方法。

一旦新工作中心建成，分析师应立即对其进行全面检查，看是否全部按照详细计划说明书所建。尤其应注意的是，分析师要确保"伸手"和"移动"的距离是在正确的长度范围内、工具设备被正确配置、机械正常运转、生产滞后被消除、安全措施正常运行、原材料按计划数量得到配给，并确保工作中心所有的工作条件和所有部门都按照新方法预期进行。

待新方法的所有方面都准备妥当后，主管人员将安排新方法的人员配置。这时，只要有需要，分析师还应与操作人员一起工作，以确保他们能够熟悉这些新的任务。这段时间可能会是一个麻烦期，可能是几分钟、几小时甚至几天，要视任务的复杂程度、柔性程度及员工的适应性情况而定。

一旦操作人员对新的方法有了一定的感觉并能系统而持续地工作，分析师就可以投入其他工作中了。然而，直到方法实施后的最初几天，分析师反复检查无误，确信建议的方法确实按照计划在运行，并且确信生产线主管在履行检查和监控新方法的职责之后，该阶段才宣告结束。

9.2.1 变革的阻力

员工抵制改善工作方法是很正常的情况。尽管大多数员工都认为自己是具有创新精神且上进的思想家，但即使是目前的工作环境并不是最好的，他们也都安于现状。他们惧怕变革在工作、薪水和安全方面带给他们的冲击，而根本不会去考虑变革的其他良性效果（见第18章马斯洛的需求层次分析）。正如吉尔布雷斯在其所做的经典试验中所体会到的，工人对变革的反应非常顽固并令人困惑。在一个床铺生产厂进行动作研究试验时，他注意到大部分中年女工熨烫床单的工作方式效率极低且让人非常疲劳。每完成一个床单的熨烫程序，女工需要重复坐立并艰难地用一个巨大而笨重的熨斗熨上百次。女工常感到腰酸背痛并疲惫不堪。为此，设计了几项工作革新，使用一个平衡重物来支撑熨斗的重量，女工的体力劳动因此大大减少。然而，女工的反应却完全出乎意料，因为如果是那样的话，她就不再是唯一能够在体力上承受这项工作（通常会受到主管的赞扬）的女工，而只是千千万万普通员工中的一员了，她将失去她的地位，因此，她会极力反对这样的变革（DeReamer，1980）。

因而向操作员、主管、机械师和其他人员宣讲新的方法就变得非常重要。需要事先通知员工那些会影响他们工作的新方法和变革。变革的阻力一般正比于变革的幅度和实施变革所允许的时间。因此，大的变革应该逐步实施。不要一次就将工作站中大小事宜全部改变。开始时可以改变一下座椅，然后可以是工具，最后才延伸到整个工作站。

接下来，要解释变革的原因。人们总是会拒绝他们不懂的事情。你必须向他们解释，变革不仅仅是在进行一个水平面抛光操作时将握把式工具换成同轴嵌入式工具，而是这种新工具不仅重量小而且减少了上肢运动，因而用起来更舒适。

处理员工情感上拒绝变革问题时的一般原则是突出变革积极的一面，例如，"这种新工具用起来非常简单"而淡化消极的一面，如"这工具很重且不是很安全"。让员工亲自参与方法变革和作业设计的流程。他们在执行自己的决定或建议的时候表现得都很好，而且面对那些有亲自参与的变革决策时，员工都会较少抵制。一个成功的办法是组建工人委员会或建立环境改善团队。

武力威胁，即管理层对不愿变革者的报复，也许是起反作用的，会激起员工的逆反情绪以阻止变革。此外，容易让人抵制的是社会层面的变革而非技术层面的。因此，若能让员工知道其他工人正在使用这些设备，那么一项与变革相关的操作将容易进行得多。

方法工程的最后一个步骤是，在适当的工作标准都设置好后，一直沿用该方法，判断是否实现了预期的生产率。在此，工业工程师必须仔细判断那些所获得的效果是源自新方法还是仅仅因为"霍桑效应"。

9.2.2 霍桑效应

这是一项经常被引用的研究，它强调了身处一项方法变革活动或一项能导致生产积极性和生产率提高的产品计划项目中的员工具有表现的欲望。事实上，该系列研究设计非常糟糕，除了能从中获得一个结论"当判定一项生产率提高是否应严格地归功于方法的变革时，要非常谨慎小心"外，你很难获得其他任何科学的结果及结论。不为人所知的是，该研究开始时，是由美国国家研究委员会和西方电气公司联合进行的，目的是要研究照明对生产率的影响。该研究于 1924 年到 1927 年在芝加哥附近的一间名为霍桑的工厂（约 4000 人）进行。简单而言，管理者发现工人的反应正如他们预想的那样，即当照明设施增加时，管理者希望工人能多生产产品，而结果也确实如此。一些后续研究进一步验证了该结果。换了一些灯泡，告诉工人增加了照明。而事实是，调换的灯泡功率保持不变，然而，工人对此做出积极评价，并提高了生产率。因而可见，生理效应和心理效应在此被混淆了（Homans，1972）。

基于该结果，西方电气公司决定再做一系列深入的研究，主要针对员工的精神态度和工作效果。这些就是著名的霍桑研究，由哈佛大学管理学院在 1927 年—1932 年间主持完成（Mayo，1960）。6 个女工被安置在一间独立隔开的房间，并为她们设置各种实验条件：①对这 6 名女工实行特殊激励，不同于同一部门的其他 100 名女工；②包含两个 5 ~ 10min 的休息时间；③更短的日工作时间；④更短的周工作时间；⑤公司供应午餐和饮料。任何变革将提前与 6 名女工讨论，其中被严重反对的变革将被弃用。而且，后来还通过更为正式的访谈流程讨论了这些改变对员工的影响。

由于员工都很欢迎这种可以发泄他们情感的机会，精心组织的讨论会蜕变成了自由批评会。但有趣的是，在 5 年的研究期间，不管工作条件怎样，生产率总的来说是增加的（除了少数产品改变或假期前后的开机/停机）。此外，和其他的员工相比，6 名女工的缺勤和病假大大减少。而西方电气公司也因关心员工福利而出了名，将这令人意外的结果归功于对员工的全面关怀，并由此提高了员工的社会满意度（Pennock，1929 年—1930 年）。

但遗憾的是，这些结论是被过于简单化的，因为在该研究中还有其他一些因素也混杂其中。许多管理实践也发生了很大改变，5 年研究期间对生产率的测量不一致并且还引入了许多方法上的变革（Carey，1972）。例如，为计算实验小组所生产的继电器数目，实施了一个重力传送系统，而根据动作研究的原理，这些也会增加生产率。

若抛开这些争议，霍桑研究给我们三点主要启示：①确认了一项基本的实验原则，"衡量某事物的行动往往会改变这个事物"；②正确处理人际关系将大大激发积极性（见第 18 章）；③一项自由实验中很难将混杂在一起的因素单独梳理开来。因此，分析师应非常慎重，不可急于给某项变革带来生产率的改善下定论。一部分改善成果可能是由于工作方法改善了，而另一部分成果则可能是随受到影响的工人的士气和激情的提高而提高。并且，任何的生产率改善措施，表面来看似乎无关痛痒，但实质上可能会有不可预料的效果，如果工人意识到了这些措施存在将会按照管理者所希望的那样去工作。

9.3 工作评价

这是方法研究的系统化程序的第六个步骤。每当一种工作方法被改变，工作描述也要相应改变以体现新方法的工作条件、职能和责任。当新的方法被引入，应进行工作评价，以便给工作中心安排合格的操作员并设置适当的基本工资。

工作评价应从为工作起一个准确的名字开始，并要清楚地描述工人应该做的实质工作内容、具体职能和责任以及对从事该项工作的工人的最低要求。通过综合运用个人访谈、问卷调查和直接观察等方式，可以为每种工作及该工作所要求的职责做一个完整而简洁的定义。定义中还需包含完成这些工作时所应具备的脑力和体力功能，定义时要使用确定性的词汇，如"指挥、检查、计划、测量和操作"等。描述越精确越好。图 9-4 为对收发员的工作分析，该分析适用于评分法的工作评价计划。工作描述是非常有用的监督工具，可以辅助选拔、培训和提升员工，并且可帮助评估工作分配情况。

工作名称：收发员　部门：运输部

男：X　女：　　日期：　　　总分值：280　　级别：　5

工作描述

指挥和辅助装卸货、计数、接收或拒收购买的部件和必需品并随后送到相应部门。

检查收货是否与采购订单一致。为所有的采购订单或发运订单做记录且更新未核实订单。准备收发情形的日报和周报以及库存信息的月度报告。

协助打包国际和国内的货物。为接收的材料准备申请检查单并为拒收的货物准备拒收单。

该工作需要了解打包、收发规范、工厂布局、车间供应和成品等方面的翔实知识。需要了解简单的办公室日常事务流程。有能力作为服务部门与其他部门合作且能够有效地与供应商合作。工作需要相当高的准确性和责任感。该工作错误决策的可能后果包括破损的收发货物、不准确的库存信息和额外的物料搬运。工作中涉及大量的最多 100lb 的提重。该工作需与两名 4 级打包工和运送工合作。

工作评价	等级	分值
教育	1	15
经验和培训	2	50
积极性和创造性	3	50
分析能力	3	50
性格要求	2	30
监督职责	1	25
损失职责	1	10
体质要求	6	25
心理或视觉要求	1	5
工作条件	5	20
		280

图 9-4　收发员的工作分析

本质上，工作评价是一种公正地判定组织中各种不同工种相对价值的技术。它应该包含以下几点：

1）它为向员工解释为什么一项工作要比另一项支付更多的工资提供了基础。

2）它为员工工资等级因工作方法更换而发生变动提供了理由。

3）它为某一具体工作安排具有专门才能的人员提供了基础。

4）它为新员工工资支付和员工晋级提供判断标准。

5）它为培训管理人员提供帮助。

6）它为决定从哪里进行方法改进提供了基础。

9.3.1 工作评价系统

大多数目前使用的评价方法都是下述四个主要方法的变化或组合：工作分类法、评分法、因素比较法和排序法。

1. 工作分类法

工作分类法有时也称等级说明计划，由一系列用来将工作分为不同工资等级的定义组成。一旦等级水平被定义，分析师就开始研究每项工作，并依据工作职责的复杂性及其与所描述的几种等级水平间的关系，将某工作归入相应的等级。美国公务员委员会就使用该方法。

使用该方法时，分析师一般遵从下述程序：

（1）为每种工作准备一份等级描述尺度，如机器操作、手工操作、技术（工艺）操作或检查。

（2）用如下因素，为每一等级的每一数值范围书写等级描述：

1）工作类型和职能复杂程度。

2）执行工作要求的受教育程度。

3）执行工作要求的经验。

4）责任。

5）要求的努力程度。

（3）为每项工作准备工作描述。通过工作描述与等级描述间的匹配（将某项工作置于某一等级中）实现工作的分类。

2. 评分法

在评分法中，分析师直接将某一工作的属性与其他工作属性进行比较，程序如下：

（1）设立并定义能显示工作价值的因素，这些因素都是存在于所有工作中的基本因素。

（2）对每个因素进行专门定义，以表示其程度。

（3）设立分值点，该点表示每个因素可接受的程度。

（4）为每项工作准备工作描述。

（5）通过判断每项工作都包含的因素的程度值，评价该工作。

（6）加和每项因素的分值，得到该项工作的总分。

（7）将工作积分转化为工资率。

3. 因素比较法

工作分析中的因素比较法常含以下步骤：

（1）确定那些构成各项工作相对价值的因素。

（2）设立类似于分数量表的评价标尺，除非可以用货币来衡量因素单元。例如一份以 2000 美元/月为基准的工作，其属性构成为 800 美元分配给责任因素，400 美元给教育因素，600 美元给技能因素，200 美元给经验因素。

（3）准备工作描述。

（4）评价关键工作，逐个因素进行评价，从最低到最高进行排序从而将工作分成不同的等级。

（5）基于各种因素，给每项关键工作设定工资。工资的分配确立了工作中每项因素之间的关系，也因这些因素而建立了工作的等级。

（6）逐个因素评价其他类型工作，其基础是关键工作中包含的因素所分配的货币价值。

（7）加和各种因素的货币价值，确定工作的工资。

评价各种相关工作时，评分法和因素比较法都很客观，两者都研究了大多数工作所普遍包含的能影响其价值的基本因素。两种方法当中，评分法更为常用，且一般认为是职业评级时更为准确的方法。

4. 排序法

排序法则是将工作按照其重要性和相对价值来排列。在此，工作被当成整体来考虑，包括复杂度、职能的难度、对专业知识的要求程度、要求的技能、要求的经验及公司赋予工作的权利和职责水平。第二次世界大战时，该方法在美国很流行，因为其简单易用。那时，国家战时劳动委员会要求为政府工作的所有公司必须使用某种形式的薪水分级系统，排序法则满足了当时的要求。排序法要用到如下步骤：

（1）准备一份工作描述。

（2）依据工作的重要性进行工作排序（通常先从部门开始）。

（3）运用划界的方法，确定工作组的级别。

（4）为每一个工作等级设定工资值或工资范围。

一般来说，排序法的客观性比其他方法相对要差些。因此，它要求对所有工作具有更多的知识，基于此，近年来该方法应用范围并不是很广。

9.3.2　因素选择

在因素比较法中，很多公司都用到 5 个因素，而在一些评分法中，将用到 10 个或更多因素。然而，人们更偏向于使用较少的因素。目标是只用必要的因素就能划分出工作的差别。任何一项工作的因素划分都是根据以下原则：

（1）工作要求员工在生理和心理上具备的事项。

（2）工作中使员工生理和心理俱疲的事项。

（3）工作所要求的职责。

（4）工作完成的条件

还可能包含其他因素：受教育水平、经验、积极性、创造性、体能要求、精神或视觉要求、工作条件、危害性、装备功能、工艺流程、原材料、产品以及工作意义和安全性等。

所有这些因素在各种工作表现的形式和程度都不同，且每项工作所包含的每种因素及其体现程度只能是几种给定的程度中的一种。各种因素具有同等重要性。为了标记各重要性的差别，分析师会为每种因素的每种程度赋以权值或记分，见表 9-8。图 9-5 所示的是具有实证数据的完全工作评价图。

表 9-8 各因素在各种关键等级下的分值

因　　素	第 1 级	第 2 级	第 3 级	第 4 级	第 5 级
技能：					
1. 受教育水平	14	28	42	56	70
2. 经验	22	44	66	88	110
3. 积极性和创造性	14	28	42	56	70
能力：					
4. 体能要求	10	20	30	40	50
5. 精神或视觉要求	5	10	15	20	25
职责：					
6. 设备或工艺	5	10	15	20	25
7. 原材料或产品	5	10	15	20	25
8. 安全性	5	10	15	20	25
9. 其他工作	5	10	15	20	25
职位条件：					
10. 工作条件	10	20	30	40	50
11. 不可避免的危险	5	10	15	20	25

（资料来源：美国国家电气制造商协会）

工作评价 – 实证数据			
美国宾州州立大学帕克校区 Dorben MFG 公司			
工作名称：一般机械师	编码：176		日期：11 月 12 日
因　　素	级别	分值	评价基础
受教育水平	3	42	需要具备使用相当复杂的图表的能力，高级数学知识，多种精密仪器、车间调度知识。相当于 4 年高中或 2 年高中加 2～3 年的调度培训
经验	4	88	3～5 年安装、修理和维护机器工具和其他生产设备的经验
积极性和创造性	3	42	改造、修理和维护各种类型的中型自动和手动机器工具。诊断故障、拆卸机器和安装新部件，如抗磨和普通轴承、轴、齿轮和凸轮等。在必要的情况下加工替换零部件。需要熟练使用各种机器工具进行精加工的技能。为维持正常生产，需要具备诊断故障和消除故障的能力
体能要求	2	20	需要不时地拆卸、装配、安装和维护设备
精神或视觉要求	4	20	需要集中精神和视觉注意力。布局、进行生产准备、机加工、检查、检验和安装零部件
设备或工艺职责	3	15	损失很少超过 900 美元。机器部件破损。粗心大意地操作齿轮和复杂零件引起损坏
原材料或产品职责	2	10	由于原材料或产品的报废造成损失，很少超过 300 美元
安全性职责	3	15	为免伤他人要采取预防措施，正确装卡工件使其面向挡板、固定夹具等
其他工作职责	2	10	用大量时间来指导一名或多名助手，具体视工作的类型而定
工作条件	3	30	由于有油、润滑脂和灰尘，环境不是很好
不可避免的危害	3	15	可能发生的事故：压坏手脚、切掉手指、乱飞物体可能对眼睛的伤害，遭受电击或烧伤
注：总分值 307—属于第 4 级工作			

图 9-5　工作评价和实证表

例如，受教育水平因素将被定义为要求懂数学和贸易知识，能使用图表、测量工具等。初级程度的受教育水平只要求能读能写、能加能减。第二级程度的受教育水平则被定义为能使用简单的数学，其特征一般为接受了 2 年的高中教育。第三级程度相当于 4 年高中教育和短期职业培训外加某一专业领域或工艺的贸易知识。第四级程度相当于 4 年高中教育和 4 年正式职业知识培训。第五级程度则要求相当于接受了 4 年技术大学的学习。

经验因素程度界定则是评价一个员工学会按质按量完成一项工作所需要接受专业知识教育的时间。在此，初级程度的经验是 3 个月，第二级程度是 3 个月 ~1 年，第三级程度是 1 ~2 年，第四级程度是 3 ~5 年，第五级程度则是 5 年以上。类似地，在应用时，每个因素的每种程度通过明确定义和具体实例来识别。

9.3.3 绩效评估

对于计划中的每项工作的每种因素所含的各个程度的评价，需要做大量的工作。因此，通常会成立一个委员会来进行评价工作。每一个部门或每一项业务应单独成立委员会。一个典型的委员会将包括一个工会代表、部门主管、部门干事和一个管理代表（通常来自劳资关系部门）。委员会应该逐项进行各因素的程度评价。

委员会成员应独立于其他成员进行程度评估并且应在评价另一个因素前评价完一个因素下的所有工作。不同的评价之间的相关系数应该相当高，将达到 0.85 或更高。只有当某一因素的水平评价达成一致意见之后，各成员才能开始讨论个中差别。

9.3.4 工作分类

各项工作评价完成之后，每项工作所赋分值应列成表格。接下来，要确定工厂中劳动力的等级数，该数值是厂内所有工作分值特征范围的一个函数。有代表性的情况是，等级的数值在 1（小型工厂和技术含量低的工厂的典型值）到 9（大型且技术含量高的行业典型值）（见图 9-6）之间变化。举例来说，若工厂内所有工作的分值在 110 ~365 之间，那么将得到

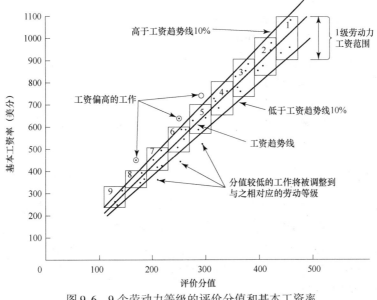

图 9-6 9 个劳动力等级的评价分值和基本工资率

表 9-9 所示的等级数。不同的劳动者等级之间的评价范围没有必要一致。对于高补偿性的工作，可以适当提高赋值范围。

表 9-9　劳动力等级

等　　级	分 值 范 围
12	100 ~ 139
11	140 ~ 161
10	162 ~ 183
9	184 ~ 205
8	206 ~ 227
7	228 ~ 249
6	250 ~ 271
5	272 ~ 293
4	294 ~ 315
3	316 ~ 337
2	338 ~ 359
1	360 以上

然后，将落入各劳动力等级中的各项工作相比较、评价以保证公平性和一致性。例如，一个 A 级机械师和一个 B 级机械师被分在同一工作等级中是不合适的。然后，为每一个劳动力等级设置单位时间工资率，该工资率基于类似工作的区域工资率、公司政策和生活消费指数而定。通常，分析师会建立一个劳动力等级的工资范围。员工的总绩效水平将决定其某一给定范围内的工资水平，总的绩效水平包含质量、数量、安全、出勤、意见或建议等方面。

9.3.5　工作评价项目的实施

在依据各项工作的分值及其对应的基本工资水平画出图形后，分析师就可得到一条表明基本工资率与工作评价分值间关系的一条趋势线，该线可能是直线也可能不是。回归分析技术在获得趋势线方面很有用。可能有几个点落在趋势线的上方或下方。那些明显在趋势线上方的点表示员工目前的工资率高于工作评价计划所设定的工资标准，而那些明显在趋势线以下的点则代表员工的工资水平低于计划所设。

工资水平低于计划要求的员工应立即得到加薪，而工资水平高于计划要求的员工却不能减薪，但他们在下一轮的评价中也不应给予加薪，除非生活消费水平变化导致其目前工资率低于消费率。最后，任何新员工都应按照工作评价计划所建议的工资率支付薪水。

9.3.6　潜在问题

评分法应该是最受欢迎的评价方法，因为它在确定工人的补偿时兼备公正性与客观性，然而，除非工作描述中有清晰仔细的陈述，否则一些员工拒绝履行一些重要的工作职责，仅仅因为这些工作没有包含在工作描述之中。评分法还可能在公司内部产生不必要且让人不快的权力关系。评分法将各员工在各种工作中的相关分数公之于众并排出高低次序，这将妨碍组织中的合作精神和决策制定。

另一个问题是，员工也将意识到他们可以通过提高工作的责任，增加一些不必要的工作、增加其他员工来增加工作评价的分数。这样的增补措施其实完全没有必要，并只能增加额外的直接或间接经营成本。除了成本增加之外，由于分数额外增加，工资支付水平也相应地增加了。

法庭上或立法听证会上常听到的一个首要关注原则是"同工同酬"。评分法正是基于这个概念而来。然而，分析师必须清楚工作自主权和经验在付薪工作中的重要性（像许多领月薪的女性提倡的一样），以及实际需求和危险状况在生产制造性工作中的重要性（像许多男性提倡的一样）。而且，任何工作的价值都不是固定不变的，它的价值就是市场所能提供的价值。如果因为人口老龄化护士紧缺，那么护士的薪资会提高。如果程序员人数过多，则他们的薪水会下降。

另外，计划中的一些经常性的后续研究也很重要，因而这些研究也被充分地执行。各种工作都处在不断变化之中，因此就有必要对所有工作进行周期性的评价和调整。最后，员工必须能够理解工作评价计划的公正性。

9.4　《美国残疾人法案》

在实施一项新的方法和执行工作评价计划时，分析师必须考虑《美国残疾人法案》（ADA）。该法案于 1990 年被通过，它规定"招聘时，歧视具有适当资格的残疾人是违法行为"。该法案对拥有 15 名或更多员工的老板来说是一个重要的考虑事项，因为它使大量的工作场所的重新设计工作以及一些其他适应性调节措施成为必须考虑的事项。ADA 涵盖的范围包括招聘、雇佣、晋升、培训、报酬、解雇、停职、辞职、收益和工作分配等方面，其中最后一项是方法分析师所应考虑的问题。ADA 保护了具有"生理或精神上的创伤而充分导致主要的生命活动受限"特征的任何个体。"充分"意味着是主导而非辅助，而"主要的生命活动"则指听、看、说、呼吸、行走、手部操作或感觉，学习或工作等方面。临时伤害不包含在内。

不管有没有"合理的适应性调节措施"的帮助，残疾人必须胜任某项工作的"实质职能"，实质职能是指员工必须完成的基本职责，可由本章前面阐述过的工作分析技术来确定。"合理的适应性调节措施"则是指任何对工作或工作环境所做的改变或调节，以便让残疾员工执行工作的实质职能并能像其他所有正常员工一样享受利益和权力。

合理性调节措施应当不能给雇主或老板带来太多的麻烦，也是说它是指那些不会产生过多额外成本，不会产生广泛影响，不是实质性的、具有破坏性的或本质上改变某操作或业务的调节措施。影响成本的因素有企业规模、金融资本及其运作管理的架构。遗憾的是，这些因素并没有一个具体的或量化的定义。很可能随着法庭上处理的各种各样的歧视案件的增多，使得合理性调节措施不断变化。若想获得更多涉及法律定义方面的信息和一些修正信息，方法工程师应查询 ADA（ADA，1991）。

9.5　方法跟进

方法研究的第八个也是最后一个步骤是方法跟进（见图 1-3）。而第七步，即确立时间标准，在方法革新中并不是严格要求的一步，在此不做讨论，但是，对任一个成功的工作中心，确立时间标准却是必需的一步，对此将在第10~16章详细讨论。

对新方法的跟进，短期来看，主要包括确保方法被正确实施以使操作员能在实际操作中得到训练并实现预期的生产率水平，同时还包括一些经济分析以核实所计划的节约是否真的实现了。若不跟进，管理者会对这样的变革提出质疑，或许在未来工作中就不那么支持类似的新方案了。最后，时刻确保所有员工都接受新方法的宣传也是非常重要的，这样一来，操作员就不会不自觉地又返回到旧的工作方式，主管也不会在执行程序时松松垮垮，并且经理人员不会放弃对整个项目所承担的义务和责任。

跟进是维持一个工作中心顺利高效运行的重要因素之一。否则，几年后，另一个方法工程师对现行的方法提出同样的问题"为什么？""该操作的目的是什么？"等，而这些问题已经在操作分析流程中解决了。因而，闭合反馈回路和保持持续改进是非常重要的，如图2-1所示。

9.6 成功的方法实施

作为一个制造业有效方法改进的实例，美国俄亥俄州的一家公司成功实现了年节省17 496t原料的目标。该公司原先的粗锻金属环重达2198 lb，通过在锻造环节组建一个碾磨工段，新的金属环只有740lb重。节约的1458lb高级钢材是成品的两倍，而该结果只通过一个简单的程序就可实现，将原先工段必须剪切掉的多余材料直接节省下来了。

在非传统操作企业中也可以成功地实现方法改进。新泽西的工厂分析实验室就成功应用了操作分析原理，在工作台的布局设计时，通过运用交叉布置的方式使每个药剂师拥有一个L形工作台，这样的设计让每位药剂师只需跨出一步便能触及工作台的每一部分。该工作台整合了仪器装备，因而节省了空间并消除了设备的重复布置。两个药剂师可以共用一个玻璃仪器橱柜，一个四管烟雾通道可以同时支持多个操作，而该操作以前是瓶颈所在。所有有用的插座也被重新布局以获得最大的工作效率。

例9-5　自动启动钮生产方法的改进

执行操作分析计划的一个代表性案例是关于一种自动启动钮的生产，这是一种通过变压器加压之后能启动交流电发动机的装置。该启动钮中的组件之一是一个弧形的小盒，该小盒位于自动启动钮的底部，在两个接触面之间担当隔栏的角色以防短路。目前设计方案包含的元件见表9-10。

要组装这些元件，操作员要在每根带螺纹的钢棒的末端放置垫圈、锁紧垫圈和螺母，然后将这些钢棒穿过第一个隔栏的3个小孔，接着操作员在每根钢棒（总共3根）上设置间隔棒再将另一个隔栏装上去，操作员就这样重复操作直到将6个隔栏全部装上，这些隔栏是用间隔棒隔开的。

新的建议改进方法是，在隔栏上面开出两条小槽，位于隔栏两端，并用两条石棉带通过隔栏上的每条小槽来支撑，石棉是最理想的支撑物。这样，6个隔栏将自动滑到一起并可按照需要落在自动启动钮的底盘上。其装配的方式与在箱子中放置鸡蛋托一样。这样的分析完成之后，总共有15项改进，改进成果见表9-11。

表 9-10 自动启动钮的元件

元 件	数 量
具有 3 个螺孔的石棉隔栏	6
2in 绝缘管状间隔棒	15
两端刻有螺纹的钢棒	3
各种电子部件	18
总部件数	42

表 9-11 自动启动钮的改进

旧 方 法	新 方 法	节 约 量
42 个零件	8 个零件	34 个零件
10 个工作台	1 个工作台	9 个工作台
18 次搬运	7 次搬运	11 次搬运
走动 7900ft	走动 200ft	走动 7700ft
9 个备件	4 个备件	5 个备件
0.45h	0.11h	0.34h
1.55 美元成本	0.60 美元成本	0.95 美元成本

服务型组织也可利用方法改进计划，实现服务流水线供给。州政府的分支机构就曾实施一套操作分析计划，通过合并、消除及重新设计文件处理流程、改善设施布局和改进授权方式，使得每年的工作时间减少了 50 000h 以上。

在办公环境中，方法改进仍有效，美国宾夕法尼亚一家公司的工业工程师接到一个任务，简化将该厂生产的模型制品运送到其一个偏远分公司进行组装过程中必要的文书工作。该部门开发了一套新的方案，结果使得平均每天 45 单转运工作涉及的文书从 552 页减少到 50 页。每年仅纸张的节省就很可观了。

不久前，方法改进和工效学成功地结合在一起。宾夕法尼亚州中部的一个汽车地毯制造商就被 OSHA 作为一个因过度工作造成骨骼伤害的反面案例而引用。根据工效学的标准，该公司也被用来引证 1970 年颁布的《职业安全与卫生管理条例》中的一般职能条款，它被认为没有为员工提供安全的工作环境。该公司后来实行了一个消除计划，其中的一部分内容是聘请职业护士提供正确的医疗管理，并外聘工效学家咨询哪些地方有必要进行重新设计以确保减少人体伤害。根据医疗记录所做的详细工作场所分析，确切地识别出那些应保留的关键工作和工作站。成功实施的变革包括用喷水式动力切割机代替用小刀切割地毯的手动操作，通过使用足够数量的收缩夹减少手工操作地毯的次数，以及粘合和缝纫操作的变革。此外，根据员工对公司工作条件在健康和安全方面的观点，进行工作条件的分析，员工也因此接受了各种水平的工效学方面的培训。结果，OSHA 记录的骨骼伤害立即从第一年 55 起降到了第二年的 35 起，到第三年就只有 17 起了，到第五年仅仅只有 8 起。OSHA 认为工效学计划非常成功。

本 章 小 结

虽然方法与作业设计变革的首要成果是产量的增加和质量的提高，但方法变革还能将因为产品改善而获得的利益分配给所有员工并帮助开发更好更安全的工作环境，因此员工能做更多更好的工作，并且还有足够的精力去享受生活。文中关于有效实施方法改进系统的实例，清晰地显示了进行方法改进工作时需要遵循的步骤。方法工程师应注意到，仅用高深的数学算法或最新的软件工具来开发理想的方法系统是不够的。在管理层和员工中推销新方法是必要的。此外，为了更好地推行新方法。在第 18 章介绍了处理人际关系的技巧与策略。

思 考 题

1. 对比价值工程分析和决策表。
2. 在成本－效益分析中，如何定义与健康和安全相关的效益？
3. 对于新引入的成本非常高的方案，经理人员首要考虑的问题是什么？
4. 什么是折现现金流法？
5. 什么是回收期法？它与投资回报率法的联系是怎样的？
6. 投资回报率与（一种新的方法将被用来生产这种产品）预期销售额风险之间的关系是怎样的？
7. 撰写工作描述时应强调哪两个具体方面？
8. 时间是劳动力成本计算的一个常用分母吗？为什么？
9. 什么是工作评价？
10. 现今美国国内常用的四种工作评价方法是什么？
11. 详细解释评分法是怎样工作的。
12. 哪些因素将影响工作的相对价值？
13. 用历史记录建立绩效标准的方法，其缺点是什么？
14. 解释为什么对每一个劳动力等级要建立一个工资率范围，而不是建立单一工资率标准？
15. 实施评分法之前应该首先考虑哪些负面因素？
16. 正确实施工作评价计划的主要好处是什么？
17. 成功实施工作评价计划需要考虑哪三项主要因素？
18. ADA 促成了哪些方法的改变？

计 算 题

1. 若实施一个新的方案可带来的成本节约第一年为 5000 美元，第二年为 10 000 美元，第三年为 3000 美元，管理者预期的投资回报率为 30%，那么公司应投入的原始资本是多少？

2. 假设你所设计的新方案有效期为 3 年。产品要求投入的资本预算为 20 000 美元，并且你估计，基于销售预测，该计划将使公司在第一年获得税后利润 12 000 美元、第二年 16 000 美元、第三年为 5000 美元，经理要求的投资回报率为 18%。那么，公司应该实施这样的新方案吗？为什么？

3. 在 Dorben 公司，仓库的物料搬运操作是手工完成的，公司每年为该操作付出的劳动力成本及相关开销（社会安全、意外保险和其他附加福利）总计为 8200 美元。方法工程师正在考虑一项方案，用一个特殊装备来减少劳动力成本，该设备的原始投资为 15 000 美元，估计每年减少的劳动力支出及额外劳动力支出为 3300 美元。每年的电费、维修及财产税、保险等分别为 400 美元、1100 美元和 300 美元。该操作需要持续 10 年。由于该装备是专门设备，将不具有残值。假设 10 年中，每年的劳动力、电费和维修支出相同，税前投资回报率为 10%。通过年成本比较，公司是否应该使用该物料搬运装备？

4. 基于评分法的工作评价计划使用了下述因素：

（1）受教育水平最大分值为 100，4 级。

（2）努力最大分值为 100，4 级。

（3）责任最大分值为 100，4 级。

一个扫地工的分数为 150 分，且该职位的工资率为 6.50 美元/h。一个 3 等铣工分数为 320 分，该级别的工资率为 10.00 美元/h。那么，一个工资率为 8.50 美元/h 且受教育水平等级为 2、努力等级为 1、责任等级为 2 的钻床操作员的经验等级是多少？

5. Dorben 公司的一项工作评价计划提供了五个劳动力等级，其中 5 级为最高等级而 1 级为最低等级。计划中的因素分值范围为：技能，50 ~ 250 分；努力，15 ~ 75 分；责任，20 ~ 100 分；工作条件，15 ~ 75 分。四个因素每个都有五种程度，每个劳动力等级有三种工资等级：低，中，高。

（1）若劳动力等级为 1 的最高工资率为 8 美元/h，等级为 5 的为 20 美元/h，那么等级为 3 的劳动力中等工资率为多少？

（2）若努力等级为 2、责任等级为 2、工作条件等级为 1，那么劳动力等级为 4 的员工需要有怎样的技能？

6. 在 Dorben 公司，分析师实施了评分法，涵盖工厂生产部门所有间接劳动力。该计划使用了 10 种因素，且每种因素被分成 5 个程度。工作分析时，收发员具有 2 等级的积极性和创造性，记分为 30 分。该工作的总分值为 250 分。评分法最小值为 100 分，最大值为 500 分。

（1）若该工作有 10 个等级，那么收发员要想从第 4 级升到第 5 级，积极性和创造性需要达到什么程度？

（2）若 1 级工作的工资率为 8 美元/h，10 级工作为 20 美元/h，那么 7 级工作的工资率是多少？（注意该工资率是基于某一工作等级的记分范围的中值来算的）

7. 一个工效学家建议用一台机器替换两个邮局办事员，每个人整理 3000 件/h，得到 10 美元/h 的报酬，而替换用的机器可以做到 6000 件/h，花费 1 美元/h，购置费为 50 000 美元，多少小时以后购置费将会被还清？

8. 美国空军正在考虑购置一个自动控制器（不需人工操作），需花费 100 000 美元，可以在 1h 内完成 4000 个目标跟踪，可以用来替代 1000 个目标/h 的人工操作。工人工资为 8 美元/h，机器需要 1 美元/h 的维修成本，请计算多少小时以后购置费将会被还清？

9. 使用第 8 章第 12 题的信息，假设你被授权使用充足的资金去解决问题。你可以花费：

（1）50 美元来更换在 CO 监测仪中的电池来降低可能性到 0。

（2）500 美元当作电费来保持通风设备开启来降低可能性到 0。

（3）5000 美元来替换烟道来降低可能性到 0。

根据成本 – 效益分析来选择最佳方案，为什么？

参 考 文 献

ADA. *Americans with Disabilities Act Handbook*. EEOC-BK-19. Washington, DC: Equal Employment Opportunity Commission and U.S. Dept. of Justice, 1991.

Brown, D. B. *Systems Analysis & Design for Safety*. Englewood Cliffs, NJ: Prentice-Hall, 1976.

Carey, A. "The Hawthorne Studies: A Radical Criticism." In *Concepts and Controversy in Organizational Behavior*. Ed. W. R. Nord. Pacific Palisades, CA: Goodyear Publishing, 1972.

DeReamer, R. *Modern Safety and Health Technology*. New York: John Wiley & Sons, 1980.

Dunn, J. D., and F. M. Rachel. *Wage and Salary Administration: Total Compensation Systems*. New York: McGraw-Hill, 1971.

Fleischer, G. A. "Economic Risk Analysis." In *Handbook of Industrial Engineering*. 2d ed. Ed. Gavriel Salvendy. New York: John Wiley & Sons, 1992.

Gausch, J. P. "Safety and Decision-Making Tables." *ASSE Journal*, 17 (November 1972), pp. 33–37.

Gausch, J. P. "Value Engineering and Decision Making." *ASSE Journal*, 19 (May 1974), pp. 14–16.

Heinrich, H. W., D. Petersen, and N. Roos. *Industrial Accident Prevention*. 5th ed. New York: McGraw-Hill, 1980.

Homans, G. "The Western Electric Researches." In *Concepts and Controversy in Organizational Behavior*. Ed. W. R. Nord. Pacific Palisades, CA: Goodyear Publishing , 1972.

Jung, E. S., and A. Freivalds. "Multiple Criteria Decision-Making for the Resolution of Conflicting Ergonomic Knowledge in Manual Materials Handling." *Ergonomics*, 34, no. 11 (November 1991), pp. 1351–1356.

Livy, B. *Job Evaluation: A Critical Review*. New York: Halstead, 1973.

Lutz, Raymond P. "Discounted Cash Flow Techniques." In *Handbook of Industrial Engineering*. 2d ed. Ed. Gavriel Salvendy. New York: John Wiley & Sons, 1992.

Mayo, E. *The Human Problems of an Industrial Civilization*. New York: Viking Press, 1960.

Milkovich, George T., Jerry M. Newman, and James T. Brakefield. "Job Evaluation in Organizations." In *Handbook of Industrial Engineering*. 2d ed. Ed. Gavriel Salvendy. New York: John Wiley & Sons, 1992.

Pennock, G. A. "Industrial Research at Hawthorne." *The Personnel Journal*, 8 (June 1929–April 1930), pp. 296–313.

Risner, Howard. *Job Evaluation: Problems and Prospects*. Amherst, MA: Human Resource Development Press, Inc., 1988.

Saaty, T. L. *The Analytic Hierarchy Process*. New York: McGraw-Hill, 1980.

Thuesen, H. G., W. J. Fabrycky, and G. J. Thuesen. *Engineering Economy*. 5th ed. Englewood Cliffs, NJ: Prentice-Hall, 1977.

Wegener, Elaine. *Current Developments in Job Classification and Salary Systems*. Amherst, MA: Human Resource Development Press, Inc., 1988.

可 选 软 件

DesignTools（可从 McGraw-Hill text 网站 www.mhhe.com/ niebel-freivalds 获取）. New York: McGraw-Hill, 2002.

第 10 章

时 间 研 究

本章要点

- 用时间研究建立时间准则。
- 利用视觉和音频断点划分操作单元。
- 使用连续时间获得完整时间记录。
- 使用归零检测来避免书写错误。
- 进行时间检查来确认时间研究的有效性。

系统地制定有效的工作中心的第 7 步是确立时间标准。确立时间标准的方法有：预估法、历史记录法和作业测量法。在过去几年，分析人员更多地依赖预估法作为建立标准的手段。然而，经验表明，没有人可以通过观察一项工作以及判断这项工作完成所需的时间来建立一个一致公平的标准。

在历史记录法中，生产时间标准是基于以前相似的工作记录而建立的。在一般的实践中，当工人开始一项新的工作时都会利用时钟和资料板记录开始时间和结束时间。这种技术告诉我们实际工作需要多长时间，但没有指出工人完成这项工作应该花费多长时间。一些工作由于工人自身、不可避免或者可以避免的时间延迟可能会远远多于完成这些工作应该需要的时间；而有些工作享有的时间却少于它们实际上应该需要的时间。历史记录法在描述相同工作的同一操作中通常具有 50% 的偏差。

作业测量技术——秒表（电子或机械）时间研究法、基础动作资料法、标准数据法、时间公式法或工作抽样法——是建立公平生产时间标准更好的方法。所有这些技术都是建立在执行给定任务的实际允许的时间标准上，并适当地补偿由于疲劳和个人原因所带来的不可避免的延迟。

准确制定的时间标准可以提高设备和操作者的效率，不太准确的时间标准虽然优于没有时间标准，但却会导致企业成本高昂、劳动纠纷甚至企业破产的问题。因此，制定合理的时间标准事关企业的成败。

10.1 合理的日工作量

劳资关系的基本原则是按照合理的日工作量发放员工合理的日工资。合理的日工作量被定义为在一天内一个合格员工按照标准速度在工作没有受到工艺影响的情况下有效利用其时间所能完成的工作量。这一定义并没有明确"合格员工""标准速度"和"有效利用"的含义。例如,"合格员工"一词被定义为在目前的工作要求下,经过充分培训、根据当前工作的要求能够满意地完成所涉及任何与全部阶段工作的一般工人。

同样,"标准速度"可以定义为一个有责任心、自我控制操作速度的合格工人不紧不慢,并且在对身体、精神或视觉需求给予适当注意的情况下的有效工作速度。例如工厂内部协议规定,一个没有任何负重的工人在平坦的路面上行走的标准速度为 3 mile/h。

"有效利用"的定义也有一些不确定性。通常是在工作不受过程、设备或其他操作限制,除了工人合理的休息和个人需要的情况下,在一天中的所有时段中以标准速度执行工作的全部内容。

一般来说,合理的日工作量对公司和员工都应该是合理的。这意味着,在对个人需要延迟、不可避免的延迟和疲劳给予合理宽放的情况下,员工应该付出合理的日工作量并获得相应日工资。公司希望员工按照规定的方法以既不快也不慢的速度进行操作,经验丰富且合作默契的员工的全天工作绩效可以作为标杆。时间研究是确定合理日工作量的方法。

10.2　时间研究条件

在时间研究之前,必须搞清楚一些基本条件。例如,要弄清楚时间标准的建立是针对一个新作业还是全部方法或部分方法已经调整过的旧作业。同时在进行操作之前,操作者应彻底了解新技术。此外,该方法必须在研究开始之前对工作进行标准化。如果没有对工作方法与工作条件进行标准化,那么时间标准将会没有意义并且可能会造成工人对标准的不信任、抱怨与企业内部矛盾等不良影响。

分析人员应该告诉工会领导、部门主管和操作者要对这项工作进行研究。这样,对研究涉及的方面可以先制订特定的计划,以便进行顺利、协调的研究。操作者应确保自己是按照正确的方法进行操作,并应该熟悉该操作的所有细节。而部门主管应检查该方法以确保原材料输入、设备速度、切削工具、润滑剂等符合部门确定的标准做法。此外,部门主管应调查可用材料的数量,以免在操作者工作期间材料短缺。工会领导应确保只有经过培训的有能力的操作者才能被选中参加此项时间研究,并应该解释时间研究的意义并应回答操作者提出的任何相关问题。

10.2.1　分析人员的职责

所有的工作都需要不同程度的技能,以及身体和心理上的努力,而工作人员的智力、身体状况和灵巧性也有差异。因而,对于分析人员来说观察一名正在工作的员工,并测定其完成某项任务所需的实际时间是比较容易的,而评估所有变量并确定合格操作者执行任务所需的时间则要困难得多。

时间研究分析人员应确保使用正确的方法,精确记录所用时间,如实地评估操作者的表现,并能够容忍操作者的批评质疑。分析人员的工作必须完全可靠和准确,不准确和不正确的判断不仅会对经营者和公司造成财务上的影响,也可能导致操作者和企业之间失去信任。时间研究分析人员应该始终保持诚实、机智、愉快、耐心和热情,并应具备良好的判断力。

10.2.2 主管的职责

主管应事先通知操作者将会对其工作分配进行研究，同时应该明白方法研究部门建立的正确工作方法正在被启用，而所选择的操作者有能力并具有丰富的工作经验。虽然时间研究分析人员应具备所研究工作领域的实践经验，但他们不可能知道所有方法和工艺的所有规范。因此，主管应确认切削刀具锋利，润滑剂合适，进给速度、主轴转速与切削深度恰当。主管也应确保操作者按照规定的方法进行操作，同时认真协助和培训所有操作者不断完善此方法。一旦完成时间研究，主管应该在原始文本中签字以表明对该项研究的认可。

10.2.3 工会的职责

大多数工会都认识到时间标准对企业盈利是非常有必要的，同时也认识到管理层应不断采用公认的作业测量技术来建立时间标准。此外，每个工会领导都知道，低劣的时间标准会引起不必要的冲突与麻烦。

通过培训计划，工会应该让所有操作者进行时间研究的原则、理论和经济必要性学习。假设操作者对时间研究一无所知，那么他们对于时间研究就不会有热情。时间研究的背景（见第 1 章）证明了这一点的真实性。

工会代表应确保时间研究包括工作条件（即工作方法和工作台布局）的完整记录。他们应当确定目前的工作描述是准确和完整的，并鼓励操作者与时间研究分析人员积极合作。

10.2.4 操作者的职责

每个员工都应该对企业决定要进行的各项试验及其进程予以充分关注和支持。操作者应该给予新方法一个公平的试验机会，并应该与分析人员合作帮助他们解决创新中会遇到的难题。操作者比任何人都更了解工作，他们可以通过帮助建立更加理想的工作方法，为公司做出真正的贡献。

操作者应协助时间研究分析人员将工作分解为不同的单元，从而确保涵盖到所有的工作细节。在进行时间研究的同时，操作者也应该以稳定、正常的速度进行操作，尽可能少地引入外来因素和额外的移动。操作者应该使用指定的工作方法，因为任何人延长节拍的行为都可能导致过于宽松的时间标准。

10.3 时间研究设备

进行时间研究所需的最基本的工具包括秒表、时间研究板、时间研究表格和小型计算器，摄像机也非常有用。

10.3.1 秒表

现在经常使用的秒表有两种类型：传统的百分位秒表（0.01min）和更实用的电子秒表。如图 10-1 所示，百分位秒表表面有 100 个刻度，每个刻度代表 0.01min，也就是说，长针转动一圈需要 1min。表中的小表盘有 30 个刻度，每个刻度等于 1min。因此，长针转一圈短针移动一格为 1min。若要启动秒表，推动表旁边的开关即可。向下推动开关则使表针停在当前位置。若需要使表针从停止位置继续计时，向上推动开关即可。

一块电子秒表大约 50 美元。可精确到 0.001s，精度可达 ±0.002%，其重量约 4oz，尺寸约为 4in×2in×1in，如图 10-2 所示。它们可以记录任何独立单元的时间，同时还可以计算总的已用时间。因此其提供"连续计时法"和"反复计时法"（按钮 C），同时也避免了机械手表的缺点。用力按压顶部按钮（按钮 A）即可启动秒表，每次按下顶部按钮 A 时，就可以读取一次数据，按住查询按钮（按钮 B）可以查询先前的读数。

由于机械秒表价格为 150 美元或者更贵，而电子秒表的价格在不断下降，因此机械秒表很少使用。此外，iPad、iPhone 和 Android 手机（以及平板计算机）的各种时间研究应用程序现在也可以使用。

图 10-1　百分位秒表

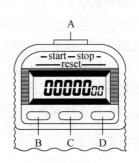

图 10-2　电子秒表

A—启动/停止　B—查询　C—模式（连续/反复）　D—其他功能

10.3.2　摄像机

摄像机非常适合记录操作者的操作方法和时间。通过对操作过程录像，可以逐帧进行操作分析，分析人员可以准确记录所使用操作方法的每个细节，然后分配正确的时间值。他们还可以通过播放录像的方法建立工作标准并评价操作者。因为所有事实都记录在录像中，因此观看录像是评价操作者一个公平和准确的方法。而且，使用秒表测量时难以发现的潜在改进方法通过摄像机很容易发现。录像的另一个优势是使用 MVTA 软件（在后文时间研究软件中讨论），时间研究几乎可以自动完成。随着数码摄像机和计算机编辑软件的出现，可以在线实时进行时间研究。播放录像也非常适合培训时间研究的初学者，因为录像可以反复重复播放直到充分理解其内容。

10.3.3　时间研究板

分析人员使用秒表进行研究时，他们发现使用一个适当的垫板来放置时间研究表格和秒表十分便利。该板应该十分轻便，可以避免人员出现手臂劳累的情况，同时应该足够坚硬，为时间研究表格提供合适的支撑，可用的材料包括 1/4in 胶合板和光滑塑料板。该板材应该与手臂和身体有接触，使得分析人员使用时感到舒适且易于书写。对于习惯使用右手的观察者，秒表应安装在研究板的右上角，左边的弹簧夹夹住时间研究表格。分析人员应站在适当的位置，以便越过秒表来观察工作台，并跟踪操作者的移动，同时也便于随时使用秒表和时间研究表格。

10.3.4 时间研究表格

时间研究的所有细节都要记录在时间研究表格上，该表格能够记录时间研究的研究方法、所使用的工具等所有相关信息。正在研究的操作是通过诸如操作者的姓名和号码、操作说明和编号、机器名称和编号、使用的专用工具及其编号、执行操作的部门以及现行工作条件等信息内容来识别确认的，尽可能为研究工作提供更多的信息比少量信息要好得多。

图 10-3 是作者开发的时间研究表格。它具有足够的灵活性，可用于几乎任何类型的操

时间研究表格						研究序号 Z-85			日期 3-1-			页数 1 of 1		
						操作 压力铸造			操作者 B.JONES			观测人员 A F		
单元编号及描述		1 从模具上移除零件，然后给模具润滑，再检查				2 将零件放入夹具，修整								
说明	周期	R	W	OT	NT	R	W	OT	NT	R	W	OT	NT	R	W	O	NT	R	W	OT	NT
	1	90		30	270	90		23	207												
	2	100		27	270	100		21	210												
	3	90		31	279	90		23	207												
	4	85		35	298	100		20	200												
	5	100		28	280	100		20	200												
	6	110		25	275	110		18	198												
	7	90		31	279	90		24	216												
	8	100		28	280	85		24	204												
	9	90		32	288	90		23	207												
	10	110		26	286	105		19	200												
	11																				
	12																				
	13																				
	14																				
	15																				
	16																				
	17																				
	18																				
合计																					
总观测时间		2.93				2.15															
评价系数		—				—															
总正常时间		2.805				2.049															
观测次数		10				10															
平均正常时间		0.281				0.205															
宽放率 (%)		17				17															
单元标准时间		0.329				0.240															
发生次数		1				1															
标准时间		0.329				0.240															

总标准时间（所有单元标准时间之和）				0.569

外来单元					时间检查		宽放合计 (%)	
代号	W1	W2	OT	描述	结束时间	3:48.00	个人需要宽放	5
A					开始时间	3:42.00	基本疲劳宽放	4
B					所用时间	6.00	可变疲劳宽放	8
C					TEBS	0.60	特殊宽放	—
D					TEAF	0.32	总宽放率	17
E					总检查时间	0.92	备注	
F					有效时间	5.08		
G					无效时间	0		
评价检查					总记录时间	6.00		
合成时间				%	未记录时间	0		
观测时间					记录误差 (%)	0		

图 10-3 压力铸造操作的归零测时法的时间研究表格（对每个周期进行评价）

作。在这个表格中，分析人员会将各种操作单元记录在表格上部的行中，列用来记录每次观察得到的时间数值。每个单元由四栏构成：R 用于评价；W 表示秒表时间即秒表的读数；OT 表示观测时间，即相邻两次秒表时间之间的差值；NT 表示正常时间。

10.3.5　时间研究软件

时间研究分析人员有几种软件包可以使用。一些是在个人数字助理（PDA）上运行的，包括 Applied Computer Services 公司的 QuickTimes 软件以及 Quetech 的 WorkStudy + 软件。随着平板计算机和智能手机的出现，各种应用程序已经可用于这些平台，包括一个简单易用的 iPad 程序——QuickTS（见图 10-4）。

任何这些软件产品将使分析人员免受记录抄写之苦，并提高计算的准确性。对于使用摄像机进行时间研究的分析人员来说，更好的选择是多媒体视频任务分析工具（MVTA，NexGen Ergonomics 公司的产品）。MVTA 通过一个图形接口直接连接到摄像机，并允许用户以任何所需速度（实时、慢速/快速或逐帧前进/后退）分析来交互地识别视频记录中的断点。然后 MVTA 可自动生成时间研究报告，并计算每个事件的发生频率以及作业设计的姿势分析。

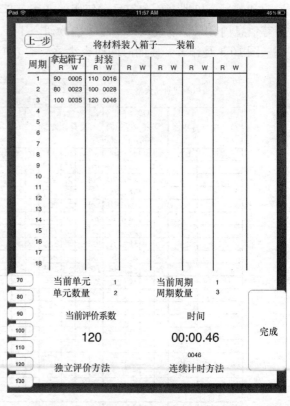

图 10-4　用于 iPad 的 QuickTS 时间研究软件

10.3.6　培训设备

一种简单、廉价并被学习音乐的学生使用的廉价设备——节拍器，在培训时能够帮助时间研究分析人员进行时间研究分析。节拍器可以预先设置每分钟击打的次数，例如每分钟104 次。这个节拍恰好等于每分钟以标准速度进行发牌的次数（见第 11 章）。通过在四人桥牌桌上发牌节奏与节拍器同步，就可以展示标准步速。它可以设置许多节拍，特别是电子节拍器，可以提供每 3、4 或 5 次拍子发出更大的蜂鸣声（或闪烁），以创建更逼真的效果。要演示 80% 的性能，指导人员只需要将节拍器设置为每分钟 83 次，然后使得发牌节奏与设定节拍同步即可。

10.4　时间研究的内容

时间研究既是一门艺术又是一门科学。为了保证时间研究的成功，分析人员必须能够激发他们接触的每个人的自信心，同他们一起练习判断能力，并能够建立起同他们沟通的良好方法。另外还要全面了解和执行与研究相关的各个步骤，主要包括选择操作者、分析工作并将其划分为不同的单元、记录时间值、对操作者进行评价、分配适当的宽放和逐步实施。

10.4.1 选择操作者

开始时间研究的第一步选择操作者要在部门或现场主管的协助下完成。一般来说，选择平均或略高于平均水平的操作者比技能水平很低或特别优秀的操作者进行时间研究的效果会更好。这是因为平均水平的操作者通常在操作时具有一致性与系统性，他们的速度大致在标准范围内（见第 11 章），从而使时间研究分析人员更容易使用正确的评价系数。

当然，操作者应该接受过工作方法的全面培训，应该喜爱这份工作并对做好这份工作表现出极大的兴趣。操作者应熟悉时间研究程序和实际操作，并对时间研究方法和分析人员都充满信心。操作者也应该积极配合主管与分析人员并自愿执行他们提出的建议。

分析人员应以友好的方式与操作者沟通，并对即将研究的操作十分了解。操作者应该有机会对有关计时技术、评价方法和宽放度等问题进行提问。在某些情况下，操作者可能从未参与过此项研究。分析人员应对所有问题都坦白和耐心地解答。同时应鼓励操作者提出建议，当操作者提出建议时分析人员应欣然接受以表明对操作者技能与知识的尊重。

10.4.2 记录重要信息

分析人员应记录机器、手动工具、工装夹具、工作条件、材料、操作，以及操作者姓名和编号、工作部门、研究日期和观测者姓名等。在时间研究表格的备注栏中为记录这些细节提供了足够的书写空间，现场布置草图也非常有用。记录的相关信息越多，在以后的时间研究中越有用。它成为建立标准数据和开发准则（参见第 12 章）的一种资源。它也可用于方法改进、操作者评价、工具评价和机器性能评价。

在使用机器的情况下，分析人员应注明机器名称、规格大小、型号、生产能力、序列号或设备编号以及工作条件等。模具、夹具、量具和固定装置应具有其唯一编号和简短描述。如果研究过程中的工作条件与该工作的正常条件不同，则会影响操作者的工作水平。例如，在锻造车间，假设研究是在炎热的白天进行，那么工作条件就会比正常水平差，操作者的工作水平受到炎热天气的影响。因此，应该在操作者的正常时间基础上增加宽放时间（见第 11 章）。如果工作条件好转，则可减少宽放时间。相反，如果工作条件变差，就应该增加宽放时间。

10.4.3 观测者的站位

观测者应站立在操作者后方几英尺处而不是坐着，以免分散其注意力或干扰操作者的操作。在操作者整个工作周期中，站立的观测者应使自己较容易移动以便实时观测操作者手上的动作。在研究过程中，观测者应避免与操作者进行任何交谈，因为这可能会使操作者分散注意力或扰乱其工作程序。

10.4.4 划分操作单元

为了便于测量，操作应分为不同的动作组合，这些组合叫作单元。为了将操作划分成各个独立的单元，分析人员应该对操作者进行几个周期的观察。然而，如果操作周期超过 30min，分析人员就可以在进行研究时写出其单元描述。如果可能，分析人员应该在开始研究之前确定操作单元。单元划分应尽量精细，但也不能因太精细而导致读数精度的下降。时间大约 0.04min 左右的单元划分能够使得有经验的时间研究分析人员得到一致性的时间观测值。然而，如果紧前和紧后单元的时间相对较长，也可以很容易地计算短至 0.02min 的单元。

为了完全地识别单元的终止点并保证从一个周期到下一个周期中秒表读数的一致性，需要充分利用单元断点的声音和视觉信号。例如，相邻单元的断点可以与成品碰击容器的声音、车刀接触铸件的声音、钻头钻透工件的声音以及千分尺放在钳工台上的声音等联系起来。

每个单元都应按照其正确的顺序进行记录，包括通过特殊声音或动作来分解的基本工作单元。例如，单元"送零件到手动卡盘并拧紧"包括下列基本动作：零件到达、抓住零件、移动零件、定位零件、卡盘扳手到达、夹紧卡盘扳手、移动卡盘扳手、定位卡盘扳手、转动卡盘扳手和释放卡盘扳手。该单元的终止点是卡盘扳手放置在车床主轴箱上，并有扳手碰击车床的声音相伴随。单元"启动机器"包括控制杆到达、抓控制杆、移动控制杆和释放控制杆。机床的旋转与其伴随的声音将作为该单元的终止点，从而使得分析人员能够在每个周期中都能够准确地在同一终止点读取时间数值。

通常，为了确保建立一致的断点，一个企业不同的时间研究人员经常对给定的各类设备采取一个标准的单元划分。例如，所有单轴台式钻床工作可以分解为标准单元，而所有车削工作分解为一系列预定单元。标准单元是进行操作分解的基础，在建立标准数据（见第 12 章）中尤其重要。

在单元分解时还应注意以下原则：

（1）一般来说，需要将手动单元和机器单元分离，因为机器时间几乎不受评价系数的影响。

（2）同样，应将不变单元（在特定的工作范围内不变，又称固定单元）与可变单元（在特定工作范围内可变）分开。

（3）当某个单元重复时，不必再次描述。而只记录该单元序号即可。

10.5 时间研究的开始

在时间研究开始时，启动秒表的同时利用主表（秒表之外的另一个计时时钟）开始记录一天的时间（以分钟记录）。（假设所有数据都是记录在时间研究表格上。）如图 10-5 所示，①是开始时间。时间研究是从以下两种技术中选择一种来记录单元时间。连续测时法，顾名思义，是指秒表在整个研究期间持续运行。在这种方法中，分析人员在每个单元的断点读取时间，并且允许秒表连续计时。归零测时法即在每个单元断点上读取表中读数之后，秒表时间归零；当下一个单元进行时，从零开始计时。

记录秒表读数时，可仅仅记录必要的数字而省去小数点，从而尽可能多地观察操作者的表现。如果使用百分位秒表，如果第一个单元的断点发生在 0.08min，则只需要在 W（表上显示时间）栏中记录数字 8。其他数据记录见表 10-1。

时间研究表格		研究编号 1-3		日期 3-22-		页码 1 of 1	
		操作　机械加工		操作者 J.SMITH		观测者 AF	

单元编号及描述		① 进给 ③ ④				② 进刀				③ 车削0.5in,转速为550r/min ⑤				④ 退刀下料											
说明	周期	R	W	OT	NT	R	W	OT	NT	R	W	OT	NT	R	W	OT	NT	R	W	O	NT	R	W	OT	NT
	1	85		19	162	105	12		126	100	60	600		90		17	153								
	2	90		22	198	105	13		137	100	60	600		100		16	160								
	3	100		17	170	105	11		116	100	60	600		105		17	179								
	4																								
	5			(10)																					
	6																								
	7																								
	8																								
	9																								
	10																								
	11																								
	12																								
	13																								
	14																								
	15																								
	16																								
	17																								
	18																								

合计					
总观测时间	0.58	0.36	1.80	0.50	
评价系数 ③	—	—	—	—	
总正常时间	0.530	0.379	1.800	0.492	
观测次数	3	3	3	3	
平均正常时间 ⑪	0.177	0.126	0.600	0.164	
宽放率（%）	10	10	10	10	
单元标准时间	0.195	0.139	0.660	0.180	
发生次数	1	1	1	1	
标准时间	0.195	0.139	0.660	0.180	

总标准时间（所有单元标准时间之和）　**1.174**

外来单元					时间检查		宽放合计（%）	
代号	W1	W2	OT	描述	结束时间 ⑥ 9:22.00		个人需要宽放	5
A	0	35	35	检查尺寸	开始时间 ⑦ 9:16.00		基本疲劳宽放	4
B					所用时间 ⑨ 6.00		可变疲劳宽放	1
C					TEBS ② 1.86		特殊宽放	—
D					TEAF ① 0.60		总宽放率	10
E					总检查时间 2.46 ⑧		备注：单元3的机器周期时间为0.6min	
F					有效时间 3.24 ⑫			
G					无效时间 0.35 ⑬			
评价检查					总记录时间 ⑭ 6.05			
合成时间			%		未记录时间 ⑮ 0.05			
观测时间			%		记录误差（%） ⑯ 0.8%			

图 10-5　时间研究步骤总结

10.5.1　归零测时法

与连续测时法相比，归零测时法既具有优点也具有缺点。有些时候，时间研究分析人员会同时使用这两种方法，他们认为较长单元的研究用归零测时法更加合适，而短周期研究使用连续测时法更合适。

因为在归零测时法中单元操作时间是可以直接读取的，因此不需要类似连续测时法那样连续相减才能知道时间。因此，读出的数据可以直接插入到时间研究表格的 OT（观测时间）栏里。同样，操作者没有按顺序执行的单元也可以很容易地记录时间而不必用特殊的符号标记。此外，归零测时法的支持者认为使用这种方法不会记录下延迟时间。因为可以将一个周期的单元时间与下一个周期的进行比较，所以可以确定要研究的周期数。然而，使用过去几个周期的观测值来确定时间研究周期其实是有误差的，原因是采用较小的样本来研究整体。

表 10-1　连续测时时记录的秒表读数

以分钟表示的秒表读数	记　录　值
0. 08	8
0. 25	25
1. 32	132
1. 35	35
1. 41	41
2. 01	201
2. 10	10
2. 15	15
2. 71	71
3. 05	305
3. 17	17
3. 25	25

归零测时法的缺点在于它将操作分为不同的独立单元。但实际上这些单元不能被割裂开来研究，因为单元操作时间依赖紧前和紧后单元。因此，忽略诸如延迟、外来单元、单元顺序等因素可能会导致实际读数产生误差。归零测时法的一个主要缺陷是使指针归零时占用一定的操作时间。然而，使用电子秒表已经消除了这个缺点。短单元（0.04min 或者更短）操作在使用这种方法时会更加困难。最后，总体时间必须通过汇总单元表读数来获得，这个过程比较容易出错。图 10-3 中的例子就是归零测时法进行铸造操作的时间研究的一个示例。

10.5.2　连续测时法

连续测时法与归零测时法相比有以下几个优点。最主要的优势是，研究结果展现了整个观测期间的完整记录，因此，它对操作者和工会来说更有吸引力。操作者能够了解到所有时间记录情况，所有的延迟和外来单元都被一一记录下来。因为所有的事实都清楚地呈现出来，所以这种记录时间的技术更容易解释和被人理解。

连续测时法也更适合测量和记录用时非常短的操作单元。通过实践，如果三个连续短操作单元（小于 0.04min）后跟着约 0.15min 或更长的操作单元，一个优秀的时间研究分析人员可以精确地记住这三个短操作单元的断点处的秒表读数，然后在第四个更长的操作单元发生时记录前三个单元的时间值。

另外，如果使用连续测时法，那么时间研究中就要涉及更多与计算相关的记录。因为当分析人员在每个单元的断点进行读数时，秒表指针仍在继续移动，所以必须利用连续读数的依次相减来确定单元时间值。例如，以下读数可以描述 10 个操作单元的断点：4，14，19，121，25，52，61，76，211，216。这个操作周期中各个单元的操作时间值为 4，10，5，

102，4，27，9，15，35 和 5。图 10-6 给出了使用连续测时法描述了压力铸造操作的时间研究。

时间研究表		研究编号 2-85			日期 3-1			页码 1 of 1	
		操作　压力铸造			操作者 B. JONES			观测者 A F	

单元编号及描述		1 将零件从模具上移开，给模具润滑并检查				2 将零件放入夹具，给零件修边																				
说明	周期	R	W	OT	NT	R	W	OT	NT	R	W	OT	NT	R	W	O	NT	R	W	OT	NT	R	W	OT	NT	
	1	90	90	30	270	90	113	23	207																	
	2	100	40	27	270	100	61	21	210																	
	3	90	92	31	279	90	25	23	207																	
	4	85	50	35	298	100	70	20	200																	
	5	100	98	28	280	100	318	20	200																	
	6	110	43	25	275	110	61	18	198																	
	7	90	92	31	279	90	416	24	216																	
	8	100	44	28	280	85	68	24	204																	
	9	90	500	32	288	90	23	23	207																	
	10	110	49	26	286	105	68	19	200																	
	11																									
	12																									
	13																									
	14																									
	15																									
	16																									
	17																									
	18																									

合计					
总观测时间	2.93	2.15			
评价系数	—	—			
总正常时间	2.805	2.049			
观测次数	10	10			
平均正常时间	0.281	0.205			
宽放率（%）	17	17			
单元标准时间	0.329	0.240			
发生次数	1	1			
标准时间	0.329	0.240			

总标准时间（所有单元标准时间之和）　0.569

外来单元					时间检查		宽放合计（%）	
代号	W1	W2	OT	描述	完成时间	3:48.00	个人需要宽放	5
A					开始时间	3:42.00	基本疲劳宽放	4
B					所用时间	6.00	可变疲劳宽放	8
C					TEBS 0.66		特殊宽放	—
D					TEAF 0.32		总宽放率	17
E					总检查时间	0.92	备注	
F					有效时间	5.08		
G					无效时间	0		
评价检查					总记录时间	6.00		
合成时间		%			未记录时间	0		
观测时间		%			记录误差（%）	0		

图 10-6　压力铸造操作的连续测时法研究（每周期进行评价）

10.5.3　外来单元处理方法

在时间研究期间，分析人员可能会观察到单元顺序与初始建立的有所不同。有时分析人员可能会遗漏特定断点。这些问题使时间研究复杂化，问题发生的频率越低，计算时间研究就越容易。

当遗漏一个读数时，分析人员应立即在 W 列中标明"M"。在任何情况下，分析人员都不应该近似地记录此遗漏的时间值。这种做法可能会破坏为特定单元制定的标准的有效性。如果该单元被用作标准数据使用，那么今后的标准可能会有明显的差异。有时，操作者会遗漏某个单元，则可以通过在 W 列中的空格位置上画一条横线来处理。这种情况不应该经常发生，它通常是由一个没有经验或缺乏标准化方法的操作者引起的。当然，操作者可能无意中漏掉了一个单元，例如，忘记在制作长椅模具时做"通风孔处理"。如果单元被反复遗漏，分析人员应该停止该项研究并调查分析遗漏单元的原因。这应该与主管和操作者共同协作完成，以便建立最好的方法。观测者应不断改进完成单元操作的方法，当产生新思想时，观测者应该在时间研究表格的备注栏中记录下来，以供将来评估使用。

观测者也可能看到单元没有按照顺序执行。当一个新人或没有经验的操作者在完成由许多单元组成的长周期工作时，出现这种情况相当频繁。选择有能力、受过充分培训的员工可以避免该类错误。然而，当单元没有按照顺序执行时，分析人员应立即到被执行单元的 W 栏中画一个横线，并在横线下方记录该单元开始时间，在横线上方记录该单元结束时间。注意应对所有没有按照既定顺序执行的单元采用类似的方法来记录。

在时间研究期间，操作者可能会遇到不可避免的延误，例如被职员或主管打断，或工具破损。操作者还可能喝水或停下来休息片刻，从而造成工作顺序的改变。这种中断被称为外来单元。

外来单元可能发生在断点或单元过程中。绝大多数外来单元，特别是那些操作者可控制的单元，常在单元终止时发生。如果在外来单元在单元内发生，则在该单元的 NT 列中用字母（A、B、C 等）表示。如果外来单元出现在断点，则在断点后的工作单元的 NT 列中标注英文字母（图 10-5 中的⑤）。字母 A 表示第一个外来单元，字母 B 表示第二个单元，以此类推。

一旦外来单元产生，分析人员就应该在左下角对其进行简短的描述。外来单元开始的时间记录在外来单元的 W1 栏中，并且其结束时间记录在 W2 栏中。然后可以在时间研究中相减得到相应值，以确定外来单元的确切持续时间。然后将该值记录到外部单元的 OT 列中。图 10-5 说明了对外来单元的正确处理方法。

有时外来单元的时间值很短因而难以记录。典型的例子是将掉在地板上的扳手迅速拾起，用手帕擦拭眉毛或转身与主管做一个简短的交谈。在这种情况下，外来单元时间值可能为 0.06min 以下，处理这些中断最好的方法是同单元时间累计在一起记录并立即在此时间值上画一个圆圈，以此表明遇到了一个异常值，同时应对此中断予以简单说明并填写在左边相应的备注栏。图 10-7 中的周期 7 说明了异常值的正确处理方法。

10.5.4 确定观测次数

为了达到公正的标准，确定观测周期数对时间分析人员和工会代表非常重要。因为工作的活动以及周期时间直接影响有效获得标准时间的观测周期数，所以分析人员不能完全受限于基于独立单元的读数分布所确定的样本大小。通用电气公司已经将表 10-2 作为观测周期数的推荐值。

时间研究表

| 研究编号 14 | | 日期 3/15/ | 页码 1 of 2 |

操作　　压力铸造　　操作者 RAIN BOW　　观测者 P. ROCHE

单元编号及描述	1 将2个铸件放入夹具夹紧，压铸				2 打开夹具，拿出零件，转90° 将其放入第2个夹具				3 进给，打开夹具，拿出零件				S-1 清洁工作台				S-2 冲孔准备				S-3 在夹具上设置挡块				S-4 冲孔作业，统计生产量			
说明　周期	R	W	OT	NT	R	W	OT	NT	R	W	OT	NT	R	W	OT	NT	R	W	OT	NT	R	W	OT	NT	R	W	OT	NT
1															132	132			182	50			415	233			550	135
2	62	12			78	16			88	10																		
3	604	16			21	17			30	9																		
4	43	13			59	16			70	11																		
5	828	15	6		44	21			58	9																		
6	71	13			91	20			705	14																		
7	30	29			46	16			57	11																		
铸件掉了　8	70	13			88	18			1002	14																		
9	15	13			32	17			40	8																		
10	52	12			68	16			78	10																		
11	92	14			112	20			24	12																		
12	38	14			56	18			66	10																		
13	81	15			1200	19			11	11																		
14	25	14			41	16			50	9																		
15	63	13			80	17			91	11																		
16	1105	14			24	19			34	10																		
17	50	16			69	19			83	14																		
18																												
合计																												
总观测时间	2.07				2.85				1.74				1.32				0.50				2.33				1.35			
评价系数	110				110				110				110				110				110				110			
总正常时间	2.277				3.135				1.914				1.452				0.550				2.563				1.485			
观测次数	15				16				16				1				1				1				1			
平均正常时间	0.152				0.196				0.120				1.452				0.550				2.563				1.485			
宽放率 (%)	12				12				12				12				12				12				12			
单元标准时间	0.170				0.219				0.134				1.626				0.616				2.867				1.663			
发生次数	1				1				1																			
标准时间	0.170				0.219				0.134																			

总标准时间（所有单元标准时间之和）　0.523

外来单元					时间检查		宽放合计 (%)	
代号	W1	W2	OT	描述	结束时间	2:39.00	个人需要宽放	5
A	670	813	143	与主管交谈	开始时间	2:25.00	基本疲劳宽放	4
B					所用时间	14.00	可变疲劳宽放	3
C					TEBS	0	特殊宽放	—
D					TEAF	0.17	总宽放率	12
E					总检查时间	0.17	备注：标准时间不含准备时间	
F					有效时间	12.10		
G					无效时间	1.43		
评价检查					总记录时间	14.00		
合成时间			%		未记录时间	0		
观测时间			%		记录误差 (%)	0		

图 10-7　考虑全面评价的时间研究

表 10-2　建议观测周期数

周期时间/min	推荐周期数（个）
0.10	200
0.25	100
0.50	60
0.75	40
1.00	30
2.00	20
2.00～5.00	15

(续)

周期时间/min	推荐周期数（个）
5.00 ~ 10.00	10
10.00 ~ 20.00	8
20.00 ~ 40.00	5
40.00 ~ above	3

（资料来源：通用电气公司有关 Erie Works 的时间研究手册，该手册在薪酬管理经理 Albert E. Shaw 的指导下完成）

可以使用统计方法确定更准确的周期数。因为时间研究是一个抽样过程，所以可以假设观测结果是一个未知均值和未知方差的正态分布，使用样本均值$\bar{x}$和样本标准差s，较大样本的正态分布的置信区间为

$$\bar{x} \pm t \frac{s}{\sqrt{n}}$$

式中

$$s = \sqrt{\frac{\sum_{i=1}^{i=n}(x_i - \bar{x})^2}{n-1}}$$

然而，时间研究仅设计到较小的样本（$n < 30$），因此可以使用t分布，则：

$$k\bar{x} = \frac{ts}{\sqrt{n}}$$

式中k为$\bar{x}$的相对误差，n为

$$n = \left(\frac{ts}{k\bar{x}}\right)^2$$

在时间研究之前就可以通过类似单元的历史数据来求解n，或者通过从几个具有最大偏差的归零时法读数中实际估计$\bar{x}$和s来求解n。

例 10-1

某实验研究中某单元具有25个读数，$\bar{x} = 0.30$，$s = 0.09$。自由度为24（25减去1为估计一个参数时的自由度）时的误差为5%，$t = 2.064$，则

$$n = \left(\frac{2.064 \times 0.09}{0.05 \times 0.30}\right)^2 = 153.4 = 154$$

为确保所需的置信度，常常向上取整。

10.6 时间研究的实施

本节主要介绍实施时间研究所需的主要步骤。操作者的绩效评价和宽放率的更详细的内容见第11章。

例 10-2 异常值的统计计算

　　考虑图 10-7 中单元 1 的第 7 个周期，这时操作者掉了铸件并且单元时间过长。1.5IQR 标准基于使用箱形图的描述性统计数据，并且认为四分位数间距（第一四分位数和第三四分位数之间的范围）的 1.5 倍以外的任何值都是异常值（Montgomery and Runger，1994）。对于单元 1，平均值为 0.145，标准差为 0.0306，第一个四分位数为 0.13，第三个四分位数为 0.15。因此，1.5IQR 的值为

$$1.5IQR = 1.5 \times (0.15 - 0.13) = 0.03$$

　　由于带圆圈的值 0.25 远远超出平均值加上 1.5IQR 的范围，因此可以将其视为异常值，在计算标准时间时不予考虑。

　　使用 3σ 法则（或 4σ，Montgomery，1991）获得 95% 的置信区间，其中自由度为 14 时的 t 为 2.145，得出

$$\frac{ts}{\sqrt{n}} = 2.145 \times 0.0306 / \sqrt{15} = 0.017$$

　　3σ 规则产生的临界值为 0.051，非常接近 1.5IQR 标准，并且得出相同的结论，即 0.25 为异常值。

10.6.1 操作者的绩效评价

　　因为每个单元所需的实际操作时间在很大程度上取决于操作者的技能和努力程度，所以有必要将优质操作者和略差操作者的时间调整到一个标准水平。因此，在离开工作站之前，分析人员应该给出一个公平合理的绩效评价。短周期重复的工作可以在时间研究中采用一个评价系数，或对每个单元制定一个平均评价系数（见图 10-7）。然而，如果单元操作时间长且包括各种不同手工操作时，则应对每个单元进行独立的评价。例如图 10-3 和图 10-6 中，持续时间大于 0.20min 的单元。时间研究表格包括总体评价和独立单元评价。

　　在绩效评价系统中，观测者根据一个合格的操作者执行相同单元的绩效来评价操作者的效率。评价值是一个小数或者百分率，被分配在 R 栏（图 10-5 中的③）。合格的操作者被定义为："一个有经验的操作者，在正常工作条件下，在整个工作日以不快不慢的速度进行工作。"

　　绩效等级评价的基本原则是调整时间研究中的每个单元平均 OT 为合格的操作者完成相同工作所需的正常时间（NT）：

$$NT = OT \times R / 100$$

其中 R 是一个以百分数表示的操作者的评价值。100% 表示合格操作者的标准水平。为了保证评价公平，时间研究分析人员必须能够排除个人和其他可变因素的干扰，并且只考虑单位时间产生的工作量，并同合格的操作者完成的工作量进行比较。第 11 章更全面地叙述了常用的绩效评价技术。

10.6.2 宽放

　　没有哪个操作者能够在工作日的每时每刻都保持标准速度进行工作。以下三种类型的中

断可能会发生，因此必须提供额外的时间。第一类是个人中断，比如去厕所和喝水；第二类是疲劳，即使最强壮的操作者做最轻松的工作也会产生疲劳；第三类是不可避免的延误，如刀具破损、主管中断、轻微的刀具故障和材料变化等，都要求留有一定的宽放时间。由于时间研究是在相对较短的时间内进行的，而且在确定正常时间时，应当消除外来因素。因此，必须在正常时间之外留有余地，才能获得操作者正常完成工作的标准时间。操作的标准时间（ST）是指一个完全合格、训练有素的操作者，以标准速度发挥出平均水平完成工作所需的时间。宽放一般以正常时间的一定百分比表示，用作乘数：

$$ST = NT + NT \times 宽放率 = NT \times (1 + 宽放率)$$

另一种方法中，因为实际的生产时间可能未知，可将宽放时间制定为总工作日的百分比。在这种情况下，标准时间的表达式是

$$ST = NT/(1 - 宽放率)$$

第 11 章将详细描述获得切实可行的宽放率的方法。

10.7　时间研究的计算

在正确记录所有必要的时间研究表格信息后，观察足够的周期数和对操作者进行绩效评价后，分析人员应该以记录时间研究开始的主表来记录该项研究的结束时间（图 10-5 中的⑥）。使用连续测时法时，应用主表记录的总时间来验证最终的秒表读数是非常重要的。这两个值应该相当接近（保持在 ±2% 偏差内）。（相当大的差异可能意味着发生了错误，时间研究就需要重做。）最后，分析人员应该对操作者表示感谢，并开始下一步操作——计算时间。

采用连续测时法，秒表读数必须依次减去前一个读数来得到本单元时间，然后把时间记录在 OT 栏内。在这个阶段分析人必须保证非常准确，因为分析人员的粗心可能会破坏时间研究的有效性。如果使用单元绩效进行评价，分析人员必须把观测值乘上相应的评价系数来得到正常时间，并把它记录在 NT 栏内。由于 NT 是一个计算值，故一般保留三位数。

观测者遗漏的元素由 W 列中的 "M" 表示，并需要被忽略。因此，如果操作者在 30 周期研究中偶然地省略了第 4 周期的第 7 单元，则分析人员应使用另外 29 个第 7 单元的值来计算平均观测时间。分析人员不仅应该忽视遗漏的元素，而且还应该忽略其紧后单元，因为时间研究中的观测值是由两个相邻单元读数决定的。

为了确定那些未按照顺序执行的单元观测值，只需减去相应的秒表显示的时间即可。

对于外来单元，分析人员必须从相应单元的时间中扣除外来单元时间，分析人员可以通过时间研究表格里外来单元的 W2 栏读数减去 W1 栏读数来得到外来单元时间。

计算和记录了单元所用的时间后，分析人员应仔细研究它们是否有异常。极端的值可以被认为是单元的周期性重复的统计学异常值。为了确定单元时间是否为异常离群值，可以使用 1.5IQR 标准（四分位数范围，Montgomery and Runger，1994）或 3σ 规则（Mont gomery，1991）。这两个规则在例 10-2 中已提到。若异常，则应立即在这些值上画个圆圈并且在进一步研究中不予考虑。例如，在图 10-7 中第 7 周期的第 1 单元中，铸件掉了。一旦出现了异常值，根据统计学异常标准，它将被简单地排除在外。

机器单元在每个周期的运行时间存在着很小的偏差，而在手动单元中可能存在更大的偏差。当无法解释的时间偏差出现时，分析人员在给这些值画圈之前应该非常小心，切记这不是

绩效评价必经的程序。分析人员武断地剔除过高或过低的时间值，最后可能得到错误的时间标准。

如果使用单元评价，则在计算单元观测时间后，分析人员通过单元观测值与各自评价系数相乘来得到正常时间，并把正常时间记录在 NT 列中（图 10-5 中的⑩）。接下来，分析人员通过将 NT 列中记录的时间的总和除以观察次数来确定平均正常时间。

在确定所有单元观测时间后，分析人员应进行检查，以确保不会产生计算或记录错误。检查正确性的方法是填写时间研究表格中的"时间检查"栏（见图 10-5）。然而，为了做到这一点，分析人员需要使秒表开始时间和结束时间与主表同步，并在表单上记录开始时间（图 10-5 中的①）和结束时间（图 10-5 中的⑥）。分析人员计算了以下几个时间量：①总观测时间，称为有效时间（图 10-5 中的⑫）；②外来单元总时间，称为无效时间（图 10-5 中的⑬）；③研究前时间（图 10-5 中的 TEBS，②）和研究后时间（图 10-5 中的 TEAF，⑦）。研究前时间是在第一个单元开始分析人员准备记录时秒表的显示值，研究后时间是分析人员在研究结束后停止秒表时的显示值。研究前时间和研究后时间相加得到总检查时间（图 10-5 中的⑧）。总检查时间、有效时间和无效时间相加，等于总记录时间（图 10-5 中的⑭）。在主表中结束时间和开始时间的差值就是所用时间（图 10-5 中的⑨）。总记录时间与所用时间的偏差称为未记录时间（图 10-5 中的⑮）。通常，在一个很好的研究中，这个值将为零。未记录时间除以所用时间称为记录误差。记录误差应小于 2%。如果超过 2%，应重新进行时间研究。

在计算正常时间之后，分析人员应该给每个单元增加宽放时间来确定标准时间。在图 10-7 的时间研究中，单元 1 的正常时间乘以 1.12 以产生单元 1 的标准时间：

$$ST = 0.152 \times (1 + 0.12) = 0.170$$

工作的性质决定了第 11 章所讨论的宽放率。一般而言，手动单元的平均宽放率为 15%，机器单元的平均宽放率为 10%。

在大多数情况下，每个单元在每个周期内发生一次，并且发生次数仅为 1。在某些情况下，某些单元可能在一个周期内重复出现（例如，在相同周期内的车床上出现三遍）。在这种情况下，发生的次数将变为 2 或 3，则单元的时间在这个周期内将变为原来的 2 倍或 3 倍。

将每个单元的标准时间相加，可得到整个操作的标准时间，该时间记录在时间研究表格上的"总标准时间"中。

10.8 标准时间

利用单元时间的总和可以计算出标准时间，即可用 min/件表示，又可以 h/件表示。大部分工业操作周期都比较短，小于 5min，因此有时用 h/百件来表示标准时间更加方便。例如，冲压操作的标准时间可能是 0.085h/百件。这比用 0.00085h/件或者 0.051min/件表示更好。

操作者的效率百分比可以表示为

$$E = H_e / H_c \times 100\% = O_c / O_e \times 100\%$$

式中　H_e——获得的标准时间；

　　　H_c——工作时间；

O_e——预期输出；

O_c——当前输出。

比如，一个操作者在一个工作日内生产 10 000 件，他赢得 8.5h 的标准生产时间，则工作效率为 8.5h/8h＝106%。

一旦计算出标准时间，将其填到操作者的工艺卡中。该卡可以是计算机生成的，也可以在复印机上复印得到。工艺卡是工艺规格、调度安排、作业指导书编制、工资单、操作者绩效、成本管理、预算以及其他企业有效运作控制等的基础。图 10-8 显示了一个典型的生产工艺卡。

生产工艺卡						
描述 原材料	淋浴头 直径为2.5in的70-30挤压黄铜棒		图号 _JB-1102_		零件号 _J-1102-1_	
工艺路线: 9-11-12--14-12-18				日期 _9-15_		
操作 序号	操作	部门	机器及专用工具	准备时间/min	工艺时间/min	
1	锯开	9	J.& L. Air Saw	15	0.077	
2	锻造	11	150 Ton Maxi F-1102	70	0.234	
3	形成毛坯	12	Bliss 72 F-1103	30	0.061	
4	酸洗	14	HCL. Tank	5	0.007	
5	冲6个孔	12	Bliss 74 F-1104	30	0.075	
6	粗铰和倒角	12	Delta 17" D.P. F-1105	15	0.334	
7	钻13/64in的孔	12	Avey D.P. F-1106	15	0.152	
8	加上杆部和罩面	12	#3 W. & S.	45	0.648	
9	拉削6个孔	12	Bliss 74½	30	0.167	
10	检查	18	F-1109,F-1110,F-1112	工作日		

图 10-8　典型的生产工艺卡（"F"表示操作中使用夹具）

10.8.1　临时标准

工人需要时间来熟练掌握新的或者不同的操作。通常，时间研究分析人员建立一个相对比较新的标准时，操作者由于产品批量低而难以进行高效率的工作。如果分析人员以操作者的通常产出作为评比基础（即操作者的评分在 100 以下），那么制定的标准可能会过于严苛，操作者将不能获得任何激励性收益（请参阅第 17 章）。另外，如果分析人员认为该工作是一项新工作且产品批量低，而建立一个宽松的标准，则当订单扩大时，或者收到相同工作的新订单时，就会产生麻烦。

建立临时标准是处理此类情形最好的方法。分析人员通过工作分配难度和生产零件的数量来建立标准。然后，通过利用工作的学习曲线（请参阅第 18 章）以及现有的标准数据，分析人员能够为该项工作开发出一个公正的临时标准。建立的标准在工作批量不是很大时，比较宽松。当在生产现场发布标准时，要明确标明标准是"临时的"，并包括临时标准可适用的最大数量。当临时标准发布时，该标准应该仅在合同期间有效，或在 60 天之内有效，以较短者为准。当临时标准期满后，应将其替换为永久标准。

> **例 10-3** 计算所获得的时间和效率百分比
>
> 一个操作的标准时间为 11.46min/件，在一个 8h 的班次里，操作者预计生产：
>
> $$\frac{8h \times 60min/h}{11.46min/件} = 41.88 \text{ 件}$$
>
> 然而，如果在一个给定的工作日内操作者生产 53 件，赢得的标准时间（参看第 17 章）将是
>
> $$H_e = \frac{53 \text{ 件} \times 11.46min/件}{60min/h} = 10.123h$$
>
> 操作者的效率为
>
> $$E = 10.123h/8h \times 100\% = 126.5\%$$
>
> 或者更为简单地表示为
>
> $$E = 53 \text{ 件}/41.88 \text{ 件} \times 100\% = 126.5\%$$

10.8.2　关于准备的标准

工作单元通常包括准备标准，准备主要是指先前工作完成和当前工作开始之间发生的所有事件。准备标准也包括"拆卸"或者"收好工具"单元，比如开始工作时打卡、从工具箱获取工具、从调度员处获取图样、调整机器、打孔、从机器上拿走工具、送回工具到工具箱和计算产量等。图 10-7 和图 10-9 说明了一项涉及四个准备单元（S-1，S-2，S-3 和 S-4）的研究。

在建立准备标准时，分析人员使用的程序应与建立生产标准时相同，除了其不能获得单元的平均时间外，分析人员不能事先观测操作者所进行的准备单元，因此，当在进行研究时，分析人员有义务把准备单元分成不同的单元。然而大部分准备单元的操作时间较长，所以当操作者从一个工作单元到下一个工作单元的过程中，分析人员有足够的时间来拆分工作单元，记录时间和评价性能。处理准备时间有两种方法：按数量分配或按作业定位。在第一种方法中，它们将特定的数量进行分配，例如 1000 件或 10 000 件。这种方法只有在生产订单的规模是标准订购批量时才使用。例如，对于库存式生产企业和基于最小最大库存原则再订购的企业来说，它们能够控制生产订单的订购量使之与经济批量一致。在这种情况下，准备时间可以根据批量大小按比例分配。例如，假设给定的经济批量为 1000 件，而再订购也是以 1000 为单元进行。如果给定操作的标准准备时间为 1.50h，则允许每生产 100 件有 0.15h 来作为准备时间。

如果订单的大小不受控制，按数量分配方法就不再可用。在按照工作订单进行采购的工厂中，即根据客户要求发布生产订单，规定数量，不可能对订单的规模进行规范。例如，本周可发出 100 台的订单，下个月可能需要订购 5000 台。在这个例子中，为生产这 100 台，操作者只允许 0.15h 的准备时间，这是不够的；然而对于 5000 台的订单，操作者将获得 7.50h，时间又太多。

将准备标准设立为单独的标准时间更为实用（见图 10-7 和图 10-9）。那么，无论生产的零件数量如何，都要以公平的标准为准。在某些问题上，准备工作由执行该作业的操作者以外的人执行。具有独立的准备人员的优点是相当明显的。低技能工人即便不懂得调试设备，

也可只作为一个操作者。当由专门的人员来做准备工作时，准备工作会更标准化，新的方法会更容易被引进。此外，当有足够的设备可用，当操作者在这台机器上工作时，下一工序已经装备好，则生产可以是连续的。

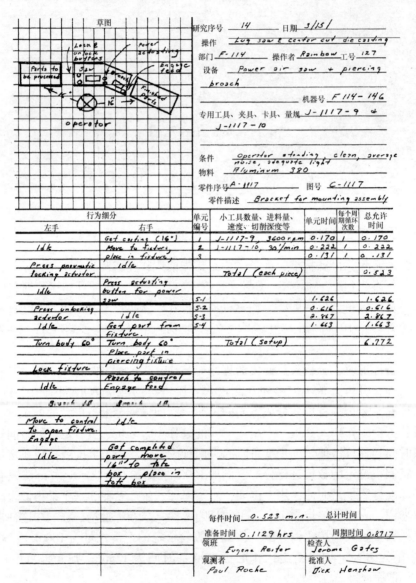

图 10-9 图 10-7 所示的时间研究表格的背面

研究表明每件需要 0.523min（0.8717h/百件），准备时间为 6.772min（0.1129h）。

10.8.3 部分准备

通常，没有必要完全为给定的操作进行全面的准备，因为以前的操作可能准备好了部分工具。例如，在手动攻丝机或转塔车床设置中，通过对同一机床上类似工作的安排，保证了部分准备活动可供下一项工作使用。在转塔车床中不需要更换六把刀具，可能仅仅需要更换两三把即可。成组技术的应用可以节省大量机床准备时间，这也是其优点之一。

由于对特定机器的调度安排是经常变化的，因此很难建立部分准备时间标准来覆盖所有可能的变化。例如，一个特定的转塔车床的全部准备时间可能是 0.80 h。但是，如果这个准备在作业 X 之后执行，则可能只需要 0.45h；在工作 Y 之后进行，可能需要 0.57h；在工作 Z 之后进行，可能需要 0.70h。部分准备时间的变化范围非常大，因此准确确定准备时间的方法是使用各自工作的标准数据（见第 12 章）。

在工厂准备时间一般少于 1h，而生产运行时间相当长，通常的做法是给予操作者各项工作的全部准备时间。这样有以下优点。首先，如果工厂采用工资激励机制，高收入使得操作者十分满意，他们会尽可能优化各自的工作。因此单位时间的产量提高了，总成本也降低了。此外，通过避免必须为部分准备操作确定标准及其应用，节省了大量时间和文书工作。事实上，因为操作者做完全准备和做部分准备时间不同，这种节省可以用来支付操作者的额外工资。

本 章 小 结

完成和计算一个典型时间研究的步骤如下（参见图 10-5 相应步骤）：

1. 将秒表与主表同步并记录开始时间。

2. 走进操作现场，开始研究。启动秒表，此时显示值是 TEBS。

3. 当单元活动发生时进行绩效评价，并记录单个或平均评价系数。

4. 在下一个单元开始时记录秒表读数。采用连续测时法时，把读数填入 W 栏，采用归零测时法，把读数填入 OT 栏。

5. 对于外来单元，在 NT 栏适当位置进行标记，并将时间记录在"外部单元"栏内。

6. 当完成所有单元时，根据主表记录完成时间。

7. 记录读数作为 TEAF。

8. TEBS 加 TEAF 以获得总检查时间。

9. 完成时间减去开始时间从而获得所用时间。

10. 评价系数乘以观测时间得到正常时间。

11. 累加每个单元的所有观测时间和正常时间。计算平均正常时间。

12. 累加所以单元的观测时间得到有效时间。

13. 累加所有外来单元时间得到无效时间。

14. 累加 8、12 和 13 得到总记录时间。

15. 9 减去 14 得到未记录时间，取其绝对值。（两者之间的偏差可能是正值也可能是负值，正值是我们希望得到的。）

16. 15 除以 9 得到记录误差。希望这个值小于 2%。

思 考 题

1. 怎样来确定合理的日工资？

2. 标准速度给出了什么样的基准？

3. 为什么要由主管批准时间研究工作?

4. 不好的时间标准有什么影响?

5. 时间研究分析人员需要哪些工具?

6. 电子秒表有哪些特点吸引了时间研究分析人员?

7. 如何利用节拍器作为绩效评价的培训工具?

8. 选择被研究的操作者应考虑哪些因素?

9. 为什么在时间研究表格上记录工具和设备的所有信息?

10. 为什么工作条件对分析工作方法非常重要?

11. 为什么不能听取意见的时间研究分析人员很难开展时间研究?

12. 不变单元和可变单元有何区别? 划分操作单元时为什么要把它们分别开来?

13. 与归零测时法相比, 用连续测时法进行时间记录有什么优点?

14. 为什么电子秒表增加了归零测时法的使用机会?

15. 为什么要在时间研究表格中记录当时的时间?

16. 单元时间记录顺序中的大变化应该如何处理?

17. 说明外来单元是什么, 外来单元如何处理?

18. 确定要观察的周期数应注意哪些因素?

19. 为什么要对操作者进行评价?

20. 什么时候应该对每个周期的各个单元进行评价?

21. 定义合格的操作者。

22. 为什么要给正常时间加上宽放时间?

23. 用圆圈圈起来的时间有什么意义?

24. 根据持续的总体绩效评价程序, 在计算时间研究中应采取哪些步骤?

25. 3mile⊖/h 的步速如何与你的标准表现概念一致?

26. 定义标准时间。

27. 为什么通常用每百次表达标准时间会更为方便, 而不是每次的时间?

28. 为什么要建立临时标准?

29. 准备标准中包含哪些工作单元?

计 算 题

1. 根据表 10-2, 年产 750 件且周期为 15min 的操作需要观测多少次?

2. 对一个规律操作的简单事件, 比如刷牙、刮胡子、梳头发, 估计你所消耗的时间, 现在以标准速度操作衡量其时间。你的估计值是否在估计时间的 ±20% 内?

3. 为了向企业工会干事说明评价系数, XYZ 公司的时间研究人员使用节拍器调整发桥牌的速度。评价系数分别为 60%、75%、100%、125% 时, 节拍器每分钟应该打击多少次?

4. 利用通用电气公司的指南卡片来确定研究的观测次数, 推荐值为 10 次。在进行研究后, 利用均值的标准差来估计给定置信水平的观测次数。计算结果表明此研究需要观测 20 次。你应采取什么措施? 为什么?

5. Dorben 公司的时间研究分析人员记录了归零测时法的秒表读数, 并给出了单元评价系数。这个单元宽放率为 16%。这个单元的标准时间是多少?

⊖ 1mile = 1.609km。

归零测时法读数	评价系数（%）	归零测时法读数	评价系数（%）
28	100	27	100
24	115	38	80
29	100	28	100
32	90	27	100
30	95	26	105

6. 假设分析人员希望置信水平是 87%，平均观测时间误差为 ±5%，并且在观测 19 次时得到了下列值：0.09，0.08，0.10，0.12，0.09，0.08，0.09，0.12，0.11，0.12，0.09，0.10，0.12，0.10，0.08，0.09，0.10，0.12，0.09，那么需要观测多少次？

7. 下列数据是对一台卧式铣床进行时间研究所得到的结果：

每周期平均手动时间：4.62min

平均切削时间（机动进给）：3.74min

平均评价系数：115%

铣床宽放率（机动进给）：10%

疲劳宽放率：15%

请问这个操作的标准时间是多少？

8. Dorben 公司的一个作业测量分析人员对某高效工作进行了 10 次观测。他对每次观测都进行评价，并计算每个单元的平均正常时间。具有最大偏差的单元平均时间为 0.30min，标准差为 0.03min。如果分析人员希望平均误差为 ±5%，那么应该对此操作中进行多少次观测？

9. 在 Dorben 公司里，作业测量分析人员对钣金磨具制造进行详细的研究。这个研究的第 3 个单元的时间偏差最大。在进行 9 次观测后，分析人员计算了这个单元的平均时间和标准差，结果如下：

$$\bar{x} = 0.42. \quad s = 0.08$$

如果分析人员希望置信水平为 90%，样本均值误差为 10%，那么应该进行多少次观测？在现有的观测次数情况下，在置信水平为 90% 时，平均时间误差是多少？

10. 根据图 10-7 提供的数据，在 40h 的工作周内，操作者准备并且完成了 5000 件的订单，请问他的效率是多少？

11. 根据下列数据确定每百件产品的标准工资：

周期时间：1.23min。

标准工资：8.6 美元/h。

每周期取件数：4 件。

机加工时间（机动进给）：0.52min/周期。

宽放率：手动时间为 17%；机动进给时间为 12%。

评价系数：88%。

12. 下面的数据来对卧式铣床的时间研究：

每周期生产的件数：8。

平均测定周期时间：8.36min。

每周期平均测定手动时间：4.62min。

平均快速移动时间：0.08min。

平均切割时间（机动进给）：3.66min。

评价系数：115%。

宽放率（机器时间）：10%。

宽放率（手动时间）：15%。

在 8h 工作日内，操作者生产 380 件产品，操作者赢得多少标准时间？在这个 8h 工作日内，操作者的效率是多少？

13. 用 h/百件来表示 5.761min 的标准。如果操作者在一个工作日完成 92 件，其效率是多少？在一个 8h 工作日中，如果操作者准备机器（标准准备时间为 0.45h）并生产了 80 件，其效率又是多少？

14. 求以下工作的观测时间、正常时间、标准时间。采用标准绩效和 10% 的宽放率。

（1）冲压。

（2）钻孔。

（3）手电筒装配。

（4）联合装配。

（5）医院病床栏杆装配。

（6）缝纫外套。

（7）贴外套标签。

（8）外套剪切操作。

15. 完成以下时间研究。

说明	周期	R	W	OT	NT	R	W	OT	NT	R	W	OT	NT
	1	95	65			100	115				200		
	2									100	290		
	3									90	395		
	4		435			100	485			100	580		
	5									120	695		A
	6										950		

Summary													
合计					5.450								
评价系数													
总正常时间	0.733												
观测次数													
平均正常时间													
宽放率（%）													
单元标准时间													
发生次数													
标准时间													

总标准时间（所有单元标准时间之和）				3.636

外来单元					时间检查		宽放合计（%）	
代号	W1	W2	OT	描述	结束时间	1:09 AM	个人需要宽放	0
A		640	40	TALK TO BOSS	开始时间	1:01 AM	基本疲劳宽放	0
B					所用时间		可变疲劳宽放	0
C					TEBS	0.30	特殊宽放	0
D					TEAF	0.10	总宽放率	0
E					总检查时间			
F					有效时间		备注：假定各周期之间	
G					无效时间		不再给宽放时间	
评价检查					总记录时间			
合成时间				%	未记录时间			
观测时间					记录误差（%）			

16. 填写表格，完成以下时间研究。然后，计算出一个 8h 工作标准时间。假设宽放率为 10%。

Time Check		
结束时间		
开始时间	8:11	
所用时间		
TEBS	0.45	
TEAF		
总检查时间		
有效时间		
无效时间	0.00	
总记录时间		
未记录时间	0.00	
记录误差（%）	0.00	

时间研究观察表   研究编号：____ 操作：____

单元编号及描述		A				B			
说明	周期	R	W	OT	NT	R	W	OT	NT
	1	110	55			110	75		
	2	130	83			130	00		

标准时间 _____

参 考 文 献

Barnes, Ralph M. *Motion and Time Study: Design and Measurement of Work.* 7th ed. New York: John Wiley & Sons, 1980.

Gomberg, William. *A Trade Union Analysis of Time Study.* 2d ed. Englewood Cliffs, NJ: Prentice-Hall, 1955.

Griepentrog, Carl W., and Gilbert Jewell. *Work Measurement: A Guide for Local Union Bargaining Committees and Stewards.* Milwaukee, WI: International Union of Allied Industrial Workers of America, AFL-CIO, 1970.

Lowry, S. M., H. B. Maynard, and G. J. Stegemerten. *Time and Motion Study and Formulas for Wage Incentives.* 3d ed. New York: McGraw-Hill, 1940.

Mundel, M. E. *Motion and Time Study: Improving Productivity.* 5th ed. Englewood Cliffs, NJ: Prentice-Hall, 1978.

Nadler, Gerald. *Work Design*: A Systems Concept. Rev. ed. Homewood, IL: Richard D. Irwin, 1970.

Rotroff, Virgil H. *Work Measurement.* New York: Reinhold Publishing, 1959.

Smith, George, L. *Work Measurement—A Systems Approach. Columbus*, OH: Grid, 1978.

United Auto Workers. *Time Study—Engineering and Education Departments. Is Time Study Scientific?* Publication No. 325. Detroit, MI: Solidarity House, 1972.

可 选 软 件

DesignTools（可从 McGraw-Hill text 网站 www.mhhe.com/ niebel-freivalds 获取）. New York: McGraw-Hill, 2002.

MVTA. NexGen Ergonomics, 3400 de Maisonneuve Blvd. West, Suite 1430, Montreal, Quebec, Canada H3Z 3B8 (http://www.nexgenergo.com/).

QuickTimes. Applied Computer Services, Inc., 7900 E. Union Ave., Suite 1100, Denver CO 80237 (http://www.acsco.com/).

QuickTS , New York: McGraw-Hill, 2002.

Work study＋, Quetech Ltd., 1-866-222-1022 (http://www.quetech.com)

第11章

绩效评价和宽放时间

本章要点

- 使用评价系数来调整观测时间以达到标准绩效的预期时间。
- 速度评价法是最简单、最快的方法。
- 记录时间之前需要评定操作者。
- 对于长单元的研究，对每个单元分别进行评价。
- 对于短单元的研究，对整个工作进行评价。
- 利用宽放时间来补偿工作疲劳和工作延迟。
- 为个人需要和基本疲劳提供最低9%~10%的恒定宽放率。
- 以正常时间加上其一定百分比的宽放时间得到标准时间。

在研究过程中，时间研究分析人员应仔细观察操作者的绩效。操作者的绩效几乎很少同标准的准确定义一致。因此，为了得到一个合格操作者以平均速度操作此项工作所需要的时间，必须对平均观测时间做一些调整。为了得到一个合格工人所需要的时间，假如研究选择了一个高于标准的操作者，那么时间研究分析人员必须给这个操作者的时间加上一定的时间才能算是标准时间；假如研究选择了低于标准的操作者，那么时间研究分析师必须在其所用时间的基础上减去一定的时间才是标准时间。只有通过这种方式，他们才能为合格操作者建立真正的标准。

绩效评价可能是整个工作测定程序中最重要的步骤，也是最受到非议的步骤，因为它完全依赖于工作测定分析人员的经验、培训经历和判断力。不管评价因素是以产出的速度或节拍为基础，还是以操作者的绩效与合格工人的绩效相比为基础，经验和判断力仍然是决定评价结果的标准，因此分析人员必须得到充分的培训并且要十分诚实。

在计算了正常时间之后，为了得到一个公正的标准，还要进行另外一个步骤。最后一个步骤是考虑到工作安排中的很多中断、延迟和疲劳所造成的速度减慢，因此要增加一个宽放时间。例如1300mile的距离，以65mile/h的速度驾驶在20h内是不可能到达的，必须为个人需要、驾驶疲劳、交通拥堵或交通灯、绕道和粗糙路面、汽车故障等造成的不可避免的、周期性的停顿增加宽放时间。因此，实际上将要花费25h，5h的额外时间作为延迟的宽放时间。同样，要想得到公正且一个平均工人容易以稳定、正常的速度维持的标准，分析人员就必须提供一个宽放时间。

11.1　标准绩效

标准绩效是一个有丰富经验的操作者在熟悉的条件下，以正常且能全天维持的速度操作所达到的绩效水平。为了更好地定义绩效，下面我们使用大家都很熟悉的例子作为基准。例如，假如建立了在 0.50min 内将 52 张扑克牌分成 4 堆的基准，应该给出发牌起点到终点的距离，以及抓取、移动和放下扑克牌等手法一个全面和明确的描述。同样，假如 0.38min 的基准是为步行 100ft（3mile/h 或者 4.83km/h）建立的，那么定义应该详细说明地面是否水平，步行是否负重和负重多少。正常绩效基准的定义越详细越好。

应该对作为基准的例子补充关于操作者正确执行操作时的特征的清晰描述。对这种有代表性的操作者的描述可能是：在很少或者没有监督的情况下，一个工人适合这项工作，并且这个工人对以有效的方式执行该工作有着丰富的经验。拥有相应精力和身体条件的操作者能够根据动作经济学原则不用犹豫或者延迟地从一个单元进行到另一个单元。他们可以通过知识和正确使用与工作相关的所有工具和设备，来保持良好的效率水平，也会以最适合连续执行的速度协作和执行操作。

然而，操作者之间仍然存在不同，已有知识、体力、健康、职业知识、身体灵巧性和培训的不同能够使某个操作者一直比另一个操作者优秀。例如，随机抽样 1000 名员工，输出的频率分布将近似于正态曲线，平均不到 3 个员工的绩效等级落在 3σ 之外。1000 名员工的预期总体分布情况将如图 11-1（Presgrave，1957）所示。基于两个极端（1.39/0.61）的比值，最好的个体是最慢个体的两倍多。

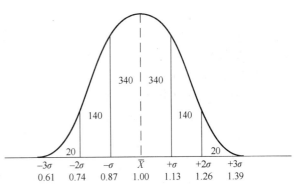

图 11-1　随机选择 1000 名员工绩效的期望分布

11.2　可靠评价法的特征

任何绩效评价法首要且最重要的是准确。因为大部分评价技术都依赖于时间研究观测者的判断，因此，评价中完美的一致性是不可能的。然而，评价程序允许事件分析人员研究那些使用相同的方法的不同操作者来得到标准，这个标准和通过有足够多成员的班组而平均建立的标准的偏差不会超过 5%，偏差大于 ±5% 的评价计划应该改善或者被取代。

时间研究分析人员也应该同样准确评价。要纠正分析人员一贯的偏高或者偏低的评价习惯不是很难，但是要纠正分析人员前后矛盾的评价非常困难的，因此这样能力不一致的人不应该再使用。在时间研究程序中，评价的不一致性会非常打击操作者的信誉。

绩效评价应该仅在单元时间观测过程中进行。当操作者使用指定的操作方法从一个单元进行到下一个单元时，分析师应仔细评价速度、灵巧性、错误的移动、节奏、协调性、效率和其他影响产出的因素。然后将操作者的绩效与标准绩效进行相比。一旦判断和记录了绩效，它就不应该改变。然而这并不意味着观测者总是具有完美的判断力。假如评价受到质疑，那么应该重新研究工作或者操作，从而证明记录估计值是错误的还是正确的。

评价操作者绩效的频率取决于时间周期。对于短周期反复的操作工作，在平均长度的研究过程中（15~30min），操作者的绩效几乎没有偏差。在这种情况下，评价整个研究的绩效将会得到令人满意的结果。同样，如果观测者在研究中试图对每个单元进行绩效评价，那么他或她将会忙于记录时间值而不能有效地观察、分析和评价操作者的绩效。

当研究相对较长（超过30 min）或者研究中包括几个长单元操作工作时，在研究过程中操作者的绩效可能存在不同。在这种情况下，分析人员应评价每个单元，尤其是时间超过0.1min的单元。但一般来说，评价频率越高，对操作者绩效的评价就越准确。例如，图10-3、图10-5和图10-6显示的时间研究是对每个单元进行的评价，而图10-7显示的时间研究对整个研究进行了评价。

11.3 评价方法

11.3.1 速度评价法

速度评价法是一个仅仅考虑每单位时间完成工作的速度的绩效评价方法。使用这个方法，观测者依靠合格操作者执行相同工作的绩效来测定操作者的效率，然后用一个百分比来表示观测的绩效与正常或标准的绩效的比率。这个方法特别强调观测者在进行研究之前，应该对将要被研究的工作了如指掌。举例来说，生产飞机发动机部件的机械工人的速度，明显要比生产农用机器部件的机械工人的速度慢得多。由于飞机发动机部件要求高精度，因此生产飞机部件的工人的操作速度在不熟悉这些工作的人看来是相当缓慢的。

在速度评价法里，分析人员首先要评价绩效，从而确定它是高丁还是低丁正常绩效。然后，他们努力把绩效放在准确的评价标准和执行绩效之间的评价范围内。因此，100% 通常认为是正常绩效。一个110%的等级表明操作者以高于正常绩效10%的速度执行操作。而一个90%的绩效将意味着操作者以90%正常绩效的速度执行操作。

经过多年的经验积累，所有的分析人员最终都能建立一个标准绩效的思维模型。然而，为了建立一个初始思维模型，考虑一些公认的作业绩效对新手分析人员是有用的。Presgrave（1957）提出两个这样的作业：①以3mile/h的速度行走，那就是0.38min内行走100ft；②在0.5min内把一副52张的纸牌平均分成4堆（一只手的拇指将纸牌移送到正在操作的手上）。表11-1介绍了不同水平绩效的具体操作情形。

以10s为评价级差，也就是评价结果为80s、90s和100s等，然后级差逐步过渡到5s，对于新手分析人员也是有益的。同样，在开启和查看秒表读数之前，在时间研究分析表的R栏里记录评价系数对于任何分析人员来说都非常重要。否则，人们会认为分析人员仅根据秒表进行评价。

一些企业利用60分评价法进行评价。这是以标准时间为基础，也就是每小时完成相当于60min的工作量。以此为基础，一个80的评价意味着操作者以80/60的速度工作，也就是133%，优于正常速度33%；一个50的评价表示50/60的速度，也就是正常速度的83.3%。

表 11-1 速度评价指南

评价系数	操作水平	行走速度（mile/h）	0.5min 内处理纸牌数（张）
0	无活动	0	0
67	很慢，笨拙	2	35
100	稳定，从容不迫	3	52
133	敏捷，干净利落	4	69
167	很快，灵巧性水平很高	5	87
200	短期内以最快速度	6	104

时间研究分析人员利用速度评价来评定单元、周期或者整体。例如第 10 章提到的所有时间研究都利用了速度评价。

11.3.2 西屋电气评价法

最早使用的评价方法之一是西屋电气公司创立的，然后取名为平准化法。Lowry、Maynard 和 Stegemerten（1940）对其进行了详细陈述。这个方法在评价操作者绩效中考虑了四个因素：技能、努力、工作环境和一致性。

Lowry 将技能定义为"对既定工作方法的掌握程度"，进而与专业知识联系起来。技能通过操作者手与脑的协调配合表现出来。操作者的技能来自其经验和自身的智力，比如天生的协调性和节奏感。一个人既定操作的技能随着时间的推移而增加，因为工作相似性的增加会使得操作者速度加快、动作娴熟、减少犹豫和错误动作。技能降低通常由一些产生身体或者心理因素的能力遭到损伤而造成，例如视力下降、反应衰退和肌肉力量或者协调性丧失。因此，变换工作或者变换既定工作的操作，操作者的技能都会发生变化。

西屋电气评价法分为六个技能程度或者等级，它们为评价描绘了可接受的技能程度：欠佳、尚可、平均、好、优秀和卓越。表 11-2 阐述了不同技能程度的特性和它们相对应的百分比，范围从卓越的 +15% 到欠佳的 -22%，然后把这个百分比与努力评价、工作环境评价和一致性评价综合，从而得到最后的评价或者绩效评价因子。

西屋电气评价法将努力定义为"有效工作意愿的表现"。努力可以反映出技能被很好地应用，并且努力程度在很大程度上受到操作者的控制。当评价操作者的努力程度时，观测者必须仅仅对"有效"的努力进行评价。有时，一个操作者会应用具有误导性的高速努力程度来缩短所研究对象的周期时间。

评价所用的六个努力等级是欠佳、尚可、平均、好、优秀和超级。超级努力最高可以用 +13% 来表征，欠佳努力最低用 -17% 来表征。表 11-3 给出了不同努力程度的数值并且概括了不同类别的特性。

表 11-2 西屋电气评价法技能评价标准

+0.15	A1	卓越
+0.13	A2	卓越
+0.11	B1	优秀
+0.08	B2	优秀

（续）

+0.06	C1	好
+0.03	C2	好
0.00	D	平均
-0.05	E1	尚可
-0.10	E2	尚可
-0.16	F1	欠佳
-0.22	F2	欠佳

资料来源：Lowry、Maynard, and Stegemerten（1940），p. 233

表 11-3　西屋电气评价法努力评价标准

+0.13	A1	超级
+0.12	A2	超级
+0.10	B1	优秀
+0.08	B2	优秀
+0.05	C1	好
+0.02	C2	好
0.00	D	平均
-0.04	E1	尚可
-0.08	E2	尚可
-0.12	F1	欠佳
-0.17	F2	欠佳

资料来源：Lowry、Maynard, and Stegemerten（1940），p. 233

工作环境是指在绩效评价程序中影响操作者但不影响操作的因素，包括温度、通风、光线和噪声。因此，假定既定工作站的温度是 60℉，但是它通常维持在 68～74℉，那么这个工作环境将被评定为比正常工作条件差。影响操作的因素，比如欠佳的工具或者原材料，在应用工作环境的绩效因素时将不被考虑。

工作环境分为六个等级，值从 6% 到 -7%，分别是理想、优秀、好、平均、尚可和欠佳。表 11-4 给出了这些工作环境对应的值。

影响绩效评价四个因素中的最后一个因素是操作者的一致性，除非分析师使用归零测时法或是当研究进行时记录了连续的相减值，否则在研究开始时必须对操作者的一致性进行评价。经常反复的单元时间值应该有很好的一致性。这种情况很少发生，因为有很多变量（比如原材料的硬度、切削工具的锋利度、润滑剂、操作者的熟练程度和努力程度、错误的秒表读数和外来单元）使得这个趋势不明显。机械控制的单元具有近似完美的一致性，评为 100%。

表 11-4　西屋电气评价法工作环境评价标准

+0.06	A	理想
+0.04	B	优秀
+0.02	C	好
0.00	D	平均
-0.03	E	尚可
-0.07	F	欠佳

资料来源：Lowry、Maynard, and Stegemerten（1940），p. 233

一致性的六个等级是理想、优秀、好、平均、尚可和欠佳。理想的一致性为 +0.04，欠佳的一致性为 -0.04，其他等级落在这两个值之间。表 11-5 概括了这些值。

表 11-5　西屋电气评价法一致性评价标准

+0.04	A	理想
+0.03	B	优秀
+0.01	C	好
0.00	D	平均
-0.02	E	尚可
-0.04	F	欠佳

资料来源：Lowry、Maynard，and Stegemerten（1940），p. 233

一旦分配了操作的技能、努力、工作环境和一致性并且确定了相应的数值，就可以综合这四个值，相加后得到合计量，从而使分析师据此确定综合的绩效系数。例如，假设一个既定工作的技能评价为 C2，努力评价为 C1，工作环境评价为 D，一致性评价为 E，那么绩效系数将是

技能	C2	+0.03
努力	C1	+0.05
工作环境	D	+0.00
一致性	E	-0.02
代数和		+0.06
绩效系数		1.06

许多企业已对西屋电气评价法进行了修订，在整个评价中仅包括技能和努力两项因素，他们认为一致性同属于技能因素，且工作环境可视为都是一样的。假如工作环境与平均偏差很大，就要推迟研究，或者把不正常工作环境的影响放到宽放率的应用中来考虑（参看第 11.10 节）。

西屋电气评价法需要在区分每个属性的不同水平方面进行大量培训。西屋电气评价法既适合周期评价又适合整个研究评价，但不适合单元评价（除了非常长的单元）。因为分析人员没有时间来评价每个单元的灵活性、有效性和物理应用。同时笔者认为，一个简单、简洁、容易解释，并建立了行之有效的基准的评价系统比复杂的评级体系更成功，比如西屋电气评价法，涉及调整因素和计算技术，可能会使很多分析人员头大。

11.3.3　综合评价法

为了开发一个不依靠时间研究观测者主观判断且能够给出一致性结果的评价方法，Morrow（1946）建立了综合评价程序。通过比较实际单元观测时间和由基础动作数据得到的时间，综合评价程序可以确定工作周期典型的努力单元的绩效系数（参看 13 章）。因此，绩效系数可以表示为

$$P = \frac{F_t}{O}$$

式中　*P*——绩效或者评价系数；

　　　F_t——基础动作时间；

　　　O——用在 F_t 单元的实际平均单元观测时间。

绩效系数可被应用到研究中手动控制单元中。另外机器控制单元不用评价。典型综合评价举例见表11-6。

表 11-6　典型综合评价举例

单元数	平均观测时间/min	单 元 类 型	基础动作时间/min	评价系数（%）
1	0.08	手动	0.096	123
2	0.15	手动	—	123
3	0.05	手动	—	123
4	0.22	手动	0.278	123
5	1.41	机动	—	100
6	0.07	手动	—	123
7	0.11	手动	—	123
8	0.38	机动	—	100
9	0.14	手动	—	123
10	0.06	手动	—	123
11	0.20	手动	—	123
12	0.06	手动	—	123

对单元1，

$$P = 0.096\text{min}/0.08\text{min} = 120\%$$

对单元4，

$$P = 0.278\text{min}/0.22\text{min} = 126\%$$

这两个单元的平均值为123%，这是所有努力单元所用的评价系数。

建立综合评价系数需要用到很多单元。研究证明，操作者操作不同单元的绩效有着显著不同，尤其是在复杂的工作中。遗憾的是，综合评价程序的主要缺陷是：为确立基础动作时间，需要花费大量时间绘制所选单元的左手和右手操作图。

11.3.4　客观评价法

Mundel 和 Danner（1994）创立的客观评价法，解决了要为不同工作类型建立一个正常速度标准的难题。这个程序建立了一个唯一工作安排（工作速度），而所有其他工作的速度都是同这个正常速度相比较得到的。在确定了速度之后，评价的第二个因素就是它的相对难度。影响难度调整的因素是：①使用身体的程度；②脚踏板；③需要双手；④眼手协调；⑤操作或者感官要求；⑥负重或者遇到阻力。

通过实验得到的数值被分配到每个因素区间。六个因素的数值相加就得到评价的第二个系数。因此评价系数（*R*）可以表示如下：

$$R = PD$$

式中　*P*——速度评价系数；

　　　D——工作难度调整系数。

这个绩效评价程序能够得出一致性的结果。对比研究的操作速度与观测者完全熟悉的操作速度，要比同时判断一个操作的所有属性并且把它们与特定工作的正常速度值相比容易得多。第二个因素不影响一致性，因为这个因素仅仅以一定比例来调整评价时间。Mundel 和 Danner（1994）给出了不同难度影响的百分比的表格。

11.4　评价应用和分析

评价系数被记录在时间研究表的 R 栏里。通常为了节约时间而忽略小数点且以整数值填入 R 栏里。分析人员用 R 乘以观测时间得到正常时间 NT；NT = OT × R/100，本质上这是在与一个以标准绩效速度、非过度努力、按照正确的方法操作的合格操作者进行绩效对比（见图 11-2）。

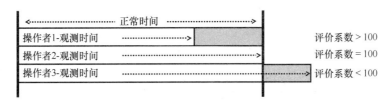

图 11-2　观测时间、评价系数和正常时间之间的关系

最容易应用、最容易解释和给出最有效结果的绩效评价计划是对综合基准扩展而得到的直接速度评价法。当解释绩效评价计划时，在这个程序中 100 被认为是正常值，并且以绩效值直接同 100 相比来表明优于正常值的绩效。速度评价范围通常为 50～150。此范围之外的操作者的绩效也可能被研究，但是并不推荐。绩效越和标准接近，就越有机会得到公正的评价。

以下四个标准决定了利用速度评价法的时间研究分析人员是否能够确定一致的评价值，并且这个评价值应该在一组经过了训练的分析人员计算得到的平均评价的 5% 范围之内：

（1）类似的工作经历。

（2）对所研究的工作单元中的至少两个使用综合评价法。

（3）选择一个绩效在标准速度的 85%～115% 的操作者。

（4）使用 3 个或者更多独立研究或者不同操作者的平均值。

这些标准中最重要的是分析人员要有类似的工作经历。基于过去观测或者操作的自身经历，分析人员应对工作十分熟悉，理解所使用方法的每个细节。例如，使用夹具的组装工作，观测者应该熟悉用夹具安装零件的难度，应该知道安装所有配套零件的知识，也应该清楚地理解时间和安装知识之间的联系。观测者也应该清楚每个事件的正确次序和所有要处理零件的质量。这并不意味着分析人员必须对所要研究的工作有切身的工作经历，虽然有这样的经历最好不过。另外，一位在金属行业有 10 年经历的分析人员，在为服装厂建立标准时也会面临很大的困难。

不论什么时候，参与研究的操作者都不应该只有一人，分析人员应选择有丰富工作经验的、具有乐于接受时间研究良好声誉的、能以接近或者稍微优于标准的速度始终如一执行操作的操作者。操作者的速度越接近正常速度，对其速度进行评价就越容易。例如，假如将一副扑克牌分成四堆的正常时间是 0.5min，那么在正常速度的 ±15% 之间的速度更加容易评价。可是比正常速度快或慢 50% 的执行速度，就很难建立一个准确的评价系数。

    分析师评价的准确性可以利用综合标准来检验。在图 10-7 的时间研究中，单元 1 的观测时间的平均值是 2.07min/15 = 0.138min。当以 0.0006 的方法时间测定（MTM）转换系数来拆分 0.138min 时，就得到一个 230 时间测定单元（TMU，见第 13 章）的观测时间。单元 1 的基本动作时间为 255TMU，得到 255/230 = 111% 的综合评价。在这个特定的研究中，分析师以 110% 的评价速度为目标，并且把综合评价作为判断的准则。

    为评价整个研究，在达到标准之前分析师应抽取 3 个或者更多的独立样本。这些样本是相同操作者在一天内不同时间段或者是不同操作者所执行的。这样做的依据是在样本容量增加时补偿误差可以削弱整个研究的误差。举例说明，笔者和其他两个接受过工业培训的工程师，观看有 15 个不同操作的绩效评价培训录像带，得出的绩效结果见表 11-7。标准评价系数直到 15 个操作全部评价完毕才公布。3 个工程师对 15 个不同操作的平均评价偏差仅仅只有 0.9%，评价系数范围是 50%～150%。然而工程师 C 在评价第 7 个操作时评价偏差高于标准 30%，工程师 B 在评价操作 2 时评价偏差低于评价标准 20%。当已知评价系数范围在 70%～130% 时，这 3 个工程师的平均评价系数超过已知评价系数 ±5% 的只有 1 个（第 3 个操作）。

表 11-7　3 个不同工程师观察 15 个不同操作的绩效评价

操作	标准评价系数（%）	工程师 A		工程师 B		工程师 C		工程师 A、B、C 的平均值	
		评价系数（%）	偏差（%）	评价系数（%）	偏差（%）	评价系数（%）	偏差（%）	评价系数（%）	偏差（%）
1	110	110	0	115	+5	100	−10	108	−2
2	150	140	−10	130	−20	125	−25	132	−18
3	90	110	+20	100	+10	105	+15	105	+15
4	100	100	0	100	0	100	0	100	0
5	130	120	−10	130	0	115	−15	122	8
6	120	140	+20	120	0	105	−15	122	+2
7	65	70	+5	70	+5	95	+30	78	+13
8	105	100	−5	110	+5	100	−5	103	−2
9	140	160	+20	145	+5	145	+5	150	+10
10	115	125	+10	125	+10	110	−5	120	+5
11	115	110	−5	120	+10	115	0	115	0
12	125	125	0	125	0	115	−10	122	−3
13	100	100	0	85	−15	110	+10	98	−2
14	65	55	−10	70	+5	90	+25	72	+7
15	150	160	+10	140	−10	140	−10	147	−3
15 个操作的平均评价系数（%）	112	115.0		112.3		111.3		112.9	
平均偏差（%）	0	+3.0		+0.7		−0.7		+0.9	

11.5　关于评价的培训

    为了成功地制定工人和管理者都能够接受的、准确的标准，分析人员必须建立精确评价的跟踪记录。为了得到各方的尊重，评价必须是一致的。速度评价法尤其如此。

    一般而言，当研究操作者在 0.70～1.30 倍标准值范围内的工作时，好的分析人员应在

已知评价系数的 ±5% 范围内有规律地建立标准。因此，假如几个操作者执行相同的工作，有几个不同的分析人员，每个分析人员研究一个操作者，从而确定这个工作的时间标准，然后从每个研究中得到的标准应该在这组研究平均值的 ±5% 之内。

为了确保他们自己的评价速度和别人建立的评价速度一致，分析师应持续参加组织的培训项目。对新手分析人员更要加强这方面的培训。最常用的培训方法之一是对阐明了以不同生产力水平执行的不同操作的录像带进行观摩。每个影片都有一个已知的绩效水平。放映影片之后，将正确的速度评价系数和参培人员独立建立的评价系数进行比较。假如分析人员的评价系数和正确值存在很大的偏差，那么应该提出特殊的信息以证明评价系数是正确的。例如，对明显容易执行的工作，分析人员会低估操作者的速度，然而操作者动作平稳、有节奏，正是其灵巧性和操作能力的表现。

当评价连续操作时，分析人员应画出他们的评价系数和已知的评价系数的图形（参看图 11-3）。直线代表理想值，直线两侧不规则的点表示评价系数和正确系数存在不一致，也表示分析人员评价绩效的能力还不足。在图 11-3 中，分析人员评价第 1 个影片是 75，但是正确的评价是 55。第 2 个评价是 80，而正确的评价是 70。除了第 1 个影片，分析人员对其他的评价都是在公司建立的正确评价的区域范围之内。注意，由于置信区间的特点，±5% 准确性标准仅仅在 100% 周围或者标准绩效周围是有效的。当绩效在标准的 70% 以下或在标准的 130% 以上时，即使是富有经验的时间研究人员的预期误差也会大于 5%。

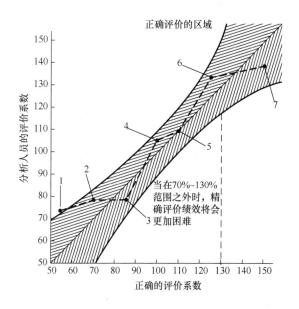

图 11-3　该图表明 7 项评价记录中第 1、2、4、6 项评价偏高，第 3 和 7 项评价偏低，只有评价 1 在合理评价范围之外

把连续的研究数量画在横轴上并且在纵轴上标明评价系数和正确值的正负偏差也是很有帮助的（见图 11-4）。时间分析人员的评价越接近横轴，结果就越正确。

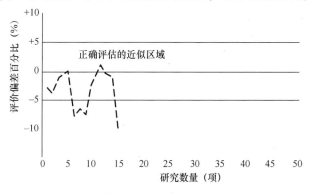

图 11-4　某分析人员对 15 项研究的评价系数

一项统计研究（这个研究历时两年，且包含了由 19 个分析人员对 6720 个单独的操作的绩效评价）证实了几个被大多数工业工程师接受的事实。分析师高估低绩效和低估高绩效，这是典型的新手的评价，即趋向于保守，害怕偏离标准绩效太远。在统计应用中，这个趋向被称为对平均值的回归，能得到一条比斜率为 1 的期望直线相对平缓的直线（见图 11-5）。新手对低绩效的评价高于其实际值就会产生宽松的评

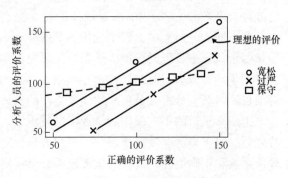

图 11-5　宽松、过严和保守评价举例

价，这个操作结果对于操作者来说就是太容易完成的标准时间，意味着公司将在操作上有所损失。对于优于标准的绩效，新手的评价低于实际值就会产生过于严格的评价，从而导致操作者难以在标准时间内完成操作。一些分析人员，甚至有些具有多年经验的分析人员，都一向趋于过严或者过松的评价。

由这个统计研究也能得出结论，即正在检查中的操作本身对评价绩效的误差有影响。对复杂操作进行绩效评价要比简单操作难，甚至经验老到的分析人员也是如此。在低绩效水平，可能高估复杂操作；而在高绩效水平，则更可能低估容易执行的操作。

如第 10 章所述，MVTA 通常用于捕获时间研究信息，这对于培训也是有用的。

11.6　宽放时间

任何时间研究的秒表读数都是在相对较短的时间周期里获得的，因此正常时间没有包括不可避免的延迟和其他合法遗漏的时间，这些甚至有可能没有被观测到。因此，分析人员必须做一些调整来补偿这类不足。这些调整或者宽放在一些公司可能会更加宽泛。

例如表 11-8 列示了 42 个公司的宽放情况。

表 11-8　典型工业宽放时间

宽 放 因 素	公司数（个）	占所有公司百分比（%）
1. 疲劳	39	93
A. 一般疲劳	19	45
B. 休息时间	13	31
未指明 A 或者 B.	7	17
2. 学习需要的时间	3	7
3. 不可避免的延迟	35	83
A. 操作者	1	2
B. 机器	7	17
C. 操作者和机器	21	50
未指明 A、B 或 C.	6	14
4. 个人需要	32	76
5. 准备或者准备操作	24	57
6. 不规则或者不正常的操作	16	38

资料来源：Hummel（1935）

宽放时间应用在时间研究的三个部分：①总周期时间；②机器时间；③手动时间。宽放时间应用在总周期时间是以总周期时间的百分比来表示，用来补偿诸如个人需要、打扫工作站和润滑机器等延迟。机器时间宽放包括机器维修时间和动力变化时间，而手动时间的宽放包括疲劳和一些不可避免的延迟。

有两个方法经常用来获得标准宽放数据。

（1）生产研究，生产研究要求观测者对两个或者三个操作进行长时间的观测。观测者记录每个停工区间的时间和原因。在建立了一个合理典型的样本之后，观测者简要说明他们的调查结果，从而确定适宜的宽放率。就像时间研究一样，以这种方式获得数据必须被调整到正常的绩效水平。因为观测者必须花费很长的时间在直接观测一个或多个操作上，因此这个方法对分析人员来说非常冗长乏味，对操作者也是一样。另一个缺点是这个方法的样本容量太小，产生的结果将会有偏差。

（2）是工作抽样研究（参见第 14 章）。这个方法要求取得大量的随机观测值，因此仅仅要求部分时间或者观测者某一时间段进行工作。这个方法不需要使用秒表，因为观测者仅需要时不时地到研究现场去并且简要注明每一个操作者在做什么。记录的延迟时间除以操作者从事整个生产工作的总时间，就大约等于提供给操作者由于操作中遇到的正常延迟所必需的宽放率。

图 11-6 试图根据功能来区分不同类型的宽放。主要分为个人需要、疲劳宽放和特别宽放。疲劳宽放，顾名思义，是工人从工作或者工作环境引起的疲劳中恢复过来所需要的时间，疲劳宽放又分为基本疲劳宽放和可变疲劳宽放。特别宽放包括很多与加工工程、设备、原材料相关的不可避免的延迟、额外宽放和制度宽放等不同的因素。

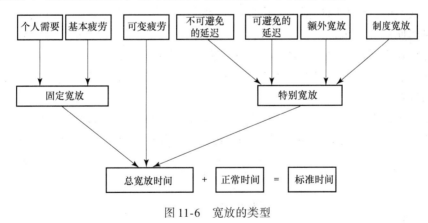

图 11-6　宽放的类型

11.7　固定宽放

11.7.1　个人需要

个人需要包括那些为维持员工一般生理需要的必要休息，例如操作者去喝水或者去休息室。一般工作环境和工作难易程度会影响个人延迟所需的时间。例如，天气炎热且操作者执行较重工作的工作环境下，比如在橡胶成型车间里，或者在闷热的铸造车间里工作，个人需要宽放时间要比在温度舒适的环境里干轻松工作的个人宽放时间长。

并没有科学的依据为宽放时间的比例提供参考，然而，详尽的生产检查表明个人需要宽放率为5%，或者在8h工作时间里大约24min的宽放时间，对一般的车间工厂环境都是适用的，Lazarus（1968）报道了23个行业的235个工厂，这些工厂的个人需要宽放率为4.6%～6.5%。因此，5%的个人需要宽放率对大部分工人来说都是足够的。

11.7.2　基本疲劳

基本疲劳宽放是考虑到进行工作以及减少工作单调性所消耗体能的固定宽放。4%的宽放率对一个在良好的工作环境下、没有感官上或者动力系统上特殊需要、做轻松工作的操作者来说是足够的（ILO，1957）。

由5%的个人需要宽放和4%的基本疲劳宽放，大部分操作者得到了9%的固定宽放。假如有需要的话，还可以有其他宽放。

11.8　可变疲劳宽放

11.8.1　基本原则

和个人需要宽放密切相关的是疲劳宽放，虽然这种宽放经常仅仅应用在研究的手动单元部分。不同的人对疲劳有不同的理解。它包括从严格意义上的身体方面的到单纯的心理方面的，或者两者兼有的范围。但无论是身体还是心理，其结果都是一样的，都是工作意志力的下降。工作疲劳的主要原因包括：工作环境，尤其是噪声、炎热和潮湿；工作本身，例如身体姿势、肌肉使用和工作冗长乏味；工人的身心健康问题。虽然繁重的手动工作和由此带来的肌肉疲劳正在由于机械化的到来而在工业中消失；但是另外的疲劳，比如心理压力和工作乏味，则有可能正在增加。因为不能排除所有的疲劳，所以必须为工作环境和反复单调的工作设定适当的宽放时间。

一种测定疲劳宽放的方法是测定整个工作期间生产的下降量。可以测定整个工作日里一小时内每刻钟的生产率。任何不是因为方法的变化、个人需要或不可避免的延迟所造成的产量的下降都可以认为是疲劳导致的下降，并且以一个百分比表示。Brey（1928）表示疲劳宽放率如下：

$$F = (T - t)/T$$

式中　F——疲劳宽放率；

　　　T——连续工作结束时执行操作所需要的时间；

　　　t——连续工作开始时执行操作所需要的时间。

为了测定这种疲劳，研究人员尝试了诸如身体、化学和生理的不同的方法，但是没有哪一个方法是完全成功的。因此，国际劳动组织（ILO，1957）把各种工作环境的影响因素制定成表格来给出合适的宽放率（见表11-9），后来的版本做了更加详细的介绍（ILO，1979）。这些因素包括站立、不正常的姿势、使用的力量、照明情况、空气状况、注意力、噪声级、精神压力、工作单调和枯燥。为了使用这个表格，分析师要确定研究中每个单元的宽放时间，然后加总从而得到总的可变疲劳宽放量，然后将其加到固定疲劳宽放时间上。

表 11-9　ILO 推荐的宽放率

A. 固定宽放

1. 个人需要 ··· 5%

2. 基本疲劳 ··· 4%

B. 可变宽放

1. 站立 ··· 2%

2. 不正常的姿势

　a. 轻微不方便 ·· 0

　b. 不方便（弯曲） ··· 2%

　c. 很不方便（躺、伸展） ··· 7%

3. 使用的力量（提举、推或拉）：

　5lb ··· 0

　10lb ·· 1%

　15lb ·· 2%

　20lb ·· 3%

　25lb ·· 4%

　30lb ·· 5%

　35lb ·· 7%

　40lb ·· 9%

　45lb ·· 11%

　50lb ·· 13%

　60lb ·· 17%

　70lb ·· 22%

4. 照明情况

　a. 稍微低于规定数值 ··· 0

　b. 低于规定数值 ··· 2%

　c. 非常不充分 ··· 5%

5. 空气状况（炎热或湿度）——变量 ··· 0～100%

6. 注意力

　a. 注意力一般 ··· 0

　b. 注意力好 ··· 2%

　c. 注意力非常集中 ··· 5%

7. 噪声级

　a. 连续的 ··· 0

　b. 间歇大声的 ··· 2%

　c. 间歇很大声的 ··· 5%

　d. 高音大声的 ··· 5%

8. 精神压力

　a. 相当复杂的过程 ··· 1%

　b. 高复杂且需要全神贯注的 ··· 4%

　c. 很复杂 ··· 8%

9. 单调

　a. 低度 ··· 0

　b. 中度 ··· 1%

　c. 高度 ··· 4%

10. 枯燥

　a. 一般 ··· 0

　b. 枯燥 ··· 2%

　c. 很枯燥 ··· 5%

通过很多行业中管理者和工人的一致协定，这些 ILO 所推荐的宽放率得到了应用，但是并没有得到直接的证实。另外，自从 1960 年以来，为了美国工人的健康和安全，分析人员为很多工作建立了特殊的标准。下面我们检验这些标准与 ILO 的疲劳宽放率相比有哪些优势。

11.8.2　不正常的姿势

不正常姿势的宽放需要基于代谢考虑，并且可以由为各种活动开发的代谢模型来支持（Garg, Chaffin, and Herrin, 1978）。此时可以使用坐、站立、弯曲的基本方程来预测和比较各种姿势的能量消耗。设平均成年人（男性和女性）的体重为 152lb，并为手动工作添加 2.2kcal/min 的额外能量消耗（Garg, Chaffin and Herrin, 1978），我们获得的能量消耗为 3.8kcal/min、3.86kcal/min 和 4.16kcal/min，分别用于坐、站立和弯曲。因为坐姿相比于其他姿势是一种基本舒适的姿势，可以长时间保持。站姿能量支出的比例是 1.02，即 2% 的宽放率，而弯曲的能量支出比例是 1.10，即 10% 的宽放率。第一项与 ILO 的建议相同。第二项比 ILO 的 7% 稍高一些，但可能代表一种极端的姿势，无法长时间维持。

11.8.3　肌肉力量

疲劳宽放可以根据两个重要的生理原则制定：肌肉疲劳和肌肉恢复。肌肉疲劳最直接的结果是肌肉力量显著下降。Rohmert（1960）将这些原则量化如下：

（1）如果静态保持力超过最大强度的 15%，则会降低最大强度。

（2）静态肌肉收缩时间越长，肌肉力量下降越大。

（3）如果力量正常化为个体对该肌肉的最大强度，则个体或特定肌肉变异可以最小化。

（4）恢复是一个与疲劳程度相关的函数，也就是说一定程度的力量下降，则需要一定程度的恢复。

Rohmert（1973）将这些疲劳和恢复的概念进一步量化为一系列作用力和持续时间函数的休息宽放（RA）曲线（见图 11-7）：

$$RA = 1800 \times (t/T)^{1.4} \times (f/F - 0.15)^{0.5}$$

式中　RA——休息宽放；

t——持续时间，单位为 min；

f——作用力，单位为 lb；

F——最大力，单位为 lb；

T——f 的最长持续时间，单位为 min，定义为

$$T = 1.2/(f/F - 0.15)^{0.618} - 1.21$$

根据 1522 名男性工人和女性工人（Chaffin, Freivalds and Evans, 1987）收集的数据可以近似估计 F 三种基本的标准提升强度（手臂、腿、躯干）的平

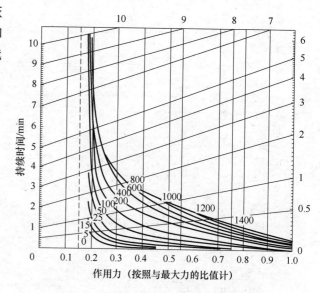

图 11-7　作用力和持续时间的休息宽放

（资料来源：Rohmert, 1973）

均值约为 100 lb。在短时间内使用这个最大作用力值（低于每 5min 一次的提举动作），得出表 11-10 中的数据，对于更加频繁的提举动作（超过每 5min 一次），代谢因素占主导地位，应该使用 NIOSH 提举准则（见第 4.4 节）来确定提举的限值。此外，NIOSH 提举指南中不允许超过 51lb 的负载。

表 11-10　ILO 和计算的肌肉力量宽放率的比较

负载/lb	ILO（%）	计算值（%）
5	0	0
10	1	0
15	2	0
20	3	0.5
25	4	1.3
30	5	2.7
35	7	4.5
40	9	7.0
45	11	10.2
50	13	14.4
60	17	—
70	22	—

对于肌肉能量的计算，我们考虑用第 4.4 节中介绍的繁重工作所需的休息量的公式：

$$R = (W - 5.33)/(W - 1.33)$$

式中　R——休息时间占总时间的百分比；

　　　W——工作时平均的能量消耗，单位为 kcal/min。

利用下式可以重新定义休息宽放：

$$RA = (\Delta W/4 - 1) \times 100$$

式中　RA——按正常时间增加的宽放率（%）；

　　　ΔW——工作能量消耗增量 = $W - 1.33$ kcal/min。

测量心率比测量能量消耗更容易。因此休息宽放可以按照以下的心率重新制定：

$$RA = (\Delta HR/40 - 1) \times 100$$

式中　RA——休息宽放率（%）；

　　　ΔHR——工作心率和安静心率之间的差异。

例 11-1　不频繁使用肌肉力量的休息宽放的计算

考虑一名工人每 5min 最多提起一次 40lb 的负载。首先，计算一般人最大强度能力 40%（40lb/100lb）的负载的最长持续时间：

$$T = 1.2/(0.4 - 0.15)^{0.618} - 1.21 = 1.62$$

然后将 0.05min 的短时间用力和 1.62min 的最长持续时间代入 RA 公式：

$$RA = 1800 \times (0.05/1.62)^{1.4} \times (0.4 - 0.15)^{0.5}$$
$$= 1800 \times (0.00768) \times (0.5) = 6.91$$

由此产生的 6.91%（7%）的可变休息宽放与固定宽放率 9% 相加，总宽放率为 16%。

11.8.4　空气状况

对人体及其对空气状况的响应建模是一项非常困难的任务。许多尝试已经将生理学认知和几种环境条件的变化结合为一个简单的指标（Freivalds，1987）。但是，这些还不够，因为可能还会产生相当大的差异。ILO 的宽放率基于过时的冷却力概念，并且大大低估了所需的休息宽放。因此，ILO 的宽放与真实的压力水平存在相当大的偏差。这在 Freivalds 和 Goldberg（1988）的文献中有详细解释。

更好的方法是使用 NIOSH（1986）发布的指南，利用 WBGT（见第 6.3 节）和工作能量消耗。由空气状况导致的疲劳宽放（见图 6-13）可以通过最小二乘回归进行量化，得

$$RA = e^{(-41.5 + 0.0161W + 0.497WBGT)}$$

式中　W——工作能量消耗，单位为 kcal/h；

　　WBGT——湿度，单位为 °F。

例 11-2　计算疲劳的总体休息宽放

考虑图 4-20 所示的将煤铲入料斗内的艰巨任务，若其能耗为 10.2kcal/min，则所需的休息宽放是

$$RA = \left[(10.2\text{kcal/min} - 1.33\text{kcal/min})/4 - 1 \right] \times 100 = 122$$

因此，为了提供充足的疲劳恢复时间，工作人员需要在 8h 的休息时间内花费超过 4 小时。请注意，可接受的男性 ΔW 为 5.33kcal/min − 1.33kcal/min = 4kcal/min。（对于女性，用 4.0 代替 5.33，用 1 代替 1.33）。

例 11-3　计算空气状况的宽放

一名工人正坐在工作台旁进行手动组装，工作能量消耗大约为 200kcal/h。如果 WBGT$_{IN}$ 是 88.5°F，那么

$$RA = e^{(-41.5 + 0.0161 \times 200 + 0.497 \times 88.5)} = e^{5.7045} \approx 300$$

宽放率为 300%，工作人员每工作 15min 需要 45min 的休息时间。

11.8.5　噪声级

OSHA（1983）已经为工人建立了允许的噪声级。允许的噪声级取决于暴露的持续时间，见表 11-11。

如果每日暴露于几种不同的噪声级，则使用下式计算组合暴露量：

$$D = C_1/T_1 + C_2/T_2 + \cdots \leqslant 1$$

式中　D——噪声剂量；

　　C——在指定噪声级下暴露的时间；

　　T——规定噪声级允许的暴露时间。

所需的 RA 可简单地写为

$$RA = 100(D - 1)$$

表 11-11 OSHA 允许的噪声级

噪声级（dBA）	允许时间/h
80	32
85	16
90	8
95	4
100	2
105	1
110	0.5
115	0.25
120	0.125
125	0.063
130	0.031

因此，各种噪声水平的总暴露量不能超过100%。例如，一名工人可能会受到95dBA的噪声3h 和 90dBA 的噪声5h。虽然单独来看，两种噪声的暴露时长都在允许范围内，但组合剂量

$$D = 3h/4h + 5h/8h = 1.375 > 1$$

因此，OSHA 合规性所要求的宽放是

$$RA = 100 \times (1.375 - 1) = 37.5$$

90dBA 是 8h 内的最大允许水平，任何超过90dBA 的声音水平都需要宽放时间。计算噪声剂量时，应包含 80 ~ 130dBA 之间的所有噪声级（尽管根本不允许连续超过 115 dBA）。表 11-11 只提供了特定噪声级的允许时间，下面的计算公式可以用于其他噪声级允许暴露时间的计算

$$T = \frac{32}{2^{(L-80)/5}}$$

式中 L——噪音级，单位为 dBA。

例 11-4 噪声的宽放计算：

工人在 8h 工作日的噪声暴露情况见表 11-12。

96dBA 噪声级的允许暴露时间计算如下：

$$T = \frac{32}{2^{(96-80)/5}} = 3.48$$

噪声剂量为

$$D = 1h/32h + 4h/8h + 3h/3.48h = 1.393$$

休息宽放为

$$RA = 100 \times (1.393 - 1) = 39.3\%$$

由于 8h 的噪声剂量超过了 OSHA 的要求，因此必须为工人提供 39.3% 的休息宽放时间。请读者再次注意，ILO 推荐的休息宽放时间大大低于所需的配额。

表 11-12　8h 工作日的噪声暴露情况

噪声级 L/dBA	暴露时间 C/h	允许暴露时间 T/h
80	1	32
90	4	8
96	3	3.48

11.8.6　照明情况

根据国际劳工组织（ILO，1957）的宽放和北美照明工程学会（IESNA，1995）建议的照明水平（详见第 6.1 节），可进行如下要求：①对于休息宽放时间，略低于推荐指南的任务，被视为在同一照明子类别内，被分配 0 的宽放。②远低于充足照度的任务，被定义为在其推荐照明下的一个子类别，并被分配 2% 的宽放允许值。照度不足的任务，被定义为低于其推荐级别两个或更多的子类别，并获得 5% 的宽放。这些定义是相当可靠的，因为人类对照明的感知是呈对数变化的，也就是说，随着照度的增加，需要更大的强度才能感知到差异（IESNA，1995）。

文献中包含一些证据表明增加的任务照明会导致更好的技能表现。最相关的性能指标是在各种照明条件下的任务完成时间。但是需要记住的是，性能的准确性也很重要。例如，Bennett、Chitlangio 和 Pangrekar（1977）认为阅读一篇 450 字的文章所需时间是照度对数的三次函数：

$$时间 = 251.8 - 33.96 \log FC + 6.15 (\log FC)^2 - 0.37 (\log FC)^3$$

式中　时间——平均阅读时间，单位为 s；

　　　FC——照度，单位为 fc。

IES（1981）推荐铅笔书写材料的照明是 E 类（见表 6-2），照度范围为 50~75~100 fc（500~1000 lx）。根据书写速度以及精度，其权重系数总计为 0（表 6-3），因此推荐的照度为 75 fc（750 lx），类别 E 的中间值。表 11-13 将模拟时间作为下降的照度和宽放的函数。降低照度到下一个子类别会使时间增加 3%~5%，与远低于推荐照明条件下 2% 的 ILO 宽放时间差距不算太远。下一个较低的照明子类别产生的时间比推荐水平高 6%~8%，这比照明不足的 5% 的宽放率更大。总的来说，这项研究（Bennett，Chitlangio and Pangrekar，1977）相当接近 ILO 的宽放时间。

表 11-13　作为照度函数的时间

照度/fc	模拟时间/s	从 75 fc 改变（%）	ILO 类别	宽放（%）
75	207.3	—	（推荐的）	0
50	210.0	1.3	略低于	0
30	213.9	3.2	远低于	2
20	217.2	4.8	远低于	2
15	219.8	6.0	不足	5
10	223.6	7.9	不足	5

（资料来源：Bennett, Chitlangio, and Pangrekar, 1977）

11.8.7 视觉压力

在视觉宽放方面，ILO 对于非精细类工作不提供宽放，对于一般精细类工作提供 2% 的宽放率，对于非常精细或非常严格的工作提供 5% 的宽放率。这些宽放只涉及视觉任务要求的精度，没有提到对视觉要求有很大影响的其他任务条件：照明（或亮度），眩光，闪烁，颜色，观看时间和对比度。因此，ILO 的视觉宽放时间只是粗略的近似值。更具体的数值可以通过目标可检测性来确定，Blackwell（1959）在其可见度曲线中首次将其量化（见图 6-3）。在确定任务中目标的可见度时，有以下四个因素影响最大：

（1）任务的背景亮度。这是从目标背景反射到观察者眼中的光的强度，用英尺朗伯（fL）来衡量。

（2）对比度。这是目标和背景亮度水平之间的差异。对比度还必须通过以下因素进行调整（分配）：真实环境（2.5）、目标的移动情况（2.78）和位置不确定性（1.5）。

（3）可以观察的时间。范围从几毫秒到几秒，并且会影响工作的速度和准确性。

（4）目标的大小，以视角的弧分来度量。

Blackwell 的可见度曲线可以用下面的公式来模拟（有一定的使用范围）：

$$Det = 81 \times C^{0.2} \times L^{0.045} \times T^{-0.003} \times A^{0.199}$$

式中　Det——可见度；

　　　C——对比度（0.001~1.8）；

　　　L——背景亮度（1~100fL）；

　　　T——观察时间（0.01~1s）；

　　　A——视角（1~64 弧分）。

可见度可以通过总体描述能力指定百分数范围来检验视觉疲劳的宽放。经常使用的百分数范围是 50% 和 95%，并且这些百分数也可用在可见度上来定义休息宽放的类别。至少 95% 的可见度定义了一个没有明显困难的视觉任务，也定义了 ILO 非常精细的工作类别及其 0 的宽放率。至少 50% 的可见度定义了精密或精确的工作的宽放率为 2%。最后，50% 以下的可见度定义了非常精细或非常严格的工作的宽放率为 5%。

必须强调的是，Blackwell 的模型并没有直接定义休息宽放时间。相反，它定义了绝对目标检测能力，这反过来又可以用来定义休息宽放。因此，休息宽放应与检测到的目标的预期百分比成反比。

一般来说，小视角通常产生最低的可见度水平，而观察时间仅影响较高对比度水平下的可见度。

例 11-5　计算视觉压力的休息宽放

电路板上电阻的检查可以被认为是严格的工作，根据 ILO 的指导方针，这需要 2% 的宽放率。为了证实这一点，我们进行以下计算。从离电路板 12in 处观看电路板，无须放大，每个电阻上的条纹宽度为 0.02。所需的视角为：3438×0.02/12=5.73 弧分。电阻（任务背景）亮度为 10fL，条纹和背景之间的对比度为 0.5。对比度除以 1.5×2.5=3.75 的系数以适应实际检测和不确定的位置（Freivalds and Goldberg，1988）。眼睛固定的平均观察时间是 0.2s。将这些值代入公式中

$$Del = 81 \times (0.5/3.75)^{0.2} \times 10^{0.045} \times 0.2^{-0.003} \times 5.73^{0.199}$$
$$= 81 \times 0.668 \times 1.109 \times 1.005 \times 1.415 = 85.3$$

85.3%低于95%，需要2%的宽放率。

11.8.8 精神压力

在许多类型的任务中精神压力很难清楚地衡量。关于精神负荷，绩效的标准化测量还没有明确定义，而且同一任务中个体间的差异很大。另外，对任何精神压力定义的基础在于对使任务变得复杂的因素的理解，而这些因素缺乏模型。因此，对这些休息宽放的基础和适宜性的调查必然需要：①任务复杂性的独立指标；②为工作付出的时间和导致的疲劳的客观信息。即使有了这些信息，动机的实验差异也会极大地影响观察结果，使得研究之间的比较毫无用处。

ILO 对休息宽放率的模糊性使问题更加复杂：相当复杂的流程为1%，复杂或广泛关注的流程为4%，非常复杂的流程为8%。例如 Okogbaa 和 Shell（1986）为定时阅读和心算任务进行了对照试验，对宽放率进行了检验。这两项任务都可以被认为是复杂的，需要全神贯注，因此应得到4%的休息宽放率。然而，人的阅读能力以每小时3.5%的速度下降，而人的心算能力以每小时2%的速度下降。因此，ILO（1957）的指导方针支持由于精神紧张而导致的能力下降，但在它设定的1h 不够长，可能需要进行修改。

11.8.9 单调

根据 ILO（1957）的定义，最需要给予单调休息宽放的是"重复使用某些大脑功能的活动，如算术"。低单调的任务不会获得额外宽放；中等单调任务宽放率为1%，高单调任务宽放率为4%。由于 Okogbaa 和 Shell（1986）的认知任务在4h 内完成，他们也应该获得单调宽放。但是，即使增加最高的4%的宽放率也只能维持操作者2h 的最好绩效。需要警惕性的任务是另一个单调工作的例子。Baker、Ware 和 Sipowicz（1962）指出，在连续测试1h 后，受试者觉察到光线短暂中断的90%。到10h 结束时，受试者仅觉察到约70%，或者绩效以每小时2%的速度下降。因此，ILO 的宽放时间不足以弥补整个工作中的绩效下降，需要制定更好的宽放标准。

11.8.10 枯燥任务

枯燥任务（或重复任务）的宽放率如下：一般枯燥的任务是0，较枯燥的任务是2%，非常枯燥的任务是5%。正如 ILO（1957）所定义的那样，这一规定适用于"重复使用某些身体部位，如手指、手部、手臂或双腿"的任务。换句话说，一项枯燥的任务反复利用相同的身体动作，而单调的任务反复使用大脑的某些功能。用于简化工作并使其更加高效的方法研究，往往会使工作更枯燥或重复，会更容易造成工人患上与工作有关的肌肉骨骼疾病（参见第5章）。

CTD（ANSI, 1995；Seth, Weston and Freivalds, 1999）风险评价模型的开发工作发现，动作频率、手和手腕的姿势，以及手的作用力会增加 CTD 风险。然而，这些相对粗略的模型并不可靠，并且不能在广泛的工作和行业中进行验证。尽管如此，NIOSH（1989）的流行病学数据表明，每轮班进行 10 000 次伤害性手腕的运动是 CTD 病例明显增加的临界点，达到 20 000 次时，案例数量显著增加。这似乎意味着 10 000 次是不受影响绩效的极限，休息宽放率应高达 100%，这比 ILO（1957）的推荐值要大得多。显然，大部分模型都处于发展阶段，在确定特定的宽放率之前必须进行相当多的验证。

11.9　特别宽放

11.9.1　不可避免的延迟

这类延迟适用于力效要素，包括主管、调度员、时间分析师等人的干扰；材料短缺；难以维持机器精度和规格；分配多台机器时的冲突延迟。

可以预见，每个操作员在工作日期间都会遇到无数中断。主管或组长可能会打断操作员，如提供指导或弄清某些书面信息。检查员可能会中断操作员工作指出某些缺陷产生的原因。干扰也可能来自计划员、紧急调度员、同事、生产人员和其他人员。

不可避免的延迟往往也由原材料的各种问题造成的。例如，原材料可能放错了位置；或者原材料太软或太硬，或者太短或者太长；或者原材料太多，例如在冲模时残留在锻件中，或者由于冒口未完全移除而残留在铸件上。当材料总是偏离标准规格时，习惯性不可避免的延迟宽放是不够的。然后分析师必须重新研究这项工作，并给出宽放率来处理由原材料问题引入的各种干扰。

如第 2.3 节所述，如果在工作日期间将多台机器分配给操作者，则操作者在另一台机器上完成工作后才会到下一台机器。随着更多机器被分配给操作者，机器的干扰时间增加。例 11-6 显示了 Wright 公式（来自第 2.3 节）在计算这种机器干扰宽放时的应用。

例 11-6　机器干扰宽放

在卷纱生产中，操作员被分配一包 60 个纺锤。通过秒表研究确定的每包的平均机器运行时间为 150min。每包的标准平均服务时间也是由时间研究开发的，为 3min。根据 Wright 公式计算的机器干扰时间（见第 2.3 节）被认为是平均服务时间的 1160%。

因此，

机器运行时间	150.00 min
服务时间	3.00 min
机器干扰时间	$11.6 \times 3.0 \text{min} = 34.80 \text{min}$
60 包的标准时间	187.80 min
每个纺锤的标准时间	$\dfrac{187.80}{60} = 3.13 \text{min}$

机器干扰时间可以作为宽放时间，表示为（机器运行时间 + 服务时间）的百分比：

$$宽放率 = \frac{34.8 \text{min}}{153 \text{min}} = 22.75\ \%$$

干扰量也与操作者的绩效有关。因此，努力少的操作员比努力多的操作员受更多的机器干扰，操作员通过较高的努力减少了停留在停止的机器上所花费的时间。分析人员根据第 2

章中介绍的方法计算正常干扰时间。如果正常干扰时间小于观测到的机器干扰时间，则两次时间比值就可以度量操作员绩效。

11.9.2 可避免的延迟

通常对于可避免的延迟不提供宽放，例如出于社交原因与其他操作者外出参观、未被要求的工作停顿以及懒散（而不是为了缓解疲劳进行的休息）。操作者可能把这些延迟作为产出的成本，但在时间标准的制定过程中不会对这些停工提供宽放。

11.9.3 额外的宽放

在金属制造等相关行业中，个人需要延迟、不可避免的延迟和疲劳延迟的宽放通常接近15%。但是，在某些情况下，为了公平的标准可能需要额外的宽放。例如，对于不合标准的大量原材料，分析师可能需要增加额外的宽放来解释一些过多的不合格品产生的原因。或者，可能会出现这样的情况，由于起重机的损坏，操作者不得不用双手将50lb重的铸件放入机器的卡盘中。因此在手动处理工作时，额外的疲劳将需要额外的宽放。

特别是在钢铁行业经常使用额外的宽放，即在部分或全部周期时间的基础上增加一个百分比，来说明操作者为保证正常操作需要先观察所用的时间。这个宽放通常被称为关注时间宽放，如：观察员观测铁盘离开生产线，第一个助手观察熔池情况或接收熔炉工的指导，或者起重机操作者观察起重机挂钩获得方向。如果没有额外的宽放，那么这些操作者不可能和同事一样赚取同样的收入。

清洁工作站和润滑操作者的设备所需的时间归类为不可避免的延迟。当这些工作由操作者来做时，管理层必须为其提供适用的宽放时间。分析人员通常以总周期时间的某一百分比来表示该宽放时间。设备的类型和尺寸以及正在制造的材料对完成这些任务所需的时间有相当大的影响。一家公司已经制定了一个宽放表来涵盖这些项目（见表11-14）。有时候主管会在工作结束时给操作者10～15min来完成这项工作。如果按照表11-14设置了宽放，则制定的标准将不再包括任何清洗和润滑机器的宽放时间。

表 11-14　清洗设备的宽放率

项目名称	宽放率（%）		
	高	中	低
1. 使用润滑剂后来清洁机器	1	3/4	1/2
2. 不使用润滑剂时清洁机器	3/4	1/2	1/4
3. 清理并放好大量的工具或设备	1/2	1/2	1/2
4. 清理并放好少量的工具或设备	1/4	1/4	1/4
5. 关闭机器进行清洁（这个百分比适用于装有切屑盘的机器，每隔一段时间都要停下切屑盘清理掉大的碎片	1	3/4	1/2

工具维护宽放为操作者在最初准备之后维护工具提供了时间。在最初开始时，通常在正确的场所提供一流工具。但是，在长时间的生产运行后，工具可能需要不定期维护，应给予操作者适当的宽放时间。

11.9.4　制度宽放

制度宽放用于在特殊情况下为特定绩效水平提供令人满意的收入水平。这些宽放可以包括新员工、不同能力的员工、轻职责员工和其他工人。这些宽放通常由管理层决定，也许与工会一同协商。

11.10　宽放的应用

所有宽放的基本目的是为正常生产时间增加足够的时间，使大多工人在以标准动作执行操作时能达到标准。有两个应用宽放的方法。最常见的是在正常时间中添加一个百分比，因此该宽放仅基于生产时间的一定比例。习惯上将一个乘数表示宽放，以便正常时间（NT）可以容易地转换为标准时间（ST）：

$$ST = NT + NT \times 宽放率 = NT \times (1 + 宽放率)$$

式中　ST——标准时间；

　　　NT——正常时间。

因此，若在给定的操作中提供了10%的宽放率，那么该折扣为 $1 + 0.1 = 1.1$

例如，计算总配额为

个人需要宽放率	5.0 %
基本疲劳宽放率	4.0%
不可避免的延迟宽放率	1.0%
总计	10.0 %

使用图 10-5 中的时间研究示例，单元 1 的平均正常时间为 0.177 min 乘以 1.1，得出标准时间为 0.195 min。在 480min 的工作日内，操作员将工作 480 / 1.1 = 436min，即允许44min 休息。休息时间包括午餐时间和其他休息时间。需要注意的是根据第 4 章所述的原则，多次短暂休息优于时间长但次数少的休息。

一些公司将百分比宽放应用到整个工作日，因为实际生产时间可能不清楚。对于前面的例子，正常时间的乘数变为 100 /（100 - 10）= 1.11（而不是1.1），单元 1 的标准时间变为0.196。在 480min 的工作日里，480 ×0.1 = 48min（而不是44min）将被用来休息。虽然这两种方法之间的差异并不大，但几百名工人的差异时间加起来可能超过一年。这将成为该公司的制度决策。

本 章 小 结

绩效评价是调整工作时间的一种手段，以便获得合格操作者以标准速度工作时所需的时间。由于评价完全基于时间分析师的经验、培训和判断，该方法可能受到批评。因此，为了客观评价，已经开发了许多不同的系统。然而，每个系统最终仍然取决于评价者的主观性和诚实性。因此，对时间研究分析师进行适当和一致的评价是十分重要的，许多研究中都证实了这一点。

在评价被用来调整时间后，必须增加宽放来解决延误和中断问题。工业中使用的典型宽放率为个人需求为 5%，基本疲劳为 4%，其他疲劳采用额外的宽放。表 11-15 提供了一些准则，用更定量的方式给出疲劳宽放率。表中的数据特别适用于特殊工作区域、需要大力气、大气条件恶劣等工作环境条件，视觉压力、精神压力、单调的宽放率目前不太可靠，应该更详细地制定。最后，不可避免的延迟宽放和额外的宽放（例如机器清洁）必须增加。需要注意的是，分析师在应用宽放率时必须准确一致。否则，如果过高，制造成本就会过度膨胀；如果太低，就会导致过于严格的标准，导致劳资关系恶化和系统的最终失败。

表 11-15　修订的宽放率表

固定宽放	宽放率
个人需要	5%
基本疲劳	4%
可变休息宽放	**宽放率**
站立姿势	2%
不舒服的姿势（弯曲、平躺、蹲姿）	10%
照明水平	
低于推荐值 1 个等级（一个 IES 子类）	1%
低于推荐值 2 个等级	3%
低于推荐值 3 个等级（完整的 IES 类别）	5%
视觉压力（密切注意）	
精密或精确的工作	2%
很精密或很精确的工作	5%
精神压力	
第一个小时	2%
第二个小时	4%
接下来的每个小时	+2%
单调	
第一个小时	2%
第二个小时	4%
接下来的每个小时	+2%
使用肌肉力量或能量 不经常提升、持续抬举 （每 5min <1 次提升）	$RA = 1800\ (t/T)^{1.4}\ (f/F - 0.15)^{0.5}$, 其中 $T = 1.2/\ (f/F - 0.15)^{0.618} - 1.21$
经常提升 （每 5min >1 次提升）	在 LI < 1.0 时参照 NIOSH 标准
全身动作	$RA = (\Delta HR/40 - 1) \times 100$ 或 $RA = (\Delta W/4 - 1) \times 100$
空气状况	$RA = \exp\ (-41.5 + 0.0161W + 0.497\ WBGT)$
噪声水平	$RA = 100 \times\ (D - 1)$，其中 $D = C_1/T_1 + C_2/T_2 + \cdots$
枯燥（单调乏味） 尚未建立标准	使用 CTD 风险分析并保持风险指数 <1.0

思 考 题

1. 为什么行业无法形成普遍的标准绩效概念？
2. 哪些因素会导致操作时表现出现大的差异？
3. 可靠评价法的特征是什么？
4. 在时间研究期间，什么时候应该给予评价？为什么这很重要？
5. 在研究中，什么决定了绩效评价的频率？
6. 解释西屋电气公司的评价系统。
7. 在西屋电气的评价体系下，为什么要对工作环境进行评价？
8. 什么是综合评价法？它的主要缺陷是什么？
9. 速度评价法的基础是什么？这种方法与西屋电气评价方法有何不同？
10. 哪四项标准对于做好速度评价工作至关重要？
11. 为什么关于评价的培训是一个持续的过程？
12. 为什么要使用多于一个单元来建立一个综合评价系数？
13. 是否有人反对研究一个操作速度过快的操作者？为什么或者为什么不？
14. 操作者如何给人以高度努力的印象，但却表现出平庸或较差的绩效？
15. 宽放率主要在哪些领域使用？
16. 在制定标准宽放数据时使用哪两种方法？简要解释。
17. 举几个因个人需要延迟的例子。在典型的车间条件下，哪些百分比的宽放足以应付因个人需要延迟？
18. 影响疲劳的主要因素是什么？
19. 哪些操作者的中断将由不可避免的延迟宽放涵盖？
20. 通常给可避免的延迟提供多少百分比的宽放？
21. 什么时候提供额外的宽放？
22. 为什么疲劳宽放经常仅应用于循环工作周期？
23. 为什么宽放一般是生产时间的百分比？
24. 操作员自己润滑和清洁使用的机器有什么优势？
25. 如果工序的主要部分是机器控制的，并且干扰时间与工序总时长相比较小，给出几个不对运行施加额外的宽放的理由。

计 算 题

1. 评价相关网站以下每项作业的整体研究：
（1）冲压端挤压。
（2）冲压端连接。
（3）手电筒组装。
（4）联合组装。
（5）医院病床栏杆组装。
（6）缝合衣服。
（7）给衣服贴标签。
（8）裁剪衣服并打褶。

2. 为操作者处于别扭姿势操作，负重 15lb 并在良好的光照和空气状况下的装配单元制定一个宽放率。操作者注意力集中，噪声水平持续在 70 dBA，精神压力低，工作的单调性和乏味性也低。

3. 操作者每 5min 装上和卸下一次 25lb 的灰铸铁铸件，铸件提举高度为 30in。计算操作者的疲劳宽放率。

4. 如果频率增加到每分钟 5 次，则第 3 题的宽放率是多少？

5. 在 XYZ 公司中，全天研究揭示了以下噪声源：0.5 h，100 dBA；1h，小于 80dBA；3.5h，90dBA；3h，92dBA。计算休息宽放。

6. 如果连续工作结束时执行一个操作需要 1.542min 才能完成，但在连续工作开始时执行一个操作只有 1.480min，应该给予工作疲劳宽放多少？

7. 根据 ILO 的表格，在光线不足且需要精确工作的情况下，一个需要 42lb 的拉力的工作单元需要多少宽放？

8. 计算将废金属铲入垃圾箱的工人的疲劳宽放。操作者的工作心率约为 130 次/min，休息心率为 70 次/min。

9. 计算一个体重 200lb 的工人站立观测旁边的钢铁炉的疲劳宽放。WBGT 指数表示 92 ℉。

参 考 文 献

ANSI. *Control of Work-Related Cumulative Trauma Disorders—Part I: Upper Extremities.* ANSI Z-365 Working Draft. Itasca, NY: American National Standards Institute, 1995.

Baker, R. A., J. R. Ware, and R. R. Sipowicz. "Signal Detection by Multiple Monitors." *Psychological Record,* 12, no. 2 (April 1962), pp. 133–137.

Bennett, C. A., A. Chitlangio, and A. Pangrekar. "Illumination Levels and Performance of Practical Visual Tasks." *Proceedings of the 21st Annual Meeting of the Human Factors Society* (1977), pp. 322–325.

Blackwell, H. R. "Development and Use of a Quantitative Method for Specification of Interior Illumination Levels on the Basis of Performance Data." *Illuminating Engineer,* 54 (June 1959), pp. 317–353.

Brey, E. E. "Fatigue Research in Its Relation to Time Study Practice." *Proceedings, Time Study Conference.* Chicago, IL: Society of Industrial Engineers, February 14, 1928.

Chaffin, D. B., A. Freivalds, and S. R. Evans. "On the Validity of an Isometric Biomechanical Model of Worker Strengths." *IIE Transactions,* 19, no. 3 (September 1987), pp. 280–288.

Freivalds, A. "Development of an Intelligent Knowledge Base for Heat Stress Evaluation." *International Journal of Industrial Engineering,* 2, no. 1 (November 1987), pp. 27–35.

Freivalds, A., and J. Goldberg. "Specification of Bases for Variable Relaxation Allowances." *The Journal of Methods-Time Measurement,* 14 (1988), pp. 2–29.

Garg, A., D. B. Chaffin, and G. D. Herrin. "Prediction of Metabolic Rates for Manual Materials Handling Jobs." *American Industrial Hygiene Association Journal,* 39, no. 12 (December 1978), pp. 661–674.

Hummel, J. O. P. *Motion and Time Study in Leading American Industrial Establishments* (MS Thesis). University Park, PA: Pennsylvania State University, 1935.

IESNA. *Lighting Handbook,* 8th ed. Ed. M. S. Rea. New York: Illuminating Engineering Society of North America, 1995, pp. 459–478.

ILO. *Introduction to Work Study.* Geneva, Switzerland: International Labour Office, 1957.

ILO. *Introduction to Work Study.* 3d ed. Geneva, Switzerland: International Labour Office, 1979.

Konz, S., and S. Johnson. *Work Design.* 5th ed. Scottsdale, AZ: Holcomb Hathaway Publishers, 2000.

Lazarus, I. "Inaccurate Allowances Are Crippling Work Measurements." *Factory* (April 1968), pp. 77–79.

Lowry, S. M., H. B. Maynard, and G. J. Stegemerten. *Time and Motion Study and Formulas for Wage Incentives*. 3d ed. New York: McGraw-Hill, 1940.

Moodie, Colin L. "Assembly Line Balancing." In *Handbook of Industrial Engineering*, 2d ed. Ed. Gavriel Salvendy. New York: John Wiley & Sons, 1992.

Morrow, R. L. *Time Study and Motion Economy*. New York: Ronald Press, 1946.

MTM Association. *Work Measurement Allowance and Survey*. Fair Lawn, NJ: MTM Association, 1976.

Mundel, Marvin E., and David L. Danner. *Motion and Time Study: Improving Productivity*. 7th ed. Englewood Cliffs, NJ: Prentice-Hall, 1994.

Murrell, K. F. H. *Human Performance in Industry*. New York: Reinhold Publishing, 1965.

Nadler, Gerald. *Work Design: A Systems Concept*. Rev. ed. Homewood, IL: Richard D. Irwin, 1970.

NIOSH. *Criteria for a Recommended Standard for Occupational Exposure to Hot Environments*. Washington, DC: National Institute for Occupational Safety and Health, Superintendent of Documents, 1986.

NIOSH. *Health Hazard Evaluation—Eagle Convex Glass Co*. HETA 89-137-2005. Cincinnati, OH: National Institute for Occupational Safety and Health, 1989.

Okogbaa, O. G., and R. L. Shell. "The Measurement of Knowledge Worker Fatigue." *IIE Transactions,* 12, no. 4 (December 1986), pp. 335–342.

OSHA, "Occupational Noise Exposure: Hearing Conservation Amendment." *Federal Register,* 48 (1983), Washington, DC: Occupational Safety and Health Administration, pp. 9738–9783.

Presgrave, R. W. *The Dynamics of Time Study*. 4th ed. Toronto, Canada: The Ryerson Press, 1957.

Rohmert, W. "Ermittlung von Erholungspausen für statische Arbeit des Mensche." *Internationale Zeitschrift für Angewandte Physiologie einschließlich Arbeitsphysiologie,* 18 (1960), pp. 123–140.

Rohmert, W. "Problems in Determining Rest Allowances, Part I: Use of Modern Methods to Evaluate Stress and Strain in Static Muscular Work." *Applied Ergonomics,* 4, no. 2 (June 1973), pp. 91–95.

Seth, V., R. Weston, and A. Freivalds. "Development of a Cumulative Trauma Disorder Risk Assessment Model." *International Journal of Industrial Ergonomics,* 23, no. 4 (March 1999), pp. 281–291.

Silverstein, B. A., L. J. Fine, and T. J. Armstrong. "Occupational Factors and Carpal Tunnel Syndrome." *American Journal of Industrial Medicine,* 11, no. 3 (1987), pp. 343–358.

Stecke, Kathryn E. "Machine Interference: Assignment of Machines to Operators." In *Handbook of Industrial Engineering,* 2d ed. Ed. Gavriel Salvendy. New York: John Wiley & Sons, 1992.

可 选 软 件

DesignTools（可从 McGraw-Hill text 网站 www.mhhe.com/niebel-freivalds 获取）. New York: McGraw-Hill, 2002.

MVTA. NexGen Ergonomics, 3400 de Maisonneuve Blvd. West, Suite 1430, Montreal, Quebec, Canada H3Z 3B8 (http://www.nexgenergo.com/).

QuickTS（可从 McGraw-Hill text 网站 www.mhhe.com/niebel-freivalds 获取）. New York: McGraw-Hill, 2002.

第 12 章

标准数据与公式

本章要点

- 对于一般作业单元，使用正常工时的标准数据、表格或制图。
- 区分准备单元和循环单元。
- 区分固定单元和可变单元。
- 利用公式来为可变单元提供快速且一致的正常工时。
- 使公式尽可能保持清楚、简洁且简单。
- 在加总正常时间之后，再加上宽放时间就是标准时间。

标准时间数据是从时间研究中获得的单元时间，存储后用于日后使用。例如，不应该在每次操作时对有规律且重复出现的准备单元时间进行重复测定。许多年前由弗雷德里克·W. 泰勒（Frederick W. Taylor）建立了应用标准数据的原则，他提出将每个单元的时间进行正确编码（检索），以便用于建立将来的时间标准。今天我们所说的标准数据，是指所有允许不使用时间装置（如秒表）来进行特定工作测定的被制成表格的单元标准、散点图、列线图和表格。

标准数据可以细化成动作标准数据、单元标准数据和作业标准数据几种。标准数据单元越细化，其使用范围越广泛。因此，动作标准数据应用范围最广，但是制定这样的标准要比制定单元或者作业标准数据花费更长的时间。单元标准数据应用也很广，而且制定其标准要比制定动作标准数据快。本章主要介绍单元标准数据，第 13 章将阐述动作标准数据及其在预定标准时间系统中的应用。

时间研究公式是标准数据另外一种更简单的表述，尤其对可变单元来说更是如此。这些公式在非重复性工作中具有特殊的应用，因为对这类工作的每项任务制定标准是不切实际的。公式的构建包括代数表达式的设计，在生产开始之前通过将已知值代入代数表达式（尤其是可变单元的已知值）来制定具体的时间标准。

根据标准数据和公式计算出的工作标准与许多已证实的秒表时间研究得到的以表格形式表示的单元相对一致。由于这些值已经以表格的形式列出来，所以只要累加或计算所需要的单元就可以制定标准，并且特定公司的所有分析人员都应该对既定方法得到一致的绩效标准。因此，工厂中不同分析人员制定的标准与指定的时间研究观测者计算得到的各种标准之间的一致性就可以得到保证。

通过标准数据或公式来计算新工作的标准通常比通过秒表时间研究更快。这种方法可以为间接劳动操作制定时间标准，而利用秒表研究来对这些间接劳动操作制定标准通常是不切实际的。通常，一名工作测定分析人员使用秒表方法每天只能制定 5 个标准，而使用标准数据或公式每天则可以制定 25 个标准。

12.1　标准时间数据的建立

12.1.1　一般方法

为了建立标准时间数据，分析人员首先必须将固定单元与可变单元进行区分。固定单元是指每个周期的时间大致相同的工作单元。可变单元是指在特定工作范围内时间是变化的工作单元。因此，"起动机器"是一个固定单元，而"钻直径为 3/8 in 的孔"的时间将随钻孔的深度、进给速度的变化而变化。

在建立标准数据后要将它们进行编码和归档。此外，准备单元要和其他组合单元分开，固定单元要和可变单元分开。机器操作的典型标准数据可以分为：①准备时间，包括固定单元和可变单元；②单件时间，包括固定单元和可变单元。

标准数据是通过将一段时间内对既定过程时间研究中的不同单元进行汇编而得到的。只有经过实际使用且证明有效的研究才能归入到标准数据中。在将标准数据制成表格时，分析人员必须仔细而明确地定义时间端点。否则，在记录的数据中可能会发生时间重叠。例如，在一个 3 号 Warner&Swasey 转塔车床上"添加棒料"的单元中，包括将手伸至进料杆、抓住进料杆、通过转塔刀架中挡料器的夹头添加棒料、关闭夹头和将手伸至刀架把手。然后在第二次重复操作时，这个单元可能只包括通过挡料器的夹头来添加棒料。由于标准数据单元是由不同时间研究观测者进行的大量研究汇编而得的，因此应该仔细地界定每个单元的时间界限或端点。

标准数据表中没有的值都必须被测定，一般通过秒表时间研究进行测定（参见第 10 章）。有时，如果用时非常短的个体单元不能分开来测定，那么要对这些个体单元进行测定将非常困难。然而，分析人员可以通过测定单元组总时间并且利用求解个体单元的联立方程来确定其个体时间值，如例 12-1 所示。

例 12-1　简短单元时间的计算

单元 a 是"拿起小铸件"，单元 b 是"放置到叶片夹具里"，单元 c 是"关上夹具盖"，单元 d 是"安置夹具"，单元 e 是"推进转轴"等。这些单元分组计时如下：

$$a + b + c = 单元\ 1 = 0.070\ min = A \tag{1}$$
$$b + c + d = 单元\ 3 = 0.067\ min = B \tag{2}$$
$$c + d + e = 单元\ 5 = 0.073\ min = C \tag{3}$$
$$d + e + a = 单元\ 2 = 0.061\ min = D \tag{4}$$
$$e + a + b = 单元\ 4 = 0.068\ min = E \tag{5}$$

首先，我们加总这 5 个方程：

$$3a + 3b + 3c + 3d + 3e = A + B + C + D + E$$

然后，令

$$A + B + C + D + E = T$$

$$3a + 3b + 3c + 3d + 3e = T = 0.339 \text{ min}$$

且

$$a + b + c + d + e = \frac{0.339 \text{ min}}{3} = 0.113 \text{ min}$$

因此

$$A + d + e = 0.113 \text{ min}$$

然后

$$d + e = 0.113 \text{ min} - 0.07 \text{ min} = 0.043 \text{ min}$$

因为

$$c + d + e = 0.073 \text{ min}$$
$$c = 0.073 \text{ min} - 0.043 \text{ min} = 0.030 \text{ min}$$

同样

$$d + e + a = 0.061 \text{min}$$

且

$$a = 0.061 \text{min} - 0.043 \text{min} = 0.018 \text{ min}$$

代入到方程（1）中，我们得到

$$b = 0.070 \text{min} - (0.03 \text{min} + 0.018 \text{min}) = 0.022 \text{min}$$

代入到方程（2）中，我们得到

$$d = 0.067 \text{min} - (0.022 \text{min} + 0.030 \text{min}) = 0.015 \text{min}$$

代入到方程（3）中，我们得到

$$e = 0.073 \text{min} - (0.015 \text{min} + 0.030 \text{min}) = 0.028 \text{min}$$

12.1.2　利用表格数据来建立标准时间数据

　　例如，当为机器单元建立标准数据时间时，分析人员可能需要对各种原材料在不同切削深度、切削速度和进给量下的马力⊖要求编制成表格。为了避免现有设备过载，分析人员必须了解每台机器安排的工作量，以便确定哪台机器要减少原料。例如，在10马力的车床上加工高合金钢锻件时，以0.011 in/r进料同时以200 ft/min的加工速度进行背吃刀量为3in/8的加工是不可行的。无论是机床制造商还是经验研究（见表12-1）的列表数据都表明满足这些条件的马力要求为10.6马力。而这项工作如果以0.009 in/r的进给量来进行，将仅需要8.7马力。最好利用商用电子制表软件（例如微软 Excel）把这些数据存储、检索和整理成最终的标准时间。

表12-1　不同加工速度和进给量下高合金钢锻件背吃刀量为 **3in/8** 和 **1in/2** 的马力要求

加工速度/ft	进给量/（in/r）（背吃刀量为3in/8时）						进给量/（in/r）（背吃刀量为1in/2时）					
	0.009	0.011	0.015	0.018	0.020	0.022	0.009	0.011	0.015	0.018	0.020	0.022
150	6.5	8.0	10.9	13.0	14.5	16.0	8.7	10.6	14.5	17.3	19.3	21.3
175	8.0	9.3	12.7	15.2	16.9	18.6	10.1	12.4	16.9	20.2	22.5	24.8

⊖　1马力 = 735.499W。

（续）

加工速度/ft	进给量/（in/r）（背吃刀量为3in/8时）						进给量/（in/r）（背吃刀量为1in/2时）					
	0.009	0.011	0.015	0.018	0.020	0.022	0.009	0.011	0.015	0.018	0.020	0.022
200	8.7	10.6	14.5	17.4	19.3	21.3	11.6	14.1	19.3	23.1	25.7	28.4
225	9.8	11.9	16.3	19.6	21.7	23.9	13.0	15.9	21.7	26.1	28.9	31.8
250	10.9	13.2	18.1	21.8	24.1	26.6	14.5	17.7	24.1	29.0	32.1	35.4
275	12.0	14.6	19.9	23.9	26.5	29.3	15.9	19.4	26.5	31.8	35.3	39.0
300	13.0	16.0	21.8	26.1	29.0	31.9	17.4	21.2	29.0	34.7	38.6	42.5
400	17.4	21.4	29.1	34.8	38.7	42.5	23.2	28.2	38.7	46.3	51.5	56.7

12.1.3 利用列线图和散点图来建立标准时间数据

由于空间的限制，将可变单元的值表格化并不总是很方便。通过在列线图表格中绘制一条或一组曲线，分析人员可以在一页纸上以图形的形式很好地表达标准数据。

图 12-1 给出了确定车削和端面加工时间的列线图解。例如，一台机器在进给量为 0.015

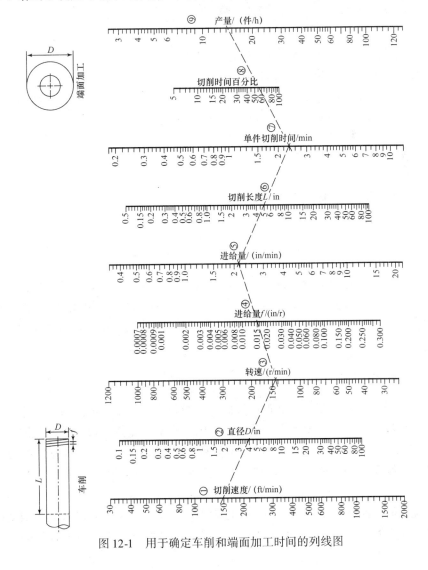

图 12-1 用于确定车削和端面加工时间的列线图

in/r 且切削时间为周期时间的 55% 的情况下加工一个直径为 4 in、长度为 5 in 的中碳钢柱，要确定每个小时的生产件数，通过图解的方法可以很容易得到答案。中碳钢柱的切削速度为 150 ft/min，如①所示，工件的直径为 4 in，如②所示，连接这两点延长得出转速为 143 r/min，如③所示。143 r/min 的速度和 0.015 in/r 的进给量（见④）对应，连接两点延长这条直线得到如⑤所示的 2.15 in/min 的进给量。连接此点与⑥中的 5in，得出的所需切削时间如⑦所示。最后，连接这个 2.35 min 的切削时间与切削时间所对应的百分比，如⑧所示（这个例子中是 55%），便得出以件/h 为单位表示的产量，如⑨所示（这个例子中是 16 件）。

图 12-2 给出了一个以 h/100 件为单位的时间，棒料的尺寸以 in^2 来计量。这个图中有 12 个点，每个点都代表了一个单独的时间研究。图上的点表明它们线性相关，可以用公式表示：

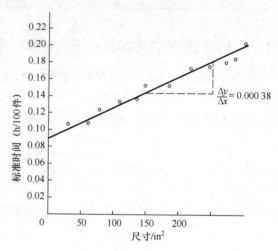

$$标准时间 = 0.088 + 0.000\ 38 \times 尺寸$$

有关公式构建过程的详细信息，请参见第 12.2 节。

使用列线图或散点图来建立标准数据有一些明显的缺点。首先，由于经常需要大量添改数据，所以从散点图中读取数据时容易出现错误。其次，由于不正确的读数或没有对准各个比例尺上的交叉点将有可能导致完全错误的结果。

图 12-2　不同尺寸棒料的成形时间

12.2　根据经验数据构建公式

12.2.1　识别变量

公式构建的第一步是确定所涉及的因变量和自变量。由于分析人员的目标是制定时间标准，所以因变量往往是时间。例如，为加工重量在 2~8oz 的合成橡胶零件构建一个公式，自变量是橡胶的重量，而因变量是处理时间，自变量的取值范围在 2~8oz，而因变量时间必须通过研究来量化。

12.2.2　分析单元和收集数据

初步变量识别完成后，下一步是收集数据以推导公式，收集以前的研究或进行新的研究来为该公式获得足够大的能够涵盖公式的工作范围的样本。显然，可变单元倾向于与工件的某些特性（例如尺寸、形状或硬度）成比例地变化。分析人员应仔细研究这些可变单元以确定到底是哪些因素影响时间变化，影响程度有多大。一般来说，固定单元不应出现很大偏差。

一般来说，研究次数越多，获得的数据也越多，反映的情形也就越接近一般情况。如果有需要，诸如功率测试（Neter et al.，1996）的统计程序可以用于确定要收集的研究的确切数量。

12.2.3 描绘数据和计算变量表达式

接下来，为了分析常量和变量，将数据输入到电子表格（例如微软 Excel）中进行分析。对常量进行识别和整合，对变量进行分析，将影响时间的因素以代数形式表示出来。通过绘制自变量的时间曲线，分析人员可以推导出这些变量之间潜在的代数关系。例如，描绘数据可能有很多种形式：线性、非线性递增趋势、非线性递减趋势或没有明显规律的几何形式。如果描绘出来的是一条直线，那么关系就非常简单：

$$y = a + bx \tag{12-1}$$

式中，常量 a 和 b 由最小二乘回归分析确定。

如果描绘出的图显示这些变量之间是非线性递增趋势，那么可以尝试幂关系形式 x^2、x^3、x^n 或 e^x 进行拟合。对于非线性递减趋势，应该尝试用负幂函数或负指数函数进行拟合。对于渐近趋势，应该尝试对数关系或负指数形式进行拟合：

$$y = 1 - e^{-x} \tag{12-2}$$

注意到对模型添加一些附加条件将总会产生一个具有更高 R^2 的更优模型。然而，从统计学上的角度看该模型可能并不会明显优于上一个模型，也就是说，在统计上这两个模型预测值的性质并没有差异。此外，公式越简单，就越容易被人理解和应用。应该避免使用含有多个幂函数项的复杂的表达式。明确界定每个变量的取值范围。公式的局限性必须通过详细描述公式的应用范围来注明。

一般线性检验是一种用于建立最佳模型的形式化程序。它计算了更简单模型（即简化模型）与更复杂模型（即完全模型）之间无法解释的方差的减少量。从统计学上来对方差的减少量进行检验，只有在减少量显著时才使用更复杂的模型（参看例 12-2）。可以在各种统计教科书中找到关于曲线拟合和模型建立的更为详细的内容（Neter et al.，1996；Rawling，1988）。

例 12-2

在单元"打火和焊接"中，分析人员从 10 个详细的研究中得到如下的数据：

研究编号	焊接尺寸/in	焊接时间/（min/in）
1	1/8	0.12
2	3/16	0.13
3	1/4	0.15
4	3/8	0.24
5	1/2	0.37
6	5/8	0.59
7	11/16	0.80
8	3/4	0.93
9	7/8	1.14
10	1	1.52

描绘这些数据可以得到如图 12-3 所示的光滑曲线。因变量"焊接时间"和自变量"焊接尺寸"的简单线性回归方程为

$$y = -0.245 + 1.57x \qquad (1)$$

$R^2 = 0.928$ 且平方和(SSE) = 0.1354。

由于图 12-3 显示数据明显呈非线性变化趋势，给这个模型添加一个平方项似乎更加合理，这样可得到如下回归方程：

$$y = 0.1 - 0.178x + 1.61x^2 \qquad (2)$$

$R^2 = 0.993$，SSE = 0.012。R^2 的增加表明这个模型对实际数据的拟合程度有了一定的改进。这个改进可以用统计中的一般线性检验来加以检验。

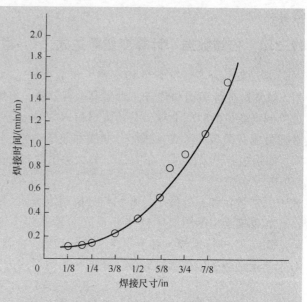

图 12-3 画在平面坐标系中的二次曲线

$$F = \frac{[\,\mathrm{SSE}(R) - \mathrm{SSE}(F)\,] / (\mathrm{df_R} - \mathrm{df_F})}{\mathrm{SSE}(F) / \mathrm{df_F}}$$

式中 SSE（R）——简化模型的平方和误差；

SSE（F）——完全模型的平方和误差；

$\mathrm{df_R}$——简化模型的自由度；

$\mathrm{df_F}$——模型的自由度。

比较这两个模型得到

$$F = \frac{(0.1354 - 0.012) / (8 - 7)}{0.012/7} = 71.98$$

因为 71.98 比 $F_{(1,7)} = 5.59$ 大很多，所以完全模型是一个更好的模型。

通过添加更高次幂（比如 x^3）的项可以重复这个过程，得到如下模型：

$$y = 0.218 - 1.14x - 3.59x^2 - 1.16x^3 \qquad (3)$$

$R^2 = 0.994$，SSE = 0.00873。

然而在这个情况下，一般线性检验得不到统计上有意义的改进：

$$F = \frac{(0.012 - 0.00873) / (7 - 6)}{0.00873/6} = 2.25$$

2.25 比临界值 $F_{(1,6)} = 5.99$ 小。

有趣的是，使用一个简单的二次模型：

$$y = 0.0624 + 1.45x^2 \qquad (4)$$

$R^2 = 0.993$，平方和（SSE）= 0.0133，得到最好且最简单的模型。比较这个模型（方程（4））和第二个模型（方程（2）），得

$$F = \frac{(0.0133 - 0.012)/(8 - 7)}{0.012/7} = 0.758$$

这个 F 值不显著，且额外的 x 一次项的线性条件也产生不出更好的模型。

这个拟合度最好的二次模型能够通过代入一个 1 in 焊接来加以检验：

$$y = 0.0624 + 1.45 \times 1^2 = 1.51$$

这个检验值和时间研究值 1.52min 非常接近。

有时分析人员可能会发现不止一个自变量在影响时间变量，并且最终表达式可能由这几个自变量的不同次幂项组合组成。假如是这种情况，必须应用多元回归方法。这些计算十分冗长乏味，并且需要利用专门的统计软件包，如 Minitab 或 SAS。

12.2.4 检验公式的正确性，并最终确定

在公式构建完成后和正式投入使用前，分析人员应该对其进行检验。检验公式的最简单且最快捷的方法就是使用它来检验现有的时间研究。应该对公式值与时间研究值之间任何显著的偏差（约5%）进行调查。如果公式没有达到预期的正确性，分析人员就应该通过更多的秒表方法且/或标准数据研究来累积额外的数据。

公式构建程序的最后一步是编写公式报告。分析人员应该整合所有公式的数据、计算、推导和应用，并在该公式投入使用之前将这些信息呈现在完整的报告中。这将保证所有有关作业程序、操作环境和公式使用范围等信息的可获得性。

12.3 解析公式

可以使用技术手册中的解析公式或从机床制造商所提供的信息来计算标准时间。通过为不同类型和厚度的原材料制定合适的进给量和转速，分析人员能够计算不同加工操作的切削时间。

12.3.1 钻床操作

钻头是一个容屑槽呈螺旋状的开凿工具，用于在固体材料上钻孔或扩孔。在平面钻孔操作中，钻头的轴线与被钻的表面成90°角。当钻一个通孔时，分析人员必须把钻头导程加到孔的长度上，以确定钻头钻出此孔必须冲钻的总长度，即钻头行程。当钻一个盲孔时，从被钻表面到钻头最深穿透的距离就是钻头行程（见图 12-4）。

L 表示钻头钻穿（如左图）或不钻穿（如右图）时钻头必须冲钻的总长度（钻头导程用左图的 l 表示）。

因为钻尖顶角的商业标准为118°，所以钻头导程可以通过下面的表达式很容易得到

$$l = \frac{r}{\tan A} \tag{12-3}$$

式中　l——钻头的导程；

r——钻头的半径；

$\tan A$——1/2 钻头顶角的正切值。

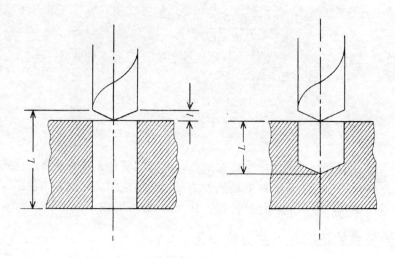

图 12-4 钻头行程

举例说明，计算一个普通用途且直径为 1 in 的钻头导程：

$$l = \frac{0.5\,\mathrm{in}}{\tan 59°}$$

$$= \frac{0.5\,\mathrm{in}}{1.6643}$$

$$= 0.3\,\mathrm{in}$$

在确定了钻头必须冲钻的总长度之后，用总长度除以钻头的进给量（in/min），从而得到钻头的冲钻时间（以 min 为单位）。

钻孔速度以英尺/分钟（ft/min）表示，进给量用 10^{-3}in/r 表示。当用 in/r 表示的进给量和用 ft/min 表示的钻孔速度已知时，若要将进给量转化为 in/min，可以利用下面的方程：

$$F_m = \frac{3.82 f S_f}{d}$$

式中　F_m——进给量，单位为 in/min；

　　　f——进给量，单位为 in/r；

　　　S_f——钻孔速度，单位为 ft/min；

　　　d——钻头直径，单位为 in。

例如，一个直径为 1 in 的钻头以 100 ft/min 的速度冲钻，且知其进给量为 0.013in/r 时，要确定每分钟进料是多少 in，计算如下：

$$F_m = \frac{3.82 \times 0.013 \times 100}{1}\mathrm{in/min} = 4.97\mathrm{in/min}$$

若要计算这个直径为 1 in 的钻头以相同的冲钻速度和进料量来钻透一个厚度为 2 in 的可锻造的铁铸件花的时间，我们可使用方程：

$$T = \frac{L}{F_m}$$

式中　T——冲钻时间，单位为 min；

　　　L——钻头行程，单位为 in；

F_m——进给量，单位为 in/min。

得到冲钻时间：

$$T = \frac{2\,\text{in}(\text{铸件的厚度}) + 0.3\,\text{in}(\text{钻头导程})}{4.97\,\text{in/min}} = 0.463\,\text{min}$$

这样计算的冲钻时间没有包括宽放时间，为确定标准工时我们必须添加宽放时间。宽放时间应包括材料厚度变更时间和这些变更造成停顿的时间，这两者都会影响操作的周期冲钻时间。为了获得公正的标准工时，还应加上个人需要和不可避免的延迟的宽放时间。

12.3.2　车床操作

很多类型的机床都可以归类为车床，包括卧式车床、转塔车床和自动车床（自动攻丝机）。这些车床主要与固定工具或表面加工工具（将原材料从旋转的工件表面上移除的工具，这些原材料包括锻件、铸件或棒材）一起使用。在某些情况下，设备旋转而工件是静止的，就像自动攻丝机的某些操作。例如，螺钉的螺纹可以在自动车床上的铣槽装置中加工。

有很多因素影响车床主轴转速和进给量，例如机床的条件和设计、被切削的材料、切削工具的条件和设计、切削所用的切削液、握持工件的方法以及安装切削工具的方法等。

和钻床操作一样，进给量用 10^{-3} in/r 表示，表面转速以 ft/min 表示。为了确定切削时间，用切削的长度（in）除以进给量（in/min），即

$$T = \frac{L}{F_m}$$

式中　T——切削时间，单位为 min；

　　　L——切削的总长度，单位为 in；

　　　F_m——进给量，单位为 in/min。

且

$$F_m = \frac{3.82 f S_f}{d}$$

式中　f——进给量，单位为 in/r；

　　　S_f——表面转速，单位为 ft/min；

　　　d——工件的直径，单位为 in。

12.3.3　铣床操作

铣削是指用旋转的多齿铣刀加工材料的过程。当铣刀旋转时，使工件移动到铣刀处，这与钻床工作时不同，钻床工作时工件通常是固定的。另外铣床的加工表面是不规则的，铣床用来加工螺纹、开槽和加工齿轮。

和钻床操作与车床操作一样，铣床操作的铣刀速度以表面速度 ft/min 表示。进给量或工作台行程通常以 10^{-3} ft/齿为单位表示。在铣刀直径已知的情况下，为把铣刀的表面速度由 ft/min 转换为 r/min，可以使用下面的方程：

$$N_r = \frac{3.82 S_f}{d}$$

式中　N_r——铣刀速度，以 r/min 表示；

S_f——铣刀速度，以 ft/min 表示；

d——铣刀外径，以 in 表示。

为了确定以 in/min 表示的铣刀加工工件的进给量，使用如下方程：

$$F_m = fn_t N_r$$

式中　F_m——工件的进给量，单位为 in/min；

　　　f——铣刀的进给量，单位为 in/齿；

　　　n_t——铣刀齿数；

　　　N_r——铣刀转速，单位为 r/min。

适用于特定用途的铣刀齿数可以表示为

$$n_t = \frac{F_m}{F_t N_r}$$

式中　F_t——金属屑厚度。

为计算铣床操作的铣削时间，当计算在机动进给下的铣削总长度时，分析人员必须考虑铣刀的导程。这可以通过三角函数来确定，如图 12-5 所示的侧铣。

在这种情况下，为求得经过铣刀的总长度，要把导程 BC 加到工件长度（8 in）中。将铣削以后的工件拆除所需要的距离作为一个单独的单元来处理，因为此时工作台横向进给的速度更快。如果知道铣刀的直径，就可以确定铣刀的半径 AC，并且还可以用铣刀的半径 AE 减去铣削深度 BE 来计算这个直角三角形 ABC 的高 AB，如下：

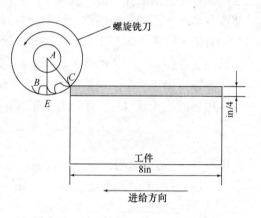

图 12-5　平面铣削一个 8 in 长的铸件

$$BC = \sqrt{AC^2 - AB^2}$$

仍然用前面的例子，我们假设铣刀直径是 4 in，且铣刀有 22 个齿。每齿进给量为 0.008 in，且铣削速度为 60ft/min。我们能够通过下面的方程来计算其铣削时间：

$$T = \frac{L}{F_m}$$

式中　T——铣削时间，单位为 min；

　　　L——机动进给下铣削总长度，单位为 in；

　　　F_m——进给量，单位为 in/min。

因为 $L = 8\ \text{in} + BC$，且

$$BC = \sqrt{4 - 3.06}\,\text{in} = 0.975\,\text{in}$$

因此，

$$L = 8.975\,\text{in}$$
$$F_m = fn_t N_r$$
$$F_m = 0.008 \times 22 N_r$$

而

$$N_r = \frac{3.82S_f}{d} = \frac{3.82 \times 60}{4} \text{r/min} = 57.3 \text{r/min}$$

所以

$$F_m = (0.008 \times 22 \times 57.3) \text{in/min} = 10.1 \text{ in/min}$$

则切削时间为

$$T = \frac{8.975 \text{in}}{10.1 \text{in/min}} = 0.889 \text{min}$$

通过了解进给量和转速的信息，分析人员可以确定在其工厂执行各种工作所需的切削或加工时间。以上所引用的钻床、车床和铣床操作的举例是用来建立原材料加工时间方法的典型代表。这些值必须再加上宽放时间才能得到公正的单元总允许值。

12.4 标准数据的使用

为了便于参考，应该把固定标准数据单元制成表格，并归档在机器或工序类别中。可变数据可以制成表格或以一条曲线或方程表示，并归档在设施或操作类别中。

表 12-2 给出了冲压机上冲压和冲孔的标准数据。根据板料被移动的距离来确定任务之后，分析人员可以在表中查到整个操作所需的标准工时。

表 12-2 在 76 型 Toledo 冲压机上手工进给板料执行冲压和冲孔的标准时间

距离 L/in	每百次冲压时间 T/h
1	0.075
2	0.082
3	0.088
4	0.095
5	0.103
6	0.110
7	0.117
8	0.123
9	0.130
10	0.13

表 12-3 说明了一个特定工厂的 5 号 Warner&Swasey 转塔车床的标准准备数据。为了利用这些数据来确定准备时间，分析人员应该观察在车床四方转刀架和转塔刀架上的刀具，然后查阅这个表格。例如，假设某个工作需要车床四方转刀架上的倒角工具、车削刀具和端面车刀，并且需要转塔刀架上的两个镗孔车刀、一个铰刀和伸缩丝锥，那么准备标准工时将为69.70min 加 25.89min，即 95.59min。为了获得这个标准准备数据，分析人员要找到在车床四方转刀架栏的相关加工工序的值（第 8 行）以及在转塔刀架部分中找到最耗时的适用的加工工序的值，在该例中是攻螺纹工序，这个时间值是 69.70min。因为三个附加工具在转塔刀架上（第一镗孔车刀、第二镗孔车刀和铰刀），分析人员应该用 3 乘以 8.63 得到25.89min。最后，25.89min 加上 69.70min 就得到需要的总准备时间。

表 12-3 5 号转塔车床标准准备数据 （单位：min）

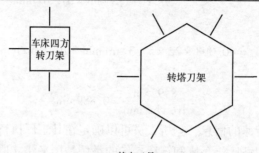

基本工具

车床四方转刀架	转塔刀架						
	局部车削	倒角	镗孔或车削	钻孔	S. 攻螺纹或铰孔	C. 攻螺纹	C. 冲模
1. 局部车削	31.5	39.6	44.5	48.0	47.6	50.5	58.5
2. 倒角	38.2	39.6	46.8	49.5	50.5	53.0	61.2
3. 端面车削或切断	36.0	44.2	48.6	51.3	52.2	55.0	63.0
4. 车削、镗孔、开槽、倒圆	40.5	49.5	50.5	53.0	54.0	55.8	63.9
5. 端面车削或倒角	37.8	45.9	51.3	54.0	54.5	56.6	64.8
6. 端面车削和切断	39.6	48.6	53.0	55.0	56.0	58.5	66.6
7. 端面车削和车削或车削和切断	45.0	53.1	55.0	56.7	57.6	60.5	68.4
8. 端面车削、车削和倒角	47.7	55.7	57.6	59.5	60.5	69.7	78.4
9. 端面车削、车削和切断	48.6	57.6	57.5	60.0	62.2	71.5	80.1
10. 端面车削、车削和开槽	49.5	58.0	59.5	61.5	64.0	73.5	81.6
11. 从上述基本加工中进行选择							
12. 车床四方转刀架上的每个附加工具	4.20 × ＿＿＿＿＿＿＿＿＿＿＿			=		＿＿＿＿＿＿＿＿＿	
13. 转塔刀架上的每个附加工具	8.63 × ＿＿＿＿＿＿＿＿＿＿＿			=		＿＿＿＿＿＿＿＿＿	
14. 拿走和准备 3 个卡爪	5.9					＿＿＿＿＿＿＿＿＿	
15. 安装组件或夹具	18.7					＿＿＿＿＿＿＿＿＿	
16. 安装在两顶尖之间	11.0					＿＿＿＿＿＿＿＿＿	
17. 改变丝杠	6.6					＿＿＿＿＿＿＿＿＿	
	总准备时间＿＿＿＿＿＿＿＿＿＿＿＿＿＿min						

本 章 小 结

在开始工作之前，如果应用适当，标准数据可为准确时间标准的快速制定提供依据。这个特点使其在评估新工作的成本、成本报价和分包项目等方面特别具有吸引力。标准数据的使用也简化了工厂中存在的许多管理问题，因为工厂中可能存在一些限制，如在将要开展的研究类型（连续的或反复的）、将要研究的周期数、将要被研究的操作者和执行研究的观测者方面。通过使用标准数据技术，分析人员可以避开这种限制性的细节，而且劳方和管理层之间的紧张关系也得到了缓和。

一般来说，单元时间越精细，与既定设备相关的数据就会越丰富。因此，在工作车间获得个体单元值和团体单元值或者个体和团体单元的组合值是可行的，使一个既定设备的数据具备足够大的柔性，从而允许为一台机器的不同工作计划制定速率。对于短周期工作，基本动作数据对制定标准尤其有用。

时间研究公式同样能制定个体研究所需要的时间标准。公式与标准数据相比具有一个优势，对低技能（且成本较低）的人，可以将其数据直接代入公式中求得标准时间，这比加总标准数据单元更快。同样，由于标准数据方法中要不断添加数字列，因此使用标准数据来制定标准比使用公式更容易犯忽略或计算的错误。

思　考　题

1. "标准数据"的含义是什么？
2. 通过秒表方法制定标准所需的时间与使用标准数据方法所需时间的近似比值是多少？
3. 利用标准数据制定时间标准比利用单个研究制定时间标准有哪些优势？
4. 使用曲线来展示标准数据有哪些缺点？
5. 在制定时间标准方面，公式比标准数据有什么优势？
6. 时间研究公式是否只能用在已经被分析证明进给量和转速会影响时间的车间操作中？说明原因。
7. 非常实用的时间研究公式的特点是什么？
8. 在确定一个公式时，使用的研究数据太少有什么危险？
9. 详细说明怎样构建一个最合适的公式。

计　算　题

1. 进给量为 0.022 in/r、主轴转速为 250 r/min、背吃刀量为 1 in/4，车削一个直径为 3 in 的低碳钢轴需要多少马力？

2. 在 3 号 Warner & Swasey 转塔车床上以 300 ft/min 的表面转速且 0.005 in/r 的进给量车削 6 in 直径为 1 in 的棒料需要多长时间？

3. 用一个直径为 3 in、表面宽为 2 in 的平面铣刀来铣一块宽为 1.5 in、长为 4 in 的冷轧钢，铣削深度为 3/16 in。假如每齿进给为 0.010 in 且刀具有 16 个齿，刀具速度为 120 ft/min，那么将要花费多长时间？

4. 当 $a+b+c$ 的时间为 0.057 min，$b+c+d$ 的时间为 0.078 min，$c+d+e$ 的时间为 0.097 min，$d+e+a$ 的时间为 0.095 min，$e+a+b$ 的时间为 0.069 min，计算单元 a、b、c、d 和 e 的时间。

5. 直径为 3/4 in、顶角为 118° 的钻头的导程为多少？

6. 直径为 3/4 in 的钻头，以 80 ft/min 的速度、0.008 in/r 的进给量钻削，在以 in/min 表示时，它的进给量是多少？

7. 计算题 6 所述的钻头钻透一个 2.25 in 厚的铸件将要多长时间。

8. Dorben 公司的分析人员对修整部门的手工喷涂部分进行了 10 次独立的时间研究。研究中的产品线揭示了喷涂时间与产品表面面积之间有直接关系。收集数据如下：

研究编号	评价系数	产品表面面积/in^2	标准时间/min
1	0.95	170	0.32
2	1.00	12	0.11
3	1.05	150	0.31

（续）

研 究 编 号	评 价 系 数	产品表面面积/in²	标准时间/min
4	0.80	41	0.14
5	1.20	130	0.27
6	1.00	50	0.18
7	0.85	120	0.24
8	0.90	70	0.23
9	1.00	105	0.25
10	1.10	95	0.22

利用线性回归方程计算斜率和截距常量。一个表面积为 250 in² 的新工件将允许多长的喷涂时间？

9. Dorben 公司的作业测量分析人员想为用带锯来锯不同结构的金属片构建一个正确的方程。8 个实际时间研究的数据可提供以下信息：

编　　号	锯削长度/in	标准时间/min
1	10	0.40
2	42	0.80
3	13	0.54
4	35	0.71
5	20	0.55
6	32	0.66
7	22	0.60
8	27	0.61

利用最小二乘法，确定锯削长度和标准时间之间的联系。

10. XYZ 公司的作业测量分析人员希望建立用于轻装配部门的快速、重复的手工动作的标准数据。由于这些要得到的标准数据单元用时很短，分析人员不得不以成组的形式来测定它们在工厂场地操作的总时间。在某项研究中，分析人员尽力为五个单元（A、B、C、D 和 E 单元）建立标准数据。利用精确到 0.001min 的手表，分析人员研究了一系列的装配操作并且得到以下数据：

$$A + B + C = 0.131 \text{ min}$$
$$B + C + D = 0.114 \text{ min}$$
$$C + D + E = 0.074 \text{ min}$$
$$D + E + A = 0.085 \text{ min}$$
$$E + A + B = 0.118 \text{ min}$$

计算各个单元的标准数据值。

11. Dorben 公司的作业测量分析人员在为钻床部门中的提前定价工作建立标准数据。基于下面推荐的速度和进给量，计算一个顶角为 118° 的 1/2 in 的高速钻头钻透一个厚为 1 in 材料的机动进给量，包括 10% 的个人需求和疲劳宽放率。

材　　料	推荐速度/（ft/min）	进给量/（in/r）
铝（铜合金）	300	0.006
铸铁	125	0.005
蒙乃尔（R）	50	0.004
钢（1112）	150	0.005

12. 以下数据是切断不同牛皮制品与所需标准时间的关系，试推导出一个公式来表示个中关系。

研究编号	牛皮制品面积/in^2	标准时间/min
1	5.0	0.07
2	7.5	0.10
3	15.5	0.13
4	25.0	0.20
5	34.0	0.24

13. 为如下所示的时间和面积之间的关系构建一个公式：

研究编号	时　　间	面　　积
1	4	28.6
2	7	79.4
3	11	182.0
4	15	318.0
5	21	589.0

参 考 文 献

Cywar, Adam W. "Development and Use of Standard Data." In *Handbook of Industrial Engineering*. Ed. Gavriel Salvendy. New York: John Wiley & Sons, 1982.

Fein, Mitchell. "Establishing Time Standards by Parameters." *Proceedings of the Spring Conference of the American Institute of Industrial Engineers*. Norcross, GA: American Institute of Industrial Engineers, 1978.

Metcut Research Associates. *Machining Data Handbook*. Cincinnati, OH: Metcut Research Associates, 1966.

Neter, J., M. Wasserman, M. H. Kutner, and C. J. Nachstheim. *Applied Linear Statistical Models*. 4th ed. New York: McGraw-Hill, 1996.

Pappas, Frank G., and Robert A. Dimberg. *Practical Work Standards*. New York: McGraw-Hill, 1962.

Rawling, J. O. *Applied Regression Analysis*. Pacific Grove, CA: Wadsworth & Brooks, 1988.

可 选 软 件

Minitab. 3081 Enterprise Dr., State College, PA 16801.
SAS. SAS Institute, Cary, NC 27513.

第13章

预定时间系统

本章要点

- 利用预定时间系统预测新出现的或已存在的工作标准时间。
- 预定时间系统是一个基本动作时间的数据库。
- 精确度要求高的预定时间系统需要较多的时间完成。
- 快速、简单的预定时间系统通常不精确。
- 不仅要考虑主要动作，而且要关注主要动作与其他动作间的相互作用或复杂性。
- 使用预定时间系统来改进方法分析。

从泰勒时代开始，管理界就已经意识到赋予各基本工作单元以标准时间的必要性。这些标准时间是指基本动作时间、合成时间或预定时间，它们被分配给那些不能用一般的秒表精确计时的基本动作或动作组，这些标准时间也是利用动作图片照相机或摄影机等可以测量非常短的元素的计时装置对各种操作的大规模抽样进行研究的结果。这些时间值是合成的，因为它们通常是一些基本动作逻辑组合的结果；这些时间值是基本的，因为对这些数值的进一步细化不仅困难而且不可行；这些时间值是预先确定的，因为它们是被用来预测因工作方法改变而产生的新工作的标准时间。

自 1945 年以来，基本动作时间作为一种不使用秒表或其他计时装置就能够快速而准确地建立标准时间的方法吸引了越来越多的人。现在，实用方法研究者们可以从 50 个以上已开发的预定时间系统来获取信息。本质上，这些预定时间系统（PTS）是一系列带有关于如何使用这些动作时间数值的解释和指南的动作时间表。在实际应用这些技术前进行适量的专业培训是必要的。事实上，许多公司在允许分析师使用工作因素法、方法时间衡量（MTM）法、梅纳德操作序列技术（MOST）等系统建立标准之前都要求其获得相应的资格认证。

为使读者对预定时间系统领域有更好的理解，我们将对 MTM（它是预定时间系统领域的先锋）以及它的一个更快捷的、名为 MTM-2 的子系统做较详细的回顾。此外，我们还将讨论 MOST 系统，它由 MTM 发展而来。图 13-1 表明了这些预定时间系统的演化过程。根据对 141 名工业工程师的调查（Freivalds et al.，2000），MTM-2 和 MOST 系统是最常用的预定时间系统。

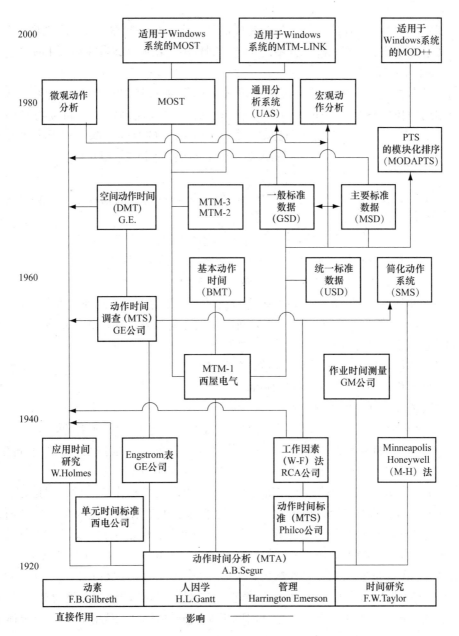

图 13-1　预定时间系统

(经美国伊利诺伊州芝加哥 Standards International 授权使用)

13.1　方法时间衡量

13.1.1　MTM-1

Maynard 等人于 1948 年开发的方法时间衡量（Methods – Time Measurement，MTM）给出了如下基本动作的时间值：伸手、移动、转动、抓取、定位、脱离和放手。他们将 MTM 定义为：一套将任何手工操作或方法分解为完成这些操作或方法所需要的基本动作，并赋予每一个基本动作一个预定时间标准，其中的预定时间标准是由基本动作的性质和执行这些动作时的环境条件所决定的。

MTM-1 的数据是在一帧一帧分析各种领域工作录像的基础上得出的结果。从录像中获得的数据用西屋电气评价法进行评比、制表和分析，以便确定由于可变特性引起的困难程度。例如，"伸手"的距离和种类都会影响伸手所需的时间，深入分析将"伸手"动作分为五个不同的种类，针对不同的距离，有不同的时间与之相对应，这五种"伸手"动作为：

（1）将手伸到处于固定位置的物体上，或伸到另一只手中的物体上，或伸到另一只手所停放的物体上。

（2）将手伸到一个在不同周期位置有稍许变化的物体上。

（3）将手伸到与其他物体混在一起因而需要寻找和选择的物体上。

（4）将手伸到非常小的物体或需要准确抓握的物体上。

（5）将手伸到不确定的位置，以便维持身体平衡，或为下一个动作做准备或将手拿开。

此外，Maynard 等人还发现"移动"时间不仅与距离和被移动物体的重量有关，而且还受到移动的特定类型的影响，"移动"的三种类型是：

（1）将物体移动到另一只手或靠在静止的物体上。

（2）将物体移动到大概或不确定的位置。

（3）将物体移动到精确位置。

最后，2 种类型的"放手"和 18 种类型的"定位"也会影响其所需的时间。

表 13-1 总结了 MTM-1 的时间值。基本动作"抓取"的时间根据其种类的不同介于 2.0 和 12.9 个时间测量单位（1 时间测量单位（TMU）=0.000 01h）之间。

首先，分析员总结了正确执行工作所需的所有左手和右手动作。然后，根据方法时间数据表确定每一个动作的时间值，单位为 TMU。为了确定正常情况下完成某项任务所需要的时间，非限制性动作时间被圈起或被删除，因为在一个限制性动作和一个非限制性动作能够同步的情况下，只有限制性动作所需要的时间会被汇总（参见表 13-1 中的表Ⅹ）。例如，如果右手必须伸出 20in 去拾取一个螺母，这个动作的分类为 R20C，对应的时间值为 19.8TMU。如果同时左手需要伸出 10in 去拾起一个螺母，这个动作的分类为 R10C，对应的时间值为 12.9TMU。在此情况下，右手的时间值是限制性数值，因此左手的 12.9TMU 将不会被用来计算正常时间。

表 13-1　MTM-1 数据汇总

表Ⅰ ——伸手——R						
移动的距离/in	时间/TMU				手处于运动中的时间/TMU		解释
	A	B	C 或 D	E	A	B	
≤0.5	2.0	2.0	2.0	2.0	1.6	1.6	A：将手伸到处于固定位置的物体上，或伸到另一只手中的物体上，或伸到另一只手所停放的物体上
1.0	2.5	2.5	3.6	2.4	2.3	2.3	
2.0	4.0	4.0	5.9	3.8	3.5	2.7	
3.0	5.3	5.3	7.3	5.3	4.5	3.6	
4.0	6.1	6.4	8.4	6.8	4.9	4.3	

（续）

表 I ——伸手——R							
移动的距离/in	时间/TMU				手处于运动中的时间/TMU		解释
	A	B	C 或 D	E	A	B	
5.0	6.5	7.8	9.4	7.4	5.3	5.0	
6.0	7.0	8.6	10.1	8.0	5.7	5.7	B：将手伸到一个不同周期位置有稍许变化的物体上
7.0	7.4	9.3	10.8	8.7	6.1	6.5	
8.0	7.9	10.1	11.5	9.3	6.5	7.2	
9.0	8.3	10.8	12.2	9.9	6.9	7.9	
10.0	8.7	11.5	12.9	10.5	7.3	8.6	C：将手伸到与其他物体混在一起而需要寻找和选择的物体上
12.0	9.6	12.9	14.2	11.8	8.1	10.1	
14.0	10.5	14.4	15.6	13.0	8.9	11.5	
16.0	11.4	15.8	17.0	14.2	9.7	12.9	
18.0	12.3	17.2	18.4	15.5	10.5	14.4	D：将手伸到非常小的物体或需要准确抓握的物体上
20.0	13.1	18.6	19.8	16.7	11.3	15.8	
22.0	14.0	20.1	21.2	18.0	12.1	17.3	
24.0	14.9	21.5	22.5	19.2	12.9	18.8	E：将手伸到不确定的位置，以便维持身体平衡，或为下一动作做准备或将手拿开
26.0	15.8	22.9	23.9	20.4	13.7	20.2	
28.0	16.7	24.4	25.3	21.7	14.5	21.7	
30.0	17.5	25.8	26.7	22.9	15.3	23.2	

表 II ——移动——M							
移动的距离/in	时间/TMU			手处于运动 B 中	重量宽放		解释
	A	B	C		重量至/lb	系数	常数/TMU	
≤0.5	2.0	2.0	2.0	1.7	2.5	0.0	0.0	A：将物体移动到另一只手或靠在静止的物体上
1.0	2.5	2.9	3.4	2.3				
2.0	3.6	4.6	5.2	2.9	7.5	1.06	2.2	
3.0	4.9	5.7	6.7	3.6				B：将物体移动到大概或不确定的位置
4.0	6.1	6.9	8.0	4.3	12.5	1.11	3.9	
5.0	7.3	8.0	9.2	5.0				
6.0	8.1	8.9	10.3	5.7				C：将物体移动到精确的位置
7.0	8.9	9.7	11.1	6.5	17.5	1.17	5.6	
8.0	9.7	10.6	11.8	7.2				
9.0	10.5	11.5	12.7	7.9	22.5	1.22	7.4	
10.0	11.3	12.2	13.5	8.6				
12.0	12.9	13.4	15.2	10.0	27.5	1.38	9.1	
14.0	14.4	14.6	16.9	11.4				
16.0	16.0	15.8	18.7	12.8	32.5	1.33	10.8	

（续）

表Ⅱ——移动——M								
移动的距离/in	时间/TMU			手处于运动 B 中	重量宽放			解释
	A	B	C		重量至/lb	系数	常数/TMU	
18.0	17.6	17.0	20.4	14.2				
20.0	19.2	18.2	22.1	15.6	37.5	1.39	12.5	
22.0	20.8	19.4	23.8	17.0				
24.0	22.4	20.6	25.5	18.4	42.5	1.44	14.3	
26.0	24.0	21.8	27.3	19.8				
28.0	25.5	23.1	29.0	21.2	47.5	1.50	16.0	
30.0	27.1	24.3	30.7	22.7				

表Ⅲ——转动和施压——T 和 AP											
重量/lb	各转动角度对应的时间/TMU										
	30°	45°	60°	75°	90°	105°	120°	135°	150°	165°	180°
小—0~2	2.8	3.5	4.1	4.8	5.4	6.1	6.8	7.4	8.1	8.7	9.4
中—2.1~10	4.4	5.5	6.5	7.5	8.5	9.6	10.6	11.6	12.7	13.7	14.8
大—10.1~35	8.4	10.5	12.3	14.4	16.2	18.3	20.4	22.2	24.3	26.1	28.2

施压情形 A——10.6TMU，施压情形 B——16.2TMU

表Ⅳ——抓取——G		
情形	时间/TMU	描　述
1A	2	拍取　易抓取的小、中、大物体
1B	3.5	非常小的物体或处于平坦表面的物体
1C1	7.3	抓取近似圆柱状的物体底部和侧面，直径大于 1in/2
1C2	8.7	抓取为近似圆柱状的物体底部和侧面，直径为 1/4~1in/2
1C3	10.8	抓取为近似圆柱状的物体底部和侧面，直径小于 1in/4
2	5.6	重新抓取
3	5.6	移动抓取
4A	7.3	物体与其他物体混在一起，因此需要寻找和选择。尺寸大于 1in×1in×1in
4B	9.1	物体与其他物体混在一起，因此需要寻找和选择。尺寸为 1in/4×1in/4×1in/8~1in×1in×1in
4C	12.9	物体与其他物体混在一起，因此需要寻找和选择。尺寸小于 1in/4×1in/4×1in/8
5	0	接触、滑动，或利用钩子摘取

表Ⅴ——定位*——P					
配合类型			对称	易处理/TMU	难处理/TMU
1——松	不需要压力		S	5.6	11.2
			SS	9.1	14.7

（续）

表 V——定位*——P					
配合类型		对称	易处理/TMU	难处理/TMU
2——闭合	需要稍许压力	NS	10.4	16
		S	16.2	21.8
		SS	19.7	25.3
3——紧	需要很大压力	NS	21	26.6
		S	43	48.6
		SS	46.5	52.1
		NS	47.8	53.4

* 实现配合要移动的距离≤1in

表 VI——放手——RL		
情　形	时间/TMU	描　　述
1	2	通过张开手指而进行的放手
2	0	接触放手

表 VII——脱离——D		
配合类型	易处理/TMU	难处理/TMU
1——松——很小的力，伴有向后的移动	4	5.7
2——闭合——正常用力，伴以轻微反冲	7.5	11.8
3——紧——相当大的力，手明显反冲	22.9	34.7

表VIII——眼睛移动时间和眼睛聚焦时间——ET 和 EF

眼睛移动时间 = $15.2 \times T/D$ TMU，最大值为20TMU

式中　T——眼睛从起始点移动到终止点的距离

　　　D——从眼睛到 T 的垂直距离

眼睛聚焦时间 = 7.3TMU

表 IX——身体、腿和脚的动作			
描述	符号	距离	时间/TMU
脚的动作——以脚踝为轴	FM	至 4in	8.5
用力踩	FMP		19.1
腿或小腿动作	LM –	至 6in	7.1
		每增加 1in	1.2
横跨—情形 1—当先动的脚触地时完成	SS – CI	小于 12in	伸手或移动的时间
		12in	17.0
		每增加 1in	0.6
情形 2—在下一个动作开始之前后动的腿必须触地	SS – C2	12in	34.1
		每增加 1in	1.1
屈腿、弯腰或单膝跪	B，S，KOK		29
起立	AB，AS，AKOK		31.9

（续）

表Ⅸ——身体、腿和脚的动作			
描述	符号	距离	时间/TMU
双膝跪地	KBK		69.4
起立	AKBK		76.7
坐	SIT		34.7
从坐姿站起	STD		43.4
身体旋转 45°~90°—			
情形 1—先动的腿触地时完成	TBC1		18.6
情景 2—后动的腿在下一动作开始前必须触地	TBC2		37.2
走	W-FT	每英尺	5.3
走	W-P	每步	15.0

表Ⅹ——同步动作

伸手			移动			抓取			定位			脱离			
A, E	B	C, D	A, Bm	B	C	G1A G2 G5	G1B G1C	G4	P1S	P1SS P2S	P1NS P2SS P2NS	D1E D1D	D2	情形	动作
		w|o*	w|o*	w|o*	w|o*		w|o*	w|o*	E|D**	E|D**	E|D**		E|D**		
□	□	□□	□□	□□	××	□	□□	□□	□□	□×	××	□	□□	A, E	伸手
□	□	□×	□□	□×	×■	□	□×	×■	××	×■	■■	□	□×	B	
		□×	×■	×■	■■	□	×■	■■	■■	■■	■■	×	■■	C, D	
			□□	□□	□□	□	□□	□□	□□	□×	××	□	□□	A, Bm	移动
				□□	□□	□	□×	×■	××	×■	■■	□	□×	B	
					×■	□	×■	■■	■■	■■	■■	×	■■	C	
						□	□□	□□	□□	□■	■■	□	■■	G1A, G2, G5	抓取
							■■	×■	■■	■■	■■	■	■■	G1B, G1C	
								■■	■■	■■	■■	■	■■	G4	
									×■	■■	■■	■	■■	P1S	定位
										■■	■■	■	■■	P1SS, P2S	
											■■	■	■■	P1NS, P2SS, P2NS	
												□	□□	D1E, D1D	脱离
													□□	D2	

□ =很容易地同步进行

× =经过练习能够同步进行

■ =即使经过长时间的时间也很难同步进行

上述表格中未包含的动作：

转动——除受控的转动或脱离同时进行的转动之外，通常是容易的

施压——可能为容易、适中或困难，必须针对不同的情形做相应的分析

定位——第 3 类——总是困难的

脱离——第 3 类——通常是困难的

放手——总是容易的

若需要小心以避免受伤或损坏物品，则任何类型的脱离都可能是困难的

* W = 在正常的视觉范围之内，O = 在正常的视觉范围之外

* * E = 容易处理，D = 难处理

（资料来源：位于美国新泽西州 FairLawn 的 MTM 标准与研究协会（MTM Association for Standards and Research）

表 13-1 中的数值不包括由于个人需要、疲劳或不可避免的延迟所引起的误差。当分析人员使用这些数值来建立时间标准时，须在基本动作时间总和的基础上加上适当的宽放。

MTM-1 的支持者认为，绝大多数应用中都不需要增加额外的宽放，因为 MTM-1 的数值是基于健康员工在稳定的工作状态下设计的。

表 13-2 描述了一个文员替换三孔文件夹中的一页纸的 MTM-1 操作分析。

目前，MTM 受到全世界的瞩目。在美国，MTM 由 MTM 标准与研究协会管理、推进和控制。这个非营利性协会是国际 MTM 理事会的 12 个协会之一。MTM 系统的成功很大程度上依赖于这些协会成员组成的活跃的委员会结构。

MTM 家族的系统持续发展。除了 MTM-1，该协会还开发了 MTM-2、MTM-3、MTM-V、MTM-C、MTM-M、MTM-MEK、MTM-UAS，和基于 Windows 操作系统的软件工具 MTM-LINK。

表 13-2　MTM-1 A1

MTM-C 中的 MTM-1 分析						确　　认
MTM 标准与研究协会	标题：	替换三孔文件夹中的一页纸				
	开始：	从左边的文件架上取出文件夹				分析师：
	动作包括：	取文件夹，打开封面，寻找要替换的页面，打开卡环、替换				
	结束：	合上卡环，将文件夹放回文件架				日期：
左手动作描述	F	左手动作	时间/TMU	右手动作	F	右手动作描述
1.　取文件夹——打开封面						
伸手到文件夹		R30B	25.8			
抓住文件夹		G1A	2.0			
移动到办公桌		M30B	24.3			
放手		RL1	2.0			
伸手到封面		R7B	9.3			
抓住边缘		G1A	2.0			
打开封面		M16B	15.8			
放开封面		RL1	2.0			
			———			
			83.2			
2.　寻找要替换的页面						
			14.6	EF	2	阅读第一页
伸手到页边	3	R3D	21.9			
抓住	3	G1B	10.5			
打开	3	M4B	20.7			
重新抓取		G2	—			
			43.8	EF	2×3	识别页码
翻开页面		M8B	10.6			
伸手去握		RL1	2.0			
握住		R8B	10.1	(R4B)		伸手到页边

（续）

左手动作描述	F	左手动作	时间/TMU	右手动作	F	右手动作描述
抓住		G5	0.0	G5		接触
			8.0	M1/2B	4	回滑
接触	3		0.0	RL2	4	放手
移动到办公桌	3	(M1/2B)	7.5	R1B	3	伸手到页角
			0.0	G5	3	接触
重新抓取页面		G2	5.6			
			87.6	EF	4×3	识别页码
翻开页面		M8B	10.6			
放手		RL1	2.0			
			255.5			
3. 替换页面						
伸手到卡环		R7A	7.4	R7A		伸手到卡环
抓住		G1A	2.0	G1A		抓住
拉开		APB	16.2	APB		拉开
打开		M1/2A	2.0	M1/2A		打开
放手		RL1	2.0	RL1		放手
伸手到页边		R6D	10.1			
抓住		G1B	3.5			
移动到废纸篓		M30B	24.3	(R-E)		
放手		RL1	2.0			
			10.1	R6D		伸手到新纸
			3.5	G1B		抓住
			15.2	M12C		移动到卡环
			16.2	P2SE		与卡环对准
			2.0	M1/2C		向卡环移动
			16.2	P2SE		对准
			2.0	M1/2A		套到卡环上
			2.0	RL1		放手
		(R4B)	8.6	R6B		伸手到中间卡环
		G1A	2.0	G1A		抓住卡环
		APB	16.2	APB		挤压卡环
		M1/2A	2.0	M1/2A		合上卡环
		RL1	2.0	RL1		松手
			167.5			
4. 合上封面并将文件夹放回文件架						
伸手到封面		R7B	9.3			

（续）

左手动作描述	F	左手动作	时间/TMU	右手动作	F	右手动作描述
抓住封面边缘		G1A	2			
合封面		M16B	15.8			
放手		RL1	2			
伸手到文件夹		R6B	8.6			
抓住文件夹		G1A	2			
重新抓取移动到文件架						
放手		G2	5.6			
		M30B	24.3			
		RL1	2			
各单元汇总			71.6			
1　取文件夹——打开封面			83.2			
2　寻找要替换的页面			255.5			
3　替换页面			167.5			
4　合上封面并将文件夹放回文件架			71.6			
		总计	577.8			

13.1.2　MTM-2

由于 MTM-1 很关注细节，在某些领域应用它并不经济，为了拓展 MTM 在这些领域的应用，国际 MTM 理事会启动了一个研究项目，旨在开发能够适合绝大多数动作序列的、不是很详细的时间数据。这个研究项目创造了 MTM-2。根据英国 MTM 协会给出的定义，MTM-2 是一个综合了 MTM 时间数据的系统，是比 MTM 数据更通用的一个层次的数据。MTM-2 完全基于 MTM 并由以下动作组成：

（1）单独的基本 MTM 动作。

（2）基本 MTM 动作的组合。

MTM-2 的数据适应于操作者而与工作场所和设备无关。通常，MTM-2 能够被应用于如下需要分配工作的场合：

（1）工作周期的有效部分大于 1min。

（2）工作周期不具备高度重复性。

（3）工作周期的手动操作部分不包括大量复杂的或同步的手部动作。

MTM-1 和 MTM-2 的计算结果差异性很大程度上取决于工作周期。如图 13-2 所示，该图

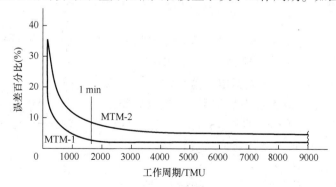

图 13-2　随工作周期增长，MTM-1 与 MTM-2 误差百分比的变化

（经 MTM 标准与研究协会授权使用）

显示了 MTM-2 与 MTM-1 的误差百分比的范围。该误差范围是在 95% 情况下的期望误差范围。

MTM-2 能够识别 11 种动作，种类名称及符号如下：

取	G	眼睛动作	E
放	P	脚部动作	F
取重物	GW	走步	S
放重物	PW	屈膝和站直	B
重新抓取	R	摇	C
施压	A		

在使用 MTM-2 时，分析师根据动作种类估算移动距离，这些距离影响取（G）和放（P）动作的时间。与 MTM-1 类似，分析师根据食指底部关节在移动路线上的移动距离来计算手部动作距离，如果仅是手指的移动，那么以指尖的移动距离来计算。表 13-3 中所示的五类距离类代码与第 4.2 节所讨论的五个层次的动作分类相对应。

表 13-3　MTM-2 数据汇总　　　　　　　　　　　　　（单位：MTU）

		MTM-2					
范围	代码	GA	GB	GC	PA	PB	PC
<2in	2	3	7	14	3	10	21
2~6in	6	6	10	19	6	15	26
6~12in	12	9	14	23	11	19	30
12~18in	18	13	18	27	15	24	36
>18in	32	17	23	32	20	30	41
	GW1——每2lb				PW1——每10lb		
	A	R	E	C	S	F	B
	14	6	7	15	18	9	61

（经 MTM 标准与研究协会授权使用）

有三种变量影响动作"取"所需要的时间：取的种类、移动距离和取的物体的重量。"取"可以被认为是"伸手""抓取"和"放手"组合的基本动作，而"放"则可被认为是"移动"和"定位"组合的基本动作。

"取"分为三种类型：A、B 和 C。类型 A 是指简单的接触型，如手指推一个物体横跨办公桌。如果用一根手指闭合动作拾起一个物体如一支铅笔，这个动作类型为 B。若一个动作既不是类型 A 也不是类型 B，则其为类型 C。分析人员可以根据决策图（见图 13-3）来确定"取"的类型。三种类型的"取"动作对应于五种移动距离所需的时间值被列在表 13-3 中。

"放"动作涉及用手或手指将一个物体移动到目的地。该动作从握好物体对其实施有效控制时的原始位置

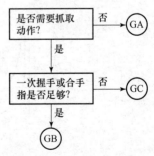

图 13-3　确定"取"类型的方法
（MTM Association 标准与研究协会授权使用）

开始，包括所有将物体定位在目的地所需要的运输和位置修正动作。当物体仍然处于受控状态且到达目的地此时"放"结束。同"取"相似，"放"的物体种类、距离和重量同样影响着"放"所需要的时间。

类似于"取"的三种类型，根据过程中所需要进行修正动作的次数，"放"也分为三种类型。一次修正是指在目的地方向上进行的无意识的停顿、犹豫或方向改变。

（1）PA：无位置修正。这是一个从开始到结束的平滑移动，是将一个物体移开或将其靠在静止的物体上或将其靠在一个大概位置所需要执行的动作。这是最普通的"放"动作。

（2）PB：一次修正。这种情况最常发生在定位易于处理并且不需要紧密配合的对象上。该类动作较难辨认。图 13-4 所示的决策图是就排除法而设计用来识别这类"放"动作的。

（3）PC：多于一次修正。该类修正为多次改正，或几次无意识的移动，通常是很明显的。这些无意识的移动通常是由处理困难、配合紧密、物体参与部分的不对称性或不舒服的工作位置造成的。

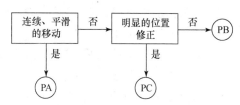

图 13-4　确定"放"动作类型的方法
（MTM 标准与研究协会授权使用）

分析师根据图 13-4 的决策图来识别"放"的类型。当无法判断为哪个类型时，则判定为复杂的类型。如果进行一次修正后移动的距离超过 1in（2.5cm），则认为这是另外一个"放"动作。三种类型"放"动作对应于五种移动距离所需要的时间值列在表 13-3 中。

关于"放"的最后一个技术性细节就是"放"可以通过以下两种方式来实现："插入"或"对准"。"插入"动作包括将一个物体放入另一个物体中，例如将一根轴插入套筒之中。在"插入"动作中，修正的终点是插入点。"对准"动作包括将一个物体定向到另一个表面的位置，例如将一个尺子和一条线对准。表 13-4 可以帮助分析师更好地识别"插入"和"对准"动作。

表 13-4　"对准"与"插入"动作的比较

动作	PA	PB	PC
插入	间距 >0.4in（10.2mm）	间距 <0.4in（10.2mm）	紧密配合
对准	误差 >0.25in（6.35mm）	0.0625in（1.6mm）　<误差 <0.25in（6.35mm）	误差 <0.0625in（1.6mm）

MTM-2 中的重量处理与 MTM-1 的类似。对于"取重物"（GW）动作的时间附加值为每 2lb 1 个 TMU。因此，如果用两只手取 12lb 的重物，则由于重量引起的时间附加值是 3TMU，因此每只手负担的有效重量是 6lb。对于"放重物"（PW），时间附加值从每 10lb 到 40lb 1 个 TMU。小于 4lb 的重量忽略不计。

MTM-2 中的"重新抓取"（R）与 MTM-1 类似，只是 6TMU 的时间被赋予了该动作。MTM-2 的开发者指出：为了使"重新抓取"起作用，手必须维持控制状态。

MTM-2 中"施压"（A）动作的时间是 14TMU。MTM-2 的开发者指出："施压"动作可以由身体的任何部位实施并且允许的最大移动距离是 1in/4。

"眼睛动作"可在以下情况出现：

（1）眼睛必须移动，以便看清操作的各个方面，包括工作场所的特定部分。这种眼球运动被定义为在观察距离为 16in 的区域，目光在直径为 4in 的圆形区域内移动。

（2）眼睛必须关注于一个物体上，并且能够区别物体特征。

"眼睛动作"估计时间值是 7TMU，仅当眼睛动作独立于手部和身体动作时适用。

"摇"（C）动作在当手或者手指沿圆形路径移动超过半周时发生。对于小于半周的"摇"，用"放"动作来代替。在 MTM-2 中，影响"摇"的变量有两种：移动的圈数和重力或阻力。完成一圈的移动被赋予 15TMU 的时间。当重力和阻力较大时，将"放重物"动作应用于每一圈的移动。

"脚部动作"（F）所需时间为 9MTU，"走步"所需时间为 18TMU。"走步"（S）的时间由 34in 的步距决定。决策图 13-5 能够区分某一移动是"脚部动作"还是"走步"。

当身体改变其垂直位置时发生"屈膝和站直"（B）动作。"屈膝和站直"的典型动作是坐下、站起和跪下。这类动作的时间标准是 61TMU。然而，当操作双膝跪地所需的时间应该被归类为 2B。表 13-3 对 MTM-2 的时间数据进行了汇总。

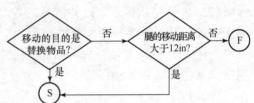

图 13-5 区分"走步"与"脚部动作"的算法
（经 MTM 标准与研究协会授权使用）

在正确进行 MTM-2 分析时，分析师应了解到如下几种特殊情况。一个动作由双手完成和由单手完成所需要的时间可能不同。图 13-6 反映了两只手同时动作与一只手动作所需相同时间的模式，在图中用空白的矩形表示；矩形中的×表示，通过练习能够实现同步；灰色矩形表示即使在练习的基础上也很难实现同步。图 13-7 表明这些难以实现同步的动作所需要的宽放时间。在图 13-8 中，同步动作原理的一个应用实例见"①"。由于左右手同时两个 PC 动作，所以在总时间的基础上又附加了 PC2 的时间值。

动作	取			放		
类型	GA	GB	GC	PA	PB O*W	PC
取 GA						
取 GB						
取 GC			×			
放 PA						
放 PB	×	×				
放 PC						

容易 □　需要练习 ⊠　困难 ▨

*O=正常视觉范围之外，W=正常视觉范围之内

图 13-6 同步动作的难度
（经 MTM 标准与研究协会授权使用）

GA	×					
GB	×	×				
GC	×	×	GC2			
PA	×	×	×	×		
PB	×	×	GC2	×	PB2*	
PC	×	×	PC2	×	PC2	PC2
	GA	GB	GC	PA	PB	PC

图 13-7 MTM-2 中手的同步动作宽放
* 如果 PB 与 PB 同步进行，只有当动作超出正常视野范围时，才增加 PB2 的时间

第二种情况涉及限制性动作原则，及由两只左右手同步进行的动作，其中需要时间最长的动作起主导作用。在图 13-8 这种情况用②来标识，其中需要时间较短的动作（GB18）被一个圆圈圈起来。左手的 GC12 动作需要时间为 23TMU，而右手的 GB18 动作需要的时间为 18TMU。

如果一只手同时做两个动作，由于限制性动作原则。需要时间较长的动作起主导作用。这对应于图 13-8 中的③，其中用圆弧连接表示由同时进行的两个动作，而 GB18 比 F 需要的时间长。

图 13-8 的④出现了相似的情况，由于它是左手组合动作，所以更加复杂。在这种情况下，R 已经是任何 C 类动作的构成部分，因此被划掉。因此，④中的前两行的总时间是 24TMU，该时间由右手的 GB18 （18TMU） 和 R （6TMU） 决定而不是左手的 GC12 （23TMU） 决定。然而，如果 R 是一个完全独立的动作，那么 R 所需要的时间也将被计算进去。例如，图 13-9 展示了一个手电筒装配的完整的 MTM-2 分析过程。

MTM方法分析

作业			备注	页码		
研究序号						
日期						
研究人员						

描述	序号	LH	TMU	RH	序号	描述
	①	PC6	26	PC6		
		PC2	21	PC2		
	②	GC12	23	GB18		
	③	GA2	18	GB18		
				F		
	④	GC12	18	GB18		
		R	6	R		
总结		总TMU	换算值	宽放率	标准时间	

图 13-8　MTM-2 应用举例

MTM方法分析　　　　　　　　　　　　　　　　　　　　　　　页码

描述	序号	LH	TMU	RH	序号	描述
作业		手电筒的装配				
研究序号		1-2				
时间		8-22				
分析人员		AF				

描述	序号	LH	TMU	RH	序号	描述
拿起手电筒外壳		GB12	14	GB12		拿第1节电池
来到工作台		(PA12)	19	PB12		移动到手电筒外壳处
			6	R		重新抓握，调整方向
			14	GB12		取第2节电池
			19	PB12		再次移动到手电筒外壳处
			6	R		重新抓握，调整方向
			14	GB12		取尾盖
			19	PB12		移动尾盖
			6	R		重新抓握
			3	PA2		压弹簧
			1	PW10		用力挤压
			21	PC2		反转-对齐
			15	C		转整圈
			14	A		拧紧
放好手电筒		PA12	11			

总结	总TMU	换算值	宽放率	标准时间
	182	0.0006 min/TMU	10%	0.120 min

图 13-9　手电筒装配的完整的 MTM-2 分析过程

13.1.3　MTM-3

第三个层次的 MTM 系统是 MTM-3。该系统被开发用来补充 MTM-1 和 MTM-2。在为了节省时间可以适当降低精确度的工作场合中，MTM-3 是最合适的选择。在置信水平为 95% 且工作周期约为 4min 的情况下，与 MTM-1 相比 MTM-3 的精确度在 65% 以内。据估计，应用 MTM-1 的 1/7 情形可以应用 MTM-3。然而，在需要眼睛聚焦或移动的情况下，MTM-3 不能被应用，因为它并未考虑眼睛的动作。

MTM-3 系统仅由以下四种手动动作构成：

（1）处理（H）：用手或手指控制一个物体并将其放到一个新位置的动作序列。

（2）运输（T）：用手或手指将物体移动到新位置的动作。

（3）走步和脚部动作（SF）：与 MTM-2 中的定义相同。

（4）屈膝和站直（B）：与 MTM-2 中的定义相同。

H 和 T 中的 A 或 B 的情况由是否有修正动作决定。

表 13-5 汇总了 MTM-3 系统的数据。在不考虑眼睛动作的条件下，利用 7～61TMU 的 10 个时间标准构成了用 MTM-3 开发任何时间标准的基础。

表 13-5　MTM-3 数据汇总

距离/in	代码	处理（H）		运输（T）	
		HA	HB	TA	TB
6	6	18	34	7	21
6	32	34	48	16	29
SF 18				B 61	

13.1.4　MTM-V

MTM-V 是由瑞典 MTM 协会的 Svenska MTM 小组为切割金属操作而开发的时间标准系统。在运作时间较短的机械制造车间尤其适用。MTM-V 提供的工作单元包括：

（1）将工件运到卡具、夹具或卡盘，将工件从机器上取下来并放在一边。

（2）操作机器。

（3）检查工作以确保产品质量。

（4）清洁设备的卡紧部位，以便维持设备的输出和产品的质量。

MTM-V 不包括涉及进给和速度等过程的时间。

分析师利用 MTM-V 系统建立典型工具的调整时间。因此，MTM-V 系统可以计算安装和拆卸装置、卡具、挡位块、切削工具和指示器等单元的标准时间。与 MTM-1 相比，在置信水平为 95% 的情况下，对所有手动动作周期大于或等于 24min（40 000TMU）的操作 MTM-V 系统计算精度在 65% 以内。但是 MTM-V 的速度要比 MTM-1 约快 23 倍。

13.1.5　MTM-C

MTM-C 被广泛应用于银行和保险行业，MTM-C 是一个两级标准数据系统，可以用来建立与文书有关工作的时间标准，如文件归档、数据输入和打字等的时间标准。MTM-C 的两级数据都可以追溯到 MTM-1 的标准时间数据。

MTM-C 系统为伸手和移动提供了三种不同的取值范围。一个类似于 MTM-V 的六位数的编码系统可以提供被研究操作的详细描述。

MTM-C 开发时间标准的方法与其他 MTM 系统相同。分析师可以使用现已存在被证明的标准数据或基于其他资源或技术而开发的标准数据进行组合。MTM-C 可用于手动和自动化形式，对于后者的数据可以并入 MTM-LINK。

表 13-6 所示为九种第一级单元。

表 13-6　MTM-C 的第一级单元

第一级单元	符　　号
取和放	11 X X X X
开和关	21 X X X X
夹紧和松开	31 X X X X
整理文件	4 X X X X X
读和写	5 X X X X X
输入	6 X X X X X
处理	7 X X X X X
走和身体动作	8 X X X X X
机器	9 X X X X X

（1）取和放。这类单元包括取一个物体、在不失去控制的情况下移动物体和放下物体等操作所必需的基本动作单元。例如，这类单元的一个动作的编码和描述可能是112210——用中等程度的移动取一个小物体并将其堆放在其他物体上。

（2）开和关。这类单元包括对于书、门、抽屉、文件夹的卡环、带拉链的物体、信封和文件等物体的开和关动作。其代表性动作编码可能是 212100——打开中等大小的铰接的盖。

（3）夹紧和松开。这类单元包括将材料合起来或分开时所需要的夹和去除回形针、用卡钳夹紧或松开、用橡皮筋捆或松开、用订书钉装订或去除等动作。其代表性动作编码可能是 312130——用大回形针夹紧。

（4）整理文件。这类单元包括执行文件归档或组织中的其他与文件归档直接或间接相关的活动所必需的动作。这类动作的代表性编码可能是 410400——将一堆文件归到另一堆文件中。

（5）读和写。这类单元包括以每分钟 330 个字的速度阅读一篇散文。针对写信、写数字和写符号等操作已经开发了写动作的时间值。时间值是基于普通散文中各字符出现的频率而计算的加权平均值。这类单元的代表性编码可能是 510600——逐字逐句读一篇平均难度的散文。

（6）输入。这类单元包括与数据输入和手动键盘功能有关的所有动作。其代表性编码可能是 613530——远距离地将单个物体插入打字机。

（7）处理。这类单元包括其他种类的操作未包括的文员性活动。其中一个典型编码可能是 760600——粘信封。

（8）走和身体动作。这类单元包括基于步速的走步标准时间值。身体动作包括坐、站和坐在椅子上的水平和垂直的身体移动。其代表性编码是 860002——坐在转椅上移动身体。

（9）机器。机器数据代表着一组相似的设备对应的典型时间值。键盘数据是此类的典型示例。

MTM-C 中的第二级数据直接可以追溯到第一级和 MTM-1 数据。第二级单元及符号汇总在表 13-7 中。

表 13-7　MTM-C 的第二级单元

第二级单元	符　号
旁置	A
身体动作	B
关	C
夹紧	F
取	G
处理	H
识别	I
定位文件	L
开	O
放	P
读	R
打字	T
松开	U
写	W

（1）取/放/旁置。这些单元可以单独应用也可以共同应用。对于一个基本要素集合而成的典型动作的实例和编码可能是 G5PA2——取一支铅笔使用并随后将其放在一边。

（2）开/关。这类单元包括将物体打开或关闭的动作。数据可以单独使用也可以共同使用，例如，C65——系好引绳，粘好信封，或 OC4——打开和关上文件夹卡环。

（3）夹紧/松开。夹紧（F）动作由取物体并将其夹紧等动作组成。松开动作（U）由取物体并将其松开动作组成。

（4）识别。这类单元包括移动眼睛动作以及识别一个或多个词或几组数据所需要的眼睛聚焦动作。

（5）定位文件。这类单元包括文件归档活动。第一位编码是 L，表示定位。其后可跟与相应的归档操作相对应的字母，如 I 与插入对应，R 与去除对应，T 与翘起和替换相对应。

（6）读/写。"读"这个动作的要素数据包括读词、多个数字和/或字符等动作。"读"还包含详细地读和比较，以及读和转录数据等动作。"写"动作的要素数据包括通常的文秘信息，如地址、日期、简写和名字。例如，编码为 RW20，表示读 20 个词；RCN25，表示读和比较 25 个数。

（7）处理。这类单元包括第一级单元中实际的处理活动：整理和处理数据。物体通过"取"获得并通过"处理"动作得到相应处理。在"处理"编码中，H 是编码的第一位。编码第二位是动作的开头字母。例如将一张纸折叠两次的编码是 HF12。

（8）身体动作。这些单元包括走步、坐、站、弯腰、站起和水平移动身体或在椅子上移动身体。

（9）打字。这类单元包括三个主要类型：处理、击键和修正，其编码例子为：TKE17E 表示打印一条长 7in 的直线。

MTM-C 的第一级比 MTM-2 的计算速度更快。同理，MTM-C 第二级比 MTM-3 计算速度更快。比较用 MTM-1（见表 13-2）、MTM-C 第一级（见表 13-8）和 MTM-C 第二级（见表 13-9）所计算的从三孔文件夹中替换一页纸所需要的标准时间。表 13-10 中可查看三种结果何等接近。

表 13-8　MTM-C 第一级操作分析

MTM-C 操作分析					确　认
		MTM-C 第一级			共　页　第　页
MTM 标准与研究协会		替换三孔文件夹中的一页纸			
部门：		分析师：		日期：	
文职		CNR		11/1977	
序号	描述	编码	单元时间/TMU	每周期出现次数	每周期时间/TMU
1.	打开文件夹				
	从书架上取下文件夹	113520	21	1	21
	走到桌子旁边	123002	22	1	22
	取封面	112520	14	1	14
	打开封面	212100	15	1	15
2.	寻找要替换的页面				
	阅读第一页	510000	7	2	14
	翻到大致页面	451120	16	3	48
	识别页码	440630	22	3	66
	找到要替换的页面	450130	18	4	72
	识别页码	440630	22	3	66
3.	换页				
	取文件夹的卡环	112520	14	1	14
	打开卡环	210400	21	1	21
	取出旧页	111100	10	1	10
	将旧页放入纸篓	123002	22	1	22
	取新页	111100	10	1	10
	插入新页	462104	64	1	64
	取卡坏	112520	14	1	14
	合上卡环	222400	21	1	21
4.	合封面并将文件夹放在一边				
	取封面	111520	8	1	8
	合封面	222100	13	1	13
	取文件夹	112520	14	1	14
	将文件夹放入书架	123002	22	1	22
				总 TMU	571
				宽放率＿＿＿＿＿＿＿%	

表 13-9　MTM-C 第二级操作分析

MTM-C 操作分析				确　　认
		MTM-C 第二级		共　页　第　页
MTM 标准与研究协会		替换三孔文件夹中的一页纸		
部门:　文职	分析师:　CNR		日期:　11/1977	
描述	编码	单元时间 /TMU	每周期出现 次数	每周期时间 /TMU
取文件夹并将其放在桌上	G5A2	29	1	29
打开封面	O1	29	1	29
阅读第一页	RN2	14	1	14
寻找替换页	LC12	129	1	129
识别页码	I30	22	6	132
打开卡环	O4	35	1	35
去除旧页	G1A2	32	1	32
插入新页	HI14	84	1	84
合卡环	C4	35	1	35
合封面	C1	27	1	27
将文件夹放回书架	G5A2	29	1	29
			总 TMU	575

表 13-10　MTM-1、MTM-C 第一级和 MTM-C 第二级之间的比较

技　　术	基本单元的数量	时间标准/TMU
MTM-1	57	577.8
MTM-C 第一级	21	571
MTM-C 第二级	11	575

13.1.6　MTM-M

　　MTM-M 是针对需要使用显微镜才能进行操作而开发的一种预定时间系统。在 MTM-M 的开发过程中,尽管动素起点和终点的定义与 MTM-1 兼容,但在 MTM-M 的开发过程中并没有使用 MTM-1 中定义的基本时间。所使用的基本时间数据是通过美国和加拿大 MTM 协会的努力开发的。总的来说,MTM-M 与 MTM-2 类似,是一种更高层次的预定时间标准系统。

　　MTM-M 系统有 4 个主要的表格和一个子表。分析师在正确选择数据时必须考虑如下 4 种因素:①工具的种类;②工具的状态;③动作的结束特征;④距离与误差的比值。除了移动方向和这 4 种因素之外,其他对动作时间有影响的因素包括:

　　(1) 工具的负荷状态——闲置还是处于受载。

　　(2) 显微镜的放大率。

　　(3) 移动距离。

（4）定位误差。

（5）由一个运动终止部分包含的操作所决定的动作目的（如，工人可能用镊子取夹一个物体，或者可能去拾起一个物体）。

（6）同步动作。

随着微小型企业的数量增加，与 MTM-M 相似的基本时间数据将会增加。这种时间数据可以使分析师在非常困难的情况下通过秒表方法建立公平的时间标准。在这种情况下，建立健全的基本时间标准和操作标准，只能通过使用类似于 MTM-M 的标准数据或微动作分析方法。（见 4.3 节）

13.1.7 其他专用 MTM 系统

其他专用的 MTM 系统有 MTM-TE、MTM-MEK 和 MTM-UAS。

1. MTM-TE 系统

MTM-TE 系统是为电子测试而开发的。MTM-TE 系统是基于 MTM-1 面向基本测试应用开发的、有两个层次数据的时间标准系统。第一级数据包括获取、移动、身体动作、识别、调整和杂项等动作所包含的时间值；第二级数据包括取和放、读和识别、调整、身体动作和写等动作所对应的时间值。也可综合第一级数据来形成第三级数据。MTM-TE 中的时间数值不包括与电子测试操作有关的"解决问题"所需要的时间值。但是，MTM-TE 确实为电子测试中"解决问题"这列操作提供了调查的指导方针和工作测量建议。

2. MTM-MEK 系统

MTM-MEK 是为了单件和小批量生产而开发的时间标准系统。只要满足下面三个条件，基于 MTM-1 的 MTM-MEK 这个两级时间标准系统就能够分析单件和小批量生产中的所有手工活动：

（1）尽管操作中包括需要用不同的制作方法来完成的相似单元，但操作的重复性或组织性不强。执行某一操作的方法基本上在各个周期中都不尽相同。

（2）使用的工作场所、工具和设备具有通用性。

（3）任务复杂，需要对员工培训；然而，缺少特定的方法需要操作者技术全面。

MTM-MEK 的目标是：

（1）为单件或小批量生产有关的活动提供准确的时间标准。

（2）为一些无组织的工作提供一个容易定义的描述，进而能够识别一个程序。

（3）提供快速应用。

（4）保证相当于 MTM-1 的精确度。

（5）需要尽可能少的培训和实习。

MTM-MEK 时间标准数据由以下 8 类共 51 个时间数据组成：取和放；使用工具；放置；操作；动作循环；扣紧和放松；身体动作；视觉控制。另外，还有针对单件和小批量生产中大量装配任务的时间标准数据。这些时间标准由下列几类共 290 个时间数值组成：扣紧；夹紧和松开；清洁/应用润滑剂/胶粘剂；组装标准件；检查和测量；标记和运输。

3. MTM-UAS 系统

MTM-UAS 是为了提供一套过程描述方法和确定批量生产中相关活动所需的标准时间而开发的一个第三级时间标准系统。若关于批量生产的下列性质能够满足，则 MTM-UAS 可以用来确定各种活动所需要的时间：

（1）任务相似。

（2）工作场所为任务而进行了专业设计。

（3）工作组织水平高。

（4）指示明确。

（5）操作者训练有素。

MTM-UAS 时间标准系统由 MTM-MEK 系统中 8 类动作类别中的 7 类共 77 个时间值组成。这些动作是：取和放；放置；使用工具；操作；动作循环；身体动作；视觉控制。MTM-UAS 比 MTM-1 快约 8 倍。在动作周期大于或等于 4.6min 以及置信水平为 95% 的情况下，用 MTM-UAS 产生的时间标准在 MTM-1 所产生的时间标准的 65% 的范围内。

作为 PTS 家庭的一部分，MTM 标准与研究协会还开发了两个系统，直接连接到其软件包 MTM-LINK。4M 是一个传递 MTM-1 等级信息到 MTM-LINK 的二级系统，尤其适合长期生产。同样地，MTM-B 代表了第三代基于 MTM-UAS 系统的综合数据。MTM-B 作为 MTM-LINK 软件系统的数据模块提供，最适合在应用速度要求高的地方使用。此外，最近随着对卫生保健的兴趣日益增加，及效率和运作的提升，MTM-HC 被开发用于保健活动的标准数据库。

13.1.8 MTM 系统间的比较

图 13-10 描述了在 90% 的置信水平下各种 MTM 系统的精确度。表 13-11 对三种基本

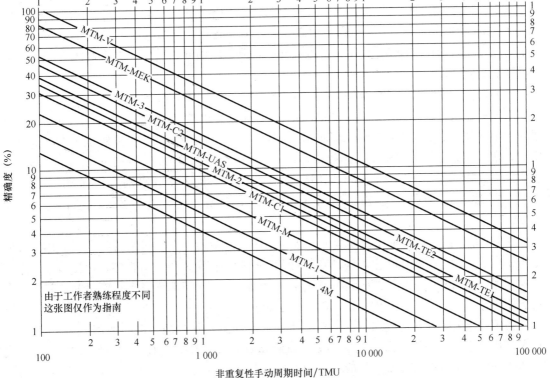

图 13-10 在 90% 置信水平下各种 MTM 系统的精确度

MTM 系统的详细程度如基本动作的数量、分析一项作业所需要的时间（用动作周期的倍数表示）和精确度进行了比较。总的来说，MTM-2 应该是介于消耗时间较长的 MTM-1 系统和精确度偏低的 MTM-3 之间的一个较好的时间标准系统。用 MTM-2 分析一个 6min 长的工作需要耗时约 600min，且偏差在 0.24min 内。

表 13-11 MTM-1、MTM-2 和 MTM-3 系统间的比较

使用的基本动作	MTM-1	MTM-2	MTM-3
放手 伸手 抓取 移动 定位		取 放	处理
分析所用时间	250 × 周期时间	100 × 周期时间	35 × 周期时间
相对速度	1	2.5	7
时间/精确度 – 100 TMU	15min/ ±21%	6min/ ±40%	2min/ ±70%
时间/精确度 – 10 000 TMU	1500min/ ±2.1%	600min/ ±4%	200min/ ±7%

13.2 梅纳德操作序列技术

由 MTM 衍生出的梅纳德操作序列技术（Maynard Operation Sequence Technique，MOST）是由 Zandin（1980）开发并且最早于 1967 年在瑞典的 Saab – Scania 公司应用的一种简化的预定时间系统。应用 MOST，分析师可以在几乎不降低精确度的情况下以比 MTM-1 快 5 倍的速度建立时间标准。

MOST 系统同 MTM 系统一样有三级系统。最高级别为 MaxiMOST，用于分析长时间、不频繁的操作。这种操作时间可能从 2min 到几个小时，每星期发生不到 150 次，而且往往有很高的多样性。因此，MaxiMOST 运算速度较快，但是准确性较低。最低级别为 MiniMOST，用于非常短和非常频繁的操作。此类操作的时间长度不到 1.6min，每周重复 1500 次以上，且变化不大。因此，分析是非常详细和精确的，但相当耗时。中间级别为 BasicMOST，涵盖了刚才描述的两个范围之外的操作。最适合 BasicMOST 的典型操作时间长度范围为 0.5~3min。

MOST 系统的三种基本序列模型为：普通动作、控制动作、使用工具和设备动作。普通动作序列定义为一个物体在空间中的自由移动；控制动作定义为一个物体在保持与一个表面接触或保持与另外一个物体相附着的状态下的移动；使用工具和设备动作定义为一般手工工具的使用。

为了确定普通动作的确切方式，分析师要考虑如下四种参数：动作距离（A），基本上是水平移动距离；身体动作（B），主要是垂直运动距离；抓取（G）和放置（P）。一个明确的移动序列由三个阶段构成：取、放和返回（见图 13-11）。取的意思是手移动一定距离，也有可能配合身体或步伐移动，取得物体并获得对物体的控制权。它使用三种子活动 A、B

和 G 来定义。放是将物体移动到一个新的位置（A），可能包括身体移动（B）和将物体置于指定位置（P）。返回描述向回走一段距离到工作位置（A）。这里的返回不是指手，如果操作者未离开工作位置，此时没有返回。

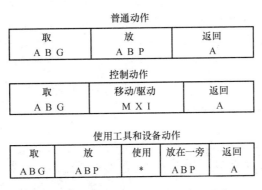

普通动作		
取	放	返回
A B G	A B P	A

控制动作		
取	移动/驱动	返回
A B G	M X I	A

使用工具和设备动作				
取	放	使用	放在一旁	返回
A B G	A B P	*	A B P	A

图 13-11　BasicMOST 活动及其子活动

每个子活动由与子活动相对难度相对应的时间相关的索引值进一步定义。MOST 根据各参数的难易程度使用指数值 0、1、3、6、10 和 16 表示，对非常特殊的子活动可以赋予更高的值，如长距离行走或复杂或长时间受控的移动。在图 13-12 和图 13-13 中显示了特定的指数值及其对一般移动的描述。将这些指数值 ×10，会得到子活动的适当时间值（以 TMU 表示）。

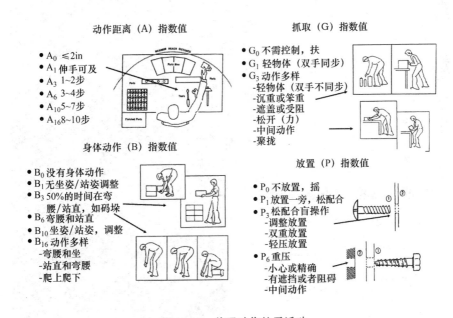

图 13-12　普通动作的子活动

例如，从 5in（12.7cm）外拿一个垫圈，将其放置在距离为 5in 的螺栓上，然后回到原点，该动作序列可以描述为：$A_1 B_0 G_1 A_1 B_0 P_1 A_1$。总时间为 $(1+0+1+1+0+1+1) \times 10 = 50TMU$。"取"被定义为：$A_1 =$ 伸手 5in 到垫圈；$B_0 =$ 没有身体动作；$G_1 =$ 抓住垫圈。"放"

被定义为：A_1 = 移动 5in 将垫圈移动到螺栓上方；B_0 = 没有身体动作；P_1 = 在松配合的情况下将垫圈放在螺栓上。最后的 A_1 = 移动 5in 返回到原始位置。

大约有 50% 的手动作业可以归类为普通动作。典型的普通动作可能包括走到某一位置、屈膝、伸手并控制物体、抬起该物体和将其放置在某处等动作。更具体地说，如走三步，弯腰从地板上捡起一个螺栓并站直，走三步回到原位，把螺栓放在指定位置。这个动作序列可以描述为：$A_6B_6G_1A_6B_0P_3A_0$，总时间为 $(6+6+1+6+3+0) \times 10 = 220$TMU。"取" 被定义为：$A_6$ = 走三步到物体放置处；B_6 = 弯腰和站直；G_1 = 获得对物体的控制权。"放" 可以被定义为：A_6 = 走三步放置物体；B_0 = 无身体移动；P_3 = 放置和修正物体位置；A_0 = 无返回。

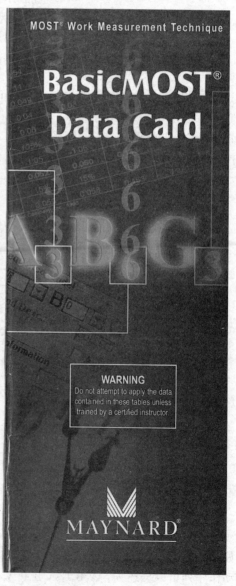

指数值	区间 平均值/TMU	Basic MOST区间 /TMU
0	0	0
1	10	1~17
3	30	18~42
6	60	43~77
10	100	78~126
16	160	127~196
24	240	197~277
32	320	278~366
42	420	367~476
54	540	477~601
67	670	602~736
81	810	737~881
96	960	882~1041
113	1130	1042~1216
131	1310	1217~1411
152	1520	1412~1621
173	1730	1622~1841
196	1960	1842~2076
220	2200	2077~2321
245	2450	2322~2571
270	2700	2572~2846
300	3000	2847~3146
330	3300	3147~3446

TMU

1 TMU	= 0.00001 h	1 h	= 100 000 TMU
	= 0.0006 min	1 min	= 1667 TMU
	= 0.036 s	1 s	= 27.8 TMU

H. B. Maynard and Company, Inc.
Seven Parkway Center, Pittsburgh, PA 15220-3880 USA
Phone: 412.921.2400 Fax: 412.921.4575
www.hbmaynard.com

© 2005 H. B. Maynard and Company, Inc.

MOST® Work Measurement Technique

**BasicMOST®
Data Card**

WARNING
Do not attempt to apply the data
contained in these tables unless
trained by a certified instructor.

MAYNARD®

图 13-13　BasicMOST 数据卡片

普通动作

A B G A B P A　（取　放　返回）

指数(×10)	A 动作距离	B 身体动作	G 抓取	P 放置	指数(×10)
0	<2 in (5 cm)			拿起 摇	0
1	伸手可及		抓 轻物体 轻物体（双手同步）	放 放置一旁 松配合	1
3	1~2 步	站或坐 50%的时间在弯腰和站直	取 轻物体无（双手不同步） 沉重或笨重 遮挡或受阻 松开 互锁 聚拢	放置 松配合盲操作或受阻 调整放置 轻压放置 双重放置	3
6	3~4 步	弯腰和站直		定位放置 小心或精确 重压 有遮挡或阻碍 中间动作	6
10	5~7 步	坐姿/站姿调整			10
16	8~10 步	站和弯腰 弯腰和坐下 爬上爬下 走出门			16

A 动作距离／其他值

指数	步数	英尺	米
24	11~15	38	12
32	16~20	50	15
42	21~26	65	20
54	27~33	83	25
67	34~40	100	30
81	41~49	123	38
96	50~57	143	44
113	58~67	168	51
131	68~78	195	59
152	79~90	225	69
173	91~102	255	78
196	103~115	288	88
220	116~128	320	98
245	129~142	355	108
270	143~158	395	120
300	159~174	435	133
330	175~191	478	146

控制动作

A B G M X I A　（取　移动驱动　返回）

指数(×10)	M 移动控制 推/拉/转	M 移动控制 曲柄	X 工时 秒	X 工时 分	X 工时 时	I 对准	指数(×10)
1	<12 in 按键 开关 把手		0.5	0.01	0.0001	到某一点	1
3	>12 in 阻力 有位置或无位置 高度控制 2个台阶<24 in.　Total	1 转	1.5	0.02	0.0004	4in内的两个点	3
6	2个台阶>24 in.　Total 1~2 步	2~3 转	2.5	0.04	0.0007	4in外的两个点	6
10	3~4 个台阶 3~5 步	4~6 转	4.5	0.07	0.0012		10
16	6~9 步	7~11 转	7.0	0.11	0.0019	精准	16

M 推或拉／其他值

指数	步数
24	10~13
32	14~17
42	18~22
54	23~28
67	29~34

曲柄延伸值

指数	转数
24	12~16
32	17~21
42	22~28
54	29~36

I 机械工具的对准

指数	与之对准
3	工件
6	刻度
10	指示盘

非典型物体的对准

指数	定位方法
0	不停止
3	1次调整到停止
6	2次调整到停止 1次调整到2次停止
10	3调整到停止 2~3次调整到标记线

非典型对象特征

扁平，大，脆弱，锋利，难以处理

使用工具动作

A B G A B P * A B P A　（取　放　使用　放在一旁　返回）　F 紧　L 松

指数(×10)	手指动作 自旋 手指 螺钉旋具	手腕动作 旋转 手 螺钉旋具 棘轮 T形扳手	手腕动作 划 扳手	手腕动作 转动 扳手、棘轮	手腕动作 敲击 手、锤子	胳膊动作 旋转 棘轮	胳膊动作 旋转 T形扳手 双手	胳膊动作 划 扳手	胳膊动作 转动 扳手 棘轮	胳膊动作 打击 锤子	电动工具 直径旋转 电动扳手	指数(×10)
1	1	-	-	-	1	-	-	-	-	-	-	1
3	2	1	1	1	1	-	1	-	1	-	1in/4	3
6	3	3	2	3	6	2	1	-	1	3	1in	6
10	8	5	3	5	10	4	-	2	2	5		10
16	16	9	5	8	16	6	-	3	3	8		16
24	25	13	8	11	23	9	6	4	5	12		24
32	35	17	10	15	30	12	8	6	6	16		32
42	47	23	13	20	39	15	11	8	8	21		42
54	61	29	17	25	50	20	15	10	11	27		54

图 13-13　BasicMOST 数据卡片（续）

使用工具动作

A B G A B P * A B P A 取 放 使用 放在一旁 返回								
		C 切		S 表面处理			M 测量	
指数 (x10)	切断 钳 丝	夹死	剪 剪刀 断头	切片 刀 切片	空气清洁 喷嘴 ft²	刷干净 刷子 ft²	擦拭 布 ft²	测量 测量工具	指数 (x10)
1		握	1	-	-	-	-		1
3		软	2	1	-	-	1/2		3
6		中 扭 成环	4	-	1个点 或洞	1	-		6
10		硬	7	3			1	轮廓仪	10
16		夹死 开口销	11	4	3	2	2	固定规模 卡尺 <12 in	16
24			15	6				塞尺	24
32			20	9	7	5	5	钢带 <6 ft 深度千分尺	32
42			27	11	10	7	7	OD-千分尺 <4 in	42
54			33					ID-千分尺 <4 in	54

P 工具放置

工具	指数	工具	指数
手腕	0 (1)	测量工具	1
手指或手	1 (3)(6)	螺钉螺具	3
钳子	1 (3)	棘轮	3
剪刀	1 (3)	T形扳手	3
刀	1 (3)	扳手	3
表面 处理工具	1	电动工具	
		活动扳手	6 (3)

使用工具动作

A B G A B P * A B P A 取 放 使用 放在一旁 返回								
		R 记录		标记		T 思考		
指数 (x10)	写 算		复制	记号笔	检查 眼睛/手指		读 眼		指数 (x10)
	数字	字		数字	点	数字, 简单的字	文本文字	比较	
1	1	-	-	检查分数	1	1	1	-	1
3	2	-	1	1 画线	3		规 8	2	3
6	4	1	3	2	5 热感	6	刻度值 15 时间或日期	4	6
10	6	-	5	3	缺陷感知	12	游标尺刻度 24	8	10
16	9 签名或数据	2	8	5	14		表格值 38	13	16
24	13	3	10	7	19		54		24
32	18	4	14	10	26		72		32
42	23	5	18	13	34		94		42
54	29	7	22	16	42		119		54

P 工具放置

工具	指数
写的工具	1
键盘/电子打字机	1
键盘	1
书写纸	

使用设备动作

A B G A B P * A B P A 取 放 使用 放在一旁 返回												
	W 键盘/电子打字机		K 键盘					H 书写纸				
指数 (x10)	设置	字	数字	数据	操作	慢移或点击	装订	邮票	从纸上离开	备案			指数 (x10)
										筛选	打开/关闭 筛选	文件	关闭/打开 文件	
1	选项卡	单击鼠标	2	2		1	电动		1					1
3		1	6	6	打开信封	3	打孔 手 移动		4					3
6	设置选项卡	2 日期	11	12	插入	6		1 墨	7	1				6
10	设置空白	4	18	20	密封信封	10		2	12	3		1		10
16		6	28	32	折叠	16		3	20	6	2	4	1	16
24	插入和删除	8	39	46				5	28	9	6	7	5	24
32		11	52	60				7	37	12	9	10	8	32
42		15 地址	68	79				9	47	17	12	15	11	42
54		19	85	100				11	61					54

图 13-13 BasicMOST 数据卡片（续）

受控移动序列包括诸如摇动、拉起动杆、转动方向轮或启动开关，占所有工作序列的大约1/3。在受控移动序列中，可能包含如下参数：前面提到的动作距离（A）、身体动作（B）、抓取（G）；新参数移动控制（M），控制移动对象的移动路径；处理时间（X），由机械装置控制而不是手动操作；对准（I），这是控制移动过程的最后，实现两个对象的对准。这些子活动也分为三个阶段：取；移动/驱动；返回。与一般移动序列相同，取是使用手将物体移动一定距离（A），可能有身体移动或步伐移动的参与（B），并且随后获得物体的手动控制权（G）。当受控移动位于路径上的时候，可能伴随身体或步伐的移动（M），伴随控制过程或驱动装置发生的时间分配（X），进程结束时物体最终对准（I）。最后，类似一般移动，返回到工作场所（A）。还有基本的指数值0、1、3、6、10 和16，大的值分配给更长的进程时间。图 13-14 所示为控制动作的子活动。

移动（M）：推/拉/转指数值

- M₁: 1个台阶≤12in 或按压按钮和开关
- M₃: 1个台阶>12in 或用力推 或有位置/无位置 或高度控制 或2个台阶≤24in
- M₆: 2个台阶>24in 或1~2步之内
- M₁₀: 3~4个台阶 或3~4步
- M₁₆ 6~9步
- 其他值

移动（M）曲柄指数值

- 曲柄：
移动手指、手腕、前臂，>1/2转
如果<1/2转，则需要推拉扯

- M₃=1转
- M₆=2~3转
- M₁₀=4~6转
- M₁₆=7~11转

处理时间（X）指数值

指标值	秒	分钟
0		
1	0.5	0.01
3	1.5	0.02
6	2.5	0.04
10	4.5	0.07
16	7.0	0.11
330	124	2.06

对准（I）指数值

假设在正常视力范围内
- I₁: 单向单点
- I₃: 4in内的两点
- I₆: 4in外的两点
- I₁₆: 精准

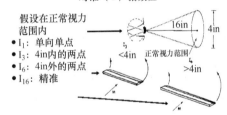

图 13-14　控制动作的子活动

下面介绍一个受控移动的案例，铣床进料描述为 $A_1B_0G_1M_1X_{10}I_0A_0$，并且总时间为（1+0+1+1+10+0+0）×10 = 130。"取"被定义为：A_1 = 到达进料杆（触手可及），B_0 = 没有身体动作，G_1 = 获得对进料杆的控制权。"移动/驱动"被定义为：M_1 = 移动进料杆进入机器，X_{10} = 3.5s 的进程时间，I_0 = 未精确对准。最后 A_0 = 没有回到工作场所，即所有活动都发生在同一工作站上。再看一个复杂的例子，一个操作者将一张 4ft × 8ft 的薄钢板移动14in 的距离。钢板与钢板两端的两个定位点对准（不需要在对准过程中重新定位手）。操作者后退一步以获得对钢板的控制权。该活动可被描述为：$A_3B_0G_3M_3X_0I_6A_0$，总时间为（3+0+3+3+0+6+0）×10 = 150TMU。"取"被定义为：A_3 = 退一步处理较大的薄钢板；B_0 = 没有垂直的身体动作；G_3 = 获得较重物体控制权。"移动/驱动"定义为：M_3 = 移动薄钢板超过12in；伴随 X_0 = 零处理时间；I_6 = 4in 外的两点对准。A_0 = 没有返回到工作台，也就是说所有的活动都发生在同一工作站上。

BasicMOST 的第三个也是最后一个活动序列是工具和设备使用序列，包括切割、表面处理、测量、紧固、记录、输入、文件处理，甚至思考，涵盖工作序列的 1/6。工具和设备使用序列由一般移动和受控移动活动的五个阶段子活动组成：①取；②放；③使用；④放在一旁；⑤返回（如果需要）。取即为用手将工具移动一定距离，可能伴随身体移动或步伐移动，并且获得工具的控制权，包括与受控移动中相同的 A、B 和 G 子活动。放为将工具移动至所需要使用的位置（A），可能伴随身体移动或步伐移动（B）和最终的使用定位（P）。使用工具或特定的设备有各种常见的动作：F = 紧固，即用手指或工具装配；L = 松开，即用手指或工具拆卸，与 F 相反；C = 用锋利的工具切割、分离或分割；S = 表面处理，即在物体表面涂抹或除去材料；M = 测量，即比较物体的物理特性与标准；R = 用钢笔或铅笔记录信息；T = 思考，即通过眼睛动作或精神活动获取信息或检查对象；W = 用键盘或打字机输入，即使用机械或电子数据录入装置；K = 按键，即使用数字键盘，如 PDA 或电话；H = 文件处理，即各种文件的归档和分拣操作。把工具放在一边（也许以后再用）中的子活动与一般移动的子活动 A、B 和 P 类似。最后，对于一般移动和受控移动，如果有需要，则返回到工作场所（A）。

工具使用的例子如下，操作者从两步远的工具台上拿起一把刀，切过一个纸板箱的顶部，并把刀放回工具台上。这个动作序列可以被描述为：$A_3 B_0 G_1 A_3 B_0 P_1 C_3 A_3 B_0 P_1 A_0$，总时间为 $(3 + 0 + 1 + 3 + 0 + 1 + 3 + 3 + 0 + 1 + 0) \times 10 = 150 \text{TMU}$。"取"被定义为：$A_3$ = 步行两步，B_0 = 没有垂直的身体动作，并且 G_1 = 获得刀具的控制权。"放"被定义为：A_3 = 步行两步返回，B_0 = 没有垂直的身体动作，并且 P_1 = 对刀做好定位。"使用"被定义为：C_3 = 用刀具切纸板箱一次。"放在一旁"被定义为：A_3 = 走两步回到工具台，B_0 = 没有垂直的身体运动，P_1 = 刀具放置在工具台。最后的 A_0 = 没有返回，即操作者一直停留在工具台处。

又如一个测试操作，技术员拿起一个仪表引线，把它放在终端上，并测出电压，然后将引线放在一旁。这个动作序列可以被描述为：$A_1 B_0 G_1 A_1 B_0 P_3 T_6 A_1 B_0 P_1 A_0$，总时间为 $(1 + 0 + 1 + 1 + 0 + 3 + 6 + 1 + 0 + 1 + 0) \times 10 = 140 \text{ TMU}$。"取"被定义为：$A_1$ = 到达引线（在触手可及的地方），B_0 = 没有垂直的身体动作，G_1 = 获得对引线的控制权。"放"动作包括：A_1 = 用手移动引线至触手可及的地方，B_0 = 没有垂直的身体动作，P_3 = 将引线在终端进行微小调整。"使用"动作是 T_6 = 从屏幕上读取电压值。"放在一旁"包括：A_1 = 移动引线回到可到达位置，B_0 = 没有垂直的身体动作，P_1 = 将引线放回工具台。最后 A_0 = 没有返回，即操作者仍然位于工具台处。

BasicMOST 计算表（见图 13-15）中表明了分析过程。基本信息，如代码和日期①在右上角输入。下面输入工作领域②，活动或作业以及条件③在②之下。作业被分解成相应的活动，按顺序编号，填写在表单左侧④。适当的活动序列——一般移动、受控移动，或工具和设备使用——被选择在表单的右侧⑤标识。接下来，在子活动字母旁边输入相应的指数值。最后，指数值乘以 10（得到 TMU），输入最右边的列，右下角⑥处填写合计值。

有一些一般的规则要遵循。每个活动序列都是固定的；也就是说，不可以添加或省略任何字母。指数值按照固定引入，即没有插值，如有必要，四舍五入。最后，还可能对同步活动量进行一些调整（类似于 MTM）。在两只手同时工作的高级交互中，只使用两只手的最高值（60 TMU），另一只手和 TMU 值被圈出：

RH	$A_1 B_0 G_1$	$A_1 B_0 P_3$	A_0	60
LH	$A_1 B_0 G_1$	$A_1 B_0 P_3$	A_0	60

在两只手分开工作的低级交互中，两只手的时间值增加到 120 TMU：

RH	$A_1 B_0 G_1$	$A_1 B_0 P_3$	A_0	60
LH	$A_1 B_0 G_1$	$A_1 B_0 P_3$	A_0	60

也可以是中间水平的交互，只有某些阶段同时发生，例如，"取"的阶段被圈出来，产生总计 100 TMU。

RH	$A_1 B_0 G_1$	$A_1 B_0 P_3$	A_0	60
LH	$A_1 B_0 G_1$	$A_1 B_0 P_3$	A_0	40

下面来看一个完整的示例，利用图 13-9 的手电筒装配，其 MOST 分析如图 13-16 所示。

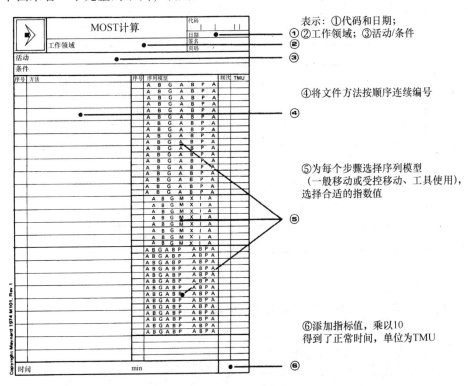

图 13-15 BasicMOST 计算表

MOST 还可通过计算机软件来进行，允许检索活动序列、子活动和为研究方法制定性能标准所涉及的指数值。据估计，计算机软件的使用使应用程序速度比手动应用速度快 5 ~ 10 倍。计算机软件的标准也更精密，因为软件不接受不符合逻辑的输入。图 13-17 为 Basic-MOST® 中一般移动序列的一个示例。

序号	方法	序号	序列模型	频次	TMU
	MOST计算		代码 ⌶⌶⌶ 日期 8-22 - 签名 AF 页码 1 /		
	活动　　手电筒装配				
	条件　　10%的宽放率				
1	拿起手电筒外壳来到工作台	1	A B G A B P A		
2	把电池塞进手电筒外壳里	2	$A_1 B_0 G_1 A_1 B_0 P_1 A_0$	2	80
			A B G A B P A		
3	装上后盖，拧紧	4	$A_0 B_0 G_0 A_1 B_0 P_0 A_0$		10
4	放好手电筒		A B G A B P A		
			A B G A B P A		
			A B G A B P A		
			A B G A B P A		
			A B G A B P A		
			A B G A B P A		
			A B G A B P A		
			A B G M X I A		
			A B G M X I A		
			A B G M X I A		
			A B G M X I A		
			A B G M X I A		
			A B G M X I A		
		3	$A_1 B_0 G_1 A_1 B_0 P3 F3 A_0 B_0 P_0 A_0$		90
			A B G A B P　A B P A		
			A B G A B P　A B P A		
			A B G A B P　A B P A		
			A B G A B P　A B P A		
			A B G A B P　A B P A		
			A B G A B P　A B P A		
			A B G A B P　A B P A		
			A B G A B P　A B P A		
	时间 =　　　10%的宽放率 　　　　mh　　　　min		0.119		180

图 13-16　手电筒装配的 MOST 分析

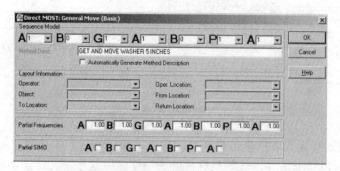

图 13-17　一般移动序列示例：在 BasicMOST 软件中显示取和移动垫圈 5in

（资料来源：BasicMOST®，经宾夕法尼亚州匹兹堡的 H. B. Maynard and Co. Inc. 授权使用）

13.3　预定时间系统的应用

13.3.1　开发标准数据

预定时间系统一个最重要的用途是开发标准数据元素。使用标准数据，可以比加总基本运动时间这个费力的程序要快得多地来建立各项操作的标准时间。此外，标准数据通常会减少文书错误，因为涉及的数据计算较少。

通过合理的标准数据，可以经济地为间接工作如维修、物料搬运、文书和办公、检查和类似费用较高的操作建立时间标准。此外，通过标准数据，分析人员可以经济地计算涉及长周期和由众多短的动作单元构成的长周期动作的操作时间。例如，一家公司开发了适用于工具车间的摇臂钻操作的标准时间。时间研究分析人员为将工具从一个孔移动到下一个孔、钻进和退出等操作所需要的基本动作要素开发了标准数据，然后为了便于这些标准数据进行快速的汇总，又将其合并到一个多元图表。

一个说明预定时间系统的灵活性的例子是制定一个文书操作的标准时间。对计时卡进行分类的过程包含如下要素：

（1）取出部门的计时卡并去除橡皮筋。

（2）按直接劳动者、间接劳动者和散工将计时卡分为三类。

（3）记录计时卡的总数。

（4）叠放计时卡，拴上橡皮筋固定放置一旁。

（5）将多叠计时卡叠一起捆绑。

（6）将直接劳动者的计时卡归入计件计时卡。

（7）对计件计时卡进行计数。

（8）记录计件计时卡和直接劳动者计时卡的数量。

（9）计件计时卡根据件数的数量进行排序。

（10）将排序完成的计时卡捆绑并放在一旁。

方法分析人员将每一个要素拆分成基本动作。一旦为每一个基本动作赋以特定的时间值并确定了相关变量，用代数方程就可以快速计算出文书操作的时间。通常情况下，秒表可以帮助建立基本动作的标准数据。一个基本动作的某些部分可能更容易由基本动作时间决定，而其他部分更适用秒表测量。最后，预定的基本动作时间一定是为标准性而开发的。因此，不需要考虑评价系数，为消除争议和不确定性提供了方法。

13.3.2　方法分析

任何预定时间系统同样重要的用途是方法分析。了解这些系统的分析人员在每个工作站上都显得更加挑剔，思考着如何进行改进。预定时间系统的应用简单来说就是以更多的数字细节进行动作或方法分析、识别去除无效动作元素的更好方法以及减少剩余有效动作元素的时间。因此，还制定了一份检查表（见图 13-18），以帮助分析人员进行更好的方法研究。简化工具方法的关键机会（以 MTM-2 的应用为例）包括：

（1）消除时间值大于 61TMU 的身体运动，如弯腰和站直。

（2）降低动作类型级别，尤其是 C 类动作，这样可以减少39%的基本动作时间。

（3）将伸手的距离最小化，每缩减一个距离编码就可以减少 5TMU。

（4）避免重型零件的吊装，其中每减少 2lb（1kg）下降 1 TMU。

（5）消除需要眼睛移动和眼睛聚焦的操作，每减少一个此动作可减少 7TMU 的时间。

（6）预先定位工具、零件和物料。

在一家公司，为购进高级工具准备了 4 万美元，以提高铜焊操作的生产速度。在工具重组之前，分析人员对现有方法进行了作业测量研究。使用预定时间系统，他们发现，通过提供一个简单的夹具和重新安排装卸区域，公司的生产率可能会从 750 件/h 增加到 1000 件/h。进行合成的基本动作时间研究的总花费是 40 美元。由于这项研究，公司避免了耗资 4 万美元的工具重组计划。

取（G）	是	否
1. 在不受罚的情况下是否能与其他的"取"或"放"动作同步进行？	☐	☐
2. 该"取"动作能否在机器的工作周期中完成？	☐	☐
3. 能否用夹具、重力装置或箱柜等简化"取"动作（即从 GC 简化到 GB 或 GA）？	☐	☐
4. 能否用 GA 即物体是否能够直接滑到相应位置？	☐	☐
5. 能否避免将物体由一只手转到另一只手上？	☐	☐
6. 能否对工具进行提取定位以简化"取"动作？	☐	☐
7. 在进行其他工作时能否将工具握在手掌中而不是先放下工具然后再取工具？	☐	☐
8. 能否同时抓取多个物体？	☐	☐
9. 能够缩短移动距离（即降低级别吗）？	☐	☐
10. 就移动的类型和距离而言，手的移动是否协调？	☐	☐
放（P）	是	否
1. 在不受罚的情况下是否能与其他的"放"或"取"动作同步进行？	☐	☐
2. 能否避免物体定位的严格性或高的精确度？	☐	☐
3. 递送物体的地方能否建成斜坡或漏斗状？	☐	☐
4. 能否使用固定的导轨和挡块？	☐	☐
5. 能否将物体制造成对称的形状？	☐	☐
6. 能否减少插入的深度？	☐	☐
7. 另一只手能否协助进行复杂的"放"动作？	☐	☐
8. 物体能否被机械地"放"在一起？	☐	☐
9. 能否用自重下落操作简化"放"动作（即从 PC 简化为 PB 或 PA）？	☐	☐
10. 能否直接将物体滑到位置（即使用 PA）？	☐	☐
11. "放"的目的地是否在视野范围内？	☐	☐
施压（A）	是	否
1. 能否通过改善设计或设计更好的工艺（如去除毛刺或紧固点）来避免"施压"？	☐	☐
2. 能否避免操作中不必要的紧固动作？	☐	☐
3. 能否避免严格的误差？	☐	☐
4. 能够避免引起"施压"动作的零件污染（由锉屑、尘土和污垢引起）？	☐	☐
5. 能否使用动力以去除手"施压"动作？	☐	☐
6. 在"施压"时是否合理地使用最大的肌肉群？	☐	☐
7. 是否能够使用卡紧装置或机械动作以消除"施压"动作？	☐	☐

图 13-18　MTM-2 方法分析检查表

重新抓取（R）	是	否
1. 在"放"动作中能否避免"重新抓取"动作？	☐	☐
2. 能否在期望的方向上将工具预先定位？	☐	☐
3. 能否使用自动储存送料、堆垛装置和振动进给器等正确地摆放零件？	☐	☐
4. 能否将零件制造成对称的形状以避免使用"重新抓取"动作？	☐	☐
5. 能否在机器的动作周期中对零件进行预先定位？	☐	☐
眼睛动作（E）	是	否
1. 能否将物体或屏幕摆放在视野范围内以避免"眼睛动作"？	☐	☐
2. 照明是否充分以避免"眼睛动作"？	☐	☐
3. 箱子和零件是否正确地做了标识？	☐	☐
4. 能否将零件制造成对称的形状并进行正确定位以避免"眼睛动作"？	☐	☐
5. 能否避免对装配零件的视觉检查（即使用棘爪和触觉）？	☐	☐
6. 能否避免对刻度盘设置的视觉观察（即使用开/关或状态指示器）？	☐	☐
7. 能否在进行前一个手动动作时进行"眼睛动作"？	☐	☐
摇（C）	是	否
1. 轮子或曲柄能否不"摇"？	☐	☐
2. 能否减少"摇"的圈数（即增大轮子的尺寸）？	☐	☐
3. 能否去除"摇"的阻力？	☐	☐
4. 能否用动力而非手动执行"摇"的动作？	☐	☐
走步（S）	是	否
1. 是否使用了最短路径或最好的布局？	☐	☐
2. 车间地面上是否没有障碍物？	☐	☐
3. 最常用的零件是否放在附近？	☐	☐
4. 必要的信息和工具是否放在了工作站（避免不必要的走动）？	☐	☐
5. 能否用传送带等机械装置在工作站间进行物料和零件传递？	☐	☐
6. 能否用车进行运输？	☐	☐
脚部动作（F）	是	否
1. "脚部动作"能否与其他动作同步进行？	☐	☐
2. 在操作的过程中，脚能否舒适地停靠在开关或踏板上？	☐	☐
3. 身体是否坐在凳子上？（让承重腿尽可能免受体重压迫）	☐	☐
4. 能否用两脚轮流地进行操作？	☐	☐
屈膝和站直（B）	是	否
1. 能否使用自重落下以避免"屈膝和站直"动作？	☐	☐
2. 物料和产品能否放在肘和指关节中间位置尽量减少"屈膝和站直"动作？	☐	☐
3. 能否使用了正确的举起方法（蹲举等）？	☐	☐
4. 能否避免太过频繁地进出一个有固定座位的工作站？	☐	☐

图 13-18 MTM-2 方法分析检查表（续）

例 13-1 翻 T 恤衫操作的方法改进

这个例子既考虑了翻 T 恤衫操作的 MTM-2 分析，同时考虑了生产率和员工健康/安全方面（Freivalds and Yun, 1994）。服装缝制过程中需将内衬翻出缝制，使接缝可以缝合。一旦服装缝接完成，需要将其翻回去。

从事这项工作的工人非常容易受到各种 CTD 的影响。对于图 13-19a 中所示的当前操作方法进行的 MTM-2 分析表明，该操作需要的总时间为 141TMU。该操作的一个明显特点是使用了大量的 C 类动作。是否可能减少"取"和"放"动作（图 13-18 中关于"取"的第 3 和第 4 个问题）？

改进的方法是利用一个真空驱动装置把 T 恤衫拉进管子里。一旦关闭真空装置，T 恤衫就可以以被翻过来的状态取下。对于图 13-19b 所示的改进的方法进行 MTM-2 分析表明，该操作需要的总时间是 108TMU。相对翻转、检查和折叠整个操作（所需总时间是 360TMU），时间缩短了（141 – 108）/360 = 9.2%。总的来说，难以操作且容易引起员工损伤的 C 类动作被去除了，并且通过提高动作的同步性提高了生产率。

MTM方法分析 　　　　　　　　　　　　　　　　　　　　　　页码

作业	翻T恤衫	备注	手动处理需要的总时间为141TMU
研究序号	（手动）		
日期	2-12-93		
分析员	AF		

描述	序号	左手	TMU	右手	序号	描述
取T恤衫		GB18	18	GB18		取T恤衫
伸手到里面捏住衣服		GC12	23	GC12		伸手到里面捏住衣服
同步动作		GC2	14	GC2		同步动作
将袖子拉出来		PC32	41	PC32		将袖子拉出来
同步动作		PC2	21	PC2		同步动作
放下T恤衫		PB18	24	PB18		放下T恤衫
			(141)			

a)

MTM方法分析 　　　　　　　　　　　　　　　　　　　　　　页码

研究电话	翻T恤衫	备注	使用真空装置后的总时间为108TMU
研究序号	（自动）		
日期	2-12-93		
分析员	AF		

描述	序号	左手	TMU	右手	序号	描述
取T恤衫		GB18	18	GB18		取T恤衫
套在管子上		PA32	20	PA32		套在管子上
			9	F		踩踏板
取下T恤衫		PB32	30	PB32		取下T恤衫
靠在防变形器上		PW10	1	PW10		靠在防变形器上
放下T恤衫		PB32	30	PB32		放下T恤衫
			(108)			

b)

图 13-19　翻 T 恤衫操作的 MTM-2 分析

a）当前操作方法　b）改进的方法

本 章 小 结

本章讨论了几种常用的预定时间系统。除此之外，还有许多包括工业界开发的多种专用时间系统在内的其他时间系统。多年前，泰勒萌发了为工作的基本构成动作要素开发标准时间（与目前仍然在使用的类似）的想法。在他的《科学管理》一文，他预测，届时将会有足够数量的基本时间标准，使更进一步的时间研究变得不必要。今天，我们已经达到了这个状态，用标准数据和/或基本动作时间已经开发了绝大多数时间标准。

然而，仍然存在一个问题，即添加基本预定时间以确定动作时间的有效性，因为在动作的序列发生变化时，构成动作序列的基本动作所需要的时间可能发生变化。因而，基本动作"伸手20in"所需要的时间可能受到该动作的紧前和紧后动作的影响，并且可能不完全由"伸手"的种类和距离来决定。

因此，在利用已有数据进行动作模式分析时，分析人员应该考虑动作的主要目的性，以及它的复杂性、特征和距离。例如，当手移动时，手中持有物体，除了移动动作外手还会同时进行操作，结果可能造成平均速度的降低。这就需要手在移动过程中还要掌控手中的物体。距离越长，手中物体停留时间就越长。因此，组合移动越长，组合操作所需要的时间比简单伸手相同距离所需要的时间越多。

使用预定时间系统有许多令人信服的理由。它们可用于定义生产开始前的标准时间，在没有任何工作时间研究的情况下提前估计生产成本。然而，这些系统的应用与使用这些系统的人员有很大关系。分析人员必须理解系统背后的假设条件，并以正确的方式使用它们。为了帮助且可能简化这一过程，一些预定时间系统提供了相关软件（在本章章末列出）。

思 考 题

1. 谁先萌发了为基本动作单位开发标准时间的想法？他的贡献是什么？
2. 使用预定时间系统的优势有哪些？
3. 识别预定时间的另外两个常用术语是什么？
4. 谁开创了 MTM 系统？
5. 一个 TMU 所对应的时间值是多少？
6. 用左手执行 GB 类"取"动作的同时右手执行 PC 类"放"动作的难易程度如何？解释原因。
7. 为什么要开发 MTM-2 系统？MTM-2 系统适用于什么特殊场合？
8. MTM-1 与 MTM-2 系统在处理同步动作方面是否一致？
9. 若用 MTM-3 系统研究周期为 3min 的操作，你认为所得到的标准时间的精确度如何？
10. MTM 与方法分析的关系如何？
11. 解释预定时间与标准数据之间的关系。
12. MTM 与 MOST 的关系如何？
13. 比较和对比三级 MOST 系统。
14. 在 BasicMOST 中使用的三种基本序列是什么？
15. 在 BasicMOST 中如何处理同时进行的活动？
16. 研究中使用预定时间系统而不是秒表时间有什么好处？

计 算 题

1. 确定完成 M20B20 操作所需要的时间。

2. 在摩擦系数为 0.4 的情况下，操作者用双手将装有 30lb 沙子的桶推开 15in。该移动需要的正常时间是多少？

3. 将一个直径为 3in/4 的硬币放入直径为 1in 的圆中，需要的正常时间应该是多少？

4. 计算与 0.0075h/件、0.248min/件、0.0622h/百件、0.421s/件以及 10 件/min 所相当的 TMU 值。

5. 在图 13-20 所示的 MTM-2 分析中描述了一个简单的操作：每只手都取一个零件，重新抓取，然后右手将零件放入夹具，再施加压力。然后，右手取一个销，重新抓取并进行装配。手轮在有阻力的情况下被连续旋转 6 圈直至与一个指针准确对齐。圈出图中错误，改正并解释为什么。

MTM方法分析						页码
作业 装配			备注			
研究序号 S						
日期 1-27-98						
分析员 AF						
描述	序号	左手	TMU	右手	序号	描述
将支架取到装配台		GC12	18	GB18		将工件移到夹具
		R	6	R		
		PC12	30	PC6		
支架定位		A	14	A		定位
		GC12	23	GC12		取装配销
取销		PC12	30	PC12		
		R	6	R		
			10	GB6		装紧
			5	GW10		
			90	C	6	
			5	PW5		
			21	PC2		对准
合计		总TMU 259	换算值 0.0006 min/TMU	宽放率 10%	标准时间 0.171min	

图 13-20 用 MTM-2 分析简单装配产品

6. 对图 13-20 中的活动进行 BasicMOST 分析。

7. 普度钉板测验是一个检验动作技能的标准测验。该测验由一个有一系列孔的板以及三种类型的工件（钉子、垫圈和支架，放在板面的凹槽中）组成。将面板旋转到与操作者的身体垂直，装配过程如下：

（1）右手拾起一个钉子并将其插入一个孔中（无空隙）。

（2）钉子插好后，左手拾取一个垫圈并将其套在钉子上（0.01in 的空隙）。

（3）装上垫圈后，右手拾取一个支架并将其装在装有垫圈的钉子上（0.01in 的空隙）。

（4）支架装好后，左手拾取另外一个垫圈并将其套在装在钉子的支架之上（0.01in 空隙）。

（5）装上垫圈后，右手拾取另外一个钉子并在下一个孔开始一个新的装配过程。左右手轮流拾取工件和完成装配。

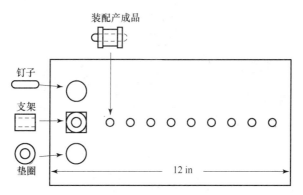

对完成的第一个装配进行 MTM-2 分析。随着操作者沿着面板进行装配的进行，发生了什么情况？为什么？为什么 MTM-2 系统不适合对该工作进行分析？

8. 对问题 7 中的第一个完整程序进行 BasicMOST 分析。

9. 对图 4-17 所示的电缆夹装配进行 MTM-2 分析。

10. 对图 4-17 所示的电缆夹装配进行 BasicMOST 分析。

11. 如问题 7 所述，普度钉板测验是对动作技能的标准测验。该测验组成如下图所示。标准任务的一个版本是用双手同时执行，如下所示：

（1）右手和左手拾起钉子并且插入各自的孔中。

（2）继续插入另一组钉子直至钉完所有孔（25 个）。

使用 MTM-2 和 MOST 方法对于插入 25 钉的正常时间进行计算。当操作者顺着板向下操作时，分析会发生什么变化？为什么 MTM-2 不适合这项任务？

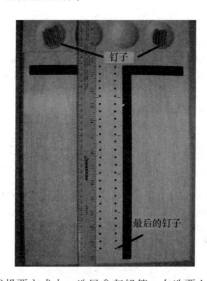

12. 在以选票形式进行的老式投票方式中，选民拿起铅笔，在选票上候选人对应的位置画×，把铅笔

放到桌上，然后将选票放在投票箱中。假设所有工具（选票、铅笔、投票箱）都在小臂范围内。用 MTM-2 和 MOST 计算投票的正常时间。

13. 工人测试活塞环。工人用左手从左边的操作台拿起一枚未经测试的活塞环，试图通过左插槽（止规，即合格的环不能通过插槽）。然后，他拉回活塞环，并尝试右插槽（通规，即合格的环能通过）。当活塞环通过后，工人用右手捡起活塞环，放在右边的操作台上。假设小臂运动。使用 MTM-2 和 MOST 计算此作业的正常时间。

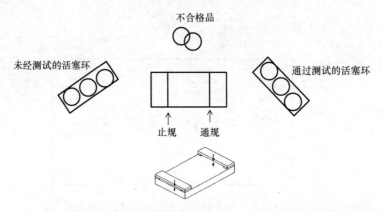

参 考 文 献

Brown, A. D. "Apply Pressure." *Journal of the Methods-Time Measurement Association,* 14 (1976).

Freivalds, A., S. Konz, A. Yurgec, and J. H. Goldberg. "Methods, Work Measurement and Work Design: Are We Satisfying Customer Needs?" *The International Journal of Industrial Engineering,* 7, no. 2 (June 2000), pp. 108–114.

Freivalds, A., and M. H. Yun. "Productivity and Health Issues in the Automation of T-Shirt Turning." *International Journal of Industrial Engineering,* 1, no. 2 (June 1994), pp. 103–108.

Karger, Delmar W., and Walton M. Hancock. *Advanced Work Measurement.* New York: Industrial Press, 1982.

Maynard, Harold B., G. J. Stegemerten, and John L. Schwab. *Methods Time Measurement.* New York: McGraw-Hill, 1948.

Sellie, Clifford N. "Predetermined Motion-Time Systems and the Development and Use of Standard Data." In *Handbook of Industrial Engineering.* 2d ed. Ed. Gavriel Salvendy. New York: John Wiley & Sons, 1992.

Zandin, Kjell B. *MOST Work Measurement Systems.* New York: Marcel Dekker, 1980.

可 选 软 件

MOD++, International MODAPTS Association, 3302 Shearwater Court, Woodbridge, VA 22192 (http://www.modapts.org/)

MOST, H. B. Maynard and Co., Eight Parkway Center, Pittsburgh, PA 15220, 2001 (http://www.hbmaynard.com/)

MTM-LINK, The MTM Association, 1111 East Touhy Ave., Des Plaines, IL 60018 (http://www.mtm.org/)

|第 14 章|

工 作 抽 样

本章要点

- 工作抽样是指通过随机抽取大量观察数据来进行工作分析的方法。
- 工作抽样可以用于：
  确定机器及操作者的利用率。
  设定宽放时间。
  建立工作时间标准。
- 尽可能多地使用实际观察数据，但要保证准确性。
- 尽可能地进行较长时间的观察，最好是多天或多周。

工作抽样是用来研究一项工作中各项活动所花费时间占比的一门技术。工作抽样可以有效地确定机器和人员的利用率，设定适当的宽放时间，并建立产出标准。相较于可以得到相同信息的时间研究方法，工作抽样通常用时更短、成本更低。

在工作抽样过程中，分析人员需要随机地抽取相对大量的观察数据样本。在特定情况下，观察到的某项活动次数与总的观察样本数之比，可近似地等于该活动在整个工作中的实际时间比率。例如，在一天内随机抽取的 1000 个样本中，若一台自动攻丝机在工作中正常运转 700 次，因故闲置 300 次，那么可以认为该台机器一天工作中有 30% 的时间处于闲置状态。

工作抽样最先应用于英国的纺织业，之后，该技术以延迟比率研究的名义被引入到美国（Morrow，1946）。工作抽样数据的准确性取决于样本容量的大小和随机抽样时间间隔的长短，除非样本容量足够大且抽样时间单元能代表正常状况，否则工作抽样的结果可能出现误差。

与传统时间研究方法相比，工作抽样具有以下优点：

（1）不要求分析人员长时间连续观察。

（2）减少了记录时间。

（3）通常可以节省分析人员的工作总时间。

（4）操作者不需要进行长时间的秒表观察。

（5）单个分析人员就能很容易地对全体员工进行观察。

14.1 工作抽样原理

工作抽样原理基于概率论的基本法则：某事件在某一时刻可能发生也可能不发生。统计学家推导出可用于计算一个容量为 n 的样本中事件 x 发生概率的公式：

$$P(x) = \frac{n!}{x!\ (n-x)!} p^x q^{n-x}$$

式中　p——事件 x 发生的概率；

　　　q——$1-p=$ 事件 x 不发生的概率；

　　　n——样本容量。

这类概率分布就是著名的二项分布，该分布的均值为 np，方差为 npq。随着样本容量 n 的增大，二项分布将趋向于正态分布。由于工作抽样的样本容量较大，因此正态分布将是二项分布一个较好的近似分布。将具有均值为 p、标准差为 $\sqrt{\dfrac{pq}{n}}$ 的分布特征的样本作为近似正态分布来研究比用二项分布研究要方便得多。

在工作抽样过程中，我们可以根据一个样本容量为 n 的抽样来估算均值 p。根据基本抽样理论，我们无法保证每个样品的平均值 $\hat{p}$ 都是相应随机过程的实际值 p，但可以期望任何一次抽样的平均值 $\hat{p}$ 有95%的可能性落在 $p\pm1.96$ 个标准差的范围内。换句话说，如果 p 为一定条件下的实际值，那么100个样本中大约只有5个会因偶然因素而落在 $p\pm1.96$ 个标准差范围之外。

利用该原理可以估算出实现一定抽样精度所需要的样本容量的大小。样本标准差 σ_p 的计算公式为

$$\sigma_p = \sqrt{\frac{pq}{n}} = \sqrt{\frac{p(1-p)}{n}} \tag{14-1}$$

式中　σ_p——标准差；

　　　p——事件发生的概率；

　　　n——样本容量。

根据置信区间的概念，把置信水平为 $(1-\alpha)100\%$ 时的允许误差 $z_{\alpha/2}\sigma_p$ 定义为 l，其中

$$l = z_{\alpha/2}\sigma_p = z_{\alpha/2}\sqrt{pq/n} \tag{14-2}$$

两边平方，整理出

$$n = z^2{}_{\alpha/2}pq/l^2 = z^2{}_{\alpha/2}p(1-p)/l^2 \tag{14-3}$$

通常情况下，置信水平取95%，则 $z_{\alpha/2}=1.96$，可得 $n=3.84pq/l^2$。

例 14-1　二项分布的正态分布近似估计

明确工作抽样的基本原理将有助于理解实验结果。假设有如下实验情景：对一台随时可能停机的设备进行为期100天的观察，每天抽取8组随机观测值。

令：$n=$ 每天观测的次数；

　　$k=$ 观测总天数；

　　$x_i=$ 第 i 天观测次数中的停机次数（$i=1,2,\cdots,k$）；

　　$N=$ 随机观测总次数；

　　$N_x=$ 观测数据中停机次数为 x 的总天数（$x=1,2,\cdots,n$）。

每天观测中停机的概率可由二项分布给出：

$$P(x) = \frac{n!}{x!\ (n-x)!} p^x q^{n-x}$$

式中　p——设备停机概率；

　　q——设备正常运行概率，且 $p + q = 1$。

本例中，每天观测次数 $n = 8$，观测总天数 $k = 100$，观测总次数 $N = 800$。经连续几天全时段研究发现 $p = 0.5$。下表列出了抽样研究中观测到的停机次数 x（$x = 0$，1，2，$\cdots$，n）、各停机次数发生的天数，以及 $p = 0.5$ 时的停机次数二项分布概率。

n	N_x	$P(x)$	$100P(x)$
0	0	0.0039	0.39
1	4	0.0312	3.12
2	11	0.1050	10.5
3	23	0.2190	21.9
4	27	0.2730	27.3
5	22	0.2190	21.9
6	10	0.1050	10.5
7	3	0.0312	3.12
8	0	0.0039	0.39
	100	1.00*	100*

* 表示近似值。

实际观测中出现的停机天数 N_x 与理论计算得到的期望值 $kP(x)$ 具有很强的一致性。

$$\overline{P_i} = \frac{x_i}{n} = 第\ i\ 天停机次数所占比例$$

式中　$i = 1$，2，$\cdots$，k。

$$\hat{p} = \frac{\sum\limits_{i=1}^{k} \overline{P_i}}{k} = \frac{\sum\limits_{i=1}^{k} x_i}{nk} = \frac{\sum\limits_{i=1}^{k} x_i}{N} = 工作抽样得到的停机时间比例估计值$$

实验的假设是理论计算所得信息与观察所得信息具有很强的一致性。该假设可用 χ^2 分布来检验，该分布可用来检验观测的频率与期望频率是否存在较大差异。

上例中，观测频数为 N_x，期望频数为 $kP(x)$，因此有

$$\chi^2 = \sum_{k=0}^{k} \frac{[N_x - 100P(x)]^2}{100P(x)}$$

该例中得到的总和近似服从自由度为 k 的 χ^2 分布，且 $\chi^2 = 0.206$。

分析人员须判断 χ^2 的值是否大到足以拒绝原始假设，即观测频数与计算频数之间的差异仅由偶然因素造成。该 χ^2 值很小，则可认为误差只是由不可避免的偶然因素造成的，那么我们就接受实验数值服从二项分布的假设。

在典型的工业情境中，p（一般取 0.5）对分析人员是未知的。其最优估计值为 $\hat{p}$，且

$$\hat{p} = \frac{\sum\limits_{i=1}^{k} x_i}{N}$$

$\hat{p}$ 随着每天抽样观测次数或抽样天数的增加而逼近 p。然而，由于观测次数有限，因此分析人员需要考虑 $\hat{p}$ 的精度问题。

若将上例中的 x 与 $P(x)$ 之间的对应关系绘制成图，则可以得到图 14-1。

当 n 足够大时，不考虑实际的 p 值，二项分布将非常接近正态分布。当 $p = 0.5$ 时，该趋势由上例可以看出。当 p 接近 0.5 时，n 很小，正态分布是二项分布的较好近似方法。

使用近似正态分布时，令

$$\mu = p$$

且

$$\sigma_p = \sqrt{\frac{pq}{n}}$$

为了得到二项分布的近似分布，引入正态分布的 z，令变量 z 有如下形式：

$$z = \frac{\hat{p} - p}{\sqrt{\dfrac{pq}{n}}}$$

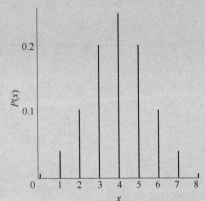

图 14-1 停机次数的概率分布

尽管实际应用时 p 是未知量，但可以用 $\hat{p}$ 来估计 p，且确定 p 的置信区间。例如，设置信区间为

$$\left[\hat{p} - 1.96 \sqrt{\frac{\hat{p}\hat{q}}{n}}, \hat{p} + 1.96 \sqrt{\frac{\hat{p}\hat{q}}{n}} \right]$$

大约有 95% 的 p 落在此区间内。用图形表示，则有

$$\hat{p} - 1.96 \sqrt{\frac{\hat{p}\hat{q}}{n}} \qquad\qquad \hat{p} \qquad\qquad \hat{p} + 1.96 \sqrt{\frac{\hat{p}\hat{q}}{n}}$$

p 的置信区间表达式推导过程如下：假设要构造大约 95% 的 p 落在此范围的置信区间，即置信水平为 95% 的置信区间，由于 n 足够大，则表达式

$$z = \frac{\hat{p} - p}{\sqrt{\hat{p}\hat{q}/n}}$$

为一个近似标准正态变量。所以有

$$p\left(z_{0.025} < \frac{\hat{p} - p}{\sqrt{\hat{p}\hat{q}/n}} < z_{0.0925} \right) = 0.95$$

由于 $-z_{0.025} = z_{0.975} = 1.96$，故 p 的 95% 的置信区间为

$$\hat{p} - 1.96\sqrt{\frac{\hat{p}\hat{q}}{n}} < p < \hat{p} + 1.96\sqrt{\frac{\hat{p}\hat{q}}{n}}$$

上式表明，当 z 等于 1.96 时，它将以 95% 的可靠度包含 p 的所有值。

由于二项分布的基本假设是 p 在每次随机观测中均为常量，因此，工作抽样过程中观测时必须保证其随机性，这样可以减少观测时产生的偏差。

14.2 推动工作抽样技术获得广泛认可

分析人员在进行工作抽样之前，必须向组织中各相关人员，包括工会、生产线监督人及公司管理者等，"推销"该项目的实用性与可靠度。组织各利益相关群体代表参加简短会议，解释有关概率定理的实例，阐述设置宽放时间的原理等，达到"推销"工作设计的目的。使用秒表进行时间研究固然容易被理解和接收，但只要对工作抽样技术的程序予以充分揭示，那么该技术亦将得到工人与工会的认可。

最初的几次会议上，分析人员应当举些投掷硬币等简单的例子。所有与会者应该很容易知道每次有 50% 的机会抛出"正面"或"反面"。当被询问如何确定"正面"和"反面"各自出现的概率时，他们多半会回答说多抛几次就可以找出规律。若继续询问他们投掷两次是否足够，通常会得到否定的回答。如果建议连续抛十次，他们仍然会认为不够。若问及需再抛多少次才可达到足够的精度时，他们可能会认为需要抛 100 次甚至更多。此例强有力地说明了一个抽象原则：为保证样本在统计学上的意义，需要有足够多的样本容量。

接下来，分析人员可讨论投掷 4 个均质硬币会得到哪些可能的结果。这里，4 个都抛出"正面"和 4 个都抛出"反面"的可能排列只有 1 种。而抛出 3 个"正面"或者 1 个"正面"的可能排列有 4 种，抛出 2 个"正面"的可能排列有 6 种。因而连续投掷 4 个均质硬币可得 16 个可能性结果，其分布如图 14-2 所示。

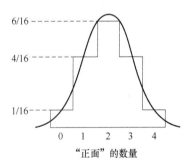

图 14-2　用 4 个均质硬币无限次投掷所得到的不同数量"正面"出现的频率分布

对该分布进行阐述和演示，即投掷硬币并做下相关记录之后，听众会相信投掷 100 次的结果将服从正态分布。投掷 1000 次其结果将更接近正态分布，若是 100 000 次则可得到完美的正态分布，然而 10 万次和 1000 次投掷所得精度相差很小，而且这样做并不经济。由此可知，数量开始增加时，其精度随之迅速逼近某一数值，随后增速会递减。

接下来分析人员应该能够界定设备或操作者是处在"正面"还是"反面"的状态。例如，设备有运转（"正面"）和闲置（"反面"）两种状态。运转时间的累计分布图中的分布曲线最终会变成一条水平线，由该曲线可以知道何时停止读取数据比较可靠（见图 14-3），而且它还显示了闲置时间可分解成间断部分和延迟部分，这样可以让人更好地理解闲置时间的含义。

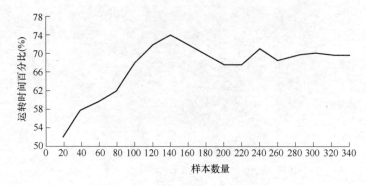

图 14-3　运转时间累计分布曲线

14.3　工作抽样研究计划

进行工作抽样的数据收集工作之前，必须制订详细的工作计划。计划的第一步是对产生所需信息的活动进行初步估计。通常这种估计可以包含一种或多种活动，并且可以从历史数据中得出。若分析人员无法通过历史数据进行合理的估计，就应该对所研究领域进行为期两三天的工作抽样，并以此作为初步估计的数据基础。

一旦初步估计工作完成，分析人员便可确定预期精度或准确性。该预期可表示为一定置信水平下的公差或误差极限。接下来，分析人员应该确定样本容量和观测频率。最后，分析人员设计并填充工作抽样表，并制定和研究相关的控制图。

14.3.1　确定样本容量

确定样本容量前，分析人员必须明确要求的精度。容量越大，精度越高。基于 3000 个观测数据所得结果比基于 300 个数据所得结果要可靠得多。然而，考虑到获得数据的成本和精度提高的边际效应，300 个就已经足够了。

例如，假定要确定置信水平为 95%，不可避免的延迟和个人需要宽放率为 6% ~ 10%，且相应的期望值为 8% 的情形所需样本容量大小。这些假设可用图形表述，如图 14-4 所示。

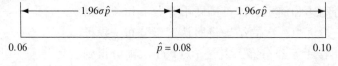

图 14-4　工厂某部门的宽放率

在该例中，$\hat{p}$ 等于 0.08，假设 l 为 2% 或 0.02。利用这些数据，我们就可以得到所需的样本容量：

$$n = \frac{3.84 \times 0.08 \times (1 - 0.08)}{0.02^2} = 707$$

如果分析人员没有时间或能力来收集 707 个样本，而仅能收集到 500 个样本，下面的公式可以用来求解相应的误差允许程度：

$$l = \sqrt{\frac{3.84p(1-p)}{n}} = \sqrt{\frac{3.84 \times 0.92 \times 0.08}{500}} = 0.024$$

因此，利用 500 个样本所得到误差允许程度为 ±2.4%。因此，在研究的误差允许程度和样本容量之间存在一种直接权衡的关系。注意，这里的 2.4% 是绝对误差，有一些分析人员可能会将其表达为 30% 的相对误差，即 (0.024/0.08)。

如今，用于确定工作抽样研究样本容量的软件俯拾皆是，这些软件可以进行统计运算，以确定样本容量与置信区间，如置信水平为 90%、95%、99% 时的置信区间和样本容量。

请注意，若同时对几个工人进行观察，所得数据则不能认为是相互独立的。Richardson 和 Pape (1992) 阐述了这类观测问题，并提出利用收集到的数据来修正置信区间。此时的标准差则用下列公式计算，而不用式 (14-1)。

$$\sigma = \left[\frac{\sum y(j)^2/n(j) - np^2}{n(m-1)}\right]^{\frac{1}{2}}$$

式中 m——观测的数据组数；

$n(j)$——第 j 次观察时工人的数量；

n——样本容量总数；

$y(j)$——第 j 次观测时闲置工人数。

例 14-2 工作抽样观测案例

购物中心的业主会判断是否给顾客留有足够的停车位（目前共有 250 个）。粗略观察显示，在营业时间内，大约有 80% 的停车位是被占用的。于是她雇用了一位工业工程分析人员，来进行更加完整的工作抽样研究。分析人员在周三上午 9：00 至下午 6：00 收集了 10 个随机样本，数据见下表。

样本	闲置车位 $y(j)$	$y(j)^2$
1	36	1296
2	24	576
3	11	121
4	10	100
5	9	81
6	20	400
7	19	361
8	28	784
9	35	1225
10	57	3249
合计	**249**	**8193**

闲置车位的占比为

$$p = 249/10/250 = 0.0996$$

由于在任何给定的抽样时间内，250 个停车位存在相关性，故误差极限计算如下：

$$l = 1.96s = 1.96\left[\frac{\sum y(j)^2/n(j) - np^2}{n(m-1)}\right]^{\frac{1}{2}} = 1.96 \times \left[\frac{8193/250 - 2500 \times 0.0996^2}{2500 \times (10-1)}\right]^{\frac{1}{2}} = 0.0369$$

业主可以推断，以95%的可靠度，在任何时候有9.96%±3.69%的停车位，即大约有16~34个停车位处于闲置状态。业主可以得出结论，目前的停车位对于她的顾客是充足的（但在某些时候稀缺）。注意到直接用下式计算误差极限

$$l = (3.8pq/n)^{\frac{1}{2}} = [3.84 \times 0.0996 \times 0.9004/2500]^{\frac{1}{2}} = 0.0117$$

是错误的，它低估了真实误差。对于分析人员而言，为了避免代表性样本所带来的误差，一个明智的选择就是遴选几天收集样本而不是固定在某一天。

例14-3 确定所需样本容量

某分析人员欲在一间有10台数据机床的精细冲孔加工中心确定因工具原因而造成的停工次数，初始的研究表明，每25组观测数据中仅有1组停机数据，即 $\hat{p} = 0.04$。而分析人员想获得精度更高的数据，置信水平为99%，误差界限为±1%，且已知 $z_{0.005} = 2.58$，则所需的样本容量数为

$$n = \frac{2.58^2 \times 0.04 \times (1 - 0.04)}{0.01^2} = 2556$$

这表明分析人员将要在车间往返256次，且每次要做10个样本记录，这将是很大的工作量，分析人员或许会重新考虑一个较低的置信水平。此外，相关观测数据也会存在问题（见例14-2）。

14.3.2 确定观测频次

多数情况下，观测频次取决于所需样本容量和获取数据所需的时间。例如，要在20个工作日中获得3600组样本数据，分析人员每天就必须获取约3600/20 = 180组样本值。

当然，分析人员的数量和所研究工作的性质也会影响观测频次。例如，若只有一位分析人员进行数据收集工作，那么对他来说一天要收集180组数据是不现实的。

确定了每天需要收集的样本数量之后，分析人员需确定记录观测值的具体时间。为获得有代表性的样本，分析人员应在整个工作日中随机抽取样本。有许多随机抽取的方法可供使用。一种人工方法就是，分析人员每天从随机数表中选取9个数字，其范围在1~48。每次抽得的数字都乘以10，且以分钟为单位，就可以用来设定抽样时间，即从工作开始到样本抽取的时间间隔。例如，抽到的随机数字为20，那么其含义就是分析人员应该在该工作日的工作开始之后200min时抽取一系列样本。

另一种方法则是考虑随机数表中毗邻的四个数字。第1个数字为日期标识，用数字1~5来表示星期一到星期五。第2个数字为小时标识，用数字0~8表示从工作日开始（如早上7：00）的整点时间。第3和第4个数字则表示分钟，可取00~60之间的数字。显然，最容易的方法就是使用任何一款商用制表软件或设计工具中的随机数字生成器来编写一个小程序予以实现。

研究时间应该足够长，从而可以涵盖正常的生产波动。总的研究时间越长，观测到正常情形的机会就越大。通常工作抽样研究的时间在2~4周。

另一种可帮助分析人员确定抽样时间的方法是借助"随机提醒器"。这种袖珍型工具能在随机的时间发出响声，从而提醒分析人员进行下一个抽样。使用者预先选定抽样率（每小时样本数或每天样本数），之后一旦听到响声，就到数据收集区域进行数据收集。典型的"提醒器"可预先设定平均每小时发出 0.64、0.80、1.0、1.3、1.6、2.0、22.5、3.2、4.0、8.0 次响声。该类工具在做自我观测时最为有效，本章后文将进行专门介绍。分析人员若严格依照预先制定的列表时间进行数据记录，则可能将花费大量的时间。

14.3.3　设计工作抽样表

在工作抽样调查过程中，分析人员需要设计一份观测表以记录收集的数据。表格通常没有现成的标准，因为从所需的样本总量、随机样本观测的次数以及其他获取的信息等角度看，每次抽样调查都应该是独一无二的，而最好的表格应该是为适应调查目标而设计的。

图 14-5 是工作抽样研究表格的一个例子。该表由分析人员设计，旨在确定某维修车间在生产状态和非生产状态下机器的时间利用情况。该表包含了工作日中 20 个随机样本。一些分析人员习惯不用写字板，只使用经特别设计的卡片来记录观测值。卡片的大小可调，方便装在衬衫或上衣口袋里。例如，图 14-5 的表格就可以分成左右两半，每半边长各为 3in 和 5in，可以放入衬衫口袋中。

		工作抽样研究															
主维修车间　　抽样编号：_____　　日期：_____　　实验员：_____ 备注：_____																	
编号	随机时间	生产状态							非生产状态						总观测次数	生产百分比	非生产百分比
		机加工	焊接	装管	工人	电器	木工	清洁	取工具	磨刀	等待工作	等待起重机	与工头交流	个人情况	闲置			
1																		
2																		
3																		
4																		
5																		
6																		
7																		
8																		
9																		
10																		
11																		
12																		
13																		
14																		
15																		
16																		
17																		
18																		
19																		
20																		
	总计																	

图 14-5　工作抽样研究表格

14.3.4　使用控制图

在统计质量控制工作中使用的控制图技术，也可应用到工作抽样研究中来。因为此类研究专门处理百分比或比例，所以分析人员经常会用到控制图。

建立控制图的首要问题是误差界限的选择。分析人员必须从成本的角度出发，在制定新误差界限和从现有误差界限挑选中做出抉择。分析人员使用 p 控制图时通常是选 $\pm 3\sigma$ 作为控制限（更极端的控制限，如摩托罗拉开发的 6σ 方法，也可以应用于 p 控制图），则有

$$l = 3\sigma = 3\sqrt{p(1-p)/n}$$

设某一特定条件下，$p = 0.10$ 且每天抽取 180 组样本，则

$$l = 3 \times (0.10 \times 0.90/180)^{\frac{1}{2}} = 0.067 \approx 0.07$$

可以建立一个类似于图 14-6 的控制图，每天的 p' 值可以绘制在图上。

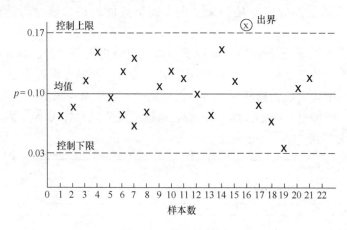

图 14-6　样本控制图

在质量控制中，控制图可以显示工序是否受控。类似地，在工作抽样中，当某点超过 $p \pm 3\sigma$ 误差界限时，分析人员就可认为该点为异常值。因而，若一个样本的 p' 值落在 $p \pm 3\sigma$ 的范围内，则可认定该样本属于具有期望值 p 的总体。换句话说，若 p' 值落在 $\pm 3\sigma$ 界限之外，则认为该样本来自一些不同的母体，或者原始的母体已经被改变。需要注意的是，在质量控制中，当发现样本的 p' 值低于控制下限时，人们往往欣然接受，并不担心，但其实我们仍需予以重视并找出产生这种偏差的原因。

在质量控制工作中，除了超出控制范围的点，其余的点也都具有重要的统计意义。例如，一点落在 $\pm 3\sigma$ 范围之外比连续两点落在 $\pm 2\sigma$ 到 $\pm 3\sigma$ 范围之内的可能性要大。因此，如果有两点连续落在 $\pm 2\sigma$ 到 $\pm 3\sigma$ 的范围内，则说明原母体已经改变。前人已经推导出一系列重要结论，许多质量控制相关书籍也都以"走势"为题对该观点进行了讨论。

例 14-4　工作抽样中控制图的使用

Dorben 公司打算测量其纺织部门的设备停机率。初试估计停机率为 0.20。期望值在 p 的 $\pm 5\%$ 范围内，置信水平为 95%。分析人员按每天 400 份的速率在 16 天时间里收集了 6400 份样本数据。他们把每天抽到的 400 个样本作为二级样本，并计算 p' 值，从而建立 $p = 0.20$ 的控制图（见图 14-7）。

他们把每天得到的 p' 值绘在控制图上。到第 3 天，p' 值超出了控制上限。经过调查发现是由于车间里发生了一次意外，几个工人离开了机器去帮助受伤的员工而造成的。由于找到了原因，分析人员舍弃了该点。显然，如果不用控制图，这样的点将会用于估计最后所需的 p 值。

第 4 天，p' 值落在控制下限以下区域，且无法找到出现该情况的动因。主管该项目的工程师还注意到头两天的 p' 比平均 p 值要小，于是决定采用第 1、2、4 天的数据重新计算 p 值，从而 p 的新的估计值就变成了 0.15。为了获得期望的精度，n 此时变成了 8830，且控制限亦随之改变（见图 14-8）。

分析人员在接下来的 12 天里，继续抽取样本并把计算得到的 p' 画成新的控制图。如图 14-8 所示，所有的点都是落在控制限内。因此，他们用 6000 个样本来计算更精确的 p 值，并最终估计 $p = 0.14$。通过对所得精度的重新计算显示，此值比预期值稍好。分析人员利用 $p = 0.14$ 又计算了一个新的控制限，作为最后的检查。从图 14-8 中的虚线可看出，所有的点仍然落在新的控制限以内。一旦有新的点跑出控制限，那么分析人员就应对其进行估计并计算新的 p，并一直重复该工作直至获得所期望的精度，且 p' 亦为受控状态。

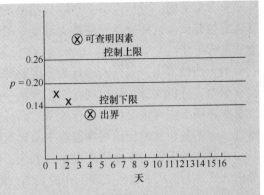

图 14-7　与例 14-4 所对应的控制图

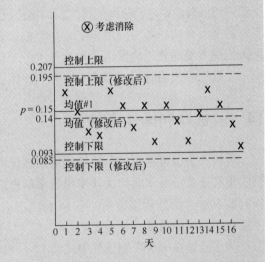

图 14-8　修改后例 14-4 所对应的控制图

例 14-4 中的停机率并不是始终不变的，通过不断改进工作方法，停机率会不断减小。工作抽样的目的之一就是确定有哪些地方存在改善或提高的可能，若发现可改善的地方，分析人员就应设法进行改进。控制图也可以用来显示工作的改善进度。在用工作抽样设置标准工作时间时，该理论显得尤为重要，因为现实中这样的标准随着工作条件改变而不断变化。

14.4　记录观测数据

在观测现场，分析人员不应事先主观估计观测值。分析人员应走到一个固定点进行观测，记录实际数据。在观测之前若能对所处位置做上标记，将有助于后面的研究工作。若所观测的操作者或机器处于闲置状态，分析人员必须分析机器闲置的原因，然后登记数据。或者找到造成工人空闲的原因——机器故障、原材料缺乏等，这对于重新设计工作以提高生产率是非常重要的。分析人员必须学会拍摄现场录像，以便在离开工作现场后仍然可以进行数据观测与分析。这样做不仅能最大限度地减少工人被监视的感觉，并且可让他们以最习惯的方式进行工作。

由于该技术用来研究人的行为，因此即使分析人员遵守适当的工作抽样方法，该数据也会有偏差。分析人员一旦出现在工作现场，就会立即影响操作者的正常工作。员工看到分析人员在现场工作肯定会提高工作效率，而且分析人员也倾向于记录刚刚发生的或将要发生的事件，而不是如实地记录观测过程中某确定时刻确实发生的事件。

在只涉及人的工作抽样研究中，利用摄像机可帮助分析人员获得比较客观的数据。例如分析人员对一批从事数据处理工作的员工按照"正常工作"和"没有正常工作"两类做了一次为期 10 天的工作抽样研究。该研究的 2520 个观测样本显示了巨大的统计差异，利用摄像机所得到的样本中的"没有正常工作"数比通过人工获得样本平均要高出 12.3%。尽管所有员工都不情愿被看到他们偷懒的情况，但摄像机还是能够真实地记录下正在进行的一切活动。

后文将介绍一些专门用于个人计算机或处理个人数据的工作测量软件，这些软件可以帮助人们更方便地处理数据记录和数据上传工作。而且这些软件还能以设置响声的方式来随机地产生数据收集的时间。当然，也有人使用独立的随机提醒器来产生数据收集的时间。

14.5 机器和操作者效率

分析人员也可利用工作抽样技术来确定机器和操作者的效率。例如，某研究要求分析人员收集某重型设备车间的机器使用效率信息。主管部门估计该工段的实际切割时间占一个工作日的 60%，为达到该定额，有 14 台机器同时工作。分析人员需收集大约 3000 组样本数据才能获得预期的精度。

为了能够在一次观测过程中观测 14 台机器及每台机器可能出现的 16 种状态，分析人员设计了一份工作抽样表（见图 14-9）。为保证抽样的随机性，他们以随机的方式到车间观测

日期：7-15
观测员：R.Guild

机器	图样	切割	准备	闲置	等起重机	等待-检验	辅助检验	等待-没工具	等待-工具故障	交班	工具处理	磨或取工具	与工头或检验员交涉	工作等待	清洁工作台	杂项	无操作员	
20'VBM		101	7	14	2	3				2	37	5	3			6	35	216
16'VBM		102	34	14	15	3	1	1		1	28	5	1	7	4			216
28'VBM		119	34	10	5	5	2				18	2	1	2			18	216
12'VBM		109	24	12	13	6	1			3	26	6	2	3	3	2	6	216
16' PLANER		127	17	6	9	2					22		2	15		4	12	216
8'IMM		64	18	17	16	3				2	30	7	3			28	28	216
16'VBM		147	19	10	14	3	1				15	2			1		3	216
14'PLANER		140	8	5	7	2				2	17	3		3		11	18	216
72"E₁LATHE		99	13	12	7	3				1	32	6				3	36	216
96"E₁LATHE-1		89	9	29	18	11	1			2	29	8	3	4		3	10	216
96"E₁LATH-2		109	14	12	8	10		3	3		32	9						216
160"E₁LATH		72	34	13	14	6	2		1	4	21	3	3	1	1	4	37	216
11-1/2'PLNR		106	35	11	10	4				1	11	4		3	2	8	16	216
32'VBM		151	23	8	7	1				1	10	2	1	5	2	5		216
		1535	289	173	145	62	8	6	3	19	328	64	34	45	13	76	224	=3024
		50.7%	9.6%	5.9%	4.8%	2.1%	0.3%	0.2%	0.1%	0.6%	10.8%	2.1%	1.1%	1.5%	0.4%	2.5%	7.4%	=100%

图 14-9 工作抽样表

数据。每次观测都获得 6 组关于 14 台设备的数据。为获得所需的样本总数，他们进行了 36 次独立的观测。每次观测时，分析人员都会把每种机器所处的状态在相应的单元做上相应的标号。

由于该研究的主要目的在于了解该工段机器的实际切割时间分布情况，所以分析人员用图 14-10 表示机器切割时间的累计百分比。在开始几天的研究中，分析人员通过把观测到的累计切割时间与按日期得到的总样本数相比得到累计比率，到了第 10 天，该设备的切割比例开始稳定于 50.5% 的水平。

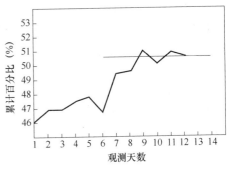

图 14-10 切割累计百分比

在全部 3024 个样本收集之后，分析人员用每种状态下样本值总和除以样本总数就得到了切割时间、准备时间和其他各种表格里所列延迟时间的分布情况。图 14-9 为该研究的总览图，其中，切割时间累计百分比为 50.7%，而那些延迟时间百分比，比如 9.6% 的准备时间及 10.8% 的工具处理时间则显示可以用一定的方法增加切割时间所占百分比。例 14-5 介绍了一种确定操作者效率的方法。

例 14-5　使用工作抽样确定操作者效率

某半导体工厂的管理者考虑把每个操作者监管的编带机的数量由 10 台变为 12 台。通常情况下，除了定期补给原材料，和因批次更改、自动加载错误及电弧问题导致的必须由操作者处理的不规律停机外，机器是自动运行的。因为机器运转周期长且伴随不规则停机，所以工作抽样是确定操作者效率的最好方法。

分析人员在一周内进行了 185 次观测，其中 125 次观测中操作者处于工作状态，如图 14-11 所示，60 次或 32% 的观测中，操作者处于空闲状态。由此产生的误差极限：

$$l^2 = 3.84pq/n = 3.84 \times 0.32 \times 0.68/185 = 0.00452 \quad \text{或者 } l = 0.067$$

因此，管理者可以得出结论，以 95% 的置信水平，在 32% ±6.7% 的时间内，操作者是空闲的，因此操作者可以很轻易地多监管 2 台编带机。

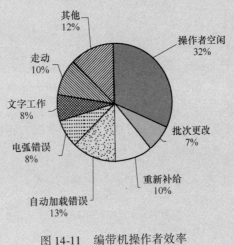

图 14-11　编带机操作者效率

14.6 设定宽放时间

设定的宽放时间必须准确，否则难以制定公平的标准工时。在工作抽样方法出现之前，分析人员通常对几种操作进行连续几天的观测，然后对观测结果进行平均即可得到宽放时间。因而，他们分别要记录、计算，并分析员工休息时间、中途喝水时间、中场休息时间等，并由此设定公平的官方标准工时。尽管这种方法提供了最终解决方案，却耗时耗力，而且使得分析人员和操作者都疲惫不堪。

在工作抽样研究中，分析人员则可在不同时间对不同的操作者进行观察，从而获得数量巨大的样本（通常超过 2000）。用正常操作者出现的合理的非工作次数除以该工作样本的总数，其结果等于从事该工作的操作者标准工时的宽放率。这样造成个人和不可避免延迟的各种因素都可以被分离出来加以处理，而且可以为每个工种各个层次的工作制定公平的宽放时间。

图 14-12 所示为用工作抽样研究来确定工作台、机床、检查和喷漆操作中不可避免的延迟宽放时间的总览图。在工作台操作中，2895 个样本中有 26 个延迟样本，这意味着该类工作的不可避免延迟宽放率为 0.95%（26/2750）。

部门	ACME电气产品公司					日期
操作	个人需要	其他空闲	干扰	工作	总观察次数	宽放率（%）
工作台	80	39	26	2750	2895	0.95
机床	20	9	27	1172	1228	2.30
检查	61	8	7	984	1060	0.71
喷漆	63	199	43	1407	1712	3.06

图 14-12　用于确定不可避免宽放时间的工作抽样研究数据

14.7 制定标准工时

工作抽样在建立直接手工操作和间接手工操作时间标准方面非常有用，其方法与制定宽放时间一致。分析人员采集大量随机样本数据。样本中机器运转或作业次数占样本总量的比率近似等于在那个状态下机器运转或工作的实际比率。

进一步具体说明，操作单元的观测时间 OT（见第 10 章）可由工作总时间除以该时间内生产的产品总量得到：

$$OT = \frac{T}{P}\frac{n_i}{n}$$

式中　T——总时间；

　　　n_i——观测期内该操作单元出现的次数；

　　　n——观测样本总数；

P——观测期内的产品数。

正常时间等于观测时间乘以平均工作效率：

$$NT = OT \times \overline{R}/100$$

式中 $\overline{R}$——平均评价系数 $= \sum R/n$。

最后，正常时间加宽放时间就可得到标准时间。

例14-6展示了单一操作单元的标准时间制定程序，例14-7则展示了多个操作单元的标准时间制定程序。

例14-6 **计算单一操作单元的标准时间**

表14-1列出了计算钻床作业标准时间所需要的相关信息。

$$OT = \frac{T}{P}\frac{n_i}{n} = \frac{480}{420}\min \times 0.85 = 0.971\min$$

正常时间（NT）等于观测时间乘以平均评价系数：

$$NT = OT \times \overline{R}/100 = 0.971\min \times 110/100 = 1.068\min$$

最后，正常时间加宽放时间就达到标准工作时间：

$$ST = NT(1 + 宽放率) = 1.068\min \times 1.15 = 1.228\min$$

表14-1　钻床作业相关信息

信　　息	来　　源	数　　据
工作总时间（工作时间 + 空闲时间）	计时卡	480min
钻孔数量	检验部门	420个
工作部分所占比例	工作抽样	85%
平均评价系数	工作抽样	110
宽放率	工作抽样	15%

例14-7 **计算多操作单元的标准时间**

一位分析人员对一项含三个操作单位的手工作业进行15min的观察，获得30个样本，期间共生产了12件产品。数据结果列在表14-2中。观测时间分别是

$$OT_1 = \frac{15\min}{12} \times \frac{9}{30} = 0.375\min$$

$$OT_2 = \frac{15\min}{12} \times \frac{7}{30} = 0.292\min$$

$$OT_3 = \frac{15\min}{12} \times \frac{12}{30} = 0.500\min$$

各操作单元的正常时间为

$$NT_1 = 0.375\min \times \frac{860}{9 \times 100} = 0.358\min$$

$$NT_2 = 0.292\min \times \frac{705}{7 \times 100} = 0.294\min$$

$$NT_3 = 0.500\min \times \frac{1180}{12 \times 100} = 0.492\min$$

表 14-2　含三个操作单元作业的抽样研究数据表

样本编号	观测到的绩效评价			空闲
	单元 1	单元 2	单元 3	
1	90			
2				100
3		110		
4	95			
5	100			
6		100		
7			105	
8	90			
9			110	
10	85			
11			95	
12		90		
13			100	
14			95	
15	80			
16			110	
17		105		
18			90	
19	100			
20			85	
21			90	
22			90	
23		105		
24			100	
25		95		
26				100
27	110			
28		100		
29			110	
30	110			
总评价系数	860	705	1180	100

假设各操作单元的宽放率均为 10%，则最后的标准时间是

$$ST = (0.358\min + 0.294\min + 0.492\min) \times (1 + 0.10) = 1.258\min$$

14.8　自我观测

尽责的管理者和员工会周期性地对自己的工作进行工作抽样，以评价目前时间使用的效率。大多数情况下，管理者把时间用在了一些无足轻重的地方，并且他们经常把时间浪费在

一些个人事务或一些完全可以避免的耽搁上，而他们自己却以为这些时间只占其中的一小部分而已。一旦这些管理者了解了他们行使各职能所花的时间被下属或记录员轻松地记录下来的时候，他们会采取一些积极行动。

例如，一位大学教授决定进行一项关于他/她自己在各项活动上如何使用时间的工作抽样研究。该教授决定在未来的 8 周里随机获得一些样本。该时期应该能提供典型的并不受季节因素支配的数据。教授设定的随机提醒器是平均每小时提供 2 个样本。如此一来，教授在 8 周的研究中可得到 640 个样本（8 周 ×40h/周 ×2 个样本/h）。为了得到更高的精度，该教授还可以在研究期限内以一个更高的比率来选择样本数。

为了记录数据，教授设计了类似于图 14-13 所示的表格。表格包含了 1 周内获得的随机样本。提醒器每响一次，教授都会记录下适用类别和时间的代码字母。

姓名 A. B. Jones　日期 3/25　研究编号 B-47

T 教学　C 继续教育　D 私事

R 科研　A 指导学生　I 开会

P 准备　S 职业规划　□

周一		周二		周三		周四		周五		周六		周日		备注
时间	代码	时间	代码	时间	代码	时间	代码	时间	代码	时间	代码	时间	代码	
8:17	T	8:06	C	8:58	P	8:02	I	8:49	T					执行委员会
8:52	T	8:32	C	9:08	R	8:31	A	9:07	C					
9:04	D	8:58	A	9:25	R	8:45	S	9:17	C					
9:27	R	9:32	P	10:01	I	9:32	T	9:51	I					科研委员会和教师人事事务
9:50	R	10:11	T	10:50	S	10:17	T	10:11	R					教师人事事务
10:11	I	11:00	S	10:57	S	10:40	S	10:32	R					
10:18	A	11:05	S	11:26	A	11:35	P	10:53	A					
11:01	P	11:55	I	11:40	P	11:59	D	11:17	P					系所课程
11:25	P	1:42	P	1:17	D	1:04	R	11:42	P					
1:05	P	1:59	P	2:05	T	1:27	R	1:11	I					系所课程
2:01	T	2:11	R	2:35	T	1:47	I	1:47	I					系所课程
2:35	T	2:37	R	3:00	I	2:17	R	2:15	T					休闲放松委员会
2:55	S	3:25	R	3:24	S	2:46	A	2:45	T					
3:45	S	3:40	S	4:14	S	3:40	P	3:00	T					
4:11	P	3:57	R	4:38	P	4:11	S	4:02	S					
4:42	R	4:15	A	5:00	P	4:37	S	4:25	D					

一周汇总

T 13　P 15　A 7　D 4　□

R 14　C 4　S 14　I 9　合计 80

图 14-13　为自我观测设计的工作抽样表格

8 周的研究结束时，教授总结了每周获得的数据表。如果教授发现总共 640 份样本中有 80 份做了 I（开会）的标记，也就是说有 12.5% 的时间花在了开会上面，它的 95% 的置信区间应该是

$$12.5\% \pm 1.96\sqrt{\frac{0.125 \times (1-0.125)}{640}}$$

教授以95%的把握相信他的开会时间占工作时间的比例是12.5%±2.6%的范围。根据本次研究的结果，教授调整了他的工作日程，希望以更积极的方式利用他的时间和精力。

14.9 工作抽样软件

使用计算机进行工作抽样研究可使总成本节约35%，因为实际观测中大部分时间都用于记录工作。工作抽样数据的主要工作可总结如下：计算百分比和精确度，绘制控制图，确定所需样本容量大小，确定所需日样本数据，确定每天往返研究场所的次数，确定每次抽样工作的时间，等等。

目前有几款各具特色的软件可供分析人员选择。所有的软件都能通过平板计算机或智能手机收集数据。例如 Applied Computer Services 公司的 SamplePro、Quetech 公司的 WorkStudy +、Laubrass 公司的 UmtPlus 等。这些软件的优势之一是可以直接链接到 Excel，进行更详细的数据分析，从而减少文书工作，并快速、准确地实现最终结果。

本 章 小 结

工作抽样是分析人员确定宽放时间、人员效率以及设置标准工作时间的有效工具。在确定不可避免的宽放时间、停工时间的分配时，工作抽样尤为有效。对这些中断的工作时间的研究是提高生产率的重要方面。工作抽样也被更多地用于建立生产支持工作、维护工作和服务工作的工作标准。

每个方法 – 时间研究和薪酬支付领域的人必须熟悉这项技术的优势、局限性、使用方法及其应用范围。总之，必须将以下几个方面谨记在心：

(1) 在使用工作抽样方法之前必须解释和"推销"这项技术。
(2) 将个体研究推广到类似的机器或操作群组中。
(3) 使用尽可能大的样本容量。
(4) 随机获得观察样本，以保证一天的所有时间里都收集到样本。
(5) 观察较长一段时间以得到具有代表性的实际情况。

思 考 题

1. 工作抽样最先使用在什么地方？
2. 和秒表时间研究相比，工作抽样有什么优势？
3. 工作抽样适用于哪些领域？
4. 你如何确定一天中哪些时间该收集不同的样本，以保证抽样的无偏性？
5. 在进行工作抽样研究时有哪些方面必须谨记于心？
6. 讨论样本容量与工作抽样精度之间权衡的统计依据。
7. 在为工作抽样研究收集数据时使用随机提醒器的主要优势是什么？
8. 持续获取样本数据需要维持多长时间？
9. 讨论同时观察一家大型银行的10名职员时的方案。

10. 如何将工作抽样方法的有效性推销给不熟悉概率和统计程序的员工？

11. 利用工作抽样来建立绩效标准的优势和劣势各有哪些？

计 算 题

1. Dorben 参考书阅览室的分析人员决定使用工作抽样技术来制定标准，该工作抽样要抽取 20 个员工进行研究。要抽样的操作包括汇编目录、取出书本、将书本放回合适的位置、清洁书本、记录、包装以及处理信件。初步调查显示 30% 的时间花在汇编目录上。在 95% 的置信水平，观察数据的允许误差水平为 ± 10% 的情况下，需要抽取多少个观察数据？描述如何获得这些随机的观察数。

下面的表格给出了从这 20 个员工中的 6 个收集到的数据。汇编成目录的书一共有 14 612 册。利用这些数据制定汇编目录的标准，以每百册需要的小时数表示。然后设计一个 $\pm 3\sigma$ 的日观测数据的控制图。

项　目	操 作 者					
	Smith	**Apple**	**Brown**	**Green**	**Baird**	**Thomas**
总工作时间/h	78	80	80	65	72	75
总样本量	152	170	181	114	143	158
包括汇编目录的样本量	50	55	48	29	40	45
平均评价系数	90	95	105	85	90	100

2. Dorben 公司的工作测量分析人员计划利用工作抽样技术为间接劳方制定标准。这项研究会提供如下信息：

T——该项目研究的总操作时间；

N——该项目研究的总样本；

n——该项目研究的总观察样本；

P——该项研究该时期的总产品数；

R——该项研究的平均评价系数。

推导出估计操作的正常时间的公式。

3. Dorben 公司的分析人员要测量锻造车间锻打工作的停工时间百分比。负责人估计停工时间百分比大约为 30%。利用工作抽样研究，希望百分比估计值比实际值浮动 ± 5%，置信水平为 95%。分析人员决定在三周的每天内抽取 300 个随机数，描绘一个 $p = 0.30$ 和子样本容量 $N = 300$ 的 p 图，解释如何使用该图。

4. Dorben 公司使用工作抽样技术来为其打字小组制定标准。该打字小组有不同的责任，包括根据录音打字、归档、贴卡和复制。该小组有 6 个每周工作 40h 的打字员。在一个超过 4 周的时期内收集到 1700 条记录样本。在该时期内，这些打字员共打了 9001 条记录。在这些随机观察样本中，1225 条记录表明打字确实发生了。假设宽放率为 20%，调整的绩效评价系数为 85。计算每条记录的打字时间。

5. 如果给定 5% 的私事宽放，需要多少观察样本来确定锻造车间的私事宽放率？如果要在 95% 的时间内达到 4% ~ 6% 的私事宽放率，又需要多少观察样本呢？

6. 如果要在估计占工人 80% 的工作时间的工作里获得 65% 的精确度，在 95% 的置信水平下，需要多少随机观察样本数？

7. 如果在 10 天工作研究中的平均处理活动率为 82%，而每天的观察数是 48，那么每天的活动比例中可允许的误差是多大？

8. 以下是 Mole Hill 滑雪场实习人员收集的关于 V – 8 Ford 发动机效率的数据。管理人员想知道在正常的 16h 工作日内他们的发动机可以服务多少小时而不发生故障。在研究这些数据之后，你可以计算出在 95% 的置信水平下，在 16h 工作日中，发动机可以运转_____ h ± _____ h。

8气缸运行	‖‖‖
7气缸运行	‖‖‖ ‖‖‖ ‖
6气缸运行	‖‖‖ ‖‖‖ ‖‖‖ ‖
不运行，发动机故障	‖‖‖ ‖‖‖ ‖‖‖ ‖‖‖ ‖ ‖

9. 一个 8h 工作抽样研究得到的数据见下表：

运转	‖‖‖ ‖‖‖ ‖‖‖ ‖‖‖ ‖‖‖ ‖	
闲置	故障	‖‖‖
	原材料短缺	‖‖‖ ‖‖‖ ‖
	其他	‖‖‖ ‖

(1) 机器运转时间的百分比是多少？

(2) 机器故障时间的百分比是多少？

(3) 该项研究的准确程度是多少？

(4) 95% 置信水平的机器运转置信区间是多少？

(5) 你的领导认为第 (4) 部分的区间范围太大了，不能接受。她希望能够把置信区间间隔范围缩小为 ±1min，要达到这个水平，需要收集多少观察样本？

10. Dorben 公司为其操作者提供 10% 的补贴。对 8h 班次的一名操作者进行工作抽样调查得到以下数据。平均工作评价系数为 110，预期产量为 50 个/班次。

(1) 负载的观测时间（以分钟为单位）是多少？

(2) 卸载的正常时间是多少？

(3) 整体的标准时间是多少？

(4) 这项研究的准确性是多少？

负载	‖‖‖ ‖‖‖ ‖‖‖ ‖
卸载	‖‖‖ ‖‖‖ ‖‖‖
加工	‖‖‖ ‖
闲置	‖‖‖ ‖‖‖ ‖‖‖

11. 一名工作抽样分析师注意到，在 50 次观察中，一个工人休息了 2 次，与一个同事聊天了 2 次，1 次不在工作站。分析师有 95% 的把握认为，员工实际上在百分之_____到百分之_____的时间内工作。如果分析师 95% 确信员工有 87% ~93% 的时间在工作，那么工作抽样研究中发生了哪些变化？

12. 以下观察结果是在 8h 内随机获得的，在此期间，某操作者组装了 20 个 Zip 驱动器。

(1) 典型的 8h 工作日中，Zip 操作者工作多少分钟？

(2) 他的平均表现如何？

(3) 他的正常时间是多少？

(4) 这项研究的误差是多少（%）？

评价系数	观察次数
70	1
80	3
90	9
100	8
110	1
空闲	8

参 考 文 献

Barnes, R. M. *Work Sampling.* 2d ed. New York: John Wiley & Sons, 1957.

Morrow, R. L. *Time Study and Motion Economy.* New York: Ronald Press, 1946.

Richardson, W. J. *Cost Improvement, Work Sampling and Short Interval Scheduling.* Reston, VA: Reston Publishing, 1976.

Richardson, W. J., and E. S. Pape. "Work Sampling." In *Handbook of Industrial Engineering.* 2d ed. Ed. Gavriel Salvendy. New York: John Wiley & Sons, 1992.

可 选 软 件

JD-7/JD-8 Random Reminder. Divilbiss Electronics, RR #2, Box 243, Chanute, KS 66720 (http://www.divilbiss.com)

DesignTools and QuikSamp (可从 McGraw Hill text 网站 www.mhhe.com/niebel-freivalds获取). New York: McGraw-Hill, 2002.

Workstudy+, Quetech, Ltd., 866 222-1022 (www.quetech.com)

SamplePro. Applied Computer Services, Inc., 7900 E. Union Ave., Suite 1100, Denver CO 80237.

UMT Plus, Laubrass, Inc., 3685 44e Ave., Montreal, QC H1A 5B9, Canada (www.laubrass.com)

第 15 章

间接人工和费用人工标准

本章要点

- 使用时间研究和预定时间系统为相对可预测的间接人工制定标准。
- 使用类似工作种类为相对不可预测的间接人工和费用人工制定标准。
- 利用工作抽样和历史记录为职业费用人工制定标准。
- 使用排队论计算工作的等待时间。
- 使用蒙特卡罗仿真预测工作的延迟和停工期。

自 1900 年以来，间接人工和费用人工的增长率是直接人工的两倍多。随着医疗、保险、银行、零售、信息技术，甚至艺术、娱乐和休闲等服务业的发展，这一点尤其明显。传统情况下，间接人工包括承担出货和进货、货车运输、仓储、检验、原料处理工作，以及负责工具间、清洁和维修这些工作的工人；费用人工则包括所有不属于直接人工和间接人工的人员，如办公室文员、会计、销售人员、管理人员、工程师等。

办公室员工、维修工人和其他间接人工和费用人工员工数快速增长是由几方面的原因造成的。首先，工业机械化的加强和许多工序的完全自动化操作（包括机器人的使用）减少了对技工和操作人员的需求。自动化不断加强的趋势导致了对电子专家、仪器仪表专家、计算机硬件和软件技术员和其他专业人员的巨大需求。其次，由美国联邦、州和地方立法所引起的文书工作的大量增加在很大程度上造成了文员人数不断增多。最后，方法和技术进步的研究成果还没有应用到办公和维修工作中——虽然这些方法和技术在工业化进程中应用于直接人工已经取得了非常大的成效。随着薪水总额中越来越大部分支付给了间接人工和费用人工，管理层开始意识到了将这些方法和标准应用到这个领域可带来收益的机会。

15.1 间接工作和费用工作标准概述

方法、标准和工资支付的系统方法不但适用于直接人工，也同样适用于间接人工和费用人工。在为间接人工和费用人工制定标准之前，必须先仔细地调查、分析，不断完善已经建立的标准以及进行陈述、实施和工作分析。方法分析程序本身就能够产生经济效益。

工作抽样是一种明确问题的严格性和确定间接人工和费用人工方面可能节省资金的好方法。不难发现，工人有效投入工作的时间通常只占总工作时间的 40% ~ 50%，甚至更少。例如，分析人员发现，在占间接人工总成本很大一部分的维修工作中，导致大量工作时间损失的可能原因有以下几个：

1. 沟通不充分

在工作现场经常会发现不完全甚至不正确的工作命令。这使得维修工人不得不多跑几趟工具间和材料库以获得零部件和工具，而这些东西本应该在工作开始时就得到。例如，一条工作命令仅仅陈述"修补输油系统的漏洞"就不完全，因为它不能为是否需要新的阀门、管道或垫圈，或者是否这个阀门需要重新捆扎提供足够的详细信息。

2. 无法得到适当的零部件、工具或设备

如果维修工人无法及时得到完成工作所需要的设备和零部件，他们就不得不临时准备，这通常会浪费时间和降低工作质量。良好的计划确保了维修工人可以在需要的时候获得合适的工具和设备，以及在工作现场获得适当的零部件。

3. 生产工人的干扰

没有良好的时间计划，维修工人可能无法开展修理、保养或检查操作，因为设备仍然被生产工人使用着。这可能导致维修工人懒散地等待，直到生产部门准备好移交该设备。

4. 维修工人配备过多

通常只需要两个人却配备了三四个人，这导致了时间浪费。

5. 令人不满意的工作必须重做

不良的计划通常会导致维修工人产生"这样可以蒙混过关"的思想，而这又导致这项维修工作不得不被重做。

6. 计划不周

良好的计划可以确保维修工人有足够的工作要做，从而最小化空闲等待时间。

15.1.1　间接人工标准

间接人工部门，如文书、维修和工具制造的标准应该通过基于一个或一组能被量化的或测量的操作时间标准来设立。这些操作必须先分解为直接、运输和间接工作单元。

用来为直接人工的工作制定标准的工具与前面讨论的一样：时间研究、预定时间标准法、标准数据、公式和工作抽样。

因此，分析人员可以为如下作业制定标准，如悬挂一扇门，重绕一个 1 马力的发动机，给无心磨床上漆，清扫来自一个部门的碎屑，或者交付一箱锻件（200 个）等。分析人员通过测量操作者执行该项工作需要的时间来为每个作业制定标准工时。然后他们对这个研究结果进行评价，并确定一个合适的宽放率。

通常，通过认真研究和分析会发现，工作团队平衡和冲突使得间接工作产生了比直接工作更多的不可避免的延迟。工作团队平衡是当团队的一个成员在观看团队其他成员执行工作时产生的时间浪费。冲突时间是一个工人等待其他工人做完这个工人开始前的必要工作的时间。工作团队的平衡和冲突延迟都是不可避免的，然而它们仅仅是间接人工操作，如维修工人的操作的特征。本章后续将要介绍的排队论就是一个非常有用的估算等待时间的工具。

由于大多数维修和原料处理操作在很大程度上具有差异性，因此有必要对每一个操作进行充分的独立时间研究，以保证最终的标准可以代表一个正常水平的操作者在一般条件下完成该工作所需要的时间。例如，如果一项研究显示清扫一个长 80ft 宽 60ft 的机房地面需要 47min，那分析人员就必须保证研究的工作条件不变。如果该车间加工的是铸铁而不是合金钢，则这个清洁工将会花费更多的时间，因为合金钢干净得多，合金钢的碎屑也更容易处理。另外，降低加工和进料的速度也会减少碎屑。所以，以车间加工合金钢为条件制定的47min的标准工时对于生产铸铁零件的车间是不够的。时间研究应该确保在一般条件下进行，并且得出的标准工时能够代表那些工作环境。同样，分析人员也可以基于场地面积为涂装制定标准。

工具间的工作和加工车间里的工作相类似。因此，分析人员可以预先确定制造不同的工具（如钻模、铣床夹具、成形刀具或模具）的方法。分析人员使用时间研究和/或预定工作单元时间来设定工作单元的次序和测量每一个工作单元所需要的正常时间。工作抽样是确定由于疲劳、个人需要、不可避免和特殊的延迟所需宽放的有力工具。由此得出标准工作单元工时可以以标准数据的形式列成表格，然后用于设计时间公式，作为以后该项工作的标准工时。

15.1.2 影响间接人工和费用人工标准的因素

所有间接工作和费用工作都是由四部分组成的：①直接劳动；②运输；③间接劳动；④不必要的工作和延迟。

直接劳动是操作中可以明显加快工作进程的那部分。例如安装一扇门，直接劳动单元可能包括这些动作：切割出门的粗略尺寸、把门刨成目标尺寸、定位和标记铰链区、凿出铰链区、标记螺钉的位置、安装螺钉、标记门锁的位置、在门锁位置钻孔、安装门锁。这些直接劳动可以方便地使用常规技术测量，例如秒表时间研究、标准数据或者基本动作数据。

运输是在一项作业中或从一项作业到另一项作业中以移动的形式执行的工作。运输可以在水平、垂直或两个方向同时进行。典型的运输单元包括：上下楼梯、乘电梯、行走、搬运重物、推货车、驾驶货车。运输的作业单元也很容易用标准数据测量和建立。例如，一个公司使用0.5min作为水平行进100ft的标准工时，而用0.3min作为垂直行进10ft的标准工时。

通常，分析人员不能通过已完成工作或工作中任何阶段的实物证据来估计间接人工或费用人工中的间接劳动部分，除非从工作的某些特征演绎推理得出。间接劳动单元可以被分成三个部分：①工具管理；②原料管理；③计划。

工具管理的工作单元包括获得、部署和维护执行一项操作所需要的所有工具。工具管理的典型工作单元应该包括：获得和检查工具和设备；完成工作以后归还工具和设备；清洗工具；修理、校准和磨快工具。工具管理的工作单元很容易通过常规的方法进行测量，统计记录提供了它们的使用频率数据，等候或排队论则提供了供应中心预期的等待时间的信息。

原料管理工作单元包括获得和检查在一项操作中所使用的原料以及处置废料。进行小的修补、收集和处置废料，以及获得和检查原料是原料管理工作单元的特征。与工具管理的工作单元一样，原料管理的工作单元也很容易测量，它们的使用频率可以通过历史记录精确地确定。排队论提供了从库房获取原料的等待时间的最佳估计方法。

计划工作单元是最难制定标准的领域。这些工作单元包括与管理人员协商、计划工作程序、检验、检查和测试。工作抽样技术，尤其是自我观测，提供了确定执行计划工作单元所需时间的基础。

计划和方法改良可以消除不必要的工作和延迟，而这些不必要的工作和延迟可能占用了高达40%的间接人工和费用人工的总工资。许多浪费的时间都与管理有关，因此，分析人员在制定标准之前应该遵循第1章中推荐的系统程序。在这项工作中，分析人员应该在制定标准之前获得和分析事实，然后再制定和实施方法。

许多发生在间接人工和费用人工中的延迟时间是因为排队而产生的。工人们不得不在工具间、库房或者仓库排队等着领一部铲车、一个台式计算器或其他设备。通过应用排队论，分析人员就可以确定在特定情况下需要使用的工具或设备的最优数量。

15.1.3 排队论基础

当到达的运输流（人、设备等）产生了一个对设备服务的随机需求，而服务能力又有限的时候，排队系统问题就可能产生。到达和服务的时间间隔与服务能力水平成反比关系。服务站点的数量越多，服务的速度越快，到达和服务之间的时间间隔就越短。

方法和工作测量分析人员应该选择一个操作总成本最小的操作程序，必须保持等待时间和服务能力的经济平衡。以下四个特征可以定义排队问题：

1. 到达速度的模式

到达速度（例如，一台机器停机等待修理）可能是不变的也可能是随机的。如果是随机的，该模式就是连续到达之间间隔值的概率分布，而且随机模式的概率分布可能是确定的，也可能是不确定的。

2. 服务速度的模式

服务时间也可能是不变的或随机的。如果是随机的，分析人员应该定义符合该随机模式的概率分布。

3. 服务单元的数量

通常，多服务单元的排队问题比单一服务单元的排队问题更加复杂。然而大多数问题都是多服务单元的排队类型，如维护一组机器所必需的机修工的数量。

4. 服务的选择模式

服务通常是以"先到先服务"为基础的，但有时候，服务的选择可能是完全随机的，或者可能遵循一套优先顺序。

排队问题的解决方案可以分为两大类：解析和仿真。用解析法可以处理很多问题，数学概率和分析技术可以提供解决这些问题的方程式，方程式中列明了含有各种关于排队特征假设的系统。一种最普通的关于到达模式或者每单位间隔时间的到达数的假设就是它们遵循泊松概率分布：

$$p(k) = \frac{a^k \mathrm{e}^{-a}}{k!} \tag{15-1}$$

式中　a——平均到达速度；

　　　k——单位间隔时间内的到达数量。

一个有用的累计泊松概率图如图 15-1 所示。

泊松到达模式的更进一步结果就是到达之间的随机变量时间服从有相同变量 a 的指数分布。作为一个连续的分布，这个指数分布有一个密度函数：

$$f(x) = a\mathrm{e}^{-ax} \tag{15-2}$$

$$P(c, a) = \sum_{x=c}^{+\infty} \frac{\mathrm{e}^{-a} a^x}{x!}$$

式中　$P(c, a)$——单位时间内 c 个或者多于 c 个到达的概率；

　　　a——平均到达速度；

　　　c——单位时间内的到达数。

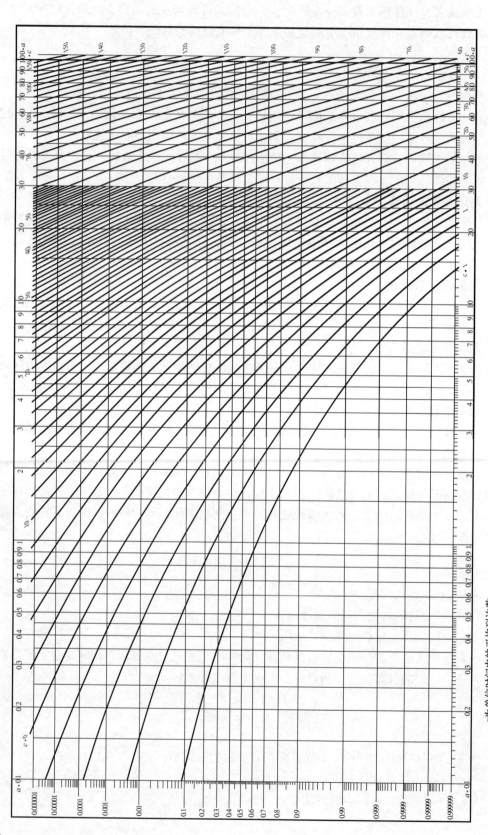

图 15-1　"到达"的泊松分布

该指数分布的均值为 $u = 1/a$，方差为 $1/a^2$，u 可以被看作到达之间的平均间隔时间。在一些排队系统中，每单位时间的服务数量可能服从泊松模式，服务次数遵从指数分布。图 15-2 给出了指数曲线 $F(x) = e^{-x}$，该曲线表明超出任何特定服务时间各种倍数的概率。应用于泊松到达数量和服务次序队列的基本方程可分为五类：①任何服务时间分布和单一服务器；②指数服务时间分布和单一服务器；③指数服务时间分布和有限服务器；④不变的服务时间分布和单一服务器；⑤不变的服务时间分布和有限服务器。

每种类型的方程都已经建立起来了，这些方程给出了队列中诸如平均延迟时间和平均到达数量等问题的定量答案。

下面用两个例子可以证明排队论的应用。例 15-1 是给一个检验程序制定标准工时，它符合五种类型中的第①类——任何服务时间分布和单一服务器。例 15-2 应用于工具间的延迟问题，属于第②类——指数服务时间分布和单一服务器。许多工业问题都属于这一类。

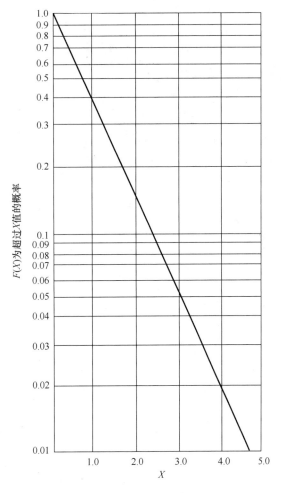

图 15-2 指数分布

例 15-1 使用排队论为检验程序制定标准工时

一个分析人员要制定检验大电动机电枢硬度的标准工时。工时由截然不同的两部分组成：检验者用来做洛氏检测的工时，以及操作者等待下一个电枢轴处于待检验状态的工时。适用以下假设：①单一服务器；②泊松到达；③任意服务时间；④先到先服务的原则。这种情况属于五种类型中的第①类，因此可应用以下方程：

$$P(>0) = u = \frac{ah}{s} \tag{15-3}$$

$$w = \frac{uh}{2(1-u)}\left[1 + \left(\frac{\sigma}{h}\right)^2\right] \tag{15-4}$$

$$m = \frac{w}{P(>0)} = \frac{w}{u} \tag{15-5}$$

式中　a——单位时间内的平均到达数量；

　　　h——平均服务时间；

　　　w——所有到达的平均等待时间；

　　　m——延迟到达的平均等待时间；

　　　s——服务器的数量；

　　　u——服务器的利用率，$u = ah/s$；

　　　σ——服务时间的标准差。

秒表时间研究为实际的硬度测试设立了一个 4.58min/个的正常工时。服务时间的标准差是 0.82min，每个工作日 8h 内可以进行 75 个测试。从这些数据可得

$$s = 1$$

$$a = \frac{75}{480} = 0.156$$

$$h = 4.58$$

$$\sigma = 0.82$$

$$u = 0.156 \times 4.58 = 0.714$$

$$w = \frac{0.714 \times 4.58}{2 \times (1 - 0.714)} \left[1 + \left(\frac{0.82}{4.58} \right)^2 \right] = 5.90 \,(\text{所有到达的平均等待时间，单位为 min})$$

因此，这个分析人员制定的每个电枢轴的总工时为 4.58min + 5.90min = 10.48min。

例 15-2　**使用排队论为工具间服务制定标准工时**

工具间服务可以被模拟成具有指数服务分布、泊松到达的单一服务器的排队问题。可应用的方程为

$$P(>0) = u \tag{15-6}$$

$$P(>t/h) = u\mathrm{e}^{(u-1)(t/h)} \tag{15-7}$$

$$P(n) = (1 - u)u^n \tag{15-8}$$

$$P(\geqslant n) = u^n \tag{15-9}$$

$$w = \frac{hP(>0)}{1 - u} = \frac{uh}{1 - u} \tag{15-10}$$

$$m = \frac{w}{P(>0)} = \frac{h}{1 - u} \tag{15-11}$$

$$L = \frac{m}{h} = \frac{1}{1 - u} \tag{15-12}$$

式中　　n——在任何给定时间的现有到达数量（包括正在等待的和正在服务的）；

　　$P(n)$——在任意随机时刻有 n 数量到达的概率；

　$P(\geqslant n)$——在任意随机时刻至少有 n 数量到达的概率；

　　　　t——时间单位；

$P(>t/h)$——大于 t/h 乘以平均持有时间的延迟的概率；

　　　　L——在所有个体中等待的平均个体数。

工具间的到达服从泊松分布，两个到达之间的平均时间为 7min。服务时间长度服从指数分布，通过秒表时间研究所得的均值为 2.52min。分析人员想要制定到达后必须等待的概率以及等待队伍的平均长度。使用这些信息，该分析人员就可以评估开放第二个工具分配窗口的实用性。

$a = 0.14$（每分钟的平均到达数量）

$h = 2.52$（平均服务时间）

$s = 1$

$P(>0) = u$

$u = \dfrac{ah}{s} = 0.35$（到达后必须等待服务的概率）

$L = \dfrac{1}{1-u} = 1.54$（等待队伍的平均长度）

15.1.4 蒙特卡罗仿真

仿真可用于解决那些既没有可使用的标准公式又没有可获得的经验公式的排队问题。分析人员引进一组由特定到达和服务时间的分布样本得到的输入值，这些输入数据产生出一个该时期等待结果的样本输出分布。这种方法叫作蒙特卡罗仿真，通过恰当地平衡服务站点、服务速度和到达速度来提出一个最优的解决方案，用于分析涉及工具供应品和服务设备的"集中－分散"储存地点的排队问题特别有效。

例 15-3 证明了使用这项技术确定自动攻螺纹部门的机器所需的最少操作者数量。

例 15-3 使用蒙特卡罗仿真确定最优的操作者数量

目前有 3 个操作者服务 15 台机器，劳动成本是 12 美元/h，而机器的使用成本是 48 美元/h。过去记录中的一位分析人员揭示了以下每小时工作中断数的概率分布和使得机器运转所需时间：

每小时的工作中断数	概率		使得机器运转所需时间/h	概率
0	0.108		0.100	0.111
1	0.193		0.200	0.254
2	0.361		0.300	0.009
3	0.186		0.400	0.007
4	0.082		0.500	0.005
5	0.040		0.600	0.008
6	0.018		0.700	0.105
7	0.009		0.800	0.122
8	0.003		0.900	0.170
	1.000		1.000	0.131
			1.100	0.075
			1.200	0.003
				1.000

使得机器运转所需时间形成一个双峰分布，它并不符合任何标准分布。分析人员随机赋值了一组 3 位数（000 ~ 999）——这组数与到达和服务速度数据相关的概率成正比，以模拟在一段时间内这个攻螺纹部门的预期行为。该分析人员进行了一系列随机观测，来模拟一天 8h 工作的活动中操作台上的工作中断。这些随机数字产生了如下结果：

小时	随机数	工作中断次数
1	221	1
2	193	1
3	167	1
4	784	3
5	032	0
6	932	5
7	787	3
8	236	1
9	153	1
10	587	2
11	573	2

若估算在机器停机以后让它再次运转所需要的时间，该分析人员为每个工作中断选择了不同的一组随机数据，作为每个工作中断的输入值。

小时	随机数	使得机器运转所需时间/h
1	341	0.200
2	112	0.200
3	273	0.200
4	106	0.100
5	597	0.800
6	337	0.200
7	871	1.000
8	728	0.900
9	739	0.900
10	799	1.000
11	202	0.200
12	854	1.000
13	599	0.800
14	726	0.900
15	880	1.000

表 15-1 根据部门 8h 的操作结果，预测了由于操作人员不足导致的机器停工时间。

　　该仿真模型显示了每天因为缺少一个操作人员而产生的 2.8h 的机器停工时间。机器的使用成本是 48 美元/h，那么 1 天的停工时间的总成本就是 2.8h × 48 美元/h = 134.40 美元。而雇用第 4 个操作人员仅仅需要每天额外的 8 × 12 美元 = 96 美元的直接劳动成本，这样看来 3 个工人执行这项操作从成本的角度来说不是最优的。

　　然而需要注意的是，10 个随机数字是一个规模很小的仿真，可能导致不正确的结果。用更多的数字，趋向于一个最适宜的解决方案的可能性就更大。实际上，用 80 个随机数字，现有的 3 个工人服务 15 台机器的配置看上去是一个最适宜的解决方案，因为在 80h 的操作过程中仅仅损失了 19.6h（而不是推断的 28h）。

表 15-1　对机器停工期进行蒙特卡罗模拟的结果

小时	随机数	工作中断次数	随机数	使得机器运转所需时间/h	下一个工作中断可获得的操作者	因为缺乏员工而导致的停工时间/h
1	221	1	341	0.200	2	
2	193	1	112	0.200	2	
3	167	1	273	0.200	2	
4	784	3	106	0.100	2	
			597	0.800	1	
			337	0.200	0	
5	032	0	—	—	3	
6	932	5	871	1.000	2	
			728	0.900	1	
			739	0.900	0	
			799	1.000	0	0.9
			202	0.200	0	0.9
7	787	3	854	1.000	0	
			599	0.800	0	0.9
			726	0.900	0	0.1
8	236	1	880	1.000	1	
9	153	1	495	0.700	2	
10	587	2	128	0.200	2	
			794	1.000	1	
					总计	2.8

15.1.5　费用人工标准

　　管理层越来越认识到有必要在给定的工作量下正确地确定合适的办公室人员数。为了控制办公室人员的工资总额，管理层必须制定标准工时，因为它们是评估任何任务大小的唯一可靠的准绳。

　　和直接人工工作一样，方法分析在所有费用人工操作中都应该先于工作测量。流程图是展示现有方法实际情况的理想工具，它允许现有方法被不断批判检查。分析人员使用这些主要的方法进行操作分析，然后考虑如下因素：操作的目的、形式的设计、办公布局、消除因为不良的计划和进度安排而导致的延迟以及现有设备是否足够。

在完成全部的方法计划之后，就可以着手制定标准。许多办公室工作都是重复性的，制定公平的标准并不特别困难。文字处理员、客服中心、计费小组和数据输入操作员代表了那些容易通过秒表、标准数据和基本动作数据技术来进行工作测量的群体。

在研究办公室工作中，分析人员应该仔细识别作业单元的终点，以便于制定的标准可以作为未来工作标准的依据。例如，将医嘱录入计算机系统，在录入每一个医嘱时通常会发生以下的作业单元：

（1）从一堆文件中取出医嘱。

（2）阅读医嘱说明。

（3）用键盘按顺序输入以下内容：

1）日期。

2）病人姓名。

3）需要的实验室测试或药物。

4）签发的医生/部门。

一旦分析人员为办公室用的多数共同作业单元制定了标准数据，就可以迅速和经济地计算时间标准。当然，许多文书职位由一系列多样化的活动构成，它们并不易于测量。这些工作并不构成一系列不断重复的标准周期，因此，这些工作比直接人工操作更加难以测量。办公室工作有其特殊的工作特征，有必要花费很多时间进行研究，很可能研究的工作是一次性的，进而通过计算所有已做的研究，分析人员就可以制定出在典型的或一般的工作环境下的标准工时。例如，可以以录入一页医嘱为基础计算一个时间标准。如果一些医嘱要求符号、拉丁术语和其他特殊字符或者间隔，那就要花费比常规医嘱更长的时间。但是，如果技术要求高的键盘输入只是偶尔出现，它就不会导致在一段时间内对操作员业绩的不公平影响，简单键盘录入和较短的医嘱花费比标准医嘱少的时间可以抵消掉录入复杂医嘱所需要的额外时间。

针对需要创造性思维的办公室员工制定标准通常是不实际的。

在尝试对医生下医嘱制定时间标准之前应该仔细考虑。如果制定了这些工作的时间标准，就应该将这个标准用于时间安排、控制或进行员工预算，而不是工资支付方面。在这些员工（例如医生）身上施加压力会阻碍创造性思维和病人护理，甚至可能导致彻底反抗。同时，也应基于职业绩效标准（见后文）评估医生。对健康维护组织来说，由此导致的成本比因提高医生的工作效率所节省的费用可能更大。

15.1.6　监管的标准

给监管工作制定标准也是可能的（见例15-4）。工作抽样技术是确定公平的监管者工作量和在监管者、设备、办公人员和直接劳动者之间维持恰当平衡的特别好的工具。分析人员可以通过全天的研究获得相同的信息，但是获得这些可靠数据的成本通常是被限制的。监管标准也可以由有效的机器运转小时数或者一些其他指标来表示。

例 15-4　监管标准的制定

一项对一家面板制造商的研究显示，在某个特定的部门，每小时的机器运转需要 0.223 的监管小时数（见图 15-3）。工作抽样研究表明在 616 次观察中，操作者操作网格机、检查网格、做文案工作、供应原料、行走或者从事被分类为杂项宽放的活动，总共 519 次。转换成按比例分配的小时数，图 15-3 中显示 2461 个机器运转小时需要 518h（间接小时数）。加上 6% 的个人需要宽放，分析人员计算出每个机器运转小时需要 0.223 个监管标准工时，即

$$\frac{518h}{2461h} \times 1.06 = 0.223$$

因此，在一个每周 192 个机器运转小时数的部门，一个监管者的效率应该是：

$$\frac{192h \times 0.223}{40h} = 107\%$$

间接人工标准							
工作：监管						部门：网格　　日期：4-16	
成本中心	观察次数	占总观察次数的比例	分配的小时数/h	基本间接小时数/h	有效机器运转小时数（EMRH）/h	直接劳动小时数/h	每机器运转小时的基本间接工时（包括6%的个人需要宽放）
网格机	129	21%	130	130	2461		0.223
检查网格	161	26%	160	160			
做文案工作	54	9%	56	56			
供应原料	18	3%	18	18			
杂项宽放	150	24%	148	148			
行走	7	1%	6	6			
在部门外	11	2%	12				
空闲	86	14%	86				
总计	616	100	616	518	2461		0.223

图 15-3　监管工作总结

15.2　间接人工和费用人工的标准数据

15.2.1　基本原理

开发标准数据以建立间接人工和费用人工的操作标准是完全可行的。考虑到间接人工操作的多样化，与标准化生产操作相比，办公、维修等间接工作更需要标准数据。

既然已经计算了个人的标准工时，分析人员应该把作业单元时间用表格列出，作为将来的参考。由于建立了标准数据的清单，建立新时间标准的成本就相应减少了。例如，叉车操作的标准数据列表可以分为六个不同的作业单元：行进、刹车、举起叉子、放低叉子、倾斜

叉子以及操作。一旦收集了这些作业单元的标准数据，通过一些必要的步骤，分析人员就可以通过概括这些作业单元制定任何叉车需要的标准工时。用相似的方法也可以很容易地建立清洁工作的作业单元（如扫地、给地板上蜡和抛光、拧干拖把、弄湿拖把、用真空吸尘器打扫地毯，或清扫、掸去或抹掉长沙发上的灰尘等）的标准数据。

"检查工厂的七个防火门并做一些小调整"的维修工作可以通过标准数据来进行估计。例如，美国海军部制定了以下标准：

操　　作	单位时间/h	单　位　数	总时间/h
检查防火门、卷闸门（手动、曲轴或电动）熔线，进行小的调整	0.170	7	1.190
从上一个门到下一个门行走100ft，而且是受阻的行走	0.000 09	600	0.054
			1.244

受阻行走的标准工时0.000 09h/ft，是通过预定时间系统制定的，而每个防火门的检查时间0.170h则是由秒表时间研究制定的。

15.2.2　通用间接人工标准

在数量大、种类多的维修和其他间接操作的地方，分析人员已经通过通用间接人工标准（Universal Indirect Labor Standards，UILS）努力减少间接操作的不同时间标准。通用标准制定的原则就是将可能高达90%的大部分间接操作分配给合适的小组，每个小组有自己的标准，该标准是组内执行所有被分配的操作所需的平均时间。例如，小组A可能需要执行以下间接操作：更换有缺陷的单元，修理门（更换两个铰链），更换限位开关，更换两个部件（14ft长的直径为1in的管）。小组A执行的任一间接操作的标准工时都可能是48min。这个时间代表了组内部所有工作的平均值x，并且组内工作在$\pm 2s$内的分布用x变动的某个预定的百分比（或许是$\pm 10\%$）来表示。

引入UILS系统的三个主要步骤如下：

（1）确定完成一项令人满意的工作的标准（组或分区）的数量（当标准工时高达40h时应该使用20个分区）。

（2）确定代表每个分区中每组操作的数值标准。

（3）当发生间接人工工作时，将标准分配到合适的分区上。

第一步是确定样本标准工时，它们基于对足够样本的间接人工作业进行测量，由此建立UILS系统，这是所有步骤中最耗时和最昂贵的步骤。分析人员必须建立能够代表所有从事间接工作的人相当大数量的（200或更多）标准。称职的分析人员应该通过使用已被广泛证明的工业工程工具（包括秒表时间研究、标准数据、公式、基础动作数据和工作抽样）来制定样本标准。

样本标准一旦建立，就要按数值大小进行排序。假设有200个样本标准，最短的应该被列在第一位，接下来是第二短的，依次排列下去，最后一位是最长的标准。如果有20个分区且服从均匀分布，第一个分区的时间标准是通过计算前10个样本标准的均值得到的。同样，第二个分区的值是通过计算第11~20个样本标准得到的，最后一个分区的值等于第 191~200 个样本标准的平均值。工程师在建立 UILS 系统中广泛采用这个程序。

更可靠的 UILS 是使用正态分布而不是均匀分布而建立的。对于 20 个分区，在均匀分布中，每个分区 10 个标准；而在标准正态分布中，将标准正态变量划分为 20 个相等的区间（截断两个尾部就可以了）。例如某标准正态变量的截尾范围：

$$-3.0 \leq z \leq +3.0$$

它占曲线下方面积的 99.87%。每个区间的范围是 0.3。计算每一个分区（区间）的均值用到的样本标准数量为

$$P(z \in 区间) \times 200/0.9987$$

分区 1 和分区 20（因为对称性）有

$$\frac{P(-3.0 \leq z \leq -2.7) \times 200}{0.9987} = \frac{P(2.7 \leq z \leq 3.0) \times 200}{0.9987}$$

$$= \frac{(0.9987 - 0.9965) \times 200}{0.9987} = 0.4406 \approx 0 \ 个标准$$

分区 10 和分区 11 有

$$\frac{P(-0.3 \leq z \leq 0) \times 200}{0.9987} = \frac{P(0 \leq z \leq 0.3) \times 200}{0.9987}$$

$$= \frac{(0.6179 - 0.5000) \times 200}{0.9987} = 23.61 \approx 24 \ 个标准$$

因为 200 个工作标准都要被分配到某个分区，所以需要四舍五入。每个分区的通用标准工时就是分配到该分区的样本标准的平均值。当研究一个新零件的制造时，分析人员可以寻找那些和该作业相符合的、已经被研究过并且制定过标准的类型。

分析人员使用美国海军作为样本标准的 270 个维修标准工时来确定均匀分布和正态分布技术的相对精确性。他们使用这两种方法把这些样本标准划到 20 个分区。

通过仿真比较均匀分布和正态分布技术的结果，在 25 周里的每一周，分析人员随机选取作业直到实际标准工时的总数超过或等于 40h。然后确定每项作业的通用维修标准并计算每周的通用维修标准工时总数。假定所有作业被恰当地分区，则每周的误差可计算如下：

$$\left| \frac{实际的标准工时 - 通用的标准工时}{实际的标准工时} \right| \times 100\%$$

表 15-2 给出了均匀分布和正态分布的模拟结果，研究证实了正态分布给出的结果比均匀分布的结果好。

表 15-2　25 周模拟的结果

周　次	绝对误差（%）	
	均 匀 分 布	正 态 分 布
1	5.97	7.18
2	16.01	6.93
3	8.49	6.42
4	10.94	4.03

（续）

周　　次	绝对误差（%）	
	均匀分布	正态分布
5	25.78	1.67
6	2.61	0.47
7	4.79	6.08
8	0.88	3.37
9	4.51	5.34
10	0.05	6.45
11	30.78	0.32
12	21.93	1.75
13	8.23	4.24
14	6.67	7.55
15	2.37	2.37
16	0.06	0.87
17	12.53	2.88
18	3.73	5.21
19	6.85	1.52
20	11.50	2.29
21	20.18	2.48
22	6.44	8.31
23	3.46	6.72
24	2.96	0.45
25	11.74	1.01
均值	9.18	3.84
方差	151.78	21.62
标准差	12.32	4.65

　　将付薪期间由一周（40h）延长到两周（80h），可以显著地减少每个付薪期间的累计误差，误差的大小也随着小组（分区）数量的增加而减小。

　　UILS 提供了一个在适度的成本下引进大部分间接操作标准工时的机会，且维持间接标准工时系统的成本最小化。

15.3　职业绩效标准

　　员工的成本占总费用预算的比重相当大，尤其是服务性组织。在大多数生产和商业运作中，工程、财务、采购、销售和一般管理人员的工资占了总成本的很大比重。一旦员工的生产率提高几个百分点，其结果就会对公司业务产生全面的影响，为员工制定相应的标准并将这些标准视为可实现的目标就必然可以提高生产率。

开发职业标准的首要困难是明确计算什么，其次是确定计算的方法。在确定计算什么的时候，分析人员可以从陈述职业人员的岗位目标开始。例如，采购部门的采购员可能有以下目标："以最低的价格获得优质的元件和原材料并及时满足公司生产和交货的进度要求。"要想有效地计算采购员的产出必须考虑以下 5 件事：①按时交货的比例；②达到或超过质量要求的交货比例；③代表最低可获得价格的交货所占的比例；④在某段时间内（例如一个月）订单的数量；⑤一段时期内，采购量的价值总额。

下一个问题是设定可实现的目标。在这种情况下，使用历史记录辅以工作抽样分析来决定时间如何利用才能作为制定职业标准工时的基础。

回到制定采购员标准工时的例子，识别不同采购员做的采购工作，并复查在这 6 个月期间的订单有多少已经按进度安排交货，这些历史数据的研究可能反映出与下列相类似的数据：

采 购 员	按进度要求或提前交货的订单所占比重（%）
A	70
B	82
C	75
D	50
E	80

基于这个历史记录，熟练的采购员按进度要求应该可以获得至少 71.4% 的采购量（他们业绩的平均值）。

同样，对这 5 个采购员进行的一项采购质量核查可能暴露如下事实：

采 购 员	次品率低于 5% 的交货订单所占比重（%）
A	85
B	90
C	80
D	95
E	80

这里，质量标准可以是收到的货物中 86%（这 5 个采购员以往业绩的平均值）的次品率低于 5%。

至于以最低可获得价格采购到的订单所占比重，历史记录可以再次提供 5 个采购员的业绩比较。假设采用以下业绩记录：

采 购 员	以最低可获得价格采购到的交货订单所占比重（%）
A	45
B	50
C	60
D	47
E	40

平均值（48.4%的订单以最低可获得价格签订）可以作为正常业绩水平。

历史记录可能还显示出：平均来看，一个采购员一个月下120个订单，其货币总值为120 840美元。

可以用这5个标准建立一个全面的绩效标准：交货、质量、价格、订单数和订单价值。例如，一个方法是：前3个标准的均值和（0.714 + 0.86 + 0.484），加上0.002乘以订单数的均值，再加上0.000 001乘以订单价值的均值。那么，这个操作的采购员标准应该是

$$0.714 + 0.86 + 0.484 + 0.24 + 0.12 = 2.42$$

另一个例子可能有助于阐明如何为管理人员建立绩效标准。如人事主管这个职位，一项分析可能建议这个岗位有4个特定目标：

（1）建立一个识别公司人力资源数量和质量的方法。

（2）设立一个吸引、聘用和维持公司成功运作所需要的各种各样员工的程序。

（3）制定有助于实现部门目标和维持员工士气的制度、计划和方法。

（4）管理和维护公司的收益计划。

一旦规定了目标，在时间上来说，开发一项绩效标准就相对容易了。

例如，目标（1）的标准可能是："在3个月内训练员工代表来执行一项对公司员工的审核，以确定公司预计在数量和类型两方面的人员需求。"

目标（2）的绩效标准可能是："在未来12个月内聘用：①2个化学博士；②7个工业工程或机械工程的硕士；③35个本科生，其中10个商科专业，20个工程专业，5个文科专业。聘用75个计时工（基于预期的离职工人数和企业发展）。调查过去一年中专业员工的离职率，并准备一个说明如何减少离职人数的报告。"

对于目标（3），绩效标准可能是："在未来3个月内，更新现有的管理手册，设计最新的薪酬管理计划。在未来6个月内，为所有的计时工编制和分发描述新劳动合同中的申诉程序的小册子。这个小册子应该不仅解释减少申诉的重要性，还要说明申诉应该如何进行。"

目标（4）的绩效标准可以是："在未来12个月内，复查公司的整个额外福利计划，并将我们的福利和该区域内其他类似规模的企业所采用的福利相比较。向管理层提出恰当的建议。"

这些目标确定了有限时间内的绩效标准。随着时间的推移，标准可能会改变，因为每个标准是以结果为基础的。后期建立的标准会利用不同的工作分配以满足规定的目标。

在开发职业绩效标准时，职业人员自己应该帮助确定每个岗位的目标，收集历史绩效记录以制定标准。没有职业人员充分参与而建立的绩效标准是不现实的。

为了促进职业标准的发展，在收集历史数据时，分析人员应在此期间基于历史记录数据，开展工作抽样研究。这项工作抽样研究可以揭示在各种必要的工作程序或可以更好地由文职或半专业人员处理的工作任务上花费了多少工作时间。同时，也可以揭示浪费了多少时间。在回顾工作抽样研究之后，分析人员就可以对收集的那个历史时期的平均数据进行绩效评价，以获得一个更能代表正常职业经验的标准。

在开发职业绩效标准时应遵循以下原则：

（1）每个经理必须参与为他的下属设定标准，职业标准应该由员工和他们的上级一起建立。

（2）标准应该以结果为基础，且应该明示出测量指标。

（3）标准必须是现实中相关群体中至少一半的员工可以达到的。

（4）标准必须定期复核，有必要的话还要修改。

（5）对经理进行工作抽样，以确保他们有足够的文书和管理上的支持，以及明智地使用时间。

本 章 小 结

非重复性工作是大多数间接人工操作的特征，研究和确定非重复性工作的典型标准工时比确定重复性工作的标准工时更加困难。因为间接人工操作很难被标准化和研究，所以很少使用方法分析进行研究。因此，该领域通常比任何其他领域都具有通过方法和时间研究减少成本和增加利润的潜力。

通常的程序是实施足够大样本的秒表时间研究，以确保结果代表正常的工作环境，然后就以标准数据的形式用表格列出允许的工作单元时间。预定时间系统数据也被广泛应用于制定间接工作的标准，尤其适用于那些使用更大基本动作的系统，例如 MTM-2 和 MOST。

通过使用队列或排队论，分析人员可以精确地评估包括等待时间在内的间接工作单元。如果存在问题不能符合已建立的排队方程的情况，分析人员可以使用蒙特卡罗仿真作为确定在工作区域排队问题程度大小的工具。要建立间接人工和费用人工的标准，表 15-3 可以作为一个选择合适方法的指导原则。

间接工作标准给雇主和员工都带来了明显的好处。比如：

（1）标准的实施使许多操作得到改善。

（2）可以确定不同间接劳动部门的效率。

（3）劳动量可以更好地规划和编入预算。

（4）系统改善可以先评估再实施，避免付出昂贵的代价。

（5）工资激励计划可以实施，员工可增加收入。

（6）员工需要更少的监督和更好的表现，因为一项工作标准可促使员工自我强化。

表 15-3　建立间接人工和费用人工标准的指导原则

典型的间接工作和费用工作	推荐的建立标准的方法
常规维修（工作标准 0.5 ~ 3h）	标准数据法、MTM-2、MTM-3、MOST
复杂维修（工作标准 3 ~ 40h）	基于 UILS 的分区法
发货和收货	标准数据法、MTM-2、MTM-3、MOST
工具间工作	基于 UILS 的分区法
检验	标准数据法、MTM-2、MOST
工具设计	基于 UILS 的分区法
采购	基于历史记录、分析和工作抽样的标准
会计	基于历史记录、分析和工作抽样的标准
设备安装和使用	基于历史记录、分析和工作抽样的标准
文书	基于标准数据、MTM-2 和 MOST 的标准
清洁	标准数据法，基于 UILS 的分区法
一般管理	基于历史记录、分析和工作抽样的标准

思 考 题

1. 区分间接人工和费用人工。
2. 解释排队论。
3. 间接工作和费用工作由哪四个部分组成？
4. 如何为间接工作和费用工作中"不必要的延迟"部分建立标准？
5. 为什么间接工人的数量有显著的增长？
6. 为什么维修操作比生产工作产生更多不可避免的延迟？
7. 什么是工作团队平衡？什么是冲突时间？
8. 解释如何制定清洁操作的时间标准。
9. 哪些办公室操作易于进行时间研究？
10. 为什么标准数据特别适用于间接人工操作？
11. 概括制定间接工作标准的优点。
12. 解释分区法在间接人工和费用人工中的应用。
13. 为什么只包括 20 个样本标准的通用标准系统在一个每年执行数千种不同工作的大维修部门行得通？

计 算 题

1. 工作测量程序对复杂锻件的检验制定了 6.24min/件的平均时间。检验时间的标准差是 0.71min。通常每隔 8h，60 个锻件就被立即送到检验站接受检验。一个操作员执行这项检验。假设这些铸件以泊松概率分布到达并且服务时间是指数分布的，那么在检验站中一个铸件的平均等待时间是多少？铸件队伍的平均长度是多长？

2. 在 Dorben 公司的磨具室中，工具测量分析师希望确定各种模具镗孔的标准。该标准仅用于估算模具成本。这将取决于操作者等待来自表面研磨工段的模具的时间以及操作者的加工时间。等待时间基于单一服务器、泊松到达、指数服务时间以及"先到先服务"的原则。一项研究显示，两次到达之间的平均时间是 58min，镗孔的平均时间为 46min。请问模具在镗孔操作者处的延迟概率是多少？在镗孔操作者后面等候的模具的平均数量是多少？

3. 如果一项秒表时间研究设定，准备一个装运的正常时间是 15.6min，每个轮班（8h）要进行 21 个装运，估计服务时间的标准差是 1.75min。假设到达满足泊松分布而且服务时间是任意的。问：每个装运的预期等待时间是多少？

4. 使用蒙特卡罗方法，在例 15-3 中，如果 4 个操作者被分配到工作地点，那么由缺少操作者而导致的预期的停工小时数是多少？

5. 在某公司自助餐厅，顾客的到达满足泊松分布。午餐期间，两个顾客到达的平均间隔时间是 1.75min。顾客等待的平均时间是 2.81min，顾客就餐时间呈指数分布。问：到达自助餐厅的人必须等待的概率是多少？等待时间要多长？

参 考 文 献

Knott, Kenneth. "Indirect Operations: Measurement and Control." In *Handbook of Industrial Engineering*. 2d ed. Ed. Gavriel Salvendy. New York: John Wiley & Sons, 1992.

Lewis, Bernard T. *Developing Maintenance Time Standards*. Boston, MA: Industrial Education Institute 1967.

Nance, Harold W. *Office Work Measurement*. Malabar, FL: Krieger, 1983.

Newbrough, E. T. *Effective Maintenance Management*. New York: McGraw-Hill, 1967.

|第 16 章|

标准的跟进和使用

本章要点

- 对方法和标准的跟进对于公平对待工人和盈利来说都是非常必要的。
- 利用适当的方法设定和修改标准。
- 利用标准可做以下事情:

  制定薪酬激励机制。

  比较不同的方法。

  确定工厂的生产能力。

  确定劳动力成本和预算。

  实施质量标准。

  改进客户服务水平。

跟进是实施一项工作方法改进计划的第八个也是最后一个步骤。虽然跟进和其他步骤一样重要,但它总是容易被忽视。分析人员往往认为建立标准工时才是工作方法改进计划的最后步骤。然而,一种方法的实施和由此而产生的标准不应该被认为是完美的。

跟进对于确保所建议的方法,制定的标准,以及被工人、监管者、工会及管理层支持的新方法顺利实施都是非常必要的。跟进新思想和新方法的实施工作经常会带来意外收获,它最终能激发人们产生改进现有设计或流程的意愿。跟进工作是不断重复进行的,这有利于找出工作流程与设计中的任何可进一步改善的环节。它是任何一项健全的持续改善计划所必不可少的组成部分。

如果不进行跟进工作,所建议的方法就很容易又回到原来的状态。我们已经做了许多方法研究,通过跟进发现所建议的方法在实施过程中又慢慢地改回或者已经改回到了原来的方法。人类是习惯性生物,如果想实施新方法,必须使工人们习惯所建议的新方法。不断跟进是保证新方法维持足够长时间的唯一手段,以使所有工人完全熟悉新方法的流程。

16.1 标准工时的维护

工人和管理者都强调建立合理标准的必要性,引进了合理的标准后,标准的维护也是同样重要的。虽然生产监督的正常功能包括了现场检查和标准监控,但由于生产监督工作的广泛性以致难于抽出足够的时间来做全面有效的跟进,因此,有规律地跟进工作应由方法和标准研究部门来安排。

生产工作的首次跟进或审查应该在标准制定大约一个月以后进行。第二次审查在两个月后进行,而第三次就在 3~9 个月以后进行。审查的频率应该根据每年每种标准期望应用时间来决定。例如,某大公司使用表 16-1 中的数据来决定审查方法和标准的频率。

表 16-1 审查的频率

每年每种标准应用时间/h	审查频率
0~10	每 3 年 1 次
10~50	每 2 年 1 次
50~600	每 1 年 1 次
600 以上	每 1 年 2 次

(由宝洁公司 Industrial Engineers Division 授权使用)

在每一次跟进中,分析人员都应该回顾原始的方法报告以及标准的发展情况,以确定新方法的所有方面是否都正在被跟进。有时候他们可能会发现新方法的某些部分被忽略,工人又开始用旧方法。工人有时会隐瞒他们自己实施的方法变更,以便在完成相同产量的同时增加收入或减少劳力。有时,新建立的方法也可能导致任务执行的时间增加。这些变化可能已经被监管人员或检查人员发现,也许从他们的观点来看,这些变化还不到需要纠正标准的时候。当这种情况发生时,分析人员应该马上联系监管者,而且应该尽量分析是什么原因导致未经授权的改变发生。如果没有给出改变得令人满意的理由,分析人员就应该坚持工人遵循原本正确的程序。

操作工人的方法和绩效都应该被跟进。工人的绩效应该等于或大于标准。绩效应该用工作典型的学习曲线来进行对比(见第 18 章)。如果操作工人没有足够的进步,就应该召开由操作工人参与的会议来研究是否已经遇到未预料到的困难。

通常,工人的绩效近似正态分布曲线,如第 11 章所述。正态分布曲线上的一些常见变化则表明存在问题,需要进行审查。图 16-1 举例说明了标准很宽松,工人没有尽全力,所以他们的效率没有高于 140%。因为他们知道,如果他们的表现高于 140% 的话,标准工时就会被调低。

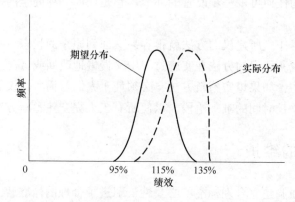

图 16-1 标准宽松工厂的实际绩效分布与期望的 115% 正常绩效分布的比较

图 16-2 阐明了在方法还没被标准化时的产量。原材料的变更是另一个造成曲线扁平分布的原因。在两种情况下，审查都可以确保最好的方法得以实施。因此，建立的时间标准反映了一个具有良好技能和努力工作态度的正常操作工人完成某项操作任务所花费的时间，并保证工人能在一天 8h 工作时间内都以该速度执行此操作任务，而且还考虑到个人需要、不可避免的延误和疲劳等情况。

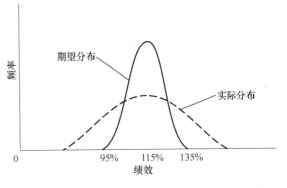

图 16-2　方法或物料没有标准化的工厂的绩效分布

如果整个周期时间和现有的时间标准相差大于 ±5%，通常就应该执行审查。在大多数审查中，详细的时间研究应该揭示方法的改变就是周期时间变化的原因。这可以通过参考原始时间研究来确定，原始时间研究包括对方法的完整描述。

此外，分析人员应该审查工厂的布局以确保材料和产品得到合理流动，检查与该方法结合使用的任何新设备，以确保预期的生产率得以实现。

进一步，分析人员应该在工人执行新方法 6 个月后审查该工作评估。这种复查应该保证所有执行新方法的员工获得的薪酬与该领域类似工作相比具有一定的竞争力。应审查缺勤率，可用于测量操作工人的接受情况。虽然方法和标准的审查工作需要时间和经费，但是完整的、定期的跟进系统将保证计划的成功。

16.2　标准的使用

16.2.1　标准的复查

标准时间提供了通用的标准，是任何制造企业或商业企业的运作基础，成本都是从这里发展而来的。实际上，每个人做每件事或者希望他人做事时都使用时间标准。日常生活中的例子就有：工人允许自己用 1h 的时间梳洗、刮脸、穿衣和去上班；学生安排两个小时来完成一项作业；公交车司机要遵循到达和出发的准确时刻表。

我们对那些能在制造公司、服务企业或者商业中有效实施的时间标准感兴趣，这种时间标准的确定方法如下：

（1）通过评估或业绩记录确定。

（2）通过秒表时间研究（见第 10 章）确定。

（3）通过标准数据（见第 12 章）确定。

（4）通过时间研究公式（见第 12 章）确定。

（5）通过预定时间系统（见第 13 章）确定。

（6）通过工作抽样研究（见第 14 章）确定。

（7）通过排队理论（见第 15 章）确定。

方法（2）～（6）比方法（1）（7）得到的结果更可靠。如果依据标准工时支付薪酬，那么标准工时就要尽量准确。因此，通过评估或业绩记录确定的标准要比没有标准好。所有这些方法在某些条件下是适用的，并且它们都有准确性和实施成本的局限。表 16-2 和表 16-3 中汇总的要点可能对选择合适的方法有所帮助。

表 16-2　确定时间标准的不同方法之间的比较

优　　势	劣　　势
秒表时间研究：	
1. 是唯一可以直接测量操作工人的时间的方法	1. 要求评价工人的业绩
2. 可以对整个周期和方法进行详细观测	2. 不能对方法、动作、工具等进行详细记录
3. 可以观测到较少发生的操作单元	3. 难以准确地评估非周期性的单元
4. 可以快速准确地测出机器操作单元的数值	4. 受分析人员主观评判的影响
5. 学习与解释都很简单	5. 要求连续不断地进行观测
预定时间系统：	
1. 可以详细记录操作方法、动作、使用的工具等	1. 依赖于操作方法动作、工具等的完整描述
2. 促进工作简单化	2. 需要对分析人员进行较多的培训
3. 不需要对操作人员的业绩进行评价	3. 很难向工人解释
4. 在生产前就确定了标准时间	4. 需要更多的时间建立标准时间
5. 当方法改变时，很容易对标准进行调整	5. 需要工序或受控机器单元的其他数据资源
6. 建立了一致的标准	
标准数据、公式与排队论方法	
1. 不用对操作人员的业绩进行评估	1. 要求对分析人员进行较多的培训
2. 建立一致的标准	2. 很难向工人解释
3. 可以在生产之前就建立标准时间	3. 不容许方法的很小变动
4. 当方法改变时，很容易对标准进行调整	4. 当扩展到建立标准时间中所使用的数据以外范围时，可能就不准确了
工作抽样：	
1. 减少了因持续观测而引起的工作紧张	1. 减弱了业绩评估的准确性
2. 在变化的条件下建立了一种平均标准	2. 为了满足精度的要求，需要大量的观测数据
3. 可以同时对不同的操作建立标准时间	3. 必须准确记录工作小时数和生产单位数
4. 最适合于分析机器利用率、工作活动与延误情况等	4. 需要假定工人正在使用一种标准方法

表 16-3　选择确定时间标准合适方法的指南

最 佳 方 法	适合的工作类型
秒表时间研究	1. 任意时间长度的重复性工作 2. 工作单元差异性较大 3. 工艺或设备控制的工作单元
预定时间系统	1. 操作人员控制的工作单元 2. 周期短或中等长度的重复性工作 3. 还未投产的工作 4. 对评比和标准的一致性有争议的工作

（续）

最佳方法	适合的工作类型
标准数据、公式和排队论方法	1. 任意时间长度的相似工作单元 2. 对评比和标准的一致性有争议的工作
工作抽样	1. 不同工作周期间差异较大的工作单元 2. 对秒表研究有争议的情形 3. 对工人的持续观察有争议的情形 4. 需要对设备利用率、活动水平和延迟宽放进行研究的情形

16.2.2　薪酬激励计划的基础

尽管标准工时在企业运作中有许多其他用途，但薪酬支付方面对可靠的、一致的标准工时需求最为明显（见第 17 章）。若没有公平的标准工时，任何一个与产量成比例的薪酬激励计划都是不可能取得成功的。若没有这一准绳，就不可能测量出个人业绩。

同样，任何一种与生产率相关的监管奖励都直接依赖于公平的时间标准。因为监管奖励与产量密切相关，而工人是监管的主要对象，工人的生产率则是监管奖励的主要评判标准。其他标准通常包括间接劳动力成本、废料成本、产品质量和方法改进。

16.2.3　方法比较

因为时间是所有工作共同的量度，时间标准就成为比较做同一件工作的不同方法的基础。例如，一个操作者认为先钻一个与公称尺寸很接近的孔之后再扩孔要比现在正在用的直接铰孔更加有利。为了考察这种改变的实用性，分析人员就要为每个工序建立标准工时，然后再比较结果。

16.2.4　有效利用空间

时间是确定每种设备需求量的基础。管理层可以通过了解设备的准确需求来最大限度地利用空间。例如某公司确定了一个加工部门需要 10 台铣床、20 台钻床、30 台转塔车床和 6 台磨床后，经理就可以设计这些设备的最佳布局。没有时间标准，该公司可能会过多提供一种设备或过少提供另一种设备，无法有效地利用现有空间。

又如，在决定储藏和存货区域的大小时，需要考虑零部件存放时间以及零部件的需求量。这时，标准时间又成为决定这个区域大小的基础。

16.2.5　确定工厂生产能力

利用标准时间，可以确定机器、部门和工厂的生产能力。一旦知道了可用的设备小时数和生产一单位产品所需要的时间，生产能力的评估就成为一个简单的算术问题。例如，如果瓶颈操作需要 15min/件，并且有 10 台机器在从事该操作活动，每周进行 40h 的操作，那么该工厂每周生产该产品的能力就是：

$$\frac{40h/周 \times 10}{0.25h/件} = 1600 \text{ 件/周}$$

16.2.6　新设备采购的基础

标准时间不仅可以帮助分析人员确定机器、部门和工厂的生产能力，还可以为在给定的生产量条件下确定某种设备的需求量提供必要的信息。与竞争对手相比，相对正确的标准时间还可突出某种设备的优势。例如，一个工厂发现它需要采购 3 台额外的单轴台式钻床。利用标准时间，工厂经理可以知道单位时间可生产最满意产量的钻床型号和设计。

16.2.7　劳动力与工作量的均衡

只要知道生产量和单位产品生产时间等详细信息，分析人员就可以确定需要的劳动力数量。例如，某公司每人每周工作 40h，每周生产负荷为 4420h，那么这个公司就需要 4420/40 = 111 个操作者。当市场萎靡不振时，工厂生产量开始下降，此时标准时间就显得特别重要。如果没有一种准绳来确定减少的生产量所需要的确切人数，那么总的生产量下降时，全体工人就可能放慢生产速度，以保住工作。除非劳动力总数能与实际的工作量平衡，否则单位成本会不断上升。在这种情况下，生产经营开始产生亏损，会迫使公司提高销售价格，这有可能减少销售量。这种恶性循环将伴随着更大的损失。

在市场走旺时，做劳动力的预算也是同样重要的。增加的客户需求需要更多数量的职工。公司必须决定新招员工的确切数量和类型，以保证有充足的时间招聘到这些员工从而使客户的交货期得以保证。如果存在精确的时间标准，将产品需求转变成部门的工时就成为一个简单的算术问题。

图 16-3 显示了在市场走旺时，整个工厂的生产量增加。图中显示了基于预定合同的工时负荷，并且额外的订单设定了一个合理的缓冲区（阴影部分）。这一过程也可以扩展到具体部门的劳动需求预算中。

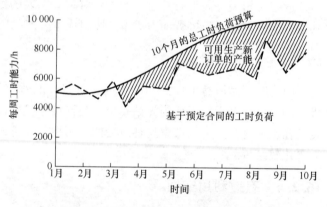

图 16-3　计划的工时负荷与预算的工时负荷

16.2.8　改进生产控制

生产控制是企业运作的一个阶段，它计划、传递、迅速完成生产订单并持续跟进，努力达到运作经济和满足客户需求。生产控制的全部功能是决定何时和何地可以做哪项工作。如果没有一个具体的"多长时间"的概念，那这一点就做不到。

计划——生产控制的一个主要功能——通常以三个不同的精密程度进行操作：①长期的或主要的计划；②确认的订单计划；③详细的操作计划或机器负荷安排计划。

长期的计划一般是基于现有的和预期的生产量。此时，并没有给出具体订单的任何特别的顺序，而仅仅是将订单集中在一起，在一个合适的时期内进行计划。

确认的订单计划包括基于经济的运作模式规划现有的订单以满足客户需求。这里，工人确定具体订单的优先级以保证能根据该规划定期交货。

　　详细的操作计划或机器负荷安排计划包括每天将具体的操作安排给每一台机器，目的是在满足确定的订单计划的同时将调整时间和机器闲置时间减到最小。图 16-4 显示了某部门一周的机器负荷，它表明铣床、钻床和内螺纹磨床都有相当大的生产能力。

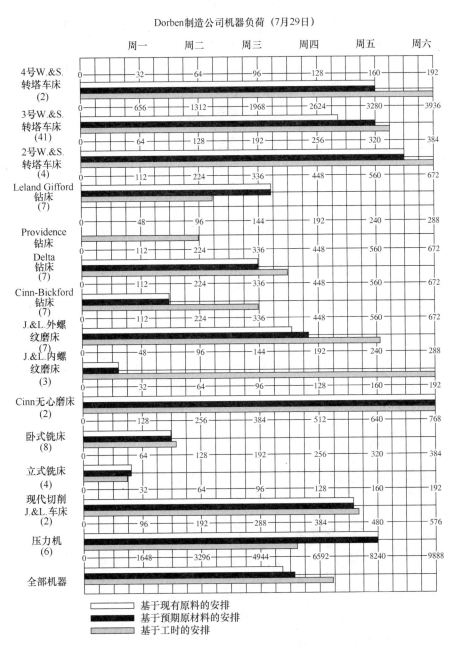

图 16-4　机加工部门一周的机器负荷（注：有多少个排程取决于是否能得到额外的原材料）

　　不管计划的精密程度有多高，没有时间标准，就不可能做出计划。时间标准能够预先确定车间内的物流和在制品情形，因此它是精确计划的基础。任何计划的成功都直接与计划的时间值的精确性直接相关。如果不存在时间标准，仅仅靠判断力制订的计划不可能是可靠的。

16.2.9 确定劳动效率

有了可靠的时间标准，工厂就需要用它来确定和控制其劳动力成本的激励工资支付系统了。部门挣得的生产小时数与部门的时钟小时数的比值反映这个部门的效率。效率的倒数乘以平均小时工资就是标准生产的小时成本。例如，一个工厂一直在使用日工作小时的精加工部门，其可能挣得的生产小时（H_e）为876h，而对应的时钟小时（H_c）为812h，则这个部门的效率就是：

$$E = \frac{H_e}{H_c} = \frac{876\text{h}}{812\text{h}} = 108\%$$

如果这个部门的平均日工作（见第 17 章）小时工资是 16.80 美元，那么基于标准生产的小时直接劳动力成本就是

$$\frac{1}{1.08} \times 16.80 \text{ 美元} = 15.56 \text{ 美元}$$

又如，假设另一个部门的时钟小时数是 2840h，而这段时间挣得的生产小时数只有 2760h。这种情况下的效率就是

$$\frac{2760\text{h}}{2840\text{h}} = 97\%$$

则基于标准生产的直接劳动力成本（平均日工作小时工资为 16.80 美元）就是

$$\frac{1}{0.97} \times 16.80 \text{ 美元} = 17.32 \text{ 美元}$$

接下来，管理层就要意识到它的劳动力成本每小时比标准工资多出 0.52 美元，这时就要增加管理使整个劳动力成本与标准一致。在第一个例子中，劳动力成本小于标准，工厂可以降低价格、提高生产量，或者做出一些其他适合于管理层和劳动者双方的调整。

16.2.10 管理问题

时间标准与许多控制措施相关，例如调度、路线安排、原材料控制、预算、预测、计划和标准成本管理。实际上控制一个企业的各个方面，包括生产、工程、销售和成本，可以最小化管理问题。例如，图 16-5 显示了月损失时间分析，以使管理层可以在没有按计划中预定的时间行动时采取积极的补救措施。值得注意的是，7 月、9 月、10 月和第二年 4 月的时间超过了 9.5%，更具体地说，控制上限（UCL）。通过执行"例外原则"——仅仅关注那些背离了已计划的事件进程的问题，管理层

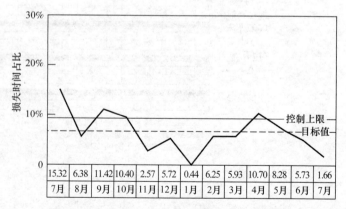

图 16-5　月损失时间分析

（经 AEDC 集团 Sverdrup 科技公司的 Ramesh C. Gulati 授权使用）

可以将其精力限制在整个企业活动的一小部分上。

16.2.11 客户服务

经验表明：开发了合理时间标准的公司的按时交货情况要好得多。时间标准的使用使得企业能够引进最新的产品控制措施，从而使得其顾客能够在他们想要或需要的时候得到相应的产品。同样，时间标准能够提高公司的时间和成本意识进而导致更低的销售价格。正如前面所说，质量是在作业标准计划下得以维持的，而质量的维持则能够确保顾客能够得到更多符合要求的产品。

16.3 成本

成本计算指的是在生产之前正确地确定成本的程序。能预先确定成本给企业带来的优势是非常显著的。目前，大多数合同都是在对成本有透彻了解的基础上签订的，即生产者必须能够提前确定生产成本以便能够确保最终设定的销售价格足够高从而使企业获得一定的盈利空间。有了直接人工操作的时间标准，生产者就可以使用产品的主要成本对人工操作进行定价。主要成本通常被认为是直接原材料和直接劳动力成本的总和。

成本是一个组织行为的基础。当加工一个部件与其他生产方法相比成本太高时，就要考虑做出一些改变。就某给定功能的设计而言，总是有几种可供选择的加工方法，这些方法对应的成本是不同的。例如，铸造与锻造、扩孔与钻孔、压力铸造与塑料成型、粉末冶金螺纹成形与自动攻螺纹机等在成本方面的竞争等。

制造业成本可以被分成四类：直接原材料成本、直接劳动力成本、工厂费用和一般费用。前两种成本直接和生产有关，而后两种是超越了生产成本的费用，有时候被称为管理费用。直接原材料成本包括原料、采购的次级元件、标准商业用品（扣件、金属丝和连接器等），以及转包合同中的品项。工业工程师从计算设计需要的基本数量而引发的成本开始。在此基础上加上由于制造或工艺错误而引起的废料损失、来自设计失误的浪费以及因为盗窃或环境影响导致的损耗而产生的成本。由此得到的成本乘以单位价格再减去预期的残值就得出了最终的原材料成本：

$$成本_{原材料} = Q(1 + L_{sc} + L_w + L_{sh})C - S$$

式中　Q——重量、体积、面积、长度等的基本数量；

L_{sc}——因为废料而产生的损失因子；

L_w——因为浪费而产生的损失因子；

L_{sh}——因为损耗而产生的损失因子；

C——原材料的单位成本；

S——材料的残值。

直接劳动力指的是那些直接参与产品生产的工人。直接劳动力成本的计算就是生产这件产品需要的时间（如前面章节所讨论的标准时间）乘以工资比率。

例 16-1　估计一个零件的主要成本

在估计一个注塑 ABS 零件的主要成本时，分析人员首先将每磅 ABS 树脂的成本乘以这个产品的重量（以磅为单位），计算重量时要对竖浇道、横浇道和正常收缩（通常是合成热塑性零件的3%~7%）等给予适当的宽放。分析人员在这个原材料成本基础上再加上直接劳动力成本。例如，如果每个注塑机的操作者要服务5台机器，而且小时工资（包括额外福利的成本）是18美元，每个注塑机的直接劳动力成本就是3.60美元/h，或者0.06美元/min。如果铸造这个零件的周期是0.5min，那么每个零件的直接劳动力成本就是0.03美元。

假设树脂的成本是1.20美元/1b，每件产品的重量是1oz。另外假设竖浇道和横浇道的重量是0.1oz，并且有5%的收缩。那么，估计的原材料成本就是

$$1.20 \text{ 美元} \times 1.1 \times 1.05/16 = 0.087 \text{ 美元}$$

该例子中，每件产品的主要成本就是

$$0.03 \text{ 美元} + 0.087 \text{ 美元} = 0.117 \text{ 美元}$$

工厂费用包括如下成本：间接劳动力、工具、机器和动力成本。间接劳动力通常包括运输、收货、仓储维护和看管服务。间接劳动力、机器和工具的成本对于选择一个特殊工序的影响要大于原材料和直接劳动力成本。例如，例16-1中需要的单腔铸模可能花费30 000美元，机器费用可能是20.00美元/h（操作注塑机的成本，不包括机器操作员的成本）。在一个复杂的加工中心，机器费用通常低至每小时几美元，高至50美元/h或更多。同样，工具成本的分配也与将要生产的产品数量有很大的关系。

例16-2　估计工厂成本

利用例16-1，假设要生产10 000件产品，则工具成本为30 000美元/10 000件，即3.00美元/件。这比原材料和直接劳动力成本之和还要大很多（超过10倍）。如果要生产1 000 000件产品，则工具成本就仅仅是0.03美元（大约是直接劳动力和原材料成本的1/3）。假设这个设备的机器费用（不包括铸模成本）是20美元/h或0.333美元/min，而且需要1 000 000件产品，那么，总的工厂成本（直接原材料＋直接劳动力＋工厂费用）就是

$$0.087 \text{ 美元} + 0.03 \text{ 美元} + 0.333 \text{ 美元}/2 = 0.2835 \text{ 美元}$$

一般费用包括如下成本：人工开支（会计、管理、文书、工程、销售等）、租赁、保险和公共事务。工业工程师主要关心的是工厂成本，因为这个成本影响对生产设计方式的选择。

图16-6显示了形成销售价格的成本和利润要素。对成本基础的理解将使工程师能够更好地选择原材料、工序和功能，从而创造出最好的产品，因为成本通常是决定因素。盈亏平衡图（见第9章）最好地反映了成本、销售、利润或亏损与产量的关系。图16-7就是一个典型的盈亏平衡图。

成本的分配随着产量的不同而显著变化。当产量低的时候，与制造成本、直接劳动力成本、原材料和采购零件的成本相比，开发成本的占比要高。开发成本包括设计、制图准备、制造信息编辑、工具设计和构造、测试检查和其他在最初零件投入生产的时候伴随发生的项目的所有成本。随着产量的增加，重点就集中在通过先进的工艺管理和制造方法减少工厂的管理费用、直接劳动力和原材料的成本。例如，如果一个汽车制造商每年生产200万辆轿

车，其中 100 万辆轿车的每个发动机有 4 个气缸，另外 100 万辆轿车的每个发动机有 6 个气缸，并且如果每个气缸需要 4 个活塞环，那么每年就必须生产 4000 万个活塞环。每个环节约 0.01 美元就等于每年就节约 400 000 美元。因此，要获得最小的成本，可以将相当大的工程方面的努力应用到生产上，从原材料开始一直持续到产成品。

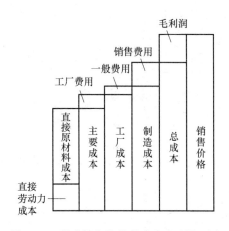

图 16-6　形成销售价格的成本和利润要素
（注：在该产品中，原材料成本占总成本的
53% 左右，期望毛利润是总成本的 17.5%）

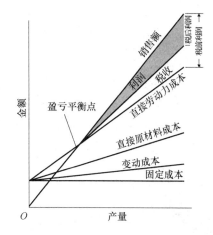

图 16-7　表明成本、销售额、盈利或亏损与产量
间关系的盈亏平衡图

单位时间内制造的零件数量会影响成本，这会导致原材料和各工序产生矛盾。机器闲置，对零件的加工方式也会影响加工时间的长短。运行时间与加工时间的比值对成本有很大影响。请看下面的实例。

购买一个大型液压挤压机（包括液压泵和存放液压挤压机的装置）要花费 3 000 000 美元。折旧、维护和投资的利息总计每年 20%（600 000 美元）。通常一年（1 个轮班）有 2000h（8h/天 × 5 天/周 × 50 周/年 = 2000h/年）。3 个轮班就表示每年可用时间为 6000h。因此这个设备在一天 24h 中的最小成本就是 600 000 美元/6000h = 100 美元/h。然而，如果销售量仅仅可以让这个设备一天运作 8h，那么，机器成本就增加到 600 000 美元/2000h = 300 美元/h。如果销售量进一步下降，机器成本增加得会更多，使得公司难以盈利。

例 16-3　一个大型落地窗的成本计算

Hess 制造公司生产许多种乙烯基替换窗和御寒的外层门。Hess 在进行窗子和门的型号、形状和特色的任何改变时，一定会依据标准数据系统和成本计算方法。下面以制作窗子的最基本构成要素，如大型落地窗或镶在铝制框架中的玻璃为例进行介绍。较简单的大型落地窗的名义尺寸是 2ft × 3ft，但实际尺寸是 24in × 35.5in。

一个大型落地窗的直接原材料包括带有乙烯涂层的铝制上框、下框、侧边框和 4 个塑性上釉挡块；2 个上釉砌块和 2 个排水孔盖；为了绝缘目的用丁基合成橡胶隔开的双层玻璃；包装材料。通过分别计算（见表 16-4），直接原材料成本是 18.42 美元。注意，在计算原材料成本时用到了几个不同的废料率。对于铝挤压品，8% 的废料率使材料长度和

成本都增加了 8% :

$$24.25\text{in} \times (1 + 0.08) \times 0.082\ 75\ \text{美元/in} = 2.167\ \text{美元}$$

制造过程的流程图中显示了以下必需的基础操作：切割铝挤压品和塑性上釉挡块成某一尺寸、冲排水孔、焊接框架、清洁角落、最后组装和包装。根据表 16-5 的标准数据和需要的构成部件，可以计算出一个 2ft × 3ft 的大型落地窗的整个标准组装时间是19.193min（见表16-6），其中14.522min 是操作者的时间（有 20% 的宽放率，12.102 × 1.2 = 14.522min），4.671min 是机器的时间（有 5% 的机器故障和维修的宽放率，4.449 × 1.05 = 4.671min）。

这 19.193min 相当于 0.32（19.193/60）h 的直接劳动，以平均 7.21 美元/h 的工资计算，就产生了 2.31 美元的直接劳动力成本。直接劳动力成本乘以 136% 得到 3.14（0.32 × 1.36 × 7.21）美元的工厂费用。将 18.42 美元的直接原材料成本加上前面的两种成本就得出了 23.87 美元的工厂成本（见表16-7）。基于这个成本，Hess 可以确定维持预算和预期利润率的建议零售成本。

表 16-4　物料清单——新结构的大型落地窗（2ft × 3ft）

零件—材料	数量	长度/in	废料率	总长度/in	单位成本（美元/in）	成本（美元）
挤压型材：						
上框	1	24.250	0.08	26.190	0.082 75	2.167
下框	1	24.250	0.08	26.190	0.082 75	2.167
侧边框	2	35.697	0.08	38.552	0.082 75	6.380
塑性上釉挡块（顶部）	2	15.290	0.08	16.513	0.007 33	0.242
塑性上釉挡块（侧边）	2	19.750	0.08	21.330	0.007 33	0.313
五金器具：						
上釉砌块	2	—	0.01	—	0.019	0.0388
排水孔盖	2	—	0.01	—	0.085	0.1717
玻璃：						
透明玻璃①	2	5.92	0.10	6.51	0.258	3.360
胶条②	1	119.00	0.10	130.90	0.0246	3.220
包装材料						
边角保护套	4	—	0.03	—	0.056	0.231
拉伸包装薄膜③	1	—	—	—	0.131	0.131
全部直接原材料成本						18.42

① 玻璃的尺寸以 ft 计量的面积形式给出，而单位成本的单位就是美元/ft。
② 胶条是两块玻璃之间的丁基合成橡胶。
③ 没有进行特定测量，使用的是平均价格。

表 16-5 新结构窗户 (2ft×3ft) 的标准数据

操作	操作代码	窗户型号				观测时间/min		操作者评价系数（%）	正常时间/min	
		sh	sci	dh	pic	操作者	机器		操作者	机器
切割	CT	·	·	·		0.125	—	115	0.144	—
	CT	·	·	·	·	0.232		102	0.236	—
	CT	·	·	·	·	0.432		122.5	0.529	
轧制	ML	·				0.305		125	0.381	
钻孔	DL	·	·			0.275		115	0.316	
	DL	·	·			0.242		117	0.283	
冲孔	PC	·	·	·		0.145		115	0.167	
	PC	·	·	·		0.208		122.5	0.255	
平衡装配	BA	·	·	·		0.757		120	0.908	
加强筋	RB	·	·	·		1.233		115	1.418	
毛刷	WP	·	·	·		0.163		115	0.187	
焊接	WD	·	·	·		0.767	0.717	107.5	0.825	0.717
清洁角落	CC	·	·	·		1.133		122.5	1.388	
	CC	·	·	·		0.220	2.942	100	0.220	2.942
五金器具	HW	·	·	·		1.673	—	112.5	1.882	—
点滴上釉	DG	·	·	·		3.210		107.5	3.451	
最后组装	FA	·	·	·		3.390		115	3.899	
包装	PK	·	·	·		0.373	0.790	105	0.392	0.790

注：sh 为单悬窗；sci 为推拉单悬窗；dh 为双悬窗；pic 为落地窗。

表 16-6 装配时间分析——新结构大型落地窗 (2ft×3ft)

工序	操作者				机器
	上框	下框	侧边框	塑性上釉挡块	
切割	0.529	0.529	0.529	0.236	—
冲排水孔	—	0.255	—	—	—
零件/框架数量	1	1	2	4	—
以上时间小计		3.315			
焊接		0.825			0.717
清洁角落		0.220			2.942
点滴上釉		3.451			—
最后组装		3.899			—
包装		0.392			0.790
总组装时间		12.102			4.449
宽放率		20%[①]			5%[②]
标准组装时间		14.522			4.671
总的标准组装时间					19.193

[①] 包括5%的个人需要宽放率、5%的基本疲劳宽放率、5%的延误宽放率、5%的物料搬运宽放率。
[②] 考虑了机器的故障和维修。

表 16-7　新结构大型落地窗（2ft×3ft）的成本计算

成本类型	时间/min	时间/h	价格（美元/h）	成本（美元）
直接原材料	—	—	—	18.42
直接劳动力	19.193	0.320	7.21	2.31
工厂费用	19.193	0.320	9.81	3.14
总的工厂成本				23.87

值得注意的是，这些标准成本是谨慎预计而且应该获得的目标成本。它们被用来确定产品成本，评估业绩，而且一般而言形成预算。然而，当工作完成以后，实际成本就产生了。实际成本少于预算或者标准成本，就是有利的；而当实际成本超过了标准成本，就是不利的。这些差异为修正生产线提供了反馈。

16.4　服务工作的标准

经济衰退时期，媒体广泛报道了美国制造业就业机会的减少，同时服务业就业机会激增。美国劳工统计局（Bureau of Labor Statistics，2010）的数据显示，制造业占总就业的比例确实有所下降，从 1970 年的 25% 左右降至 2010 的不到 10%。然而，这只是当时情况的简单写照，更大的视角显示了更复杂的情况。历史上，美国主要是农业经济。例如，19 世纪 40 年代，超过 70% 的劳动力从事农业。然而，这一比例从那时以后一直在稳步下降，而工业在 20 世纪初达到顶峰，但即便如此，制造业的就业人数从未超过美国劳动力的 1/3。农业工作现在只占劳动力的 2%（在过去的 40 年里，这个数字一直保持在这个水平）。更重要的是服务业，它在 19 世纪已经快速发展，在过去的 170 年中已经超过了工业就业人数（Gallman and Weiss，1969）。在第二次世界大战之前，由于美国人变得更加富有，能够负担得起吃饭、修理、美容和其他服务，服务行业得到了发展。第二次世界大战后，由于机械化和计算机化，工业生产力迅速增长，比服务业增长得快。这意味着需要更少的工业工人，而与此同时，由于人口老龄化和寿命延长，变得更加富有的美国人要求更多的服务，尤其是在医疗保健方面。服务部门生产率的缓慢增长意味着它必须吸收更多的工人，主要来自工业部门，因为农业部门工人已经非常少了。因此，制造业的衰退和服务业的增长不是短期现象；相反，它已经持续了 170 年。这也意味着工作测量和标准应该应用于服务部门，以提高该领域的生产力。

前几章描述的工作测量技术同样适用于服务工作。直接观测看护者的起止时间是典型的秒表时间研究（见第 10 章）；对一些银行职员的直接观察采用工作抽样（见第 14 章）。在非制造业或服务型业务中，许多公司都非常成功地使用了这些方法。联合包裹服务（United Parcel Service，UPS）公司就是一个典型的例子，该公司使用 1000 多名工业工程师对司机的路线进行时间研究，以减少运送包裹的时间、改善客户服务，从而确保高的客户满意度。数百万美元被用于开发更好、更高效、更安全的方法，然后用这些方法培训司机。改进措施包括：①圆顶驾驶舱，允许司机在每一站更快地上下车；②车辆后部的落地地板，使车辆离地面的距离缩短，以便更快进入；③舱壁门，便于快速进入车厢；④去顾客那里直接敲门而不是浪费时间去找门铃。这样的改进可能每天只节省 1min，但它们累积起来每年可为公司节省 500 多万美元。

16.4.1　卫生保健和社会服务

2010 年，美国的医疗支出接近 2.6 万亿美元，尽管后来增速有所放缓，但在可预见的未来，医疗支出增速仍有望超过国民收入增速。这些成本使联邦和州预算日益紧张，同时也增加了雇主和工人对雇主赞助的医疗保健项目成本的负担。虽然一些使其增加的原因（例如，日益昂贵的技术和处方药，慢性疾病发生率上升）工业工程师无法控制和测量，但其他原因（例如，医院护理和医生/临床服务费用占全国 51% 的医疗支出）更容易测量（Robert Wood Johnson Foundation，2008）。

从工作研究的角度来看，卫生保健中最大的问题之一是处理单元缺乏标准化，即患者状况各不相同。与装配线上的产品相比，患者在体型、年龄、体重以及（最重要的）健康状况（或不健康状况）方面的变化要大得多。因此，在处理病人的时间上会有很大的差异。以呼吸护理程序为例，分析人员必须将该过程分解成更小但更统一的元素或活动，并测量所涉及的时间，而不是从一般的卫生保健服务的角度进行讨论。例如，呼吸护理程序可能包括五个要素或工作活动：①设置设备；②监测病人；③调整设置；④抽吸（如有问题）；⑤测量血气。根据病人的状态（相对健康、平均水平、病情严重），护士或呼吸治疗师的工作时间可能在 24~236min 之间（见表 16-8）。这个 10 倍的范围可能与简单地处理一个呼吸病病人，甚至将处理过程分解为 5~27 个活动，或者仅仅是 5 倍的范围有很大的不同。

有时，时间研究和直接观察可能不会被欣赏（例如，高层管理）或可能是不可能的（例如，外科医生）。在这些情况下，分析人员可能不得不使用修正过的方法，例如自我观测和记录（见 14.8 节和例 16-4），或者更确切地说，是不引人注目的工作抽样（见第 14 章）。例如，在卫生保健管理方面，关于护士在医院花费在非护理活动上的时间有相当多的讨论，有人认为高收入、训练有素的护理人员在这些活动上"浪费"了时间。评估这一情况的正确方法是进行仔细的工作抽样研究。据估计，护士 60% 的时间花在护理活动上。假设 95% 置信区间的误差范围为 3%，利用第 14 章中式（14-3）计算表明需要 1024 次观察才能完成研究。如果在两周内随机收集，平均每天必须收集大约 73 个观察结果。如果在研究结束时，我们发现护士 65% 的时间花在护理活动上，大约 9%~10% 是个人休息、吃饭等的合理停工时间，则大约 25%~26% 的时间花在其他活动上。我们应当进一步研究这些活动，以确定是否将其分配给其他工人。

表 16-8　看护三种患者的工作时间

活动	标准时间/min	相对健康的患者		平均水平的患者		病情严重的患者	
		频次	总时间/min	频次	总时间/min	频次	总时间/min
设置设备	20	1	20	1	20	1	20
监测病人	1	3	3	5	5	3	3
调整设置	3	1	1	3	9	5	15
抽吸	11	0	0	4	44	9	99
测量血气	11	0	0	2	22	9	99
总时间	—	5	24	15	100	27	236

例16-4 服务业中的工作负荷分析

斯特林协会（Sterling Associates，1999）为华盛顿州社会与健康服务部（Department of Social and Health Services，DSHS）开展了一项关于社区服务的大型案例研究。由于社区服务案件数量在过去几年内有所减少，因此 DSHS 对了解社工、财务专家和办公室助理的工作量是否也有所减少感兴趣。总共有 304 名工作人员收到了类似 BP 机的随机提醒器，提醒器会在指定的随机时间发出"嘀嘀声"，一旦听到此声音，他们就要通过电子的、基于 Web 的表单记录正在执行的特定任务。这种表单允许快速访问、定期更新，并能进行简易的数据分析。

这项研究持续两个月（具体为 90 385 个工作小时），收集了 91 371 份观察报告，涉及 17 项不同的任务，15 项不同的计划，分布在 6 个不同的地区办事处。假设有一个 99% 的置信区间，对于感兴趣的任务，最坏的情况是 $p=0.5$，并利用式（14-3）得

$$l = \sqrt{\frac{2.58^2 \times 0.5 \times 0.5}{91\ 371}} = 0.0043$$

因此，对于大约 50% 的时间内发生的任何任务，结果的准确率误差为 0.43%。对于任何在更小比例的时间内发生的任务，准确率会更高。

对于给定任务（例如，案例审计）所花费的时间计算如下。在 91 371 次观察中，有 2224 次是案例审计，其中完成了 2217 次。因此，每次审计的时间是

$$时间 = \frac{90\ 385\text{h}}{2217} \times \frac{2224}{91\ 371} = 0.99\text{h}$$

初步结果显示，在为各种案例提供服务所花费的时间与所处理的实际病例数（以援助数量度量，AU）之间存在很大的不一致性（见图 16-8）。这可能意味着需要重新分配工作或劳动力，以更好地处理各种案例。为了实现这一点，开发了一个人员配备需求模型。各区办事处虽然有一些不同，但整体结果大致相同。最后，虽然本研究没有强调标准的设置，但总的空闲时间（大约 4%）相当低。然而，这一数据可能会更高，因为在所有的自我观测研究中，工作人员可能会犹豫是否准确地表明他们不在工作。

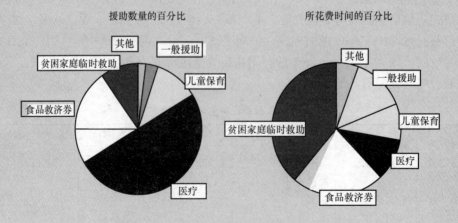

图 16-8 援助数量与所花费时间之间的比较

16.4.2　呼叫中心

呼叫中心是一种集中式客户服务业务,为公司或客户处理电话来访。客户可能包括邮购目录公司、电话销售公司、金融服务和保险公司、酒店、航空公司,或者只是各种公司的服务台。由于大部分这类工作是外包的,甚至外包给其他国家,而且呼叫中心超过 2/3 的运营成本与劳动力有关,因此呼叫中心非常关注运营效率。时间和质量的绩效测量对于确定最优的劳动力配置是非常重要的,从而使劳动力成本最小化,经济回报最大化。

一个关键的绩效测量指标是通话时间,即实际与客户通话的时间,从客户接电话的那一刻开始计时直到客户断开的那一刻。第二个指标是通话后工作时间,即完成与电话相关的工作所花费的时间,从电话断开的那一刻开始计时,到接另一个电话的那一刻。最终的测量指标是平均处理时间(Average Handle Time,AHT),即通话时间和通话后工作时间的总和。一般来说,每个呼叫中心对这些测量指标都有标准。例如,如果通话时间标准为 120s,通话后工作时间为 30s,则平均处理时间为 150s。因为所有这些电话都是通过计算机系统处理的,所以时间被自动记录下来,绩效指标也很容易获得,不需要正式的时间或工作抽样研究。

这些绩效指标没有行业标准,因为影响平均处理时间的因素太多了,包括:①收到呼入通话的类型;②每个呼入通话中咨询的数量;③对咨询回复的不同方式的数量;④每个咨询后的处理过程;⑤呼叫中心人员的知识和业务水平;⑥每个电话的沟通状况;⑦呼叫中心的质量指标。举例来说,A 公司可能会把自己看成是一个不太注重客户服务的简朴公司,而 B 公司则注重客户服务,希望让客户感到温暖和舒适。为了降低成本,可以减少处理时间,从而减少所需的话务员数量并降低成本。然而,如果客户感到话务员匆忙,或者更糟糕的是,甚至没有话务员接听,那么呼叫者可能会放弃呼叫(导致更多绩效指标出现问题:①放弃率,呼入电话放弃的百分比;②服务水平,在某个时间段内接听的呼入百分比)。因此,必须在人员配备和服务质量之间取得平衡,这只能由呼叫中心根据自身情况来决定。

呼叫中心人员配置的另一个关键方面是话务员占用率,即与可用时间或工作时间相比的总处理时间或工作小时数。如果占用率太低,话务员就会闲置。如果占用率过高,话务员就会超负荷工作,来电者就会被延迟,导致放弃率上升。有趣的是,呼叫量翻倍并不需要翻倍的员工才能达到相同的服务水平(比如 20s 内 80% 的电话被接听)。随着业务量的增加,话务员数量与工作量的比值越来越小,话务员占用率越来越高(见表 16-9)。此外,相对较小的话务员数量增加能导致服务水平的大幅改善。问题是,尽管理论上 20h 的工作量可以由 20 个话务员来处理,但是呼入的电话并不是按照统一的顺序来的。由于到达的随机性,专门针对呼叫中心的排队模型已经被开发出来(如 Erlang C),可以预测呼叫延误来电百分比、延迟的数量以及由此产生的服务水平(见表 16-10)。因此,总体而言,由于规模经济,较大的呼叫中心自然比较小的呼叫中心更有效率。更多关于呼叫中心的内容,请参考 Reynolds(2003)。

表 16-9　呼叫中心规模和话务员需求

每小时呼入电话数/次	工作量/h	需要的话务员数量/人	话务员占用率（%） （工作量/话务员数量）
100	8.33	12	69
200	16.67	21	79
400	33.33	39	85
800	66.67	74	90
1600	133.33	142	94

（资料来源：北美快线联盟（North American Quitline Consortium，NAQC，2010）

表 16-10　呼叫中心话务员和服务水平

话务员数量（人）	延误来电百分比（%）	延误来电的延误时间/s	平均延误时间/s	服务水平（在20s内接听的百分比）
21	76	180	137	32
22	57	90	51	55
23	42	60	25	70
24	30	45	14	81
25	21	36	8	88
26	14	30	4	93
27	9	26	2	96

（资料来源：Reynolds，2003）

本 章 小 结

　　全面和定期的标准跟进确保了新方法的期望利益，这就要求维护更新时间标准以确保满意的结构。应该定期检查所有的标准，以验证所采用的方法与标准建立时使用的方法是相同的。而且要进行持续的方法分析。

　　任何企业的任何领域都可能应用时间标准。或许时间标准最大的成效就是维持整个工厂的效率。如果不能测量效率，工厂的生产就不能控制；没有控制，效率就会显著降低。一旦效率降低，劳动力成本就会迅速上升，其结果就是市场竞争地位的最终丧失。通过制定和维持有效的标准，企业可以标准化直接劳动力成本和控制整体成本。

思 考 题

1. 比较确定时间标准的不同方法。
2. 有效的时间标准怎样帮助工厂设计一个理想的布局？
3. 解释时间标准和工厂产能之间的关系。
4. 以何种方法使用时间标准来进行有效的生产控制？
5. 如何用时间标准来精确地确定劳动力成本？
6. 开发时间标准是如何保证产品质量的？
7. 如何通过有效的时间标准来改进客户服务？
8. 劳动力成本和效率之间的关系是什么？
9. 如何精确地预测存货和仓储的区域大小？

10. 通过审查发现，一个标准比初制定时松 20% ，解释纠正这个标准的方法。

11. 时间标准的精确性和生产控制之间的关系是怎样的？收益递减规律是否适用？

12. 解释构成工厂成本的不同成本项。分析人员最能控制的方法是哪些方法？

13. 从制造成本的角度解释提高产量的好处。

14. 什么时候不再需要跟进已经实施的方法？

计 算 题

1. 在 XYZ 公司，为了提高产量，管理层正在考虑从每天两个 8h 轮班转变成每天 3 个 8h 轮班或者每天两个 10h 轮班。管理层认识到轮班的交接会导致每个员工平均 0.5h 的生产损失。第三个轮班的额外酬金率是每小时 15% 。每天工作超过 8h 的操作者会得到 50% 的额外报酬。要达到计划的需求，必须增加 25% 的生产工作小时数。考虑到空间和设备的不足，这个 25% 不能通过在第一个或第二个轮班的时候增加员工的人数达到。管理层应该怎样决策？

2. 制定的时间标准允许操作者生产每件产品用时 11.28min。销售部门预期明年至少销售 2000 个产品。未来 12 个月，你推荐要对该标准进行多少次审查？

3. 如果一个工作车间支付平均 12.75 美元/h 的工资，而且有 250 个直接劳动员工在工作。如果在一个正常的月份中，产生了 40 000h 的工作量，每小时的真实直接劳动力成本是多少？假设每月 21 个工作日。

4. Dorben 公司在决定是否推出一种 "改进" 型的小器具。已经收集了以下详细资料：

标准时间/min = 1.00

每件小器具的直接原材料成本（美元）	= 0.50
每件小器具的直接劳动力成本（美元）	= 1.00
每件小器具的间接劳动力成本（美元）	= 0.50
每件小器具的费用劳动力成本（美元）	= 0.50
固定的管理费用，包括销售费用（美元/年）	= 50 000

绘制主要成本与产量的关系图。

绘制总成本与产量的关系图。

假定销售价格是 3.00 美元/件，Dorben 要销售出多少件小器具才能赚取利润？在绘制的图上标明这一点。

5. 操作人员组装水泵每小时 10 美元。装配的标准时间是 20min ，直接原材料成本是每台水泵 19.50 美元。间接劳动和其他费用则以 5 美元/h 的费率计算，而一般的办公费用是 2 美元/h 。一个水泵的工厂成本是多少？

参 考 文 献

Carter, W. K., and M. F. Usry. *Cost Accounting*. 12th ed. Houston: Dane Publications, 1999.

Gallman, R. E., and Weiss, T. J. "The Service Industries in the Nineteenth Century:, in Production and Productivity in the Service Industries (ed. V. R. Fuchs). New York: Columbia University Press, 1969, pp; 287-352.

Lucey, T. *Costing*. New York: Continuum, 2002.

North American Quitline Consortium, NAQC Issue Paper, Call Center Metrics: Best Practices in Performance Measurement and Management to Maximize Quitline Efficiency and Quality, http://www.naquitline.org/, 2010.

Reynolds, P. Call Center Staffing: The Complete Practical Guide to Workforce Management. Nashville, TN: The Call Center School Press. 2003.

Robert Wood Johnson Foundation, High and rising health care costs: Demystifying U.S. health care spending, October 2008.

Sims, E. R. *Precision Manufacturing Costing*. New York: Marcel Dekker, 1995.

第 17 章

薪 酬 支 付

本章要点

- 基于已被证明的标准制定简单而公平的激励计划。
- 保障基本小时工资。
- 在基本工资基础上提供个人激励。
- 将激励与优质产品的增产挂钩。
- 避免提高生产率带来的收益被增加的工伤成本所抵消。

为了提高生产率和让员工满意，公司必须认同并奖励他们的有效业绩。奖励无论是金钱上的、心理上的或者两者兼有，对员工来说都必须是有意义的。经验表明，除非提供某些直接的或间接的激励，否则员工不会付出额外或持续的努力。多年来，已经采用了多种形式的激励。当今，随着美国工商业对提高生产率以阻止通货膨胀以及维持和提升它们在国际市场中地位的需求不断增加，管理者更不应该忽视薪酬激励的优势。目前，仅有25%的制造业工人受到激励。如果这个数字在未来10年翻一番，则可以获得生产率的大幅提高。

随着额外福利变得越来越重要（现今它们平均占直接劳动力成本的40%），这些成本必须通过更高的产量来分摊，而通过工资激励可以实现产量的提高。现在，额外福利不仅包括传统的如养老金、假期和医疗补贴（这种补贴的成本猛涨）等福利，还包括伤残保险和教育补贴，见表17-1。

表 17-1　某公司提供的典型的额外福利

福 利	占总额外福利的百分比（%）
健康保险	13 ~ 18
视力保险	0.5 ~ 1
牙齿健康保险	2 ~ 4
度假（一年最多4周）	20 ~ 25
私人请假（一年最多5天）	2 ~ 5
假日（一年最多10天）	10 ~ 12
短期寿险	2 ~ 5
长期伤残险	1 ~ 3
养老金	25 ~ 30
教育支出补助	1 ~ 2

典型的非激励、固定工资支付的薪酬计划称为"日工作薪酬计划",而任何使员工提高产量的激励计划都用可以称为"柔性薪酬计划"。本章将会简单介绍四种类型的薪酬计划:计件薪酬和标准工时计划;收益分享计划——Scanlon、Rucker、IMPROSHARE;员工持股计划(ESOP);利润分享计划。分析人员为特定工厂设计薪酬支付计划之前他们应该回顾一下以往的计划,包括日工作计划和所有非财务计划的优势和劣势。

17.1　日工作薪酬计划

日工作薪酬计划以工作的小时数乘以已确立的小时基本工资给员工付薪。公平的公司制度、相对较高的基本工资体系(基于工作评估和绩效考核)、年薪保障制度,以及相对较高的额外福利,可以让员工树立正确的态度,激励员工士气,从而间接提高生产率。

从公司角度看,似乎日工作薪酬计划是完美的。单位劳动力成本(员工工资除以生产率或工人的业绩)随着工人生产率的提高而下降(如图 17-1 所示)。标准化的单位劳动力成本用公式表示如下:

$$y_c = y_w/x$$

式中　y_w——标准化的基础小时工资
　　　　(=1);

　　　　x——标准化的生产率或业绩。

然而,所有日工作薪酬计划都有一个弱点:允许员工收益和生产率之间的巨大差距。一段时间之后,员工们认为他们获得的收益是理所当然的,公司从未意识到要期望更低的单位劳动力成本。日工作薪酬计划的理论、哲理和技术不在本书的论述范围之内,要想获得该领域更多的信息,请参考人力资源管理的相关书籍。

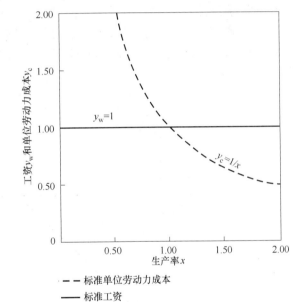

图 17-1　日工作薪酬计划中成本、工资和生产率间的关系
(资料来源:Fein, 1982, 经 John Wiley & Sons 公司授权使用)

17.2　柔性薪酬计划

柔性薪酬计划包括所有将工人的报酬和产出挂钩的计划,其种类包括简单的个人激励计划以及团队激励计划。在简单的个人激励计划中,每个员工一段期间内的业绩决定其报酬。团队激励计划应用于两个或两个以上的人,他们互相依赖,以团队的形式工作,团队中每个员工的报酬都基于他(她)的基本工资以及该期间内整个团队的业绩。

团队激励计划对长时间或长期的个人努力的激励远不如个人激励计划团队激励计划除了会降低整体的劳动生产率外,还有如下缺陷:①不同产量却获得同样薪酬带来的人事问题;②很难判别团队内部不同情况造成的基本工资差异是否合理。因此,工业界更偏爱个人激励计划。

然而，团队激励计划相比个人激励计划确实有其优越之处：①易于实施，因为衡量团队的产出比衡量个人的产出更容易；②因减少了文书工作，减少了过程中的库存核查以及过程检查，从而降低了管理成本。

总之，个人激励计划鼓励提高生产率和降低单位产品成本。如果实践中可行的话，个人激励计划应该会比团队激励计划更受青睐。相反，当个人产出难以测量和个人工作易发生改变且经常与其他员工合作执行时，团队激励计划就会运行良好。例如，如果4个操作者共同完成一个挤压工序，实施个人激励系统是不可能的，团队激励计划将会比较适用。类似，任何为了减少重复动作伤害的工作轮换计划，都必须使用团体激励计划。

17.2.1　计件薪酬计划

在计件薪酬计划下，所有的标准都用金钱来表示，对所有操作者都以直接的产出比例计酬。计件薪酬计划是不保证日工资的。因为联邦法律规定了最低小时保障工资，所以美国不再使用计件薪酬计划。在第二次世界大战之前，计件薪酬计划比其他任何一种激励计划用得都广泛。计件薪酬计划流行的原因是它易于被工人理解，易于应用，而且它是最古老的激励计划之一。图17-2显示了在计件薪酬计划下操作者的工资和单位直接劳动力成本之间的关系。

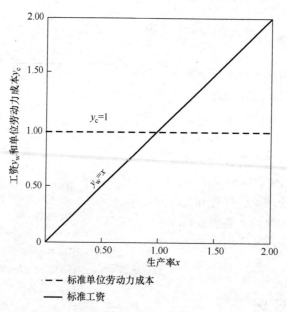

图 17-2　计件薪酬计划中成本、工资和生产率间的关系

既然单位劳动力成本保持恒定，与工人生产率不相关，公司似乎不能从计件薪酬计划中获益。然而，如果读者还记得第16章提到的计入工厂开支的不同成本，就明白上述观点是不正确的。生产率提高，单位固定成本会减少。

17.2.2　标准工时计划

建立在工作评估基础上的具有基本工资保障的标准工时计划是到目前为止最流行的激励计划。该计划具有计件工作的所有优点，且消除了主要的法律问题。如图17-3所示，操作者工资和单位劳动力成本的关系对应生产率所绘制出的图形是图 17-1 和图 17-2 的结合。工人在日工作薪酬计划下工作最高得到 100% 的生产率，而在计件薪酬计划下可以获得高于 100% 的生产率。例如，将标准设置为 0.021 42h/件或者 373 件/8h。一旦基本小时工资已知，就很容易计算出单件工资或者操作者的日工资。如果操作者的基本工资是 12 美元/h，那么单件工资就是 12.00 美元/h × 0.021 42h/件 = 0.257 美元/件。如果操作者在 8h 工作日生产了 412 件产品，则这一天的工资是 412 件 × 0.257 美元/件 = 105.88 美元，并且小时工资是 105.88 美元/8 = 13.24 美元。该例中，操作者当日的效率是 412 件/373 件，即 110%。

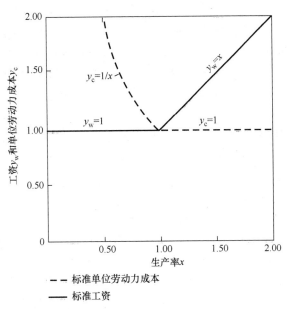

图 17-3　标准工时计划中成本、工资和生产率间的关系
（资料来源：Fein, 1982，经 John Wiley & Sons 公司授权使用）

标准工时计划的一个变形就成就了另一个计划：基于团队产出对每一个成员进行激励的团队激励计划。这对于作为工作扩大化或工作轮换一部分的作业单元，或者不能轻易测量个人业绩的情况（例如造船、飞机制造）特别有用。这些计划在给予工人更大的灵活性、减少竞争、鼓励团队精神和联合作业方面具有一些优势。然而，由于个人激励减少，技能好的工人可能会变得沮丧。

17.2.3　测量日工作薪酬计划

20 世纪 30 年代初期，效率专家的时代过去不久，组织起来的工人们努力摆脱时间研究实践，特别是计件工作的约束。那时候，测量日工作薪酬计划作为一个激励系统变得流行起来，它减少了标准工时与工人收入之间的直接关系。到现在为止，仍有许多基于测量日工作薪酬计划的计划在实施，且大多数都遵循一个特定的模式。首先，利用工作评估为薪酬计划涉及的所有工作设立基本工资。其次，利用一定形式的工作测量确定所有操作的标准。第三，分析人员保留每个员工长达 1~3 个月的效率改善记录。这个效率乘以基本工资就形成了下一个期间基本保障工资的依据。例如，某个操作者的基本工资可能是 12.00 美元/h，假设决定业绩的周期是 1 个月或 173 个工作小时。如果这个月中该操作者工作了 190 个标准小时，他在此期间的效率就是190/173，即110%。那么从业绩的角度看，下个期间的每个工作小时，该操作者将获得1.10×12.00 = 13.20美元的基本工资，而与下一个期间的绩效无关。然而，下一个期间的业绩将决定随后一个期间的基本工资。

目前，在所有测量日工作薪酬计划中，基本工资都是保障的。因此，在任何一个给定的期间若操作者落后于标准（100%），则他将在下一个期间获得由此计算出的基本工资。绩效测量期限通常是3个月，以便减少计算的文书工作以及实施新的基本保障工资。当然，期间越长，期望的激励效果就会越小。若业绩和奖励隔的时间过长，激励业绩的效果就会变小。

测量日工作薪酬计划的主要优点在于，它卸下了工人身上即刻的压力。他们知道他们的基本工资是多少，并且知道这与当期的绩效无关，该期间他们将获得这个工资。

测量日工作薪酬计划的局限性是显而易见的。首先，因为绩效期间的长度，激励的效果并不是特别显著。其次，为了有效地实施，该计划赋予监督者沉重的责任以将产量维持在标准以上，否则员工因业绩下降而导致下一个期间基本工资的减少将引起员工的不满。最后，对所有基本工资都保留详细的工资记录和定期调整成本很高。实际上，测量日工作薪酬计划和任何以产出给员工计酬的直接激励计划涉及的文书工作一样多。

17.2.4 收益分享计划

收益分享计划也称为生产力共享计划，以分享通过提高生产力、减少成本和/或改进质量所获得的收益为特征。如今，美国的许多公司都用某种形式的收益分享计划补充而不是取代现有的薪酬体系。其原则是奖励员工提高生产力和/或降低成本，无论这些改进仅仅是由于产量高于正常水平还是由于工作方法的改良而获得的。1991年美国通用会计事务所对使用收益分享计划的76家公司的研究发现，第一年的生产力平均提高了17%。

在这种类型的计划下，管理层以月为基础计算激励。通常，员工一个付薪周期内赚取的奖励只有2/3得到了分配。剩下的1/3被放置在储备基金中，该基金在业绩低于标准的月份才被动用。下面讨论的三个生产力共享计划分别是Scanlon、Rucker和IMPROSHARE，它们的区别在于计算生产率节余的公式以及实施方法不同。Scanlon和Rucker计算公司支付的薪水总额与总销售额的比值并将结果与过去几年的平均水平做对比，IMPROSHARE计划则衡量产出与总工作小时的比值。因此，Scanton和Rucker计划使用美元作为测量单位，而IM-PROSHARE计划使用的测量单位是小时。这三个生产力共享计划涉及的人事问题都比较灵活，可以包括直接劳动工人和间接劳动工人和各层次的管理人员。

创建这其中任意一项有效的收益分享计划的关键问题包括：①使用易于理解的公式；②每年对计划进行评估；③员工直接参与计划的建立过程；④符合当前市场水平，即该计划不能成为支付低于当前工资水平的借口；⑤有专家指导该计划的设计过程；⑥稳定的产品或服务系列（不稳定的基线与支出的大幅度变化可能会削弱对计划的信心）。

1. Scanlon薪酬计划

在大萧条时期，Joseph Scanlon为了挽救一个萧条的公司而研究出了Scanlon薪酬计划。以下三个基本原则构成了该计划的基础：奖金支付，与公司保持一致，员工参与。Scanlon薪酬计划承认公司每一分子的价值和贡献，鼓励决策分权，并且从财务分享的角度寻求使每一个员工与组织目标一致的方法。

（1）奖金支付。在计算奖金之前，必须计算基础比率。传统上这个比率应是

$$基础比率 = \frac{应包括的工资成本}{产出的价值}$$

分析人员使用大约一年的历史数据进行研究来建立合适的基本比率。这个基础比率乘以生产价值（销量加上或减去库存）得到允许的劳动力成本。劳动力成本与实际劳动力成本之差形成了可供分享的奖金储备金。通常，公司会保留奖金储备金的一部分资金作为资本支出的储备，剩下的部分，根据员工工资的百分比，作为每月的奖金分配给员工。例如：

净销售额	2 000 000 美元
库存变动	0
产值	2 000 000 美元
允许的工资成本（15%）	300 000 美元
扣除实际工资成本	270 000 美元
津贴总额	30 000 美元
公司股份（25%）	7500 美元
资本储备	7500 美元
员工奖金	15 000 美元
实际工作的奖金百分比（15 000/270 000）	5.55%

（2）与公司保持一致。为了激励员工与公司保持一致，Scanlon 薪酬计划推荐了一个持续的管理发展计划，其中，所有员工通过有效沟通都要了解该计划的目标、目的、机遇和问题涉及的领域特征等。Scanlon 薪酬计划引入了"工作生活质量"中的大多数变量，包括工作扩大化、工作丰富化、成就感和认同。

（3）员工参与。员工参与通常是通过正式的建议系统和两级管理委员会系统实现的。选举出的委员至少每个月与部门管理人见一次面，审视生产率提高、成本降低和质量改进的建议。第一级委员会有对不太重大的建议进行决策的权力。而重大的或者会影响其他部门的建议则由更高一级的委员会负责。

2. Rucker 薪酬计划

该计划是 20 世纪 40 年代初由 Allen W. Rucker 构思并提出的，Rucker 注意到了工资成本总额和实际净销售额加上或减去库存变动再减去原材料和采购的原料和服务成本所得数额之间的关系。

和 Scanlon 薪酬计划一样，Rucker 薪酬计划通过建议系统、Rucker 委员会以及工人和管理层的良好沟通来强调与公司保持一致以及员工的参与。Rucker 薪酬计划给员工提供奖金，除了高层管理者，所有人都可以分享一定比例的收益。在奖金评估中，必须根据历史数据建立劳动力和价值之间的关系。例如：

净销售额（一年期间）（万美元）	150
存货变动（减少）（万美元）	20
	130
材料和供应品的使用（万美元）	70
产出的价值（万美元）	60

$$Rucker\ 标准 = \frac{工资成本}{产出的价值}$$

假设在一年期间，劳动力成本是 35 万美元，则 Rucker 标准就是：

$$\frac{35\ 万元}{60\ 万元} = 0.583$$

因此，在未来的任何一个期间（通常是一个月）内，如果实际劳动力成本少于产出价值的 0.583，员工就可获得奖金。通常该奖金的 30% 要作为赤字月份的资金储备，还有一定的奖金由公司保留作为未来发展基金，而剩下的（经常是 50%）将发放给员工。将奖金的 50% 发放给员工，30% 留给赤字月份，就可以利用剩下 20% 的奖金来处理返工生产等情形，而不必动用公司原来的发展基金。

因为使用的材料和供应品要从净销售额中扣除，所以 Rucker 薪酬计划的计算对诸如产品结构等因素进行了部分处理。该计划还鼓励员工节省供应品和材料，因为他们将从节约中获益。

3. IMPROSHARE 薪酬计划

通过分享提高生产率（improved productivity through sharing plan，IMPROSHARE）薪酬计划是由 Mitchell Fein 于 1974 年提出的。该计划的目标是在更少的直接和间接劳动工时内生产出更多的产品。与 Scanlon 和 Rucker 薪酬计划不同，IMPROSHARE 并不强调员工参与，而是衡量绩效和鼓励工人提高生产率。

IMPROSHARE 比较了在基准期间内生产相同数量的单位所节省的工时与生产相同数量的单位所需的工时。节约所得利益由公司和生产这个产品涉及的直接和间接员工分享。基本生产率是通过比较完成生产的劳动力小时价值与进行该生产的全部劳动力投入衡量得出的，只计算合格的产品数量。因此，

$$工时标准 = \frac{总生产工时}{生产的产品数量}$$

从图形上看，IMPROSHARE 计划可以被认为是图 17-3 标准工时计划的一个变型，唯一不同的是计件工作那段的斜率不是 1 而是小于 1 的一个分数（见图 17-4），这个分数（即斜

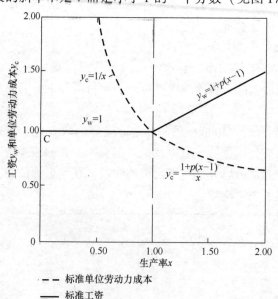

图 17-4　分配因子为 p 的激励计划中成本、工资与生产率间的关系

（资料来源：Fein, 1982, 经 John Wiley & Sons 公司授权使用）

率 p）是分配因子，不同公司可能会不同。如果公司和员工各自分享收益的比例是 50/50（如前所讨论），那么 p 就等于 0.5。在标准工时薪酬计划中，员工分享收益是 100%，所以 $p = 1$。

例 17-1　IMPROSHARE 薪酬计划

假设在一家生产单一品种产品的工厂中，122 个员工 50 个星期生产 65 500 单位的该种产品。如果总的工时是 244 000h，则工时标准为

$$\frac{244\ 000h}{65\ 500} = 3.725h$$

如果一个星期中，125 个员工共工作了 4908h，生产了 1650 单位的产品，则产出的价值就是 $1650 \times 3.725h = 6146.25h$。收益就是 $6146.25h - 4908h = 1238.25h$。通常，这个数值的一半，即 619.125h 会分到员工手上。这就是 12.6%（619.125h/4908h）的奖金或额外支付给每个员工的报酬。

公司也会因为劳动力成本减少而受益。基本周期 3.725h 的单位劳动力成本减少到了 $(4908h + 619.25h) / 1650 = 3.350h$。

4. 员工持股计划

在过去的 10 年中，员工持股计划（employee stock – ownership plans，ESOP）变得越来越流行。员工持股计划是一种明确的贡献计划，它通常通过持有股票的方式为公司的员工提供对该公司的所有权权益。股票是给员工的，但在他们退休或离开公司前由信托基金持有。虽然很少工厂会达到 100% 员工持股，但会使用 ESOP 来发展。美国国家雇员所有权中心估计在美国有超过 11 000 个员工持股计划，涵盖了 13 000 000 个工人。

5. 利润分享计划

利润分享可以被定义成一个程序，在该程序下，雇主除了常规报酬外，还支付给所有雇员特别现金或者根据公司发展程度所定的延期现金。但还没有一个特定种类的利润分享计划获得行业内的普遍认同。实际上，几乎每一个计划的实施都有某些区别于其他计划的"量身定做"的特征。然而，绝大多数的利润分享计划都属于以下三大类计划中的一类：①现金计划；②延期计划；③综合计划。

（1）现金计划。顾名思义，直接的现金计划包括定期从经营利润中分配一部分给员工。这样的支付不包括在常规报酬之中，是独立的，被定义为额外奖励，它是由个人和整个操作团队的共同努力创造的。分配现金的数量由奖金计算期间内企业获得的利润水平来决定。期限越短，员工努力和所获得的金钱奖励之间的关系就越密切。企业通常会选择较长的期间进行利润分配，因为这样可以去除经营周期中异常变化的影响。

（2）延期计划。延期的利润分享计划以将部分利润为员工做定期投资为特色。一旦退休或离开公司，员工就有非工资的收入来源。延期的利润分享计划明显没有像现金计划那样具有强烈的激励效果，但是它确实易于执行和管理。而且这种计划比现金计划具有更大的安全性，对于追求稳定的工人特别具有吸引力。

（3）综合计划。综合计划将一部分利润投资在退休和类似利益上，一部分利润作为现金奖励发放。这类计划具备延期计划和现金计划两者的优点。一个典型的例子就是与员工分享一半的利润，在这一半利润中，1/3 可能作为奖金分配给员工，1/3 可能保留下来用于财务状况不太好的时期，而剩下的 1/3 可能由一个保管人保管为延期分配所用。

确定从公司利润中分配给员工个人的金额有三种方法。

(1) 使用得最少的一种"平均分配"计划。在这个计划里，任何等级的员工在为公司服务规定的时间后都可获得相等数量的利润分配额度。这种方法的拥护者认为，个人的基本工资已经考虑了不同工人对公司的相对重要性。"平均分配"计划是提倡无论员工在工厂中的地位如何，团队合作和每个员工都同样重要。

(2) 最常用的分配方法——基于对工人支付的常规薪酬。该理论是：在这个时期，获得最高收入的员工也就是对公司利润贡献最大的员工，因此应该分给他们最多的利润。例如，一个制造工具的工人 6 个月常规薪酬为 15 000 美元，那么他就将比在相同时间内拿到 7000 美元薪酬的碎料搬运工分得更多份额的公司利润。

(3) 较受欢迎的积分分配方法。积分是根据工龄和工资给出的，同时考虑其他因素，如出勤率和协作程度。一个期间内积累的积分决定每个员工分到的利润份额。可能这种计积分的方法的主要缺陷在于保存和管理这些复杂而详细的数据是很困难的。

要使利润分享计划成功实施，职工代表和工会的合作是非常重要的。应该强调互相合作的伙伴关系而不是管理者的慈悲心。管理者应该意识到该计划是动态的，并不是解决所有问题的灵丹妙药。利润分享不应该是支付的工资低于普遍水平的借口。

对利润分享最大的担忧也许是员工会想当然地认为在年底会收到额外的支票。员工开始期待这些支票，如果公司效益不好没有支付给他们这些支票，他们甚至会感到受到了欺骗。因为这些原因，任何一个雇主在着手利润分享计划时，都应当非常谨慎。不过，许多公司实施利润分享计划后，确实提高了员工效率，降低了成本，减少了废料，提高了员工士气。

例 17-2　两种激励计划的比较

一个公司想要评估两种激励计划。第一种类似于 IMPROSHARE 薪酬计划。在 100% 的生产率之上按 50/50 分摊。第二种是在达到 100% 生产率的日工作薪酬计划基础上，设置 20% 的工资增长（工资的增长可促使工人达到某一水平的生产率），然后再叠加收益分享计划，但是工人只得到 20%，公司得到 80%。这两种计划和单位劳动力成本如图 17-5

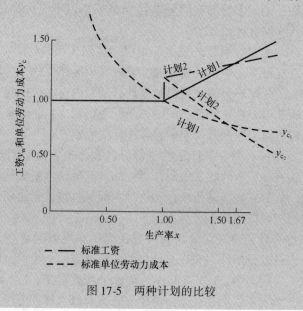

图 17-5　两种计划的比较

所示。公司想找到两种计划在 100% 生产率以上的盈亏平衡点。计划 1 的标准单位劳动力成本可以表示为

$$y_{c_1} = 0.5 + 0.5/x$$

计划 2 是

$$y_{c_2} = 0.2 + 1/x$$

令两个方程相等并解出 x 的值，$x = 1.67$。因此，采用计划 1 该公司可获得高达 167% 的生产率，采用计划 2 将给公司带来更高的生产率水平。当前，公司必须确定期望员工达到如此高的生产率水平是否合理。

17.2.5　间接财务激励计划

激励员工士气，提高生产率，不与产量相接相关的激励制度，就可以归入间接财务激励计划的范畴。全面的公司制度，如公平和相对较高的基本工资、公正的升迁规范、合理的建议系统、保障年薪制和相对较高的额外福利，塑造了健康的员工态度，而健康的员工态度又可激励和提高生产率。因此这些公司制度被分类为间接财务激励计划。

所有的间接激励方法的弱点都在于它们允许员工收益和生产率之间不完全匹配。一段时间之后，员工们会认为获得收益是理所当然的，而没有意识到持续的收益必须完全来自员工的生产率。间接激励的理论、哲理和技术不在本书的讨论范围之内，要想获得该领域更多的信息，请参考人事管理方面的书籍。

17.3　实施薪酬激励计划的先决条件

大多数已经实施激励计划的公司赞成计划继续执行并且相信它们的计划正在：①提高生产速度；②降低总体单位成本；③减少管理成本；④促进员工收入的增加。在实施工资激励计划之前，管理者应该调查工厂以确信其适合使用激励计划。首先应该引入一个方法标准化的制度，以便达到有效的工作测量。如果不同的操作者在进行工作时遵从不同的模式，工作单元的顺序还没有标准化，那么该组织就不适合实施工资激励。

工作进度表应该为每一个操作者创建待处理工作清单，将工人无工可做的概率降到最小。这就暗示着充足原料，并且机器和工具保持良好。此外，制定的基本工资必须是公平的，而且很多岗位需要更多的技术努力，要承担更大的责任，因此不同职位级别之间的工资要有足够的差距。如果管理者能够通过一个合理的职位评价计划制定出基本工资，那就更好了。

最后在实施工资激励之前必须制定合理的绩效标准。这些比率不应该通过判断力或以往的业绩记录制定。要确保比率的正确性，应该采用一些基于时间研究、预定时间系统、标准数据、公式或工作抽样程序的作业测量形式。

一旦满足了这些先决条件而且管理层也完全同意实行激励工资支付系统，这个公司就可以设计该系统了。

17.3.1　设计

要想获得成功，激励计划必须对公司和操作者同样公平。如果操作者具有一般技术水平并持续努力地工作，计划应该给他们提供能赚取高于基本工资 20%～30% 的机会。除了公平，一个好的激励计划必须是简单的。计划越简单，就越容易被各方所理解，从而就增强了获得赞同的概率。如果可以衡量个人产出的话，个人激励计划就更容易被理解和执行。

计划应该保障由职位评估所设定的基本小时工资，而且每个职位的工资与地区普遍的工资水平相比都应该是较合理的。每个职位都应该有一个工资支付的范围，而且这些工资应该与整体的业绩相关。整体业绩包括质量、可靠性、安全性、出勤率以及产出量。对于比标准高的业绩，操作者能够以产出的一定比率获得额外报酬，因此也消除了任何的生产限制。

要帮助员工将付出的努力与获得的报酬相结合，工资支票的存根上应该清楚地显示常规的和激励的收入。另外，最好在一个单独的表格上注明过去一个付薪期间内员工的效率，这是通过计算期间内生产的标准小时数除以期间内工作的小时数得出的。

17.3.2　管理

一旦开始实施计划，管理层就担负起维持计划继续实施的责任。当方法和/或设备发生变化时，管理层必须行使权力改变标准，必须保障员工有提出建议的机会，并且在做出任何改变之前，充分证实员工的请求是否合理。必须避免在标准上退让或妥协，否则将会导致计划的失败。

管理者必须让所有员工都知道计划是怎样运作的以及计划的所有变动。一种常用的方法就是给所有员工分发一份《操作说明书》手册，详细说明与该计划相关的公司制度和所有包含示例说明的作业细节。手册应该全面解释工作分类的基础、时间标准、业绩评估的流程、宽放率和申诉程序，还应该包括描述如何处理特殊情况的技术。最后，它应该提出该组织的目标，以及每个员工在完成这些目标中所起的作用。

随后，伴随正式激励计划，必须营造激励的氛围。第一，主管应尽可能协助员工，必须强调管理是起辅助作用而不是指导作用。第二，明确建立该计划的现实目标，分解为部门、工作中心和个人的目标，强调质量和数量，以及可靠性和其他使企业成功的关键特性。第三，要定期向员工反馈他们努力的结果，以及这些努力对既定目标的影响。第四，每个工作环境应设计成员工能够在很大程度上控制分配给他们的任务。责任感是动机的重要源泉，是对成就的认可。更多关于动机理论和方法的细节将在第 18 章介绍。

计划的管理者应该每天详细研究低水平和过高水平的业绩，努力找出原因。低水平业绩不仅无法保障最低小时工资，而且导致员工的不安和不满。过高的业绩是标准太松的象征，或者是因为引进了改进方法但标准却未随之而修正的结果。此外，松散的标准会导致该操作者周围工人的不满，因为他们发现该操作者从事的是低标准的"软工作"。大量不恰当的标准会引起整个激励计划的失败。若标准设得太低，员工也会限制他们的日产量，以防止管理层调整这个标准。这样的产出限制对员工和公司来说都是高代价的。

管理者应该不断努力让员工更多地参与激励计划。当工厂只是部分标准化的时候，人员分配方面会出现问题，因为他们的薪水会有很大差距。然而，工作通常不应该采用激励，除非以下情况：

（1）它可以很容易测量。

（2）可获得的用于评估的工作量足够大，以便从经济上证明一项激励实施的可行性。

（3）测量产出的成本不高。

任何适应生产的工资激励计划，其管理的基本原理都是根据工作的变化而不断调整标准。无论方法的改变多么微小，都要重新审视标准，以找寻所有可以做出调整的机会。如果标准不变，一些小的方法的改进聚集在一起就可能造成很大的时间差别，导致效率下降。当由于方法的改变而修正时间标准时，只需要研究那些受影响的工作单元就行了。

计划的有效管理要求持续努力，以将直接劳动者的非生产时间减到最少。非生产时间代表了因为机器故障、原料短缺、工具原因以及运用于个人时间标准的宽放无法涵盖的任何形式的长时间工作间断而引起的时间损失，公司要为这些时间损失支付津贴。经理们必须仔细关注这个时间——它通常被称为"蓝票时间"或"额外宽放时间"——否则它将摧毁整个计划。

在激励计划下的生产业绩会比在日工作运行机制下的业绩高很多。原料的加工时间越短，越需要非常仔细地控制库存，以防止原料短缺。同样，管理者应该引进预防性维护计划，以保证所有机器能够持续运行。与原料控制同样重要的是非耐用工具的管控，以使导致操作者工作延误的工具短缺不会发生。

在每个工作站记录决定员工收入的确切生产量也是非常重要的，这个记录工作通常是由员工自己完成。因此，必须建立控制制度，以防员工虚报产出数量。

当生产的零件数量很少时，员工在轮班结束时的记录可由直接主管核实并在生产报告中签字。当生产的零件数量很多时，可使用一个大盒子，里面可装零件的数量为 10 的整数倍，例如 10、20 或 50。因此，在轮班工作时间结束时，操作者的监管人员可以很容易鉴别生产报告，只要数一数盒子，用盒子数乘以每个盒子内的件数就可以了。

基本上，管理层建立工资激励计划是为了提高生产率。在一个健全和维护良好的薪酬激励计划的实施中，受到激励的工人，其激励收入的比率应该随着时间的推移保持相对不变。如果一个分析人员发现激励收入在几年的时间内一直持续上升，那么这个实施很可能是有问题的，并且最终会侵蚀薪酬激励计划的有效性。例如，如果平均的激励收入在 10 年的时间里从 17% 增长到了 40%，那么这 23% 的增长大多不是因为生产率成比例地增长，而是因为滞缓且松散的标准而造成的。

表 17-2 的清单给出了一个健全的薪酬激励计划检验清单。

表 17-2　健全的薪酬激励计划检验清单

	是	否
1. 劳资双方在一般原则上是否有共识	☐	☐
2. 职位评估和工资结构是否有合理的依据	☐	☐
3. 是否存在个人、团体或工厂范围的激励	☐	☐
是否更强调个人激励	☐	☐
4. 激励是否与产量的增加成正比	☐	☐
5. 计划是否尽可能简单	☐	☐
6. 质量是否与激励挂钩	☐	☐

（续）

	是	否
7. 激励的建立是否先于方法改进	☐	☐
8. 激励是否基于已证明的技术		
a. 详细的时间研究		
b. 基础的动作数据或预定时间系统	☐	☐
c. 标准数据或公式	☐	☐
9. 标准是否基于在正常条件下的标准业绩	☐	☐
10. 当方法改变时，标准是否改变	☐	☐
是否通过了资方和劳方代表的共同协议	☐	☐
11. 临时标准是否保持在最低水平	☐	☐
12. 基本小时工资是否得到保障	☐	☐
13. 是否为间接工人建立激励	☐	☐
14. 是否保存了件数、不可测量的工作、设备调整期和设备闲置期的准确记录	☐	☐
15. 是否维持了良好的人际关系	☐	☐

例 17-3　一个薪酬激励计划的管理

假设某一项工作的生产速度是 10 件/h，当前一直在使用的是日工作薪酬计划，小时工资是 12 美元。因此，单位直接劳动力成本是 1.2 美元/件。现在该车间改用激励工资支付，保证每小时 12 美元的日工资，若超额完成任务，操作者可以得到与其产出成比例的薪酬。假设通过时间研究设立的标准是 12 件/h，并且在工作日的前 5h，某个操作者平均每小时生产了 14 件，那么他这段时间应获得的报酬是

$$12.00\ \text{美元/h} \times 5\text{h} \times \frac{14\ \text{件}}{12\ \text{件}} = 70.00\ \text{美元}$$

现在假设在这个工作日剩下的时间里，该操作者因为原料短缺不能进行生产，那么这个工人至少可以得到基本工资，即

$$3\text{h} \times 12.00\ \text{美元/h} = 36.00\ \text{美元}$$

那么一天的收入就是

$$70.00\ \text{美元} + 36.00\ \text{美元} = 106.00\ \text{美元}$$

导致的单位直接劳动力成本为

$$\frac{106.00\ \text{美元}}{70\ \text{件}} = 1.514\ \text{美元/件}$$

在日工作薪酬计划下，即使业绩低，该操作者也应该在少于一个工作日的时间里生产 70 件产品。此时，其收入为 8h × 12.00 美元/h = 96.00 美元，而单位直接劳动力成本就是 96.00 美元/70 件 = 1.371 美元/件。由此可见，任何非生产时间都应该得到谨慎的控制。

17.3.3　激励计划失败

当维持激励计划的花费高于激励计划实际节约的金额时，这个计划就是失败的，因此必须放弃。通常找出精确的失败原因是不可能的，导致计划不成功的原因可能有很多。一项调

查（Britton，1953；见表17-3）列出了计划失败的主要原因，如基本原理缺乏、人际关系不适合和管理不良导致计划的花费过多。其中最主要的原因是管理不足，如允许不佳的计划实施、令人不满的方法、缺乏标准化或标准太松，以及标准的妥协等管理问题。此外，如果没有员工、工会和管理层的全面合作来培养团队精神，激励计划最终就无法成功实现。

表 17-3　激励计划失败的大多数常见原因

原　　因	比例（%）
基本原理缺乏：	**41.5**
标准不适合	11.0
直接生产工作的激励范围小	8.6
收入设上限	7.0
无直接激励	6.8
无对管理者的激励	6.1
付薪公式太复杂	2.0
人际关系不融洽：	**32.5**
管理者培训不足	6.9
标准无保障	5.7
未采用公平的日工作时间	5.0
与工会协商的标准不统一	4.8
计划不被理解	4.1
缺乏高层管理者的支持	3.6
操作者培训不足	2.4
技术管理不足：	**26.0**
方法的改变未与标准相协调	7.8
基本工资错误	5.1
管理不足，例如申诉程序不健全	4.9
生产计划不完善	3.2
大型团队激励，无法体现个体间的差异	2.8
质量控制不佳	2.2

17.4　非财务行为的激励计划

　　非财务激励包括任何与报酬无关的奖励，但是它们可以提高员工士气，使员工更加努力地工作。这一类的工作单元或公司制度包括定期的车间会议、质量控制周期、监管者与员工的频繁交谈、适当的员工安排、工作丰富化、工作扩大化（见第18章）、非财务建议计划、理想的工作环境和个人生产记录的公布。有效的监管者和能干的、尽责的经理也使用许多其他技术，例如邀请员工和他们的配偶共进晚餐，送给员工体育赛事或戏院的门票，或安排专程参观贸易展览会或其他公司以接触先进的技术。所有这些方法通过改善工作环境寻求激励，通常被称作"工作生活质量"计划。

管理团队也应该树立高业绩和追求卓越的好榜样。这样员工将会明白公司的文化是在生产最高质量的产品中取得最好业绩，其结果是员工对工作产生极大的荣誉感。承认团队协作和团队成果的个人和团队计划应该遵循这个哲理。

本章小结

激励原理在工作车间和生产车间、在生产硬商品和软商品、在制造业和服务业、在直接和间接劳动力运作中都得到了应用。激励被用于提高生产率、提高产品质量和可靠性、减少浪费、改善安全性和激励良好的工作习惯，如守时和正常出勤。

现今应用于员工个人的最好的激励计划可能是有日保障工资的标准工时计划。然而利润分享、员工持股和其他与成本节约改进相关的计划也在很多案例中获得了成功。一般来说，当它们添加在一个简单的激励计划中而不是代替它实施时，会更加有效。团队计划必须保证团队所有成员各自的工资，而且一旦团队完成了标准业绩，成员应该以他们生产率的直接比例获得奖励。

表17-4给出了508个人事/行业关系经理对于各种薪酬激励计划的看法。大多数人认为简单的激励——计件薪酬计划、标准工时计划和测量日工作薪酬计划从提高生产率和易于解释的角度来看是最好的。

表 17-4　调查对象对柔性薪酬计划的特性表述

项　　目	A	B	C	D
最有利于：				
提高生产率	28	5	26	41
增强忠诚度	48	17	19	14
提供退休金	80	13	—	—
将劳动力成本与业绩相联系	53	—	28	19
最易于：				
向员工解释	32	9	4	49
管理	40	7	4	38

注：A表示利润分享（%）；B表示员工持股计划（%）；C表示Scanlon、Rucker、IMPROSHARE收益分享计划（%）；D表示简单的标准工时、计件薪酬计划（%）。

（资料来源：Broderick & Mitchell, 1977）

合理管理的激励系统对工人和管理者都有好处。对于员工来说主要的好处是这些计划可以增加他们的总工资——不是在某个不确定的未来，而是立刻——在他们下张薪水支票中；而对管理层来说，则会获得更多的产出和更多的总利润（假设生产的每单位产品均能创造一些利润）。通常，利润的增长不与产量成正比，但是当生产出更多的产品时，每单位产品的管理费用会减少。而且来自激励计划的更高的工资会提高员工的士气，有助于减少员工离职缺席和拖拉。

一般来说某项工作越难以测量，对该工作实施一个成功的工资激励计划就越不容易。通常，除非工作可以被合理地准确测量，否则实施激励并不是有利的。此外，如果可以处理的工作总量少于正常水平的120%，则引进激励通常也是不利的。工资激励会增加生产成本和降低整体的单位成本。然而，通常工资激励带来的收益足以补偿因其而增加的工业工程成本、质量控制成本以及时间管理成本。

最后要提醒的是，在伴随激励计划而增加的生产速度和重复动作——尤其在没有进行工效学设计的工作场所——引起的工伤风险之间存在明确的权衡。作者曾经见过很多例子，特别是在服装行业，基本工资很低，但是激励工资很高（为了获得高的工资，缝纫工以很高的速率工作——高于150%），也存在较高的工伤率。毫无疑问，一个设计良好的工作可以减少工伤率。然而，即使有最好的环境，高速率（每8h的轮班有20 000多个手动动作）也可能导致工伤。因此，即使忽略工人的健康和安全问题，制定标准的工程师也必须权衡在现在生活水平不断提高的条件下，增加的医疗成本是否能抵消某个激励计划带来的收益。

思 考 题

1. 大部分工资激励计划可以分为哪三大类？

2. 个人激励计划和团队激励计划之间的区别是什么？

3. 额外福利的含义是什么？

4. 哪些公司制度属于非财务激励？

5. 计件薪酬计划的特征是什么？在同一个坐标系上为日工作薪酬计划和计件薪酬计划绘制单位成本曲线和操作者收益曲线。

6. 为什么测量日工作薪酬计划在20世纪30年代变得流行？

7. IMPROSHARE 与 Rucker 和 Scanlon 计划有什么不同？

8. 利润分享的定义是什么？

9. 大部分利润分享实施可以分成哪三大类？

10. 在现金计划下，现金分配的依据是什么？

11. 在现金计划下，决定两次现金支付间隔时间的因素是什么？为什么间隔时间不宜太长？间隔时间短有什么缺陷？

12. 延迟的利润分享计划有什么特征？

13. "平均分配"的基础是什么？

14. 一个成功的工资激励计划的基本前提是什么？

15. 工资激励计划要成功，为什么要随时更新时间标准？

16. 过高的业绩反映了什么？

17. 你如何着手营造激励员工的气氛？

18. 工资激励计划失败的原因有哪些？

计 算 题

1. 在一个实施IMPROSHARE的生产单种产品的工厂，411个员工在一年的时间里生产了14 762单位的产品，使用了802 000h。在某个星期中，425个员工总共工作了16 150h，生产了348单位的产品。这个产出的小时价值是多少？这425个员工平均每人获得的奖金的比例是多少？这个星期的生产用小时表示的单位劳动力成本是多少？

2. 分析人员制定用机器制造一个小零件的时间是0.0125h/件。另外，设定了0.32h的准备时间，因为操作者在激励下做了必要的生产准备工作。计算以下数值：

（1）完成一个860件的订单总共需要的时间是多少？

（2）如果工作在一个8h工作日内完成，操作者的效率是多少？

（3）要求12h完成该工作，操作者的效率是多少？

3. 一个100%分享的激励支付计划正在执行中，这种工作操作者的基本工资是10.40美元，基本工资是得到保障的。

（1）以第2题（2）得出的效率计算工作的总收入。

（2）计算小时收入。

（3）以第2题（3）得出的效率计算工作的总收入。

（4）利用（1）的结果计算每件的直接劳动力成本，不包括生产准备。

（5）利用（3）的结果计算每件的直接劳动力成本，不包括生产准备。

4. 为一项锻造操作设置的生产效率是0.42min/件，一个操作者从事这项工作一个8h工作日，生产了1500件产品。使用的是标准工时计划。

（1）这个操作者获得了多少个标准小时？

（2）操作者这天的效率是多少？

（3）如果基本工资是9.80美元/h，该天的收入是多少？

（4）以这个效率，每件的直接劳动力成本是多少？

（5）假设时间标准是正确的，该工作合适的单件价值（用美元表示）是多少？

5. 一个工厂使用60/40的分享计划（保障基本工资，并且操作者在超过100%后，可获得60%的收益）。为某项工作设立的时间标准是0.75min/件，基本工资是8.80美元，当操作者的效率是下列数据时，计算每件产品的直接劳动力成本。

（1）标准的50%。

（2）标准的80%。

（3）标准的100%。

（4）标准的120%。

（5）标准的160%。

6. 某工厂工资的设定都是以金额为基础（每件的工资）的。一个工人被雇用做某项工作，该工作的基本保障工资是8.80美元/h。这个工人每天的常规收入超过88美元。因为工作的压力，该操作者被要求帮助完成另一项每小时支付10美元的工作，该操作者从事这项工作3天，每天赚80美元。

（1）该操作者从事这项新工作，公司应该每天支付他多少钱？为什么？

（2）如果该操作者从事一个基本工资为8美元/h的新工作并赚了72美元，公司应该每天支付他多少钱？请解释。

7. 一个采用跃级式激励计划正在使用中，在标准业绩下该工人得到6美元/h的保障工资，标准业绩以上，该工人可得到9.20美元/h的薪酬。一项工作被研究并且设定了0.036h/件的标准工时。在以下的效率下，每件的直接劳动力成本是多少？

（1）50%。

（2）80%。

（3）98%。

（4）105%。

（5）150%。

8. 一个公司要评估两个激励计划，计划在工人超过正常业绩水平时生效。在第一个计划中，收益以50/50分别分给员工和公司。在第二个计划中，当生产效率在100%~150%时，工人获得正常工资的

120%；当效率大于 150% 时，所有的收益均归员工所有。

(1) 绘制每一个计划的规范化单位劳动力成本曲线。

(2) 列出每一个计划的员工收入和单位劳动力成本方程式。

(3) 找出两个计划的均衡点。

(4) 你认为该公司会更喜欢哪个计划？

9. 一个公司要评估两个激励计划，计划在工人超过标准业绩水平时生效。在第一个计划中，达到 120% 的业绩时，收益的 30% 分给员工，70% 分给公司。如果员工超过 120% 的业绩，则所有的收入归员工所有。在第二个计划中，所有高于标准业绩水平的收入都以 50/50 分别分给员工和公司。

(1) 绘制每个计划的收益曲线。

(2) 列出每一个计划中员工收入和标准化的单位劳动力成本的方程式。

(3) 找出两个计划的均衡点。

你认为该公司会更喜欢哪个计划？

10. 第 10 章的第 16 道计算题中的操作者执行的是标准绩效，因为他是基于标准时间计划，基本工资率为每小时 12 美元。计算如果分析人员通过董事会对员工的评价系数是 100%，那操作者将损失多少（以美元/h 计）？

11. 两个激励计划：①工作量完成 100% 给予基本工资，超过 100% 的绩效一半给工人，一半归公司；②工作量完成 100% 给予基本工资，然后工资可阶跃至 120% 甚至 150%，在此之后的激励是直接的计件奖励（100% 给工人）。为每个方案绘制单位劳动力成本，并找出两个计划收支平衡的点。

参 考 文 献

Fay, Charles H., and Richard W. Beatty. *The Compensation Source Book*. Amherst, MA: Human Resource Development Press, 1988.

Fein, M. "Financial Motivation." *In Handbook of Industrial Engineering*. Ed. Gavriel Salvendy. New York: John Wiley & Sons, 1982.

Globerson, S. *Performance Criteria and Incentive Systems*. Amsterdam: Elsevier, 1985.

Lazear, E. P. *Performance Pay and Productivity*. Cambridge, MA: National Bureau of Economic Research, 1996.

Lokiec, Mitchell. *Productivity and Incentives*. Columbia, SC: Bobbin Publications, 1977.

U.S. General Accounting Office. *Productivity Sharing Programs: Can They Contribute to Productivity Improvement?* Gaithersburg, MD: U.S. Printing Office, 1991.

Von Kaas, H. K. *Making Wage Incentives Work*. New York: American Management Associations, 1971.

Zollitsch, Herbert G., and Adolph Langsner. *Wage and Salary Administration*. 2d ed. Cincinnati, OH: South-Western Publishing, 1970.

可 选 软 件

DesignTools（可从 McGraw-Hill text 网站 www.mhhe.com/niebel-freivalds 获取）. New York: McGraw-Hill, 2002.

第18章

培训和其他管理实践

本章要点

- 培训工人使工伤减到最少以及更快地满足标准工时要求。
- 使用学习曲线为新员工和小组调整标准。
- 认同和理解员工的需求。
- 使用工作扩大化和工作轮换使重复性工伤减到最少，增强员工的自尊心。

在 1954 年的一项工业工程研究调查中，教育家们首次在 41 个课题领域将动作和时间研究进行评级（Balyeat，1954）。10 年后一项研究对 250 个美国大型制造企业里的 8700 多个非从事办公室工作的工业工程员工做了调查，结果表明工业工程师仍然把他们大部分的时间花费在工作测量上（Anonymous，1964）。2000 年对 61 个工业工程师的一项调查（Freivalds et al.，2000）显示，传统的测量类的研究课题（时间研究、标准数据、工作抽样）已经不再处于清单的首位（虽然仍然是方法工具）一些非传统的工作或组织项目（团队合作、工作评估和培训）跃到了前十位。因为有这样的需求，本书将更加注重这些课题的论述。

另一个趋势是工业工程技术传播到了现代商业的所有领域，包括市场营销、财务、销售和高层管理，也进入了服务部门和卫生管理领域。为了满足需求和在这些领域更快地获得培训的好处，许多行业都利用工作时间在工厂里执行教育培训计划。例如，对 5300 多个美国公司的广泛调查结果显示，80% 的公司为一线监管者提供正确的培训计划，42% 的培训计划与工作简化、方法和精益制造有关，因此这些课题也将在本章重点论述。

18.1 员工培训

一个公司的人力资源是其主要资源之一。没有熟练的工人，生产速度会变慢，产品质量会下降，从而整体的生产力水平会降低。因此，一旦采用了新的方法和制定了合适的标准，就必须对操作者进行充分的培训，以使其遵从规定的方法和达到要求的标准。如果做到了这一点，操作者就不难达到或超越这个标准。有些很容易获得的优质培训材料、计划和顾问，在这里就不详细论述了。然而，了解如下主要的培训方式是非常重要的。

1. 现场学习

将操作者直接安置在一个新的工作岗位上却不给予任何培训是一种不负责任的"下沉

式游泳"的方法。虽然公司可能认为这样可节省费用,但毫无疑问,事实并非如此。一些操作者将会混日子并最终也适应了新技术,即理论上的"学习"。但是他们也许学到不正确的方法,可能达不到要求的标准。或者他们可能需要花费更长时间才能达到合适的标准,这就意味着一个更长的学习曲线。一些操作者可能会通过观察或询问同事来学会新方法。但是在这期间,他们将使其他操作者和整个生产减速。而且更糟糕的是,可能这些同事自身使用的就是错误的方法,然后这个错误的方法就传给了新的操作者。此外,新的操作者在学习过程中可能会经历相当多的困惑,这会妨碍其学习进程。

2. 文字说明书

对现场学习的一项改进是将正确方法做成简单的书面描述——说明书,这仅针对相对简单的操作,或是在操作者已具有对程序的相关知识,做较小的变动和调整的情况下才使用。这需要假设操作者能理解说明书所做的描述,或者受过充分的教育能读懂说明书的内容。当今,由于工作场所的多样性,这两个假设都不能成立。

3. 图解说明书

事实证明,在文字说明书里使用静态图片或照片在操作者培训中是非常有效的,这使受教育较少和非英语母语的工人可以更容易地掌握新方法。线形图在强调特殊细节、略去不重要的细节及分解图等方面比照片更具有优势。然而,如果适当地曝光和调焦,照片就能更容易地生成、储存且逼真(Konz and Johnson, 2000)。

4. 录像带和 DVD

影像可以显示过程的动态性,例如动作、零部件和工具的相互关系,比静态图片要强。无论是录像带还是 DVD,价格都很便宜,且易于制作和放映。而且,允许操作者自由地控制观看的时间和速度,需要的时候可以倒带和重播。这两种模式还都可以存储、删除和重新录制。

5. 体能培训

对复杂的作业,最好是利用物理模型、仿真或真实设备来对操作者培训。它允许受训者在有效的、真实的条件下进行工作;在安全控制下经历紧急状况,监控执行过程并获得反馈。这种体能培训最好的例子是航空公司为培训飞机驾驶人使用的高保真飞行模拟器,以及在美国宾夕法尼亚州匹兹堡附近布鲁斯顿矿业研究局的用来进行顶板支护或矿工连续训练的模拟煤矿。

体能培训的一个优点就是在培训过程中,操作者经历了工作的锻炼,即他们在受约束的条件和低频率下进行肌肉伸缩和腕部运动,以使身体逐渐强壮以适应更极端条件下的工作。这个过程是相当成功的,例如可以减少肉类包装工人由于工作引起的肌肉骨骼失调,这是由 OSHA(1990)在它的肉类包装指南中提出的,并且美国肉类食品协会在它的工效学和安全指南中推荐使用。

18.2 学习曲线

对人类行为研究感兴趣的工业工程师、工效学学者和其他专业人员认识到学习是和时间相关的,即使最简单的操作也要花几个小时才能掌握。操作者对于复杂的作业则可能需要花费几天甚至几个星期才能达到脑力和体力活动的协调,使自己能没有任何延误地从一个工作单元进行到另一个工作单元。这个时间区间和相关学习水平就形成了学习曲线，典型的学习曲线如图 18-1 所示。

一旦操作者达到了学习曲线较平坦的部分，业绩评估的问题就简单了。然而，长时间的等待后才制定一个标准可能并不总是切合实际。分析人员需要在学习过程的早期，也就是在曲线斜率最大的时候建立标准。在这种情况下，借鉴其他可获得的时间曲线有助于表示执行的各种类型的工作。这些信息既可用于确定需要建立标准的时间点，也可用于为预测具有一般操作能力的员工的生产水平提供指导。

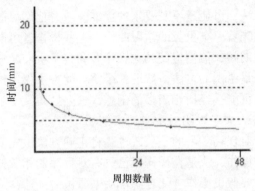

图 18-1　典型的学习曲线

绘制学习曲线时，分析人员通过将数据取对数，可以将这些数据的关系线性化，使它们更易于使用。例如，将因变量（周期时间）和自变量（周期数量）绘制在同一个平面图内，如图 18-1 所示，而将因变量和自变量取对数后，两者的关系趋近于一条直线，如图 18-2 所示。

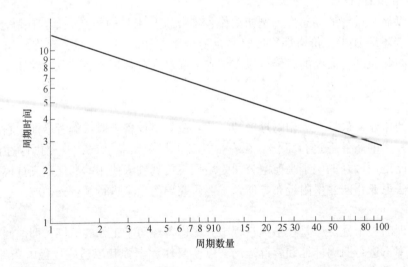

图 18-2　产量翻倍，周期时间减少 20%

学习曲线理论提出：当产出量翻倍时，生产每个单位所需的时间会以某个不变的比率减少。例如，如果分析人员希望有一个 80% 的学习率，那么当产量翻倍时，生产每单位产品所需的平均时间就减少 20%。表 18-1 显示了当周期数量增加时，周期时间会减少；随着周期持续地翻番，实现了 80% 的学习率。这些数据与图 18-1 和图 18-2 所示的数据相同。典型的学习率如下：大型的或细致的组装工作（例如飞机），70% ~ 80%；焊接，80% ~ 90%；机械加工，90% ~ 95%。与直觉相反，最高的学习率是 70%，这是完全手工操作的情况。而对于完全自动化的操作，100% 是没有学习能力的。

表 18-1　以表格形式表示的学习曲线

周 期 数 量	周期时间/min	与前期时间的比值（%）
1	12.00	—
2	9.60	80
4	7.68	80
8	6.14	80
16	4.92	80
32	3.93	80

学习曲线是幂函数即 $y = kx^n$ 形式的曲线，等式两边取对数

$$\log_{10} y = \log_{10} k + n \log_{10} x$$

式中　y——周期时间；

　　　x——周期数量或产量；

　　　n——斜率；

　　　k——第一个周期时间的值。

由定义可得

$$学习率 = \frac{k(2x)^n}{kx^n} = 2^n$$

两边取对数得

$$n = \frac{\log_{10}(学习率)}{\log_{10} 2}$$

对于 80% 的学习曲线而言：

$$n = \frac{\log_{10} 0.8}{\log_{10} 2} = \frac{-0.0969}{0.301} = -0.322$$

n 也可以直接由斜率算出：

$$n = \frac{\Delta y}{\Delta x} = \frac{\log_{10} y_1 - \log_{10} y_2}{\log_{10} x_1 - \log_{10} x_2} = \frac{\log_{10} 12 - \log_{10} 4.92}{\log_{10} 1 - \log_{10} 16} = -0.322$$

注意 k 是 12，那么该学习曲线的最终等式是

$$y = 12x^{-0.322}$$

表 18-2 给出了不同学习率的学习曲线的斜率。例 18-1 有助于阐明学习曲线的应用。

表 18-2　学习曲线斜率与学习率的关系

学习率（%）	斜　率
70	−0.514
75	−0.415
80	−0.322
85	−0.234
90	−0.152
95	−0.074

例 18-1 学习曲线的计算

假设生产第 50 单位的产品需要 20min，而生产第 100 单位的产品只需要 15min，求学习曲线公式。

$$n = \frac{\Delta y}{\Delta x} = \frac{\log_{10} 20 - \log_{10} 15}{\log_{10} 50 - \log_{10} 100} = \frac{1.301 - 1.176}{1.699 - 2.000} = -0.4152$$

学习率是

$$2^{-0.4152} = 75\%$$

要完成学习曲线方程，我们将曲线上一点的值，例如（20，50）代入等式求解 k 的值：

$$k = \frac{y}{x^n} = \frac{20}{50^{-0.4152}} = 101.5$$

因此，分析人员得到的生产第一批产品的成本应该是基于 101.5min 而不是由标准数据或预定时间系统得出的 10min。

分析人员下一步就是确定需要多少个周期才能达到一个特定的时间，例如，标准时间是 10min，将 $y = 10$ 代入学习方程，我们得到

$$10 = 101.5 x^{-0.4152}$$

两边取对数

$$\log_{10}(10/101.5) = -0.4152 \log_{10} x$$

$$\log_{10} x = (-1.006)/(-0.4152) = 2.423$$

$$x = 10^{2.423} = 264.8 \approx 265 (如果不足整数周期，则多取一个周期)$$

因此，工人要经过 265 个周期才能达到标准时间。

再下一步，分析人员可能想要知道达到标准时间 10min 所需要的精确时间，这是学习曲线下的面积，可以求积分获得。

$$总时间 = \int_{x_1 - \frac{1}{2}}^{x_2 + \frac{1}{2}} kx^n dx = k\left[\left(x_2 + \frac{1}{2}\right)^{n+1} - \left(x_1 - \frac{1}{2}\right)^{n+1}\right]/(n+1)$$

$$= 101.5 \times (265.5^{0.5848} - 0.5^{0.5848})/0.5848 = 4424$$

综上，对于例 18-1 来说，总共需要 4424min 或大约 73.7h 才能达到 10min 的标准周期时间。平均每个周期的时间是 4424min/265 = 16.7min。

注意，有两个学习曲线模型。其中一个是 Crawford 模型，也被称为单元模型，因为在这个模型中获得的改进是针对特定的单元的（Crawford，1944）。另一个模型是 Wright（1936）为飞机行业开发的原始 Wright 模型，也称为累计平均模型，在该模型中获得的改进是针对累计平均单元而不是一个特定单元的。累计平均值必然大于第 n 个生产单元的成本；然而，随着单元数的增加，模型将收敛。一些分析师认为 Crawford 模型更实用，因为它没有像 Wright 模型那样掩盖个体的可变性。

一个有趣的问题是，如果这个操作者去度假了会发生什么事？他/她会忘记所学的一些东西吗？这种事确实会发生，并且被称为"记忆缓冲"（Hancock and Bayha，1982）。记忆缓冲的程度是操作者中断时其在学习曲线上所处位置的函数，可近似为从第一个周期时间延伸到标准时间的一条直线（见图 18-3）。记忆缓冲直线的方程是

$$y = k + \frac{(k-s)(x-1)}{1-x_s}$$

式中　s——标准时间；

　　x_s——到标准时间一共经历的周期数量。

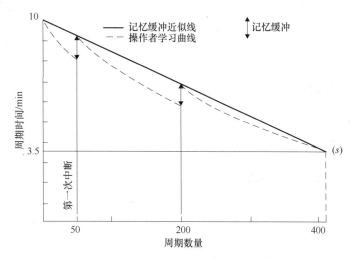

图 18-3　中断对操作者学习曲线的影响

（资料来源：Hancock and Bayha，1982，经 John Wiley &. Sons 公司授权使用）

如果分析人员有标准数据和学习曲线的信息，那他就可以估算生产第一个单位产品的时间和生产以后各单位产品的时间，这对估算相对较少数量的产品很有帮助。因为标准数据通常是基于学习达到平稳水平或达到了学习曲线平坦部分时工人的业绩而制定的，所以这个数据必须向上调整以确保在较少数量产品条件下，生产每单位产品有充足的时间。例如，假设分析人员想要知道生产第一个单位的复杂组装产品所需要的时间。标准数据分析建议需要1.47h，这是生产第 n 个单位产品的周期时间或者是学习曲线开始变平坦的那一点。该例子中的这第 n 个单位，被估算是第 300 个组装产品。基于其他相似的工作，分析人员期望有95%的学习率。从表 18-2 可以看到，代表斜率的 n 是 -0.074。第一个周期时间的值就是 k：

$$k = 1.47/300^{-0.074} = 2.24$$

因此，这个分析人员计算的成本就是基于生产一个组装产品为 2.24h 而不是由标准数据的 1.47h 而得到的。

许多因素会影响人们的学习。工作的复杂性是非常重要的。周期的时间越长，运作中的不确定性越大，C 型或同步的动作越多（见第 13 章）——也就需要更多的培训。同样，个人能力如年龄（学习率随着年龄的增长而减慢）、先前的培训和体力状况都影响学习能力。

例 18-2　**有记忆缓冲的学习曲线的计算**

在例 18-1 中，操作者在 50 个周期之后停下来休假两个星期。那么他第 51 个周期的周期时间将由记忆缓冲的函数决定：

$$y = 101.5 + \frac{(101.5-10)\times(51-1)}{1-265} = 84.17$$

没有休假的情况下，该操作者的周期时间是

$$y = 101.5x^{-0.4152} = 101.5 \times 51^{-0.4152} = 19.84$$

因此有 84.17min − 19.84min = 64.33min 的记忆缓冲时间，而且一个新的学习曲线就以新的 $k = 84.17$ 开始。第 51 个周期现在成为学习率提高了的新学习曲线的第 1 个周期，因为假设操作者仍然会在 265 个周期内达到标准时间。然而，总学习量会因为记忆缓冲而增加。

18.3 员工和动机

18.3.1 员工反应

工业工程师必须清楚地了解员工对方法、标准和工资支付态度的心理学的和社会学的反应。应该始终认识到下面三点：

（1）大多数人不喜欢改变。

（2）在大多数人心目中工作安全是最重要的。

（3）人们有融入团体的需要，并且因此受到其所属团体的影响。

不管什么职位，大多数人对任何有关工作模式或工作中心的改变都有一种内在的抵触情绪，这是由一些心理因素导致的。

第一，变化象征对现有状况的不满，因此保卫和个人紧密相关的现有方式是一种很自然的倾向。没有人喜欢别人不满意他或她的工作，如果有人提出一项对现有工作改变的建议，人们很自然的反应就是反对所提的建议。

第二，人类是有习惯的生物。一旦形成了一种习惯就很难改变，并且如果某人尝试努力改变习惯就会引起怨恨。例如，人们一旦习惯了在某个地方吃饭就不愿意改去另一家餐馆，即使那里的食物更美味也更便宜。

第三，人们自然地期望在他们的位置获得安全，这基本就像自我保护的本能一样。实际上，安全和自我保护是相关的，大多数人在选择工作的时候，宁愿要安全而不是高薪。

第四，对于工人来说，所有方法和标准的改变似乎都是为了提高生产力而做的努力。那么工人瞬间的和可以理解的反应就是相信如果产量增加了，那么市场需求就会在较短的时间内得到满足，而工作职位就会减少。

解决对工作安全的需求主要在于管理层的真诚。当方法的改善导致工作替换时管理层应该负责努力重新安置那些被替换的员工，这可能包括提供再培训。一些公司甚至做出没有人会因为方法的改善而失去工作的承诺。因为员工离职率通常高于改善率，所以由辞职和退休而引起的职位的缺失通常可以由因为改善而被替换的员工来补上。

第五，想要融入团体的社会需要以及因"做团体希望每个人做的事"而产生的结果也影响着改变。通常，工人作为工会的一员，认为工会希望其抵制管理层制定的任何改变，因此工人不愿意配合导致方法和标准作业改变的任何预期变化。另外，团体内部人员倾向于抵制不属于本团体的任何人。一个公司就代表一个团体，在其内部又有界限分明的几个小团体，这些个人团体遵从基本的社会法则，团体外部人员建议的改变一般都会遭到公开的敌对。工人与方法分析师属于不同的团体，倾向于抵制分析师的任何可能干涉个人团体内通常表现的努力。

18.3.2　马斯洛的需求层次理论

诸如压力、需求或报酬等社会心理因素是影响工人生产率非常重要的方面。工人天生想要压力最小报酬最高的工作。马斯洛（1970）将这些需求量化成层次，相当于通向金字塔顶或最终目标的一系列阶梯（见图 18-4）。每一个较低层的欲望和需求得到满足后，人们才会寻求更高一层次的需求。最低层的需求是生理需求，对应的需求有生存、食物和健康。在这一层与工作相关的因素就是足够的薪资或其他金钱报酬。

一旦这些生理欲望得到了满足，第二层的安全需求就变得重要了。安全需求包括生理和心理两个方面。这些需求可能简单到努力避免工作中身体受伤，也可能复杂到寻找一个"好的"不威胁或贬低工人的监管者。从 20 世纪 90 年代后期开始，随着公司规模缩小化的盛行，安全需求包括了工作安全和基于相应资历的权利。

图 18-4　马斯洛需求层次

第三层的社会需求包括被关注、友谊、社会归属感和工友之间有意义关系的需求。第四层为自我尊重需求，工人们努力获得能力和成就，表现出对自尊的渴望或寻求自我满足。

在金字塔的顶端，最终层或第五层是自我实现需求。工人最终实现了他们所有的需求，他们得到了个人的自我实现和自我满足。这一层的需求在不同个体之间可能有很大的不同。一些人可能满足于日复一日地制作小器具，而另一些人可能只有经营好自己的公司才能感到满足。

工业工程师可能想知道马斯洛的需求层次理论如何服务于工厂，或如何满足生产工人的这些需求。看一下第一层的生理需求，虽然某一策略会对员工与管理层的关系造成很大的负面影响，但其最终的威胁是不能完成生产定额或违反了安全条例。其他使员工惊恐的程序或难以被接受的方法也可以归因为这一类的需求。一个更积极的方法是执行薪酬激励（见第17 章）。这是最简单的典型的条件作用或正面的强化。假设有足够的金钱激励，许多工人就会愿意从事相对冗长乏味的工作或以更高的生产率工作。因此，倘若有额外的薪酬，工人们会用由此而增加的工作满意度来弥补减少的工作满意度。遗憾的是，随着财富的增长和所得税的改革，额外的收入变得不那么有意义，所以工业工程师需要继续满足马斯洛需求层次理论里更高层的需求。

第二层的安全或保险需求，要涉及所有的工作安全问题，特别是在规模减小化或规模合适化的趋势下。传统上，在其他文化中，特别是在日本，一份工作可以得到公司的终身保障。而在美国，一个工人每五到六年换一份工作，在其一生中为很多不同的雇主工作并不是什么不寻常的事。雇佣关系可能在一定的固定年数内获得保障。在工作现场层面，关于工作操作的特定规则、不安全机器的身体防护，或安全竞赛都可以改善整体的安全或工作氛围。

在第三层社会需求，工人寻求在一个社会系统内部的"归属感"。以工作来说，这可能暗示有友好的工友、与管理层之间能愉快地互动、参与工效学或安全委员会等。这类正式的采用质量圈方式的组织在日本很常见；在德国，工人选择一个工作委员会来申诉并与管理层协商；在瑞典，汽车工厂有工作小组。

在第四层，工人寻求更多的自尊。这可以通过使工作更具挑战性、增加更多的责任和提供更多的多样化来实现。后者可以通过工作扩大化即工作的横向扩展来实现。工人可以完成整个组装过程而不是整天拧一套螺钉。这不仅增强了工人的责任感，而且利用了他们肌肉和关节的各种部位，将工作压力分散到身体上，因此减少了产生 CTD 的风险。与工作扩大化紧密联系的是工作丰富化即纵向的工作扩展，它允许工人开始并完成一个给定的任务，让职责多样化以使所有人都不从事烦闷无聊的单一工作，以及授权决策并轮换工作任务。工作轮换与工作扩大化相似的地方在于任何工人都有机会在坚持一个更严格的工作表的情况下完成各种不同的任务。工作轮换与工作丰富化有一些相同的作用，如改变工作的紧张性刺激，使疲劳的肌肉和身体各部分得到恢复。

18.3.3　Volvo 方法

所有这些概念（工作扩大化、工作丰富化、工作轮换和工作小组）均是在 20 世纪 60 年代在瑞典首创的。这些思想提出的推动力是故意旷工、自发罢工、工人动荡的局面和员工普遍不满意度的增加，致使管理层必须做出彻底的改变。因此，在 Pehr Gyllenhammer 董事长的指导下，Volvo 设计了一个革命性的计划并且于 1974 年在 Kalmar 建立了一个全新的汽车装配工厂。传统的传送带被一个 AGV 所替代，利用该系统进行小汽车的装配。AGV 是由埋在地下的电缆电子系统操纵的。一个中央计算机控制整个工厂 AGV 的运作，但是 AGV 可以被员工在任何时候所取代。此外，在工作组织上也有革命性的变化，员工充分参与并形成了工作小组，工作小组接受和检查工厂订单，准确地决定哪个组员某天要完成哪一项任务，检查自己的工作，在装配之后完成文书工作，并且在一天结束后简单讨论这一天发生的事情以及出现的问题。工作扩大化在一个装配厂得了最大限度的执行以至于一组人完成了一辆汽车超过 25% 的装配工作。

Kalmar 设计从一开始就是成功的，因为工作开始变得更有意义而且工人承担了更多的责任。旷工和员工离职大为减少，从而实现了成本和生产目标。因为 Kalmar 的成功，又在 Uddevalla 和 Goteborg (Torslunda) 开办了新的工厂。遗憾的是，因为市场的变化和特别低的销售量，Volvo 逐渐关闭了在 Uddevalla 和 Kalmar 的工厂。1997 年，Uddevalla 工厂重新开张生产新的跑车。

应该注意的是，三种形式的工作改造——工作扩大化、工作丰富化和工作轮换——都在 Volvo 工厂得到了适当的实施。周期时间大大增加，减少了手、脚和肌肉的重复动作。

马斯洛需求层次中的第五层也就是最高层需求中，工人将被期望完全献身于公司。除了日本之外，其他地方的大型公司里这样做是不可行的。相反，在小型的、新兴的公司，不但所有者，一些最亲密的同事也会利用他们大部分不睡觉的时间努力工作，以保持公司的兴旺发达。此时工作绩效就真正成为一个人的自我实现。

18.3.4 激励

Herzberg（1966）提出了一个有趣的激励维持理论，该理论是基于一项对 12 个不同组织中的 1500 名员工进行的导致满意或不满意的因素的调查研究而得出的。和马斯洛相似，Herzberg 发现了两种基本不同的个体需求。如果工人对他们的工作不满，他们主要是对工作环境不满。但是，如果他们对工作满意，则他们其实是对工作自身满意。

Herzberg 将环境因素分为外在因素和潜在的不满因素。这些因素包括管理、监督工作条件、薪水和人际关系。潜在的满意因素或激励因素包括成就感、认同感、责任和晋升，他称之为内在因素。外在因素没有什么正面影响，但可能是强烈的不满因素，导致极大的负面感觉。内在因素鼓励工人产出更多而且更能给工人带来满足感。因此，管理者的兴趣就在于最大化内在因素，最小化外在因素的负面影响。

最有效的内在激励技术之一就是与工作简单化相反的工作丰富化。根据工作方法和动作经济学原理，传统的工业工程师的目标就是工作简单化。如果工作简单而重复，只要求很少的学习而且工人很容易相互替换。这种方法的产生是因为流水线上要求工人有像机器一样的连贯性。然而工人不是机器，遇到这样的情形他们可能变得厌烦和不满，从而导致旷工和工作更换的增加。更糟的是，最新的统计显示，压力的加大导致 CTD 的增加。当数千美元损失在因此而引起的工伤上时，并不值得在重复的工作上节省那么几美分。

Herzberg 还在调查结果中发现了有趣的背离现象，具体根据接受调查人员的不同而不同。这些背离现象可以被公司所利用，具体取决于公司工人的构成。例如，较年轻的工人与较年老的工人相比，更少地关心工作安全性并且通常更满意于整个组织的报酬体系。受过更多高等教育而且收入更多的工人喜欢内在报酬。外在报酬整体来说比内在报酬排位高，但是受到受教育少、收入低且年纪较大的工人的更多青睐。

18.4 人的交互作用

员工在工作场所的相互作用是士气和生产力的一个重要组成部分。可以使用一些方法来与人相处和沟通。这里讨论的两种方法就是相互作用分析法和戴尔·卡耐基（Dale Carnegie）法。

18.4.1 相互作用分析法

Berne（1964）研究出的相互作用分析法由以下几部分组成：①自我状态；②交流；③相互打击和挤压；④更加复杂的博弈和生活方式。自我状态有三种，它们随时都能在所有人身上有某种程度的体现。"父母自我状态"（P）反映了被作为权威形象的父母所持有的态度和价值观，并产生了这样的陈述："这真是一个愚意的错误！"电视剧《考斯比一家》（Cosby Show）的 Bill Cosby 就是父母自我状态的好范例。"成人自我状态"（A）靠逻辑分析事实，做出理智的决策，并且在做事时说这样的话"让我仔细检查一下那个问题。"《星际迷航》中的 Spock 先生就是成人自我状态的完美例子。"儿童自我状态"（C）更加复杂，可以被分为三种不同的形式。幼稚的状态产生这样的反应："哦！我不知道！"适应的状态基于社会条件作用建立了内在的规则，例如"尊敬你的长辈"。操纵的状态可能伪装受伤来摆脱一些讨厌的事情，例如假装感冒来逃学。

自我状态的相互作用以交流的形式表现。参与者可以从三种自我状态中的任何一种发送和接收信息。如果信息在同一个自我状态水平发送和接收，例如"成人对成人"，那么这个相互作用就被称为是"互补的"，并被认为可以产生积极的和成功的交流（见图18-5）。"父母对儿童"的交流（见图18-6）如果平行发生，也被认为是"互补的"，但是可能不如发生在同一水平的交流有效。

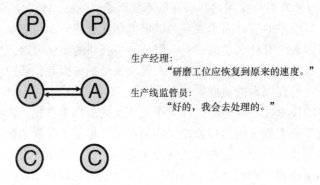

生产经理：
"研磨工位应恢复到原来的速度。"

生产线监管员：
"好的，我会去处理的。"

图18-5　互补性相互作用：成人对成人——信息被适当地发送和接收

（资料来源：Berne，1964）

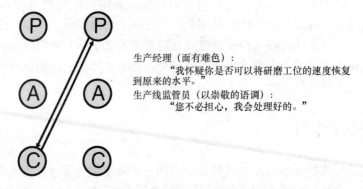

生产经理（面有难色）：
"我怀疑你是否可以将研磨工位的速度恢复到原来的水平。"

生产线监管员（以崇敬的语调）：
"您不必担心，我会处理好的。"

图18-6　互补性相互作用：父母对儿童——这种方式不如成人对成人的交互方式有效，但仍然有用

（资料来源：Berne，1964）

当各方处于不同的交流水平时，交叉性相互作用就产生了，这通常会导致愤怒或敌对情绪（见图18-7）。隐性相互作用虽然表面看上去是合乎逻辑的，但总是有隐藏的含义，并且它们形成了博弈的基础（见图18-8）。例如，一个生产经理表面上执行了一个成人对成人的相互作用，但仅仅完成了动作，而实际上产生的是父母对儿童式的相互作用。这可能就是一个操作者想要被对待的方式。如果操作者不是这样想，那么他们抱怨没人倾听自己的心声，生产经理也不会感到意外了。

相互作用分析强调所有的人都有以某种方式被承认的需求。这种需求（马斯洛需求层次里的第四层需求）可能从童年就开始并一直持续到了成年。承认可能以正面的或负面的形式出现，正面的是基于好的态度，例如承认才智、益处和仁慈。而负面的则是基于坏的态度，例如虚伪和自私。只有正面的赞扬（你是不错的）才能保持一个人心理上的健康。负

面的打击会给人压力并使其形成不良的世界观。童年遭受过度的负面打击（批评）将会影响其成年后的生活和性格，这种人会寻求引起同情或依赖的相互作用模式。而一些人可能会变成极端的正面赞扬的寻求者。

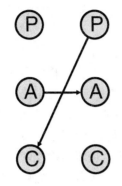

生产经理（以成人对成人的态度）：
　　"采取了哪些措施来处理物流搬运问题？"
生产线监管员（以父母对儿童的态度）：
　　"除了经常烦我之外，你没有什么别的更好的事可做了吗？"

图 18-7　交叉性相互作用——会导致愤怒和敌对情绪
（资料来源：Berne，1964）

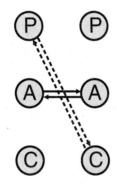

生产经理（以明显的成人对成人的沟通方式）：
　　"我会找出机器发生故障的原因并反馈给你。"

但他实际在想：
　　"哦，好吧，我去检查并反馈给你。"
操作者听到屈尊的语调并将其看作父母对儿童式的沟通。

图 18-8　隐性相互作用——虽然这种方式看似合乎逻辑，但具有隐性含义并导致博弈
（资料来源：Berne，1964）

随着相互作用变得更加复杂，有了礼节、消遣和博弈。礼节是最简单的文明纽带，例如简单的清晨问候"嗨！最近怎么样？"。消遣是较复杂的相互作用，例如社交中关于工作、运动或朋友的谈话。博弈是最复杂的相互作用，它们可能会代替私人生活中的亲密，或可能在工作时产生"意外倾向"的行为（一个孩子寻求宽恕）。

总的来说，工业工程师和管理者应该试着对相互作用分析有基本的了解，以便与生产工人和其他人员更好地交流。应该避免父母或儿童的自我状态转变到成人自我状态的复杂博弈。这出现在"是的，但是……"的情况下。在这种情况下，因为一个参与者隐含的动机，解决问题的有效性就会降低。管理者应该觉察到，当所有的改善工作站设计的建议都被别人以"是的，但是不行"的评论否决时，这个交流就进行到了父母对儿童的模式。以"是的，那的确很困难——你能对这个问题做些什么呢？"将其转变为成人对成人的交流就会缩短博弈的过程，直接进入问题的本质。换句话说，在交叉性相互作用中，最好改变自我，即使它们处于父母对儿童的水平而且没有成人对成人的相互作用有效。最后，参与低水平的博弈（例如给予或接受的行为）也是有必要的。在许多公司，都有一个"灾难简或乔"，他/她总

是与这样或那样的问题有关，不是干扰机器运作就是毁坏工具。这些人可能从童年到成年都在寻求负面打击和宽恕。以"我承担分配你做那项工作的责任"转变到成人自我状态将最终停止博弈，但也可能会给自己创造出一个敌人。另一个方法可能就是通过提供更多的以认可操作者做的好事（例如高于平均水平的业绩、高质量等）为形式的正面赞扬来抵消负面打击（Denton，1982）。

最重要的是，工业工程师应该花些时间与操作者谈话，了解他们的想法和反应。如果操作者变成团队的一部分，工作进度就会平稳和有效得多了。然而，操作者必须是被邀请而不是被命令"参加这个团队"。操作者比任何其他人都更清楚自己的工作情况，并且通常比其他任何人都具备更多的细节上的特定知识。这些知识应该被了解、尊敬和利用。如果操作者的建议是实际和有价值的，就愉快地接受它们，将它们尽快投入实践。如果建议被采用了，要确保给该操作者适当的奖励。如果建议目前不能被采用，也要给操作者一个为什么不能采用的完整的解释。无论何时，分析人员都应该设身处地为工人着想，然后使用他们愿意实施在自己身上的方法。应该坚持友爱、礼貌、快乐、尊敬和坚毅这些人类的特性以在工作中获得成功。简而言之，必须运用黄金法则。

18.4.2 戴尔·卡耐基法

与人交往，使别人喜欢你，影响别人的思想和改变别人等人性化方法被 Dale Carnegie（1936）在他的系列课程中发展成为一种高尚的艺术。卡耐基的原则和思想概括在表 18-3 中。

表 18-3　戴尔·卡耐基法

与人交往的基本技巧
1. 试着了解别人，而不是批评他们
2. 记住：所有人都需要感到被重视，因此试着找出别人的优点。不要奉承，给予诚实的、真挚的欣赏
3. 记住：所有人都对他们自己的需求感兴趣，因此谈论他们想要的东西并指出该如何获得
被别人喜欢你的 6 种方法
1. 真正对他人（的事情）感兴趣
2. 微笑
3. 记住：一个人的名字对于他来说是语言中最甜美最重要的声音
4. 做一个好的聆听者，鼓励别人谈论他们自己
5. 谈论别人感兴趣的事
6. 使别人感到被重视——认真地做这件事
使别人遵循你的思考方式的 12 种方法
1. 从争论中受益的唯一办法就是避免争论
2. 尊重他人的观点。永远不要直接对任何人说他们错了
3. 如果你错了，就立即承认
4. 以友好的方式开始
5. 立即让其他人同意
6. 让别人感到这个想法是他自己的
7. 让别人多发表他们的意见
8. 试着公正地站在别人的角度看待问题
9. 对别人的想法和愿望表示赞成
10. 动机要高尚
11. 将想法活灵活现地表现出来
12. 战胜挑战

（续）

在没有攻击或引起愤恨的情况下改变别人的 **9** 种方法
1. 以赞扬和诚恳的欣赏开始
2. 隐晦地提醒别人的错误
3. 在批评别人之前先谈谈自己的错误
4. 问问题而不是给出直接的命令
5. 给别人留面子
6. 赞扬最微小的和每一个改善。认可的时候要热忱，赞扬的时候要慷慨
7. 给对方无愧于心的好名誉
8. 多多鼓励。让过失看起来容易纠正
9. 使其他人乐于做你建议的事

18.5 沟通

作为中层管理者的工业工程师要花费相当多的时间在人际关系上。因此，掌握有效沟通的能力对于"推销"某个论点或设计是非常有帮助的，即使论点或设计自身就是有价值的。沟通可以被分为五个主要的类型：语言沟通、非语言沟通、一对一沟通、小团队沟通和大量听众的沟通（Denton，1982）。

18.5.1 语言沟通

在语言沟通中，话语是非常有力的，而且它们的意义变得非常重要。因此，词语"生产"是极有力的，而其他词语如"安全"或"人的因素"可能带有一种负面的含义，因为它们无论是真还是假都暗示着过于关注工人或减慢生产。人的名字（和家庭成员的名字）对于每个人来说是非常重要的。因此管理者应该知道工人的名字（和他们一些背景信息）以激发他们的兴趣，让沟通更加有价值。

在任何语言里都存在的一个问题就是一个特定词的确切含义。因为工作场所的差异性，不同的人就会给出一个不同的解释，得出不同的推论或者甚至可能不理解一些词的含义。

管理者必须小心谨慎，不要将世界二分化。把事情分为好的或坏的，安全的或不安全的，会使事情两极化并促使人们集中精力于不同点而不是相似点上。

18.5.2 非语言沟通

一些数据显示，一条信息中多于50%的，特别是与情感相关的部分是通过包括声音特征、面部表情以及身体语言等非语言的渠道表达的。在声音特征中，快速说话代表激动，而说话速度较慢而且有停顿表示消极的情绪。面部表情和身体语言包括像这样的非语言行为：点头表示专心听别人讲话；抬起眼皮表示吃惊；保持目光接触表示信任；将胳膊交叉在胸前或握紧拳头表示防御的态度；跷起二郎腿表示自我优越感或漫不经心。

其他因素，像个人周围的空间大小也可能影响沟通。例如，人们都努力使周围保有一定的敞开空间，封闭的空间会引起更大的不安，即使它可能增进人与人之间的相互交流。

18.5.3 一对一沟通

一对一沟通经常发生在一个管理者和一个工人面对面的情况下。这种沟通的意图是逐渐达到两个人对目标的认同。两人之一可能会寻求获得对建议想法的支持，并可能必须提出可行的解决方案。要获得期望的解决方案，可能必须使用激励的技术，例如引导性地提问，它可以是往某个特定方向引导出答案的引导性问题，也可以是得出结论的"封闭式"（是/否或有限选择）问题，又或者是引出讨论的"开放式"问题。

遗憾的是，谈话中可能会出现冲突。当各方都知道对方的目标，但没有一方能在对方不输的情况下赢时，简单的冲突就产生了。这样的话，暂停讨论，直到双方能够冷静下来并找到一个合理的解决办法，可能会比较合适。"假性冲突"因为无效沟通而产生，并且只有当提供了精确的数据和消除了误解时才能解决。最糟的冲突是与前面谈论的相互作用分析有关的自我冲突（Berne，1964）。

18.5.4 小团队沟通

通常，小团队沟通是以解决问题为中心的。问题可能是相当复杂的，没有一个人对所有问题都有有效的解决方案。因此，让一组人共同解决问题的想法看上去是合理的。这样做获得的额外收益就是极端的个人判断会缓和，整体的判断会更趋于精确，而且讨论中包括了更广泛的信息或观点。当然，小团队沟通也有其正反两面性。由于小团队沟通的本性，它通常是很消耗时间的。而且团队成员之间缺乏合作，激励低下和个性冲突都可能导致团队不能实现目标。因此，有效组织和管理小团队是很重要的。

在小团队沟通中必须遵循解决问题的基本程序（例如，第2章中的鱼刺图）。这个团队必须确认问题，分析细节，提出各种想法，为进一步的发展选择特定的想法，评估不同的选择，然后详细说明并推出解决方案。要改善这个程序，团队的促进者必须提倡获得信息的简易方法以鼓励信任的建立。高标准、合适的计划和可以增加程序有效性的特定的交流技术也是非常重要的。

1. 促进共识

促进所有成员之间的共识，例如获得全体人员的一致意见，可以通过积极地让团队所有成员参与增强其自尊心，使用"开放式"问题，在进行到下一个人之前概括每一个人的意见，并且在进行到下一话题之前归纳讨论中的赞成和反对意见来改善。

2. 角色扮演

角色扮演可以通过上演适当的情景或事件来帮助加强一个团队解决问题的能力。接下来可以进行基于更小的子组的进一步参与和讨论。一个团队成员作为记录员快速记下团队中的想法。这可以很容易导致"头脑风暴"的会议，其基本的指导方针是：①鼓励想法，无论想法有多疯狂；②想法越多越好；③没有想法会受到批评（有时候不知道是谁提出这个想法的）；④鼓励参与者在以前的想法上提出新想法或合并以前的想法。通常，这些给定10min的时间来给这些想法评分，讨论每个想法的赞成或反对意见并投票决定潜在的解决方案。得票最多的将被进一步审查和再投票，一直到只剩下最好的解决方案（Denton，1982）。

3. 质量圈

质量圈是1963年日本提出的一种小团队形式，用以帮助解决质量控制问题，其核心是由8～10人，包括工人、工程师和经理组成的团队来解决问题。来自不同部门的参与者与该产品密切联系是非常重要的。这些参与者被给予关于统计质量控制技术的特殊培训并且通常一个月召开一次或两次会议。在团队促进者的帮助下，该团队选择一个导致产品缺陷的问题，并且找出潜在的解决方案。通常使用探究性操作工具，例如帕累托分布和鱼刺图（第 2 章），来界定问题和其所包含的因素。然后团队推荐潜在的解决方案，例如改善的程序或设计变化并尝试实行这个解决方案。所有这些都要有管理层的合作才能完成（Konz and Johnson，2000）。

4. 工效学小组

为了应对美国公司员工高比例的肌肉骨骼失调症，将质量圈做合理的延伸就形成了工效学小组。有典型的跨越多个领域的小组，小组成员包括一名工效学专家（如果职员中有这样一个人的话）、一名工业工程师、一名安全专家、一名医护人员（通常是工厂的护士）、一些感兴趣的生产工人、一名工会成员，还可能包括一名来自较高管理层的代表。这些成员通常会一个月见面一两次，并且遵循的程序与质量圈所用的程序相似——从寻求解决方案到找出引起问题的原因。以作者的经验，许多公司，包括像汽车生产商这样的大公司和仅有不到 500 名员工的小公司都在使用这样的小组并获得了相当大的成功。

18.5.5　大量听众的沟通

工业工程师或中层管理者很少对大量的听众提供信息，这个话题在这里不做考虑。关于如何准备演讲和对大量听众使用有效的声调或姿态技巧的信息可以从其他渠道获得。

18.5.6　劳动关系

每一个企业所有者都承认和谐的劳动关系的重要性。在作业测量过程中缺乏对人的因素的考虑可能会引起混乱并降低运营的盈利能力。管理层应该确认和提供最有希望让员工实现组织目标的条件。

要想理解作业测量和劳动关系的联系，分析人员必须理解典型工会的主要目标通常是：确保成员获得更高的工资水平，减少每周的工作时间，增加社会的和额外的福利，改善工作条件和工作安全性。过去，工会运动很多与反对激励体系有关。工会通过寻求普遍适用于所有成员的结果来团结工人。早期工会的优势不在于强调工人在能力和兴趣上的不同。因此，组织起来的工人通常为一个团体的所有成员寻求基本工资的增加，而不是基于某个工人的价值来调整其工资。工作测量分析被看作管理层通过施压于工人能力的差异而想办法摧毁他们团结性的手段。

随着最近制造业的竞争性质变得更强，随着更多的外国劳动力和外包，随着资本和生产设施的流动更加流畅，工会失去了很多以前的权力。因此，工会作为战斗单位的情况减少了，而成为关心成员按规则进行工资合同协商的团体。为了使大多数成员满意，工会必须争取公平的工资（承认工人之间不同的技术和素质），以及为所有成员争取高工资。实际上，工会已经在许多实例中做到了这一点。

今天，许多工会培训自己的作业测量人员。但是在大多数情况下，这些时间研究人员被聘用来检查标准时间和将标准时间解释给工人，而不是参与标准的最初制定。在许多情况下，公司培训工会的时间研究代表作为一个促进在实施和维持方法、标准和工资支付系统中更合作气氛的手段取得了相当大的成功。这个程序实际上对公司人力资源和工会人员进行联合培训。接受了这项培训之后，工会代表在评估技术的公平性和准确性以及讨论关于一个特定案例的技术点时就会更加称职了。

18.6 现代管理实践

18.6.1 精益生产

由于在使用类似于前几章描述的方法中强调严格和高效的生产过程，同时争取工人的积极参与，丰田生产系统（TPS）值得特别提及。丰田生产系统是丰田汽车公司为了应对1973年石油禁运的后果，作为一种消除浪费的方法而提出的。它的主要目的是跟随泰勒科学管理体系和福特大规模流水线的步伐，改善生产率和降低成本。但是它在概念上的范围更加广泛，其目标不仅在于降低生产成本，还在于降低销售成本、管理成本和资本成本。丰田意识到盲目跟从在高成长期运行良好的福特成批生产系统是非常危险的。在低成长期，更多地关注削减浪费、减少成本和增加效率是非常重要的。在美国TPS方法被称为精益生产。

TPS强调避免七种muda或浪费（Shingo，1981）：①过度生产；②等待；③不必要的运输；④过度加工；⑤超额库存；⑥不必要的动作；⑦有缺陷的产品。这与第2章和第3章中提出的动作分析技术和方法研究手段非常相似。例如，等待和运输是直接用流程图检验的元素，通过更有效的布局和更好的材料处理进行潜在的消除和改进。过度加工是指操作人员和机器消耗的能量对产品几乎没有附加值，这又回到了第3章操作分析中提出的基本问题。

不必要的动作概括了吉尔布雷斯一生在动作研究上所做的工作，以动作设计和动作经济学原理达到了顶峰，它还包括操作者大幅度的动作，这可以通过工作站或更有效的设备布局而达到最小化。过度生产和库存的浪费是基于这样的共识，即除了照明、取暖和维护费用外，还需要额外的仓库和物料搬运管理将物品移入和移出仓库。最后，有缺陷的产品的浪费是显而易见的，它要求返工。精益生产强调的是即时生产，而不是批量生产中可接受的质量水平（AQL），这就要求在零件质量上实行零缺陷政策。

TPS的其他要素包括：①keiretsu，一个受欢迎的供应商系统，能够及时提供优质零件；②poke-yoke，质量控制误差预防系统；③准时制生产（JIT）及其相关的jidoka（自动化）、自动控制错误或停止机器，以防止有缺陷的单元破坏后续的过程；④看板系统，一个像标签一样有着产品信息的卡片，在整个生产循环中完全跟从生产以维持JIT；⑤柔性的工人总数，可改变工人的数量以应对需求的变化；⑥kaizen，持续改进活动（Imai，1986）；⑦尊敬工人和一个"创造性思想"的工人建议系统。

JIT是一个基于生产控制的拉动系统，其中对零部件的需求来自下游，而不是一个推动系统，在推动系统中，零部件的生产不考虑系统的需求，导致大队列和瓶颈。JIT一个必要的组成部分就是一分钟换模（SMED）原则。SMED是由Shingo（1981）开发的一系列在不到10min内更换生产机器的技术。很明显，这样做的长期目标是零调整成本，在这之中更换是瞬间的，不会以任何方式阻碍后续的工作流程。

避免七种浪费的必然结果是5S系统，通过维持工作场所的有序和方法的一致来减少浪费和优化生产率。5S是：①整理（Seiri）；②整顿（Seiton）；③清扫（Seiso）；④清洁（Seiketsu）；⑤素质（Shitsuke）。整理专注于从工作场所移除所有不必要的东西，只留下最基本的东西。整顿是对所需物品进行排序，以便于查找和使用。一旦杂物被移除，清扫就能确保进一步的清洁和整洁。一旦实施了前三个项目，标准化服务于维护内务管理和方法的秩序和一致性。最后，定期维护整个 5S 流程。

从丰田自身到很小的供应商，例如 Showa 都通过实施 TPS 获得了非凡的成功（Womack and Jones，1996）。要获得更多关于 TPS 的详细信息，可以参考一些原始资料（Shingo，1981；Imai，1986；Ohno，1988），以及更易阅读和理解的资料（Monden，1993；Womack and Jones，1996）。

18.6.2 全面质量

质量是每个人都可以从直观上理解但很难定义的概念。每个人都可能会去餐馆吃饭并且通过食物的味道、服务的及时性和礼貌、成本以及就餐的环境来判断餐馆的质量。涵盖所有这些因素的两个方面就是成效和顾客满意。换句话说就是：产品或服务达到或超过了顾客满意的程度吗？此外，质量是一个不断变化的状态，它必须通过一个持续改进的计划被不断地维持。全面质量是一个更广义的概念，它不仅包括成效方面，还包括工序、原料、环境和人员的质量。

全面质量运动和作业测量一样被认为是从泰勒（1911）的科学管理原理中发展而来的。后来的发展是由于第二次世界大战对美国和日本工业的影响。而当美国公司更多地关注满足交货期而不是质量时——这种态度一直延续到战后——日本公司则被迫与世界上其他地方的公司进行竞争，在接下来的 20 年中，只能通过强调产品的质量做到。

日本在持续质量改进和质量圈方面的努力主要是在三个人戴明、朱兰和费根堡姆的理论和工作上发起的。作为第二次世界大战期间在美国所做工作的延续，戴明成为一名日本制造行业的顾问，他说服公司最高管理层认识到统计方法的力量和质量作为竞争武器的重要性。最出名的是他的 14 条管理原则（见表 18-4）和日本科学家和工程师协会为质量而设的戴明奖。

表 18-4 戴明的 14 条管理原则

1. 为了变得有竞争力维持公司的生存和提供工作岗位，要创造坚定不移地改进产品和服务的目标
2. 采用新的哲学。管理层必须认识到这是一个新经济时代并觉察挑战、认识责任、承担改革的领导地位
3. 停止依赖检查来保证质量。从一开始就要关注质量
4. 停止在低出价的基础上授予合同的做法
5. 不断和永远地改进生产和服务系统以改进质量和生产率，并因此不断地降低成本
6. 对现场培训予以制度化
7. 创立领导能力。领导能力的目的应该是帮助人员和技术更好地运作
8. 赶走恐惧，这样每一个人就可以有效地工作了
9. 推翻部门之间的障碍，以使人们可以像一个团队一样工作
10. 消除为全体职工制定的口号、训词和目标，它们创造了对抗的关系
11. 消除配额和按目标管理，代之以领导能力
12. 去除掠夺员工对他们自己手艺自豪感的障碍
13. 制订有活力的教育和自我改进计划
14. 使得改革成为每个人的工作而且让他们继续在此之上工作

朱兰是统计质量控制的创始人之一，并以他的《质量控制手册》（Juran，1951）——该领域的一个参考标准而著称。朱兰的理论以通过"管理突破"而组织和实施改进为基础，这在表 18-5 所示的质量改进 10 个步骤中得到了体现。

表 18-5　朱兰的质量改进 10 个步骤

1. 了解改进的必要和改进的机会
2. 为改进设定目标
3. 组织资源以实现设定的目标
4. 提供培训
5. 实施解决问题的项目
6. 报告进展
7. 给予认可
8. 沟通成效
9. 记录得分
10. 通过使改进成为公司常规系统的组成部分来维持活力

　　费根堡姆是第一个（在他的书《全面质量控制》中）引入公司范围内质量控制计划概念的人，这本书在 20 世纪 50 年代的日本得到广泛传播。直到 20 世纪 80 年代末至 90 年代初，全面质量的概念才开始以全面质量管理（TQM）、全面质量保证（TQA）或更具体的公司特定计划的名称，如摩托罗拉的 6σ，在美国得到广泛认可。

　　总的来说，全面质量（TQ）就是商业竞争的一种方法，它通过不断改进产品、服务、人员、工序和环境使公司的竞争力最大化。TQ 的关键要素包括在公司范围内以顾客为驱动的对质量的战略关注。TQ 利用了科学的方法、员工参与（特别是团队合作）、教育和培训、一个长期的承诺和目标的统一。这个过程并不总是能够轻易达到，必须持续不断地努力才能完成改进。而且通过更好地了解生命周期成本、改进的产品/工序设计，和贯穿整个生产过程的更好的工序控制而达到的成本降低是全面质量成功的重要因素。关于全面质量的更多详细信息可以参考相关文献（Goetsch and Davis，1997）。

18.6.3　ISO 9000

　　全面质量非常重要的一个方面是 ISO 9000 认证。ISO 9000（或 ISO 9001）是由国际标准化组织（ISO）开发的一套国际通用的质量管理标准（ISO，1993；www. iso. org）。ISO 9000 认证确保公司的产品和/或服务始终如一地达到一定的质量水平，以确保公司在全球市场上具有竞争力。对任何一家从事国际业务或服务于那些希望达到国际卓越标准的客户的公司来说，这一点尤为重要。更重要的是，通过这个认证过程可以让公司创造更高效的运营，减少浪费，提高客户满意度，提高员工积极性、意识和士气，和确保整体更好的业务和工作场所（Goetsch and Davis，2001；Evans and Lindsay，2009）。

　　目前有四个标准：ISO 9000：2015《质量管理体系　基础和术语》；ISO 9001：2015《质量管理体系　要求》；ISO 9004：2018《质量管理　组织的质量　实现持续成功指南》；ISO 19011：2011《管理体系审核指南》。ISO 本身不对组织进行认证，认证是由各种审计组织或政府机构进行的。在美国，这个认证是由 ANSI/ASQ 注册鉴定部联合美国国家标准化组织和美国质量控制协会（www. anab. org）的工作人员共同做出的。但是，这是一个私人志愿者组织，它的认证不像在其他国家那样具有政府授权的权威。

　　ISO 9000 认证的主要组成部分包括：

　　（1）有一份来自管理层的关于质量政策的正式声明，它与商业和市场计划以及客户需求相联系。

（2）证明质量方针是所有员工为了可衡量的目标而在所有级别上遵循的。

（3）根据记录的数据定期对质量体系进行审核和评估。

（4）记录原材料的加工方式和加工地点，从而使产品和问题能够追溯到源头。

（5）公司确定客户需求和与客户沟通产品信息、订单、反馈和投诉等所有方面的方法。

（6）对于新产品，公司要计划开发阶段，适当地测试和记录产品是否符合设计要求、法规和客户需求。

（7）公司定期通过审计来评估绩效，以处理过去和潜在的问题，并确定其质量体系是否合格或需要改善。

（8）公司已经记录了所有程序，包括处理实际的和潜在的不符合计划的程序。

本 章 小 结

工业工程师的工作在很大程度上影响着企业内部的劳动关系。至少，他们应当知道向员工所提供培训的本质，以及培训对学习曲线和生产标准设定的影响。此外，由于他们影响员工的工资支付，他们也需要了解工人的态度、关注点和问题，以及那些代表工人的工会。在制订新的方法和标准时，无论使用传统的工具，还是采用更先进的精益生产方法，他们必须始终以对公司和工人都合理和公平的方式行事。在任何时候，他们都必须认识到使用工效学方法的必要性。

思 考 题

1. 为什么对于操作者来说培训是必需的？

2. 如何将学习量化？

3. Crawford 模型和 Wright 模型有什么不同？

4. 什么是"记忆缓冲"？它如何影响学习？

5. 标准分析人员应该如何利用学习曲线？

6. 与操作者心理和社会上的反应相关的哪五种状态应该被分析人员所认识？

7. 人性化方法指的是什么？

8. 说出 12 种你可以让别人赞同你的观点的方法。

9. 为什么说在整个工厂进行的关于工作测量领域的培训是健康的管理措施？

10. 为什么要不断检验经验丰富的分析人员的业绩评估能力？

11. 为什么工会经常培训它们自己的时间研究分析人员？

12. 在相互作用分析中的自我状态是什么？

13. 交叉性相互作用是如何定义的？

14. 在与工人交往中，什么水平的交流执行得最好？

15. 什么是隐性相互作用？

16. 什么是质量圈？

17. 比较内在的和外在的激励因素。

18. 如何使角色扮演进入工效学小组？

19. 如何使全面质量管理进入现代管理实践？

20. 工作丰富化与工作扩大化有什么不同？

21. 七种类型的浪费是什么？

22. 什么是持续改进，为什么它很重要？

23. 什么是精益生产？

24. 准时制生产意味着什么？

25. 什么是 5S 系统？

26. 推动系统和拉动系统的差别是什么？

27. 什么是看板？

28. SMED 是什么意思？它与 JIT 的关系如何？

计 算 题

1. Dorben 公司的一个新员工完成第 4 个和第 8 个装配的时间分别是 186min 和 140min，装配这个产品的标准时间是 100min。

（1）计算这个工人的学习曲线。

（2）该工人要完成多少个装配才能达到标准时间？要花费多长时间？

2. 一个培训专家建议一个人应该至少分配 40h 学习。40h 后，第 1 题中的工人达到的装配时间是多少？

3. 刚刚接触化油器装配的工人要用 15min 的时间完成他们的第一个装配。假设依据一个学习率为 95% 的学习曲线，他们将要花费多少时间才能达到 10min 的标准时间？

4. 从 MTM 集成中计算出一个 C 装配的标准时间是 1.0min。一个新工人通常需要大约 2min 完成第 1 个装配，完成第 5 个装配的时间降到了大概 1.7min。

（1）计算和绘制出学习曲线。

（2）学习率是多少？

（3）新工人要花费多少时间才能达到标准业绩？

5. Dorben 公司使用一个基础工资为 9.00 美元/h 的标准工时计划。它雇用了一个顾问来计划一批 300 单位产品的生产。这个顾问让一个工人在线上生产 2 单位的产品。第 1 个花费 10min，第 2 个 9.7min。

（1）找出学习曲线的方程。

（2）学习率是多少？

（3）这个工人要花费多少时间才能达到标准时间 8.0min？

（4）假设这个工人尝试改进和获得激励工资，那么这个工人在标准工时计划下工作前 20h 将会得到多少报酬？

（5）假设这个工人继续改善其业绩，那么在标准工时计划下完成整批 300 单位的产品将会得到多少报酬？

（6）第 1 单位产品的单位成本是多少？第 300 单位的成本是多少？

6. 分析师估计装配操作的学习率是 84%。第一次组装花了 48min，标准工时设定为 6min。

（1）操作者需要多长时间才能达到标准时间？

（2）不幸的是，操作者在新装配作业的第一周后生病了，一周后返回。预计现在操作者达到标准时间的时间是多少？

7. 求 100 台泵的批量订单的直接劳动力成本。由于这是一个新订单，装配过程中将出现学习效应。第一次装配需要 50min，第二次只需要 35min，预计标准时间为 10min。基本工资为 10 美元/h。

（1）求这次装配的学习曲线方程。

（2）一个工人达到 10min 的标准时间需要多少个周期？

（3）达到10min标准时间的总时间是多长？

（4）假设操作者持续改进（即遵循学习曲线）。在日工作计划下，100台泵总的直接劳动力成本是多少？在标准时间计划下，100台泵总的直接劳动力成本是多少？

（5）如果操作者持续学习，在第100台泵上的绩效是多少（%）？

（6）在标准时间计划下，公司为最后第100台泵付出的直接单位劳动力成本是多少？

8. 一个工人组装2个单元。第1个花费10min，第2个花费9.7min。学习曲线是怎样的？学习率是多少？这个工人达到8min的标准工时要多长时间？

参 考 文 献

Anonymous. "Just What Do You Do? Mr. Industrial Engineer." *Factory*, 122 (January 1964), pp. 83–84.

Balyeat, R. E. "A Survey: Concepts and Practices in Industrial Engineering." *Journal of Industrial Engineering*, 5 (May 1954), pp. 19–21.

Berne, E. *Games People Play*. New York: Grove Press, 1964.

Carnegie, Dale. *How to Win Friends and Influence People*, New York: Simon & Schuster, 1936. (www.dalecarnegie.com)

Crawford, J. R. "Statistical Accounting Procedures in Aircraft Production." *Aero Digest*, (March 15, 1944), pp. 78–81, 222, 224, and 226.

Denton, K. *Safety Management, Improving Performance*. New York: McGraw-Hill, 1982.

Evans, J. R., and W. M. Lindsay. *Managing for Quality and Performance Excellence*. Manson, OH: South Western/Cengage Learning, 2009.

Feigenbaum, A. V. *Total Quality Control*. 3d ed. New York: McGraw-Hill, 1991.

Freivalds, A., S. Konz, A. Yurgec, and J. H. Goldberg. "Methods, Work Measurement and Work Design: Are We Satisfying Customer Needs?" *The International Journal of Industrial Engineering*, 7, no. 2 (June 2000), pp. 108–114.

Goetsch, D. L., and S. B. Davis. *Introduction to Total Quality*. Upper Saddle River, NJ: Prentice-Hall, 1997.

Goetsch, D. L., and S. B. Davis. *Understanding and Implementing ISO 9000 and ISO Standards*. 2nd ed. Upper Saddle River, NJ: Prentice-Hall, 2001.

Hancock, W. M., and F. H. Bayha. "The Learning Curve." In *The Handbook of Industrial Engineering*. Ed. G. Salvendy. New York: John Wiley & Sons, 1982.

Herzberg, F. *Work and the Nature of Man*. Cleveland, OH: World Publishing, 1966.

Imai, M. *Kaizen*. New York: Random House, 1986.

ISO 9000: International Standards for Quality Management. 3d ed. Geneva, Switzerland: International Standards Organization, 1993.

Juran, J. M. *Quality Control Handbook*. New York: McGraw-Hill, 1951.

Konz, S., and S. Johnson. *Work Design*. 5th ed. Scottsdale, AZ: Holcomb Hathaway, Inc., 2000.

Maslow, A. *Motivation and Personality*. 2d ed. New York: Harper & Row, 1970.

Monden, Y. *Toyota Production System*. Norcross, GA: Industrial Engineering and Management Press, 1993.

Ohno, T. *Toyota Production System: Beyond Large-Scale Production*. Cambridge, MA: Productivity Press, 1988.

OSHA. *Ergonomics Program Management Guidelines for Meatpacking Plants*. OSHA 3123. Washington, DC: The Bureau of National Affairs, Inc., 1990.

Shingo, S. *Study of Toyota Production System from Industrial Engineering Viewpoint.* Tokyo, Japan: Japan Management Association, 1981.

Taylor, F. W. *The Principles of Scientific Management.* New York: Harper, 1911.

Womack, J. P., and D. T. Jones. *Lean Thinking.* New York: Simon & Schuster, 1996.

Wright, T. P. "Factors Affecting the Cost of Airplanes." *Journal of the Aeronautical Sciences*, 3 (February, 1936), pp. 122–128.

可 选 软 件

DesignTools（可从 McGraw-Hill text 网站 www.mhhe.com/niebels-freivalds 获取）。

相 关 网 站

www.anab.org

www.dalecarnegie.com

www.iso.org